非平衡态相变热力学

(上　册)

翟玉春　著

科 学 出 版 社
北　京

内 容 简 介

本书是关于非平衡态相变热力学的专著。本书构建了非平衡态相变热力学的理论体系，系统阐述了非平衡态相变热力学的基础理论和基本知识。内容包括单元系和多元系的蒸发、冷凝、升华、凝结、溶解、析出、结晶、熔化，以及各种相变形核等。本书给出了单元系和多元系非平衡态相变过程的吉布斯自由能变化、焓变、熵变的公式和相变速率的公式；给出了各种相变形核过程的吉布斯自由能变化、焓变、熵变的公式和形核速率的公式；给出了多元系相变过程的耦合等。

本书可供冶金、材料、化工、地质、物理、化学等专业的本科生、研究生、教师和相关领域的科技人员学习和参考。

图书在版编目(CIP)数据

非平衡态相变热力学. 上册/翟玉春著. —北京：科学出版社, 2022.3
ISBN 978-7-03-071387-2

Ⅰ. ①非… Ⅱ. ①翟… Ⅲ. ①非平衡状态(热力学) Ⅳ. ①O414.14

中国版本图书馆 CIP 数据核字(2020)第 013366 号

责任编辑：刘凤娟 郭学雯／责任校对：杨聪敏
责任印制：吴兆东／封面设计：无极书装

科学出版社 出版
北京东黄城根北街 16 号
邮政编码：100717
http://www.sciencep.com
北京中石油彩色印刷有限责任公司 印刷
科学出版社发行 各地新华书店经销
*
2022 年 3 月第 一 版 开本: 720 × 1000 1/16
2022 年 3 月第一次印刷 印张: 30 1/2
字数: 595 000
定价: 199.00 元
(如有印装质量问题，我社负责调换)

前　言

相是物质体系中具有相同的化学组成、相同的聚集状态，物理化学性质均匀的部分。所谓均匀是指组成、结构和性质相同。在微观上，同一相内允许存在某种差异。但是，这种差异必须是连续变化的，不能有突变。相与相之间以界面彼此分开。

相变是自然界中普遍存在的现象。人类最早关于相变的认识是物质的气、液、固三态的变化。人类关于相变的理论和实验研究始于 1869 年安德鲁斯 (Andrews) 发现临界点，1873 年范德瓦耳斯 (van der Waals) 提出非理想气体状态方程，至今已有近 150 年的历史。然而，人类对于相变的认识远没有完成。反而发现相变的种类和形式越来越丰富。从物质三态的变化、固体的相结构的变化、铁磁和反铁磁的变化、物质超导电性的变化、液体氦的超流效应，到各种各样的非平衡相变等。

相变与人类生活、生产密切相关。为了提高材料的性能，在材料制备和加工过程中，采用热处理促使材料相变，改变材料的组织结构、性质和性能是常用的手段。在冶金、材料、化工、食品生产过程中，采用的气–液分离、气–固分离、液–液分离、液–固分离、固–固分离等工艺技术都与相变有关。

相变现象丰富多彩，可以从不同角度加以分类和研究。关于相变，人们已经进行了大量的研究工作，取得了很多成果，建立了各种相变理论，包括相变的热力学理论、相变的动力学理论、相变物质的结构变化、相变的机制等。

经典的相变热力学研究体系的平衡态相变，而将非平衡态体系与平衡态体系相比较，推断非平衡态体系相变的方向和限度。

经典的相变动力学研究相变的速率 (度)，给出了相变速率 (度) 的表达式。由于相变活化能难以测量，因而难以实际应用。对于实际相变过程，是由实验测量一个体系完成相变的时间和相变的量，计算相变的平均速率。

经典的平衡态相变理论体系对相变引起的物质的组织结构变化进行了深入的研究，取得了丰硕的成果，明确了相的组织和微观结构，给出了物质的宏观性质、性能与物质的组织、微观结构的关系。

实际相变大多数是在非平衡状态下进行的。因此，研究非平衡相变具有实际意义和应用价值。

经典热力学对于一个过程只能给出其能否发生及其发生的方向和限度，而不能给出其变化的速率。这是由于经典热力学没有引进时间变量。而非平衡态热力学引进了时间变量，给出了熵对时间的变化率即熵增率。一个体系熵的变化必然有其他热力学量的变化和相应的宏观力学量的变化。因而，可以由熵随时间的变化得到宏观力学量随时间的变化与热力学量变化的关系，即得到动力学方程。

在恒温恒压条件下，这个热力学量就是吉布斯自由能。一个相变过程的吉布斯自由能的变化必定有相变物质间的量的变化。非平衡态热力学给出了相变过程物质量的变化率和吉布斯自由能变化两者与熵随时间变化的关系；进而给出了物质量的变化率与吉布斯自由能变化的关系，即以吉布斯自由能为推动力的相变过程的动力学方程。这样，非平衡态相变热力学给出了相变速率 (度) 统一的普适方程。

在多元系发生相变时，组元间会发生耦合作用，其结果会影响各组元的相变速率，如果某个组元相变趋势大，即吉布斯自由能负得多，会拉动吉布斯自由能正的组元发生相变。

相变前的状态称为旧相，相变后的状态称为新相。根据相变前后热力学函数的变化，平衡态相变分为一级相变，二级相变和 $n(n=3, 4, \cdots)$ 级相变。两相的化学势相等，但化学势的一阶偏导数不等的相变，称为一级相变；两相的化学势相等，化学势的一阶偏导数也相等，但化学势的二阶偏导数不等的相变，称为二级相变；两相的化学势相等，化学势的一阶偏导数也相等，二阶偏导数也相等，$\cdots\cdots$，$n-1$ 阶偏导数也相等，但是化学势的 n 阶偏导数不等的相变称为 n 级相变。

本书讨论一级相变。

本书为上册，包含第 1～ 第 7 章，内容包括单元系和多元系的蒸发、冷凝、升华、凝结、溶解、析出、结晶、熔化等。自 1981 年起，作者在东北大学和中南大学为研究生讲授 “非平衡态热力学 (不可逆过程热力学)”，同时，开展非平衡态热力学的研究工作。尤其是在国家自然科学基金委员会的资助下，作者承担了 “均匀、非均匀冶金体系的非平衡态热力学” 的研究课题，系统地研究了非平衡态热力学、非平衡态冶金热力学和非平衡态相变热力学 (前两本书已经出版)。本书就是在这些研究工作的基础上完成的，是这些研究工作的成果之一。

在本书完成之际，感谢我国著名的冶金学家赵天从教授、傅崇说教授、冀春霖教授！他们都是作者的老师。在他们的关心、鼓励、帮助和支持下，作者开展了非平衡态热力学的研究工作。还要感谢东北大学出版社原社长李玉兴教授和国家自然科学基金委员会工程一处原处长张玉清教授，本书的完成与他们的关心、鼓励、帮助和支持分不开。

感谢国家自然科学基金委员会的支持，使作者得以系统地开展非平衡态热力学及其应用方面的研究工作。感谢科学出版社，感谢本书的责任编辑刘凤娟副编审和文案编辑郭学雯！为完成本书，她们倾注了大量的心血和精力，做了准确的文字修改和精益的润色。感谢作者的学生于凯硕士、黄红波博士、刘彩玲博士、崔富晖博士、王乐博士、张俊博士等！他们录入了本书的书稿，于凯硕士还对本书做了编排，配制了插图。感谢作者的妻子李桂兰女士对作者的全力支持，使作者能够完成本书的写作。感谢本书引用的参考文献的作者！感谢所有支持和帮助作者完成本书的人！

限于作者的水平，书中不妥之处在所难免，望读者不吝赐教。

作　者
2020 年 6 月 2 日
于东北大学

目　　录

(上　册)

第 1 章　液体蒸发

液体变成气体的过程叫做蒸发或挥发。例如，水变成蒸汽，酒精变成气体，液态金属变成气态金属。

1.1　纯液体蒸发

1.1.1　蒸发过程的热力学

在恒温恒压条件下，纯液体蒸发过程可以表示为

$$B(\mathrm{l}) =\!=\!= B(\mathrm{g})$$

达到平衡，有

$$B(\mathrm{l}) \rightleftharpoons B(\mathrm{g})_{\text{饱}}$$

气相以一个标准大气压的组元 B 为标准状态，液相以纯液态组元 B 为标准状态，蒸发过程中的摩尔吉布斯自由能变化为

$$\Delta G_{\mathrm{m},B} = \mu_{B(\mathrm{g})} - \mu_{B(\mathrm{l})} = \Delta G^{\theta}_{\mathrm{m},B} + RT\ln p_B \tag{1.1}$$

式中，

$$\mu_{B(\mathrm{g})} = \mu^{\theta}_{B(\mathrm{g})} + RT\ln p_B$$

$$\mu_{B(\mathrm{l})} = \mu^{*}_{B(\mathrm{l})} = \mu_{B(\mathrm{g})_{\text{饱}}} = \mu^{\theta}_{B(\mathrm{g})} + RT\ln p^{*}_B$$

$$\Delta G^{\theta}_{\mathrm{m},B} = \mu^{\theta}_{B(\mathrm{g})} - \mu^{*}_{B(\mathrm{l})} = -RT\ln K = -RT\ln p^{*}_B \tag{1.2}$$

这里，p_B 为气相组元中 B 的压力；p^{*}_B 为组元 B 的饱和蒸气压；$\mu^{\theta}_{B(\mathrm{g})}$ 是组元 B 为一个标准大气压的化学势；$\mu^{*}_{B(\mathrm{l})}$ 是组元 B 为纯液态的化学势；K 为平衡常数。液体组元 B 与其饱和蒸气平衡，化学势相等。

将式 (1.2) 代入式 (1.1)，得

$$\Delta G_{\mathrm{m},B} = RT\ln\frac{p_B}{p^{*}_B} \tag{1.3}$$

$p_B = p^{*}_B$，$\Delta G_{\mathrm{m},B} = 0$，气–液两相平衡；

$p_B < p_B^*$，$\Delta G_{\mathrm{m},B} < 0$，液体变成气体；

$p_B > p_B^*$，$\Delta G_{\mathrm{m},B} > 0$，气体变成液体。

也可以如下计算：

在温度 $T_平$，气–液两相达到平衡，升高温度到 T，液体变成气体，蒸发过程的摩尔吉布斯自由能变化为

$$\begin{aligned}\Delta G_{\mathrm{m},B}(T) &= G_{\mathrm{m},B(\mathrm{g})}(T) - G_{\mathrm{m},B(\mathrm{l})}(T)\\ &= (H_{\mathrm{m},B(\mathrm{g})}(T) - TS_{\mathrm{m},B(\mathrm{g})}(T)) - (H_{\mathrm{m},B(\mathrm{l})}(T) - TS_{\mathrm{m},B(\mathrm{l})}(T))\\ &= (H_{\mathrm{m},B(\mathrm{g})}(T) - H_{\mathrm{m},B(\mathrm{l})}(T)) - T(S_{\mathrm{m},B(\mathrm{g})}(T) - S_{\mathrm{m},B(\mathrm{l})}(T))\\ &= \Delta H_{\mathrm{m},B}(T) - T\Delta S_{\mathrm{m},B}(T)\\ &\approx \Delta H_{\mathrm{m},B}(T_平) - T\Delta S_{\mathrm{m},B}(T_平)\\ &= \Delta H_{\mathrm{m},B}(T_平) - T\frac{\Delta H_{\mathrm{m},B}(T_平)}{T_平}\\ &= \frac{\Delta H_{\mathrm{m},B}(T_平)\Delta T}{T_平}\end{aligned} \tag{1.4}$$

式中，$T_平$ 为气液两相平衡的温度

$$\Delta T = T_平 - T$$

$T > T_平$，液体变成气体；

$T = T_平$，气–液两相平衡；

$T < T_平$，气体变成液体。

式中，

$$\Delta H_{\mathrm{m},B}(T) \approx \Delta H_{\mathrm{m},B}(T_平)$$

$$\Delta S_{\mathrm{m},B}(T) \approx \Delta S_{\mathrm{m},B}(T_平) = \frac{\Delta H_{\mathrm{m},B}(T_平)}{T_平}$$

如果温度 T 和 $T_平$ 相差大，则有

$$\Delta H_{\mathrm{m},B}(T) = \Delta H_{\mathrm{m},B}(T_平) + \int_{T_平}^{T} \Delta C_{p,B}\mathrm{d}T$$

$$\Delta S_{\mathrm{m},B}(T) = \Delta S_{\mathrm{m},B}(T_平) + \int_{T_平}^{T} \frac{\Delta C_{p,B}}{T}\mathrm{d}T$$

1.1.2　蒸发过程的速率

在恒温恒压条件下，纯组元 B 的蒸发速率如下。

如果只是液体表面蒸发

$$-\frac{\mathrm{d}N_{B(\mathrm{l})}}{\mathrm{d}t}=\varOmega j=\varOmega\left[-l_1\left(\frac{A_{\mathrm{m},B}}{T}\right)-l_2\left(\frac{A_{\mathrm{m},B}}{T}\right)^2-l_3\left(\frac{A_{\mathrm{m},B}}{T}\right)^3-\cdots\right] \tag{1.5}$$

如果整个液体体积都蒸发

$$-\frac{\mathrm{d}N_{B(\mathrm{l})}}{\mathrm{d}t}=Vj=V\left[-l_1'\left(\frac{A_{\mathrm{m},B}}{T}\right)-l_2'\left(\frac{A_{\mathrm{m},B}}{T}\right)^2-l_3'\left(\frac{A_{\mathrm{m},B}}{T}\right)^3-\cdots\right] \tag{1.6}$$

式中，$N_{B(\mathrm{l})}$ 为液体组元 B 的物质的量；$\varOmega$ 为液体表面积；V 为液体体积；

$$A_{\mathrm{m},B}=\Delta G_{\mathrm{m},B}$$

为式 (1.3) 或 (1.4)。

1.2 溶 液 蒸 发

1.2.1 单一组元溶液蒸发

1. 蒸发过程的热力学

在恒温恒压条件下，溶液中一个组元的蒸发过程可以表示为

$$(B) =\!=\!= B(\mathrm{g})$$

达到平衡，有

$$(B) \rightleftharpoons B(\mathrm{g})_{饱}$$

蒸发过程的摩尔吉布斯自由能变化为

$$\Delta G_{\mathrm{m},B}=\mu_{B(\mathrm{g})}-\mu_{(B)} \tag{1.7}$$

(1) 气相以一个标准大气压的组元 B 为标准状态，液相以纯液态组元 B 为标准状态，浓度以摩尔分数表示，则

$$\mu_{B(\mathrm{g})}=\mu_{B(\mathrm{g})}^{\theta}+RT\ln p_B \tag{1.8}$$

$$\mu_{(B)}=\mu_{B(\mathrm{l})}^{*}+RT\ln a_{(B)}^{\mathrm{R}} \tag{1.9}$$

将式 (1.8)、式 (1.9) 代入式 (1.7)，得

$$\Delta G_{\mathrm{m},B}=\Delta G_{\mathrm{m},B}^{\theta}+RT\ln\frac{p_B}{a_{(B)}^{\mathrm{R}}} \tag{1.10}$$

式中，

$$\Delta G^{\theta}_{\mathrm{m},B} = \mu^{\theta}_{B(\mathrm{g})} - \mu^{*}_{B(\mathrm{l})} = -RT\ln K \tag{1.11}$$

K 为平衡常数，有

$$K = \frac{p'_{B}}{a'^{\mathrm{R}}_{(B)}} \tag{1.12}$$

式中，p'_{B} 和 $a'^{\mathrm{R}}_{(B)}$ 为平衡状态值。

根据拉乌尔定律，在平衡状态，有

$$p'_{B} = a'^{\mathrm{R}}_{(B)} p^{*}_{B} \tag{1.13}$$

将式 (1.13) 代入式 (1.12)，得

$$K = p^{*}_{B} \tag{1.14}$$

将式 (1.14) 代入式 (1.11)，得

$$\Delta G^{\theta}_{\mathrm{m},B} = -RT\ln p^{*}_{B} \tag{1.15}$$

将式 (1.15) 代入式 (1.10)，得

$$\Delta G_{\mathrm{m},B} = RT\ln\frac{p_B}{p^{*}_{B} a^{\mathrm{R}}_{(B)}} \tag{1.16}$$

(2) 气相以一个标准大气压的组元 B 为标准状态，液相以符合亨利定律的假想的纯组元 B 为标准状态，浓度以摩尔分数表示，则

$$\mu_{(B)} = \mu^{\theta}_{B(x)} + RT\ln a^{\mathrm{H}}_{(B)_x} \tag{1.17}$$

将式 (1.8) 和式 (1.17) 代入式 (1.7)，得

$$\Delta G_{\mathrm{m},B} = \Delta G^{\theta}_{\mathrm{m},B} + RT\ln\frac{p_B}{a^{\mathrm{H}}_{(B)_x}} \tag{1.18}$$

式中，

$$\Delta G^{\theta}_{\mathrm{m},B} = \mu^{\theta}_{B(\mathrm{g})} - \mu^{\theta}_{B(x)} = -RT\ln K' \tag{1.19}$$

其中，

$$K' = \frac{p'_{B}}{a'^{\mathrm{H}}_{(B)_x}} \tag{1.20}$$

根据亨利定律，在平衡状态，有

$$p'_B = k_{\mathrm{H}x} a'^{\mathrm{H}}_{(B)_x} \tag{1.21}$$

将式 (1.21) 代入式 (1.20)，得

$$K' = k_{\mathrm{H}x} \tag{1.22}$$

将式 (1.22) 代入式 (1.19)，得

$$\Delta G^{\theta}_{\mathrm{m},B} = -RT\ln k_{\mathrm{H}x} \tag{1.23}$$

将式 (1.23) 代入式 (1.18)，得

$$\Delta G_{\mathrm{m},B} = RT\ln\frac{p_B}{k_{\mathrm{H}x}a^{\mathrm{H}}_{(B)_x}} \tag{1.24}$$

(3) 气相以一个标准大气压的组元 B 为标准状态，液相以符合亨利定律的假想的 $w(B)/w^{\theta}=1$ 的溶液为标准状态，浓度以质量分数表示，则

$$\mu_{(B)} = \mu^{\theta}_{B(w)} + RT\ln a^{\mathrm{H}}_{(B)_w} \tag{1.25}$$

将式 (1.8) 和式 (1.25) 代入式 (1.7)，得

$$\Delta G_{\mathrm{m},B} = \Delta G^{\theta}_{\mathrm{m},B} + RT\ln\frac{p_B}{a^{\mathrm{H}}_{(B)_w}} \tag{1.26}$$

式中，

$$\Delta G^{\theta}_{\mathrm{m},B} = \mu^{\theta}_{B(\mathrm{g})} - \mu^{\theta}_{B(w)} = -RT\ln K'' \tag{1.27}$$

其中，

$$K'' = \frac{p'_B}{a'^{\mathrm{H}}_{(B)_w}} \tag{1.28}$$

根据亨利定律，在平衡状态，有

$$p'_B = k_{\mathrm{H}w}a'^{\mathrm{H}}_{(B)_w} \tag{1.29}$$

将式 (1.29) 代入式 (1.28)，得

$$K'' = k_{\mathrm{H}w} \tag{1.30}$$

将式 (1.30) 代入式 (1.27)，得

$$\Delta G^{\theta}_{\mathrm{m},B} = -RT\ln k_{\mathrm{H}w} \tag{1.31}$$

将式 (1.31) 代入式 (1.26)，得

$$\Delta G_{\mathrm{m},B} = RT\ln\frac{p_B}{k_{\mathrm{H}w}a^{\mathrm{H}}_{(B)_w}} \tag{1.32}$$

(4) 利用焓变、熵变计算。

在温度 $T_{平}$，气–液两相平衡共存，升高温度到 T，溶液蒸气压升高，液体蒸发，蒸发过程的摩尔吉布斯自由能变化为

$$\begin{aligned}\Delta G_{\mathrm{m},B}(T) &= G_{\mathrm{m},B(\mathrm{g})}(T) - \bar{G}_{\mathrm{m},(B)}(T)\\ &= (\Delta H_{\mathrm{m},B(\mathrm{g})}(T) - TS_{\mathrm{m},B(\mathrm{g})}(T)) - (\bar{H}_{\mathrm{m},(B)}(T) - T\bar{S}_{\mathrm{m},(B)}(T))\\ &= (H_{\mathrm{m},B(\mathrm{g})}(T) - \bar{H}_{\mathrm{m},(B)}(T)) - T(S_{\mathrm{m},B(\mathrm{g})}(T) - \bar{S}_{\mathrm{m},(B)}(T))\\ &= \Delta H_{\mathrm{m},B}(T) - T\Delta S_{\mathrm{m},B}(T)\\ &\approx \Delta H_{\mathrm{m},B}(T_{平}) - T\Delta S_{\mathrm{m},B}(T_{平})\\ &= \Delta H_{\mathrm{m},B}(T_{平}) - T\frac{\Delta H_{\mathrm{m},B}(T_{平})}{T_{平}}\\ &= \frac{\Delta H_{\mathrm{m},B}(T_{平})\Delta T}{T_{平}}\end{aligned} \tag{1.33}$$

式中，

$$\Delta H_{\mathrm{m},B}(T) \approx \Delta H_{\mathrm{m},B}(T_{平}) > 0$$

$$\Delta S_{\mathrm{m},B}(T) \approx \Delta S_{\mathrm{m},B}(T_{平}) = \frac{\Delta H_{\mathrm{m},B}(T_{平})}{T_{平}}$$

$$\Delta T = T_{平} - T < 0$$

如果温度 T 和 $T_{平}$ 相差大，则有

$$\Delta H_{\mathrm{m},B}(T) = \Delta H_{\mathrm{m},B}(T_{平}) + \int_{T_{平}}^{T}\Delta C_{p,B}\mathrm{d}T$$

$$\Delta S_{\mathrm{m},B}(T) = \Delta S_{\mathrm{m},B}(T_{平}) + \int_{T_{平}}^{T}\frac{\Delta C_{p,B}}{T}\mathrm{d}T$$

式中，$\Delta H_{\mathrm{m},B}$ 为溶液中组元 B 的气化热；$\Delta S_{\mathrm{m},B}$ 为溶液中组元 B 的气化熵。

2. 蒸发过程的速率

在恒温恒压条件下，溶液中一个组元蒸发的速率为

(1) 仅溶液表面蒸发：

$$-\frac{\mathrm{d}N_B}{\mathrm{d}t} = \varOmega j = \varOmega\left[-l_1\left(\frac{A_{\mathrm{m},B}}{T}\right) - l_2\left(\frac{A_{\mathrm{m},B}}{T}\right)^2 - l_3\left(\frac{A_{\mathrm{m},B}}{T}\right)^3 - \cdots\right] \tag{1.34}$$

(2) 如果整个溶液体积都蒸发：

$$-\frac{\mathrm{d}N_B}{\mathrm{d}t}=Vj=V\left[-l_1\left(\frac{A_{\mathrm{m},B}}{T}\right)-l_2\left(\frac{A_{\mathrm{m},B}}{T}\right)^2-l_3\left(\frac{A_{\mathrm{m},B}}{T}\right)^3-\cdots\right] \tag{1.35}$$

式中，N_B 为溶液中组元 B 的物质的量；$\varOmega$ 为溶液表面积；V 为溶液体积；

$$A_{\mathrm{m},B}=\Delta G_{\mathrm{m},B}$$

为式 (1.16)、式 (1.24)、式 (1.32) 和式 (1.33)。

1.2.2 多个组元同时蒸发

1. 蒸发过程的热力学

在恒温恒压条件下，溶液中有 r 个组元同时蒸发。该过程可以表示为

$$(j) = (j)_{\mathrm{g}}$$

$$(j=1,2,\cdots,r)$$

该过程的摩尔吉布斯自由能变化为

$$\Delta G_{\mathrm{m},j}=\mu_{j(\mathrm{g})}-\mu_{(j)} \tag{1.36}$$

(1) 气相以一个标准大气压的组元 j 为标准状态，液相以纯液态组元 j 为标准状态，浓度以摩尔分数表示，则

$$\mu_{(j)_{\mathrm{g}}}=\mu^{\theta}_{j(\mathrm{g})}+RT\ln p_{(j)} \tag{1.37}$$

$$\mu_{(j)}=\mu^{*}_{j(\mathrm{l})}+RT\ln a^{\mathrm{R}}_{(j)} \tag{1.38}$$

将式 (1.37)、式 (1.38) 代入式 (1.36)，得

$$\Delta G_{\mathrm{m},j}=\Delta G^{\theta}_{\mathrm{m},j}+RT\ln\frac{p_{(j)}}{a^{\mathrm{R}}_{(j)}} \tag{1.39}$$

式中，

$$\Delta G^{\theta}_{\mathrm{m},j}=\mu^{\theta}_{j(\mathrm{g})}-\mu^{*}_{j(\mathrm{l})}=-RT\ln K \tag{1.40}$$

其中，K 为平衡常数，有

$$K=\frac{p'_{(j)}}{a'^{\mathrm{R}}_{(j)}} \tag{1.41}$$

这里，$p'_{(j)}$ 和 $a'^{\mathrm{R}}_{(j)}$ 为平衡状态值。

根据拉乌尔定律，在平衡状态，有

$$p'_{(j)} = a'^{\mathrm{R}}_{(j)} p^*_j \tag{1.42}$$

式中，p^*_j 为纯液态组元 j 的蒸气压。

将式 (1.42) 代入式 (1.41)，得

$$K = p^*_j \tag{1.43}$$

将式 (1.43) 代入式 (1.40)，得

$$\Delta G^{\theta}_{\mathrm{m},j} = -RT\ln p^*_j \tag{1.44}$$

因此

$$\Delta G_{\mathrm{m},j} = RT\ln\frac{p_{(j)}}{p^*_j a^{\mathrm{R}}_{(j)}} \tag{1.45}$$

(2) 气相以一个标准大气压的 j 为标准状态，液相以符合亨利定律的假想的纯组元 j 为标准状态，浓度以摩尔分数表示，则

$$\mu_{(j)} = \mu^{\theta}_{j(x)} + RT\ln a^{\mathrm{H}}_{(j)_x} \tag{1.46}$$

将式 (1.37) 和式 (1.46) 代入 (1.36)，得

$$\Delta G_{\mathrm{m},j} = \Delta G^{\theta}_{\mathrm{m},j} + RT\ln\frac{p_{(j)}}{a^{\mathrm{H}}_{(j)_x}} \tag{1.47}$$

式中，

$$\Delta G^{\theta}_{\mathrm{m},j} = \mu^{\theta}_{j(\mathrm{g})} - \mu^{\theta}_{j(x)} = -RT\ln K' \tag{1.48}$$

其中，

$$K' = \frac{p'_{(j)}}{a'^{\mathrm{H}}_{(j)_x}} \tag{1.49}$$

根据亨利定律，在平衡状态，有

$$p'_{(j)} = k_{\mathrm{H}x} a'^{\mathrm{H}}_{(j)_x} \tag{1.50}$$

将式 (1.50) 代入式 (1.49)，得

$$K' = k_{\mathrm{H}x} \tag{1.51}$$

将式 (1.51) 代入式 (1.48)，得

$$\Delta G^{\theta}_{\mathrm{m},j} = -RT\ln k_{\mathrm{H}x} \tag{1.52}$$

将式 (1.52) 代入式 (1.47)，得

$$\Delta G_{\mathrm{m},j} = RT\ln\frac{p_{(j)}}{k_{\mathrm{H}x}a^{\mathrm{H}}_{j(x)}} \tag{1.53}$$

(3) 气相以一个标准大气压的 j 为标准状态，液相以符合亨利定律的假想的 $w(j)/w^{\theta}=1$ 的溶液为标准状态，浓度以质量分数表示，则

$$\mu_{(j)} = \mu^{\theta}_{j(w)} + RT\ln a^{\mathrm{H}}_{(j)_w} \tag{1.54}$$

将式 (1.34) 和式 (1.51) 代入式 (1.32)，得

$$\Delta G_{\mathrm{m},j} = \Delta G^{\theta}_{\mathrm{m},j} + RT\ln\frac{p_{(j)}}{a^{\mathrm{H}}_{(j)_w}} \tag{1.55}$$

式中，

$$\Delta G^{\theta}_{\mathrm{m},j} = \mu^{\theta}_{j(\mathrm{g})} - \mu^{\theta}_{(j)_w} = -RT\ln K'' \tag{1.56}$$

其中，

$$K'' = \frac{p'_{(j)}}{a'^{\mathrm{H}}_{(j)_w}} \tag{1.57}$$

根据亨利定律，在平衡状态，有

$$p'_{(j)} = k_{\mathrm{H}w}a'^{\mathrm{H}}_{(j)_w} \tag{1.58}$$

将式 (1.58) 代入式 (1.57)，得

$$K'' = k_{\mathrm{H}w} \tag{1.59}$$

将式 (1.59) 代入式 (1.56)，得

$$\Delta G^{\theta}_{\mathrm{m},j} = -RT\ln k_{\mathrm{H}w} \tag{1.60}$$

将式 (1.60) 代入式 (1.55)，得

$$\Delta G_{\mathrm{m},j} = RT\ln\frac{p_{(j)}}{k_{\mathrm{H}w}a^{\mathrm{H}}_{(j)_w}} \tag{1.61}$$

(4) 利用焓变、熵变计算。

在温度 $T_{平}$，气–液两相平衡共存，有 $(j) \rightleftharpoons (j)_{\mathrm{g}}$。

升高温度到 T，溶液蒸气压升高，继续蒸发，有 $(j) \rightleftharpoons (j)_{\mathrm{g}}$。

蒸发过程的摩尔吉布斯自由能变化为

$$
\begin{aligned}
\Delta G_{\mathrm{m},j}(T) &= G_{\mathrm{m},(j)_{\mathrm{g}}}(T) - \bar{G}_{\mathrm{m},(j)}(T) \\
&= (H_{\mathrm{m},(j)_{\mathrm{g}}}(T) - TS_{\mathrm{m},(j)_{\mathrm{g}}}(T)) - (\bar{H}_{\mathrm{m},(j)}(T) - T\bar{S}_{\mathrm{m},(j)}(T)) \\
&= (H_{\mathrm{m},(j)_{\mathrm{g}}}(T) - H_{\mathrm{m},(j)}(T)) - T(S_{\mathrm{m},(j)_{\mathrm{g}}}(T) - \bar{S}_{\mathrm{m},(j)}(T)) \\
&= \Delta H_{\mathrm{m},j}(T) - T\Delta S_{\mathrm{m},j}(T) \\
&\approx \Delta H_{\mathrm{m},j}(T_{平}) - T\Delta S_{\mathrm{m},j}(T_{平}) \\
&= \Delta H_{\mathrm{m},j}(T_{平}) - T\frac{\Delta H_{\mathrm{m},j}(T_{平})}{T_{平}} \\
&= \frac{\Delta H_{\mathrm{m},j}(T_{平})\Delta T}{T_{平}}
\end{aligned}
\tag{1.62}
$$

式中，

$$\Delta H_{\mathrm{m},j}(T) \approx \Delta H_{\mathrm{m},j}(T_{平}) > 0$$

$$\Delta S_{\mathrm{m},j}(T) \approx \Delta S_{\mathrm{m},j}(T_{平}) = \frac{\Delta H_{\mathrm{m},j}(T_{平})}{T_{平}}$$

$$\Delta T = T_{平} - T < 0$$

如果温度 T 和 $T_{平}$ 相差大，则有

$$\Delta H_{\mathrm{m},j}(T) = \Delta H_{\mathrm{m},j}(T_{平}) + \int_{T_{平}}^{T} \Delta C_{p,j} \mathrm{d}T$$

$$\Delta S_{\mathrm{m},j}(T) = \Delta S_{\mathrm{m},j}(T_{平}) + \int_{T_{平}}^{T} \frac{\Delta C_{p,j}}{T} \mathrm{d}T$$

$$(j = 1, 2, 3, \cdots, r)$$

式中，$\Delta H_{\mathrm{m},j}$ 为溶液中组元 j 的气化热，$\Delta S_{\mathrm{m},j}$ 为溶液中组元 j 的气化熵。

2. 蒸发过程的速率

在恒温恒压条件下，溶液中一个组元蒸发的速率为

(1) 如果只是溶液表面蒸发：

不考虑耦合作用

$$-\frac{\mathrm{d}N_j}{\mathrm{d}t} = \varOmega j_j = \varOmega \left[-l_1 \left(\frac{A_{\mathrm{m},j}}{T} \right) - l_2 \left(\frac{A_{\mathrm{m},j}}{T} \right)^2 - l_3 \left(\frac{A_{\mathrm{m},j}}{T} \right)^3 - \cdots \right] \tag{1.63}$$

$$(j = 1, 2, 3, \cdots, r)$$

考虑耦合作用

$$-\frac{\mathrm{d}N_j}{\mathrm{d}t}=\Omega j_j=\Omega\left[-\sum_{k=1}^{r}l_{jk}\left(\frac{A_{\mathrm{m},k}}{T}\right)-\sum_{k=1}^{r}\sum_{l=1}^{r}l_{jkl}\left(\frac{A_{\mathrm{m},k}}{T}\right)\left(\frac{A_{\mathrm{m},l}}{T}\right)\right.$$
$$\left.-\sum_{k=1}^{r}\sum_{l=1}^{r}\sum_{h=1}^{r}l_{jklh}\left(\frac{A_{\mathrm{m},k}}{T}\right)\left(\frac{A_{\mathrm{m},l}}{T}\right)\left(\frac{A_{\mathrm{m},h}}{T}\right)-\cdots\right] \tag{1.64}$$

$$(j=1,2,3,\cdots,r)$$

(2) 如果整个溶液体积都蒸发:

不考虑耦合作用

$$-\frac{\mathrm{d}N_j}{\mathrm{d}t}=Vj_j=V\left[-l_1\left(\frac{A_{\mathrm{m},j}}{T}\right)-l_2\left(\frac{A_{\mathrm{m},j}}{T}\right)^2-l_3\left(\frac{A_{\mathrm{m},j}}{T}\right)^3-\cdots\right] \tag{1.65}$$

$$(j=1,2,3,\cdots,r)$$

考虑耦合作用

$$-\frac{\mathrm{d}N_j}{\mathrm{d}t}=Vj=V\left[-\sum_{k=1}^{r}l_{jk}\left(\frac{A_{\mathrm{m},k}}{T}\right)-\sum_{k=1}^{r}\sum_{l=1}^{r}l_{jkl}\left(\frac{A_{\mathrm{m},k}}{T}\right)\left(\frac{A_{\mathrm{m},l}}{T}\right)\right.$$
$$\left.-\sum_{k=1}^{r}\sum_{l=1}^{r}\sum_{h=1}^{r}l_{jklh}\left(\frac{A_{\mathrm{m},k}}{T}\right)\left(\frac{A_{\mathrm{m},l}}{T}\right)\left(\frac{A_{\mathrm{m},h}}{T}\right)-\cdots\right] \tag{1.66}$$

$$(j=1,2,3,\cdots,r)$$

式中，N_j 为溶液中组元 j 的物质的量；Ω 为溶液的表面积；V 为溶液的体积。

$$A_{\mathrm{m},k}=\Delta G_{\mathrm{m},k}$$
$$A_{\mathrm{m},l}=\Delta G_{\mathrm{m},l}$$
$$A_{\mathrm{m},h}=\Delta G_{\mathrm{m},h}$$

为式 (1.45)、式 (1.53)、式 (1.61) 和式 (1.62)。

1.3 纯液体形成气泡核

温度一定，液体具有确定的蒸气压。只要液体的蒸气压大于气相中该液体的气体压力，液体就会蒸发。液体表面蒸发，不形成气泡。液体内部蒸发先形成气泡核，气泡核长大成气泡，上浮到气–液界面，气泡破裂，气体进入气相。

1.3.1　形成气泡核的阻力

在液体内部形成的气泡核要克服外界阻力。外界阻力包括液体上方的气体压力、液体的静压力和气泡核表面张力产生的附加压力，即

$$p_{阻} = p_{g} + \rho_{l} g h + p_{附} \tag{1.67}$$

$$p_{附} = \frac{2\sigma}{R}$$

式中，p_{g} 为液体上方气相的压力；ρ_{l} 为液体密度；g 为重力加速度；h 为气泡核上方液体的高度；σ 为液体的表面张力；R 为气泡核的半径。附加压力 $p_{附}$ 与气泡核半径和表面张力有关，半径越小，附加压力越大，表面张力越大。

液体的蒸气压大于外界阻力，气泡核才能形成，即气泡核内的压力至少达到等于外界阻力的临界压力 $p_{临}$，气泡核才能形成。

在液体内部均匀形成气泡核需要克服的外界阻力大。在盛装液体的容器壁微孔隙中非均匀形成气泡核需要克服的外界阻力小，其表达式为

$$p_{阻} = p_{g} + \rho_{l} g h + p_{附} \tag{1.68}$$

$$p_{附} = \frac{2\sigma \sin\theta}{R}$$

式中，R 为球冠形气泡核的球冠半径；θ 为气泡外表面与容器壁表面之间的角。

1.3.2　形成气泡核的摩尔吉布斯自由能变化

液体形成气泡核可以表示为

$$B(\mathrm{l}) \rightleftharpoons B(\mathrm{g})_{饱} = B(气泡核)$$

式中，$B(\mathrm{l})$ 为液体组元 B；$B(\mathrm{g})_{饱}$ 为液体组元的饱和蒸气；B (气泡核) 为组元 B 的饱和蒸气形成的气泡核。

形成气泡核的摩尔吉布斯自由能变化为

$$\begin{aligned}\Delta G_{\mathrm{m},B(气泡核)} &= \mu_{B(气泡核)} - \mu_{B(\mathrm{g})_{饱}} \\ &= RT\ln\frac{p_{B(气泡核)}}{p_{B,饱}} = RT\ln\frac{p_{阻}}{p_{B,饱}} = RT\ln\frac{p_{B,临}}{p_{B,饱}}\end{aligned} \tag{1.69}$$

式中，

$$\mu_{B(气泡核)} = \mu^{\theta}_{B(\mathrm{g})} + RT\ln p_{B(气泡核)} = \mu^{\theta}_{B(\mathrm{g})} + RT\ln p_{B,临} = \mu^{\theta}_{B(\mathrm{g})} + RT\ln p_{阻}$$

$$\mu_{B(\mathrm{g})_{\text{饱}}} = \mu^{\theta}_{B(\mathrm{g})} + RT\ln p_{B,\text{饱}}$$

$\mu^{\theta}_{B(\mathrm{g})}$ 是组元 B 以一个标准大气压为标准状态的化学势；$p_{B(\text{气泡核})}$ 为气泡核内的气体压力，其值与外界阻力相等，即

$$p_{B(\text{气泡核})} = p_{B,\text{临}} = p_{\text{阻}}$$

$p_{B,\text{饱}}$ 为液体的饱和蒸气压。液体的饱和蒸气压与温度有关。温度越高，饱和蒸气压越大。

1.3.3 气泡核和气泡长大

气泡核形成会长大成气泡。

因为气泡核长大，附加压力减小，而液体的饱和蒸气压不变。这样，蒸气压就会大于阻力，气体就会向气泡内扩散，气泡核就长大成气泡。气泡长大到一定程度，由于浮力的作用，气泡上浮。在上浮过程中，由于静压力不断减小，气泡体积不断胀大。而随着气泡体积变大，附加压力减小。总的结果是阻力变小，与阻力平衡的气泡内的压力变小。有

$$p_{B,\text{饱}} > p'_{\text{阻}} = p_{B(\text{气泡})}$$

式中，$p_{B,\text{饱}}$ 为液体的饱和蒸气压；$p'_{\text{阻}}$ 为气泡上升过程中不断变化的外界压力，在液体中其值小于在容器底部的值；$p_{B(\text{气泡})}$ 为气泡内与外界阻力平衡的压力。

由于外界阻力变小，饱和蒸气向气泡中输入，促进气泡进一步长大。该过程可以表示为

$$B(\mathrm{l}) \rightleftharpoons B(\mathrm{g})_{\text{饱}} = B(\text{气泡})$$

气体以一个标准大气压为标准状态，该过程的摩尔吉布斯自由能变化为

$$\Delta G_{\mathrm{m},B(\text{气泡})} = \mu_{B(\text{气泡})} - \mu_{B(\mathrm{g})_{\text{饱}}} = RT\ln\frac{p_{B(\text{气泡})}}{p_{B,\text{饱}}} \tag{1.70}$$

式中，

$$\mu_{B(\text{气泡})} = \mu^{\theta}_{B(\mathrm{g})} + RT\ln p_{B(\text{气泡})}$$

$$\mu_{B(\mathrm{g})_{\text{饱}}} = \mu^{\theta}_{B(\mathrm{g})} + RT\ln p_{B,\text{饱}}$$

$$p_{B(\text{气泡})} = p'_{\text{阻}}$$

1.3.4 气泡核形成速率

在恒温恒压条件下，液体均匀形成气泡核的速率为

$$
\begin{aligned}
-\frac{\mathrm{d}N_{B(\mathrm{l})}}{\mathrm{d}t} &= \frac{\mathrm{d}N_{B(气泡核)}}{\mathrm{d}t} = Vj \\
&= V\left[-l_1\left(\frac{A_{\mathrm{m},B}}{T}\right) - l_2\left(\frac{A_{\mathrm{m},B}}{T}\right)^2 - l_3\left(\frac{A_{\mathrm{m},B}}{T}\right)^3 - \cdots\right]
\end{aligned}
\tag{1.71}
$$

式中，

$$A_{\mathrm{m},B} = \Delta G_{\mathrm{m},B(气泡核)}$$

为式 (1.69)；V 为均匀成核的液体体积；$N_{B(\mathrm{l})}$ 为液体 B 的物质的量。

液体非均匀形成气泡核的速率为

$$
\begin{aligned}
\frac{\mathrm{d}N_{B(气泡核)}}{\mathrm{d}t} &= \Omega j_B \\
&= \Omega\left[-l_1\left(\frac{A_{\mathrm{m},B}}{T}\right) - l_2\left(\frac{A_{\mathrm{m},B}}{T}\right)^2 - l_3\left(\frac{A_{\mathrm{m},B}}{T}\right)^3 - \cdots\right]
\end{aligned}
\tag{1.72}
$$

式中，$A_{\mathrm{m},B} = \Delta G_{\mathrm{m},B}$，为式 (1.69)；$\Omega$ 为非均匀成核的容器壁面积；$N_{B(气泡核)}$ 为形成气泡的物质的量。

由

$$N_{B(气泡核)}M_B = \tilde{N}_{B(气泡核)}V_{B(气泡核)}\rho_{B(气泡核)}$$

得

$$\tilde{N}_{B(气泡核)} = \frac{N_{B(气泡核)}M_B}{V_{B(气泡核)}\rho_{B(气泡核)}} \tag{1.73}$$

式中，M_B 为组元 B 的摩尔质量；$\tilde{N}_{B(气泡核)}$ 为气泡核的个数；$V_{B(气泡核)}$ 为一个气泡核的体积；$\rho_{B(气泡核)}$ 为气泡核的密度。

将式 (1.73) 对时间求导，得

$$\frac{\mathrm{d}\tilde{N}_{B(气泡核)}}{\mathrm{d}t} = \frac{M_B}{V_{B(气泡核)}\rho_{B(气泡核)}}\frac{\mathrm{d}N_{B(气泡核)}}{\mathrm{d}t} \tag{1.74}$$

在恒温恒压条件下，液体均匀形核的速率为

$$
\begin{aligned}
\frac{\mathrm{d}\tilde{N}_{B(气泡核)}}{\mathrm{d}t} &= \frac{M_B V}{V_{B(气泡核)}\rho_{B(气泡核)}} j_B = \frac{M_B V}{V_{B(气泡核)}\rho_{B(气泡核)}} \\
&\quad \times\left[-l_1\left(\frac{A_{\mathrm{m},B}}{T}\right) - l_2\left(\frac{A_{\mathrm{m},B}}{T}\right)^2 - l_3\left(\frac{A_{\mathrm{m},B}}{T}\right)^3 - \cdots\right]
\end{aligned}
\tag{1.75}
$$

在恒温恒压条件下，液体非均匀形成气泡核的速率为

$$\begin{aligned}\frac{\mathrm{d}\tilde{N}_{B(\text{气泡核})}}{\mathrm{d}t} &= \frac{M_B\Omega}{V_{B(\text{气泡核})}\rho_{B(\text{气泡核})}}j_B = \frac{M_B\Omega}{V_{B(\text{气泡核})}\rho_{B(\text{气泡核})}} \\ &\quad\times\left[-l_1\left(\frac{A_{\mathrm{m},B}}{T}\right)-l_2\left(\frac{A_{\mathrm{m},B}}{T}\right)^2-l_3\left(\frac{A_{\mathrm{m},B}}{T}\right)^3-\cdots\right]\end{aligned} \tag{1.76}$$

1.4 多元溶液形成气泡核

1.4.1 溶液中一个组元形成气泡核

在恒温恒压条件下，多元溶液中一个组元形成气泡核，可以表示为

$$(B) \rightleftharpoons (B)_{\mathrm{g},\text{饱}} = B(\text{气泡核})$$

式中，(B) 为溶液中的组元 B；$(B)_{\mathrm{g},\text{饱}}$ 为溶液中组元 B 的饱和蒸气压；B (气泡核) 为气泡核的组元 B。

1. 形成气泡核的热力学

组元 B 以一个标准大气压为标准状态，形成气泡核的摩尔吉布斯自由能变化为

$$\begin{aligned}\Delta G_{\mathrm{m},B(\text{气泡核})} &= \mu_{B(\text{气泡核})} - \mu_{(B)_{\mathrm{g},\text{饱}}} = RT\ln\frac{p_{B(\text{气泡核})}}{p_{(B)_\text{饱}}} \\ &= RT\ln\frac{p_{B,\text{临}}}{p_{(B)_\text{饱}}} = RT\ln\frac{p_\text{阻}}{p_{(B)_\text{饱}}}\end{aligned} \tag{1.77}$$

式中，

$$\mu_{B(\text{气泡核})} = \mu^\theta_{B(\mathrm{g})} + RT\ln p_{B(\text{气泡核})} = \mu^\theta_{B(\mathrm{g})} + RT\ln p_{B,\text{临}} = \mu^\theta_{B(\mathrm{g})} + RT\ln p_\text{阻}$$

$$\mu_{(B)_{\mathrm{g},\text{饱}}} = \mu^\theta_{B(\mathrm{g})} + RT\ln p_{(B)_\text{饱}}$$

$p_{B,\text{临}}$ 为等于外界阻力的气泡核内气体的压力，其值与外界阻力相等，即

$$p_{B(\text{气泡核})} = p_{B,\text{临}} = p_\text{阻}$$

外界阻力为

$$p_\text{阻} = p_\mathrm{g} + \rho_\mathrm{l}gh + p_\text{附}$$

$$p_\text{附} = \frac{2\sigma}{R}$$

$$\rho_\mathrm{l} = \sum_{i=1}^n\frac{W_i}{V} = \sum_{i=1}^n\frac{N_iM_i}{V}$$

式中，W_i 为溶液中组元 i 的质量；N_i 为组元 i 的物质的量；M_i 为组元 i 的摩尔质量；ρ_l 为溶液密度。

根据拉乌尔定律，

$$p_{(B)_{饱}} = a_{(B)}^{\text{R}} p_B^* \tag{1.78}$$

式中，$a_{(B)}^{\text{R}}$ 为溶液中组元 B 的活度；p_B^* 为纯液态组元 B 的蒸气压。

将式 (1.78) 代入式 (1.77)，得

$$\Delta G_{\text{m},B(\text{气泡核})} = RT \ln \frac{p_{阻}}{a_{(B)}^{\text{R}} p_B^*} \tag{1.79}$$

2. 形成气泡核的速率

在恒温恒压条件下，溶液中一个组元形成气泡核的速率为

$$\begin{aligned} -\frac{\mathrm{d}N_{(B)}}{\mathrm{d}t} &= \frac{\mathrm{d}N_{B(\text{气泡核})}}{\mathrm{d}t} = Vj \\ &= V\left[-l_1\left(\frac{A_{\text{m},B}}{T}\right) - l_2\left(\frac{A_{\text{m},B}}{T}\right)^2 - l_3\left(\frac{A_{\text{m},B}}{T}\right)^3 - \cdots\right] \end{aligned} \tag{1.80}$$

式中，

$$A_{\text{m},B} = \Delta G_{\text{m},B(\text{气泡核})}$$

为式 (1.79)；N_B 为溶液中组元 B 的物质的量；$N_{B(\text{气泡核})}$ 为形成气泡核的物质的量。

1.4.2　溶液中多个组元共同形成气泡核

在恒温恒压条件下，多元溶液中 r 个组元共同形成气泡核，可以表示为

$$(i) \rightleftharpoons (i)_{\text{g},饱} = (i)_{\text{气泡核}}$$

$$(i = 1, 2, 3, \cdots, r)$$

式中，(i) 为溶液中的组元 i；$(i)_{\text{g},饱}$ 为溶液中组元 i 的饱和蒸气压；$(i)_{\text{气泡核}}$ 为气泡核中的组元 i。

1. 形成气泡核的热力学

气体以一个标准大气压的组元 i 为标准状态，形成气泡核过程的摩尔吉布斯自由能变化为

$$\begin{aligned} \Delta G_{\text{m},(i)_{\text{气泡核}}} &= \mu_{(i)_{\text{气泡核}}} - \mu_{(i)_{\text{g},饱}} \\ &= RT \ln \frac{p_{(i)_{\text{气泡核}}}}{p_{(i)_{饱}}} = RT \ln x_i \frac{p_{临}}{p_{(i)_{饱}}} = RT \ln \frac{x_i p_{阻}}{p_{(i)_{饱}}} \end{aligned} \tag{1.81}$$

式中，

$$\mu_{(i)_{气泡核}} = \mu_{i(\mathrm{g})}^{\theta} + RT\ln\frac{p_{(i)_{气泡核}}}{p_{(i)_{饱}}} = \mu_{i(\mathrm{g})}^{\theta} + RT\ln x_i p_{临} = \mu_{i(\mathrm{g})}^{\theta} + RT\ln\frac{x_i p_{阻}}{p_{(i)_{饱}}}$$

$$\mu_{(i)_{\mathrm{g},饱}} = \mu_{i(\mathrm{g})}^{\theta} + RT\ln p_{(i)_{饱}}$$

其中，$p_{(i)_{气泡核}} = p_{i,临}$ 为气泡核的气体压力，其值与外界阻力乘以气泡核中组元 i 的摩尔分数相等，即

$$p_{气泡核} = p_{临} = p_{阻}$$

$$p_{(i)气泡核} = x_i p_{气泡核} = x_i p_{临} = x_i p_{阻}$$

$$p_{(i)_{气泡核}} = p_{i,临} = x_i p_{阻}$$

$$p_{i,临} = x_i p_{临}$$

外界阻力为

$$p_{阻} = p_{\mathrm{g}} + \rho_{\mathrm{l}} gh + p_{附}$$

$$p_{附} = \frac{2\sigma}{R}$$

$$\rho_{\mathrm{l}} = \frac{1}{V}\sum_{i=1}^{n} W_i = \frac{1}{V}\sum_{i=1}^{n} N_i M_i$$

其中，n 为溶液中全部组元数；W_i 为组元 i 的质量；N_i 是组元 i 的物质的量；M_i 是组元 i 的摩尔质量。

根据拉乌尔定律，

$$p_{(i)_{饱}} = a_{(i)}^{\mathrm{R}} p_i^* \tag{1.82}$$

式中，$a_{(i)}^{\mathrm{R}}$ 为溶液中组元 i 的活度；p_i^* 为纯液态组元 i 的蒸气压。

将式 (1.82) 代入式 (1.81)，得

$$\Delta G_{\mathrm{m},(i)_{气泡核}} = RT\ln\frac{p_{阻}}{a_{(i)}^{\mathrm{R}} p_i^*} \tag{1.83}$$

$$\begin{aligned}\Delta G_{\mathrm{m},(i)_{气泡核}} &= \sum_{i=1}^{r} x_i \Delta G_{\mathrm{m},(i)_{气泡核}} \\ &= \sum_{i=1}^{r} x_i RT\ln\frac{p_{(i)_{气泡核}}}{p_{(i)_{饱}}}\end{aligned} \tag{1.84}$$

也可以如下计算：

$$\Delta G_{\mathrm{m},(i)_{气泡核}}(T) = \overline{G}_{\mathrm{m},(i)_{气泡核}}(T) - \overline{G}_{\mathrm{m},(i)_{g,饱}}(T)$$

$$
\begin{aligned}
&= (\overline{H}_{\mathrm{m},(i)_{\text{气泡核}}}(T) - T\overline{S}_{\mathrm{m},(i)_{\text{气泡核}}}(T)) - (\overline{H}_{\mathrm{m},(i)_{g,\text{饱}}}(T) - T\overline{S}_{\mathrm{m},(i)_{g,\text{饱}}}(T)) \\
&= (\overline{H}_{\mathrm{m},(i)_{\text{气泡核}}}(T) - \overline{H}_{\mathrm{m},(i)_{g,\text{饱}}}(T)) - T(\overline{S}_{\mathrm{m},(i)_{\text{气泡核}}}(T) - \overline{S}_{\mathrm{m},(i)_{g,\text{饱}}}(T)) \\
&= \Delta\overline{H}_{\mathrm{m},(i)_{\text{气泡核}}}(T) - T\Delta\overline{S}_{\mathrm{m},(i)_{\text{气泡核}}}(T) \qquad (1.85) \\
&\approx \Delta\overline{H}_{\mathrm{m},(i)_{\text{气泡核}}}(T_{\text{平}}) - T\Delta\overline{S}_{\mathrm{m},(i)_{\text{气泡核}}}(T_{\text{平}}) \\
&= \Delta\overline{H}_{\mathrm{m},(i)_{\text{气泡核}}}(T_{\text{平}}) - \frac{T\Delta\overline{H}_{\mathrm{m},(i)_{\text{气泡核}}}(T_{\text{平}})}{T_{\text{平}}} \\
&= \frac{\Delta\overline{H}_{\mathrm{m},(i)_{\text{气泡核}}}(T_{\text{平}})\Delta T}{T_{\text{平}}}
\end{aligned}
$$

式中，$T_{\text{平}}$ 为形成气泡核达到平衡的温度；$\Delta\overline{H}_{\mathrm{m},(i)_{\text{气泡核}}}$ 和 $\Delta\overline{S}_{\mathrm{m},(i)_{\text{气泡核}}}$ 分别为形成气泡核的焓变和熵变。

$$
\Delta T = T_{\text{平}} - T
$$

2. 形成气泡核的速率

在恒温恒压条件下，不考虑耦合作用，溶液中多个组元共同形成气泡核的速率为

$$
\begin{aligned}
-\frac{\mathrm{d}N_{(i)}}{\mathrm{d}t} &= \frac{\mathrm{d}N_{(i)_{\text{气泡核}}}}{\mathrm{d}t} = \Omega j_j \\
&= \Omega\left[-l_{i1}\left(\frac{A_{\mathrm{m},i}}{T}\right) - l_{i2}\left(\frac{A_{\mathrm{m},i}}{T}\right)^2 - l_{i3}\left(\frac{A_{\mathrm{m},i}}{T}\right)^3 - \cdots\right]
\end{aligned} \tag{1.86}
$$

$$
(i = 1, 2, 3, \cdots, r)
$$

$$
\begin{aligned}
-\frac{\mathrm{d}N_{(i)}}{\mathrm{d}t} &= \frac{\mathrm{d}N_{(i)_{\text{气泡核}}}}{\mathrm{d}t} = Vj_j \\
&= V\left[-l_{i1}\left(\frac{A_{\mathrm{m},i}}{T}\right) - l_{i2}\left(\frac{A_{\mathrm{m},i}}{T}\right)^2 - l_{i3}\left(\frac{A_{\mathrm{m},i}}{T}\right)^3 - \cdots\right]
\end{aligned} \tag{1.87}
$$

$$
(i = 1, 2, 3, \cdots, r)
$$

考虑耦合作用

$$
\begin{aligned}
-\frac{\mathrm{d}N_{(i)}}{\mathrm{d}t} = \frac{\mathrm{d}N_{(i)_{\text{气泡核}}}}{\mathrm{d}t} = \Omega j_j = \Omega\Bigg[&-\sum_{k=1}^{r} l_{ik}\left(\frac{A_{\mathrm{m},k}}{T}\right) \\
&-\sum_{k=1}^{r}\sum_{l=1}^{r} l_{ikl}\left(\frac{A_{\mathrm{m},k}}{T}\right)\left(\frac{A_{\mathrm{m},l}}{T}\right) \\
&-\sum_{k=1}^{r}\sum_{l=1}^{r}\sum_{h=1}^{r} l_{iklh}\left(\frac{A_{\mathrm{m},k}}{T}\right)\left(\frac{A_{\mathrm{m},l}}{T}\right)\left(\frac{A_{\mathrm{m},h}}{T}\right) - \cdots\Bigg]
\end{aligned} \tag{1.88}
$$

$$(i=1,2,3,\cdots,r)$$

$$\begin{aligned}
-\frac{\mathrm{d}N_{(i)}}{\mathrm{d}t}=\frac{\mathrm{d}N_{(i)\text{气泡核}}}{\mathrm{d}t}=Vj_j=V\Bigg[&-\sum_{k=1}^{r}l_{ik}\left(\frac{A_{\mathrm{m},k}}{T}\right)\\
&-\sum_{k=1}^{r}\sum_{l=1}^{r}l_{ikl}\left(\frac{A_{\mathrm{m},k}}{T}\right)\left(\frac{A_{\mathrm{m},l}}{T}\right)\\
&-\sum_{k=1}^{r}\sum_{l=1}^{r}\sum_{h=1}^{r}l_{iklh}\left(\frac{A_{\mathrm{m},k}}{T}\right)\left(\frac{A_{\mathrm{m},l}}{T}\right)\left(\frac{A_{\mathrm{m},h}}{T}\right)-\cdots\Bigg]
\end{aligned}\tag{1.89}$$

$$(i=1,2,3,\cdots,r)$$

式中，

$$A_{\mathrm{m},i}=\Delta G_{\mathrm{m},(i)\text{气泡核}}$$

为式 (1.83)。

形成气泡核的数量

$$\sum_{i=1}^{r}N_{(i)}M_i=\sum_{i=1}^{r}N_{(i)\text{气泡核}}M_i=\tilde{N}_{\text{气泡核}}V_{\text{气泡核}}\rho_{\text{气泡核}}$$

不考虑耦合作用对 t 求导，有

$$\begin{aligned}
\frac{\mathrm{d}\tilde{N}_{\text{气泡核}}}{\mathrm{d}t}&=\frac{1}{V_{\text{气泡核}}\rho_{\text{气泡核}}}\sum_{i=1}^{r}M_i\frac{\mathrm{d}N_{(i)}}{\mathrm{d}t}\\
&=\frac{1}{V_{\text{气泡核}}\rho_{\text{气泡核}}}\sum_{i=1}^{r}M_i\frac{\mathrm{d}N_{(i)\text{气泡核}}}{\mathrm{d}t}\\
&=\frac{V}{V_{\text{气泡核}}\rho_{\text{气泡核}}}\sum_{i=1}^{r}M_ij_i=\frac{V}{V_{\text{气泡核}}\rho_{\text{气泡核}}}\sum_{i=1}^{r}M_i\\
&\quad\times\left[-l_{i1}\left(\frac{A_{\mathrm{m},k}}{T}\right)-l_{i2}\left(\frac{A_{\mathrm{m},k}}{T}\right)^2-l_{i3}\left(\frac{A_{\mathrm{m},k}}{T}\right)^3\cdots\right]
\end{aligned}\tag{1.90}$$

考虑耦合作用对 t 求导，有

$$\begin{aligned}
\frac{\mathrm{d}\tilde{N}_{\text{气泡核}}}{\mathrm{d}t}=\frac{1}{V_{\text{气泡核}}\rho_{\text{气泡核}}}\sum_{i=1}^{r}M_i\Bigg[&-\sum_{k=1}^{r}l_{ik}\left(\frac{A_{\mathrm{m},k}}{T}\right)\\
&-\sum_{k=1}^{r}\sum_{l=1}^{r}l_{ikl}\left(\frac{A_{\mathrm{m},k}}{T}\right)\left(\frac{A_{\mathrm{m},l}}{T}\right)\\
&-\sum_{k=1}^{r}\sum_{l=1}^{r}\sum_{h=1}^{r}l_{iklh}\left(\frac{A_{\mathrm{m},k}}{T}\right)\left(\frac{A_{\mathrm{m},l}}{T}\right)\left(\frac{A_{\mathrm{m},h}}{T}\right)-\cdots\Bigg]
\end{aligned}\tag{1.91}$$

式中，$N_{(i)}$ 为溶液中组元 i 的物质的量，$N_{(i)_{气泡核}}$ 为全部气泡核中组元 i 的物质的量；$\tilde{N}_{气泡核}$ 为全部气泡核的个数；M_i 为组元 i 的摩尔质量；$V_{气泡核}$ 为一个气泡核的体积；$\rho_{气泡核}$ 为气泡核的密度。

第 2 章　气 体 冷 凝

气体变成液体的过程叫冷凝或液化。例如，水蒸气变成水，空气液化，金属蒸气变成液态金属等。

温度一定，液体有一定的平衡气压，叫做饱和气体压力。气体的压力超过了平衡压力，就会变成液体。

2.1　纯气体冷凝

2.1.1　冷凝过程的热力学

在一定的温度和压力条件下，一种纯气体转变成液体的过程可以表示为

$$B\,(\mathrm{g}) \;=\!=\!=\; B\,(\mathrm{l})$$

达到平衡状态，有

$$B\,(\mathrm{g}) \rightleftharpoons B\,(\mathrm{l})$$

气体以一个标准大气压的组元 B 为标准状态，液体以纯液态组元 B 为标准状态，冷凝过程的摩尔吉布斯自由能变化为

$$\begin{aligned}\Delta G_{\mathrm{m},B} &= \mu_{B(\mathrm{l})} - \mu_{B(\mathrm{g})} \\ &= \Delta G^{\theta}_{\mathrm{m},B} - RT\ln p_B\end{aligned} \tag{2.1}$$

式中，

$$\mu_{B(\mathrm{l})} = \mu^*_{B(\mathrm{l})}$$

$$\mu_{B(\mathrm{g})} = \mu^{\theta}_{B(\mathrm{g})} + RT\ln p_B$$

$$\Delta G^{\theta}_{\mathrm{m},B} = \mu^*_{B(\mathrm{l})} - \mu^{\theta}_{B(\mathrm{g})} = -RT\ln K = RT\ln p^*_B \tag{2.2}$$

其中，p^*_B 是纯组元 B 的饱和蒸气压。

将式 (2.2) 代入式 (2.1)，得

$$\Delta G_{\mathrm{m},B} = RT\ln\frac{p^*_B}{p_B} \tag{2.3}$$

$p^*_B = p_B$，$\Delta G_{\mathrm{m},B} = 0$，气–液两相平衡；

$p_B^* < p_B$，$\Delta G_{\mathrm{m},B} < 0$，气体变成液体；

$p_B^* > p_B$，$\Delta G_{\mathrm{m},B} > 0$，液体变成气体。

也可以如下计算：

在温度 $T_{平}$，气–液两相达成平衡，降低温度到 T，气体变成液体，冷凝过程的摩尔吉布斯自由能变化为

$$\begin{aligned}
\Delta G_{\mathrm{m},B}(T) &= G_{\mathrm{m},B(\mathrm{l})}(T) - G_{\mathrm{m},B(\mathrm{g})}(T) \\
&= \left(H_{\mathrm{m},B(\mathrm{l})}(T) - TS_{\mathrm{m},B(\mathrm{l})}(T)\right) - \left(H_{\mathrm{m},B(\mathrm{g})}(T) - TS_{\mathrm{m},B(\mathrm{g})}(T)\right) \\
&\quad - T\left(S_{\mathrm{m},B(\mathrm{g})}(T) - S_{\mathrm{m},B(\mathrm{g})}(T)\right) \\
&= \left(H_{\mathrm{m},B(\mathrm{g})}(T) - H_{\mathrm{m},B(\mathrm{g})}(T)\right) \\
&= \Delta H_{\mathrm{m},B}(T) - T\Delta S_{\mathrm{m},B}(T) \\
&\approx \Delta H_{\mathrm{m},B}(T_{平}) - T\Delta S_{\mathrm{m},B}(T_{平}) \\
&= \Delta H_{\mathrm{m},B}(T_{平}) - T\frac{\Delta H_{\mathrm{m},B}(T_{平})}{T_{平}} \\
&= \frac{\Delta H_{\mathrm{m},B}(T_{平})\Delta T}{T_{平}}
\end{aligned} \tag{2.4}$$

式中，

$$T_{平} > T$$

$$\Delta T = T_{平} - T > 0$$

$\Delta H_{\mathrm{m},B}(T)$ 为气体组元 B 的冷凝热，为负值。

$$\Delta H_{\mathrm{m},B}(T) \approx \Delta H_{\mathrm{m},B}(T_{平})$$

$$\Delta S_{\mathrm{m},B}(T) \approx \Delta S_{\mathrm{m},B}(T_{平}) = \frac{\Delta H_{\mathrm{m},B}(T_{平})}{T_{平}}$$

如果温度 T 和 $T_{平}$ 相差大，则有

$$\Delta H_{\mathrm{m},B}(T) = \Delta H_{\mathrm{m},B}(T_{平}) + \int_{T_{平}}^{T} \Delta C_{p,B}\mathrm{d}T$$

$$\Delta S_{\mathrm{m},B}(T) = \Delta S_{\mathrm{m},B}(T_{平}) + \int_{T_{平}}^{T} \frac{\Delta C_{p,B}}{T}\mathrm{d}T$$

2.1.2　冷凝过程的速率

在恒温恒压条件下，纯组元 B 的冷凝速率为

$$\frac{\mathrm{d}N_{B(\mathrm{l})}}{\mathrm{d}t} = Vj = V\left[-l_1\left(\frac{A_{\mathrm{m},B}}{T}\right) - l_2\left(\frac{A_{\mathrm{m},B}}{T}\right)^2 - l_3\left(\frac{A_{\mathrm{m},B}}{T}\right)^3 - \cdots\right] \tag{2.5}$$

式中，V 为气体的体积；

$$A_{\mathrm{m},B} = \Delta G_{\mathrm{m},B}$$

为式 (2.3) 或式 (2.4)。

2.2 多组元气体冷凝

2.2.1 一种气体冷凝

1. 冷凝过程的热力学

在恒温恒压条件下，混合气体中一种气体由气态转变为溶液，可以表示为

$$(B)_{\mathrm{g}} === (B)$$

达到平衡，有

$$(B)_{\mathrm{g}} \rightleftharpoons (B)$$

冷凝过程的摩尔吉布斯自由能变化为

$$\Delta G_{\mathrm{m},B} = \mu_{(B)} - \mu_{(B)_{\mathrm{g}}} \tag{2.6}$$

(1) 气体组元 B 以一个标准大气压的组元 B 为标准状态，液体组元以纯液体组元 B 为标准状态，浓度以摩尔分数表示，则

$$\mu_{(B)} = \mu^*_{B(\mathrm{l})} + RT\ln a^{\mathrm{R}}_{(B)} \tag{2.7}$$

$$\mu_{(B)\mathrm{g}} = \mu^\theta_{B(\mathrm{g})} + RT\ln p_{(B)} \tag{2.8}$$

将式 (2.7)、式 (2.8) 代入式 (2.6)，得

$$\Delta G_{\mathrm{m},B} = \Delta G^\theta_{\mathrm{m},B} + RT\ln\frac{a^{\mathrm{R}}_{(B)}}{p_{(B)}} \tag{2.9}$$

式中，

$$\Delta G^\theta_{\mathrm{m},B} = \mu^*_{B(\mathrm{l})} - \mu^\theta_{B(\mathrm{g})} = -RT\ln K \tag{2.10}$$

$$K = \frac{a'^{\mathrm{R}}_{(B)}}{p'_{(B)}} \tag{2.11}$$

式中，$a'^{\mathrm{R}}_{(B)}$ 和 $p'_{(B)}$ 为平衡状态值。

根据拉乌尔定律，在平衡状态，有

$$p'_{(B)} = a'^{\mathrm{R}}_{(B)}p^*_B \tag{2.12}$$

式中，p_B^* 为纯液体组元 B 的蒸气压。

将式 (2.12) 代入式 (2.11)，得

$$K = \frac{1}{p_B^*} \tag{2.13}$$

将式 (2.13) 代入式 (2.10)，得

$$\Delta G_{\mathrm{m},B}^{\theta} = -RT\ln\frac{1}{p_B^*} \tag{2.14}$$

因此

$$\Delta G_{\mathrm{m},B} = RT\ln\frac{p_B^* a_{(B)}^{\mathrm{R}}}{p_{(B)}} \tag{2.15}$$

$p_B^* a_{(B)}^{\mathrm{R}} = p_{(B)}$，$\Delta G_{\mathrm{m},B} = 0$，气–液两相平衡；
$p_B^* a_{(B)}^{\mathrm{R}} > p_{(B)}$，$\Delta G_{\mathrm{m},B} > 0$，液体变成气体；
$p_B^* a_{(B)}^{\mathrm{R}} < p_{(B)}$，$\Delta G_{\mathrm{m},B} < 0$，气体变成液体。

(2) 液相组元 B 以符合亨利定律的假想的纯液态 B 为标准状态，浓度以摩尔分数表示，气相组元 B 以一个标准大气压的组元 B 为标准状态，则

$$\mu_{(B)} = \mu_{B(x)}^{\theta} + RT\ln a_{(B)_x}^{\mathrm{H}} \tag{2.16}$$

将式 (2.16) 和式 (2.8) 代入式 (2.6)，得

$$\Delta G_{\mathrm{m},B} = \Delta G_{\mathrm{m},B}^{\theta} + RT\ln\frac{a_{(B)_x}^{\mathrm{H}}}{p_{(B)}} \tag{2.17}$$

式中，

$$\Delta G_{\mathrm{m},B}^{\theta} = \mu_{B(x)}^{\theta} - \mu_{B(\mathrm{g})}^{\theta} = -RT\ln K' \tag{2.18}$$

其中，

$$K' = \frac{a'^{\mathrm{H}}_{(B)_x}}{p'_{(B)}} \tag{2.19}$$

这里，$a'^{\mathrm{H}}_{(B)_x}$ 和 $p'_{(B)}$ 为平衡状态值。根据亨利定律，有

$$a'^{\mathrm{H}}_{(B)_x} = \frac{p'_{(B)}}{k_{\mathrm{H}x}} \tag{2.20}$$

式中，$k_{\mathrm{H}x}$ 为亨利定律常数。将式 (2.20) 代入式 (2.19)，得

$$K' = \frac{1}{k_{\mathrm{H}x}} \tag{2.21}$$

将式 (2.21) 代入式 (2.18)，得

$$\Delta G^{\theta}_{\mathrm{m},B} = RT\ln\frac{1}{k_{\mathrm{H}x}} \tag{2.22}$$

因此

$$\Delta G_{\mathrm{m},B} = RT\ln\frac{k_{\mathrm{H}x}a^{\mathrm{H}}_{(B)_x}}{p_{(B)}} \tag{2.23}$$

$k_{\mathrm{H}x}a^{\mathrm{H}}_{(B)_x} = p_{(B)}$，$\Delta G_{\mathrm{m},B} = 0$，气–液两相平衡；
$k_{\mathrm{H}x}a^{\mathrm{H}}_{(B)_x} > p_{(B)}$，$\Delta G_{\mathrm{m},B} > 0$，液体变成气体；
$k_{\mathrm{H}x}a^{\mathrm{H}}_{(B)_x} < p_{(B)}$，$\Delta G_{\mathrm{m},B} < 0$，气体变成液体。

(3) 液相组元 B 以符合亨利定律的假想的 $w(B)/w^{\theta} = 1$ 的溶液为标准状态，浓度以质量分数表示，气相组元 B 以一个标准大气压的组元 B 为标准状态，则

$$\mu_{(B)} = \mu^{\theta}_{B(w)} + RT\ln a^{\mathrm{H}}_{(B)w} \tag{2.24}$$

将式 (2.24) 和式 (2.8) 代入式 (2.6)，得

$$\Delta G_{\mathrm{m},B} = \Delta G^{\theta}_{\mathrm{m},B} + RT\ln\frac{a^{\mathrm{H}}_{(B)w}}{p_{(B)}} \tag{2.25}$$

式中，

$$\Delta G^{\theta}_{\mathrm{m},B} = \mu^{\theta}_{B(w)} - \mu^{\theta}_{B(\mathrm{g})} = -RT\ln K'' \tag{2.26}$$

其中，

$$K'' = \frac{a'^{\mathrm{H}}_{(B)w}}{p'_{(B)}} \tag{2.27}$$

这里，$a'^{\mathrm{H}}_{(B)w}$ 和 $p'_{(B)}$ 为平衡状态值，根据亨利定律有

$$a'^{\mathrm{H}}_{(B)w} = \frac{p'_{(B)}}{k_{\mathrm{H}w}} \tag{2.28}$$

将式 (2.28) 代入式 (2.27)，得

$$K'' = \frac{1}{k_{\mathrm{H}w}} \tag{2.29}$$

将式 (2.29) 代入式 (2.26)，得

$$\Delta G^{\theta}_{\mathrm{m},B} = -RT\ln\frac{1}{k_{\mathrm{H}w}}$$

因此

$$\Delta G_{\mathrm{m},B} = RT\ln\frac{k_{\mathrm{H}w}a^{\mathrm{H}}_{(B)w}}{p_{(B)}} \tag{2.30}$$

也可以如下计算：

在温度 $T_平$，气–液两相平衡共存，降低温度到 T，平衡蒸气压降低，实际气压高于平衡蒸气压，气体冷凝成液体。冷凝过程的摩尔吉布斯自由能变化为

$$\begin{aligned}\Delta G_{\mathrm{m},B}(T) &= \bar{G}_{\mathrm{m},(B)}(T) - \bar{G}_{\mathrm{m},(B)\mathrm{g}}(T) \\ &= \left(\bar{H}_{\mathrm{m},(B)}(T) - T\bar{S}_{\mathrm{m},(B)}(T)\right) - \left(\bar{H}_{\mathrm{m},(B)\mathrm{g}}(T) - T\bar{S}_{\mathrm{m},(B)\mathrm{g}}(T)\right) \\ &= \Delta H_{\mathrm{m},B}(T) - T\Delta S_{\mathrm{m},B}(T) \\ &\approx \Delta H_{\mathrm{m},B}(T_平) - T\Delta S_{\mathrm{m},B}(T_平) \\ &= \Delta H_{\mathrm{m},B}(T_平) - T\frac{\Delta H_{\mathrm{m},B}(T_平)}{T_平} \\ &= \frac{\Delta H_{\mathrm{m},B}(T_平)\Delta T}{T}\end{aligned} \tag{2.31}$$

式中，

$$\Delta H_{\mathrm{m},B}(T) \approx \Delta H_{\mathrm{m},B}(T_平) < 0$$

$$\Delta S_{\mathrm{m},B}(T) \approx \Delta S_{\mathrm{m},B}(T_平) = \frac{\Delta H_{\mathrm{m},B}(T_平)}{T_平}$$

$$\Delta T = T_平 - T > 0$$

如果温度 T 和 $T_平$ 相差大，则有

$$\Delta H_{\mathrm{m},B}(T) = \Delta H_{\mathrm{m},B}(T_平) + \int_{T_平}^{T} \Delta C_{p,B}\mathrm{d}T$$

$$\Delta S_{\mathrm{m},B}(T) = \Delta S_{\mathrm{m},B}(T_平) + \int_{T_平}^{T} \frac{\Delta C_{p,B}}{T}\mathrm{d}T$$

2. 冷凝速率

在恒温恒压条件下，混合气体中一个组元冷凝的速率为

$$\frac{\mathrm{d}N_{(B)}}{\mathrm{d}t} = Vj = V\left[-l_1\left(\frac{A_{\mathrm{m},B}}{T}\right) - l_2\left(\frac{A_{\mathrm{m},B}}{T}\right)^2 - l_3\left(\frac{A_{\mathrm{m},B}}{T}\right)^3 - \cdots\right] \tag{2.32}$$

式中，V 为气体的体积；

$$A_{\mathrm{m},B} = \Delta G_{\mathrm{m},B}$$

为式 (2.15)、式 (2.23)、式 (2.30) 或式 (2.31)。

2.2.2 多种气体同时冷凝

1. 冷凝过程的热力学

在恒温恒压条件下，气相中有 r 种气体同时冷凝成液体的过程可以表示为

$$(j)_{\mathrm{g}} = (j)$$

$$(j = 1, 2, \cdots, r)$$

该过程的摩尔吉布斯自由能变化为

$$\Delta G_{\mathrm{m}} = \mu_{(j)} - \mu_{(j)\mathrm{g}} \tag{2.33}$$

(1) 液相组元 j 以纯液态 j 为标准状态，浓度以摩尔分数表示，气相组元 j 以一个标准大气压的组元 j 为标准状态，则

$$\mu_{(j)} = \mu_{j(\mathrm{l})}^{*} + RT \ln a_{(j)}^{\mathrm{R}} \tag{2.34}$$

$$\mu_{(j)\mathrm{g}} = \mu_{j(\mathrm{g})}^{\theta} + RT \ln p_{(j)} \tag{2.35}$$

将式 (2.34) 和式 (2.35) 代入式 (2.33)，得

$$\Delta G_{\mathrm{m},j} = \Delta G_{\mathrm{m},j}^{\theta} + RT \ln \frac{a_{(j)}^{\mathrm{R}}}{p_{(j)}} \tag{2.36}$$

式中，

$$\Delta G_{\mathrm{m},j}^{\theta} = \mu_{j(\mathrm{l})}^{*} - \mu_{j(\mathrm{g})}^{\theta} = -RT \ln K_j \tag{2.37}$$

其中，

$$K_j = \frac{a_{(j)}^{\prime\mathrm{R}}}{p_{(j)}^{\prime}} \tag{2.38}$$

这里，$a_{(j)}^{\prime\mathrm{R}}$ 和 $p_{(j)}^{\prime}$ 为平衡状态值。根据拉乌尔定律，有

$$a_{(j)}^{\prime\mathrm{R}} = \frac{p_{(j)}^{\prime}}{p_j^{*}} \tag{2.39}$$

将式 (2.39) 代入式 (2.38)，得

$$K_j = \frac{1}{p_j^{*}} \tag{2.40}$$

将式 (2.40) 代入式 (2.37)，得

$$\Delta G_{\mathrm{m},j}^{\theta} = RT \ln p_j^{*} \tag{2.41}$$

因此

$$\Delta G_{\mathrm{m},j} = RT \ln \frac{a_{(j)}^{\mathrm{R}} p_j^*}{p_{(j)}} \tag{2.42}$$

(2) 液相组元 j 以符合亨利定律的假想的纯 j 为标准状态，浓度以摩尔分数表示，气相组元 j 以一个标准大气压的组元 j 为标准状态，则

$$\mu_{(j)} = \mu_{j(x)}^{\theta} + RT \ln a_{(j)_x}^{\mathrm{H}} \tag{2.43}$$

将式 (2.43) 和式 (2.35) 代入式 (2.33)，得

$$\Delta G_{\mathrm{m},j} = \Delta G_{\mathrm{m},j}^{\theta} + RT \ln \frac{a_{(j)_x}^{\mathrm{H}}}{p_{(j)}} \tag{2.44}$$

式中，

$$\Delta G_{\mathrm{m},j}^{\theta} = \mu_{j(x)}^{\theta} - \mu_{j(\mathrm{g})}^{\theta} = RT \ln K_j' \tag{2.45}$$

其中，

$$K_j' = \frac{a_{(j)_x}^{\prime\mathrm{H}}}{p_{(j)}'} \tag{2.46}$$

这里，$a_{(j)x}^{\prime\mathrm{H}}$ 和 p_j' 为平衡状态值。根据亨利定律，有

$$a_{(j)_x}^{\prime\mathrm{H}} = \frac{p_{(j)}'}{k_{\mathrm{H}x}} \tag{2.47}$$

将式 (2.47) 代入式 (2.46)，得

$$K_j' = \frac{1}{k_{\mathrm{H}x}} \tag{2.48}$$

将式 (2.48) 代入式 (2.45)，得

$$\Delta G_{\mathrm{m},j}^{\theta} = -RT \ln \frac{1}{k_{\mathrm{H}x}} \tag{2.49}$$

因此

$$\Delta G_{\mathrm{m},j} = RT \ln \frac{k_{\mathrm{H}x} a_{(j)_x}^{\mathrm{H}}}{p_{(j)}} \tag{2.50}$$

(3) 液相组元 j 以符合亨利定律的假想的 $w(j)/w^{\theta} = 1$ 的溶液为标准状态，气相组元 j 以一个标准大气压的组元 j 为标准状态；溶液浓度以质量分数表示，则

$$\mu_{(j)} = \mu_{j(w)}^{\theta} + RT \ln a_{(j)_w}^{\mathrm{H}} \tag{2.51}$$

将式 (2.51) 和式 (2.35) 代入式 (2.33)，得

$$\Delta G_{\mathrm{m},j} = \Delta G_{\mathrm{m},j}^{\theta} + RT \ln \frac{a_{(j)w}^{\mathrm{H}}}{p_{(j)}} \tag{2.52}$$

式中，

$$\Delta G_{\mathrm{m},j}^{\theta} = \mu_{j(w)}^{\theta} - \mu_{j(\mathrm{g})}^{\theta} = -RT \ln K_j'' \tag{2.53}$$

其中，

$$K_j'' = \frac{a_{(j)w}^{\prime\mathrm{H}}}{p_{(j)}'} \tag{2.54}$$

这里，$a_{(j)w}^{\prime\mathrm{H}}$ 和 $p_{(j)}'$ 为平衡状态值，根据亨利定律有

$$a_{(j)_w}^{\prime\mathrm{H}} = \frac{p_{(j)}'}{k_{\mathrm{H}w}} \tag{2.55}$$

将式 (2.55) 代入式 (2.54)，得

$$K_j'' = \frac{1}{k_{\mathrm{H}w}} \tag{2.56}$$

将式 (2.56) 代入式 (2.53)，得

$$\Delta G_{\mathrm{m},j}^{\theta} = -RT \ln \frac{1}{k_{\mathrm{H}w}} \tag{2.57}$$

因此

$$\Delta G_{\mathrm{m},j} = RT \ln \frac{k_{\mathrm{H}w} a_{(j)_w}^{\mathrm{H}}}{p_{(j)}} \tag{2.58}$$

也可以如下计算:

在温度 $T_{平}$，气–液两相达成平衡，降低温度到 T，气体冷凝成液体，冷凝过程的摩尔吉布斯自由能变化为

$$\begin{aligned}
\Delta G_{\mathrm{m},j}(T) &= \bar{G}_{\mathrm{m},(j)}(T) - \bar{G}_{\mathrm{m},(j)_\mathrm{g}}(T) \\
&= \left(\bar{H}_{\mathrm{m},(j)}(T) - T\bar{S}_{\mathrm{m},(j)}(T)\right) - T\left(\bar{H}_{\mathrm{m},(j)_\mathrm{g}}(T) - \bar{S}_{\mathrm{m},(j)_\mathrm{g}}(T)\right) \\
&= \Delta H_{\mathrm{m},j}(T) - T\Delta S_{\mathrm{m},j}(T) \\
&\approx \Delta H_{\mathrm{m},j}(T_{平}) - T\Delta S_{\mathrm{m},j}(T_{平}) \\
&= \Delta H_{\mathrm{m},j}(T_{平}) - T\frac{\Delta H_{\mathrm{m},j}(T_{平})}{T_{平}} \\
&= \frac{\Delta H_{\mathrm{m},j}(T_{平})\Delta T}{T_{平}}
\end{aligned} \tag{2.59}$$

式中，$T_{平} > T$

$$\Delta T = T_{平} - T > 0$$

$\Delta H_{m,j}$ 为气体组元 j 的冷凝热，为负值。

$$\Delta H_{m,j}(T) \approx \Delta H_{m,j}(T_{平})$$

$$\Delta S_{m,j}(T) \approx \Delta S_{m,j}(T_{平}) = \frac{\Delta H_{m,j}(T_{平})}{T_{平}}$$

如果温度 T 和 $T_{平}$ 相差大，则有

$$\Delta \bar{H}_{m,j}(T) = \Delta \bar{H}_{m,j}(T_{平}) + \int_{T_{平}}^{T} \Delta C_{p,j} \mathrm{d}T$$

$$\Delta \bar{S}_{m,j}(T) = \Delta \bar{S}_{m,j}(T_{平}) + \int_{T_{平}}^{T} \frac{\Delta C_{p,j}}{T} \mathrm{d}T$$

2. 多种气体同时冷凝的速率

在恒温恒压条件下，不考虑耦合作用，气体冷凝速率为

$$\begin{aligned}\frac{\mathrm{d}N_{(j)}}{\mathrm{d}t} &= Vj_j \\ &= V\left[-l_1\left(\frac{A_{m,j}}{T}\right) - l_2\left(\frac{A_{m,j}}{T}\right)^2 - l_3\left(\frac{A_{m,j}}{T}\right)^3 - \cdots\right]\end{aligned}$$

考虑耦合作用，冷凝速率为

$$\begin{aligned}\frac{\mathrm{d}N_{(j)}}{\mathrm{d}t} =& Vj_j \\ =& V\left[-\sum_{k=1}^{r} l_{jk}\left(\frac{A_{m,k}}{T}\right) - \sum_{k=1}^{r}\sum_{l=1}^{r} l_{jkl}\left(\frac{A_{m,k}}{T}\right)\left(\frac{A_{m,l}}{T}\right)\right. \\ &\left.-\sum_{k=1}^{r}\sum_{l=1}^{r}\sum_{h=1}^{r} l_{jklh}\left(\frac{A_{m,k}}{T}\right)\left(\frac{A_{m,l}}{T}\right)\left(\frac{A_{m,h}}{T}\right) - \cdots\right]\end{aligned} \tag{2.60}$$

式中，

$$A_{m,j} = \Delta G_{m,j}$$

为式 (2.52) 或式 (2.58)；V 为气体体积。

2.3 纯气体冷凝形成液滴核

2.3.1 气体冷凝形成液滴核的热力学

在恒温恒压条件下，一种过饱和气体冷凝形成液滴核的过程可以表示为

$$B(\text{g},\text{过饱}) \;=\!=\!=\; B(\text{液滴核})$$

过饱和气体降到临界过饱和压力，气体和液滴核达到平衡，就不再产生液滴核。可以表示为

$$B(\text{g},\text{临}) \equiv B(\text{g},\text{过饱}') \rightleftharpoons B(\text{液滴核})$$

但液滴核可以长大，直到气体压力降到饱和气体压力，气–液两相达到平衡。

$$B(\text{g},\text{饱}) \rightleftharpoons B(\text{l})$$

气相组元以一个标准大气压为标准状态，该过程的摩尔吉布斯自由能变化为

$$\begin{aligned}\Delta G_{\text{m},B} &= \mu_{B(\text{液滴核})} - \mu_{B\left(\text{g},\text{过饱}\right)} \\ &= RT\ln\frac{p_{B(\text{液滴核})}}{p_{B(\text{液过饱})}} = RT\ln\frac{p_{B(\text{临})}}{p_{B(\text{过饱})}}\end{aligned} \tag{2.61}$$

式中，

$$\mu_{B(\text{液滴核})} = \mu_{B(\text{g},\text{临})} = \mu^{\theta}_{B(\text{g})} + RT\ln p_{B(\text{液滴核})} = \mu^{\theta}_{B(\text{g})} + RT\ln p_{B(\text{临})}$$

$$\mu_{B\left(\text{g},\text{过饱}\right)} = \mu^{\theta}_{B(\text{g})} + RT\ln p_{B\left(\text{过饱}\right)}$$

其中，$p_{B(\text{临})}$ 为与液滴核平衡的临界过饱和压力；$p_{B(\text{过饱})}$ 为过饱和气体压力。

由式 (2.61) 可见：

$p_{B\left(\text{临}\right)} < p_{B\left(\text{过饱}\right)}$，气体可以自发形成液滴核；

$p_{B\left(\text{临}\right)} = p_{B\left(\text{过饱}\right)}$，气体与液滴核平衡共存；

$p_{B\left(\text{临}\right)} > p_{B\left(\text{过饱}\right)}$，液滴核变成气体。

2.3.2 气体冷凝形成液滴核的速率

在恒温恒压条件下，一种过饱和气体冷凝形成液滴核的速率为

$$\frac{\text{d}N_B}{\text{d}t} = Vj_B = V\left[-l_1\left(\frac{A_{\text{m},B}}{T}\right) - l_2\left(\frac{A_{\text{m},B}}{T}\right)^2 - l_3\left(\frac{A_{\text{m},B}}{T}\right)^3 - \cdots\right] \tag{2.62}$$

式中，N_B 为全部液滴核的物质的量；V 为气体的体积；

$$A_{\mathrm{m},B} = \Delta G_{\mathrm{m},B}$$

为式 (2.61)。

$$N_B M_B = \tilde{N}_{B,\text{液滴核}} V_{B,\text{液滴核}} \rho_{B,\text{液滴核}} \tag{2.63}$$

式中，$\tilde{N}_{B,\text{液滴核}}$ 为液滴核的个数；$V_{B,\text{液滴核}}$ 为一个液滴核的体积 (认为液滴核体积相等)；$\rho_{B,\text{液滴核}}$ 为液滴核的密度；M_B 为 B 的摩尔质量。

将式 (2.63) 对 t 求导，得

$$\begin{aligned}
\frac{\mathrm{d}\tilde{N}_{B,\text{液滴核}}}{\mathrm{d}t} &= \frac{M_B}{V_{B,\text{液滴核}}\rho_{B,\text{液滴核}}}\frac{\mathrm{d}N_B}{\mathrm{d}t} \\
&= \frac{M_B}{V_{B,\text{液滴核}}\rho_{B,\text{液滴核}}} V j_B \\
&= \frac{M_B V}{V_{B,\text{液滴核}}\rho_{B,\text{液滴核}}}\left[-l_1\left(\frac{A_{\mathrm{m},B}}{T}\right)\right. \\
&\quad \left. -l_2\left(\frac{A_{\mathrm{m},B}}{T}\right)^2 - l_3\left(\frac{A_{\mathrm{m},B}}{T}\right)^3 - \cdots\right]
\end{aligned} \tag{2.64}$$

2.4 混合气体冷凝形成液滴核

2.4.1 混合气体中一种气体冷凝形成液滴核

在恒温恒压条件下，多元混合气体中一种过饱和气体冷凝形成液滴核的过程可以表示为

$$(B)_{\mathrm{g},\text{过饱}} =\!=\!= B(\text{液滴核})$$

过饱和气体降到临界过饱和压力，气体和液滴核达成平衡，就不再产生液滴核。可以表示为

$$(B)_{\mathrm{g},\text{过饱}'} =\!=\!= (B)_{\mathrm{g},\text{临}} \rightleftharpoons B(\text{液滴核})$$

此临界过饱和气体，对于液体而言仍是过饱和的，因此，气体继续冷凝成液体，但不是形成液滴核，而是液滴核长大。直到气体压力降到饱和气体压力，气–液两相达成平衡。有

$$(B)_{\mathrm{g},\text{饱}} \rightleftharpoons B(\mathrm{l})$$

1. 形成液滴核的热力学

气体以一个标准大气压的组元 B 为标准状态，液相以纯液体组元 B 为标准状态，冷凝形核过程的摩尔吉布斯自由能变化为

$$\begin{aligned}\Delta G_{\mathrm{m},B} &= \mu_{B(\text{液滴核})} - \mu_{(B)_{\mathrm{g},\text{过饱}}} \\ &= RT\ln\frac{p_{(B)_{\text{液滴核}}}}{p_{(B)_{\text{过饱}}}} = RT\ln\frac{p_{(B)_{\text{过饱}'}}}{p_{(B)_{\text{过饱}}}} = RT\ln\frac{p_{(B)_{\text{临}}}}{p_{(B)_{\text{过饱}}}}\end{aligned} \tag{2.65}$$

式中，

$$\begin{aligned}\mu_{B(\text{液滴核})} &= \mu^{\theta}_{B(\mathrm{g})} + RT\ln p_{(B)_{\text{液滴核}}} \\ &= \mu^{\theta}_{B(\mathrm{g})} + RT\ln p_{(B)_{\text{过饱}'}} = \mu^{\theta}_{B(\mathrm{g})} + RT\ln p_{(B)_{\text{临}}}\end{aligned}$$

$$\mu_{(B)_{\mathrm{g},\text{过饱}}} = \mu^{\theta}_{B(\mathrm{g})} + RT\ln p_{(B)_{\text{过饱}}}$$

其中，$p_{(B)_{\text{液滴核}}}$ 是液滴核的饱和蒸气压，和临界过饱和压力相等；$p_{(B)_{\text{过饱}}}$ 是混合气体中组元 B 的过饱和压力。

2. 一种气体冷凝形成液滴核的速率

在恒温恒压条件下，多元混合气体中只有一种气体冷凝形成液滴核的速率为

$$\begin{aligned}\frac{\mathrm{d}N_{B(\text{液滴核})}}{\mathrm{d}t} &= Vj_B \\ &= V\left[-l_1\left(\frac{A_{\mathrm{m},B}}{T}\right) - l_2\left(\frac{A_{\mathrm{m},B}}{T}\right)^2 - l_3\left(\frac{A_{\mathrm{m},B}}{T}\right)^3 - \cdots\right]\end{aligned} \tag{2.66}$$

式中，$N_{B(\text{液滴核})}$ 为液滴核的物质的量；

$$A_{\mathrm{m},B} = \Delta G_{\mathrm{m},B}$$

为式 (2.65)。

$$N_{B(\text{液滴核})}M_B = \tilde{N}_{B(\text{液滴核})}V_{B(\text{液滴核})}\rho_{B(\text{液滴核})} \tag{2.67}$$

式中，M_B 为液体组元 B 的摩尔质量；$\tilde{N}_{B(\text{液滴核})}$ 为液滴核的个数；$V_{B(\text{液滴核})}$ 为一个液滴核的体积；$\rho_{B(\text{液滴核})}$ 为液滴核的密度。

将式 (2.67) 对时间求导，得

$$\begin{aligned}\frac{\mathrm{d}\tilde{N}_{B(\text{液滴核})}}{\mathrm{d}t} &= \frac{M_B}{V_{B(\text{液滴核})}\rho_{B(\text{液滴核})}}\frac{\mathrm{d}N_{B(\text{液滴核})}}{\mathrm{d}t} \\ &= \frac{M_B}{V_{B,\text{液滴核}}\rho_{B,\text{液滴核}}}Vj_B \\ &= \frac{M_B V}{V_{B(\text{液滴核})}\rho_{B(\text{液滴核})}}\left[-l_1\left(\frac{A_{\mathrm{m},B}}{T}\right)\right. \\ &\quad \left.-l_2\left(\frac{A_{\mathrm{m},B}}{T}\right)^2 - l_3\left(\frac{A_{\mathrm{m},B}}{T}\right)^3 - \cdots\right]\end{aligned} \tag{2.68}$$

2.4.2 多种气体同时冷凝形成液滴核

在恒温恒压条件下，多种混合过饱和气体同时冷凝形成液滴核，可以表示为

$$(j)_{\mathrm{g},\text{过饱}} = (j)_{\text{液滴核}}$$

$$(j = 1, 2, \cdots, r)$$

液滴核与临界压力的过饱和气体达到平衡，可以表示为

$$(j)_{\mathrm{g},\text{过饱}'} = (j)_{\mathrm{g},\text{临}} \rightleftharpoons (j)_{\text{液滴核}}$$

此临界压过饱和气体，对于液体而言仍是过饱和的，会继续冷凝成液体，但不是形成液滴核，而是液滴核长大。直到气体压力降到饱和气体压力，气–液两相达到平衡，有

$$(j)_{\mathrm{g},\text{饱}} \rightleftharpoons (j)$$

1. 形成液滴核的热力学

(1) 气相组元以一个标准大气压为标准状态，形成液滴核的摩尔吉布斯自由能变化为

$$\begin{aligned}\Delta G_{\mathrm{m},(j)_{\text{液滴核}}} &= \mu_{(j)_{\text{液滴核}}} - \mu_{(j)_{\mathrm{g},\text{过饱}}} = RT\ln\left(p_{(j)_{\text{液滴核}}}/p_{(j)_{\text{过饱}}}\right) \\ &= RT\ln\left(p_{(j)_{\text{过饱}'}}/p_{(j)_{\text{过饱}}}\right) = RT\ln\left(p_{(j)_{\text{临}}}/p_{(j)_{\text{过饱}}}\right)\end{aligned} \tag{2.69}$$

式中，

$$
\begin{aligned}
\mu_{(j)_{\text{液滴核}}} &= \mu_{(j)_{\text{g,临}}} \\
&= \mu_{j(\text{g})}^{\theta} + RT\ln p_{(j)_{\text{液滴核}}} \\
&= \mu_{j(\text{g})}^{\theta} + RT\ln p_{(j)_{\text{过饱}'}} \\
&= \mu_{j(\text{g})}^{\theta} + RT\ln p_{(j)_{\text{临}}} \\
\mu_{(j)_{\text{g,过饱}}} &= \mu_{j(\text{g})}^{\theta} + RT\ln p_{(j)_{\text{过饱}}}
\end{aligned}
$$

(2) 气相组元以一个标准大气压的组元 j 为标准状态，液滴中的组元 j 以该种物质的纯液体为标准状态，浓度以摩尔分数表示，有

$$
\Delta G_{\text{m},(j)_{\text{液滴核}}} = \mu_{(j)_{\text{液滴核}}} - \mu_{(j)_{\text{过饱}}} = \Delta G_{\text{m},(j)}^{\theta} + RT\ln\frac{a_{(j)_{\text{液滴核}}}^{\text{R}}}{p_{(j)_{\text{过饱}}}} \tag{2.70}
$$

式中，

$$
\begin{aligned}
\mu_{(j)_{\text{液滴核}}} &= \mu_{j(\text{l})}^{*} + RT\ln a_{(j)_{\text{液滴核}}}^{\text{R}} \\
\mu_{(j)_{\text{过饱}}} &= \mu_{j(\text{g})}^{\theta} + RT\ln p_{(j)_{\text{过饱}}} \\
\Delta G_{\text{m},(j)}^{\theta} &= \mu_{j(\text{l})}^{*} - \mu_{j(\text{g})}^{\theta} = \Delta_{\text{冷凝}} G_{\text{m},j}^{*}
\end{aligned}
$$

$\Delta_{\text{冷凝}} G_{\text{m},j}^{*}$ 为组元 j 的冷凝吉布斯自由能。

将上式代入式 (2.70)，得

$$
\Delta G_{\text{m},(j)_{\text{液滴核}}} = \Delta_{\text{冷凝}} G_{\text{m},j}^{*} + RT\ln\frac{a_{(j)_{\text{液滴核}}}^{\text{R}}}{p_{(j)_{\text{过饱}}}} \tag{2.71}
$$

按各组元摩尔比的总摩尔吉布斯自由能变化为

$$
\Delta G_{\text{m}} = \sum_{j=1}^{r} x_j \Delta G_{\text{m},(j)_{\text{液滴核}}} \tag{2.72}
$$

该过程的总摩尔吉布斯自由能变化为

$$
\Delta G_{\text{m},t} = \sum_{j=1}^{r} N_{(j)_{\text{液滴核}}} \Delta G_{\text{m},(j)_{\text{液滴核}}} \tag{2.73}
$$

式中，x_j 为液滴核中组元 j 的摩尔分数；$N_{(j)_{\text{液滴核}}}$ 为液滴核中组元 j 的物质的量。

由式 (2.71) 可见，

$\Delta G_{\text{m},t} < 0$，体系形核过程可以自发；

$\Delta G_{\text{m},t} = 0$，体系形核过程达成平衡；

$\Delta G_{\text{m},t} > 0$，体系形核的逆向过程自发进行。

也可以如下计算:

$$
\begin{aligned}
\Delta G_{\mathrm{m},(j)_{\text{液滴核}}}(T) &= \overline{G}_{\mathrm{m},(j)_{\text{液滴核}}}(T) - \overline{G}_{\mathrm{m},(j)_{\text{过饱}}}(T) \\
&= (\overline{H}_{\mathrm{m},(j)_{\text{液滴核}}}(T) - T\overline{S}_{\mathrm{m},(j)_{\text{液滴核}}}(T)) - (\overline{H}_{\mathrm{m},(j)_{\text{过饱}}}(T) - T\overline{S}_{\mathrm{m},(j)_{\text{过饱}}}(T)) \\
&= (\overline{H}_{\mathrm{m},(j)_{\text{液滴核}}}(T) - \overline{H}_{\mathrm{m},(j)_{\text{过饱}}}(T)) \\
&\quad - T(\overline{S}_{\mathrm{m},(j)_{\text{液滴核}}}(T) - \overline{S}_{\mathrm{m},(j)_{\text{过饱}}}(T)) \\
&= \Delta\overline{H}_{\mathrm{m},(j)_{\text{液滴核}}}(T) - T\Delta\overline{S}_{\mathrm{m},(j)_{\text{液滴核}}}(T) \\
&\approx \Delta\overline{H}_{\mathrm{m},(j)_{\text{液滴核}}}(T_{\text{平}}) - T\Delta\overline{S}_{\mathrm{m},(j)_{\text{液滴核}}}(T_{\text{平}}) \\
&= \Delta\overline{H}_{\mathrm{m},(j)_{\text{液滴核}}}(T_{\text{平}}) - \frac{T\Delta\overline{H}_{\mathrm{m},(j)_{\text{液滴核}}}(T_{\text{平}})}{T_{\text{平}}} \\
&= \frac{\Delta\overline{H}_{\mathrm{m},(j)_{\text{液滴核}}}(T_{\text{平}})\Delta T}{T_{\text{平}}}
\end{aligned} \tag{2.74}
$$

式中,

$$T_{\text{平}} > T$$

$$\Delta T = T_{\text{平}} - T > 0$$

按各组元的摩尔比的总摩尔吉布斯自由能变化为

$$\Delta G_{\mathrm{m},t} = \sum_{j=1}^{n} x_j \Delta G^{(T)}_{\mathrm{m},(j)_{\text{液滴核}}}$$

该过程总摩尔吉布斯自由能变化为

$$\Delta G_{\mathrm{m},T}(T) = \sum_{j=1}^{r} N_j \Delta G_{\mathrm{m},(j)_{\text{液滴核}}}$$

2. 多种气体同时冷凝形成液滴核的速率

在恒温恒压条件下，r 种过饱和气体同时冷凝形成液滴核，不考虑耦合作用，其中一种的形核速率为

$$
\begin{aligned}
\frac{\mathrm{d}N_j}{\mathrm{d}t} &= Vj_j \\
&= V\left[-l_{j1}\left(\frac{A_{\mathrm{m},j}}{T}\right) - l_{j2}\left(\frac{A_{\mathrm{m},j}}{T}\right)^2 - l_{j3}\left(\frac{A_{\mathrm{m},j}}{T}\right)^3 - \cdots\right]
\end{aligned} \tag{2.75}
$$

考虑耦合作用

$$\begin{aligned}-\frac{\mathrm{d}N_j}{\mathrm{d}t}&=Vj_j\\&=V\left[-\sum_{k=1}^{r}l_{jk}\left(\frac{A_{\mathrm{m},k}}{T}\right)-\sum_{k=1}^{r}\sum_{l=1}^{r}l_{jkl}\left(\frac{A_{\mathrm{m},k}}{T}\right)\left(\frac{A_{\mathrm{m},l}}{T}\right)\right.\\&\quad\left.-\sum_{k=1}^{r}\sum_{l=1}^{r}\sum_{h=1}^{r}l_{jklh}\left(\frac{A_{\mathrm{m},k}}{T}\right)\left(\frac{A_{\mathrm{m},l}}{T}\right)\left(\frac{A_{\mathrm{m},h}}{T}\right)-\cdots\right]\end{aligned}\tag{2.76}$$

在恒温恒压条件下，r 种过饱和气体同时冷凝形成液滴核的速率为

$$\begin{aligned}\sum_{j=1}^{r}\frac{\mathrm{d}N_{(j)_{\text{液滴核}}}}{\mathrm{d}t}&=V\sum_{j=1}^{r}j_j=V\sum_{j=1}^{r}\left[-l_{j1}\left(\frac{A_{\mathrm{m},j}}{T}\right)\right.\\&\quad\left.-l_{j2}\left(\frac{A_{\mathrm{m},j}}{T}\right)^2-l_{j3}\left(\frac{A_{\mathrm{m},j}}{T}\right)^3-\cdots\right]\end{aligned}\tag{2.77}$$

$$\begin{aligned}\sum_{j=1}^{r}\frac{\mathrm{d}N_{(j)_{\text{液滴核}}}}{\mathrm{d}t}&=V\sum_{j=1}^{r}j_j\\&=V\sum_{j=1}^{r}\left[-\sum_{k=1}^{r}l_{jk}\left(\frac{A_{\mathrm{m},k}}{T}\right)-\sum_{k=1}^{r}\sum_{l=1}^{r}l_{jkl}\left(\frac{A_{\mathrm{m},k}}{T}\right)\left(\frac{A_{\mathrm{m},l}}{T}\right)\right.\\&\quad\left.-\sum_{k=1}^{r}\sum_{l=1}^{r}\sum_{h=1}^{r}l_{jklh}\left(\frac{A_{\mathrm{m},k}}{T}\right)\left(\frac{A_{\mathrm{m},l}}{T}\right)\left(\frac{A_{\mathrm{m},h}}{T}\right)-\cdots\right]\end{aligned}\tag{2.78}$$

式中，$N_{(j)_{\text{液滴核}}}$ 为全部液滴核中组元 j 的物质的量。

将

$$\sum_{j=1}^{r}N_{(j)_{\text{液滴核}}}M_j=\tilde{N}_{\text{液滴核}}V_{\text{液滴核}}\rho_{\text{液滴核}}\tag{2.79}$$

对 t 求导，得

$$\sum_{j=1}^{r}\frac{\mathrm{d}N_{(j)_{\text{液滴核}}}}{\mathrm{d}t}M_j=V_{\text{液滴核}}\rho_{\text{液滴核}}\frac{\mathrm{d}\tilde{N}_{\text{液滴核}}}{\mathrm{d}t}$$

所以

$$
\begin{aligned}
\frac{\mathrm{d}\tilde{N}_{液滴核}}{\mathrm{d}t} &= \frac{1}{V_{液滴核}\rho_{液滴核}}\sum_{j=1}^{r}\frac{\mathrm{d}N_{(j)_{液滴核}}}{\mathrm{d}t}M_j \\
&= \frac{V}{V_{液滴核}\rho_{液滴核}}\sum_{j=1}^{r}j_jM_j \\
&= \frac{V}{V_{液滴核}\rho_{液滴核}}\sum_{j=1}^{r}M_j\left[-\sum_{k=1}^{r}l_{jk}\left(\frac{A_{\mathrm{m},k}}{T}\right)\right. \\
&\quad -\sum_{k=1}^{r}\sum_{l=1}^{r}l_{jkl}\left(\frac{A_{\mathrm{m},k}}{T}\right)\left(\frac{A_{\mathrm{m},l}}{T}\right) \\
&\quad \left.-\sum_{k=1}^{r}\sum_{l=1}^{r}\sum_{h=1}^{r}l_{jklh}\left(\frac{A_{\mathrm{m},k}}{T}\right)\left(\frac{A_{\mathrm{m},l}}{T}\right)\left(\frac{A_{\mathrm{m},h}}{T}\right)-\cdots\right]
\end{aligned}
\tag{2.80}
$$

其中，

$$
\begin{aligned}
A_{\mathrm{m},k} &= \Delta G_{\mathrm{m},k} \\
A_{\mathrm{m},l} &= \Delta G_{\mathrm{m},l} \\
A_{\mathrm{m},h} &= \Delta G_{\mathrm{m},h}
\end{aligned}
$$

为式 (2.69)、式 (2.71) 和式 (2.74)。

M_j 为组元 j 的摩尔质量；$\sum\limits_{j=1}^{r}N_{(j)_{液滴核}}M_j$ 为全部液滴核的质量；$\tilde{N}_{液滴核}$ 为液滴核的个数；$V_{液滴核}$ 为单个液滴核的体积；$\rho_{液滴核}$ 为液滴核的密度。

第3章　固体升华

固体直接变成气体叫升华。例如，冰和干冰的气化，固态金属镁的气化等。

3.1　纯固体升华

3.1.1　升华过程的热力学

在一定温度和压力下，纯固态物质转变为气态的过程可以表示为

$$B(\mathrm{s}) = B(\mathrm{g})$$

达到平衡，有

$$B(\mathrm{s}) \rightleftharpoons B(\mathrm{g})$$

气相以一个标准大气压的组元 B 为标准状态，固相以纯固态组元 B 为标准状态，升华过程的摩尔吉布斯自由能变化为

$$\Delta G_{\mathrm{m},B} = \mu_{B(\mathrm{g})} - \mu_{B(\mathrm{s})} = \Delta G_{\mathrm{m},B}^{\theta} + RT \ln p_B \tag{3.1}$$

式中，

$$\mu_{B(\mathrm{g})} = \mu_{B(\mathrm{g})}^{\theta} + RT \ln p_B$$

$$\mu_{B(\mathrm{s})} = \mu_{B(\mathrm{s})}^{*}$$

$$\Delta G_{\mathrm{m},B}^{\theta} = \mu_{B(\mathrm{g})}^{\theta} - \mu_{B(\mathrm{s})}^{*} = -RT \ln K = -RT \ln p_B^{*} \tag{3.2}$$

将式 (3.2) 代入式 (3.1)，得

$$\Delta G_{\mathrm{m},B} = RT \ln \frac{p_B}{p_B^{*}} \tag{3.3}$$

式中，p_B 为固体升华的气体的压力；p_B^{*} 为升华达到平衡的压力，即固态组元 B 的饱和蒸气压。

$p_B = p_B^{*}, \Delta G_{\mathrm{m},B} = 0$，气–固两相达到平衡；

$p_B > p_B^{*}, \Delta G_{\mathrm{m},B} > 0$，气体变为固体；

$p_B < p_B^{*}, \Delta G_{\mathrm{m},B} < 0$，固体变成气体。

或者如下计算：

在温度 $T_{平}$，气–固两相达到平衡，温度升高到 T，固体 B 升华，有

$$\begin{aligned}\Delta G_{\mathrm{m},B}(T) &= G_{\mathrm{m},B(\mathrm{g})}(T) - G_{\mathrm{m},B(\mathrm{s})}(T)\\ &= (H_{\mathrm{m},B(\mathrm{g})}(T) - TS_{\mathrm{m},B(\mathrm{g})}(T)) - (H_{\mathrm{m},B(\mathrm{s})}(T) - TS_{\mathrm{m},B(\mathrm{s})}(T))\\ &= (H_{\mathrm{m},B(\mathrm{g})}(T) - H_{\mathrm{m},B(\mathrm{s})}(T)) - T(S_{\mathrm{m},B(\mathrm{g})}(T) - S_{\mathrm{m},B(\mathrm{s})}(T))\\ &= \Delta H_{\mathrm{m},B}(T) - T\Delta S_{\mathrm{m},B}(T)\\ &\approx \Delta H_{\mathrm{m},B}(T_{平}) - T\Delta S_{\mathrm{m},B}(T_{平})\\ &= \Delta H_{\mathrm{m},B}(T_{平}) - T\frac{\Delta H_{\mathrm{m},B}(T_{平})}{T_{平}}\\ &= \frac{\Delta H_{\mathrm{m},B}(T_{平})\Delta T}{T_{平}}\end{aligned} \tag{3.4}$$

式中，

$$T > T_{平}$$

$$\Delta T = T_{平} - T < 0$$

$\Delta H_{\mathrm{m},B}$ 为固体组元 B 的升华热，为正值

$$\Delta H_{\mathrm{m},B}(T) \approx \Delta H_{\mathrm{m},B}(T_{平})$$

$$\Delta S_{\mathrm{m},B}(T) \approx \Delta S_{\mathrm{m},B}(T_{平}) = \frac{\Delta H_{\mathrm{m},B}(T_{平})}{T_{平}}$$

如果温度 T 和 $T_{平}$ 相差较大，则有

$$\Delta H_{\mathrm{m},B}(T) = \Delta H_{\mathrm{m},B}(T_{平}) + \int_{T_{平}}^{T} \Delta C_{p,B}\mathrm{d}T$$

$$\Delta S_{\mathrm{m},B}(T) = \Delta S_{\mathrm{m},B}(T_{平}) + \int_{T_{平}}^{T} \frac{\Delta C_{p,B}}{T}\mathrm{d}T$$

3.1.2　升华速率

在恒温恒压条件下，纯固体的升华速率为

$$\begin{aligned}-\frac{\mathrm{d}N_{B(\mathrm{s})}}{\mathrm{d}t} &= \varOmega j\\ &= \varOmega\left[-l_1\left(\frac{A_{\mathrm{m},B}}{T}\right) - l_2\left(\frac{A_{\mathrm{m},B}}{T}\right)^2 - l_3\left(\frac{A_{\mathrm{m},B}}{T}\right)^3 - \cdots\right]\end{aligned} \tag{3.5}$$

式中，$\varOmega$ 为固体组元 B 的表面积；

$$A_{\mathrm{m},B} = \Delta G_{\mathrm{m},B}$$

为式 (3.3) 或式 (3.4)。

3.2 多元固溶体的升华

3.2.1 一个组元升华

1. 升华的热力学

在一定的温度和压力下，固溶体中一个组元由固态转变为气态的过程，可以表示为

$$(B)_s = (B)_g$$

达到平衡，有

$$(B)_s \rightleftharpoons (B)_g$$

升华过程的摩尔吉布斯自由能变化为

$$\Delta G_{m,B} = \mu_{(B)_g} - \mu_{(B)_s} \tag{3.6}$$

(1) 气相以一个标准大气压的组元 B 为标准状态，固相以纯固态 B 为标准状态，浓度以摩尔分数表示，则

$$\mu_{(B)_g} = \mu^{\theta}_{(B)_g} + RT \ln p_{(B)} \tag{3.7}$$

$$\mu_{(B)_s} = \mu^{*}_{B(s)} + RT \ln a^{R}_{(B)_s} \tag{3.8}$$

将式 (3.7)、式 (3.8) 代入式 (3.6)，得

$$\Delta G_{m,B} = \Delta G^{\theta}_{m,B} + RT \ln \frac{p_{(B)}}{a^{R}_{(B)_s}} \tag{3.9}$$

式中，

$$\Delta G^{\theta}_{m,B} = \mu^{\theta}_{B(g)} - \mu^{*}_{B(s)} = -RT \ln K \tag{3.10}$$

其中，K 为平衡常数，有

$$K = \frac{p'_{(B)}}{a'^{R}_{(B)_s}} \tag{3.11}$$

这里，$p'_{(B)}$ 和 $a'^{R}_{(B)_s}$ 为平衡状态值。

根据拉乌尔定律，在平衡状态，有

$$p'_{(B)} = a'^{\mathrm{R}}_{(B)_{\mathrm{s}}} p^*_B \tag{3.12}$$

式中，p^*_B 为与纯固态 B 平衡的升华的气体压力。

将式 (3.12) 代入式 (3.11)，得

$$K = p^*_B \tag{3.13}$$

将式 (3.13) 代入式 (3.10)，得

$$\Delta G^{\theta}_{\mathrm{m},B} = -RT \ln p^*_B \tag{3.14}$$

因此，

$$\Delta G_{\mathrm{m},B} = RT \ln \frac{p_{(B)}}{p^*_B a^{\mathrm{R}}_{(B)_{\mathrm{s}}}} \tag{3.15}$$

(2) 气相以一个标准大气压的组元 B 为标准状态，固相以符合亨利定律的假想的纯 B 为标准状态，浓度以摩尔分数表示，则

$$\mu_{(B)_{\mathrm{s}}} = \mu^{\theta}_{B(\mathrm{s}x)} + RT \ln a^{\mathrm{H}}_{(B)_{\mathrm{s}x}} \tag{3.16}$$

将式 (3.7) 和式 (3.16) 代入式 (3.6)，得

$$\Delta G_{\mathrm{m},B} = \Delta G^{\theta}_{\mathrm{m},B} + RT \ln \frac{p_{(B)}}{a^{\mathrm{H}}_{(B)_{\mathrm{s}x}}} \tag{3.17}$$

式中，

$$\begin{aligned}\Delta G^{\theta}_{\mathrm{m},B} &= \mu^{\theta}_{B(\mathrm{g})} - \mu^{\theta}_{B(\mathrm{s}x)} \\ &= -RT \ln K'\end{aligned} \tag{3.18}$$

其中，

$$K' = \frac{p'_{(B)}}{a'^{\mathrm{H}}_{(B)_{\mathrm{s}x}}} \tag{3.19}$$

根据亨利定律，在平衡状态，有

$$p'_{(B)} = k_{\mathrm{H}x} a'^{\mathrm{H}}_{(B)_{\mathrm{s}x}} \tag{3.20}$$

式中，$k_{\mathrm{H}x}$ 为亨利定律常数。

将式 (3.20) 代入式 (3.19)，得

$$K' = k_{\mathrm{H}x} \tag{3.21}$$

将式 (3.21) 代入式 (3.18)，得

$$\Delta G^{\theta}_{\mathrm{m},B} = -RT\ln k_{\mathrm{H}x} \tag{3.22}$$

将式 (3.22) 代入式 (3.17)，得

$$\Delta G^{\theta}_{\mathrm{m},B} = RT\ln \frac{p_{(B)}}{k_{\mathrm{H}x} a^{\mathrm{H}}_{(B)_{sx}}} \tag{3.23}$$

(3) 气相中组元 B 以一个标准大气压的组元 B 为标准状态，固相组元 B 以符合亨利定律的假想的 $w(B)/w^{\theta}=1$ 的固溶体为标准状态，浓度以质量分数表示，则

$$\mu_{(B)_{\mathrm{s}}} = \mu^{\theta}_{B(\mathrm{s}w)} + RT\ln a^{\mathrm{H}}_{(B)_{\mathrm{s}w}} \tag{3.24}$$

将式 (3.7) 和式 (3.24) 代入式 (3.6)，得

$$\Delta G_{\mathrm{m},B} = \Delta G^{\theta}_{\mathrm{m},B} + RT\ln \frac{p_{(B)}}{a^{\mathrm{H}}_{(B)_{\mathrm{s}w}}} \tag{3.25}$$

式中，

$$\Delta G^{\theta}_{\mathrm{m},B} = \mu^{\theta}_{B(\mathrm{g})} - \mu^{\theta}_{B(\mathrm{s}w)} = RT\ln K'' \tag{3.26}$$

其中，

$$K'' = \frac{p'_{(B)}}{a'^{\mathrm{H}}_{(B)_{\mathrm{s}w}}} \tag{3.27}$$

根据亨利定律，在平衡状态，有

$$p'_{(B)} = k_{\mathrm{H}w} a'^{\mathrm{H}}_{(B)_{\mathrm{s}w}} \tag{3.28}$$

式中，$k_{\mathrm{H}w}$ 为亨利定律常数。

将式 (3.28) 代入式 (3.27)，得

$$K'' = k_{\mathrm{H}w} \tag{3.29}$$

将式 (3.29) 代入式 (3.26)，得

$$\Delta G^{\theta}_{\mathrm{m},B} = -RT\ln k_{\mathrm{H}w} \tag{3.30}$$

将式 (3.30) 代入式 (3.25)，得

$$\Delta G_{\mathrm{m},B} = RT\ln\frac{p_{(B)}}{k_{\mathrm{H}w}a^{\mathrm{H}}_{(B)_{\mathrm{s}w}}} \tag{3.31}$$

也可以如下计算：

在温度 $T_{平}$，气–固两相平衡共存。升高温度到 T，平衡蒸气压升高，固体升华。升华过程的摩尔吉布斯自由能变化为

$$\begin{aligned}
\Delta G_{\mathrm{m},B}(T) &= G_{\mathrm{m},(B)_{\mathrm{g}}}(T) - \bar{G}_{\mathrm{m},(B)_{\mathrm{s}}}(T) \\
&= \left(\bar{H}_{\mathrm{m},(B)_{\mathrm{g}}}(T) - T\bar{S}_{\mathrm{m},(B)_{\mathrm{g}}}(T)\right) - \left(\bar{H}_{\mathrm{m},(B)_{\mathrm{s}}}(T) - T\bar{S}_{\mathrm{m},(B)_{\mathrm{s}}}(T)\right) \\
&= \left(\bar{H}_{\mathrm{m},(B)_{\mathrm{g}}}(T) - \bar{H}_{\mathrm{m},(B)_{\mathrm{s}}}(T)\right) - T\left(\bar{S}_{\mathrm{m},(B)_{\mathrm{g}}}(T) - \bar{S}_{\mathrm{m},(B)_{\mathrm{s}}}(T)\right) \\
&= \Delta H_{\mathrm{m},B}(T) - T\Delta S_{\mathrm{m},B}(T) \\
&\approx \Delta H_{\mathrm{m},B}(T_{平}) - T\Delta S_{\mathrm{m},B}(T_{平}) \\
&= \Delta H_{\mathrm{m},B}(T_{平}) - T\frac{\Delta H_{\mathrm{m},B}(T_{平})}{T_{平}} \\
&= \frac{\Delta H_{\mathrm{m},B}(T_{平})\Delta T}{T_{平}}
\end{aligned} \tag{3.32}$$

式中，

$$\Delta H_{\mathrm{m},B}(T) \approx \Delta H_{\mathrm{m},B}(T_{平})$$

$$\Delta S_{\mathrm{m},B}(T) \approx \Delta S_{\mathrm{m},B}(T_{平}) = \frac{\Delta H_{\mathrm{m},B}(T_{平})}{T_{平}}$$

如果温度 T 和 $T_{平}$ 相差较大，则有

$$\Delta H_{\mathrm{m},B}(T) = \Delta H_{\mathrm{m},B}(T_{平}) + \int_{T_{平}}^{T}\Delta C_{p,B}\mathrm{d}T$$

$$\Delta S_{\mathrm{m},B}(T) = \Delta S_{\mathrm{m},B}(T_{平}) + \int_{T_{平}}^{T}\frac{\Delta C_{p,B}}{T}\mathrm{d}T$$

2. 升华速率

在恒温恒压条件下，多元固溶体中组元 B 的升华速率为

$$\begin{aligned}
-\frac{\mathrm{d}N_{(B)_{\mathrm{s}}}}{\mathrm{d}t} &= \varOmega j_B \\
&= \varOmega\left[-l_1\left(\frac{A_{\mathrm{m},B}}{T}\right) - l_2\left(\frac{A_{\mathrm{m},B}}{T}\right)^2 - l_3\left(\frac{A_{\mathrm{m},B}}{T}\right)^3 - \cdots\right]
\end{aligned} \tag{3.33}$$

式中，Ω 为组元 B 的表面积；

$$A_{\mathrm{m},B} = \Delta G_{\mathrm{m},B}$$

为式 (3.15)、式 (3.23)、式 (3.31) 或式 (3.32)。

3.2.2 多个组元同时升华

1. 升华的热力学

在恒温恒压条件下，固相为多元固溶体，其中有 r 种物质同时升华，该过程可以表示为

$$(j)_{\mathrm{s}} =\!=\!= (j)_{\mathrm{g}}$$

$$(j = 1, 2, 3, \cdots, r)$$

达到平衡状态，有

$$(j)_{\mathrm{s}} \rightleftharpoons (j)_{\mathrm{g}}$$

升华过程的摩尔吉布斯自由能变化为

$$\Delta G_{\mathrm{m},(j)} = \mu_{(j)_{\mathrm{g}}} - \mu_{(j)_{\mathrm{s}}} \tag{3.34}$$

(1) 气相以一个标准大气压的组元 j 为标准状态，固相以纯固态 j 为标准状态，浓度以摩尔分数表示，则

$$\mu_{(j)_{\mathrm{g}}} = \mu^{\theta}_{j(\mathrm{g})} + RT \ln p_{(j)} \tag{3.35}$$

$$\mu_{(j)_{\mathrm{s}}} = \mu^{*}_{j(\mathrm{s})} + RT \ln a^{\mathrm{R}}_{(j)_{\mathrm{s}}} \tag{3.36}$$

将式 (3.35)、式 (3.36) 代入式 (3.34)，得

$$\Delta G_{\mathrm{m},(j)} = \Delta G^{\theta}_{\mathrm{m},j} + RT \ln \frac{p_{(j)}}{a^{\mathrm{R}}_{(j)_{\mathrm{s}}}} \tag{3.37}$$

式中，

$$\Delta G^{\theta}_{\mathrm{m},j} = \mu^{\theta}_{j(\mathrm{g})} - \mu^{*}_{j(\mathrm{s})} = -RT \ln K_j \tag{3.38}$$

而

$$K_j = \frac{p'_{(j)}}{a'^{\mathrm{R}}_{(j)_{\mathrm{s}}}} \tag{3.39}$$

其中，$p'_{(j)}$ 和 $a'^{\mathrm{R}}_{(j)_{\mathrm{s}}}$ 为平衡状态值。

根据拉乌尔定律，有

$$p'_{(j)} = a'^{\mathrm{R}}_{(j)_{\mathrm{s}}} p^{*}_{j} \tag{3.40}$$

式中，p_j^* 为纯固态 j 的蒸气压。

将式 (3.40) 代入式 (3.39)，得

$$K_j = p_j^* \tag{3.41}$$

将式 (3.41) 代入式 (3.38)，得

$$\Delta G_{\mathrm{m},j}^{\theta} = -RT\ln p_j^* \tag{3.42}$$

将式 (3.42) 代入式 (3.37)，得

$$\Delta G_{\mathrm{m},(j)} = RT\ln\frac{p_{(j)}}{p_j^* a_{(j)_\mathrm{s}}^{\mathrm{R}}} \tag{3.43}$$

(2) 气相以一个标准大气压的 j 为标准状态，固相以符合亨利定律的假想的纯固态 j 为标准状态，浓度以摩尔分数表示，则

$$\mu_{(j)_\mathrm{s}} = \mu_{j(\mathrm{s}x)}^{\theta} + RT\ln a_{(j)_{\mathrm{s}x}}^{\mathrm{H}} \tag{3.44}$$

将式 (3.35) 和式 (3.44) 代入式 (3.34)，得

$$\Delta G_{\mathrm{m},(j)} = \Delta G_{\mathrm{m},j}^{\theta} + RT\ln\frac{p_{(j)}}{a_{(j)_{\mathrm{s}x}}^{\mathrm{H}}} \tag{3.45}$$

式中，

$$\Delta G_{\mathrm{m},j}^{\theta} = \mu_{j(\mathrm{g})}^{\theta} - \mu_{(j)_{\mathrm{s}x}}^{\theta} = -RT\ln K' \tag{3.46}$$

其中，

$$K' = \frac{p'_{(j)}}{a'^{\mathrm{H}}_{(j)_{\mathrm{s}x}}} \tag{3.47}$$

这里，$p'_{(j)}$ 和 $a'^{\mathrm{H}}_{(j)_{\mathrm{s}x}}$ 为平衡状态值。

根据亨利定律，在平衡状态，有

$$p'_{(j)} = k_{\mathrm{H}x} a'^{\mathrm{H}}_{(j)_{\mathrm{s}x}} \tag{3.48}$$

式中，$k_{\mathrm{H}x}$ 为亨利定律常数。

将式 (3.48) 代入式 (3.47)，得

$$K' = k_{\mathrm{H}x} \tag{3.49}$$

将式 (3.49) 代入式 (3.46)，得

$$\Delta G_{\mathrm{m},j}^{\theta} = -RT\ln k_{\mathrm{H}x} \tag{3.50}$$

将式 (3.50) 代入式 (3.45)，得

$$\Delta G_{\mathrm{m},(j)} = RT\ln\frac{p_{(j)}}{k_{\mathrm{H}x}a_{(j)_{\mathrm{s}x}}^{\mathrm{H}}} \tag{3.51}$$

(3) 气相以一个标准大气压的组元 j 为标准状态，固相以符合亨利定律的假想的 $w(j)/w^{\theta}=1$ 的固溶体为标准状态，浓度以质量分数表示，则

$$\mu_{(j)_{\mathrm{s}}} = \mu_{j(\mathrm{s}w)}^{\theta} + RT\ln a_{(j)_{\mathrm{s}w}}^{\mathrm{H}} \tag{3.52}$$

将式 (3.35) 和式 (3.52) 代入式 (3.34)，得

$$\Delta G_{\mathrm{m},(j)} = \Delta G_{\mathrm{m},j}^{\theta} + RT\ln\frac{p_{(j)}}{a_{(j)_{\mathrm{s}w}}^{\mathrm{H}}} \tag{3.53}$$

式中，

$$\Delta G_{\mathrm{m},j}^{\theta} = \mu_{j(\mathrm{g})}^{\theta} - \mu_{j(\mathrm{s}x)}^{\theta} = -RT\ln K'' \tag{3.54}$$

其中，

$$K'' = \frac{p'_{(j)}}{a'^{\mathrm{H}}_{(j)_{\mathrm{s}w}}} \tag{3.55}$$

这里，$p'_{(j)}$ 和 $a'^{\mathrm{H}}_{(j)_{\mathrm{s}w}}$ 为平衡状态值。

根据亨利定律，有

$$p'_{(j)} = k_{\mathrm{H}w}a'^{\mathrm{H}}_{(j)_{\mathrm{s}w}} \tag{3.56}$$

式中，$k_{\mathrm{H}w}$ 为亨利定律常数。

将式 (3.56) 代入式 (3.55)，得

$$K'' = k_{\mathrm{H}w} \tag{3.57}$$

将式 (3.57) 代入式 (3.54)，得

$$\Delta G_{\mathrm{m},j}^{\theta} = -RT\ln k_{\mathrm{H}w} \tag{3.58}$$

将式 (3.58) 代入式 (3.53)，得

$$\Delta G_{\mathrm{m},j} = RT\ln\frac{p_{(j)}}{k_{\mathrm{H}w}a_{(j)_{\mathrm{s}w}}^{\mathrm{H}}} \tag{3.59}$$

总的摩尔吉布斯自由能变化为

$$\Delta G_{\mathrm{m},t} = \sum_{j=1}^{r} n_j \Delta G_{\mathrm{m},j} \tag{3.60}$$

式中，n_j 为升华气体中组元 j 的物质的量。

(4) 利用焓变和熵变计算。

在温度 $T_{平}$，气–固两相达成平衡。升高温度到 T，平衡蒸气压升高。固体组元 j 升华。升华过程的摩尔吉布斯自由能变化为

$$\begin{aligned}
\Delta G_{\mathrm{m},(j)}(T) &= \bar{G}_{\mathrm{m},(\mathrm{j})_\mathrm{g}}(T) - \bar{G}_{\mathrm{m},(\mathrm{j})_\mathrm{s}}(T) \\
&= \left(\bar{H}_{\mathrm{m},(j)_\mathrm{g}}(T) - T\bar{S}_{\mathrm{m},(j)_\mathrm{g}}(T)\right) - \left(\bar{H}_{\mathrm{m},(j)_\mathrm{s}}(T) - T\bar{S}_{\mathrm{m},(j)_\mathrm{s}}(T)\right) \\
&= \left(\bar{H}_{\mathrm{m},(j)_\mathrm{g}}(T) - \bar{H}_{\mathrm{m},(j)_\mathrm{s}}(T)\right) - T\left(\bar{S}_{\mathrm{m},(j)_\mathrm{g}}(T) - \bar{S}_{\mathrm{m},(j)_\mathrm{s}}(T)\right) \\
&= \Delta H_{\mathrm{m},(j)}(T) - T\Delta S_{\mathrm{m},(j)}(T) \\
&\approx \Delta H_{\mathrm{m},(j)}(T_{平}) - T\Delta S_{\mathrm{m},(j)}(T_{平}) \\
&= \Delta H_{\mathrm{m},(j)}(T_{平}) - T\frac{\Delta H_{\mathrm{m},(j)}(T_{平})}{T_{平}} \\
&= \frac{\Delta H_{\mathrm{m},(j)}(T_{平})\Delta T}{T_{平}}
\end{aligned} \tag{3.61}$$

式中，

$$\Delta H_{\mathrm{m},(j)}(T) \approx \Delta H_{\mathrm{m},(j)}(T_{平}) > 0$$

$$\Delta S_{\mathrm{m},(j)}(T) \approx \Delta S_{\mathrm{m},(j)}(T_{平}) = \frac{\Delta H_{\mathrm{m},(j)}(T_{平})}{T_{平}}$$

$$\Delta T = T_{平} - T < 0$$

如果温度 T 和 $T_{平}$ 相差较大，则有

$$\Delta H_{\mathrm{m},(j)}(T) = \Delta H_{\mathrm{m},(j)}(T_{平}) + \int_{T_{平}}^{T} \Delta C_{p,(j)} \mathrm{d}T$$

$$\Delta S_{\mathrm{m},(j)}(T) = \Delta S_{\mathrm{m},(j)}(T_{平}) + \int_{T_{平}}^{T} \frac{\Delta C_{p,(j)}}{T} \mathrm{d}T$$

2. 升华速率

在恒温恒压条件下，固溶体中多个组元同时升华，不考虑耦合作用，第 j 个组元升华的速率为

$$\begin{aligned}
-\frac{\mathrm{d}N_j}{\mathrm{d}t} &= \Omega j_j \\
&= \Omega\left[-l_{j1}\left(\frac{A_{\mathrm{m},j}}{T}\right) - l_{j2}\left(\frac{A_{\mathrm{m},j}}{T}\right)^2 - l_{j3}\left(\frac{A_{\mathrm{m},j}}{T}\right)^3 - \cdots\right]
\end{aligned} \tag{3.62}$$

$$(j = 1, 2, 3, \cdots, r)$$

考虑耦合作用，有

$$\begin{aligned}-\frac{\mathrm{d}N_j}{\mathrm{d}t}&=\varOmega j_j\\&=\varOmega\left[-\sum_{k=1}^{r}l_{jk}\left(\frac{A_{\mathrm{m},k}}{T}\right)-\sum_{k=1}^{r}\sum_{l=1}^{r}l_{jkl}\left(\frac{A_{\mathrm{m},k}}{T}\right)\left(\frac{A_{\mathrm{m},l}}{T}\right)\right.\\&\quad\left.-\sum_{k=1}^{r}\sum_{l=1}^{r}\sum_{h=1}^{r}l_{jklh}\left(\frac{A_{\mathrm{m},k}}{T}\right)\left(\frac{A_{\mathrm{m},l}}{T}\right)\left(\frac{A_{\mathrm{m},h}}{T}\right)-\cdots\right]\end{aligned} \tag{3.63}$$

$$(j=1,2,3,\cdots,r)$$

式中，N_j 为固相 j 的物质的量；

$$A_{\mathrm{m},j}=\Delta G_{\mathrm{m},j}$$

为式 (3.43)、式 (3.51)、式 (3.59) 和式 (3.61)。

不考虑耦合作用，r 个组元的升华速率为

$$\begin{aligned}-\frac{\mathrm{d}N}{\mathrm{d}t}&=\varOmega\sum_{j=1}^{r}j_j\\&=\varOmega\sum_{j=1}^{r}\left[-l_{j1}\left(\frac{A_{\mathrm{m},j}}{T}\right)-l_{j2}\left(\frac{A_{\mathrm{m},j}}{T}\right)^2-l_{j3}\left(\frac{A_{\mathrm{m},j}}{T}\right)^3-\cdots\right]\end{aligned} \tag{3.64}$$

考虑耦合作用，有

$$\begin{aligned}-\frac{\mathrm{d}N}{\mathrm{d}t}&=\varOmega\sum_{j=1}^{r}j_j\\&=\varOmega\sum_{j=1}^{r}\left[-\sum_{k=1}^{r}l_{jk}\left(\frac{A_{\mathrm{m},k}}{T}\right)-\sum_{k=1}^{r}\sum_{l=1}^{r}l_{jkl}\left(\frac{A_{\mathrm{m},k}}{T}\right)\left(\frac{A_{\mathrm{m},l}}{T}\right)\right.\\&\quad\left.-\sum_{k=1}^{r}\sum_{l=1}^{r}\sum_{h=1}^{r}l_{jklh}\left(\frac{A_{\mathrm{m},k}}{T}\right)\left(\frac{A_{\mathrm{m},l}}{T}\right)\left(\frac{A_{\mathrm{m},h}}{T}\right)-\cdots\right]\end{aligned} \tag{3.65}$$

式中，N 为固相中 r 个组元的物质的量。

第 4 章　气体凝结成固体

气体直接变成固体的过程叫凝结。例如，水汽凝结成霜或雪，气态金属镁、锌直接凝结成固态镁、锌等。

4.1　单纯气体凝结

4.1.1　凝结过程的热力学

在一定的温度和压力下，纯气体凝结成为固体的过程可以表示为

$$B(\mathrm{g}) =\!=\!= B(\mathrm{s})$$

达到平衡，有

$$B(\mathrm{g}) \rightleftharpoons B(\mathrm{s})$$

气相以一个标准大气压的组元 B 为标准状态，固相以纯固态组元 B 为标准状态，凝结过程的摩尔吉布斯自由能变化为

$$\Delta G_{\mathrm{m},B} = \mu_{B(\mathrm{s})} - \mu_{B(\mathrm{g})} = \Delta G_{\mathrm{m},B}^{\theta} - RT\ln p_B \tag{4.1}$$

式中，

$$\mu_{B(\mathrm{s})} = \mu_{B(\mathrm{s})}^{*}$$

$$\mu_{B(\mathrm{g})} = \mu_{B(\mathrm{g})}^{\theta} + RT\ln p_B$$

$$\Delta G_{\mathrm{m},B}^{\theta} = \mu_{B(\mathrm{s})}^{*} - \mu_{B(\mathrm{g})}^{\theta} = -RT\ln K = -RT\ln\frac{1}{p_B^{*}} \tag{4.2}$$

将式 (4.2) 代入式 (4.1) 得

$$\Delta G_{\mathrm{m},B} = RT\ln\frac{p_B^{*}}{p_B} \tag{4.3}$$

式中，p_B^{*} 为固体组元 B 的饱和气压，即固体组元 B 升华达到平衡的气体压力；p_B 为体系中实际气体 B 的压力。

$p_B = p_B^{*}$，$\Delta G_{\mathrm{m},B} = 0$，气–固两相平衡；

$p_B > p_B^{*}$，$\Delta G_{\mathrm{m},B} < 0$，气体变成固体；

$p_B < p_B^{*}$，$\Delta G_{\mathrm{m},B} > 0$，固体变成气体。

或者如下计算：

在温度 $T_平$，气–固两相达成平衡，温度降低到 T，气体凝结成固体，有

$$\begin{aligned}
\Delta G_{\mathrm{m},B}(T) &= G_{\mathrm{m},B(\mathrm{s})}(T) - G_{\mathrm{m},B(\mathrm{g})}(T) \\
&= \left(H_{\mathrm{m},B(\mathrm{s})}(T) - TS_{\mathrm{m},B(\mathrm{s})}(T)\right) - \left(H_{\mathrm{m},B(\mathrm{g})}(T) - TS_{\mathrm{m},B(\mathrm{g})}(T)\right) \\
&= \left(H_{\mathrm{m},B(\mathrm{s})}(T) - H_{\mathrm{m},B(\mathrm{g})}(T)\right) - T\left(S_{\mathrm{m},B(\mathrm{s})}(T) - S_{\mathrm{m},B(\mathrm{g})}(T)\right) \\
&= \Delta H_{\mathrm{m},B}(T) - T\Delta S_{\mathrm{m},B}(T) \\
&\approx \Delta H_{\mathrm{m},B}(T_平) - T\Delta S_{\mathrm{m},B}(T_平) \\
&= \Delta H_{\mathrm{m},B}(T_平) - T\frac{\Delta H_{\mathrm{m},B}(T_平)}{T_平} \\
&= \frac{\Delta H_{\mathrm{m},B}(T_平)\Delta T}{T_平}
\end{aligned} \tag{4.4}$$

式中，$T_平 > T$

$$\Delta T = T_平 - T > 0$$

$$\Delta H_{\mathrm{m},B}(T) \approx \Delta H_{\mathrm{m},B}(T_平)$$

$$\Delta S_{\mathrm{m},B}(T) \approx \Delta S_{\mathrm{m},B}(T_平) = \frac{\Delta H_{\mathrm{m},B}(T_平)}{T_平}$$

$\Delta H_{\mathrm{m},B}$ 为气态组元 B 的凝结热，为升华热的负值。

如果温度 T 和 $T_平$ 相差较大，则有

$$\Delta H_{\mathrm{m},B}(T) = \Delta H_{\mathrm{m},B}(T_平) + \int_{T_平}^{T} \Delta C_{p,B}\mathrm{d}T$$

$$\Delta S_{\mathrm{m},B}(T) = \Delta S_{\mathrm{m},B}(T_平) + \int_{T_平}^{T} \frac{\Delta C_{p,B}}{T}\mathrm{d}T$$

4.1.2 凝结速率

在恒温恒压条件下，纯气体凝结成固体的速率为

$$\begin{aligned}
\frac{\mathrm{d}N_{B(\mathrm{s})}}{\mathrm{d}t} &= Vj \\
&= V\left(-l_1\left(\frac{A_{\mathrm{m},B}}{T}\right) - l_2\left(\frac{A_{\mathrm{m},B}}{T}\right)^2 - l_3\left(\frac{A_{\mathrm{m},B}}{T}\right)^3 - \cdots\right)
\end{aligned} \tag{4.5}$$

式中，V 为气体组元 B 的体积；

$$A_{\mathrm{m},B} = \Delta G_{\mathrm{m},B}$$

为式 (4.3) 或式 (4.4)。

4.2 多元气体凝结成固体

4.2.1 一种气体凝结

1. 气体凝结的热力学

在混合气体中，一种气体的凝结进入固溶体，过程可以表示为

$$(B)_{\mathrm{g}} = (B)_{\mathrm{s}}$$

凝结达到平衡，有

$$(B)_{\mathrm{g}} \rightleftharpoons (B)_{\mathrm{s}}$$

凝结过程的摩尔吉布斯自由能变化为

$$\Delta G_{\mathrm{m},(B)} = \mu_{(B)_{\mathrm{s}}} - \mu_{B(\mathrm{g})} \tag{4.6}$$

(1) 气相以一个标准大气压的组元 B 为标准状态，固相以纯固态 B 为标准状态，浓度以摩尔分数表示，则

$$\mu_{(B)_{\mathrm{s}}} = \mu^{*}_{B(\mathrm{s})} + RT\ln a^{\mathrm{R}}_{(B)_{\mathrm{s}}} \tag{4.7}$$

$$\mu_{B(\mathrm{g})} = \mu^{\theta}_{B(\mathrm{g})} + RT\ln p_{(B)} \tag{4.8}$$

将式 (4.7)、式 (4.8) 代入式 (4.6)，得

$$\Delta G_{\mathrm{m},(B)} = \Delta G^{\theta}_{\mathrm{m},B} + RT\ln\frac{a^{\mathrm{R}}_{(B)_{\mathrm{s}}}}{p_{(B)}} \tag{4.9}$$

式中，

$$\begin{aligned}\Delta G^{\theta}_{\mathrm{m},B} &= \mu^{*}_{B(\mathrm{s})} - \mu^{\theta}_{B(\mathrm{g})} \\ &= -RT\ln K\end{aligned} \tag{4.10}$$

其中，K 为平衡常数，有

$$K = \frac{a'^{\mathrm{R}}_{(B)_{\mathrm{s}}}}{p'_{(B)}} \tag{4.11}$$

这里，$a'^{\mathrm{R}}_{(B)_{\mathrm{s}}}$、$p'_{(B)}$ 都是凝结达到平衡状态的值。

根据拉乌尔定律，有

$$p'_{(B)} = a'^{\mathrm{R}}_{(B)_{\mathrm{s}}} p^{*}_{B} \tag{4.12}$$

式中，p^{*}_{B} 为纯固体 B 的饱和升华压力。将式 (4.12) 代入式 (4.11)，得

$$K = \frac{1}{p^{*}_{B}} \tag{4.13}$$

将式 (4.13) 代入式 (4.10)，得

$$\Delta G_{\mathrm{m},B}^{\theta} = -RT\ln\frac{1}{p_B^*} \tag{4.14}$$

将式 (4.14) 代入式 (4.9)，得

$$\Delta G_{\mathrm{m},(B)} = RT\ln\frac{p_B^* a_{(B)_\mathrm{s}}^{\mathrm{R}}}{p_{(B)}} \tag{4.15}$$

(2) 气相以一个标准大气压的组元 B 为标准状态，固相以符合亨利定律的假想的纯物质 B 为标准状态，浓度以摩尔分数表示，则

$$\mu_{(B)_\mathrm{s}} = \mu_{B(\mathrm{s}x)}^{\theta} + RT\ln a_{(B)_{\mathrm{s}x}}^{\mathrm{H}} \tag{4.16}$$

将式 (4.16) 和式 (4.8) 代入式 (4.6)，得

$$\Delta G_{\mathrm{m},(B)} = \Delta G_{\mathrm{m},B}^{\theta} + RT\ln\frac{a_{(B)_{\mathrm{s}x}}^{\mathrm{H}}}{p_{(B)}} \tag{4.17}$$

式中，

$$\begin{aligned}\Delta G_{\mathrm{m},B}^{\theta} &= \mu_{B(\mathrm{s}x)}^{\theta} - \mu_{B(\mathrm{g})}^{\theta}\\ &= -RT\ln K'\end{aligned} \tag{4.18}$$

其中，

$$K' = \frac{a'^{\mathrm{H}}_{(B)_{\mathrm{s}x}}}{p'_{(B)}} \tag{4.19}$$

这里，$a'^{\mathrm{H}}_{(B)_{\mathrm{s}x}}$ 和 $p'_{(B)}$ 为平衡状态值。

根据亨利定律，在平衡状态，有

$$p'_{(B)} = k_{\mathrm{H}x} a'^{\mathrm{H}}_{(B)_{\mathrm{s}x}} \tag{4.20}$$

将式 (4.20) 代入式 (4.19)，得

$$K' = \frac{1}{k_{\mathrm{H}x}} \tag{4.21}$$

将式 (4.21) 代入式 (4.18)，得

$$\Delta G_{\mathrm{m},B}^{\theta} = -RT\ln\frac{1}{k_{\mathrm{H}x}} \tag{4.22}$$

将式 (4.22) 代入式 (4.17)，得

$$\Delta G_{\mathrm{m},(B)} = RT\ln\frac{k_{\mathrm{H}x} a_{(B)_{\mathrm{s}x}}^{\mathrm{H}}}{p_{(B)}} \tag{4.23}$$

(3) 气相以一个标准大气压的组元 B 为标准状态，固相以符合亨利定律的假想的 $w(B)/w^\theta=1$ 的固溶体为标准状态，浓度以质量分数表示，则

$$\mu_{(B)}=\mu^\theta_{B(\mathrm{s}w)}+RT\ln a^{\mathrm{H}}_{(B)_{\mathrm{s}w}} \tag{4.24}$$

将式 (4.24) 和式 (4.8) 代入式 (4.6)，得

$$\Delta G_{\mathrm{m},(B)}=\Delta G^\theta_{\mathrm{m},B}+RT\ln\frac{a^{\mathrm{H}}_{(B)_{\mathrm{s}w}}}{p_{(B)}} \tag{4.25}$$

$$\begin{aligned}\Delta G^\theta_{\mathrm{m},B}&=\mu^\theta_{B(\mathrm{s}w)}-\mu^\theta_{B(\mathrm{g})}\\&=-RT\ln K''\end{aligned} \tag{4.26}$$

其中

$$K''=\frac{a'^{\mathrm{H}}_{(B)_{\mathrm{s}w}}}{p'_{(B)}} \tag{4.27}$$

式中，$a'^{\mathrm{H}}_{(B)_{\mathrm{s}w}}$ 和 $p'_{(B)}$ 为平衡状态值。

根据亨利定律，在平衡状态，有

$$p'_{(B)}=k_{\mathrm{H}w}a'^{\mathrm{H}}_{(B)_{\mathrm{s}w}} \tag{4.28}$$

将式 (4.28) 代入式 (4.27)，得

$$K''=\frac{1}{k_{\mathrm{H}w}} \tag{4.29}$$

将式 (4.29) 代入式 (4.26)，得

$$\Delta G^\theta_{\mathrm{m},B}=-RT\ln\frac{1}{k_{\mathrm{H}w}} \tag{4.30}$$

将式 (4.30) 代入式 (4.25)，得

$$\Delta G_{\mathrm{m},(B)}=RT\ln\frac{k_{\mathrm{H}w}a^{\mathrm{H}}_{(B)_{\mathrm{s}w}}}{p_{(B)}} \tag{4.31}$$

(4) 利用焓变和熵变计算。

在温度 $T_{平}$，气–固两相达成平衡。温度降低到 T，气体组元 B 凝结成固体，有

$$\begin{aligned}
\Delta G_{\mathrm{m},(B)}(T) &= \bar{G}_{\mathrm{m},(B)_\mathrm{s}}(T) - \bar{G}_{\mathrm{m},(B)_\mathrm{g}}(T) \\
&= \left(\bar{H}_{\mathrm{m},(B)_\mathrm{s}}(T) - T\bar{S}_{\mathrm{m},(B)_\mathrm{s}}(T)\right) \\
&\quad - \left(\bar{H}_{\mathrm{m},(B)_\mathrm{g}}(T) - T\bar{S}_{\mathrm{m},(B)_\mathrm{g}}(T)\right) \\
&= \left(\bar{H}_{\mathrm{m},(B)_\mathrm{s}}(T) - \bar{H}_{\mathrm{m},(B)_\mathrm{g}}(T)\right) \\
&\quad -T\left(\bar{S}_{\mathrm{m},(B)_\mathrm{s}}(T) - \bar{S}_{\mathrm{m},(B)_\mathrm{g}}(T)\right) \\
&= \Delta H_{\mathrm{m},(B)}(T) - T\Delta S_{\mathrm{m},(B)}(T) \\
&\approx \Delta H_{\mathrm{m},(B)}(T_{\text{平}}) - T\Delta S_{\mathrm{m},(B)}(T_{\text{平}}) \\
&= \Delta H_{\mathrm{m},(B)}(T_{\text{平}}) - T\frac{\Delta H_{\mathrm{m},(B)}(T_{\text{平}})}{T_{\text{平}}} \\
&= \frac{\Delta H_{\mathrm{m},(B)}(T_{\text{平}})\Delta T}{T_{\text{平}}}
\end{aligned} \tag{4.32}$$

式中，

$$T_{\text{平}} > T$$

$$\Delta T = T_{\text{平}} - T > 0$$

$$\Delta H_{\mathrm{m},(B)}(T) \approx \Delta H_{\mathrm{m},(B)}(T_{\text{平}})$$

$$\Delta S_{\mathrm{m},(B)}(T) \approx \Delta S_{\mathrm{m},(B)}(T_{\text{平}}) = \frac{\Delta H_{\mathrm{m},(B)}(T_{\text{平}})}{T_{\text{平}}}$$

如果温度 T 和 $T_{\text{平}}$ 相差较大，则有

$$\Delta H_{\mathrm{m},(B)}(T) = \Delta H_{\mathrm{m},(B)}(T_{\text{平}}) + \int_{T_{\text{平}}}^{T} \Delta C_{p,(B)} \mathrm{d}T$$

$$\Delta S_{\mathrm{m},(B)}(T) = \Delta S_{\mathrm{m},(B)}(T_{\text{平}}) + \int_{T_{\text{平}}}^{T} \frac{\Delta C_{p,(B)}}{T} \mathrm{d}T$$

2. 气体凝结速率

在恒温恒压条件下，凝结速率为

$$\begin{aligned}
\frac{\mathrm{d}N_{(B)_\mathrm{s}}}{\mathrm{d}t} &= Vj \\
&= V\left[-l_1\left(\frac{A_{\mathrm{m},B}}{T}\right) - l_2\left(\frac{A_{\mathrm{m},B}}{T}\right)^2 - l_3\left(\frac{A_{\mathrm{m},B}}{T}\right)^3 - \cdots\right]
\end{aligned} \tag{4.33}$$

式中，V 为气体体积；

$$A_{\mathrm{m},B} = \Delta G_{\mathrm{m},(B)}$$

为式 (4.15)、式 (4.23)、式 (4.31) 和式 (4.32)。

4.2.2　多种气体同时凝结成一种固溶体

1. 凝结过程的热力学

在恒温恒压条件下，气相中有 n 种气体同时凝结成固溶体的过程可以表示为

$$(j)_{\mathrm{g}} = (j)_{\mathrm{s}}$$

$$(j = 1, 2, 3, \cdots, n)$$

达到平衡，有

$$(j)_{\mathrm{g}} \rightleftharpoons (j)_{\mathrm{s}}$$

$$(j = 1, 2, 3, \cdots, n)$$

凝结过程的摩尔吉布斯自由能变化为

$$\Delta G_{\mathrm{m},(j)} = \mu_{(j)_{\mathrm{s}}} - \mu_{(j)_{\mathrm{g}}} \tag{4.34}$$

(1) 气相以一个标准大气压的组元 j 为标准状态，固相以纯 j 为标准状态，浓度以摩尔分数表示，则

$$\mu_{(j)_{\mathrm{s}}} = \mu^{*}_{j(\mathrm{s})} + RT\ln a^{\mathrm{R}}_{(j)_{\mathrm{s}}} \tag{4.35}$$

$$\mu_{(j)_{\mathrm{g}}} = \mu^{\theta}_{j(\mathrm{g})} + RT\ln p_{(j)} \tag{4.36}$$

将式 (4.35)、式 (4.36) 代入式 (4.34)，得

$$\Delta G_{\mathrm{m},j} = \Delta G^{\theta}_{\mathrm{m},j} + RT\ln\frac{a^{\mathrm{R}}_{(j)_{\mathrm{s}}}}{p_{(j)}} \tag{4.37}$$

式中，

$$\Delta G^{\theta}_{\mathrm{m},j} = \mu^{*}_{j(\mathrm{s})} - \mu^{\theta}_{j(\mathrm{g})} = -RT\ln K_j \tag{4.38}$$

其中，

$$K_j = \frac{a'^{\mathrm{R}}_{(j)_{\mathrm{s}}}}{p'_{(j)}} \tag{4.39}$$

根据拉乌尔定律，在平衡状态，有

$$p'_{(j)} = a'^{\mathrm{R}}_{(j)_{\mathrm{s}}} p^{*}_{j} \tag{4.40}$$

式中，p^{*}_{j} 为纯固态组元 j 的饱和升华气体压力。

将式 (4.40) 代入式 (4.39)，得

$$K_j = \frac{1}{p^{*}_{j}} \tag{4.41}$$

将式 (4.41) 代入式 (4.38)，得

$$\Delta G^{\theta}_{\mathrm{m},j} = -RT\ln\frac{1}{p^*_j} \tag{4.42}$$

将式 (4.42) 代入式 (4.37)，得

$$\Delta G_{\mathrm{m},(j)} = RT\ln\frac{p^*_j a^{\mathrm{R}}_{(j)_\mathrm{s}}}{p_{(j)}} \tag{4.43}$$

(2) 气相以一个标准大气压的组元 j 为标准状态，固相以符合亨利定律的假想的纯 j 为标准状态，浓度以摩尔分数表示，则

$$\mu_{(j)_\mathrm{s}} = \mu^{\theta}_{j(\mathrm{s}x)} + RT\ln a^{\mathrm{H}}_{(j)_{\mathrm{s}x}} \tag{4.44}$$

将式 (4.44) 和式 (4.36) 代入式 (4.34)，得

$$\Delta G_{\mathrm{m},(j)} = \Delta G^{\theta}_{\mathrm{m},j} + RT\ln\frac{a^{\mathrm{H}}_{(j)_{\mathrm{s}x}}}{p_{(j)}} \tag{4.45}$$

式中，

$$\begin{aligned}\Delta G^{\theta}_{\mathrm{m},j} &= \mu^{\theta}_{j(\mathrm{s}x)} - \mu^{\theta}_{j(\mathrm{g})}\\ &= -RT\ln K'_j\end{aligned} \tag{4.46}$$

$$K'_j = \frac{a'^{\mathrm{H}}_{(j)_{\mathrm{s}x}}}{p'_{(j)}} \tag{4.47}$$

其中，$a'^{\mathrm{H}}_{(j)_{\mathrm{s}x}}$ 和 $p'_{(j)}$ 为平衡状态值。

根据亨利定律，在平衡状态，有

$$p'_{(j)} = k_{\mathrm{H}x} a'^{\mathrm{H}}_{(j)_{\mathrm{s}x}} \tag{4.48}$$

将式 (4.48) 代入式 (4.47)，得

$$K'_j = \frac{1}{k_{\mathrm{H}x}} \tag{4.49}$$

将式 (4.49) 代入式 (4.46)，得

$$\Delta G^{\theta}_{\mathrm{m},j} = -RT\ln\frac{1}{k_{\mathrm{H}x}} \tag{4.50}$$

将式 (4.50) 代入式 (4.45)，得

$$\Delta G_{\mathrm{m},j} = RT\ln\frac{k_{\mathrm{H}x} a^{\mathrm{H}}_{(j)_{\mathrm{s}x}}}{p_{(j)}} \tag{4.51}$$

(3) 气相以一个标准大气压的组元 j 为标准状态，固相以符合亨利定律的假想的 $w(j)/w^{\theta}=1$ 的固溶体为标准状态，浓度以质量分数表示，则

$$\mu_{(j)_{sw}}=\mu^{\theta}_{j(sw)}+RT\ln a^{\mathrm{H}}_{(j)_{sw}} \tag{4.52}$$

将式 (4.52) 和式 (4.36) 代入式 (4.34)，得

$$\Delta G_{\mathrm{m},j}=\Delta G^{\theta}_{\mathrm{m},j}+RT\ln\frac{a^{\mathrm{H}}_{(j)_{sx}}}{p_{(j)}} \tag{4.53}$$

式中，

$$\begin{aligned}\Delta G^{\theta}_{\mathrm{m},j}&=\mu^{\theta}_{(j)_{sw}}-\mu^{\theta}_{j(\mathrm{g})}\\&=-RT\ln K''\end{aligned} \tag{4.54}$$

其中，

$$K''=\frac{a'^{\mathrm{H}}_{(j)_{sw}}}{p'_{(j)}} \tag{4.55}$$

这里，$a'^{\mathrm{H}}_{(j)_{sw}}$ 和 $p'_{(j)}$ 为平衡状态值。

根据亨利定律，在平衡状态，有

$$p'_{(j)}=k_{\mathrm{H}w}a'^{\mathrm{H}}_{(j)_{sw}} \tag{4.56}$$

式中，$k_{\mathrm{H}w}$ 为亨利定律常数。

将式 (4.56) 代入式 (4.55)，得

$$K''=\frac{1}{k_{\mathrm{H}w}} \tag{4.57}$$

将式 (4.57) 代入式 (4.54)，得

$$\Delta G^{\theta}_{\mathrm{m},j}=-RT\ln\frac{1}{k_{\mathrm{H}w}} \tag{4.58}$$

将式 (4.58) 代入式 (4.53)，得

$$\Delta G_{\mathrm{m},(j)}=RT\ln\frac{k_{\mathrm{H}w}a^{\mathrm{H}}_{(j)_{sw}}}{p_{(j)}} \tag{4.59}$$

(4) 利用焓变和熵变计算。

在温度 $T_{平}$，气–固两相达成平衡，温度降到 T，气体凝结成固体，有

$$\begin{aligned}
\Delta G_{\mathrm{m},(j)}(T) &= \bar{G}_{\mathrm{m},(j)_{\mathrm{s}}}(T) - \bar{G}_{\mathrm{m},(j)_{\mathrm{g}}}(T) \\
&= (\bar{H}_{\mathrm{m},(j)_{\mathrm{s}}}(T) - T\bar{S}\,(j)_{\mathrm{s}}\,(T)) - (\bar{H}_{\mathrm{m},(j)_{\mathrm{g}}}(T) - \bar{T}S_{\mathrm{m},(j)_{\mathrm{g}}}(T)) \\
&= (\bar{H}_{\mathrm{m},(j)_{\mathrm{s}}}(T) - \bar{H}_{\mathrm{m},(j)_{\mathrm{g}}}(T)) - T(\bar{S}_{\mathrm{m},(j)_{\mathrm{s}}}(T) - \bar{S}_{\mathrm{m},(j)_{\mathrm{g}}}(T)) \\
&= \Delta H_{\mathrm{m},(j)}(T) - T\Delta S_{\mathrm{m},(j)}(T) \\
&\approx \Delta H_{\mathrm{m},(j)}(T_{平}) - T\Delta S_{\mathrm{m},(j)}(T_{平}) \\
&= \Delta H_{\mathrm{m},(j)}\,(T_{平}) - T\frac{\Delta H_{\mathrm{m},(j)}\,(T_{平})}{T_{平}} \\
&= \frac{\Delta H_{\mathrm{m},(j)}(T_{平})\Delta T}{T_{平}}
\end{aligned} \tag{4.60}$$

式中，

$$\Delta H_{\mathrm{m},(j)}(T) \approx \Delta H_{\mathrm{m},(j)}(T_{平}) < 0$$

$$\Delta S_{\mathrm{m},(j)}(T) \approx \Delta S_{\mathrm{m},(j)}(T_{平}) = \frac{\Delta H_{\mathrm{m},(j)}(T_{平})}{T_{平}}$$

$$T_{平} > T$$

$$\Delta T = T_{平} - T > 0$$

如果温度 T 和 $T_{平}$ 相差较大，则有

$$\Delta H_{\mathrm{m},(j)}(T) = \Delta H_{\mathrm{m},(j)}(T_{平}) + \int_{T_{平}}^{T} \Delta C_{p,(j)}\mathrm{d}T$$

$$\Delta S_{\mathrm{m},(j)}\,(T) = \Delta S_{\mathrm{m},(j)}\,(T_{平}) + \int_{T_{平}}^{T} \frac{\Delta C_{p,(j)}}{T}\mathrm{d}T$$

2. 气体凝结成一种固溶体的速率

不考虑耦合作用，组元 j 的凝结速率为

$$\begin{aligned}
\frac{\mathrm{d}N_j}{\mathrm{d}t} &= Vj_j \\
&= V\left[-l_{j1}\left(\frac{A_{\mathrm{m},j}}{T}\right) - l_{j2}\left(\frac{A_{\mathrm{m},j}}{T}\right)^2 - l_{j3}\left(\frac{A_{\mathrm{m},j}}{T}\right)^3 - \cdots\right]
\end{aligned} \tag{4.61}$$

$$(j = 1, 2, 3, \cdots, n)$$

考虑耦合作用，多元系中有 n 种气体同时凝结成固体，组元 j 的凝结速率为

$$\begin{aligned}
\frac{\mathrm{d}N_j}{\mathrm{d}t} = Vj = V\Bigg[&-\sum_{k=1}^{n} l_{jk}\left(\frac{A_{\mathrm{m},k}}{T}\right) - \sum_{k=1}^{n}\sum_{l=1}^{n} l_{jkl}\left(\frac{A_{\mathrm{m},k}}{T}\right)\left(\frac{A_{\mathrm{m},l}}{T}\right) \\
&-\sum_{k=1}^{n}\sum_{l=1}^{n}\sum_{h=1}^{n} l_{jklh}\left(\frac{A_{\mathrm{m},k}}{T}\right)\left(\frac{A_{\mathrm{m},l}}{T}\right)\left(\frac{A_{\mathrm{m},h}}{T}\right) - \cdots\Bigg]
\end{aligned} \tag{4.62}$$

$$(j = 1, 2, 3, \cdots, n)$$

n 种气体的凝结速率为

$$
\begin{aligned}
\frac{\mathrm{d}N}{\mathrm{d}t} &= \sum_{j=1}^{n} \frac{\mathrm{d}N_j}{\mathrm{d}t} = V \sum_{j=1}^{n} J_j \\
&= V \sum_{j=1}^{n} \left[-\sum_{k=1}^{n} l_{jk} \left(\frac{A_{\mathrm{m},k}}{T} \right) - \sum_{k=1}^{n} \sum_{l=1}^{n} l_{jkl} \left(\frac{A_{\mathrm{m},k}}{T} \right) \left(\frac{A_{\mathrm{m},l}}{T} \right) \right. \\
&\quad \left. - \sum_{k=1}^{n} \sum_{l=1}^{n} \sum_{h=1}^{n} l_{jklh} \left(\frac{A_{\mathrm{m},k}}{T} \right) \left(\frac{A_{\mathrm{m},l}}{T} \right) \left(\frac{A_{\mathrm{m},h}}{T} \right) - \cdots \right]
\end{aligned} \tag{4.63}
$$

$$(j = 1, 2, 3, \cdots, n)$$

式中，N_j 为组元 j 凝结的物质的量；N 为同时凝结 n 种气体的总物质的量；

$$A_{\mathrm{m},j} = \Delta G_{\mathrm{m},j}$$

为式 (4.43)、式 (4.51)、式 (4.59) 和式 (4.63)。

4.2.3　多种气体凝结成多种纯物质固体

1. 凝结过程的热力学

在恒温恒压条件下，有 n 种气体同时凝结成 n 种固体的过程可以表示为

$$(j)_{\mathrm{g}} = j(\mathrm{s})$$

$$(j = 1, 2, 3, \cdots, n)$$

达到平衡，有

$$(j)_{\mathrm{g}} \rightleftharpoons j(\mathrm{s})$$

$$(j = 1, 2, 3, \cdots, n)$$

凝结过程的摩尔吉布斯自由能变化为

$$\Delta G_{\mathrm{m},(j)} = \mu_{j(\mathrm{s})} - \mu_{(j)_{\mathrm{g}}} \tag{4.64}$$

气相以一个标准大气压的 j 为标准状态，固体以纯固态 j 为标准态，凝结过程的摩尔吉布斯自由能变化为

$$
\begin{aligned}
\Delta G_{\mathrm{m},(j)} &= \mu_{j(\mathrm{s})} - \mu_{(j)_{\mathrm{g}}} \\
&= \Delta G_{\mathrm{m},j}^{\theta} - RT \ln p_{(j)}
\end{aligned} \tag{4.65}
$$

式中，

$$\mu_{j(\mathrm{s})} = \mu_{j(\mathrm{s})}^{*}$$

$$\mu_{(j)\mathrm{g}} = \mu_{j(\mathrm{g})}^{\theta} + RT\ln p_{(j)}$$

$$\begin{aligned}\Delta G_{\mathrm{m},j}^{\theta} &= \mu_{j(\mathrm{s})}^{*} - \mu_{j(\mathrm{g})}^{\theta} \\ &= -RT\ln K \\ &= -RT\ln\frac{1}{p_j^*}\end{aligned} \tag{4.66}$$

将式 (4.66) 代入式 (4.65)，得

$$\Delta G_{\mathrm{m},(j)} = RT\ln\frac{p_j^*}{p_{(j)}} \tag{4.67}$$

式中，p_j^* 为固体组元 j 的饱和蒸气压，即固体组元升华达到平衡的气体压力；$p_{(j)}$ 为气体中气体 j 的分压。

$p_{(j)} = p_j^*, \Delta G_{\mathrm{m},j} = 0$，气–固两相平衡；

$p_{(j)} > p_j^*, \Delta G_{\mathrm{m},j} < 0$，气体变成固体；

$p_{(j)} < p_j^*, \Delta G_{\mathrm{m},j} > 0$，固体变成气体；

其他标准状态可类似于前面的讨论。

或者如下计算：

在温度 $T_平$，气–固两相达成平衡，温度降低为 T，气体凝结成固体，有

$$\begin{aligned}\Delta G_{\mathrm{m},j}(T) &= G_{\mathrm{m},j(\mathrm{s})}(T) - \bar{G}_{\mathrm{m},(j)_\mathrm{g}}(T) \\ &= \left(H_{\mathrm{m},j(\mathrm{s})}(T) - TS_{\mathrm{m},j(\mathrm{s})}(T)\right) - \left(\bar{H}_{\mathrm{m},(j)_\mathrm{g}}(T) - T\bar{S}_{\mathrm{m},(j)_\mathrm{g}}(T)\right) \\ &= \left(H_{\mathrm{m},j(\mathrm{s})}(T) - \bar{H}_{\mathrm{m},(j)_\mathrm{g}}(T)\right) - T\left(S_{\mathrm{m},j(\mathrm{s})}(T) - \bar{S}_{\mathrm{m},(j)_\mathrm{g}}(T)\right) \\ &= \Delta H_{\mathrm{m},j}(T) - T\Delta S_{\mathrm{m},j}(T) \\ &\approx \Delta H_{\mathrm{m},j}(T_平) - T\Delta S_{\mathrm{m},j}(T_平) \\ &= \Delta H_{\mathrm{m},j}(T_平) - T\frac{\Delta H_{\mathrm{m},j}(T_平)}{T_平} \\ &= \frac{\Delta H_{\mathrm{m},j}(T_平)\Delta T}{T_平}\end{aligned} \tag{4.68}$$

式中，$T_平 > T$

$$\Delta T = T_平 - T > 0$$

$$\Delta H_{\mathrm{m},j}(T) \approx \Delta H_{\mathrm{m},j}(T_平)$$

$$\Delta S_{\mathrm{m},j}(T) \approx \Delta S_{\mathrm{m},j}(T_平) = \frac{\Delta H_{\mathrm{m},j}(T_平)}{T_平}$$

$\Delta H_{\mathrm{m},j}$ 为气态组元 j 的凝结热，为升华热的负值。

如果温度 T 和 $T_{平}$ 的差较大，则有

$$\Delta H_{\mathrm{m},j}(T) = \Delta H_{\mathrm{m},j}(T_{平}) + \int_{T_{平}}^{T} \Delta C_{p,j} \mathrm{d}T$$

$$\Delta S_{\mathrm{m},j}(T) = \Delta S_{\mathrm{m},j}(T_{平}) + \int_{T_{平}}^{T} \frac{\Delta C_{p,j}}{T} \mathrm{d}T$$

2. 凝结速率

不考虑耦合作用，气体组元 j 凝结成固体的速率为

$$\begin{aligned}\frac{\mathrm{d}N_{j(\mathrm{s})}}{\mathrm{d}t} &= Vj \\ &= V\left[-l_{j1}\left(\frac{A_{\mathrm{m},j}}{T}\right) - l_{j2}\left(\frac{A_{\mathrm{m},j}}{T}\right)^2 - l_{j3}\left(\frac{A_{\mathrm{m},j}}{T}\right)^3 - \cdots\right]\end{aligned} \tag{4.69}$$

式中，V 为气体体积；

$$A_{\mathrm{m},j} = \Delta G_{\mathrm{m},j}$$

为式 (4.67) 和式 (4.68)。

考虑耦合作用，有

$$\begin{aligned}\frac{\mathrm{d}N_j}{\mathrm{d}t} = Vj = V\Bigg[&-\sum_{k=1}^{n} l_{jk}\left(\frac{A_{\mathrm{m},k}}{T}\right) - \sum_{k=1}^{n}\sum_{l=1}^{n} l_{jkl}\left(\frac{A_{\mathrm{m},k}}{T}\right)\left(\frac{A_{\mathrm{m},l}}{T}\right) \\ &-\sum_{k=1}^{n}\sum_{l=1}^{n}\sum_{h=1}^{n} l_{jklh}\left(\frac{A_{\mathrm{m},k}}{T}\right)\left(\frac{A_{\mathrm{m},l}}{T}\right)\left(\frac{A_{\mathrm{m},h}}{T}\right) - \cdots\Bigg]\end{aligned} \tag{4.70}$$

$$(j = 1, 2, 3, \cdots, n)$$

式中，N_j 为由第 j 种气体凝结成晶核 j 的物质的量。

4.3 单纯气体凝结成晶核

4.3.1 单纯气体凝结成晶核的热力学

在恒温恒压条件下，过饱和气体凝结成固体的成核过程可以表示为

$$B(\mathrm{g}, 过饱) \Longleftrightarrow B(晶核)$$

过饱和气体的压力超过某一临界压力，就会形成晶核。而过饱和气体压力小于某一临界值，就不再产生新的晶核，此过饱和气体压力与该尺寸的晶核达成平衡。

温度不同，形成晶核的过饱和气体压力的临界值不同。温度越高，临界值越大。在过饱和气体压力的临界值，晶核与过饱和气体达成平衡，可以表示为

$$(B)_{\mathrm{g,临}} \equiv B(\mathrm{g},过饱') \rightleftharpoons B(晶核)$$

但晶核可以长大，成为晶体，直到气体压力降到饱和气体压力，气–固两相平衡，有

$$B(\mathrm{g},过饱') \longrightarrow B(\mathrm{s})$$

$$\dot{B}(\mathrm{g},饱) \rightleftharpoons B(\mathrm{s})$$

气体以一个标准大气压为标准状态，过饱和气体形成晶核过程的摩尔吉布斯自由能变化为

$$\begin{aligned}\Delta G_{\mathrm{m},B(晶核)} &= \mu_{B(晶核)} - \mu_{B(\mathrm{g},过饱)} \\ &= RT\ln\frac{p_{B(过饱')}}{p_{B(过饱)}} = RT\ln\frac{p_{B(临)}}{p_{B(过饱)}}\end{aligned} \tag{4.71}$$

式中，

$$\begin{aligned}\mu_{B(晶核)} &= \mu_{B(\mathrm{g},临)} \\ &= \mu^{\theta}_{B(\mathrm{g})} + RT\ln\frac{p_{B(过饱')}}{p^{\theta}} = \mu^{\theta}_{B(\mathrm{g})} + RT\ln p_{B(临)}\end{aligned}$$

$$\mu_{B(\mathrm{g},过饱)} = \mu^{\theta}_{B(\mathrm{g})} + RT\ln p_{B(过饱)}$$

由式 (4.71) 可见，

$p_{B(临)} < p_{B(过饱)}$，$\Delta G_{\mathrm{m},B(晶核)} < 0$，气体可以自发凝结成晶核；

$p_{(临)} = p_{B(过饱)}$，$\Delta G_{\mathrm{m},B(晶核)} = 0$，气体和晶核平衡共存；

$p_{B(临)} > p_{B(过饱)}$，$\Delta G_{\mathrm{m},B(晶核)} > 0$，晶核升华。

也可如下计算：

在温度 $T_{平}$，气体组元 B 与其晶核达到平衡，有

$$B(\mathrm{g}) \rightleftharpoons B(晶核)$$

改变温度，气体组元 B 达到形成晶核的过饱和，有

$$B(g) = B(晶核)$$

该过程的摩尔吉布斯自由能变化为

$$
\begin{aligned}
\Delta G_{\mathrm{m},B(\text{晶核})}(T) &= G_{\mathrm{m},B(\text{晶核})}(T) - G_{\mathrm{m},B(\mathrm{g})}(T) \\
&= (H_{\mathrm{m},B(\text{晶核})}(T) - TS_{\mathrm{m},B(\text{晶核})}(T)) - (H_{\mathrm{m},B(\mathrm{g})}(T) - TS_{\mathrm{m},B(\mathrm{g})}(T)) \\
&= (H_{\mathrm{m},B(\text{晶核})}(T) - H_{\mathrm{m},B(\mathrm{g})}(T)) - T(S_{\mathrm{m},B(\text{晶核})}(T) - S_{\mathrm{m},B(\mathrm{g})}(T)) \\
&= \Delta H_{\mathrm{m},B(\text{晶核})}(T) - T\Delta S_{\mathrm{m},B(\text{晶核})}(T) \\
&\approx \Delta H_{\mathrm{m},B(\text{晶核})}(T_{\text{平}}) - T\Delta S_{\mathrm{m},B(\text{晶核})}(T_{\text{平}}) \\
&= \Delta H_{\mathrm{m},B(\text{晶核})}(T_{\text{平}}) - \frac{T\Delta H_{\mathrm{m},B(\text{晶核})}(T_{\text{平}})}{T_{\text{平}}} \\
&= \frac{\Delta H_{\mathrm{m},B(\text{晶核})}(T_{\text{平}})\Delta T}{T_{\text{平}}}
\end{aligned}
\tag{4.72}
$$

式中，

$$
\Delta T = T_{\text{平}} - T
$$

4.3.2 单纯气体凝结成晶核的速率

单纯气体 B 凝结形核的速率为

$$
\begin{aligned}
\frac{\mathrm{d}N_{B(\text{晶核})}}{\mathrm{d}t} &= Vj \\
&= V\left[-l_1\left(\frac{A_{\mathrm{m},B}}{T}\right) - l_2\left(\frac{A_{\mathrm{m},B}}{T}\right)^2 - l_3\left(\frac{A_{\mathrm{m},B}}{T}\right)^3 - \cdots\right]
\end{aligned}
\tag{4.73}
$$

由

$$
N_{B(\text{晶核})}M_B = \tilde{N}_{B(\text{晶核})}V_{B(\text{晶核})}\rho_{B(\text{晶核})} \tag{4.74}
$$

得

$$
\tilde{N}_{B(\text{晶核})} = \frac{N_{B(\text{晶核})}M_B}{V_{B(\text{晶核})}\rho_{B(\text{晶核})}} \tag{4.75}
$$

对 t 求导，得

$$
\frac{\mathrm{d}\tilde{N}_{B(\text{晶核})}}{\mathrm{d}t} = \frac{M_B}{V_{B(\text{晶核})}\rho_{B(\text{晶核})}}\frac{\mathrm{d}N_{B(\text{晶核})}}{\mathrm{d}t} \tag{4.76}
$$

将式 (4.73) 代入式 (4.76)，得

$$
\begin{aligned}
\frac{\mathrm{d}\tilde{N}_{B(\text{晶核})}}{\mathrm{d}t} &= \frac{M_B V}{V_{B(\text{晶核})}\rho_{B(\text{晶核})}} j_B \\
&= \frac{M_B V}{V_{B(\text{晶核})}\rho_{B(\text{晶核})}} \left[-l_1 \left(\frac{A_{\mathrm{m},B}}{T}\right) - l_2 \left(\frac{A_{\mathrm{m},B}}{T}\right)^2 \right. \\
&\quad \left. -l_3 \left(\frac{A_{\mathrm{m},B}}{T}\right)^3 - \cdots \right]
\end{aligned} \tag{4.77}
$$

式中，$N_{B(\text{晶核})}$ 为晶核 B 的物质的量；V 为气体的体积；$\tilde{N}_{B(\text{晶核})}$ 为晶核 B 的个数；M_B 为晶核 B 的摩尔质量；$\rho_{B(\text{晶核})}$ 为晶核 B 的密度；

$$
A_{\mathrm{m},B} = \Delta G_{\mathrm{m},B(\text{晶核})}
$$

为式 (4.71) 和式 (4.72)。

4.4 多元气体凝结成晶核

4.4.1 多元气体中只有一种凝结成晶核

1. 凝结成晶核的热力学

在恒温恒压条件下，多元混合气体中只有一种凝结成晶核，可以表示为

$$
(B)_{\mathrm{g},\text{过饱}} = B\,(\text{晶核})
$$

降到临界压力的过饱和气体与晶核达成平衡，该临界压力等于晶核的升华气压，有

$$
(B)_{\mathrm{g},\text{过饱}'} = (B)_{\mathrm{g},\text{临}} \rightleftharpoons B\,(\text{晶核})
$$

但晶核可以长大，成为晶体，直到气体压力降到饱和气体压力，气–固两相平衡，可以表示为

$$
(B)_{\mathrm{g},\text{过饱}'} = B\,(\mathrm{s})
$$

$$
(B)_{\mathrm{g},\text{饱}} \rightleftharpoons B\,(\mathrm{s})
$$

气体以一个标准大气压为标准状态。过饱和气体凝结成晶核过程的摩尔吉布斯自由能变化为

$$
\begin{aligned}
\Delta G_{\mathrm{m},B(\text{晶核})} &= \mu_{B(\text{晶核})} - \mu_{(B)_{\mathrm{g},\text{过饱}}} \\
&= RT \ln \frac{p_{(B)_{\text{过饱}'}}}{p_{(B)_{\text{过饱}}}} = RT \ln \frac{p_{(B)_{\text{临}}}}{p_{(B)_{\text{过饱}}}}
\end{aligned} \tag{4.78}
$$

式中，

$$\begin{aligned}\mu_{B(\text{晶核})} &= \mu_{(B)_{\text{g,临}}} \\ &= \mu^{\theta}_{B(\text{g})} + RT\ln p_{(B)\text{过饱}'} \\ &= \mu^{\theta}_{B(\text{g})} + RT\ln p_{(B)\text{临}} \\ \mu_{(B)_{\text{g,过饱}}} &= \mu^{\theta}_{B(\text{g})} + RT\ln p_{(B)\text{过饱}}\end{aligned}$$

2. 凝结成晶核的速率

在恒温恒压条件下，多元气体中一种气体凝结成晶核的速率为

$$\begin{aligned}\frac{\mathrm{d}N_{B(\text{晶核})}}{\mathrm{d}t} &= Vj_B \\ &= V\left[-l_1\left(\frac{A_{\text{m},B}}{T}\right) - l_2\left(\frac{A_{\text{m},B}}{T}\right)^2 - l_3\left(\frac{A_{\text{m},B}}{T}\right)^3 - \cdots\right]\end{aligned} \tag{4.79}$$

由

$$N_{B(\text{晶核})}M_B = \tilde{N}_{B(\text{晶核})}V_{B(\text{晶核})}\rho_{B(\text{晶核})}$$

得

$$\tilde{N}_{B(\text{晶核})} = \frac{N_{B(\text{晶核})}M_B}{V_{B(\text{晶核})}\rho_{B(\text{晶核})}} \tag{4.80}$$

将式 (4.80) 对 t 求导，得

$$\frac{\mathrm{d}\tilde{N}_{B(\text{晶核})}}{\mathrm{d}t} = \frac{M_B}{V_{B(\text{晶核})}\rho_{B(\text{晶核})}}\frac{\mathrm{d}N_{B(\text{晶核})}}{\mathrm{d}t} \tag{4.81}$$

将式 (4.79) 代入式 (4.81)，得

$$\begin{aligned}\frac{\mathrm{d}\tilde{N}_{B(\text{晶核})}}{\mathrm{d}t} &= \frac{M_BV}{V_{B(\text{晶核})}\rho_{B(\text{晶核})}}j_B \\ &= \frac{M_BV}{V_{B(\text{晶核})}\rho_{B(\text{晶核})}}\left[-l_1\left(\frac{A_{\text{m},B}}{T}\right) - l_2\left(\frac{A_{\text{m},B}}{T}\right)^2\right. \\ &\qquad \left. -l_3\left(\frac{A_{\text{m},B}}{T}\right)^3 - \cdots\right]\end{aligned} \tag{4.82}$$

式中，

$$A_{\text{m},B} = \Delta G_{\text{m},B(\text{晶核})}$$

为式 (4.78)。

4.4.2 多种气体凝结成多种纯物质晶核

1. 凝结成多种晶核的热力学

在恒温恒压条件下，多种过饱和气体同时凝结成多种纯物质的晶核，可以表示为

$$(j)_{\mathrm{g},过饱} = j\,(晶核)$$

$$(j = 1, 2, \cdots, n)$$

降到临界压力的过饱和气体与晶核达成平衡，有

$$(j)_{\mathrm{g},过饱'} \equiv (j)_{\mathrm{g},临} \rightleftharpoons j\,(晶核)$$

晶核可以继续长大，成为晶体，直到气体压力降到饱和气体压力，气–固两相平衡，可以表示为

$$(j)_{\mathrm{g},过饱'} = j\,(晶体)$$

$$(j)_{\mathrm{g},饱} \rightleftharpoons j\,(晶体)$$

气体以一个标准大气压为标准状态，该过程的摩尔吉布斯自由能变化为

$$\Delta G_{\mathrm{m},j(晶核)} = \mu_{j(晶核)} - \mu_{(j)_{\mathrm{g},过饱}} = RT\ln\frac{p_{(j)过饱'}}{p_{(j)过饱}} = RT\ln\frac{p_{(j)临}}{p_{(j)过饱}} \tag{4.83}$$

式中，

$$\begin{aligned}\mu_{j(晶核)} = \mu_{(j)_{\mathrm{g},临}} &= RT\ln p_{(j)过饱'} \\ &= \mu^{\theta}_{j(\mathrm{g})} + RT\ln p_{(j)临}\end{aligned}$$

$$\mu_{(j)_{\mathrm{g},过饱}} = \mu^{\theta}_{j(\mathrm{g})} + RT\ln p_{(j)过饱}$$

该过程的总摩尔吉布斯自由能变化为

$$\Delta G_{\mathrm{m},t} = \sum_{j=1}^{r} n_j \Delta G_{\mathrm{m},j(晶核)} \tag{4.84}$$

由式 (4.84) 可见，

$\Delta G_{\mathrm{m},t} < 0$，体系过程可以自发；

$\Delta G_{\mathrm{m},t} = 0$，体系过程平衡；

$\Delta G_{\mathrm{m},t} > 0$，体系逆向过程自发进行。

2. 多种气体同时凝结形成多种纯物质晶核的速率

在恒温恒压条件下，不考虑耦合作用，多种气体同时凝结形成多种纯物质晶核的速率为

$$\begin{aligned}\frac{\mathrm{d}N_{j(\text{晶核})}}{\mathrm{d}t} &= Vj_j \\ &= V\left[-l_{j1}\left(\frac{A_{\mathrm{m},j}}{T}\right)-l_{j2}\left(\frac{A_{\mathrm{m},j}}{T}\right)^2-l_{j3}\left(\frac{A_{\mathrm{m},j}}{T}\right)^3-\cdots\right]\end{aligned} \tag{4.85}$$

考虑耦合作用，有

$$\begin{aligned}\frac{\mathrm{d}N_{j(\text{晶核})}}{\mathrm{d}t} = Vj_j = V\Bigg[&-\sum_{k=1}^{n}l_{jk}\left(\frac{A_{\mathrm{m},k}}{T}\right)-\sum_{k=1}^{n}\sum_{l=1}^{n}l_{jkl}\left(\frac{A_{\mathrm{m},k}}{T}\right)\left(\frac{A_{\mathrm{m},l}}{T}\right) \\ &-\sum_{k=1}^{n}\sum_{l=1}^{n}\sum_{h=1}^{n}l_{jklh}\left(\frac{A_{\mathrm{m},k}}{T}\right)\left(\frac{A_{\mathrm{m},l}}{T}\right)\left(\frac{A_{\mathrm{m},h}}{T}\right)-\cdots\Bigg]\end{aligned} \tag{4.86}$$

式中，$N_{j(\text{晶核})}$ 为第 j 个反应生成的晶核中 j 的物质的量；V 为气体的体积；

$$A_{\mathrm{m},j} = \Delta G_{\mathrm{m},j(\text{晶核})}$$

为式 (4.83)。

不考虑耦合作用，生成所有组元晶核的速率为

$$\begin{aligned}\frac{\mathrm{d}N}{\mathrm{d}t} &= \sum_{j=1}^{n}\frac{\mathrm{d}N_{j(\text{晶核})}}{\mathrm{d}t} = V\sum_{j=1}^{n}j_j \\ &= V\left[-l_{j1}\left(\frac{A_{\mathrm{m},j}}{T}\right)-l_{j2}\left(\frac{A_{\mathrm{m},j}}{T}\right)^2-l_{j3}\left(\frac{A_{\mathrm{m},j}}{T}\right)^3-\cdots\right]\end{aligned} \tag{4.87}$$

考虑耦合作用，有

$$\begin{aligned}\frac{\mathrm{d}N}{\mathrm{d}t} &= \sum_{j=1}^{n}\frac{\mathrm{d}N_{j(\text{晶核})}}{\mathrm{d}t} = V\sum_{j=1}^{n}j_j \\ &= V\sum_{j=1}^{n}\Bigg[-\sum_{k=1}^{n}l_{jk}\left(\frac{A_{\mathrm{m},k}}{T}\right)-\sum_{k=1}^{n}\sum_{l=1}^{n}l_{jkl}\left(\frac{A_{\mathrm{m},k}}{T}\right)\left(\frac{A_{\mathrm{m},l}}{T}\right) \\ &\quad -\sum_{k=1}^{n}\sum_{l=1}^{n}\sum_{h=1}^{n}l_{jklh}\left(\frac{A_{\mathrm{m},k}}{T}\right)\left(\frac{A_{\mathrm{m},l}}{T}\right)\left(\frac{A_{\mathrm{m},h}}{T}\right)-\cdots\Bigg]\end{aligned} \tag{4.88}$$

由

$$M_jN_{j(\text{晶核})} = \tilde{N}_{j(\text{晶核})}V_{j(\text{晶核})}\rho_{j(\text{晶核})} \tag{4.89}$$

将式 (4.89) 对 t 求导，得

$$\begin{aligned}\frac{\mathrm{d}\tilde{N}_{j(\text{晶核})}}{\mathrm{d}t}&=\frac{M_j}{V_{j(\text{晶核})}\rho_{j(\text{晶核})}}\frac{\mathrm{d}N_{j(\text{晶核})}}{\mathrm{d}t}\\&=\frac{M_jV}{V_{j(\text{晶核})}\rho_{j(\text{晶核})}}j_j\end{aligned}$$

所以，

$$\begin{aligned}\frac{\mathrm{d}\tilde{N}_{j(\text{晶核})}}{\mathrm{d}t}=&\frac{M_jV}{V_{j(\text{晶核})}\rho_{j(\text{晶核})}}\left[-\sum_{k=1}^{n}l_{jk}\left(\frac{A_{\mathrm{m},k}}{T}\right)-\sum_{k=1}^{n}\sum_{l=1}^{n}l_{jkl}\left(\frac{A_{\mathrm{m},k}}{T}\right)\left(\frac{A_{\mathrm{m},l}}{T}\right)\right.\\&\left.-\sum_{k=1}^{n}\sum_{l=1}^{n}\sum_{h=1}^{n}l_{jklh}\left(\frac{A_{\mathrm{m},k}}{T}\right)\left(\frac{A_{\mathrm{m},l}}{T}\right)\left(\frac{A_{\mathrm{m},h}}{T}\right)-\cdots\right]\end{aligned}$$

$$\begin{aligned}\frac{\mathrm{d}\tilde{N}_{\text{晶核}}}{\mathrm{d}t}&=\sum_{j=1}^{n}\frac{\mathrm{d}\tilde{N}_{j(\text{晶核})}}{\mathrm{d}t}\\&=\sum_{j=1}^{n}\frac{M_j}{V_{j(\text{晶核})}\rho_{j(\text{晶核})}}\frac{\mathrm{d}N_{j(\text{晶核})}}{\mathrm{d}t}\\&=\sum_{j=1}^{n}\frac{M_jV}{V_{j(\text{晶核})}\rho_{j(\text{晶核})}}j_j\\&=\sum_{j=1}^{n}\frac{M_jV}{V_{j(\text{晶核})}\rho_{j(\text{晶核})}}\left[-\sum_{k=1}^{n}l_{jk}\left(\frac{A_{\mathrm{m},k}}{T}\right)\right.\\&\quad-\sum_{k=1}^{n}\sum_{l=1}^{n}l_{jkl}\left(\frac{A_{\mathrm{m},k}}{T}\right)\left(\frac{A_{\mathrm{m},l}}{T}\right)\\&\quad\left.-\sum_{k=1}^{n}\sum_{l=1}^{n}\sum_{h=1}^{n}l_{jklh}\left(\frac{A_{\mathrm{m},k}}{T}\right)\left(\frac{A_{\mathrm{m},l}}{T}\right)\left(\frac{A_{\mathrm{m},h}}{T}\right)-\cdots\right]\end{aligned}\tag{4.90}$$

式中，$\tilde{N}_{\text{晶核}}$ 为全部晶核数；$\tilde{N}_{j(\text{晶核})}$ 为组元 j 的晶核数；M_j 为组元 j 的摩尔质量；$V_{j(\text{晶核})}$ 为单个晶核 j 的体积；$\rho_{j(\text{晶核})}$ 为晶核 j 的密度；V 为气体体积。

4.4.3 多种气体凝结成一种固溶体晶核

1. 凝结成固溶体晶核的热力学

在恒温恒压条件下，多种过饱和气体同时凝结成一种固溶体晶核。可以表示为

$$(j)_{\mathrm{g},\text{过饱}}=\!=\!=(j)_{\alpha,\text{晶核}}$$

$$(j=1,2,3,\cdots,n)$$

降到临界压力的过饱和气体与晶核达成平衡，有

$$(j)_{\text{g,过饱}'} = (j)_{\text{g,临}} \rightleftharpoons (j)_{\alpha,\text{晶核}}$$

晶核可以继续长大，成为晶体，直到气体压力降到饱和气体压力，气–固两相平衡，可以表示为

$$(j)_{\text{g,过饱}} = (j)_{\alpha,\text{晶体}}$$

$$(j)_{\text{g,饱}} \rightleftharpoons (j)_{\alpha,\text{晶体}}$$

(1) 气体组元以一个标准大气压为标准状态，凝结过程的摩尔吉布斯自由能变化为

$$\begin{aligned}\Delta G_{\text{m},(j)_{\alpha,\text{晶核}}} &= \mu_{(j)_{\alpha,\text{晶核}}} - \mu_{(j)_{\text{g,过饱}}} \\ &= RT\ln\frac{p_{(j)\text{过饱}'}}{p_{(j)\text{过饱}}} = RT\ln\frac{p_{(j)\text{临}}}{p_{(j)\text{过饱}}}\end{aligned} \tag{4.91}$$

式中，

$$\begin{aligned}\mu_{(j)_{\alpha,\text{晶核}}} &= \mu_{(j)_{\text{g,临}}} \\ &= \mu^{\theta}_{j(\text{g})} + RT\ln p_{(j)\text{过饱}'} \\ &= \mu^{\theta}_{j(\text{g})} + RT\ln p_{(j)\text{临}}\end{aligned}$$

$$\mu_{(j)_{\text{g,过饱}}} = \mu^{\theta}_{j(\text{g})} + RT\ln p_{(j)\text{过饱}}$$

(2) 气体组元以一个标准大气压为标准状态，固体中的组元以其固态纯晶体为标准状态，浓度以摩尔分数表示，有

$$\begin{aligned}\Delta G_{\text{m}(j)_{\alpha,\text{晶核}}} &= \mu_{(j)_{\alpha,\text{晶核}}} - \mu_{(j)_{\text{g,过饱}}} \\ &= \Delta G^{\theta}_{\text{m}(j)_{\alpha,\text{晶核}}} + RT\ln\frac{a^{\text{R}}_{(j)_{\alpha,\text{晶体}}}}{p_{(j)\text{过饱}}}\end{aligned} \tag{4.92}$$

式中，

$$\Delta G^{\theta}_{\text{m}(j)_{\alpha,\text{晶核}}} = \mu^{*}_{j(\text{晶体})} - \mu^{\theta}_{(\text{g})} = \Delta_{\text{凝结}} G^{\theta}_{\text{m},(j)_{\alpha,\text{晶核}}}$$

$$\mu_{(j)_{\alpha,\text{晶体}}} = \mu^{\theta}_{j(\text{晶核})} + RT\ln a^{\text{R}}_{(j)_{\alpha,\text{晶核}}}$$

$$\mu_{(j)_{\text{g,过饱}}} = \mu^{\theta}_{j(\text{g})} + RT\ln p_{(j)\text{过饱}}$$

其中，$\Delta_{\text{凝结}} G^{\theta}_{\text{m},(j)_{\alpha,\text{晶核}}}$ 是气体组元 j 凝结的晶核的摩尔吉布斯自由能变化。

选择其他标准状态类似于前面的讨论。

(3) 利用焓变和熵变计算。

$$\begin{aligned}
\Delta G_{\mathrm{m},(j)_{\alpha,\text{晶核}}}(T) &= \overline{G}_{\mathrm{m},(j)_{\alpha,\text{晶核}}}(T) - \overline{G}_{\mathrm{m},(j)_{\mathrm{g},\text{过饱}}} \\
&= (\overline{H}_{\mathrm{m},(j)_{\alpha,\text{晶核}}}(T) - T\overline{S}_{\mathrm{m},(j)_{\alpha,\text{晶核}}}(T)) \\
&\quad -(\overline{H}_{\mathrm{m},(j)_{\mathrm{g},\text{过饱}}}(T) - T\overline{S}_{\mathrm{m},(j)_{\mathrm{g},\text{过饱}}}(T)) \\
&= (\overline{H}_{\mathrm{m},(j)_{\alpha,\text{晶核}}}(T)-\overline{H}_{\mathrm{m},(j)_{\mathrm{g},\text{过饱}}}(T))-T(\overline{S}_{\mathrm{m},(j)_{\alpha,\text{晶核}}}(T)-\overline{S}_{\mathrm{m},(j)_{\mathrm{g},\text{过饱}}}(T)) \\
&= \Delta H_{\mathrm{m},(j)_{\alpha,\text{晶核}}}(T) - T\Delta S_{\mathrm{m},(j)_{\alpha,\text{晶核}}}(T) \\
&\approx \Delta H_{\mathrm{m},(j)_{\alpha,\text{晶核}}}(T_{\text{平}}) - T\Delta S_{\mathrm{m},(j)_{\alpha,\text{晶核}}}(T_{\text{平}}) \\
&= \Delta H_{\mathrm{m},(j)_{\alpha,\text{晶核}}}(T_{\text{平}}) - T\Delta S_{\mathrm{m},(j)_{\alpha,\text{晶核}}}(T_{\text{平}}) \\
&= \frac{\Delta\overline{H}_{\mathrm{m},(j)_{\alpha,\text{晶核}}}(T_{\text{平}})\Delta T}{T_{\text{平}}}
\end{aligned} \tag{4.93}$$

式中，$T_{\text{平}}$ 为气体组元 j 与 α 晶核中的组元 j 达成平衡的温度；

$$T_{\text{平}} > T$$

$$T_{\text{平}} - T > 0$$

按各组元的摩尔比的总摩尔吉布斯自由能变化为

$$\Delta G_{\mathrm{m},t} = \sum_{j=1}^{n} N_j \Delta G_{\mathrm{m},(j)_{\alpha,\text{晶核}}} \tag{4.94}$$

2. 多种气体同时凝结形成一种固溶体晶核的速率

在恒温恒压条件下，不考虑耦合作用，多种气体同时凝结形成一种固溶体晶核的速率为

$$\begin{aligned}
\frac{\mathrm{d}N}{\mathrm{d}t} &= \sum_{j=1}^{n} \frac{\mathrm{d}N_{(j)_{\alpha,\text{晶核}}}}{\mathrm{d}t} = V\sum_{j=1}^{n} j_j \\
&= V\sum_{j=1}^{n}\left(-l_{j1}\left(\frac{A_{\mathrm{m},j}}{T}\right) - l_{j2}\left(\frac{A_{\mathrm{m},j}}{T}\right)^2 - l_{j3}\left(\frac{A_{\mathrm{m},j}}{T}\right)^3 - \cdots\right)
\end{aligned} \tag{4.95}$$

考虑耦合作用，有

$$\frac{\mathrm{d}N}{\mathrm{d}t} = \sum_{j=1}^{n} \frac{\mathrm{d}N_{(j)_{\alpha,\text{晶核}}}}{\mathrm{d}t} = V\sum_{j=1}^{n} j_j$$

$$
\begin{aligned}
&= V\sum_{j=1}^{n}\left[-\sum_{k=1}^{n} l_{jk}\left(\frac{A_{\mathrm{m},k}}{T}\right)-\sum_{k=1}^{n}\sum_{l=1}^{n} l_{jkl}\left(\frac{A_{\mathrm{m},k}}{T}\right)\left(\frac{A_{\mathrm{m},l}}{T}\right)\right. \\
&\quad \left.-\sum_{k=1}^{n}\sum_{l=1}^{n}\sum_{h=1}^{n} l_{jklh}\left(\frac{A_{\mathrm{m},k}}{T}\right)\left(\frac{A_{\mathrm{m},l}}{T}\right)\left(\frac{A_{\mathrm{m},h}}{T}\right)-\cdots\right]
\end{aligned} \tag{4.96}
$$

式中，N 为全部晶核中 n 个组元的物质的量；$N_{(j)_{\alpha,\text{晶核}}}$ 为全部晶核中组元 j 的物质的量。

将

$$
\sum_{j=1}^{n} N_{(j)_{\alpha,\text{晶核}}} M_j = \tilde{N}_{\text{晶核}} V_{\text{晶核}} \rho_{\text{晶核}}
$$

对 t 求导，得

$$
\sum_{j=1}^{n} \frac{\mathrm{d}N_{(j)_{\alpha,\text{晶核}}}}{\mathrm{d}t} M_j = V_{\text{晶核}} \rho_{\text{晶核}} \frac{\mathrm{d}\tilde{N}_{\text{晶核}}}{\mathrm{d}t}
$$

所以

$$
\begin{aligned}
\frac{\mathrm{d}\tilde{N}_{\text{晶核}}}{\mathrm{d}t} &= \frac{1}{V_{\text{晶核}}\rho_{\text{晶核}}}\sum_{j=1}^{n}\frac{\mathrm{d}N_{(j)_{\alpha,\text{晶核}}}}{\mathrm{d}t}M_j = \frac{V}{V_{\text{晶核}}\rho_{\text{晶核}}}\sum_{j=1}^{n} M_j j_j \\
&= \frac{V}{V_{\text{晶核}}\rho_{\text{晶核}}}\sum_{j=1}^{n} M_j\left[-l_{j1}\left(\frac{A_{\mathrm{m},k}}{T}\right)-l_{j2}\left(\frac{A_{\mathrm{m},k}}{T}\right)^2\right. \\
&\quad \left.-l_{j3}\left(\frac{A_{\mathrm{m},k}}{T}\right)^3-\cdots\right]
\end{aligned} \tag{4.97}
$$

$$
\begin{aligned}
\frac{\mathrm{d}\tilde{N}_{\text{晶核}}}{\mathrm{d}t} &= \frac{1}{V_{\text{晶核}}\rho_{\text{晶核}}}\sum_{j=1}^{n}\frac{\mathrm{d}N_{(j)_{\alpha,\text{晶核}}}}{\mathrm{d}t}M_j = \frac{V}{V_{\text{晶核}}\rho_{\text{晶核}}}\sum_{j=1}^{n} M_j j_j \\
&= \frac{V}{V_{\text{晶核}}\rho_{\text{晶核}}}\sum_{j=1}^{n} M_j\left[-\sum_{k=1}^{n} l_{jk}\left(\frac{A_{\mathrm{m},k}}{T}\right)\right. \\
&\quad -\sum_{k=1}^{n}\sum_{l=1}^{n} l_{jkl}\left(\frac{A_{\mathrm{m},k}}{T}\right)\left(\frac{A_{\mathrm{m},l}}{T}\right)-\sum_{k=1}^{n}\sum_{l=1}^{n}\sum_{h=1}^{n} l_{jklh} \\
&\quad \left.\times\left(\frac{A_{\mathrm{m},k}}{T}\right)\left(\frac{A_{\mathrm{m},l}}{T}\right)\left(\frac{A_{\mathrm{m},h}}{T}\right)-\cdots\right]
\end{aligned} \tag{4.98}
$$

式中，$N_{(j)_{\alpha,\text{晶核}}}$ 为全部晶核中组元 j 的物质的量；M_j 为组元 j 的摩尔质量；$\sum_{j=1}^{n} N_{(j)_{\alpha,\text{晶核}}} M_j$ 为全部晶核的质量；$\tilde{N}_{\text{晶核}}$ 为晶核个数；$V_{\text{晶核}}$ 为单个晶核的体积；$\rho_{\text{晶核}}$ 为晶核密度；V 为气体体积。

第 5 章　溶　　解

5.1　气体溶解于液体——溶解后气体分子不分解

气体进入液体中，形成均一液相的过程叫气体在液体中的溶解。例如，空气溶解到水中。通常将气体作为溶质。气体溶解于液体中有两种情况，一种是溶解的气体分子不分解，和在气态时一样，例如氧气、氮气溶解到水里，一种是溶解的气体分子分解，例如氢气、氮气溶解于铁液中。本章讨论溶解的气体分子不分解。

5.1.1　一种纯气体溶解

1. 溶解过程热力学

在恒温恒压条件下，一定压力的纯净气体溶解于液体中，溶解后的气体分子不分解。溶解过程可以表示为

$$B_2\,(\mathrm{g}) = (B_2)$$

溶解达到平衡，有

$$B_2\,(\mathrm{g}) \rightleftharpoons (B_2)$$

(1) 气相中的组元 B_2 以一个标准大气压的组元 B_2 为标准状态，液相中的组元 B_2 以纯液态 B_2 为标准状态，浓度以摩尔分数表示，溶解过程的摩尔吉布斯自由能变化为

$$\Delta G_{\mathrm{m},(B_2)} = \mu_{(B_2)} - \mu_{B_2(\mathrm{g})} = \Delta G^{\theta}_{\mathrm{m},B_2} + RT\ln\frac{a^{\mathrm{R}}_{(B_2)}}{P_{B_2}} \tag{5.1}$$

式中，

$$\mu_{(B_2)} = \mu^{*}_{B_2(\mathrm{l})} + RT\ln a^{\mathrm{R}}_{(B_2)}$$

$$\mu_{B_2(\mathrm{g})} = \mu^{\theta}_{B_2(\mathrm{g})} + RT\ln P_{B_2}$$

$$\Delta G^{\theta}_{\mathrm{m},B_2} = \mu^{*}_{B_2(\mathrm{l})} - \mu^{\theta}_{B_2(\mathrm{g})} = -RT\ln K \tag{5.2}$$

$$K = \frac{a'^{\mathrm{R}}_{(B_2)}}{P'_{B_2}} \tag{5.3}$$

式中，$a'^{\mathrm{R}}_{(B_2)}$ 和 P'_{B_2} 分别为溶解达到平衡，液相中组元 B_2 的活度和气相中组元 B_2 的压力。

根据拉乌尔定律，气–液两相平衡，有

$$P'_{B_2} = a'^{\mathrm{R}}_{(B_2)} P^*_{B_2} \tag{5.4}$$

式中，$P^*_{B_2}$ 为纯液态 B_2 的蒸气压。

将式 (5.4) 代入式 (5.3)，得

$$K = \frac{1}{P^*_{B_2}} \tag{5.5}$$

将式 (5.5) 代入式 (5.2)，得

$$\Delta G^{\theta}_{\mathrm{m},B_2} = -RT \ln \frac{1}{P^*_{B_2}} \tag{5.6}$$

将式 (5.6) 代入式 (5.1)，得

$$\Delta G_{\mathrm{m},(B_2)} = RT \ln \frac{P^*_{B_2} a^{\mathrm{R}}_{(B_2)}}{P_{B_2}} \tag{5.7}$$

(2) 气体中的组元 B_2 以一个标准大气压的组元 B_2 为标准状态，液相中的组元 B_2 以符合亨利定律的假想的纯 B_2 为标准状态，浓度以摩尔分数表示，溶解过程的摩尔吉布斯自由能变化为

$$\begin{aligned}\Delta G_{\mathrm{m},(B_2)} &= \mu_{(B_2)} - \mu_{B_2(\mathrm{g})} \\ &= \Delta G^{\theta}_{\mathrm{m},B_2} + RT \ln \frac{a^{\mathrm{H}}_{(B_2)_x}}{P_{B_2}}\end{aligned} \tag{5.8}$$

式中，

$$\mu_{(B_2)} = \mu^{\theta}_{B_2(x)} + RT \ln a^{\mathrm{H}}_{(B_2)_x}$$

$$\mu_{B_2(\mathrm{g})} = \mu^{\theta}_{B_2(\mathrm{g})} + RT \ln P_{B_2}$$

$$\Delta G^{\theta}_{\mathrm{m},B_2} = \mu^{\theta}_{B_2(x)} - \mu^{\theta}_{B_2(\mathrm{g})} = -RT \ln K' \tag{5.9}$$

$$K' = \frac{a'^{\mathrm{H}}_{(B_2)_x}}{P'_{B_2}} \tag{5.10}$$

式中，$a'^{\mathrm{H}}_{(B_2)_x}$ 和 P'_{B_2} 分别为平衡状态溶液中组元 B_2 的活度和气相中组元 B_2 的压力。

根据亨利定律，气–液两相达到平衡，有

$$P'_{B_2} = k_{\mathrm{H}x} a'^{\mathrm{H}}_{(B_2)_x} \tag{5.11}$$

式中，$k_{\mathrm{H}x}$ 为亨利定律常数。

将式 (5.11) 代入式 (5.10)，得

$$K' = \frac{1}{k_{\mathrm{H}x}} \tag{5.12}$$

将式 (5.12) 代入式 (5.9)，得

$$\begin{aligned}\Delta G^{\theta}_{\mathrm{m},B_2} &= -RT\ln\frac{1}{k_{\mathrm{H}x}} \\ &= RT\ln k_{\mathrm{H}x}\end{aligned} \tag{5.13}$$

将式 (5.13) 代入式 (5.8)，得

$$\Delta G_{\mathrm{m},(B_2)} = RT\ln\frac{k_{\mathrm{H}x}a^{\mathrm{H}}_{(B_2)_x}}{P_{B_2}} \tag{5.14}$$

(3) 气相中的组元 B_2 以一个标准大气压的组元 B_2 为标准状态，液相中的组元 B_2 以符合亨利定律的假想 $w(B_2)/w^{\theta}=1$ 的溶液为标准状态，浓度以质量分数表示，溶解过程的摩尔吉布斯自由能变化为

$$\begin{aligned}\Delta G_{\mathrm{m},(B_2)} &= \mu_{(B_2)} - \mu_{B_2(\mathrm{g})} \\ &= \Delta G^{\theta}_{\mathrm{m},B_2} + RT\ln\frac{a^{\mathrm{H}}_{(B_2)_w}}{P_{B_2}}\end{aligned} \tag{5.15}$$

式中，

$$\begin{aligned}\mu_{(B_2)} &= \mu^{\theta}_{(B_2)_w} + RT\ln a^{\mathrm{H}}_{(B_2)_w} \\ \mu_{B_2(\mathrm{g})} &= \mu^{\theta}_{B_2(\mathrm{g})} + RT\ln P_{B_2}\end{aligned}$$

$$\Delta G^{\theta}_{\mathrm{m},B_2} = \mu^{\theta}_{(B_2)_w} - \mu^{\theta}_{B_2(\mathrm{g})} = -RT\ln K'' \tag{5.16}$$

其中，

$$K'' = \frac{a'^{\mathrm{H}}_{(B_2)_w}}{P'_{B_2}} \tag{5.17}$$

这里，$a'^{\mathrm{H}}_{(B_2)_w}$ 和 P'_{B_2} 分别为平衡状态溶液中组元 B_2 的活度和气相中组元 B_2 的压力。

根据亨利定律，气–液两相平衡，有

$$p'_{B_2} = k_{\mathrm{H}w}a'^{\mathrm{H}}_{(B_2)_w} \tag{5.18}$$

将式 (5.18) 代入式 (5.17)，得

$$K'' = \frac{1}{k_{\mathrm{H}w}} \tag{5.19}$$

将式 (5.19) 代入式 (5.16)，得

$$\begin{aligned}\Delta G^{\theta}_{\mathrm{m},B_2} &= -RT\ln\frac{1}{k_{\mathrm{H}w}}\\ &= RT\ln k_{\mathrm{H}w}\end{aligned} \tag{5.20}$$

将式 (5.20) 代入式 (5.15)，得

$$\Delta G_{\mathrm{m},B_2} = RT\ln\frac{k_{\mathrm{H}w}a^{\mathrm{H}}_{(B_2)_w}}{p_{B_2}} \tag{5.21}$$

也可以如下计算:

在温度 $T_{平}$，气体组元 B_2 在液体中溶解达到饱和，液–固两相平衡。改变温度至 T，气体组元 B_2 的溶解度增大，继续向液体中溶解。溶解过程的摩尔吉布斯自由能变化为

$$\begin{aligned}\Delta G_{\mathrm{m},(B_2)}(T) &= \bar{G}_{\mathrm{m},(B_2)}(T) - G_{\mathrm{m},B_2(\mathrm{g})}(T)\\ &= \left(\bar{H}_{\mathrm{m},(B_2)}(T) - T\bar{S}_{\mathrm{m},(B_2)}(T)\right)\\ &\quad - \left(H_{\mathrm{m},B_2(\mathrm{g})}(T) - TS_{\mathrm{m},B_2(\mathrm{g})}(T)\right)\\ &= \left(\bar{H}_{\mathrm{m},(B_2)}(T) - H_{\mathrm{m},B_2(\mathrm{g})}(T)\right)\\ &\quad -T\left(\bar{S}_{\mathrm{m},(B_2)}(T) - S_{\mathrm{m},(B_2)(\mathrm{g})}(T)\right)\\ &= \Delta H_{\mathrm{m},(B_2)}(T) - T\Delta S_{\mathrm{m},(B_2)}(T)\\ &\approx \Delta H_{\mathrm{m},(B_2)}(T_{平}) - T\Delta S_{\mathrm{m},(B_2)}(T_{平})\\ &= \Delta H_{\mathrm{m},(B_2)}(T_{平}) - T\frac{\Delta H_{\mathrm{m},(B_2)}(T_{平})}{T_{平}}\\ &= \frac{\Delta H_{\mathrm{m},(B_2)}(T_{平})\Delta T}{T_{平}}\end{aligned} \tag{5.22}$$

式中，

$$\Delta H_{\mathrm{m},(B_2)}(T) \approx \Delta H_{\mathrm{m},(B_2)}(T_{平})$$

$$\Delta S_{\mathrm{m},(B_2)}(T) \approx \Delta S_{\mathrm{m},(B_2)}(T_{平}) = \frac{\Delta H_{\mathrm{m},(B_2)}(T_{平})}{T_{平}}$$

如果 T 和 $T_{平}$ 相差较大，则有

$$\Delta H_{\mathrm{m},(B_2)}(T) = \Delta H_{\mathrm{m},(B_2)}(T_{平}) + \int_{T_{平}}^{T}\Delta C_{P,(B_2)}\mathrm{d}T$$

$$\Delta S_{\mathrm{m},(B_2)}(T) = \Delta S_{\mathrm{m},(B_2)}(T_{平}) + \int_{T_{平}}^{T}\frac{\Delta C_{P,(B_2)}}{T}\mathrm{d}T$$

气体 B_2 溶解过程放热

$$\Delta H_{\mathrm{m},(B_2)}(T) < 0$$

$$\Delta T = T_{平} - T > 0$$

$$\Delta G_{\mathrm{m},(B_2)} < 0$$

气体 B_2 溶解过程吸热

$$\Delta H_{\mathrm{m},(B_2)}(T) > 0$$

$$\Delta T = T_{平} - T < 0$$

$$\Delta G_{\mathrm{m},(B_2)} < 0$$

2. 溶解速率

一种纯气体溶解至液体中，溶解速率为

$$\begin{aligned}\frac{\mathrm{d}c_{(B_2)}}{\mathrm{d}t} &= j_{B_2}\\ &= -l_1\left(\frac{A_{\mathrm{m},B_2}}{T}\right) - l_2\left(\frac{A_{\mathrm{m},B_2}}{T}\right)^2 - l_3\left(\frac{A_{\mathrm{m},B_2}}{T}\right)^3 - \cdots\end{aligned} \tag{5.23}$$

如果气体只是通过液面溶解，溶解速率为

$$\begin{aligned}\frac{\mathrm{d}N_{(B_2)}}{\mathrm{d}t} &= \Omega j_{B_2}\\ &= \Omega\left[-l_1\left(\frac{A_{\mathrm{m},B_2}}{T}\right) - l_2\left(\frac{A_{\mathrm{m},B_2}}{T}\right)^2 - l_3\left(\frac{A_{\mathrm{m},B_2}}{T}\right)^3 - \cdots\right]\end{aligned} \tag{5.24}$$

如果气体在整个液相中溶解，溶解速率为

$$\begin{aligned}\frac{\mathrm{d}N_{(B_2)}}{\mathrm{d}t} &= V j_{B_2}\\ &= V\left[-l_1\left(\frac{A_{\mathrm{m},B_2}}{T}\right) - l_2\left(\frac{A_{\mathrm{m},B_2}}{T}\right)^2 - l_3\left(\frac{A_{\mathrm{m},B_2}}{T}\right)^3 - \cdots\right]\end{aligned} \tag{5.25}$$

式中，

$$A_{\mathrm{m},B_2} = \Delta G_{\mathrm{m},(B_2)}$$

为式 (5.7)、式 (5.14)、式 (5.21) 和式 (5.22)。

5.1.2 混合气体溶解

1. 混合气体中一个组元溶解

混合气体中的组元 B_2 单独溶解于液体中，可以表示为

$$(B_2)_{\mathrm{g}} =\!=\!= (B_2)$$

溶解达到平衡，有

$$(B_2)_{\mathrm{g}} \rightleftharpoons (B_2)$$

1) 溶解过程热力学

(1) 气相中的组元 B_2 以一个标准大气压的组元 B_2 为标准状态，液相中的组元 B_2 以纯液态为标准状态，浓度以摩尔分数表示，溶解过程的摩尔吉布斯自由能变化为

$$\begin{aligned}\Delta G_{\mathrm{m},B_2} &= \mu_{(B_2)} - \mu_{(B_2)_{\mathrm{g}}} \\ &= \Delta G^{\theta}_{\mathrm{m},B_2} + RT\ln\frac{a^{\mathrm{R}}_{(B_2)}}{P_{(B_2)}}\end{aligned} \tag{5.26}$$

式中，

$$\mu_{(B_2)} = \mu^{*}_{B_2(\mathrm{l})} + RT\ln a^{\mathrm{R}}_{(B_2)}$$

$$\mu_{(B_2)_{\mathrm{g}}} = \mu^{\theta}_{B_2(\mathrm{g})} + RT\ln P_{(B_2)}$$

$$\Delta G^{\theta}_{\mathrm{m},B_2} = \mu^{*}_{B_2(\mathrm{l})} - \mu^{\theta}_{B_2(\mathrm{g})} = -RT\ln K \tag{5.27}$$

其中，

$$K = \frac{a'^{\mathrm{R}}_{(B_2)}}{P'_{(B_2)}} \tag{5.28}$$

根据拉乌尔定律，气–液平衡，有

$$P'_{(B_2)} = a'^{\mathrm{R}}_{(B_2)} P^{*}_{B_2} \tag{5.29}$$

将式 (5.29) 代入式 (5.28)，得

$$K = \frac{1}{P^{*}_{B_2}} \tag{5.30}$$

将式 (5.30) 代入式 (5.27)，得

$$\Delta G^{\theta}_{\mathrm{m},B_2} = RT\ln P^{*}_{B_2} \tag{5.31}$$

将式 (5.31) 代入式 (5.26)，得

$$\Delta G_{\mathrm{m},B_2} = RT\ln\frac{P^{*}_{B_2} a^{\mathrm{R}}_{(B_2)}}{P_{(B_2)}} \tag{5.32}$$

(2) 气相中的组元 B_2 以一个标准大气压的组元 B_2 为标准状态，液相中的组元 B_2 以符合亨利定律的假想的纯 B_2 为标准状态，浓度以摩尔分数表示，溶解过程的摩尔吉布斯自由能变化为

$$\begin{aligned}\Delta G_{\mathrm{m},B_2} &= \mu_{(B_2)} - \mu_{(B_2)_\mathrm{g}} \\ &= \Delta G_{\mathrm{m},B_2}^{\theta} + RT\ln\frac{a_{(B_2)_x}^{\mathrm{H}}}{p_{(B_2)}}\end{aligned} \tag{5.33}$$

式中，

$$\mu_{(B_2)} = \mu_{B_2(x)}^{\theta} + RT\ln a_{(B_2)_x}^{\mathrm{H}}$$

$$\mu_{(B_2)_g} = \mu_{B_2(\mathrm{g})}^{\theta} + RT\ln p_{(B_2)}$$

$$\Delta G_{\mathrm{m},B_2}^{\theta} = \mu_{B_2(x)}^{\theta} - \mu_{B_2(\mathrm{g})}^{\theta} = -RT\ln K' \tag{5.34}$$

其中，

$$K' = \frac{a_{(B_2)_x}^{\prime\mathrm{H}}}{p'_{(B_2)}} \tag{5.35}$$

式中，$a_{(B_2)_x}^{\prime\mathrm{H}}$ 和 $p'_{(B_2)}$ 分别为平衡状态溶液中组元 B_2 的活度和气相中组元 B_2 的压力。

根据亨利定律，气–液两相达成平衡，有

$$p'_{(B_2)} = k_{\mathrm{H}x} a_{(B_2)_x}^{\prime\mathrm{H}} \tag{5.36}$$

式中，$k_{\mathrm{H}x}$ 为亨利定律常数。

将式 (5.36) 代入式 (5.35)，得

$$K' = \frac{1}{k_{\mathrm{H}x}} \tag{5.37}$$

将式 (5.37) 代入式 (5.34)，得

$$\begin{aligned}\Delta G_{\mathrm{m},B_2}^{\theta} &= -RT\ln\frac{1}{k_{\mathrm{H}x}} \\ &= RT\ln k_{\mathrm{H}x}\end{aligned} \tag{5.38}$$

将式 (5.38) 代入式 (5.33)，得

$$\Delta G_{\mathrm{m},B_2} = RT\ln\frac{k_{\mathrm{H}x} a_{(B_2)_x}^{\mathrm{H}}}{p_{(B_2)}} \tag{5.39}$$

(3) 气相中的组元 B_2 以一个标准大气压的组元 B_2 为标准状态，液相中的组元 B_2 以符合亨利定律的假想的 $\frac{w(B_2)}{w^\theta}=1$ 为标准状态，浓度以质量分数表示，溶解过程的摩尔吉布斯自由能变化为

$$\begin{aligned}\Delta G_{\mathrm{m},B_2} &= \mu_{(B_2)} - \mu_{(B_2)_g} \\ &= \Delta G^\theta_{\mathrm{m},B_2} + RT\ln\frac{a^{\mathrm{H}}_{(B_2)_w}}{p_{(B_2)}}\end{aligned} \tag{5.40}$$

式中，

$$\mu_{(B_2)} = \mu^\theta_{B_2(\mathrm{w})} + RT\ln a^{\mathrm{H}}_{(B_2)_w}$$

$$\mu_{(B_2)_g} = \mu^\theta_{B_2(\mathrm{g})} + RT\ln p_{(B_2)}$$

$$\Delta G^\theta_{\mathrm{m},B_2} = \mu^\theta_{B_2(\mathrm{w})} - \mu^\theta_{B_2(\mathrm{g})} = -RT\ln K'' \tag{5.41}$$

其中，

$$K'' = \frac{a'^{\mathrm{H}}_{(B_2)_w}}{p'_{(B_2)}} \tag{5.42}$$

式中，$a'^{\mathrm{H}}_{(B_2)_w}$ 和 $p'_{(B_2)}$ 分别为平衡状态溶液中组元 B_2 的活度和气相中组元 B_2 的压力。

根据亨利定律，气–液两相达成平衡，有

$$p'_{(B_2)} = k_{\mathrm{H}w} a'^{\mathrm{H}}_{(B_2)_w} \tag{5.43}$$

式中，$k_{\mathrm{H}w}$ 为亨利定律常数。

将式 (5.43) 代入式 (5.42)，得

$$K'' = \frac{1}{k_{\mathrm{H}w}} \tag{5.44}$$

将式 (5.44) 代入式 (5.41)，得

$$\begin{aligned}\Delta G^\theta_{\mathrm{m},B_2} &= -RT\ln\frac{1}{k_{\mathrm{H}w}} \\ &= RT\ln k_{\mathrm{H}w}\end{aligned} \tag{5.45}$$

将式 (5.45) 代入式 (5.40)，得

$$\Delta G_{\mathrm{m},B_2} = RT\ln\frac{k_{\mathrm{H}w} a^{\mathrm{H}}_{(B_2)_w}}{p_{(B_2)}} \tag{5.46}$$

也可以如下计算：

在温度 $T_{平}$，气体组元溶解达至平衡，即

$$(B_2)_g \rightleftharpoons (B_2)$$

改变温度至 T，气体继续溶解，摩尔吉布斯自由能变化为

$$\begin{aligned}\Delta G_{m,B_2}(T) &= \bar{G}_{m,(B_2)}(T) - \bar{G}_{m,(B_2)_g}(T)\\&= \left(\bar{H}_{m,(B_2)}(T) - T\bar{S}_{m,(B_2)}(T)\right)\\&\quad - \left(\bar{H}_{m,(B_2)g}(T) - T\bar{S}_{m,(B_2)g}(T)\right)\\&= \left(\bar{H}_{m,(B_2)}(T) - \bar{H}_{m,(B_2)_g}(T)\right)\\&\quad -T\left(\bar{S}_{m,(B_2)}(T) - \bar{S}_{m,(B_2)_g}(T)\right)\\&\approx \Delta H_{m,B_2}(T_{平}) - T\Delta S_{m,B_2}(T_{平})\\&= \Delta H_{m,B_2}(T_{平}) - T\Delta S_{m,B_2}(T_{平})\\&= \frac{\Delta H_{m,B_2}(T_{平})\Delta T}{T_{平}}\end{aligned} \tag{5.47}$$

式中，

$$\Delta H_{m,B_2}(T) \approx \Delta H_{m,B_2}(T_{平})$$

$$\Delta S_{m,B_2}(T) \approx \Delta S_{m,B_2}(T_{平}) = \frac{\Delta H_{m,B_2}(T_{平})}{T_{平}}$$

气体 B_2 溶解过程放热

$$\Delta H_{m,B_2}(T) < 0$$

$$\Delta T = T_{平} - T > 0$$

气体溶解过程吸热

$$\Delta H_{m,B_2}(T) > 0$$

$$\Delta T = T_{平} - T < 0$$

如果温度 T 和 $T_{平}$ 相差较大，则有

$$\Delta H_{m,B_2}(T) = \Delta H_{m,B_2}(T_{平}) + \int_{T_{平}}^{T} \Delta C_{p,B_2}\mathrm{d}T$$

$$\Delta S_{m,B_2}(T) = \Delta S_{m,B_2}(T_{平}) + \int_{T_{平}}^{T} \frac{\Delta C_{p,B_2}}{T}\mathrm{d}T$$

2) 溶解速率

混合气体中的一个组元单独溶解于液体中，溶解速率为

$$\begin{aligned}\frac{\mathrm{d}c_{(B_2)}}{\mathrm{d}t} &= j_{B_2} \\ &= -l_1\left(\frac{A_{\mathrm{m},B_2}}{T}\right) - l_2\left(\frac{A_{\mathrm{m},B_2}}{T}\right)^2 - l_3\left(\frac{A_{\mathrm{m},B_2}}{T}\right)^3 - \cdots\end{aligned} \tag{5.48}$$

如果溶解是在气–液界面进行，则

$$\begin{aligned}\frac{\mathrm{d}N_{(B_2)}}{\mathrm{d}t} &= \Omega j_{B_2} \\ &= \Omega\left[-l_1\left(\frac{A_{\mathrm{m},B_2}}{T}\right) - l_2\left(\frac{A_{\mathrm{m},B_2}}{T}\right)^2 - l_3\left(\frac{A_{\mathrm{m},B_2}}{T}\right)^3 - \cdots\right]\end{aligned} \tag{5.49}$$

如果溶解是在整个体积内进行，则

$$\begin{aligned}\frac{\mathrm{d}N_{(B_2)}}{\mathrm{d}t} &= Vj_{B_2} \\ &= -V\left[l_1\left(\frac{A_{\mathrm{m},B_2}}{T}\right) + l_2\left(\frac{A_{\mathrm{m},B_2}}{T}\right)^2 + l_3\left(\frac{A_{\mathrm{m},B_2}}{T}\right)^3 + \cdots\right]\end{aligned} \tag{5.50}$$

式中，

$$A_{\mathrm{m},B_2} = \Delta G_{\mathrm{m},B_2}$$

为式 (5.32)、式 (5.39)、式 (5.46) 和式 (5.47)。

2. 混合气体中多种气体同时溶解

多组元混合气体同时溶解于一个液体中，溶解过程可以表示为

$$(i_2)_{\mathrm{g}} = (i_2)$$

$$(i = 1, 2, 3, \cdots, n)$$

达到平衡状态，有

$$(i_2)_{\mathrm{g}} \rightleftharpoons (i_2)$$

1) 溶解过程热力学

气体组元 i_2 以一个标准大气压的组元 i_2 为标准状态，液相中的组元 i_2 以其纯液态为标准状态，浓度以摩尔分数表示，溶解过程的摩尔吉布斯自由能变化为

$$\begin{aligned}\Delta G_{\mathrm{m},i_2} &= \mu_{(i_2)} - \mu_{(i_2)_{\mathrm{g}}} \\ &= \Delta G^{\theta}_{\mathrm{m},i_2} + RT\ln\frac{a^{\mathrm{R}}_{(i_2)}}{P_{(i_2)}}\end{aligned} \tag{5.51}$$

式中，

$$\mu_{(i_2)} = \mu^*_{i_2(\mathrm{l})} + RT\ln a^{\mathrm{R}}_{(i_2)}$$

$$\mu_{(i_2)_\mathrm{g}} = \mu^{\theta}_{i_2(\mathrm{g})} + RT\ln P_{(i_2)}$$

$$\begin{aligned}\Delta G^{\theta}_{\mathrm{m},i_2} &= \mu^*_{i_2(\mathrm{l})} - \mu^{\theta}_{i_2(\mathrm{g})}\\ &= -RT\ln K\end{aligned} \tag{5.52}$$

其中，

$$K = \frac{a'^{\mathrm{R}}_{(i_2)}}{p'_{(i_2)}} \tag{5.53}$$

根据拉乌尔定律，有

$$p'_{(i_2)} = a'^{\mathrm{R}}_{(i_2)} p^*_{i_2} \tag{5.54}$$

将式 (5.54) 代入式 (5.53)，得

$$K = \frac{1}{P^*_{i_2}} \tag{5.55}$$

将式 (5.55) 代入式 (5.52)，得

$$\Delta G^{\theta}_{\mathrm{m},i_2} = -RT\ln\frac{1}{P^*_{i_2}} \tag{5.56}$$

将式 (5.56) 代入式 (5.51)，得

$$\Delta G_{\mathrm{m},i_2} = RT\ln\frac{P^*_{i_2} a^{\mathrm{R}}_{(i_2)}}{P_{(i_2)}} \tag{5.57}$$

其他标准状态的情况可做与前面类似的讨论。

也可以如下计算:

在温度 $T_{平}$，气体组元溶解达到平衡，有

$$(i_2)_\mathrm{g} \rightleftharpoons (i_2)$$

改变温度至 T，气体继续溶解，摩尔吉布斯自由能变化为

$$\begin{aligned}
\Delta G_{\mathrm{m},i_2}(T) &= \bar{G}_{\mathrm{m},(i_2)}(T) - \bar{G}_{\mathrm{m},(i_2)_{\mathrm{g}}}(T) \\
&= \left(\bar{H}_{\mathrm{m},(i_2)}(T) - T\bar{S}_{\mathrm{m},(i_2)}(T)\right) - T\left(\bar{H}_{\mathrm{m},(i_2)_{\mathrm{g}}}(T) - T\bar{S}_{\mathrm{m},(i_2)_{\mathrm{g}}}(T)\right) \\
&= \left(\bar{H}_{\mathrm{m},(i_2)}(T) - \bar{H}_{\mathrm{m},(i_2)_{\mathrm{g}}}(T)\right) - T\left(\bar{S}_{\mathrm{m},(i_2)}(T) - \bar{S}_{\mathrm{m},(i_2)_{\mathrm{g}}}(T)\right) \\
&= \Delta H_{\mathrm{m},i_2}(T) - T\Delta S_{\mathrm{m},i_2}(T) \\
&\approx \Delta H_{\mathrm{m},i_2}(T_{平}) - T\Delta S_{\mathrm{m},i_2}(T_{平}) \\
&= \Delta H_{\mathrm{m},i_2}(T_{平}) - T\frac{\Delta H_{\mathrm{m},i_2}(T_{平})}{T_{平}} \\
&= \frac{\Delta H_{\mathrm{m},i_2}(T_{平})\Delta T}{T}
\end{aligned} \tag{5.58}$$

式中，

$$\Delta H_{\mathrm{m},i_2}(T) \approx \Delta H_{\mathrm{m},i_2}(T_{平})$$

$$\Delta S_{\mathrm{m},i_2}(T) \approx \Delta S_{\mathrm{m},i_2}(T_{平}) = \frac{\Delta H_{\mathrm{m},i_2}(T_{平})}{T_{平}}$$

气体溶解过程放热

$$\Delta H_{\mathrm{m},i_2}(T) < 0$$

$$T < T_{平}$$

$$\Delta T = T_{平} - T > 0$$

$$\Delta G_{\mathrm{m},B_2} < 0$$

气体溶解过程吸热

$$\Delta H_{\mathrm{m},i_2} > 0$$

$$T > T_{平}$$

$$\Delta T = T_{平} - T < 0$$

$$\Delta G_{\mathrm{m},i_2} < 0$$

如果温度 T 和 $T_{平}$ 相差较大，则有

$$\Delta H_{\mathrm{m},i_2}(T) = \Delta H_{\mathrm{m},i_2}(T_{平}) + \int_{T_{平}}^{T} \Delta C_{p,i_2}\mathrm{d}T$$

$$\Delta S_{\mathrm{m},i_2}(T) = \Delta S_{\mathrm{m},i_2}(T_{平}) + \int_{T_{平}}^{T} \frac{\Delta C_{p,i_2}}{T}\mathrm{d}T$$

2) 溶解速率

不考虑耦合作用，组元 i_2 的溶解速率为

$$\begin{aligned}\frac{\mathrm{d}c_{(i_2)}}{\mathrm{d}t} &= j_{i_2} \\ &= -l_1\left(\frac{A_{\mathrm{m},i_2}}{T}\right) - l_2\left(\frac{A_{\mathrm{m},i_2}}{T}\right)^2 - l_3\left(\frac{A_{\mathrm{m},i_2}}{T}\right)^3 - \cdots\end{aligned} \tag{5.59}$$

如果溶解只在气–液界面进行，有

$$\begin{aligned}\frac{\mathrm{d}N_{(i_2)}}{\mathrm{d}t} &= \varOmega j_{i_2} \\ &= \varOmega\left[-l_1\left(\frac{A_{\mathrm{m},i_2}}{T}\right) - l_2\left(\frac{A_{\mathrm{m},i_2}}{T}\right)^2 - l_3\left(\frac{A_{\mathrm{m},i_2}}{T}\right)^3 - \cdots\right]\end{aligned} \tag{5.60}$$

如果溶解在整个液体中进行，则

$$\begin{aligned}\frac{\mathrm{d}N_{(i_2)}}{\mathrm{d}t} &= V j_{i_2} \\ &= V\left[-l_1\left(\frac{A_{\mathrm{m},i_2}}{T}\right) - l_2\left(\frac{A_{\mathrm{m},i_2}}{T}\right)^2 - l_3\left(\frac{A_{\mathrm{m},i_2}}{T}\right)^3 - \cdots\right]\end{aligned} \tag{5.61}$$

考虑耦合作用，组元 i_2 的溶解速率为

$$\begin{aligned}\frac{\mathrm{d}c_{(i_2)}}{\mathrm{d}t} &= j_{i_2} \\ &= -\sum_{k=1}^{n} l_{ik}\left(\frac{A_{\mathrm{m},k_2}}{T}\right) - \sum_{k=1}^{n}\sum_{l=1}^{n} l_{ikl}\left(\frac{A_{\mathrm{m},k_2}}{T}\right)\left(\frac{A_{\mathrm{m},l_2}}{T}\right) \\ &\quad - \sum_{k=1}^{n}\sum_{l=1}^{n}\sum_{h=1}^{n} l_{iklh}\left(\frac{A_{\mathrm{m},k_2}}{T}\right)\left(\frac{A_{\mathrm{m},l_2}}{T}\right)\left(\frac{A_{\mathrm{m},h_2}}{T}\right) - \cdots\end{aligned} \tag{5.62}$$

如果溶解只在气–液界面进行

$$\begin{aligned}\frac{\mathrm{d}N_{(i_2)}}{\mathrm{d}t} &= \varOmega j_{i_2} \\ &= -\varOmega\left[\sum_{k=1}^{n} l_{ik}\left(\frac{A_{\mathrm{m},k_2}}{T}\right) + \sum_{k=1}^{n}\sum_{l=1}^{n} l_{ikl}\left(\frac{A_{\mathrm{m},k_2}}{T}\right)\left(\frac{A_{\mathrm{m},l_2}}{T}\right)\right. \\ &\quad \left. + \sum_{k=1}^{n}\sum_{l=1}^{n}\sum_{h=1}^{n} l_{iklh}\left(\frac{A_{\mathrm{m},k_2}}{T}\right)\left(\frac{A_{\mathrm{m},l_2}}{T}\right)\left(\frac{A_{\mathrm{m},h_2}}{T}\right) + \cdots\right]\end{aligned} \tag{5.63}$$

如果溶解在整个溶液体积内进行，有

$$\begin{aligned}\frac{\mathrm{d}N_{(i_2)}}{\mathrm{d}t} &= Vj_{i_2} \\ &= -V\left[\sum_{k=1}^{n} l_{ik}\left(\frac{A_{\mathrm{m},k_2}}{T}\right)+\sum_{k=1}^{n}\sum_{l=1}^{n} l_{ikl}\left(\frac{A_{\mathrm{m},k_2}}{T}\right)\left(\frac{A_{\mathrm{m},l_2}}{T}\right)\right. \\ &\quad \left. +\sum_{k=1}^{n}\sum_{l=1}^{n}\sum_{h=1}^{n} l_{iklh}\left(\frac{A_{\mathrm{m},k_2}}{T}\right)\left(\frac{A_{\mathrm{m},l_2}}{T}\right)\left(\frac{A_{\mathrm{m},h_2}}{T}\right)+\cdots\right]\end{aligned} \tag{5.64}$$

式中，

$$A_{\mathrm{m},i_2} = \Delta G_{\mathrm{m},i_2}$$

为式 (5.57) 和式 (5.58)。

5.2　气体溶解于液体——溶解后气体分子分解

5.2.1　一种纯气体溶解

气体溶解进入液体，气体分子分解。例如，氢气、氮气溶解到金属溶液中。可以表示为

$$B_2\,(\mathrm{g}) =\!=\!= 2\,[B]$$

1. 溶解过程热力学

在恒温恒压条件下，溶解过程的摩尔吉布斯自由能变化为

$$\Delta G_{\mathrm{m},B} = 2\mu_{[B]} - \mu_{B_2(\mathrm{g})} \tag{5.65}$$

气相中的气体组元 B_2 以一个标准大气压的组元 B_2 为标准状态，有

$$\mu_{B_2(\mathrm{g})} = \mu^{\theta}_{B_2(\mathrm{g})} + RT\ln p_{B_2} \tag{5.66}$$

液相中的组元 B 与压力为 p'_{B_2} 的气体组元 B_2 平衡，可以表示为

$$B_2\,(\mathrm{g},\text{平衡}) \rightleftharpoons 2\,[B]$$

有

$$2\mu_{[B]} = \mu'_{B_2(\mathrm{g})} = \mu^{\theta}_{B_2(\mathrm{g})} + RT\ln p'_{B_2} \tag{5.67}$$

根据西韦特 (Sievert) 定律，有

$$k_{\mathrm{S},w}p'^{\frac{1}{2}}_{B_2} = w\,[B] \tag{5.68}$$

将式 (5.68) 代入式 (5.67)，得

$$2\mu_{[B]} = \mu^{\theta}_{B_2(g)} + RT\ln\frac{(w[B])^2}{k^2_{S,w}} \tag{5.69}$$

将式 (5.66) 和式 (5.69) 代入式 (5.65)，得

$$\Delta G_{m,B} = RT\ln\frac{(w[B])^2}{k^2_{S,w}} - RT\ln p_{B_2} = RT\ln\frac{(w[B])^2}{k^2_{S,w}p_{B_2}} \tag{5.70}$$

由式 (5.68) 得

$$K = \frac{(w[B])^2}{p'_B} = \frac{k^2_{S,w}(w[B])^2}{(w[B])^2} = k^2_{S,w}$$

式中，K 为平衡常数。

$$\Delta G^{\theta}_{m,B} = -RT\ln K = -RT\ln k^2_{S,w}$$

式中，$\Delta G^{\theta}_{m,B}$ 为标准摩尔吉布斯自由能变化。

也可以如下计算：

在温度 $T_平$，纯气体组元 B_2 在液体中的溶解达成平衡，有

$$B_2(g) \rightleftharpoons 2[B]$$

改变温度至 T，气体组元 B_2 继续向溶液中溶解，有

$$B_2(g) = 2[B]$$

该过程的摩尔吉布斯自由能变化为

$$\begin{aligned}
\Delta G_{m,B}(T) &= 2\bar{G}_{M,[B]}(T) - G_{M,B_2(g)}(T) \\
&= 2\left(\bar{H}_{M,[B]}(T) - T\bar{S}_{M,[B]}(T)\right) - \left(H_{M,B_2(g)}(T) - TS_{M,B_2(g)}(T)\right) \\
&= \left(2\bar{H}_{M,[B]}(T) - H_{M,B_2(g)}(T)\right) - T\left(2\bar{S}_{M,[B]}(T) - S_{M,B_2(g)}(T)\right) \\
&= \Delta H_{m,B}(T) - T\Delta S_{m,B}(T) \\
&\approx \Delta H_{m,B}(T_平) - T\Delta S_{m,B}(T_平) \\
&= \Delta H_{m,B}(T_平) - T\frac{\Delta H_{m,B}(T_平)}{T_平} \\
&= \frac{\Delta H_{m,B}(T_平)\Delta T}{T_平}
\end{aligned} \tag{5.71}$$

式中，

$$\Delta H_{m,B}(T) \approx \Delta H_{m,B}(T_平)$$

$$\Delta S_{\mathrm{m},B}(T) \approx \Delta S_{\mathrm{m},B}(T_{平}) = \frac{\Delta H_{\mathrm{m},B}(T_{平})}{T_{平}}$$

如果溶解过程吸热，则

$$\Delta H_{\mathrm{m},B}(T) > 0$$

$$\Delta T = T_{平} - T < 0$$

$$\Delta G_{\mathrm{m},B}(T) < 0$$

如果溶解过程放热，则

$$\Delta H_{\mathrm{m},B}(T) < 0$$

$$\Delta T = T_{平} - T > 0$$

$$\Delta G_{\mathrm{m},B}(T) < 0$$

如果温度 T 和 $T_{平}$ 相差较大，则有

$$\Delta H_{\mathrm{m},B}(T) = \Delta H_{\mathrm{m},B}(T_{平}) + \int_{T_{平}}^{T} \Delta C_{p,B} \mathrm{d}T$$

$$\Delta S_{\mathrm{m},B}(T) = \Delta S_{\mathrm{m},B}(T_{平}) + \int_{T_{平}}^{T} \frac{\Delta C_{p,B}}{T} \mathrm{d}T$$

2. 溶解速率

在恒温恒压条件下，一种纯气体溶解在液体中，气体分子分解。溶解只在气–液界面进行，溶解速率为

$$\begin{aligned}\frac{\mathrm{d}N_{[B]}}{\mathrm{d}t} &= 2\Omega j_{[B]} \\ &= 2\Omega\left[-l_1\left(\frac{A_{\mathrm{m},B}}{T}\right) - l_2\left(\frac{A_{\mathrm{m},B}}{T}\right)^2 - l_3\left(\frac{A_{\mathrm{m},B}}{T}\right)^3 - \cdots\right]\end{aligned} \tag{5.72}$$

溶解在整个液体中进行，有

$$\begin{aligned}\frac{\mathrm{d}N_{[B]}}{\mathrm{d}t} &= 2V j_{[B]} \\ &= 2V\left[-l_1\left(\frac{A_{\mathrm{m},B}}{T}\right) - l_2\left(\frac{A_{\mathrm{m},B}}{T}\right)^2 - l_3\left(\frac{A_{\mathrm{m},B}}{T}\right)^3 - \cdots\right]\end{aligned} \tag{5.73}$$

式中，$N_{[B]}$ 为溶解进入液体中的组元 B 的物质的量；

$$A_{\mathrm{m},B} = \Delta G_{\mathrm{m},B}$$

为式 (5.70) 或式 (5.71)。

5.2.2 混合气体溶解

1. 混合气体中一种气体溶解

1) 溶解过程热力学

混合气体中的一种气体溶解，可以表示为

$$(B_2)_{\mathrm{g}} = 2[B]$$

溶液达到平衡，有

$$(B_2)_{\mathrm{g}} \rightleftharpoons 2[B]$$

气相中的组元以一个标准大气压为标准状态，溶液中的组元 B 符合西韦特定律，浓度以质量分数表示。溶解过程的摩尔吉布斯自由能变化为

$$\Delta G_{\mathrm{m},B} = 2\mu_{[B]} - \mu_{B_2(\mathrm{g})} = \Delta G_{\mathrm{m},B}^{\theta} + RT\ln\frac{(w[B])^2}{p_{(B_2)}} \tag{5.74}$$

式中，

$$\mu_{[B]} = \mu_{B[\mathrm{S}]}^{\theta} + RT\ln w[B]$$

$$\mu_{B_2(\mathrm{g})} = \mu_{B_2(\mathrm{g})}^{\theta} + RT\ln p_{(B_2)}$$

$$\Delta G_{\mathrm{m},B}^{\theta} = 2\mu_{B[\mathrm{S}]}^{\theta} - \mu_{B_2(\mathrm{g})}^{\theta} = -RT\ln K \tag{5.75}$$

$$K = \frac{(w[B])^2}{p'_{(B_2)}} \tag{5.76}$$

其中，$p'_{(B_2)}$ 是与浓度为 $w[B]$ 液相组元 B 平衡的气体组元 B_2 的压力；$\mu_{B_2(\mathrm{g})}$ 是组元 B_2 的一个标准大气压的化学势；$\mu_{B[\mathrm{S}]}^{\theta}$ 是符合西韦特定律的 $\dfrac{w[B]}{w^{\theta}} = 1$ 液相中组元 B 的化学势。根据西韦特定律，在平衡状态有

$$k_{\mathrm{S},w}p'^{\frac{1}{2}}_{(B_2)} = w[B] \tag{5.77}$$

将式 (5.77) 代入式 (5.76)，得

$$K = k_{\mathrm{S},w}^2 \tag{5.78}$$

将式 (5.78) 代入式 (5.75)，得

$$\Delta G_{\mathrm{m},B}^{\theta} = -RT\ln k_{\mathrm{S},w}^2 \tag{5.79}$$

将式 (5.79) 代入式 (5.74)，得

$$\Delta G_{\mathrm{m},B} = RT\ln\frac{(w[B])^2}{k_{\mathrm{S},w}^2 p_{B_2}} \tag{5.80}$$

2) 溶解速率

在恒温恒压条件下，混合气体中的一种溶解在液体中，气体分子分解。溶解只在气–液界面上进行，溶解速率为

$$\begin{aligned}\frac{\mathrm{d}N_{[B]}}{\mathrm{d}t} &= 2\Omega j_{[B]} \\ &= 2\Omega\left[-l_1\left(\frac{A_{\mathrm{m},B}}{T}\right)-l_2\left(\frac{A_{\mathrm{m},B}}{T}\right)^2-l_3\left(\frac{A_{\mathrm{m},B}}{T}\right)^3-\cdots\right]\end{aligned} \tag{5.81}$$

溶解在整个溶液中进行，则

$$\begin{aligned}\frac{\mathrm{d}N_{[B]}}{\mathrm{d}t} &= 2Vj_{[B]} \\ &= 2V\left[-l_1\left(\frac{A_{\mathrm{m},B}}{T}\right)-l_2\left(\frac{A_{\mathrm{m},B}}{T}\right)^2-l_3\left(\frac{A_{\mathrm{m},B}}{T}\right)^3-\cdots\right]\end{aligned} \tag{5.82}$$

式中，

$$A_{\mathrm{m},B} = \Delta G_{\mathrm{m},B}$$

为式 (5.80)。

2. 混合气体中多种气体同时溶解

1) 溶解过程热力学

在恒温恒压条件下，混合气体中多种气体同时溶解在液体中，有

$$(i_2)_{\mathrm{g}} =\!=\!= 2\,[i]$$

$$(i = 1, 2, \cdots, n)$$

溶液达到平衡有

$$(i_2)_{\mathrm{g}} \rightleftharpoons 2\,[i]$$

气相中的组元以一个标准大气压为标准状态，液相中的组元符合西韦特定律，浓度以质量分数表示。溶解过程的摩尔吉布斯自由能变化为

$$\begin{aligned}\Delta G_{\mathrm{m},i} &= 2\mu_{[i]} - \mu_{(i_2)\mathrm{g}} \\ &= \Delta G^{\theta}_{\mathrm{m},i} + RT\ln\frac{(w[i])^2}{p_{(i_2)}}\end{aligned} \tag{5.83}$$

式中，

$$\mu_{[i]} = \mu^{\theta}_{i[\mathrm{S}]} + RT\ln w[i]$$

$$\mu_{(i_2)\mathrm{g}} = \mu^{\theta}_{i_2(\mathrm{g})} + RT\ln p_{(i_2)}$$

$$\begin{aligned}\Delta G^{\theta}_{\mathrm{m},i} &= 2\mu^{\theta}_{i[\mathrm{S}]} - \mu^{\theta}_{i_2(\mathrm{g})} \\ &= -RT\ln K\end{aligned} \tag{5.84}$$

$$K = \frac{(w[i])^2}{p'_{(i_2)}} \tag{5.85}$$

式中，$p'_{(i_2)}$ 是与浓度为 $w[i]$ 的液相组元 i 平衡的气体组元 i_2 的压力；$\mu^{\theta}_{i_2(\mathrm{g})}$ 是组元 i_2 为一个标准大气压的化学势；$\mu^{\theta}_{i[\mathrm{S}]}$ 是 $w[i]/w^{\theta}=1$ 液相中组元 i 的化学势。

根据西韦特定律，有

$$k_{\mathrm{S},w} p'^{\frac{1}{2}}_{(i_2)} = w[i] \tag{5.86}$$

将式 (5.86) 代入式 (5.85)，得

$$K = k^2_{\mathrm{S},w} \tag{5.87}$$

将式 (5.87) 代入式 (5.84)，得

$$\Delta G^{\theta}_{\mathrm{m},i} = -RT\ln k^2_{\mathrm{S},w} \tag{5.88}$$

将式 (5.88) 代入式 (5.83)，得

$$\Delta G_{\mathrm{m},i} = RT\ln\frac{(w[i])^2}{k^2_{\mathrm{S},w} p_{(i_2)}} \tag{5.89}$$

2) 溶解速率

在恒温恒压条件下，混合气体中多种气体同时溶解，不考虑耦合作用，其中一种气体只在气–液界面溶解，溶解速率为

$$\begin{aligned}\frac{\mathrm{d}N_{[i]}}{\mathrm{d}t} &= 2\Omega j_{[i]} \\ &= 2\Omega\left[-l_1\left(\frac{A_{\mathrm{m},i}}{T}\right) - l_2\left(\frac{A_{\mathrm{m},i}}{T}\right)^2 - l_3\left(\frac{A_{\mathrm{m},i}}{T}\right)^3 - \cdots\right]\end{aligned} \tag{5.90}$$

在整个溶液中溶解，溶解速率为

$$\begin{aligned}\frac{\mathrm{d}N_{[i]}}{\mathrm{d}t} &= 2V j_{[i]} \\ &= 2V\left[-l_1\left(\frac{A_{\mathrm{m},i}}{T}\right) - l_2\left(\frac{A_{\mathrm{m},i}}{T}\right)^2 - l_3\left(\frac{A_{\mathrm{m},i}}{T}\right)^3 - \cdots\right]\end{aligned} \tag{5.91}$$

考虑耦合作用，溶解速率为

$$\begin{aligned}\frac{\mathrm{d}N_{[i]}}{\mathrm{d}t} &= 2\Omega j_i \\ &= 2\Omega\left[-\sum_{k=1}^{n} l_{ik}\left(\frac{A_{\mathrm{m},k}}{T}\right) - \sum_{k=1}^{n}\sum_{l=1}^{n} l_{ikl}\left(\frac{A_{\mathrm{m},k}}{T}\right)\left(\frac{A_{\mathrm{m},l}}{T}\right)\right. \\ &\quad \left. - \sum_{k=1}^{n}\sum_{l=1}^{n}\sum_{h=1}^{n} l_{iklh}\left(\frac{A_{\mathrm{m},k}}{T}\right)\left(\frac{A_{\mathrm{m},l}}{T}\right)\left(\frac{A_{\mathrm{m},h}}{T}\right) - \cdots\right]\end{aligned} \tag{5.92}$$

和

$$\begin{aligned}\frac{\mathrm{d}N_{[i]}}{\mathrm{d}t} &= 2V j_i \\ &= 2V\left[-\sum_{k=1}^{n} l_{ik}\left(\frac{A_{\mathrm{m},k}}{T}\right) - \sum_{k=1}^{n}\sum_{l=1}^{n} l_{ikl}\left(\frac{A_{\mathrm{m},k}}{T}\right)\left(\frac{A_{\mathrm{m},l}}{T}\right)\right. \\ &\quad \left. - \sum_{k=1}^{n}\sum_{l=1}^{n}\sum_{h=1}^{n} l_{iklh}\left(\frac{A_{\mathrm{m},k}}{T}\right)\left(\frac{A_{\mathrm{m},l}}{T}\right)\left(\frac{A_{\mathrm{m},h}}{T}\right) - \cdots\right]\end{aligned} \tag{5.93}$$

多个组元的溶解速率为

$$\begin{aligned}\sum_{i=1}^{n}\frac{\mathrm{d}N_{[i]}}{\mathrm{d}t} &= 2\Omega\sum_{i=1}^{n} j_i \\ &= 2\Omega\sum_{i=1}^{n}\left[-\sum_{k=1}^{n} l_{ik}\left(\frac{A_{\mathrm{m},k}}{T}\right) - \sum_{k=1}^{n}\sum_{l=1}^{n} l_{ikl}\left(\frac{A_{\mathrm{m},k}}{T}\right)\left(\frac{A_{\mathrm{m},l}}{T}\right)\right. \\ &\quad \left. - \sum_{k=1}^{n}\sum_{l=1}^{n}\sum_{h=1}^{n} l_{iklh}\left(\frac{A_{\mathrm{m},k}}{T}\right)\left(\frac{A_{\mathrm{m},l}}{T}\right)\left(\frac{A_{\mathrm{m},h}}{T}\right) - L\right]\end{aligned} \tag{5.94}$$

和

$$\begin{aligned}\sum_{i=1}^{n}\frac{\mathrm{d}N_{[i]}}{\mathrm{d}t} &= 2V\sum_{i=1}^{n} j_i \\ &= 2V\sum_{i=1}^{n}\left[-\sum_{k=1}^{n} l_{ik}\left(\frac{A_{\mathrm{m},k}}{T}\right) - \sum_{k=1}^{n}\sum_{l=1}^{n} l_{iklh}\left(\frac{A_{\mathrm{m},k}}{T}\right)\left(\frac{A_{\mathrm{m},l}}{T}\right)\right. \\ &\quad \left. - \sum_{k=1}^{n}\sum_{l=1}^{n}\sum_{h=1}^{n}\left(\frac{A_{\mathrm{m},k}}{T}\right)\left(\frac{A_{\mathrm{m},l}}{T}\right)\left(\frac{A_{\mathrm{m},h}}{T}\right) - \cdots\right]\end{aligned} \tag{5.95}$$

式中，

$$A_{\mathrm{m},k} = \Delta G_{\mathrm{m},k}$$

为式 (5.83) 或式 (5.89)。

5.3 液体在液体中溶解

一种液体进入另一种液体中，形成均一液相的过程叫液体的溶解。例如，酒精溶解于水。通常含量少的液体叫溶质；含量多的液体叫溶剂；形成的均一液相叫溶液。

5.3.1 一种纯液体溶解

1. 溶解过程热力学

在恒温恒压条件下，一种纯液体溶入另一种液体形成溶质，可以表示为

$$B(\mathrm{l}) = (B)$$

(1) 以纯液态组元 B 为标准状态，浓度以摩尔分数表示，溶解过程的摩尔吉布斯自由能变化为

$$\Delta G_{\mathrm{m},B} = \mu_{(B)} - \mu_{B(\mathrm{l})} = RT \ln a^{\mathrm{R}}_{(B)} \tag{5.96}$$

式中，

$$\mu_{(B)} = \mu^*_{B(\mathrm{l})} + RT \ln a^{\mathrm{R}}_{(B)}$$

$$\mu_{B(\mathrm{l})} = \mu^*_{B(\mathrm{l})}$$

$$\Delta G^*_{\mathrm{m},B} = \mu^*_{B(\mathrm{l})} - \mu^*_{B(\mathrm{l})} = 0$$

(2) 纯液体 B 以纯液态组元 B 为标准状态，溶液中的组元 B 以假想的符合亨利定律的纯物质为标准状态，浓度以摩尔分数表示，溶解过程的摩尔吉布斯自由能变化为

$$\Delta G_{\mathrm{m},B} = \mu_{(B)} - \mu_{B(\mathrm{l})} = \Delta G^{\theta}_{\mathrm{m},B} + RT \ln a^{\mathrm{H}}_{(B)_x} \tag{5.97}$$

式中，

$$\mu_{(B)} = \mu^{\theta}_{B(x)} + RT \ln a^{\mathrm{H}}_{(B)_x}$$

$$\mu_{B(\mathrm{l})} = \mu^*_{B(\mathrm{l})}$$

$$\begin{aligned}\Delta G^{\theta}_{\mathrm{m},B} &= \mu^{\theta}_{B(x)} - \mu^*_{B(\mathrm{l})} \\ &= \left(\mu^{\theta}_{B(x)} - \mu^*_{B(\mathrm{l})}\right) + \left(\mu^*_{B(\mathrm{l})} - \mu^*_{B(\mathrm{l})}\right) \\ &= RT \ln \frac{a^{\mathrm{R}}_{(B)}}{a^{\mathrm{H}}_{(B)_x}}\end{aligned} \tag{5.98}$$

$$\frac{a^{\mathrm{R}}_{(B)}}{a^{\mathrm{H}}_{(B)_x}} = \gamma^0_{B(\mathrm{l})} \tag{5.99}$$

式中，$\gamma_{B(\mathrm{l})}^{0}$ 是以纯组元 B 为标准状态，组元 i 无限稀，以拉乌尔定律形式表示的组元 i 的活动系数。

所以

$$\Delta G_{\mathrm{m},B} = RT\ln\gamma_{B(\mathrm{l})}^{0} + RT\ln a_{(B)_x}^{\mathrm{H}} \tag{5.100}$$

(3) 纯液体 B 以纯液态 B 为标准状态，溶液中的组元 B 以符合亨利定律的假想 $w(B)/w^{\theta} = 1$ 的溶液为标准状态，浓度以质量分数表示。溶解过程的摩尔吉布斯自由能变化为

$$\Delta G_{\mathrm{m},B} = \mu_{(B)} - \mu_{B(\mathrm{l})} = \Delta G_{\mathrm{m},B}^{\theta} + RT\ln a_{(B)_w}^{\mathrm{H}} \tag{5.101}$$

式中，

$$\mu_{(B)} = \mu_{B(w)}^{\theta} + RT\ln a_{(B)_w}^{\mathrm{H}}$$

$$\mu_{B(\mathrm{l})} = \mu_{B(\mathrm{l})}^{*}$$

$$\begin{aligned}\Delta G_{\mathrm{m},B}^{\theta} &= \mu_{B(w)}^{\theta} - \mu_{B(\mathrm{l})}^{*}\\ &= \left(\mu_{B(w)}^{\theta} - \mu_{B(\mathrm{l})}^{*}\right) + \left(\mu_{B(\mathrm{l})}^{*} - \mu_{B(\mathrm{l})}^{*}\right)\\ &= RT\ln\frac{a_{(B)}^{\mathrm{R}}}{a_{(B)_w}^{\mathrm{H}}}\end{aligned} \tag{5.102}$$

$$\frac{a_{(B)}^{\mathrm{R}}}{a_{(B)_w}^{\mathrm{H}}} = \frac{M_1}{100M_B}\gamma_{B(\mathrm{l})}^{0} \tag{5.103}$$

所以

$$\Delta G_{\mathrm{m},B} = RT\ln\frac{M_1}{100M_B}\gamma_{B(\mathrm{l})}^{0} + RT\ln a_{(B)_w}^{\mathrm{H}} \tag{5.104a}$$

(4) 利用焓变、熵变计算。

在温度 $T_{平}$，纯液体 B 与溶液达成平衡，有

$$B(\mathrm{l}) \rightleftharpoons (B)$$

改变温度到 T，组元 B 在溶液中的溶解度增大，向溶液中溶解。

$$B(\mathrm{l}) = (B)$$

该过程的摩尔吉布斯自由能变化为

$$\begin{aligned}\Delta G_{\mathrm{m},B}(T) &= \bar{G}_{\mathrm{m},(B)}(T) - G_{\mathrm{m},B(\mathrm{l})}(T)\\&= (\bar{H}_{\mathrm{m},(B)}(T) - T\bar{S}_{\mathrm{m},(B)}(T)) - (H_{\mathrm{m},B(\mathrm{l})}(T) - T\bar{S}_{\mathrm{m},B(\mathrm{l})}(T))\\&= (H_{\mathrm{m},(B)}(T) - H_{\mathrm{m},B(\mathrm{l})}(T)) - T(\bar{S}_{\mathrm{m},(B)}(T) - S_{\mathrm{m},B(\mathrm{l})}(T))\\&= \Delta H_{\mathrm{m},B}(T) - T\Delta S_{\mathrm{m},B}(T)\\&\approx \Delta H_{\mathrm{m},B}(T_{平}) - T\Delta S_{\mathrm{m},B}(T_{平})\\&= \Delta H_{\mathrm{m},B}(T_{平}) - \frac{T\Delta H_{\mathrm{m},B}(T_{平})}{T_{平}}\\&= \frac{\Delta H_{\mathrm{m},B}(T_{平})\Delta T}{T_{平}}\end{aligned} \tag{5.104b}$$

式中，

$$\Delta T = T_{平} - T$$

2. 溶解速率

一种纯液体的溶解速率为

$$\begin{aligned}\frac{\mathrm{d}c_{(B)}}{\mathrm{d}t} &= j_B\\&= -l_1\left(\frac{A_{\mathrm{m},B}}{T}\right) - l_2\left(\frac{A_{\mathrm{m},B}}{T}\right)^2 - l_3\left(\frac{A_{\mathrm{m},B}}{T}\right)^3 - \cdots\end{aligned} \tag{5.105}$$

式中，

$$A_{\mathrm{m},B} = \Delta G_{\mathrm{m},B}$$

为式 (5.96)、式 (5.100) 或式 (5.104a) 和式 (5.104b)。

5.3.2 溶液中一个组元溶解

1. 溶解过程热力学

组元 B 不是纯液体，而是溶液中的组元，则溶解过程可以表示为

$$(B)_1 \Longrightarrow (B)_2$$

(1) 溶液 1 和溶液 2 中的组元 B 都以纯液态组元 B 为标准状态，浓度以摩尔分数表示，溶解过程的摩尔吉布斯自由能变化为

$$\begin{aligned}\Delta G_{\mathrm{m},B} &= \mu_{(B)_2} - \mu_{(B)_1}\\&= \Delta G^*_{\mathrm{m},B} + RT\ln\frac{a^{\mathrm{R}}_{(B)_2}}{a^{\mathrm{R}}_{(B)_1}}\\&= RT\ln\frac{a^{\mathrm{R}}_{(B)_2}}{a^{\mathrm{R}}_{(B)_1}}\end{aligned} \tag{5.106}$$

式中，

$$\mu_{(B)_2} = \mu^*_{B(\mathrm{l})_2} + RT\ln a^{\mathrm{R}}_{(B)_2}$$

$$\mu_{(B)_1} = \mu^*_{B(\mathrm{l})_1} + RT\ln a^{\mathrm{R}}_{(B)_1}$$

$$\Delta G^*_{\mathrm{m},B} = \mu^*_{B(\mathrm{l})_2} - \mu^*_{B(\mathrm{l})_1} = 0$$

(2) 液相 1 中的组元 B 以纯液态组元 B 为标准状态，液相 2 中的组元 B 以符合亨利定律的假想的纯 B 为标准状态，浓度都以摩尔分数表示，溶解过程的摩尔吉布斯自由能变化为

$$\Delta G_{\mathrm{m},B} = \mu_{(B)_2} - \mu_{(B)_1} = \Delta G^{\theta}_{\mathrm{m},B} + RT\ln\frac{a^{\mathrm{H}}_{(B)_{x_2}}}{a^{\mathrm{R}}_{(B)_1}} \tag{5.107}$$

式中，

$$\mu_{(B)_2} = \mu^{\theta}_{B(x)_2} + RT\ln a^{\mathrm{H}}_{(B)_{x_2}}$$

$$\mu_{(B)_1} = \mu^*_{B(\mathrm{l})_1} + RT\ln a^{\mathrm{R}}_{(B)_1}$$

$$\begin{aligned}\Delta G^{\theta}_{\mathrm{m},B} &= \mu^{\theta}_{B(x)_2} - \mu^*_{B(\mathrm{l})_1}\\ &= \left(\mu^{\theta}_{B(x)_2} - \mu^*_{B(\mathrm{l})_2}\right) + \left(\mu^*_{B(\mathrm{l})_2} - \mu^*_{B(\mathrm{l})_1}\right)\\ &= RT\ln\frac{a^{\mathrm{R}}_{(B)_2}}{a^{\mathrm{H}}_{B(x)_2}}\end{aligned} \tag{5.108}$$

$$\frac{a^{\mathrm{R}}_{(B)_2}}{a^{\mathrm{H}}_{B(x)_2}} = \gamma^0_{B(\mathrm{l})_2} \tag{5.109}$$

所以

$$\Delta G_{\mathrm{m},B} = RT\ln\gamma^0_{B(\mathrm{l})_2} + RT\ln\frac{a^{\mathrm{H}}_{B(x)_2}}{a^{\mathrm{R}}_{(B)_1}} \tag{5.110}$$

(3) 溶液 1 中的组元 B 以纯液态组元 B 为标准状态，溶液 2 中的组元 B 以符合亨利定律的假想的 $w(B)/w^{\theta} = 1$ 浓度的 B 的溶液为标准状态，浓度以质量分数表示，溶解过程的摩尔吉布斯自由能变化为

$$\begin{aligned}\Delta G_{\mathrm{m},B} &= \mu_{(B)_2} - \mu_{(B)_1}\\ &= \Delta G^{\theta}_{\mathrm{m},B} + RT\ln\frac{a^{\mathrm{H}}_{(B)_{w_2}}}{a^{\mathrm{R}}_{(B)_1}}\end{aligned} \tag{5.111}$$

式中，

$$\mu_{(B)_2} = \mu^{\theta}_{B(w)_2} + RT\ln a^{\mathrm{H}}_{(B)_{w_2}}$$

$$\mu_{(B)_1} = \mu^*_{B(\mathrm{l})_1} + RT\ln a^{\mathrm{R}}_{(B)_1}$$

$$\begin{aligned}\Delta G^{\theta}_{\mathrm{m},B} &= \mu^{\theta}_{B(w)_2} - \mu^*_{B(\mathrm{l})_1} \\ &= \left(\mu^{\theta}_{B(w)_2} - \mu^*_{B(\mathrm{l})_2}\right) + \left(\mu^*_{B(\mathrm{l})_2} - \mu^*_{B(\mathrm{l})_1}\right) \\ &= RT\ln\frac{a^{\mathrm{R}}_{(B)_2}}{a^{\mathrm{H}}_{(B)_{w_2}}}\end{aligned} \tag{5.112}$$

$$\frac{a^{\mathrm{R}}_{(B)_2}}{a^{\mathrm{H}}_{(B)_{w_2}}} = \frac{M_1}{100M_B}\gamma^0_{B(\mathrm{l})} \tag{5.113}$$

式中，M_1 和 M_B 分别为溶剂 1 和溶质 B 的摩尔质量。
所以

$$\Delta G_{\mathrm{m},B} = RT\ln\frac{M_1}{100M_B}\gamma^0_{B(\mathrm{l})} + RT\ln\frac{a^{\mathrm{R}}_{(B)_{w_2}}}{a^{\mathrm{R}}_{(B)_1}} \tag{5.114}$$

(4) 溶液 1 中的组元 B 以符合亨利定律的假想的纯物质为标准状态，浓度以摩尔分数表示；溶液 2 中的组元 B 以符合亨利定律的假想的 $w_B/w^{\theta} = 1$ 为标准状态，浓度以质量分数表示。溶解过程的摩尔吉布斯自由能变化为

$$\Delta G_{\mathrm{m},B} = \mu_{(B)_2} - \mu_{(B)_1} = \Delta G^{\theta}_{\mathrm{m},B} + RT\ln\frac{a^{\mathrm{H}}_{(B)_{w_2}}}{a^{\mathrm{H}}_{(B)_{x_1}}} \tag{5.115}$$

式中，

$$\mu_{(B)_2} = \mu^{\theta}_{B(w)_2} + RT\ln a^{\mathrm{H}}_{(B)_{w_2}}$$

$$\mu_{(B)_1} = \mu^{\theta}_{B(x)_1} + RT\ln a^{\mathrm{H}}_{(B)_{x_1}}$$

$$\begin{aligned}\Delta G^{\theta}_{\mathrm{m},B} &= \mu^{\theta}_{B(w)_2} - \mu^{\theta}_{B(x)_1} \\ &= \left(\mu^{\theta}_{B(w)_2} - \mu^{\theta}_{B(x)_2}\right) + \left(\mu^{\theta}_{B(x)_2} - \mu^{\theta}_{B(x)_1}\right) \\ &= RT\ln\frac{a^{\mathrm{H}}_{(B)_{x_2}}}{a^{\mathrm{H}}_{(B)_{w_2}}}\end{aligned} \tag{5.116}$$

$$\frac{a^{\mathrm{H}}_{(B)_{x_2}}}{a^{\mathrm{H}}_{(B)_{w_2}}} = \frac{M_1}{100M_B} \tag{5.117}$$

所以

$$\Delta G_{\mathrm{m},B} = RT\ln\frac{M_1}{100M_B} + RT\ln\frac{a^{\mathrm{H}}_{(B)_{w_2}}}{a^{\mathrm{H}}_{(B)_{x_1}}} \tag{5.118}$$

也可以做如下计算：

在温度 $T_{平}$，液–液两相达成平衡，改变温度为 T，溶解继续进行，溶解过程的摩尔吉布斯自由能变化为

$$
\begin{aligned}
\Delta G_{\mathrm{m},B}(T) &= \bar{G}_{\mathrm{m},(B)_2}(T) - \bar{G}_{\mathrm{m},(B)_1}(T) \\
&= \left(\bar{H}_{\mathrm{m},(B)_2}(T) - T\bar{S}_{\mathrm{m},(B)_2}(T)\right) - \left(\bar{H}_{\mathrm{m},(B)_1}(T) - T\bar{S}_{\mathrm{m},(B)_1}(T)\right) \\
&= \left(\bar{H}_{\mathrm{m},(B)_2}(T) - \bar{H}_{\mathrm{m},(B)_1}(T)\right) - T\left(\bar{S}_{\mathrm{m},(B)_2}(T) - S_{\mathrm{m},(B)_1}(T)\right) \\
&= \Delta H_{\mathrm{m},B}(T) - T\Delta S_{\mathrm{m},B}(T) \\
&\approx \Delta H_{\mathrm{m},B}(T_{平}) - T\Delta S_{\mathrm{m},B}(T_{平}) \\
&= \frac{\Delta H_{\mathrm{m},B}(T_{平})\Delta T}{T_{平}}
\end{aligned}
\tag{5.119}
$$

式中，

$$\Delta H_{\mathrm{m},B}(T) \approx \Delta H_{\mathrm{m},B}(T_{平})$$

$$\Delta S_{\mathrm{m},B}(T) \approx \Delta S_{\mathrm{m},B}(T_{平}) = \frac{\Delta H_{\mathrm{m},B}(T_{平})}{T_{平}}$$

溶解过程放热，则

$$\Delta H_{\mathrm{m},B}(T) < 0$$

$$\Delta T = T_{平} - T > 0$$

溶解过程自发进行。

溶解过程吸热，则

$$\Delta H_{\mathrm{m},B}(T) > 0$$

$$\Delta T = T_{平} - T < 0$$

溶解过程自发进行。

如果温度 T 和 $T_{平}$ 相差较大，则

$$\Delta H_{\mathrm{m},B}(T) = \Delta H_{\mathrm{m},B}(T_{平}) + \int_{T_{平}}^{T} \Delta C_{p,(B)}\mathrm{d}T$$

$$\Delta S_{\mathrm{m},B}(T) = \Delta S_{\mathrm{m},B}(T_{平}) + \int_{T_{平}}^{T} \frac{\Delta C_{p,(B)}}{T}\mathrm{d}T$$

2. 溶解速率

$$
\begin{aligned}
\frac{\mathrm{d}c_{(B)}}{\mathrm{d}t} &= j_B \\
&= -l_1\left(\frac{A_{\mathrm{m},B}}{T}\right) - l_2\left(\frac{A_{\mathrm{m},B}}{T}\right)^2 - l_3\left(\frac{A_{\mathrm{m},B}}{T}\right)^3 - \cdots
\end{aligned}
\tag{5.120}
$$

溶解只在液–液界面进行，有

$$\begin{aligned}\frac{\mathrm{d}N_{(B)}}{\mathrm{d}t} &= \Omega j_B \\ &= \Omega\left[-l_1\left(\frac{A_{\mathrm{m},B}}{T}\right) - l_2\left(\frac{A_{\mathrm{m},B}}{T}\right)^2 - l_3\left(\frac{A_{\mathrm{m},B}}{T}\right)^3 - \cdots\right]\end{aligned} \tag{5.121}$$

溶解在整个体积内进行

$$\begin{aligned}\frac{\mathrm{d}N_{(B)}}{\mathrm{d}t} &= Vj \\ &= V\left[-l_1\left(\frac{A_{\mathrm{m},B}}{T}\right) - l_2\left(\frac{A_{\mathrm{m},B}}{T}\right)^2 - l_3\left(\frac{A_{\mathrm{m},B}}{T}\right)^3 - \cdots\right]\end{aligned} \tag{5.122}$$

式中，

$$A_{\mathrm{m},B} = \Delta G_{\mathrm{m},B}$$

为式 (5.106)、式 (5.110)、式 (5.104) 和式 (5.119)。

5.3.3 溶液中多个组元同时溶解

1. 溶解过程的热力学

溶液中的 n 个组元同时溶解到另一液体中，可以表示为

$$(i)_1 \;=\!=\!=\; (i)_2$$

$$(i = 1, 2, 3, \cdots, n)$$

两个溶液中的组元均以纯液态组元 i 为标准状态，浓度以摩尔分数表示，溶解过程的摩尔吉布斯自由能变化为

$$\Delta G_{\mathrm{m},i} = \mu_{(i)_2} - \mu_{(i)_1} = RT\ln\frac{a^{\mathrm{R}}_{(i)_2}}{a^{\mathrm{R}}_{(i)_1}} \tag{5.123}$$

式中，

$$\mu_{(i)_2} = \mu^*_{i(\mathrm{l})_2} + RT\ln a^{\mathrm{R}}_{(i)_2}$$

$$\mu_{(i)_1} = \mu^*_{i(\mathrm{l})_1} + RT\ln a^{\mathrm{R}}_{(i)_1}$$

$$\Delta G^{\theta}_{\mathrm{m},i} = \mu^*_{i(\mathrm{l})_2} - \mu^*_{i(\mathrm{l})_1} = 0$$

其他标准状态的选择计算与前面类似。

也可以如下计算：

在温度 $T_{平}$，溶解过程达到平衡，改变温度，溶解继续进行，溶解过程的摩尔吉布斯自由能变化为

$$\begin{aligned}
\Delta G_{\mathrm{m},i}(T) &= \bar{G}_{\mathrm{m},(i)_2}(T) - \Delta\bar{G}_{\mathrm{m},(i)_1}(T) \\
&= \left(\bar{H}_{\mathrm{m},(i)_2}(T) - T\bar{S}_{\mathrm{m},(i)_2}(T)\right) - \left(\bar{H}_{\mathrm{m},(i)_1}(T) - T\bar{S}_{\mathrm{m},(i)_1}(T)\right) \\
&= \left(\bar{H}_{\mathrm{m},(i)_2}(T) - \bar{H}_{\mathrm{m},(i)_1}(T)\right) - T\left(\bar{S}_{\mathrm{m},(i)_2}(T) - \bar{S}_{\mathrm{m},(i)_1}(T)\right) \\
&= \Delta H_{\mathrm{m},i}(T) - T\Delta S_{\mathrm{m},i}(T) \\
&\approx \Delta H_{\mathrm{m},i}(T_{平}) - T\Delta S_{\mathrm{m},i}(T_{平}) \\
&= \frac{\Delta H_{\mathrm{m},i}(T_{平})\Delta T}{T_{平}}
\end{aligned} \tag{5.124}$$

式中，

$$\Delta H_{\mathrm{m},i}(T) \approx \Delta H_{\mathrm{m},i}(T_{平})$$

$$\Delta S_{\mathrm{m},i}(T) \approx \Delta S_{\mathrm{m},i}(T_{平}) = \frac{\Delta H_{\mathrm{m},i}(T_{平})}{T_{平}}$$

溶解过程吸热

$$\Delta H_{\mathrm{m},i} > 0$$

$$\Delta T = T_{平} - T < 0$$

溶解过程可以自发进行。

溶解过程放热

$$\Delta H_{\mathrm{m},i}(T_{平}) < 0$$

$$\Delta T = T_{平} - T > 0$$

溶解过程可以自发进行。

如果温度 T 和 $T_{平}$ 相差较远，则

$$\Delta H_{\mathrm{m},(i)}(T) = \Delta H_{\mathrm{m},(i)}(T_{平}) + \int_{T_{平}}^{T} \Delta C_{p,i}\mathrm{d}T$$

$$\Delta S_{\mathrm{m},(i)}(T) = \Delta S_{\mathrm{m},(i)}(T_{平}) + \int_{T_{平}}^{T} \frac{\Delta C_{p,i}}{T}\mathrm{d}T$$

2. 溶解速率

不考虑耦合作用，溶液中多个组元同时溶解的速率为

$$\begin{aligned}
\frac{\mathrm{d}c_{(i)_2}}{\mathrm{d}t} &= j_i \\
&= -l_1\left(\frac{A_{\mathrm{m},i}}{T}\right) - l_2\left(\frac{A_{\mathrm{m},i}}{T}\right)^2 - l_3\left(\frac{A_{\mathrm{m},i}}{T}\right)^3 - \cdots
\end{aligned} \tag{5.125}$$

溶解只在液面进行

$$\begin{aligned}\frac{\mathrm{d}N_{(i)_2}}{\mathrm{d}t}&=-\frac{\mathrm{d}N_{(i)_1}}{\mathrm{d}t}=\Omega j_i\\&=\Omega\left[-l_1\left(\frac{A_{\mathrm{m},i}}{T}\right)-l_2\left(\frac{A_{\mathrm{m},i}}{T}\right)^2-l_3\left(\frac{A_{\mathrm{m},i}}{T}\right)^3-\cdots\right]\end{aligned}\tag{5.126}$$

溶解在整个体积内进行

$$\begin{aligned}\frac{\mathrm{d}N_{(i)_2}}{\mathrm{d}t}&=-\frac{\mathrm{d}N_{(i)_1}}{\mathrm{d}t}=Vj_i\\&=V\left[-l_1\left(\frac{A_{\mathrm{m},i}}{T}\right)-l_2\left(\frac{A_{\mathrm{m},i}}{T}\right)^2-l_3\left(\frac{A_{\mathrm{m},i}}{T}\right)^3-\cdots\right]\end{aligned}\tag{5.127}$$

考虑耦合作用

$$\begin{aligned}\frac{\mathrm{d}c_{(i)_2}}{\mathrm{d}t}&=j_i\\&=-\sum_{k=1}^{n}l_{ik}\left(\frac{\Delta A_{\mathrm{m},k}}{T}\right)-\sum_{k=1}^{n}\sum_{l=1}^{n}l_{ikl}\left(\frac{A_{\mathrm{m},k}}{T}\right)\left(\frac{A_{\mathrm{m},l}}{T}\right)\\&\quad-\sum_{k=1}^{n}\sum_{l=1}^{n}\sum_{h=1}^{n}l_{iklh}\left(\frac{A_{\mathrm{m},k}}{T}\right)\left(\frac{A_{\mathrm{m},l}}{T}\right)\left(\frac{A_{\mathrm{m},h}}{T}\right)-\cdots\end{aligned}\tag{5.128}$$

溶解在整个体积内进行

$$\begin{aligned}\frac{\mathrm{d}N_{(i)_2}}{\mathrm{d}t}&=-\frac{\mathrm{d}N_{(i)_1}}{\mathrm{d}t}=Vj_i\\&=V\left[-\sum_{k=1}^{n}l_{ik}\left(\frac{A_{\mathrm{m},k}}{T}\right)-\sum_{k=1}^{n}\sum_{l=1}^{n}l_{ikl}\left(\frac{A_{\mathrm{m},k}}{T}\right)\left(\frac{A_{\mathrm{m},l}}{T}\right)\right.\\&\quad\left.-\sum_{k=1}^{n}\sum_{l=1}^{n}\sum_{h=1}^{n}l_{iklh}\left(\frac{A_{\mathrm{m},k}}{T}\right)\left(\frac{A_{\mathrm{m},l}}{T}\right)\left(\frac{A_{\mathrm{m},h}}{T}\right)-\cdots\right]\end{aligned}\tag{5.129}$$

溶解只在液面进行

$$\begin{aligned}\frac{\mathrm{d}N_{(i)_2}}{\mathrm{d}t}&=-\frac{\mathrm{d}N_{(i)_1}}{\mathrm{d}t}=\Omega j_i\\&=\Omega\left[-\sum_{k=1}^{n}l_{ik}\left(\frac{A_{\mathrm{m},k}}{T}\right)-\sum_{k=1}^{n}\sum_{l=1}^{n}l_{ikl}\left(\frac{A_{\mathrm{m},k}}{T}\right)\left(\frac{A_{\mathrm{m},l}}{T}\right)\right.\\&\quad\left.-\sum_{k=1}^{n}\sum_{l=1}^{n}\sum_{h=1}^{n}l_{iklh}\left(\frac{A_{\mathrm{m},k}}{T}\right)\left(\frac{A_{\mathrm{m},l}}{T}\right)\left(\frac{A_{\mathrm{m},h}}{T}\right)-\cdots\right]\end{aligned}\tag{5.130}$$

式中，

$$A_{\mathrm{m},i}=\Delta G_{\mathrm{m},i}$$

为式 (5.123) 和式 (5.124)。

5.4　固体在液体中溶解

固体物质进入液体中，形成均一液相叫固体物质在液体中的溶解。溶解固体物质的液体叫溶剂；溶入液体中的固体物质叫溶质；溶质与溶剂所构成的均一液相叫溶液。溶解过程中溶质与溶剂发生物理化学作用，溶解是物理化学过程。

5.4.1　纯固体物质溶解

1. 溶解过程热力学

在恒温恒压条件下，一种固体物质溶入液体称为溶质，可以表示为

$$B(\mathrm{s}) = (B)$$

(1) 固体组元 B 以纯固态为标准状态，溶液中的组元 B 以纯液态为标准状态，浓度以摩尔分数表示，溶解过程的摩尔吉布斯自由能变化为

$$\Delta G_{\mathrm{m},B} = \mu_{(B)} - \mu_{B(\mathrm{s})} = \Delta G^{*}_{\mathrm{m},B} + RT\ln a^{\mathrm{R}}_{(B)} \tag{5.131}$$

式中，

$$\mu_{(B)} = \mu^{*}_{B(\mathrm{l})} + RT\ln a^{\mathrm{R}}_{(B)}$$

$$\mu_{B(\mathrm{s})} = \mu^{*}_{B(\mathrm{s})}$$

$$\begin{aligned}\Delta G^{*}_{\mathrm{m},B} &= \mu^{*}_{B(\mathrm{l})} - \mu^{*}_{B(\mathrm{s})}\\ &= \Delta_{\mathrm{fus}}G^{*}_{\mathrm{m},B}\end{aligned}$$

为固体组元 B 的熔化自由能。

(2) 固体组元 B 以纯固态为标准状态，溶液中的组元 B 以符合亨利定律的假想的纯液态物质为标准状态，溶解过程的摩尔吉布斯自由能变化为

$$\Delta G_{\mathrm{m},B} = \mu_{(B)} - \mu_{B(\mathrm{s})} = \Delta G^{\theta}_{\mathrm{m},B} + RT\ln a^{\mathrm{H}}_{(B)_x} \tag{5.132}$$

式中，

$$\mu_{(B)} = \mu^{\theta}_{B(x)} + RT\ln a^{\mathrm{H}}_{(B)_x}$$

$$\mu_{B(\mathrm{s})} = \mu^{*}_{B(\mathrm{s})}$$

$$\begin{aligned}\Delta G^{\theta}_{\mathrm{m},B} &= \mu^{\theta}_{B(x)} - \mu^{*}_{B(\mathrm{s})}\\ &= \left(\mu^{\theta}_{(B)_x} - \mu^{*}_{B(\mathrm{l})}\right) - \left(\mu^{*}_{B(\mathrm{l})} - \mu^{*}_{B(\mathrm{s})}\right)\\ &= RT\ln\frac{a^{\mathrm{R}}_{(B)}}{a^{\mathrm{H}}_{(B)_x}} + \Delta_{\mathrm{fus}}G^{*}_{\mathrm{m},B}\end{aligned}$$

$$\frac{a^{\mathrm{R}}_{(B)}}{a^{\mathrm{H}}_{(B)_x}} = \gamma^0_{B(\mathrm{l})}$$

所以

$$\Delta G_{\mathrm{m},B} = RT\ln\gamma^o_{B(\mathrm{l})} + \varDelta_{\mathrm{fus}}G^\theta_{\mathrm{m},B} + RT\ln a^{\mathrm{H}}_{(B)_x} \tag{5.133}$$

(3) 固体组元 B 以纯固态为标准状态，溶液中的组元 B 以符合亨利定律的假想的 $w_B/w^\theta = 1$ 的溶液为标准状态，溶解过程的摩尔吉布斯自由能变化为

$$\Delta G_{\mathrm{m},B} = \mu_{(B)} - \mu_{B(\mathrm{s})} = \Delta G^\theta_{\mathrm{m},B} + RT\ln a^{\mathrm{H}}_{(B)_w} \tag{5.134}$$

式中，

$$\begin{aligned}
\mu_{(B)} &= \mu^\theta_{B(w)} + RT\ln a^{\mathrm{H}}_{(B)_w}\\
\mu_{B(\mathrm{s})} &= \mu^*_{B(\mathrm{s})}\\
\Delta G^\theta_{\mathrm{m},B} &= \mu^\theta_{B(w)} - \mu^*_{B(\mathrm{s})}\\
&= \left[\mu^\theta_{B(w)} - \mu^*_{B(\mathrm{l})}\right] + \left[\mu^*_{B(\mathrm{l})} - \mu^*_{B(\mathrm{s})}\right]\\
&= RT\ln\frac{a^{\mathrm{R}}_{(B)_\mathrm{l}}}{a^{\mathrm{H}}_{(B)_w}} + \varDelta_{\mathrm{fus}}G^*_{\mathrm{m},B}
\end{aligned}$$

$$\frac{a^{\mathrm{R}}_{(B)_\mathrm{l}}}{a^{\mathrm{H}}_{(B)_w}} = \frac{M_1}{100M_B}\gamma^0_{B(\mathrm{l})}$$

所以

$$\Delta G_{\mathrm{m},B} = RT\ln\frac{M_1}{100M_B}\gamma^0_{B(\mathrm{l})} + \varDelta_{\mathrm{fus}}G^*_{\mathrm{m},B} + RT\ln a^{\mathrm{H}}_{(B)_w} \tag{5.135}$$

(4) 利用焓变和熵变计算。

在温度 $T_{平}$，固体组元 B 在液体中的溶解达至饱和，液–固两相平衡，有

$$B\,(\mathrm{s}) \rightleftharpoons (B)$$

升高温度至 T，溶解度增大，固相组元 B 继续向溶液中溶解，有

$$B\,(\mathrm{s}) =\!=\!= (B)$$

溶解过程的摩尔吉布斯自由能变化为

$$
\begin{aligned}
\Delta G_{\mathrm{m},B}(T) &= \bar{G}_{(B)}(T) - G_{B(\mathrm{s})}(T) \\
&= \left(\bar{H}_{\mathrm{m},(B)}(T) - T\bar{S}_{\mathrm{m},(B)}(T)\right) \\
&\quad - \left(H_{\mathrm{m},B(\mathrm{s})}(T) - TS_{\mathrm{m},B(\mathrm{s})}(T)\right) \\
&= \left(\bar{H}_{\mathrm{m},(B)}(T) - H_{\mathrm{m},B(\mathrm{s})}(T)\right) \\
&\quad -T\left(\overline{S}_{\mathrm{m},(B)}(T) - S_{\mathrm{m},B(\mathrm{s})}(T)\right) \\
&= \Delta H_{\mathrm{m},B}(T) - T\Delta S_{\mathrm{m},B}(T) \\
&\approx \Delta H_{\mathrm{m},B}(T_{平}) - T\Delta S_{\mathrm{m},B}(T_{平}) \\
&= \Delta H_{\mathrm{m},B}(T_{平}) - T\frac{\Delta H_{\mathrm{m},B}(T_{平})}{T_{平}} \\
&= \frac{\Delta H_{\mathrm{m},B}(T_{平})\Delta T}{T_{平}}
\end{aligned}
\tag{5.136}
$$

式中，

$$\Delta H_{\mathrm{m},B}(T) \approx \Delta H_{\mathrm{m},B}(T_{平}) > 0$$

$$\Delta S_{\mathrm{m},B}(T) \approx \Delta S_{\mathrm{m},B}(T_{平}) = \frac{\Delta H_{\mathrm{m},B}(T_{平})}{T_{平}}$$

$$T > T_{平}$$

$$\Delta T = T_{平} - T < 0$$

如果温度 T 和 $T_{平}$ 相差较大，则

$$\Delta H_{\mathrm{m},B}(T) = \Delta H_{\mathrm{m},B}(T_{平}) + \int_{T_{平}}^{T} \Delta C_{p,B}\mathrm{d}T$$

$$\Delta S_{\mathrm{m},B}(T) = \Delta S_{\mathrm{m},B}(T_{平}) + \int_{T_{平}}^{T} \frac{\Delta C_{p,B}}{T}\mathrm{d}T$$

2. 溶解速率

在恒温恒压条件下，如果溶解只在液–固界面进行，纯固体组元 B 溶解至液体的速率为

$$
\begin{aligned}
\frac{\mathrm{d}N_{(B)}}{\mathrm{d}t} &= -\frac{\mathrm{d}N_{B(\mathrm{s})}}{\mathrm{d}t} = \Omega j_B \\
&= \Omega\left[-l_1\left(\frac{A_{\mathrm{m},B}}{T}\right) - l_2\left(\frac{A_{\mathrm{m},B}}{T}\right)^2 - l_3\left(\frac{A_{\mathrm{m},B}}{T}\right)^3 - \cdots\right]
\end{aligned}
\tag{5.137}
$$

式中，Ω 为固–液接触的界面面积；

$$A_{\mathrm{m},B} = \Delta G_{\mathrm{m},B(\mathrm{s})}$$

为式 (5.131)、式 (5.133)、式 (5.135) 和式 (5.136)。

5.4.2 固溶体中一个组元溶解

1. 溶解过程热力学

组元 B 不是纯物质，而是固溶体中的组元，则溶解过程可以表示为

$$(B)_{\mathrm{s}} = (B)$$

(1) 固相中的组元 B 以纯固态组元 B 为标准状态，液相中的组元以纯液体为标准状态，浓度以摩尔分数表示，溶解过程的摩尔吉布斯自由能变化为

$$\Delta G_{\mathrm{m},B} = \mu_{(B)} - \mu_{(B)_{\mathrm{s}}} = \Delta G^{*}_{\mathrm{m},B} + RT\ln\frac{a^{\mathrm{R}}_{(B)}}{a^{\mathrm{R}}_{(B)_{\mathrm{s}}}} \tag{5.138}$$

式中，

$$\mu_{(B)} = \mu^{*}_{B(\mathrm{l})} + RT\ln a^{\mathrm{R}}_{(B)}$$

$$\mu_{(B)_{\mathrm{s}}} = \mu^{*}_{B(\mathrm{s})} + RT\ln a^{\mathrm{R}}_{(B)_{\mathrm{s}}}$$

$$\Delta G^{*}_{\mathrm{m},B} = \mu^{*}_{B(\mathrm{l})} - \mu^{*}_{B(\mathrm{s})} = \varDelta_{\mathrm{fus}}G^{*}_{\mathrm{m},B}$$

(2) 固体中的组元 B 以纯固态组元 B 为标准状态，液相中的组元 B 以符合亨利定律的假想的纯物质为标准状态，浓度以摩尔分数表示，溶解过程的摩尔吉布斯自由能变化为

$$\Delta G_{\mathrm{m},B} = \mu_{(B)} - \mu_{(B)_{\mathrm{s}}} = \Delta G^{\theta}_{\mathrm{m},B} + RT\ln\frac{a^{\mathrm{H}}_{(B)_x}}{a^{\mathrm{R}}_{(B)_{\mathrm{s}}}} \tag{5.139}$$

式中，

$$\mu_{(B)} = \mu^{\theta}_{B(x)} + RT\ln a^{\mathrm{H}}_{(B)_x}$$

$$\mu_{(B)_{\mathrm{s}}} = \mu^{*}_{B(\mathrm{s})} + RT\ln a^{\mathrm{R}}_{(B)_{\mathrm{s}}}$$

$$\begin{aligned}\Delta G^{\theta}_{\mathrm{m},B} &= \mu^{\theta}_{B(x)} - \mu^{*}_{B(\mathrm{s})}\\ &= \left(\mu^{\theta}_{B(x)} - \mu^{*}_{B(\mathrm{l})}\right) + \left(\mu^{*}_{B(\mathrm{l})} - \mu^{*}_{B(\mathrm{s})}\right)\\ &= RT\ln\frac{a^{\mathrm{R}}_{(B)_{\mathrm{l}}}}{a^{\mathrm{H}}_{(B)_x}} + \varDelta_{\mathrm{fus}}G^{*}_{\mathrm{m},B}\end{aligned}$$

$$\frac{a^{\mathrm{R}}_{(B)_{\mathrm{l}}}}{a^{\mathrm{H}}_{(B)_x}} = \gamma^{0}_{B(\mathrm{l})}$$

所以

$$\Delta G_{\mathrm{m},B} = RT\ln\gamma^{0}_{B(\mathrm{l})} + \varDelta_{\mathrm{fus}}G^{*}_{\mathrm{m},B} + RT\ln\frac{a^{\mathrm{H}}_{(B)_x}}{a^{\mathrm{R}}_{(B)_{\mathrm{s}}}} \tag{5.140}$$

(3) 固相中的组元 B 以纯固态组元 B 为标准状态，液相中的组元 B 以符合亨利定律的假想的 $w_B/w^\theta=1$ 浓度的 B 为标准状态，浓度以质量分数表示，溶解过程的摩尔吉布斯自由能变化为

$$\Delta G_{\mathrm{m},B}=\mu_{(B)}-\mu_{B(\mathrm{s})}=\Delta G^\theta_{\mathrm{m},B}+RT\ln\frac{a^{\mathrm{H}}_{(B)_w}}{a^{\mathrm{R}}_{(B)_\mathrm{s}}}\tag{5.141}$$

式中，

$$\mu_{(B)}=\mu^\theta_{B(w)}+RT\ln a^{\mathrm{R}}_{(B)_w}$$

$$\mu_{B(\mathrm{s})}=\mu^*_{B(\mathrm{s})}+RT\ln a^{\mathrm{R}}_{(B)_\mathrm{s}}$$

$$\begin{aligned}\Delta G^\theta_{\mathrm{m},B}&=\mu^\theta_{(B)_w}-\mu^*_{B(\mathrm{s})}\\&=\left(\mu^\theta_{(B)_w}-\mu^*_{B(\mathrm{l})}\right)+\left(\mu^*_{B(\mathrm{l})}-\mu^*_{B(\mathrm{s})}\right)\\&=RT\ln\frac{a^{\mathrm{R}}_{(B)_\mathrm{l}}}{a^{\mathrm{H}}_{(B)_w}}+\Delta_{\mathrm{fus}}G^*_{\mathrm{m},B}\end{aligned}$$

$$\frac{a^{\mathrm{R}}_{(B)_\mathrm{l}}}{a^{\mathrm{H}}_{(B)_w}}=\frac{M_1}{100M_B}\gamma^0_{B(\mathrm{l})}$$

所以

$$\Delta G_{\mathrm{m},B}=RT\ln\frac{M_1}{100M_B}\gamma^0_{B(\mathrm{l})}+\Delta_{\mathrm{fus}}G^*_{\mathrm{m},B}+RT\ln\frac{a^{\mathrm{H}}_{(B)_w}}{a^{\mathrm{R}}_{(B)_\mathrm{s}}}\tag{5.142}$$

2. 溶解速率

在恒温恒压条件下，如果溶解只在固体和溶液界面进行，固溶体中的一个组元溶解速率为

$$\begin{aligned}\frac{\mathrm{d}N_{(B)}}{\mathrm{d}t}&=-\frac{\mathrm{d}N_{(B)_\mathrm{s}}}{\mathrm{d}t}=\Omega j\\&=\Omega\left[-l_1\left(\frac{A_{\mathrm{m},B}}{T}\right)-l_2\left(\frac{A_{\mathrm{m},B}}{T}\right)^2-l_3\left(\frac{A_{\mathrm{m},B}}{T}\right)^3-\cdots\right]\end{aligned}\tag{5.143}$$

式中，

$$A_{\mathrm{m},B}=\Delta G_{\mathrm{m},B}$$

为式 (5.138)、式 (5.140) 和式 (5.142)。

5.4.3 多种纯固态物质同时溶解

1. 溶解过程热力学

多个纯固态物质同时溶解于同一溶体，可以表示为

$$i\,(\mathrm{s}) =\!=\!= (i)$$

$$(i=1,2,3,\cdots,n)$$

固相中的组元 i 以纯固态组元 i 为标准状态，液相中的组元 i 以纯液态组元 i 为标准状态，浓度以摩尔分数表示，溶解过程的摩尔吉布斯自由能变化为

$$\Delta G_{\mathrm{m},i} = \mu_{(i)} - \mu_{i(\mathrm{s})} = \Delta G^*_{\mathrm{m},i} + RT\ln a^{\mathrm{R}}_{(i)} \tag{5.144}$$

式中，

$$\mu_{(i)} = \mu^*_{i(\mathrm{l})} + RT\ln a^{\mathrm{R}}_{(i)}$$

$$\mu_{i(\mathrm{s})} = \mu^*_{i(\mathrm{s})}$$

$$\Delta G^*_{\mathrm{m},i} = \mu^*_{i(\mathrm{l})} - \mu^*_{i(\mathrm{s})} = \Delta_{\mathrm{fus}} G^*_{\mathrm{m},i}$$

所以

$$\Delta G_{\mathrm{m},i} = \Delta_{\mathrm{fus}} G^*_{\mathrm{m},i} + RT\ln a^{\mathrm{R}}_{(i)} \tag{5.145}$$

选择其他标准状态的讨论与前面几节类似。

2. 溶解速率

在恒温恒压条件下，多个纯组元同时溶解，不考虑耦合作用，溶解速率为

$$\begin{aligned}\frac{\mathrm{d}N_{(i)}}{\mathrm{d}t} &= -\frac{\mathrm{d}N_{i(\mathrm{s})}}{\mathrm{d}t} = \Omega_{i(\mathrm{s})} j_i \\ &= \Omega_{i(\mathrm{s})}\left[-l_1\left(\frac{A_{\mathrm{m},i}}{T}\right) - l_2\left(\frac{A_{\mathrm{m},i}}{T}\right)^2 - l_3\left(\frac{A_{\mathrm{m},i}}{T}\right)^3 - \cdots\right]\end{aligned} \tag{5.146}$$

式中，$N_{(i)}$ 和 $N_{i(s)}$ 分别为液相和固相中组元 i 物质的量。

考虑耦合作用，有

$$\begin{aligned}\frac{\mathrm{d}N_{(i)}}{\mathrm{d}t} &= -\frac{\mathrm{d}N_{i(\mathrm{s})}}{\mathrm{d}t} = \Omega_{i(\mathrm{s})} j_i \\ &= \Omega_{i(\mathrm{s})}\Bigg[-\sum_{k=1}^{n} l_{ik}\left(\frac{A_{\mathrm{m},k}}{T}\right) - \sum_{k=1}^{n}\sum_{l=1}^{n} l_{ikl}\left(\frac{A_{\mathrm{m},k}}{T}\right)\left(\frac{A_{\mathrm{m},l}}{T}\right) \\ &\quad -\sum_{k=1}^{n}\sum_{l=1}^{n}\sum_{h=1}^{n} l_{iklh}\left(\frac{A_{\mathrm{m},k}}{T}\right)\left(\frac{A_{\mathrm{m},l}}{T}\right)\left(\frac{A_{\mathrm{m},h}}{T}\right) - \cdots\Bigg]\end{aligned} \tag{5.147}$$

式中，

$$A_{\mathrm{m},i} = \Delta G_{\mathrm{m},i} \quad (i = k, l, h)$$

为式 (5.145)。

5.4.4 固溶体中 n 个组元同时溶解

1. 溶解过程热力学

形成固溶体的 n 个组元同时溶解，可以表示为

$$(i)_{\mathrm{s}} = (i)$$

$$(i = 1, 2, 3, \cdots, n)$$

固相和液相中的组元都以纯固态物质为标准状态，浓度以摩尔分数表示，溶解过程的摩尔吉布斯自由能变化为

$$\Delta G_{\mathrm{m},i} = \mu_{(i)} - \mu_{(i)_{\mathrm{s}}} = \Delta G^*_{\mathrm{m},i} + RT\ln\frac{a^{\mathrm{R}}_{(i)}}{a^{\mathrm{R}}_{(i)_{\mathrm{s}}}} = RT\ln\frac{a^{\mathrm{R}}_{(i)}}{a^{\mathrm{R}}_{(i)_{\mathrm{s}}}} \tag{5.148}$$

式中，

$$\mu_{(i)} = \mu^*_{(i)_{\mathrm{s}}} + RT\ln a^{\mathrm{R}}_{(i)}$$

$$\mu_{(i)_{\mathrm{s}}} = \mu^*_{i(\mathrm{s})} + RT\ln a^{\mathrm{R}}_{(i)_{\mathrm{s}}}$$

$$\Delta G^*_{\mathrm{m},i} = \mu^*_{(i)_{\mathrm{s}}} - \mu^*_{i_{(\mathrm{s})}} = 0$$

选择其他标准状态的讨论与前面类似。

也可以如下计算：

在温度 $T_{平}$，固体组元 i 在液体中的溶解达至饱和，液–固两相平衡

$$(i)_{\mathrm{s}} \rightleftharpoons (i)$$

升高温度至 T，溶解度增大，固相组元 i 继续向溶液中溶解，有

$$(i)_{\mathrm{s}} = (i)$$

溶解过程的摩尔吉布斯自由能变化为

$$\begin{aligned}
\Delta G_{\mathrm{m}}(T) &= \bar{G}_{\mathrm{m},(i)}(T) - \bar{G}_{(i)_{\mathrm{s}}}(T) \\
&= \left(\bar{H}_{\mathrm{m},(i)}(T) - T\bar{S}_{\mathrm{m},(i)}(T)\right) - \left(\bar{H}_{\mathrm{m},(i)_{\mathrm{s}}}(T) - T\bar{S}_{\mathrm{m},(i)_{\mathrm{s}}}(T)\right) \\
&= \left(\bar{H}_{\mathrm{m},(i)}(T) - \bar{H}_{\mathrm{m},(i)_{\mathrm{s}}}\right) - T\left(\bar{S}_{\mathrm{m},(i)}(T) - \bar{S}_{\mathrm{m},(i)_{\mathrm{s}}}(T)\right) \\
&= \Delta H_{\mathrm{m},i}(T) - T\Delta S_{\mathrm{m},i}(T) \\
&\approx \Delta H_{\mathrm{m},i}(T_{平}) - T\Delta S_{\mathrm{m},i}(T_{平}) \\
&= \frac{\Delta H_{\mathrm{m},i}(T_{平})\Delta T}{T_{平}}
\end{aligned} \tag{5.149}$$

式中，

$$\Delta H_{\mathrm{m},i}(T) \approx \Delta H_{\mathrm{m},i}(T_{平}) > 0$$

$$\Delta S_{\mathrm{m},i}(T) \approx \Delta S_{\mathrm{m},i}(T_{平}) = \frac{\Delta H_{\mathrm{m},i}(T_{平})}{T_{平}}$$

$$T > T_{平}$$

$$T_{平} - T < 0$$

如果温度 T 和 $T_{平}$ 相差较大，则有

$$\Delta H_{\mathrm{m},i}(T) = \Delta H_{\mathrm{m},i}(T_{平}) + \int_{T_{平}}^{T} \Delta C_{p,i} \mathrm{d}T$$

$$\Delta S_{\mathrm{m},i}(T) = \Delta S_{\mathrm{m},i}(T_{平}) + \int_{T_{平}}^{T} \frac{\Delta C_{p,i}}{T} \mathrm{d}T$$

2. 溶解速率

在恒温恒压条件下，多元固溶体的组元同时溶解，不考虑耦合作用，溶解速率为

$$\begin{aligned}\frac{\mathrm{d}N_{(i)}}{\mathrm{d}t} &= -\frac{\mathrm{d}N_{(i)_\mathrm{s}}}{\mathrm{d}t} = \varOmega_{(i)_\mathrm{s}} j_i \\ &= \varOmega_{(i)_\mathrm{s}} \left[-l_1 \left(\frac{A_{\mathrm{m},i}}{T} \right) - l_2 \left(\frac{A_{\mathrm{m},i}}{T} \right)^2 - l_3 \left(\frac{A_{\mathrm{m},i}}{T} \right)^3 - \cdots \right]\end{aligned} \tag{5.150}$$

考虑耦合作用，有

$$\begin{aligned}\frac{\mathrm{d}N_{(i)}}{\mathrm{d}t} &= -\frac{\mathrm{d}N_{(i)_\mathrm{s}}}{\mathrm{d}t} = \varOmega_{(i)_\mathrm{s}} j_i \\ &= \varOmega_{(i)_\mathrm{s}} \left[-\sum_{k=1}^{n} l_{ik} \left(\frac{A_{\mathrm{m},k}}{T} \right) - \sum_{k=1}^{n}\sum_{l=1}^{n} l_{ikl} \left(\frac{A_{\mathrm{m},k}}{T} \right)\left(\frac{A_{\mathrm{m},l}}{T} \right) \right. \\ &\quad \left. - \sum_{k=1}^{n}\sum_{l=1}^{n}\sum_{h=1}^{n} l_{iklh} \left(\frac{A_{\mathrm{m},k}}{T} \right)\left(\frac{A_{\mathrm{m},l}}{T} \right)\left(\frac{A_{\mathrm{m},h}}{T} \right) - \cdots \right]\end{aligned} \tag{5.151}$$

式中，

$$A_{\mathrm{m},i} = \Delta G_{\mathrm{m},i}$$

为式 (5.148) 和式 (5.149)。

5.5　气体溶解于固体——溶解后气体分子不分解

气体进入固体成为均一固相，叫气体在固体中溶解。气体为溶质，固体为溶剂。形成的均一固相为固溶体。气体溶解于固体有两种情况：一种是溶解后气体分子不分解，一种是溶解后气体分子分解。这里讨论第一种情况。

5.5.1　一种纯气体溶解

1. 溶解过程热力学

在恒温恒压条件下，一种纯气体溶于固体，溶解前后气体分子不变，溶解过程可以表示为

$$B_2(\mathrm{g}) =\!=\!= (B_2)_\mathrm{s}$$

(1) 气相组元 B_2 以一个标准大气压的组元 B_2 为标准状态，固相中组元 B_2 以纯固态为标准状态，B_2 的浓度以摩尔分数表示，则溶解过程的摩尔吉布斯自由能变化为

$$\Delta G_{\mathrm{m},B_2} = \mu_{(B_2)_\mathrm{s}} - \mu_{B_2(\mathrm{g})} = \Delta G^\theta_{\mathrm{m},B_2} + RT\ln\frac{a^\mathrm{R}_{(B_2)_\mathrm{s}}}{P_{B_2}} \tag{5.152}$$

式中，

$$\mu_{(B_2)_\mathrm{s}} = \mu^*_{B_2(\mathrm{s})} + RT\ln a^\mathrm{R}_{(B_2)_\mathrm{s}}$$

$$\mu_{B_2(\mathrm{g})} = \mu^\theta_{B_2(\mathrm{g})} + RT\ln P_{B_2}$$

$$\Delta G^\theta_{\mathrm{m},B_2} = \mu^*_{B_2(\mathrm{s})} - \mu^\theta_{B_2(\mathrm{g})} = -\Delta_{升华}G^\theta_{\mathrm{m},B_2}$$

所以

$$\Delta G_{\mathrm{m},B_2} = -\Delta_{升华}G^\theta_{\mathrm{m},B_2} + RT\ln\frac{a^\mathrm{R}_{(B_2)_\mathrm{s}}}{P_{B_2}} \tag{5.153}$$

式中，$\Delta_{升华}G^\theta_{\mathrm{m},B_2}$ 为固态组元 B_2 直接变为气体组元 B_2 的摩尔吉布斯自由能变化。

(2) 气体中的组元 B_2 以一个标准大气压的组元 B_2 为标准状态，固相中的组元 B_2 以符合亨利定律的假想的纯物质为标准状态，浓度以摩尔分数表示，溶解过程的摩尔吉布斯自由能变化为

$$\Delta G_{\mathrm{m},B_2} = \mu_{(B_2)_\mathrm{s}} - \mu_{B_2(\mathrm{g})} = \Delta G^\theta_{\mathrm{m},B_2} + RT\ln\frac{a^\mathrm{H}_{(B_2)_{\mathrm{s}x}}}{P_{B_2}} \tag{5.154}$$

式中，

$$\mu_{(B_2)_\mathrm{s}} = \mu^\theta_{B_2(\mathrm{s}x)} + RT\ln a^\mathrm{H}_{(B_2)_{\mathrm{s}x}}$$

$$\mu_{B_2(\mathrm{g})} = \mu^{\theta}_{B_2(\mathrm{g})} + RT\ln P_{B_2}$$

$$\begin{aligned}\Delta G^{\theta}_{\mathrm{m},B_2} &= \mu^{\theta}_{B_2(\mathrm{s}x)} - \mu^{\theta}_{B_2(\mathrm{g})} \\ &= \left[\mu^{\theta}_{B_2(\mathrm{s}x)} - \mu^{*}_{B_2(\mathrm{s})}\right] - \left[\mu^{\theta}_{B_2(\mathrm{g})} - \mu^{*}_{B_2(\mathrm{s})}\right] \\ &= RT\ln\frac{a^{\mathrm{R}}_{(B_2)_\mathrm{s}}}{a^{\mathrm{H}}_{(B_2)_{\mathrm{s}x}}} - \Delta_{升华}G^{\theta}_{\mathrm{m},B_2}\end{aligned}$$

$$\frac{a^{\mathrm{R}}_{(B_2)_\mathrm{s}}}{a^{\mathrm{H}}_{(B_2)_{\mathrm{s}x}}} = \gamma^{0}_{B_2(\mathrm{s})}$$

所以

$$\Delta G_{\mathrm{m},B_2} = RT\ln\gamma^{o}_{B_2(\mathrm{s})} - \Delta_{升华}G^{\theta}_{\mathrm{m},B_2} + RT\ln\frac{a^{\mathrm{H}}_{(B_2)_{\mathrm{s}x}}}{P_{B_2}} \tag{5.155}$$

(3) 气相中的组元 B_2 以一个标准大气压的组元 B_2 为标准状态，固相中的组元 B_2 以符合亨利定律的假想的 $w(B_2)/w^{\theta}=1$ 的固溶体为标准状态，浓度以质量分数表示。溶解过程的摩尔吉布斯自由能变化为

$$\Delta G_{\mathrm{m},B_2} = \mu_{(B_2)_\mathrm{s}} - \mu_{B_2(\mathrm{g})} = \Delta G^{\theta}_{\mathrm{m},B_2} + RT\ln\frac{a^{\mathrm{H}}_{(B_2)_{\mathrm{s}w}}}{P_{B_2}} \tag{5.156}$$

式中，

$$\mu_{(B_2)_\mathrm{s}} = \mu^{\theta}_{B_2(\mathrm{s}w)} + RT\ln a^{\mathrm{H}}_{(B_2)_{\mathrm{s}w}}$$

$$\mu_{B_2(\mathrm{g})} = \mu^{\theta}_{B_2(\mathrm{g})} + RT\ln P_{B_2}$$

$$\begin{aligned}\Delta G^{\theta}_{\mathrm{m},B_2} &= \mu^{\theta}_{B_2(\mathrm{s}w)} - \mu^{\theta}_{B_2(\mathrm{g})} \\ &= \left(\mu^{\theta}_{B_2(\mathrm{s}w)} - \mu^{*}_{B_2(\mathrm{s})}\right) + \left(\mu^{*}_{B_2(\mathrm{s})} - \mu^{\theta}_{B_2(\mathrm{g})}\right) \\ &= RT\ln\frac{a^{\mathrm{R}}_{(B_2)_\mathrm{s}}}{a^{\mathrm{H}}_{(B_2)_{\mathrm{s}w}}} - \Delta_{升华}G^{\theta}_{\mathrm{m},B_2}\end{aligned}$$

$$\frac{a^{\mathrm{R}}_{(B_2)_\mathrm{s}}}{a^{\mathrm{H}}_{(B_2)_{\mathrm{s}w}}} = \frac{M_1}{100M_{B_2}}\gamma^{0}_{B_2(\mathrm{s})}$$

所以

$$\Delta G_{\mathrm{m},B_2} = RT\ln\frac{M_1}{100M_{B_2}}\gamma^{0}_{B_2(\mathrm{s})} - \Delta_{升华}G^{\theta}_{\mathrm{m},B_2} + RT\ln\frac{a^{\mathrm{H}}_{(B_2)_{\mathrm{s}w}}}{P_{B_2}} \tag{5.157}$$

也可以如下计算：

在温度 $T_{平}$，气体在固体中的溶解达成平衡，有

$$B_2\,(\mathrm{g}) \rightleftharpoons (B_2)_\mathrm{s}$$

改变温度至 T，气体继续向固体中溶解，有

$$B_2(\mathrm{g}) = (B_2)_\mathrm{s}$$

该过程的摩尔吉布斯自由能变化为

$$\begin{aligned}\Delta G_{\mathrm{m},B_2}(T) &= \bar{G}_{\mathrm{m},(B_2)_\mathrm{s}}(T) - G_{\mathrm{m},B_2(\mathrm{g})}(T)\\ &= \left(\bar{H}_{\mathrm{m},(B_2)_\mathrm{s}}(T) - T\bar{S}_{\mathrm{m},(B_2)_\mathrm{s}}(T)\right)\\ &\quad - \left(H_{\mathrm{m},B_2(\mathrm{g})}(T) - TS_{\mathrm{m},B_2(\mathrm{g})}(T)\right)\\ &= \left(\bar{H}_{\mathrm{m},(B_2)_\mathrm{s}}(T) - H_{\mathrm{m},B_2(\mathrm{g})}(T)\right)\\ &\quad -T\left(\bar{S}_{\mathrm{m},(B_2)_\mathrm{s}}(T) - S_{\mathrm{m},B_2(\mathrm{g})}(T)\right)\\ &= \Delta H_{\mathrm{m},B_2}(T) - T\Delta S_{\mathrm{m},B_2}(T)\\ &\approx \Delta H_{\mathrm{m},B_2}(T_{平}) - T\Delta S_{\mathrm{m},B_2}(T_{平})\\ &= \frac{\Delta H_{\mathrm{m},B_2}(T_{平})\Delta T}{T_{平}}\end{aligned} \tag{5.158}$$

式中，

$$\Delta H_{\mathrm{m},B_2}(T) \approx \Delta H_{\mathrm{m},B_2}(T_{平})$$

$$\Delta S_{\mathrm{m},B_2}(T) \approx \Delta S_{\mathrm{m},B_2}(T_{平}) = \frac{\Delta H_{\mathrm{m},B_2}(T_{平})}{T_{平}}$$

$$\Delta T = T_{平} - T$$

溶解过程吸热

$$\Delta H_{\mathrm{m},B_2} > 0$$

$$T > T_{平}, \quad \Delta T < 0$$

溶解过程自发进行。

溶解过程放热

$$\Delta H_{\mathrm{m},B_2} < 0$$

$$T < T_{平}, \quad \Delta T > 0$$

溶解过程自发进行。

如果温度 T 与 $T_{平}$ 相差较大，则有

$$\Delta H_{\mathrm{m},B_2}(T) = \Delta H_{\mathrm{m},B_2}(T_{平}) + \int_{T_{平}}^{T} \Delta C_{p,B_2}\mathrm{d}T$$

$$\Delta S_{\mathrm{m},B_2}(T) = \Delta S_{\mathrm{m},B_2}(T_{平}) + \int_{T_{平}}^{T} \frac{\Delta C_{p,B_2}}{T}\mathrm{d}T$$

2. 溶解速率

在恒温恒压条件下，一种纯气体溶解于固体中，通过固体表面的溶解速率为

$$\begin{aligned}\frac{\mathrm{d}N_{(B_2)}}{\mathrm{d}t}=\Omega j_{B_2}=\Omega\Bigg[&-l_1\left(\frac{A_{\mathrm{m},B_2(\mathrm{g})}}{T}\right)\\&-l_2\left(\frac{A_{\mathrm{m},B_2(\mathrm{g})}}{T}\right)^2-l_3\left(\frac{A_{\mathrm{m},B_2(\mathrm{g})}}{T}\right)^3-\cdots\Bigg]\end{aligned}\tag{5.159}$$

式中，

$$A_{\mathrm{m},B_2(\mathrm{g})}=\Delta G_{\mathrm{m},B_2(\mathrm{g})}$$

为式 (5.153)、式 (5.155)、式 (5.157) 和式 (5.158)。

5.5.2 混合气体中一种气体溶解

1. 溶解过程热力学

混合气体中的一种气体溶解于固体，可以表示为

$$(B_2)_{\mathrm{g}} =\!=\!= (B_2)_{\mathrm{s}}$$

气体中的组元 B_2 以一个标准大气压的组元 B_2 为标准状态，固相中的组元 B_2 以纯固态为标准状态，浓度以摩尔分数表示，溶解过程的摩尔吉布斯自由能变化为

$$\Delta G_{\mathrm{m},B_2}=\mu_{(B_2)_{\mathrm{s}}}-\mu_{(B_2)_{\mathrm{g}}}=\Delta G_{\mathrm{m},B_2}^{\theta}+RT\ln\frac{a_{(B_2)_{\mathrm{s}}}^{\mathrm{R}}}{P_{(B_2)}}\tag{5.160}$$

式中，

$$\mu_{(B_2)_{\mathrm{s}}}=\mu_{B_2(\mathrm{s})}^{*}+RT\ln a_{(B_2)_{\mathrm{s}}}^{\mathrm{R}}$$

$$\mu_{(B_2)_{\mathrm{g}}}=\mu_{B_2(\mathrm{g})}^{\theta}+RT\ln P_{(B_2)}$$

$$\Delta G_{\mathrm{m},B_2}^{\theta}=\mu_{B_2(\mathrm{s})}^{*}-\mu_{B_2(\mathrm{g})}^{\theta}=-\Delta_{\text{升华}}G_{\mathrm{m},B_2}^{\theta}$$

所以

$$\Delta G_{\mathrm{m},B_2}=-\Delta_{\text{升华}}G_{\mathrm{m},B_2}^{\theta}+RT\ln\frac{a_{(B_2)_{\mathrm{s}}}^{\mathrm{R}}}{P_{(B_2)}}\tag{5.161}$$

其他标准状态可以与前面做类似讨论。

2. 溶解速率

恒温恒压条件下，混合气体中的一种气体溶解于固体中，溶解速率为

$$\begin{aligned}\frac{\mathrm{d}N_{(B_2)}}{\mathrm{d}t}=\Omega j_{(B_2)_\mathrm{g}}=\Omega\Bigg[&-l_1\left(\frac{A_{\mathrm{m},B_2(\mathrm{g})}}{T}\right)\\&-l_2\left(\frac{A_{\mathrm{m},B_2(\mathrm{g})}}{T}\right)^2-l_3\left(\frac{A_{\mathrm{m},B_2(\mathrm{g})}}{T}\right)^3-\cdots\Bigg]\end{aligned}\tag{5.162}$$

式中，

$$A_{\mathrm{m},B_2(\mathrm{g})}=\Delta G_{\mathrm{m},B_2(\mathrm{g})}$$

为式 (5.161)。

5.5.3　混合气体中多种气体同时溶解

1. 溶解过程热力学

混合气体中的多种组元同时溶解于固体中，可以表示为

$$(i_2)_\mathrm{g} =\!=\!=\!= (i_2)_\mathrm{s}$$

$$(i=1,2,3,\cdots,n)$$

气体中的组元 i_2 以一个标准大气压的组元 i_2 为标准状态，固相中的组元以纯固态为标准状态，浓度以摩尔分数表示，溶解过程的摩尔吉布斯自由能变化为

$$\Delta G_{\mathrm{m},i_2}=\mu_{(i_2)_\mathrm{s}}-\mu_{(i_2)_\mathrm{g}}=\Delta G^{\theta}_{\mathrm{m},i_2}+RT\ln\frac{a^{\mathrm{R}}_{(i_2)_\mathrm{s}}}{P_{(i_2)}}\tag{5.163}$$

式中，

$$\mu_{(i_2)_\mathrm{s}}=\mu^*_{i_2(\mathrm{s})}+RT\ln a^{\mathrm{R}}_{(i_2)_\mathrm{s}}$$

$$\mu_{(i_2)_\mathrm{g}}=\mu^{\theta}_{i_2(\mathrm{g})}+RT\ln P_{(i_2)}$$

$$\Delta G^{\theta}_{\mathrm{m},i_2}=\mu^*_{i_2(\mathrm{s})}-\mu^{\theta}_{i_2(\mathrm{g})}=-\Delta_{升华}G^{\theta}_{\mathrm{m},i_2}$$

所以

$$\Delta G_{\mathrm{m},i_2}=-\Delta_{升华}G^{\theta}_{\mathrm{m},i_2}+RT\ln\frac{a^{\mathrm{R}}_{(i_2)_\mathrm{s}}}{P_{(i_2)}}\tag{5.164}$$

其他标准状态可以与前面做类似讨论。

2. 溶解速率

不考虑耦合作用，恒温恒压条件下，多种混合气体同时溶解于固体中的溶解速率为：

不考虑耦合作用，气体只通过固体表面的溶解速率为

$$\begin{aligned}\frac{\mathrm{d}N_{(i_2)}}{\mathrm{d}t} &= \Omega j_{i_2(\mathrm{g})} \\ &= \Omega\left[-l_1\left(\frac{A_{\mathrm{m},(i_2)\mathrm{g}}}{T}\right) - l_2\left(\frac{A_{\mathrm{m},(i_2)\mathrm{g}}}{T}\right)^2 - l_3\left(\frac{A_{\mathrm{m},(i_2)\mathrm{g}}}{T}\right)^3 + \cdots\right]\end{aligned} \tag{5.165}$$

考虑耦合作用，通过固体表面的溶解速率为

$$\begin{aligned}\frac{\mathrm{d}N_{(i_2)}}{\mathrm{d}t} &= \Omega j_{i_2(\mathrm{g})} \\ &= \Omega\Bigg[-\sum_{k=1}^{n} l_{ik}\left(\frac{A_{\mathrm{m},(k_2)\mathrm{g}}}{T}\right) - \sum_{k=1}^{n}\sum_{l=1}^{n} l_{ikl}\left(\frac{A_{\mathrm{m},(k_2)\mathrm{g}}}{T}\right)\left(\frac{A_{\mathrm{m},(l_2)\mathrm{g}}}{T}\right) \\ &\quad - \sum_{k=1}^{n}\sum_{l=1}^{n}\sum_{h=1}^{n} l_{iklh}\left(\frac{A_{\mathrm{m},(k_2)\mathrm{g}}}{T}\right)\left(\frac{A_{\mathrm{m},(l_2)\mathrm{g}}}{T}\right)\left(\frac{A_{\mathrm{m},(h_2)\mathrm{g}}}{T}\right) - \cdots\Bigg]\end{aligned} \tag{5.166}$$

式中，

$$A_{\mathrm{m},i_2} = \Delta G_{\mathrm{m},i_2}$$

为式 (5.164)。

5.6 气体溶解于固体——溶解后气体分子分解

5.6.1 一种纯气体溶解

1. 溶解过程热力学

在恒温恒压条件下，一种纯气体溶解于固体，溶解后气体分子分解，溶解过程可以表示为

$$B_2(\mathrm{g}) \Longleftrightarrow 2\,[B]_{\mathrm{s}}$$

气相中的组元以一个标准大气压为标准状态，固相中的组元符合西韦特定律，浓度以质量分数表示，则溶解过程的摩尔吉布斯自由能变化为

$$\Delta G_{\mathrm{m},B} = 2\mu_{[B]_{\mathrm{s}}} - \mu_{B_2(\mathrm{g})} = \Delta G_{\mathrm{m},B}^{\theta} + RT\ln\frac{\left(w\,[B]_{\mathrm{s}}\right)^2}{p_{B_2}} \tag{5.167}$$

式中，

$$\mu_{[B]_{\mathrm{s}}} = \mu_{[B]_{\mathrm{s}}}^{\theta} + RT\ln w\,[B]_{\mathrm{s}}$$

$$\mu_{B_2(g)} = \mu^{\theta}_{B_2(g)} + RT\ln p_{B_2}$$

$$\Delta G^{\theta}_{m,B} = 2\mu^{\theta}_{[B]_s} - \mu^{\theta}_{B_2(g)} = -RT\ln K \tag{5.168}$$

$$K = \frac{(w[B]_s)^2}{p'_{B_2}} \tag{5.169}$$

p'_{B_2} 是与浓度为 $w[B]_s$ 的固相组元 B 平衡的组元 B_2 的压力。

根据西韦特定律，有

$$k_{S,w}p'^{\frac{1}{2}}_{B_2} = w[B]_s \tag{5.170}$$

将式 (5.170) 代入式 (5.169)，得

$$K = k^2_{S,w} \tag{5.171}$$

将式 (5.171) 代入式 (5.168)，得

$$\Delta G^{\theta}_{m,B} = -RT\ln k^2_{S,w} \tag{5.172}$$

将式 (5.172) 代入式 (5.167)，得

$$\Delta G_{m,B} = RT\ln\frac{(w[B]_s)^2}{k^2_{S,w}p_{B_2}} \tag{5.173}$$

也可以做如下计算。

在恒温恒压条件下，一种纯气体溶解于固体，溶解后气体发生分解。在温度 $T_平$，溶解达成平衡，有

$$\mathrm{B_2(g)} \rightleftharpoons 2[\mathrm{B}]$$

升高温度到 T，气体进一步溶解，有

$$\mathrm{B_2(g)} = 2[\mathrm{B}]$$

溶解过程的摩尔吉布斯自由能变化为

$$\begin{aligned}\Delta G_{m,B_2}(T) &= 2\overline{G}_{m,[B]}(T) - G_{m,B_2(g)}(T)\\ &= 2(\overline{H}_{m,[B]}(T) - T\overline{S}_{m,[B]}(T)) - (H_{m,B_2(g)}(T) - TS_{m,B_2(g)}(T))\\ &= (2\overline{H}_{m,[B]}(T) - H_{m,B_2(g)}(T)) - T(S_{m,[B]}(T) - S_{m,B_2(g)}(T))\\ &= \Delta H_{m,B_2}(T) - T\Delta S_{m,B_2}(T)\\ &\approx \Delta H_{m,B_2}(T_平) - T\Delta S_{m,B_2}(T_平)\\ &= \frac{\Delta H_{m,B_2}(T_平)\Delta T}{T_平}\end{aligned} \tag{5.174}$$

式中，

$$\Delta H_{\mathrm{m},B_2}(T) \approx \Delta H_{\mathrm{m},B_2}(T_{\text{平}})$$

$$\Delta S_{\mathrm{m},B_2}(T) \approx \Delta S_{\mathrm{m},B_2}(T_{\text{平}}) = \frac{\Delta H_{\mathrm{m},B_2}(T_{\text{平}})}{T_{\text{平}}}$$

其他标准状态可以与前面做类似讨论。

2. 溶解速率

在恒温恒压条件下，一种纯气体溶解于固体，溶解后气体分子分解。溶解在气–固界面进行，溶解速率为

$$\begin{aligned}\frac{\mathrm{d}N_{(B)}}{\mathrm{d}t} &= \frac{\Omega}{2}j_{(B)} \\ &= \frac{\Omega}{2}\left[-l_1\left(\frac{A_{\mathrm{m},B}}{T}\right) - l_2\left(\frac{A_{\mathrm{m},B}}{T}\right)^2 - l_3\left(\frac{A_{\mathrm{m},B}}{T}\right)^3 - \cdots\right]\end{aligned} \tag{5.175}$$

式中，

$$A_{\mathrm{m},B} = \Delta G_{\mathrm{m},B}$$

为式 (5.173) 或式 (5.174)。

5.6.2 混合气体中一种气体溶解

1. 溶解过程热力学

混合气体中的一种气体溶解于固体，可以表示为

$$(B_2)_{\mathrm{g}} =\!=\!= 2\,[B]_{\mathrm{s}}$$

气相中的组元以一个标准大气压为标准状态，固相中的组元符合西韦特定律，组成以质量分数表示。溶解过程的摩尔吉布斯自由能变化为

$$\Delta G_{\mathrm{m},B} = 2\mu_{[B]_{\mathrm{s}}} - \mu_{(B_2)_{\mathrm{g}}} = \Delta G^{\theta}_{\mathrm{m},B} + RT\ln\frac{(w\,[B]_{\mathrm{s}})^2}{p_{(B_2)}} \tag{5.176}$$

式中，

$$\mu_{[B]_{\mathrm{s}}} = \mu^{\theta}_{[B]_{\mathrm{s}}} + RT\ln w\,[B]_{\mathrm{s}}$$

$$\mu_{(B_2)_{\mathrm{g}}} = \mu^{\theta}_{B_2(\mathrm{g})} + RT\ln p_{(B_2)}$$

$$\Delta G^{\theta}_{\mathrm{m},B} = 2\mu^{\theta}_{[B]_{\mathrm{s}}} - \mu^{\theta}_{B_2(\mathrm{g})} = -RT\ln K \tag{5.177}$$

$$K = \frac{(w\,[B]_{\mathrm{s}})^2}{p'_{(B_2)}} \tag{5.178}$$

$p'_{(B_2)}$ 是与组成为 $w[B]_s$ 的固相组元 B 平衡的气相组元 B_2 的压力。

根据西韦特定律，有

$$k_{S,w}p'^{\frac{1}{2}}_{(B_2)} = w[B]_s \tag{5.179}$$

将式 (5.179) 代入式 (5.178)，得

$$K = k_{S,w}^2 \tag{5.180}$$

将式 (5.180) 代入式 (5.177)，得

$$\Delta G_{m,B}^{\theta} = -RT\ln k_{S,w}^2 \tag{5.181}$$

将式 (5.181) 代入式 (5.176)，得

$$\Delta G_{m,B} = RT\ln\frac{(w[B]_s)^2}{k_{S,w}^2 p_{(B_2)}} \tag{5.182}$$

2. 溶解速率

在恒温恒压条件下，混合气体中的一种溶解在固体中，气体分子分解。溶解速率为

$$\begin{aligned}\frac{\mathrm{d}N_{(B)_s}}{\mathrm{d}t} &= \frac{\Omega}{2}j_{(B)} \\ &= \frac{\Omega}{2}\left[-l_1\left(\frac{A_{m,B}}{T}\right) - l_2\left(\frac{A_{m,B}}{T}\right)^2 - l_3\left(\frac{A_{m,B}}{T}\right)^3 - \cdots\right]\end{aligned} \tag{5.183}$$

式中，

$$A_{m,B} = \Delta G_{m,B}$$

为式 (5.182)。

5.6.3 混合气体中多种气体同时溶解

1. 溶解过程热力学

在恒温恒压条件下，混合气体中多种气体同时溶解到固体中，有

$$(i_2)_g =\!=\!= 2[i]_s$$

$$(i = 1, 2, 3, \cdots, n)$$

气相中的组元 i_2 以一个标准大气压的组元 i_2 为标准状态，固相中的组元符合西韦特定律，组成以质量分数表示。溶解过程的摩尔吉布斯自由能变化为

$$\Delta G_{m,i} = 2\mu_{[i]_s} - \mu_{(i_2)_g} = \Delta G_{m,i}^{\theta} + RT\ln\frac{(w[i]_s)^2}{p_{i_2}} \tag{5.184}$$

式中，

$$\mu_{[i]_{\rm s}} = \mu^{\theta}_{[i]_{\rm s}} + RT\ln\left(w\left[i\right]_{\rm s}\right)$$

$$\mu_{(i_2)_{\rm g}} = \mu^{\theta}_{i_2({\rm g})} + RT\ln p_{(i_2)}$$

$$\Delta G^{\theta}_{{\rm m},i} = 2\mu^{\theta}_{[i]_{\rm s}} - \mu^{\theta}_{i_2({\rm g})} = -RT\ln K \tag{5.185}$$

$$K = \frac{\left(w\left[i\right]_{\rm s}\right)^2}{p'_{(i_2)}} \tag{5.186}$$

$p'_{(i_2)}$ 是与组成为 $w\left[i\right]_{\rm s}$ 的固相组元 i 平衡的气相组元 i_2 的压力，根据西韦特定律，有

$$k_{{\rm S},w}p'^{\frac{1}{2}}_{(i_2)} = w\left[i\right]_{\rm s} \tag{5.187}$$

将式 (5.187) 代入式 (5.186)，得

$$K = k^2_{{\rm S},w} \tag{5.188}$$

将式 (5.188) 代入式 (5.185)，得

$$\Delta G^{\theta}_{{\rm m},i} = -RT\ln k^2_{{\rm S},w} \tag{5.189}$$

将式 (5.189) 代入式 (5.184)，得

$$\Delta G_{{\rm m},i} = RT\ln\frac{\left(w\left[i\right]_{\rm s}\right)^2}{k^2_{{\rm S},w}p_{(i_2)}} \tag{5.190}$$

2. 溶解速率

在恒温恒压条件下，多种气体同时溶解到固体中，不考虑耦合作用，其中一种气体的溶解速率为

$$\begin{aligned}\frac{{\rm d}N_{(i)_{\rm s}}}{{\rm d}t} &= 2\varOmega j_{(i)_{\rm s}}\\ &= 2\varOmega\left[-l_1\left(\frac{A_{{\rm m},B}}{T}\right) - l_2\left(\frac{A_{{\rm m},B}}{T}\right)^2 - l_3\left(\frac{A_{{\rm m},B}}{T}\right)^3 - \cdots\right]\end{aligned} \tag{5.191}$$

考虑耦合作用，一个组元的溶解速率为

$$\begin{aligned}\frac{{\rm d}N_{(i)_{\rm s}}}{{\rm d}t} &= 2\varOmega j_{(i)_{\rm s}}\\ &= 2\varOmega\left[-\sum_{k=1}^{n} l_{ik}\left(\frac{A_{{\rm m},k}}{T}\right) - \sum_{k=1}^{n}\sum_{l=1}^{n} l_{ikl}\left(\frac{A_{{\rm m},k}}{T}\right)\left(\frac{A_{{\rm m},l}}{T}\right)\right.\\ &\quad\left.-\sum_{k=1}^{n}\sum_{l=1}^{n}\sum_{h=1}^{n} l_{iklh}\left(\frac{A_{{\rm m},k}}{T}\right)\left(\frac{A_{{\rm m},l}}{T}\right)\left(\frac{A_{{\rm m},h}}{T}\right) - \cdots\right]\end{aligned} \tag{5.192}$$

多个组元同时溶解的速率为

$$\begin{aligned}\sum_{i=1}^{n}\frac{\mathrm{d}N_{(i)_\mathrm{s}}}{\mathrm{d}t}&=2\varOmega\sum_{i=1}^{n}j_{(i)_\mathrm{s}}\\&=2\varOmega\sum_{i=1}^{n}\left[-\sum_{k=1}^{n}l_{ik}\left(\frac{A_{\mathrm{m},k}}{T}\right)-\sum_{k=1}^{n}\sum_{l=1}^{n}l_{ikl}\left(\frac{A_{\mathrm{m},k}}{T}\right)\left(\frac{A_{\mathrm{m},l}}{T}\right)\right.\\&\quad\left.-\sum_{k=1}^{n}\sum_{l=1}^{n}\sum_{h=1}^{n}l_{iklh}\left(\frac{A_{\mathrm{m},k}}{T}\right)\left(\frac{A_{\mathrm{m},l}}{T}\right)\left(\frac{A_{\mathrm{m},h}}{T}\right)-\cdots\right]\end{aligned}\tag{5.193}$$

式中，

$$A_{\mathrm{m},i}=\Delta G_{\mathrm{m},i}$$

为式 (5.190)。

5.7　液体在固体中溶解

液体溶解进入固体中，形成均一固相的过程叫液体在固体中的溶解。液体为溶质，固体为溶剂，形成的均一固相为固溶体。例如，电解质溶液中的钠离子进入阴极石墨中。

5.7.1　一种纯液体溶解

1. 溶解过程热力学

在恒温恒压条件下，纯液体进入固体，形成固溶体。溶入固体的液体为溶质，固体为溶剂。可以表示为

$$B(\mathrm{l}) = (B)_\mathrm{s}$$

(1) 液相中的组元 B 以纯液体为标准状态，固相中的组元 B 以纯固态为标准状态，浓度以摩尔分数表示，溶解过程中的摩尔吉布斯自由能变化为

$$\Delta G_{\mathrm{m},B}=\mu_{(B)_\mathrm{s}}-\mu_{B(\mathrm{l})}=\Delta G^*_{\mathrm{m},B(\mathrm{l})}+RT\ln a^{\mathrm{R}}_{(B)_\mathrm{s}}$$

式中，

$$\mu_{(B)_\mathrm{s}}=\mu^*_{B(\mathrm{s})}+RT\ln a^{\mathrm{R}}_{(B)_\mathrm{s}}$$

$$\mu_{B(\mathrm{l})}=\mu^*_{B(\mathrm{l})}$$

$$\Delta G^*_{\mathrm{m},B}=\mu^*_{B(\mathrm{s})}-\mu^*_{B(\mathrm{l})}=-\Delta_{\mathrm{fus}}G^*_{\mathrm{m},B}\tag{5.194}$$

式中，$\Delta_{\mathrm{fus}}G^*_{\mathrm{m},B}$ 为固态组元 B 的熔化自由能，所以

$$\Delta G_{\mathrm{m},B}=-\Delta_{\mathrm{fus}}G^*_{\mathrm{m},B}+RT\ln a^{\mathrm{R}}_{(B)_\mathrm{s}}$$

(2) 液相中的组元 B 以纯液态为标准状态，固相中的组元 B 以符合亨利定律的假想的纯固态组元 B 为标准状态，浓度以摩尔分数表示，溶解过程的摩尔吉布斯自由能变化为

$$\Delta G_{\mathrm{m},B} = \mu_{(B)_\mathrm{s}} - \mu_{B(\mathrm{l})} = \Delta G^{\theta}_{\mathrm{m},B} + RT\ln a^{\mathrm{H}}_{(B)_{\mathrm{s}x}}$$

式中，

$$\mu_{(B)_\mathrm{s}} = \mu^{\theta}_{(B)_{\mathrm{s}x}} + RT\ln a^{\mathrm{H}}_{(B)_{\mathrm{s}x}}$$

$$\mu_{B(\mathrm{l})} = \mu^{*}_{B(\mathrm{l})}$$

$$\begin{aligned}\Delta G^{\theta}_{\mathrm{m},B} &= \mu^{\theta}_{(B)_{\mathrm{s}x}} - \mu^{*}_{B(\mathrm{l})} \\ &= \left(\mu^{\theta}_{(B)_{\mathrm{s}x}} - \mu^{*}_{B(\mathrm{s})}\right) + \left(\mu^{*}_{B(\mathrm{s})} - \mu^{*}_{B(\mathrm{l})}\right) \\ &= RT\ln\frac{a^{\mathrm{R}}_{(B)_\mathrm{s}}}{a^{\mathrm{H}}_{(B)_{\mathrm{s}x}}} - \Delta_{\mathrm{fus}}G^{*}_{\mathrm{m},B}\end{aligned}$$

$$\frac{a^{\mathrm{R}}_{(B)_\mathrm{s}}}{a^{\mathrm{H}}_{(B)_{\mathrm{s}x}}} = \gamma^{0}_{B(\mathrm{s})}$$

所以

$$\Delta G_{\mathrm{m},B} = RT\ln\gamma^{0}_{B(\mathrm{s})} - \Delta_{\mathrm{fus}}G^{*}_{\mathrm{m},B} + RT\ln a^{\mathrm{H}}_{(B)_{\mathrm{s}x}} \tag{5.195}$$

(3) 液体中的组元 B 以纯液态为标准状态，固体中的组元 B 以符合亨利定律的假想的 $w[B]/w^{\theta} = 1$ 的溶液为标准状态，浓度以质量分数表示，溶解过程的摩尔吉布斯自由能变化为

$$\Delta G_{\mathrm{m},B} = \mu_{(B)_\mathrm{s}} - \mu_{B(\mathrm{l})} = \Delta G^{\theta}_{\mathrm{m},B} + RT\ln a^{\mathrm{H}}_{(B)_{\mathrm{s}w}}$$

式中，

$$\mu_{(B)_\mathrm{s}} = \mu^{\theta}_{B(\mathrm{s}w)} + RT\ln a^{\mathrm{H}}_{(B)_{\mathrm{s}w}}$$

$$\mu_{B(\mathrm{l})} = \mu^{*}_{B(\mathrm{l})}$$

$$\begin{aligned}\Delta G^{\theta}_{\mathrm{m},B} &= \mu^{\theta}_{B(\mathrm{s}w)} - \mu^{*}_{B(\mathrm{l})} \\ &= \left(\mu^{\theta}_{B(\mathrm{s}w)} - \mu^{*}_{B(\mathrm{s})}\right) + \left(\mu^{*}_{B(\mathrm{s})} - \mu^{*}_{B(\mathrm{l})}\right) \\ &= RT\ln\frac{a^{\mathrm{R}}_{(B)_\mathrm{s}}}{a^{\mathrm{H}}_{(B)_{\mathrm{s}w}}} - \Delta_{\mathrm{fus}}G^{*}_{\mathrm{m},B}\end{aligned}$$

$$\frac{a^{\mathrm{R}}_{(B)_\mathrm{s}}}{a^{\mathrm{H}}_{(B)_{\mathrm{s}w}}} = \frac{M_1}{100M_B}\gamma^{0}_{B(\mathrm{s})}$$

所以

$$\Delta G_{\mathrm{m},B} = RT\ln\frac{M_1}{100M_i}\gamma^0_{B(\mathrm{s})} - \Delta_{\mathrm{fus}}G^\theta_{\mathrm{m},B} + RT\ln a^{\mathrm{H}}_{(B)_{sw}} \tag{5.196}$$

也可以如下计算:

在温度 $T_{平}$，液体在固体中的溶解达到平衡，有

$$B(\mathrm{l}) \rightleftharpoons (B)_\mathrm{s}$$

改变温度到 T，液体继续向固体中溶解，有

$$B(\mathrm{l}) = (B)_\mathrm{s}$$

该过程的摩尔吉布斯自由能变化为

$$\begin{aligned}\Delta G_{\mathrm{m},B}(T) &= \bar{G}_{\mathrm{m},(B)_\mathrm{s}}(T) - G_{\mathrm{m},B(\mathrm{l})}(T)\\ &= \left(\bar{H}_{\mathrm{m},(B)_\mathrm{s}}(T) - T\bar{S}_{\mathrm{m},(B)_\mathrm{s}}(T)\right)\\ &\quad - \left(H_{\mathrm{m},B(\mathrm{l})}(T) - TS_{\mathrm{m},B(\mathrm{l})}(T)\right)\\ &= \left(\bar{H}_{\mathrm{m},(B)_\mathrm{s}}(T) - H_{\mathrm{m},B(\mathrm{l})}(T)\right)\\ &\quad -T\left(\bar{S}_{\mathrm{m},(B)_\mathrm{s}}(T) - S_{\mathrm{m},B(\mathrm{l})}(T)\right)\\ &= \Delta H_{\mathrm{m},B}(T) - T\Delta S_{\mathrm{m},B}(T)\\ &\approx \Delta H_{\mathrm{m},B}(T_{平}) - T\Delta S_{\mathrm{m},B}(T_{平})\\ &= \frac{\Delta H_{\mathrm{m},B}(T_{平})\Delta T}{T_{平}}\end{aligned} \tag{5.197}$$

式中，

$$\Delta H_{\mathrm{m},B}(T) \approx \Delta H_{\mathrm{m},B}(T_{平})$$

$$\Delta S_{\mathrm{m},B}(T_{平}) \approx \Delta S_{\mathrm{m},B}(T) = \frac{\Delta H_{\mathrm{m},B}(T_{平})}{T_{平}}$$

$$\Delta T = T_{平} - T$$

溶解过程吸热

$$\Delta H_{\mathrm{m},B} > 0$$

$$T > T_{平},\quad \Delta T < 0$$

溶解过程自发进行。

溶解过程放热

$$\Delta H_{\mathrm{m},B} < 0$$

$$T < T_{平},\quad \Delta T > 0$$

溶液过程自发进行。

2. 溶解速率

在恒温恒压条件下，一种纯液体溶解到固体中，溶解速率为

$$\begin{aligned}\frac{\mathrm{d}N_{(B)_\mathrm{s}}}{\mathrm{d}t} &= \Omega j_{B(\mathrm{l})} \\ &= \Omega\left[-l_1\left(\frac{A_{\mathrm{m},B(\mathrm{l})}}{T}\right)-l_2\left(\frac{A_{\mathrm{m},B(\mathrm{l})}}{T}\right)^2-l_3\left(\frac{A_{\mathrm{m},B(\mathrm{l})}}{T}\right)^3+\cdots\right]\end{aligned} \tag{5.198}$$

式中，

$$A_{\mathrm{m},B}=\Delta G_{\mathrm{m},B}$$

为式 (5.191) 和式 (5.197)。

5.7.2 溶液中一个组元溶解

1. 溶解过程热力学

在恒温恒压条件下，溶液中的一个组元进入固体，成为固体中的溶质，形成固溶体，可以表示为

$$(B)_\mathrm{l} == (B)_\mathrm{s}$$

(1) 液相中的组元 B 以纯液态为标准状态，固相中的组元 B 以纯固态为标准状态，浓度以摩尔分数表示，溶解过程的摩尔吉布斯自由能变化为

$$\Delta G_{\mathrm{m},B}=\mu_{(B)_\mathrm{s}}-\mu_{(B)_\mathrm{l}}=\Delta G^*_{\mathrm{m},B}+RT\ln\frac{a^\mathrm{R}_{(B)_\mathrm{s}}}{a^\mathrm{R}_{(B)_\mathrm{l}}} \tag{5.199}$$

式中，

$$\mu_{(B)_\mathrm{s}}=\mu^*_{B(\mathrm{s})}+RT\ln a^\mathrm{R}_{(B)_\mathrm{s}}$$

$$\mu_{(B)_\mathrm{l}}=\mu^*_{B(\mathrm{l})}+RT\ln a^\mathrm{R}_{(B)_\mathrm{l}}$$

$$\Delta G^*_{\mathrm{m},B}=\mu^*_{B(\mathrm{s})}-\mu^*_{B(\mathrm{l})}=-\Delta_{\mathrm{fus}}G^*_{\mathrm{m},B}$$

所以

$$\Delta G_{\mathrm{m},B}=-\Delta_{\mathrm{fus}}G^*_{\mathrm{m},B}+RT\ln\frac{a^\mathrm{R}_{(B)_\mathrm{s}}}{a^\mathrm{R}_{(B)_\mathrm{l}}} \tag{5.200}$$

(2) 液相和固相中的组元 B 都以符合亨利定律的假想的纯物质为标准状态，浓度以摩尔分数表示，溶解过程的摩尔吉布斯自由能变化为

$$\Delta G_{\mathrm{m},B}=\mu_{(B)_\mathrm{s}}-\mu_{(B)}=\Delta G^\theta_{\mathrm{m},B}+RT\ln\frac{a^\mathrm{H}_{(B)_{\mathrm{s}x}}}{a^\mathrm{H}_{(B)_x}} \tag{5.201}$$

式中,

$$\mu_{(B)_\mathrm{s}} = \mu^\theta_{B(\mathrm{s}x)} + RT\ln a^\mathrm{H}_{(B)_{\mathrm{s}x}}$$

$$\mu_{(B)} = \mu^\theta_{B(x)} + RT\ln a^\mathrm{H}_{(B)_x}$$

$$\begin{aligned}\Delta G^\theta_{\mathrm{m},B_x} &= \mu^\theta_{B(\mathrm{s}x)} - \mu^\theta_{B(x)}\\ &= \left(\mu^\theta_{B(\mathrm{s}x)} - \mu^*_{B(\mathrm{s})}\right) + \left(\mu^*_{B(\mathrm{s})} - \mu^*_{B(\mathrm{l})}\right) + \left(\mu^*_{B(\mathrm{l})} - \mu^\theta_{B(x)}\right)\\ &= RT\ln\frac{a^\mathrm{R}_{(B)_\mathrm{s}}}{a^\mathrm{H}_{(B)_{\mathrm{s}x}}} - \Delta_\mathrm{fus}G^*_{\mathrm{m},B} - RT\ln\frac{a^\mathrm{R}_{(B)_\mathrm{l}}}{a^\mathrm{H}_{(B)_{\mathrm{l}x}}}\end{aligned}$$

$$\frac{a^\mathrm{R}_{(B)_\mathrm{s}}}{a^\mathrm{H}_{(B)_{\mathrm{s}x}}} = \gamma^0_{B(\mathrm{s})}$$

$$\frac{a^\mathrm{R}_{(B)_\mathrm{l}}}{a^\mathrm{H}_{(B)_{\mathrm{l}x}}} = \gamma^0_{B(\mathrm{l})}$$

所以

$$\Delta G_{\mathrm{m},B} = RT\ln\gamma^0_{B(\mathrm{s})} - \Delta_\mathrm{fus}G^*_{\mathrm{m},B} - RT\ln\gamma^0_{B(\mathrm{l})} + RT\ln\frac{a^\mathrm{H}_{(B)_{\mathrm{s}x}}}{a^\mathrm{H}_{(B)_x}} \tag{5.202}$$

(3) 液相和固相中的组元 B 都以符合亨利定律的假想的 $w(B)/w^\theta = 1$ 为标准状态，浓度以质量分数表示，溶解过程的摩尔吉布斯自由能变化为

$$\Delta G_{\mathrm{m},B} = \mu_{(B)_\mathrm{s}} - \mu_{(B)_\mathrm{l}} = \Delta G^\theta_{\mathrm{m},B} + RT\ln\frac{a^\mathrm{H}_{(B)_{\mathrm{s}w}}}{a^\mathrm{H}_{(B)_w}} \tag{5.203}$$

式中,

$$\mu_{(B)_\mathrm{s}} = \mu^\theta_{B(\mathrm{s}w)} + RT\ln a^\mathrm{H}_{(B)_{\mathrm{s}w}}$$

$$\mu_{(B)_\mathrm{l}} = \mu^\theta_{B(w)} + RT\ln a^\mathrm{H}_{(B)_w}$$

$$\begin{aligned}\Delta G^\theta_{\mathrm{m},B} &= \mu^\theta_{B(\mathrm{s}w)} - \mu^\theta_{B(w)}\\ &= \left(\mu^\theta_{B(\mathrm{s}w)} - \mu^*_{B(\mathrm{s})}\right) + \left(\mu^*_{B(\mathrm{s})} - \mu^*_{B(\mathrm{l})}\right) + \left(\mu^*_{B(\mathrm{l})} - \mu^\theta_{B(w)}\right)\\ &= RT\ln\frac{a^\mathrm{R}_{(B)_\mathrm{s}}}{a^\mathrm{H}_{(B)_{\mathrm{s}w}}} - \Delta_\mathrm{fus}G^*_{\mathrm{m},B} - RT\ln\frac{a^\mathrm{R}_{(B)}}{a^\mathrm{H}_{(B)_w}}\end{aligned}$$

$$\frac{a^\mathrm{R}_{(B)_\mathrm{s}}}{a^\mathrm{H}_{(B)_{\mathrm{s}w}}} = \frac{M_1}{100M_B}\gamma^0_{B(\mathrm{s})}$$

$$\frac{a^\mathrm{R}_{(B)}}{a^\mathrm{H}_{(B)_w}} = \frac{M_1}{100M_B}\gamma^0_{B(\mathrm{l})}$$

所以

$$\Delta G_{\mathrm{m},B} = RT\ln\frac{M_1}{100M_B}\gamma^0_{B(\mathrm{s})} - \Delta_{\mathrm{fus}}G^{\theta}_{\mathrm{m},B} - RT\ln\frac{M_1}{100M_B}\gamma^0_{B(\mathrm{l})} + RT\ln\frac{a^{\mathrm{H}}_{B(\mathrm{s}w)}}{a^{\mathrm{H}}_{B(w)}} \tag{5.204}$$

2. 溶解速率

在恒温恒压条件下，溶液中的一个组元溶入固体，溶解速率为

$$\begin{aligned}\frac{\mathrm{d}N_{(B)_\mathrm{s}}}{\mathrm{d}t} &= \Omega j_B \\ &= \Omega\left[-l_1\left(\frac{A_{\mathrm{m},B}}{T}\right) - l_2\left(\frac{A_{\mathrm{m},B}}{T}\right)^2 - l_3\left(\frac{A_{\mathrm{m},B}}{T}\right)^3 + \cdots\right]\end{aligned} \tag{5.205}$$

式中，

$$A_{\mathrm{m},B} = \Delta G_{\mathrm{m},B}$$

为式 (5.200)、式 (5.202) 和式 (5.204)。

5.7.3 溶液中多个组元同时溶解

1. 溶解过程热力学

在恒温恒压条件下，溶液中的组元同时溶解到一个固体中，形成固溶体，可以表示为

$$(i)_\mathrm{l} \;=\!=\!=\; (i)_\mathrm{s}$$

$$(i = 1, 2, 3, \cdots, n)$$

液相中的组元 i 以纯液态为标准状态，固体中的组元 i 以纯固态为标准状态，浓度以摩尔分数表示，溶解过程的摩尔吉布斯自由能变化为

$$\begin{aligned}\Delta G_{\mathrm{m},i} &= \mu_{(i)_\mathrm{s}} - \mu_{(i)} \\ &= \Delta G^*_{\mathrm{m},i} + RT\ln\frac{a^{\mathrm{R}}_{(i)_\mathrm{s}}}{a^{\mathrm{R}}_{(i)}} \\ &= -\Delta_{\mathrm{fus}}G^*_{\mathrm{m},i} + RT\ln\frac{a^{\mathrm{R}}_{(i)_\mathrm{s}}}{a^{\mathrm{R}}_{(i)}}\end{aligned} \tag{5.206}$$

式中，

$$\mu_{(i)_\mathrm{s}} = \mu^*_{i(\mathrm{s})} + RT\ln a^{\mathrm{R}}_{(i)_\mathrm{s}}$$

$$\mu_{(i)} = \mu^*_i + RT\ln a^{\mathrm{R}}_{(i)}$$

$$\Delta G^*_{\mathrm{m},i} = \mu^*_{i(\mathrm{s})} - \mu^*_i = -\Delta_{\mathrm{fus}}G^*_{\mathrm{m},i}$$

其他标准状态的选择情况同 5.7.2 节。

2. 溶解速率

在恒温恒压条件下，多元溶液同时溶解，不考虑耦合作用，溶解速率为

$$\begin{aligned}\frac{\mathrm{d}N_{(i)_\mathrm{s}}}{\mathrm{d}t} &= \varOmega j_{(i)} \\ &= \varOmega\left[-l_1\left(\frac{A_{\mathrm{m},(i)}}{T}\right) - l_2\left(\frac{A_{\mathrm{m},(i)}}{T}\right)^2 - l_3\left(\frac{A_{\mathrm{m},(i)}}{T}\right)^3 + \cdots\right]\end{aligned} \tag{5.207}$$

考虑耦合作用，溶解速率为

$$\begin{aligned}-\frac{\mathrm{d}N_{(i)}}{\mathrm{d}t} &= \frac{\mathrm{d}N_{(i)_\mathrm{s}}}{\mathrm{d}t} = \varOmega j_{(i)} \\ &= \varOmega\left[-\sum_{k=1}^{n} l_{ik}\left(\frac{A_{\mathrm{m},(k)}}{T}\right) - \sum_{k=1}^{n}\sum_{l=1}^{n} l_{ikl}\left(\frac{A_{\mathrm{m},(k)}}{T}\right)\left(\frac{A_{\mathrm{m},(l)}}{T}\right)\right. \\ &\quad \left. -\sum_{k=1}^{n}\sum_{l=1}^{n}\sum_{h=1}^{n} l_{iklh}\left(\frac{A_{\mathrm{m},(k)}}{T}\right)\left(\frac{A_{\mathrm{m},(l)}}{T}\right)\left(\frac{A_{\mathrm{m},(h)}}{T}\right) + \cdots\right]\end{aligned} \tag{5.208}$$

式中，

$$A_{\mathrm{m},i} = \Delta G_{\mathrm{m},i}$$

为式 (5.206)。

5.8　固体溶解于固体

固体溶解于固体成为固溶体，通常以含量少的固体为溶质，含量多的固体为溶剂。

5.8.1　一个纯固体溶解

1. 溶解过程热力学

一个纯固体溶解于一个固体中，溶解过程可以表示为

$$B(\mathrm{s}) =\!=\!= (B)_\mathrm{s}$$

(1) 固体组元 B 均以纯固态组元为标准状态，浓度以摩尔分数表示，溶解过程的摩尔吉布斯自由能变化为

$$\Delta G_{\mathrm{m},B} = \mu_{(B)_\mathrm{s}} - \mu_{B(\mathrm{s})} = RT\ln a^{\mathrm{R}}_{(B)_\mathrm{s}} \tag{5.209}$$

式中，

$$\mu_{(B)_\mathrm{s}} = \mu^*_{B(\mathrm{s})} + RT\ln a^{\mathrm{R}}_{(B)_\mathrm{s}}$$

$$\mu_{B(\mathrm{s})}=\mu^*_{B(\mathrm{s})}$$

$$\Delta G^*_{\mathrm{m},B}=\mu^*_{B(\mathrm{s})}-\mu^*_{B(\mathrm{s})}=0$$

(2) 固体组元以纯固态组元 B 为标准状态，固溶体中的组元 B 以符合亨利定律的假想的纯物质为标准状态，浓度以摩尔分数表示，溶解过程的摩尔吉布斯自由能变化为

$$\Delta G_{\mathrm{m},B}=\mu_{(B)_\mathrm{s}}-\mu_{B(\mathrm{s})}=\Delta G^\theta_{\mathrm{m},B}+RT\ln a^{\mathrm{H}}_{(B)_{\mathrm{s}x}} \tag{5.210}$$

式中，

$$\mu_{(B)_\mathrm{s}}=\mu^\theta_{(B)_{\mathrm{s}x}}+RT\ln a^{\mathrm{H}}_{(B)_{\mathrm{s}x}}$$

$$\mu_{B(\mathrm{s})}=\mu^*_{B(\mathrm{s})}$$

$$\begin{aligned}\Delta G^\theta_{\mathrm{m},B}&=\mu^\theta_{B(\mathrm{s}x)}-\mu^*_{B(\mathrm{s})}\\&=\left(\mu^\theta_{B(\mathrm{s}x)}-\mu^*_{B(\mathrm{s})}\right)+\left(\mu^*_{B(\mathrm{s})}-\mu^*_{B(\mathrm{s})}\right)\\&=RT\ln\frac{a^{\mathrm{R}}_{(B)_\mathrm{s}}}{a^{\mathrm{H}}_{(B)_{\mathrm{s}x}}}\end{aligned}$$

等式右边第一个括号中和第二个括号中第一个 $\mu^*_{B(\mathrm{s})}$ 为固溶体中组元 B 的标准状态化学势，第二个括号中的第二个 $\mu^*_{B(\mathrm{s})}$ 为纯固体组元 B 的化学势。

$$\frac{a^{\mathrm{R}}_{(B)_\mathrm{s}}}{a^{\mathrm{H}}_{(B)_{\mathrm{s}x}}}=\gamma^0_{B(\mathrm{s})}$$

所以

$$\Delta G_{\mathrm{m},B}=RT\ln\gamma^0_{B(\mathrm{s})}+RT\ln a^{\mathrm{H}}_{(B)_{\mathrm{s}x}} \tag{5.211}$$

(3) 纯固体组元 B 以纯物质为标准状态，固溶体中的组元 B 以符合亨利定律的假想的 $w(B)/w^\theta=1$ 的固溶体为标准状态，浓度以质量分数表示，则溶解过程的摩尔吉布斯自由能变化为

$$\Delta G_{\mathrm{m},B}=\mu_{(B)_\mathrm{s}}-\mu_{B(\mathrm{s})}=\Delta G^\theta_{\mathrm{m},B}+RT\ln a^{\mathrm{H}}_{B(\mathrm{s}w)} \tag{5.212}$$

式中，

$$\mu_{(B)_\mathrm{s}}=\mu^\theta_{B(\mathrm{s}w)}+RT\ln a^{\mathrm{H}}_{(B)_{\mathrm{s}w}}$$

$$\mu_{B(\mathrm{s})}=\mu^*_{B(\mathrm{s})}$$

$$\begin{aligned}\Delta G^\theta_{\mathrm{m},B}&=\mu^\theta_{B(\mathrm{s}w)}-\mu^*_{B(\mathrm{s})}\\&=\left(\mu^\theta_{B(\mathrm{s}w)}-\mu^*_{B(\mathrm{s})}\right)+\left(\mu^*_{B(\mathrm{s})}-\mu^*_{B(\mathrm{s})}\right)\\&=RT\ln\frac{a^{\mathrm{R}}_{(B)_\mathrm{s}}}{a^{\mathrm{H}}_{B(\mathrm{s}w)}}\end{aligned}$$

$$\frac{a^{\mathrm{R}}_{(B)_{\mathrm{s}}}}{a^{\mathrm{H}}_{(B)_{sw}}} = \frac{M_1}{100M_2}\gamma^0_{B(\mathrm{s})}$$

所以

$$\Delta G_{\mathrm{m},B} = RT\ln\frac{M_1}{100M_2}\gamma^0_{B(\mathrm{s})} + RT\ln a^{\mathrm{H}}_{B(sw)} \tag{5.213}$$

2. 溶解速率

在恒温恒压条件下，一个纯固体通过固–固界面溶解到固体中的溶解速率为

$$\begin{aligned}\frac{\mathrm{d}N_{(B)_{\mathrm{s}}}}{\mathrm{d}t} &= \Omega j_{B(\mathrm{s})}\\ &= \Omega\left[-l_1\left(\frac{A_{\mathrm{m},B(\mathrm{s})}}{T}\right) - l_2\left(\frac{A_{\mathrm{m},B(\mathrm{s})}}{T}\right)^2 - l_3\left(\frac{A_{\mathrm{m},B(\mathrm{s})}}{T}\right)^3 + \cdots\right]\end{aligned} \tag{5.214}$$

式中，

$$A_{\mathrm{m},B} = \Delta G_{\mathrm{m},B}$$

为式 (5.209)、式 (5.211) 和式 (5.213)。

5.8.2　固溶体中一个组元溶解

1. 溶解过程热力学

在恒温恒压条件下，固溶体中的一个组元溶解于另一个固溶体中，溶解过程可以表示为

$$(B)_{\mathrm{s}1} =\!=\!= (B)_{\mathrm{s}2}$$

两个固溶体中的组元 B 均以纯固态 B 为标准状态，浓度以摩尔分数表示，溶解过程的摩尔吉布斯自由能变化为

$$\Delta G_{\mathrm{m},B} = \mu_{(B)_{\mathrm{S2}}} - \mu_{(B)_{\mathrm{S1}}} = RT\ln\frac{a^{\mathrm{R}}_{(B)_{\mathrm{S2}}}}{a^{\mathrm{R}}_{(B)_{\mathrm{S1}}}} \tag{5.215}$$

式中，

$$\mu_{(B)_{\mathrm{S2}}} = \mu^*_{B(\mathrm{s})} + RT\ln a^{\mathrm{R}}_{(B)_{\mathrm{S2}}}$$

$$\mu_{(B)_{\mathrm{S1}}} = \mu^*_{B(\mathrm{s})} + RT\ln a^{\mathrm{R}}_{(B)_{\mathrm{S1}}}$$

$$\Delta G^*_{\mathrm{m},B} = \mu^*_{B(\mathrm{s})} - \mu^*_{B(\mathrm{s})} = 0$$

选择其他标准状态以讨论类似章节。

也可以如下计算:

在温度 $T_{平}$，固溶体 s1 中的组元 B 在固溶体 s2 中的溶解达到平衡，有

$$(B)_{s1} \rightleftharpoons (B)_{s2}$$

改变温度到 T，固溶体 s1 中的组元 B 继续向固溶体 s2 中溶解，有

$$(B)_{s1} = (B)_{s2}$$

溶解过程的摩尔吉布斯自由能变化为

$$\begin{aligned}
\Delta G_{m,B}(T) &= \bar{G}_{m,(B)_{s2}}(T) - \bar{G}_{m,(B)_{s1}}(T) \\
&= \left(\bar{H}_{m,(B)_{s2}}(T) - T\bar{S}_{m,(B)_{s2}}(T)\right) \\
&\quad - \left(\bar{H}_{m,(B)_{s1}}(T) - T\bar{S}_{m,(B)_{s1}}(T)\right) \\
&= \left(\bar{H}_{m,(B)_{s2}}(T) - \bar{H}_{m,(B)_{s1}}(T)\right) \\
&\quad -T\left(\bar{S}_{m,(B)_{s2}}(T) - \bar{S}_{m,(B)_{s1}}(T)\right) \\
&= \Delta H_{m,B}(T) - T\Delta S_{m,B}(T) \\
&\approx \Delta H_{m,B}(T_{平}) - T\Delta S_{m,B}(T_{平}) \\
&= \Delta H_{m,B}(T_{平}) - T\frac{\Delta H_{m,B}(T_{平})}{T_{平}} \\
&= \frac{\Delta H_{m,B}(T_{平})\Delta T}{T}
\end{aligned} \tag{5.216}$$

式中，

$$\Delta H_{m,B}(T) \approx \Delta H_{m,B}(T_{平})$$

$$\Delta S_{m,B}(T) \approx \Delta S_{m,B}(T_{平}) = \frac{\Delta H_{m,B}(T_{平})}{T_{平}}$$

溶解过程吸热，则

$$\Delta H_{m,B} > 0$$

$$\Delta T = T_{平} - T < 0$$

溶解可以自发进行。

溶解过程放热，则

$$\Delta H_{m,B} < 0$$

$$\Delta T = T_{平} - T > 0$$

溶解可以自发进行。

如果温度 T 和 $T_{平}$ 不相近，则有

$$\Delta H_{m,B}(T) = \Delta H_{m,B}(T_{平}) + \int_{T_{平}}^{T} \Delta C_{p,(B)_s} \mathrm{d}T$$

$$\Delta S_{\mathrm{m},B}(T)=\Delta S_{\mathrm{m},B}(T_{平})+\int_{T_{平}}^{T}\frac{\Delta C_{p,(B)_{\mathrm{S}}}}{T}\mathrm{d}T$$

2. 溶解速率

在恒温恒压条件下，固溶体中的一个组元通过固–固界面溶解到一个固体中，溶解速率为

$$\begin{aligned}\frac{\mathrm{d}N_{(B)_{\mathrm{s}2}}}{\mathrm{d}t}&=\Omega j_{(B)_{\mathrm{s}}}\\&=\Omega\left[-l_1\left(\frac{A_{\mathrm{m},(B)_{\mathrm{s}}}}{T}\right)-l_2\left(\frac{A_{\mathrm{m},(B)_{\mathrm{s}}}}{T}\right)^2-l_3\left(\frac{A_{\mathrm{m},(B)_{\mathrm{s}}}}{T}\right)^3+\cdots\right]\end{aligned}\tag{5.217}$$

式中，

$$A_{\mathrm{m},B}=\Delta G_{\mathrm{m},B}$$

为式 (5.215)、式 (5.216)。

5.8.3　固溶体中多个组元同时溶解

1. 溶解过程热力学

在恒温恒压条件下，固溶体中的多个组元同时溶解到另一个固体中，形成新的固溶体，可以表示为

$$(i)_{\mathrm{s}1}=\!=\!=(i)_{\mathrm{s}2}$$

$$(i=1,2,3,\cdots,n)$$

(1) 两个固溶体中的组元 i 均以纯固态 B 为标准状态，浓度以摩尔分数表示，溶解过程的摩尔吉布斯自由能变化为

$$\Delta G_{\mathrm{m},i}=\mu_{(i)_{\mathrm{s}2}}-\mu_{(i)_{\mathrm{s}1}}=RT\ln\frac{a^{\mathrm{R}}_{(i)_{\mathrm{s}2}}}{a^{\mathrm{R}}_{(i)_{\mathrm{s}1}}}\tag{5.218}$$

式中，

$$\mu_{(i)_{\mathrm{s}2}}=\mu^*_{i(\mathrm{s})}+RT\ln a^{\mathrm{R}}_{(i)_{\mathrm{s}2}}$$

$$\mu_{(i)_{\mathrm{s}1}}=\mu^*_{i(\mathrm{s})}+RT\ln a^{\mathrm{R}}_{(i)_{\mathrm{s}1}}$$

$$\Delta G^*_{\mathrm{m},i}=\mu^*_{i(\mathrm{s})}-\mu^*_{i(\mathrm{s})}=0$$

(2) 两个固溶体中的组元 i 均以符合亨利定律的假想的纯物质为标准状态，浓度以摩尔分数表示，溶解过程的摩尔吉布斯自由能变化为

$$\Delta G_{\mathrm{m},i}=\mu_{(i)_{\mathrm{s}2}}-\mu_{(i)_{\mathrm{s}1}}=RT\ln\frac{a^{\mathrm{H}}_{(i)_{\mathrm{s}x2}}}{a^{\mathrm{H}}_{(i)_{\mathrm{s}x1}}}\tag{5.219}$$

式中，

$$\mu_{(i)_{s2}} = \mu_{i(sx)}^{\theta} + RT\ln a_{(i)_{sx2}}^{H}$$

$$\mu_{(i)_{s1}} = \mu_{i(sx)}^{\theta} + RT\ln a_{(i)_{sx1}}^{H}$$

$$\Delta G_{m,i}^{\theta} = \mu_{i(sx)}^{\theta} - \mu_{i(sx)}^{\theta} = 0$$

(3) 两个固溶体中的组元 i 均以符合亨利定律的假想的 $w(i)/w^{\theta} = 1$ 的固溶体为标准状态，浓度以质量分数表示，溶解过程的摩尔吉布斯自由能变化为

$$\Delta G_{m,i} = \mu_{(i)_{s2}} - \mu_{(i)_{s1}} = RT\ln\frac{a_{(i)_{sw2}}^{H}}{a_{(i)_{sw1}}^{H}} \tag{5.220}$$

式中，

$$\mu_{(i)_{s2}} = \mu_{i(sw)}^{\theta} + RT\ln a_{(i)_{sw2}}^{H}$$

$$\mu_{(i)_{s1}} = \mu_{i(sw)}^{\theta} + RT\ln a_{(i)_{sw1}}^{H}$$

$$\Delta G_{m,i}^{\theta} = \mu_{i(sw)}^{\theta} - \mu_{i(sw)}^{\theta} = 0$$

2. 溶解速率

在恒温恒压条件下，固溶体中的组元同时溶解于固体中，不考虑耦合作用，溶解速率为

$$\begin{aligned}\frac{\mathrm{d}N_{(i)_{s2}}}{\mathrm{d}t} &= \Omega j_{(i)_s}\\ &= \Omega\left[-l_{i1}\left(\frac{A_{m,(i)_s}}{T}\right) - l_{i2}\left(\frac{A_{m,(i)_s}}{T}\right)^2 - l_{i3}\left(\frac{A_{m,(i)_s}}{T}\right)^3 + \cdots\right]\end{aligned} \tag{5.221}$$

考虑耦合作用，溶解速率为

$$\begin{aligned}\frac{\mathrm{d}N_{(i)_{s2}}}{\mathrm{d}t} &= \Omega j_{(i)_s}\\ &= \Omega\left[-\sum_{k=1}^{n}\left(\frac{A_{m,(k)_s}}{T}\right) - \sum_{k=1}^{n}\sum_{l=1}^{n} l_{ikl}\left(\frac{A_{m,(k)_s}}{T}\right)\left(\frac{A_{m,(l)_s}}{T}\right)\right.\\ &\quad \left.-\sum_{k=1}^{n}\sum_{l=1}^{n}\sum_{h=1}^{n} l_{iklh}\left(\frac{A_{m,(k)_s}}{T}\right)\left(\frac{A_{m,(l)_s}}{T}\right)\left(\frac{A_{m,(h)_s}}{T}\right) - \cdots\right]\end{aligned} \tag{5.222}$$

式中，

$$A_{m,i} = \Delta G_{m,i}$$

为式 (5.218)、式 (5.219) 和式 (5.220)。

第6章　析　　出

6.1　气体从液体中析出——析出前后气体分子组成不变

溶解于液体中的气体达到过饱和，会从液体中析出，进入气相。析出的气体在气相和液相中分子组成相同，例如，溶解于水中的氧气、氮气。

6.1.1　一种气体从溶液中析出

1. 析出过程热力学

在恒温恒压条件下，过饱和的气体从溶液中析出，析出前后气体分子组成不变，析出过程可以表示为

$$(B_2) =\!=\!= B_2(\mathrm{g})$$

(1) 气相中的组元 B_2 以一个标准大气压为标准状态，液相中的组元 B_2 以纯液态为标准状态，浓度以摩尔分数表示，析出过程的摩尔吉布斯自由能变化为

$$\Delta G_{\mathrm{m},B_2} = \mu_{B_2(\mathrm{g})} - \mu_{(B_2)} = \Delta G^{\theta}_{\mathrm{m},B_2} + RT\ln\frac{p_{B_2}}{a^R_{(B_2)}} \tag{6.1}$$

式中，

$$\mu_{B_2(\mathrm{g})} = \mu^{\theta}_{B_2(\mathrm{g})} + RT\ln p_{B_2}$$

$$\mu_{(B_2)} = \mu^{*}_{B_2(\mathrm{l})} + RT\ln a^R_{(B_2)}$$

$$\begin{aligned}\Delta G^{\theta}_{\mathrm{m},B_2} &= \mu^{\theta}_{B_2(\mathrm{g})} - \mu^{*}_{B_2(\mathrm{l})} = -RT\ln K \\ &= \Delta_{\text{脱吸}} G^{\theta}_{\mathrm{m},B_2}\end{aligned} \tag{6.2}$$

$$K = \frac{p'_{B_2}}{a'^R_{(B_2)}} \tag{6.3}$$

其中，$\Delta_{\text{脱吸}} G^{\theta}_{\mathrm{m},B_2}$ 为液体 B_2 的脱吸热，是溶解热的负值；p'_{B_2}、$a'^R_{(B_2)}$ 为气–液两相平衡值。

根据拉乌尔定律，气–液两相平衡，有

$$p'_{B_2} = p^{*}_{B_2} a'^R_{(B_2)} \tag{6.4}$$

将式 (6.4) 代入式 (6.3)，得

$$K = p^{*}_{B_2} \tag{6.5}$$

将式 (6.5) 代入式 (6.2)，得

$$\Delta G^{\theta}_{\mathrm{m},B_2} = -RT\ln p^*_{B_2} \tag{6.6}$$

将式 (6.6) 代入式 (6.1)，得

$$\Delta G_{\mathrm{m},B_2} = RT\ln\frac{p_{B_2}}{p^*_{B_2}a^R_{(B_2)}} \tag{6.7}$$

(2) 气相中的组元 B_2 以一个标准大气压为标准状态，液相中的组元 B_2 以符合亨利定律的假想的纯物质为标准状态，浓度以摩尔分数表示，析出过程的摩尔吉布斯自由能变化为

$$\Delta G_{\mathrm{m},B_2} = \mu_{B_2(\mathrm{g})} - \mu_{(B_2)} = \Delta G^{\theta}_{\mathrm{m},B_2} + RT\ln\frac{p_{B_2}}{a^{\mathrm{H}}_{(B_2)_x}} \tag{6.8}$$

式中，

$$\mu_{B_2(\mathrm{g})} = \mu^{\theta}_{B_2(\mathrm{g})} + RT\ln p_{B_2}$$

$$\mu_{(B_2)} = \mu^{\theta}_{B_2(x)} + RT\ln a^{\mathrm{H}}_{(B_2)_x}$$

$$\Delta G^{\theta}_{\mathrm{m},B_2} = \mu^{\theta}_{B_2(\mathrm{g})} - \mu^{\theta}_{B_2(x)} = -RT\ln K \tag{6.9}$$

$$K = \frac{p'_{B_2}}{a'^{\mathrm{H}}_{(B_2)_x}} \tag{6.10}$$

其中，p'_{B_2}、$a'^{\mathrm{H}}_{(B_2)_x}$ 为平衡值。

根据亨利定律，气–液两相平衡，有

$$p'_{B_2} = k_{\mathrm{H}x}a'^{\mathrm{H}}_{(B_2)_x} \tag{6.11}$$

将式 (6.11) 代入式 (6.10) 得

$$K = k_{\mathrm{H}x} \tag{6.12}$$

将式 (6.12) 代入式 (6.9) 得

$$\Delta G^{\theta}_{\mathrm{m},B_2} = -RT\ln k_{\mathrm{H}x} \tag{6.13}$$

将式 (6.13) 代入式 (6.8) 得

$$\Delta G_{\mathrm{m},B_2} = RT\ln\frac{p_{B_2}}{k_{\mathrm{H}x}a^{\mathrm{H}}_{(B_2)_x}} \tag{6.14}$$

(3) 气相中组元 B_2 以一个标准大气压的 B_2 为标准状态，液相中组元 B_2 以符合亨利定律的假想的 $w(B_2)/w^\theta = 1$ 溶液为标准状态，浓度以质量分数表示，析出过程的摩尔吉布斯自由能变化为

$$\Delta G_{\mathrm{m},B_2} = \mu_{B_2(\mathrm{g})} - \mu_{(B_2)} = \Delta G^\theta_{\mathrm{m},B_2} + RT\ln\frac{p_{B_2}}{a^{\mathrm{H}}_{(B_2)_w}} \tag{6.15}$$

式中，

$$\mu_{B_2(\mathrm{g})} = \mu^\theta_{B_2(\mathrm{g})} + RT\ln p_{B_2}$$

$$\mu_{(B_2)} = \mu^\theta_{B_2(w)} + RT\ln a^{\mathrm{H}}_{(B_2)_w}$$

$$\Delta G^\theta_{\mathrm{m},B_2} = \mu^\theta_{B_2(\mathrm{g})} - \mu^\theta_{B_2(w)} = -RT\ln K' \tag{6.16}$$

$$K' = \frac{p'_{B_2}}{a'^{\mathrm{H}}_{(B_2)_w}} \tag{6.17}$$

根据亨利定律，气–液两相平衡，有

$$p'_{B_2} = k_{\mathrm{H}w} a'^{\mathrm{H}}_{(B_2)_w} \tag{6.18}$$

将式 (6.18) 代入式 (6.17) 得

$$K' = k_{\mathrm{H}w} \tag{6.19}$$

将式 (6.19) 代入式 (6.16) 得

$$\Delta G^\theta_{\mathrm{m},B_2} = -RT\ln k_{\mathrm{H}w} \tag{6.20}$$

将式 (6.20) 代入式 (6.15) 得

$$\Delta G_{\mathrm{m},B_2} = RT\ln\frac{p_{B_2}}{k_{\mathrm{H}w} a^{\mathrm{H}}_{(B_2)_w}} \tag{6.21}$$

(4) 利用焓变、熵变计算。

在温度 $T_{平}$，气体与溶液达成平衡，有

$$(B_2) \rightleftharpoons B_2(\mathrm{g})$$

升高温度到 T，溶解在液体中的 B_2 达到过饱和，从溶液中析出，有

$$(B_2) = B_2(\mathrm{g})$$

该过程摩尔吉布斯自由能变化为

$$\begin{aligned}
\Delta G_{\mathrm{m},B_2}(T) &= G_{\mathrm{m},B_2(\mathrm{g})}(T) - \overline{G}_{\mathrm{m},(B_2)}(T) \\
&= (H_{\mathrm{m},B_2(\mathrm{g})}(T) - TS_{\mathrm{m},B_2(\mathrm{g})}(T)) - (\overline{H}_{\mathrm{m},(B_2)}(T) - T\overline{S}_{\mathrm{m},(B_2)}(T)) \\
&= (H_{\mathrm{m},B_2(\mathrm{g})}(T) - \overline{H}_{\mathrm{m},(B_2)}(T)) - T(S_{\mathrm{m},B_2(\mathrm{g})}(T) - \overline{S}_{\mathrm{m},(B_2)}(T)) \\
&= \Delta H_{\mathrm{m},B_2}(T) - T\Delta S_{\mathrm{m},B_2}(T) \\
&\approx \Delta H_{\mathrm{m},B_2}(T_{平}) - T\Delta S_{\mathrm{m},B_2}(T_{平}) \\
&= \Delta H_{\mathrm{m},B_2}(T_{平}) - \frac{T\Delta H_{\mathrm{m},B_2}(T_{平})}{T_{平}} \\
&= \frac{\Delta H_{\mathrm{m},B_2}\Delta T(T_{平})}{T_{平}} < 0
\end{aligned} \tag{6.22}$$

式中，

$$T > T_{平}$$

$$\Delta T = T_{平} - T < 0$$

$$\Delta H_{\mathrm{m},B_2}^{(T_{平})} > 0$$

2. 析出速率

在恒温恒压条件下，从溶液中析出一种气体的速率为

$$\begin{aligned}
-\frac{\mathrm{d}c_{B_2}}{\mathrm{d}t} &= j_{B_2} \\
&= -l_1\left(\frac{A_{\mathrm{m},B_2}}{T}\right) - l_2\left(\frac{A_{\mathrm{m},B_2}}{T}\right)^2 - l_3\left(\frac{A_{\mathrm{m},B_2}}{T}\right)^3 - \cdots
\end{aligned} \tag{6.23}$$

式中，c_{B_2} 为溶液中组元 B_2 的物质的量浓度。

如果气体只从气–液界面析出

$$\begin{aligned}
-\frac{\mathrm{d}N_{B_2}}{\mathrm{d}t} &= \Omega j_{B_2} \\
&= -\Omega\left[l_1\left(\frac{A_{\mathrm{m},B_2}}{T}\right) + l_2\left(\frac{A_{\mathrm{m},B_2}}{T}\right)^2 + l_3\left(\frac{A_{\mathrm{m},B_2}}{T}\right)^3 + \cdots\right]
\end{aligned} \tag{6.24}$$

式中，Ω 为气–液面面积；N_{B_2} 为溶液中组元 B_2 物质的量。

如果气体从整个溶液中析出

$$\begin{aligned}
\frac{\mathrm{d}N_{B_2}}{\mathrm{d}t} &= Vj_{B_2} \\
&= V\left[-l_1\left(\frac{A_{\mathrm{m},B_2}}{T}\right) - l_2\left(\frac{A_{\mathrm{m},B_2}}{T}\right)^2 - l_3\left(\frac{A_{\mathrm{m},B_2}}{T}\right)^3 - \cdots\right]
\end{aligned} \tag{6.25}$$

式中，V 为液体体积；

$$A_{\mathrm{m},B_2} = \Delta G_{\mathrm{m},B_2}$$

为式 (6.14) 和式 (6.21)。

6.1.2　多种气体同时从溶液中析出

1. 析出过程热力学

在恒温恒压条件下，多种过饱和气体同时从溶液中析出，析出前后气体分子组成不变，析出过程可以表示为

$$(i_2) \xlongequal{\quad} (i_2)_{\mathrm{g}}$$
$$(i = 1, 2, 3, \cdots, n)$$

(1) 气相中的组元 i_2 以一个标准大气压为标准状态，液相中的组元 i_2 以符合亨利定律的假想的纯物质为标准状态，浓度以摩尔分数表示，析出过程的摩尔吉布斯自由能变化为

$$\Delta G_{\mathrm{m},i_2} = \mu_{(i_2)_{\mathrm{g}}} - \mu_{(i_2)} = \Delta G_{\mathrm{m},i_2}^{\theta} + RT\ln\frac{p_{(i_2)}}{a_{(i_2)_x}^{\mathrm{H}}} \tag{6.26}$$

式中，

$$\mu_{(i_2)_{\mathrm{g}}} = \mu_{i_2(\mathrm{g})}^{\theta} + RT\ln p_{(i_2)}$$

$$\mu_{(i_2)} = \mu_{i_2(x)}^{\theta} + RT\ln a_{(i_2)_x}^{\mathrm{H}}$$

$$\Delta G_{\mathrm{m},i_2}^{\theta} = \mu_{i_2(\mathrm{g})}^{\theta} - \mu_{i_2(x)}^{\theta} = -RT\ln K \tag{6.27}$$

$$K = \frac{p'_{(i_2)}}{a'^{\mathrm{H}}_{(i_2)_x}} \tag{6.28}$$

根据亨利定律，气–液两相平衡，有

$$p'_{(i_2)} = k_{\mathrm{H}x} a'^{\mathrm{H}}_{(i_2)_x} \tag{6.29}$$

将式 (6.29) 代入式 (6.28) 得

$$K = k_{\mathrm{H}x} \tag{6.30}$$

将式 (6.30) 代入式 (6.27) 得

$$\Delta G_{\mathrm{m},i_2}^{\theta} = -RT\ln k_{\mathrm{H}x} \tag{6.31}$$

将式 (6.31) 代入式 (6.26) 得

$$\Delta G_{\mathrm{m},i_2} = RT \ln \frac{p_{(i_2)}}{k_{\mathrm{H}x} a^{\mathrm{H}}_{(i_2)_x}} \tag{6.32}$$

(2) 气相中组元 i_2 以一个标准大气压的 i_2 为标准状态，液相中组元 i_2 以符合亨利定律的假想的 $w(i_2)/w^\theta = 1$ 的溶液为标准状态，浓度以质量分数表示，析出过程的摩尔吉布斯自由能变化为

$$\Delta G_{\mathrm{m},i_2} = \mu_{(i_2)_\mathrm{g}} - \mu_{(i_2)} = \Delta G^\theta_{\mathrm{m},i_2} + RT \ln \frac{p_{(i_2)}}{a^{\mathrm{H}}_{(i_2)_w}} \tag{6.33}$$

式中，

$$\mu_{(i_2)_\mathrm{g}} = \mu^\theta_{i_2(\mathrm{g})} + RT \ln p_{(i_2)}$$

$$\mu_{(i_2)} = \mu^\theta_{i_2(w)} + RT \ln a^{\mathrm{H}}_{(i_2)w}$$

$$\Delta G^\theta_{\mathrm{m},i_2} = \mu^\theta_{i_2(\mathrm{g})} - \mu^\theta_{i_2(w)} = -RT \ln K \tag{6.34}$$

$$K = \frac{p'_{(i_2)}}{a'^{\mathrm{H}}_{(i_2)_w}} \tag{6.35}$$

根据亨利定律，气–液两相平衡，有

$$p'_{(i_2)} = k_{\mathrm{H}w} a'^{\mathrm{H}}_{(i_2)_w} \tag{6.36}$$

将式 (6.36) 代入式 (6.35) 得

$$K = k_{\mathrm{H}w} \tag{6.37}$$

将式 (6.37) 代入式 (6.34) 得

$$\Delta G^\theta_{\mathrm{m},i_2} = -RT \ln k_{\mathrm{H}w} \tag{6.38}$$

将式 (6.38) 代入式 (6.33) 得

$$\Delta G_{\mathrm{m},i_2} = RT \ln \frac{p_{(i_2)}}{k_{\mathrm{H}w} a^{\mathrm{H}}_{(i_2)_w}} \tag{6.39}$$

$$\Delta G_\mathrm{m} = \sum_{i=1}^{n} x_{i_2} \Delta G_{\mathrm{m},i_2} = \sum_{i=1}^{n} x_{i_2} RT \ln \frac{p_{(i_2)}}{k_{\mathrm{H}w} a^{\mathrm{H}}_{(i_2)_w}}$$

该过程的总摩尔吉布斯自由能变化为

$$\Delta G_{\mathrm{m},t} = \sum_{i=1}^{n} N_{i_2} \Delta G_{\mathrm{m},i_2}$$

2. 析出速率

在恒温恒压条件下，多种气体同时从溶液中析出，不考虑耦合作用，析出速率为

$$
\begin{aligned}
-\frac{\mathrm{d}c_{(i_2)}}{\mathrm{d}t} &= j_{i_2} \\
&= -l_{i_1}\left(\frac{A_{\mathrm{m},i_2}}{T}\right) - l_{i_2}\left(\frac{A_{\mathrm{m},i_2}}{T}\right)^2 - l_{i_3}\left(\frac{A_{\mathrm{m},i_2}}{T}\right)^3 - \cdots
\end{aligned} \tag{6.40}
$$

气体只从气–液界面处析出，有

$$
\begin{aligned}
-\frac{\mathrm{d}N_{(i_2)}}{\mathrm{d}t} &= \Omega j_{i_2} \\
&= \Omega\left[-l_{i_1}\left(\frac{A_{\mathrm{m},i_2}}{T}\right) - l_{i_2}\left(\frac{A_{\mathrm{m},i_2}}{T}\right)^2 - l_{i_3}\left(\frac{A_{\mathrm{m},i_2}}{T}\right)^3 - \cdots\right]
\end{aligned} \tag{6.41}
$$

气体从整个溶液中析出，有

$$
\begin{aligned}
-\frac{\mathrm{d}N_{(i_2)}}{\mathrm{d}t} &= V j_{i_2} \\
&= V\left[-l_{i_1}\left(\frac{A_{\mathrm{m},i_2}}{T}\right) - l_{i_2}\left(\frac{A_{\mathrm{m},i_2}}{T}\right)^2 - l_{i_3}\left(\frac{A_{\mathrm{m},i_2}}{T}\right)^3 - \cdots\right]
\end{aligned} \tag{6.42}
$$

考虑耦合作用，析出速率为

$$
\begin{aligned}
-\frac{\mathrm{d}c_{(i_2)}}{\mathrm{d}t} =& -\sum_{k=1}^{n} l_{ik}\left(\frac{A_{\mathrm{m},k_2}}{T}\right) - \sum_{k=1}^{n}\sum_{l=1}^{n} l_{ikl}\left(\frac{A_{\mathrm{m},k_2}}{T}\right)\left(\frac{A_{\mathrm{m},l_2}}{T}\right) \\
& -\sum_{k=1}^{n}\sum_{l=1}^{n}\sum_{h=1}^{n} l_{iklh}\left(\frac{A_{\mathrm{m},k_2}}{T}\right)\left(\frac{A_{\mathrm{m},l_2}}{T}\right)\left(\frac{A_{\mathrm{m},h_2}}{T}\right) - \cdots
\end{aligned} \tag{6.43}
$$

$$
\begin{aligned}
-\frac{\mathrm{d}N_{(i_2)}}{\mathrm{d}t} =& \Omega j_{i_2} \\
=& \Omega\left[-\sum_{k=1}^{n} l_{ik}\left(\frac{A_{\mathrm{m},k_2}}{T}\right) - \sum_{k=1}^{n}\sum_{l=1}^{n} l_{ikl}\left(\frac{A_{\mathrm{m},k_2}}{T}\right)\left(\frac{A_{\mathrm{m},l_2}}{T}\right)\right. \\
& \left. -\sum_{k=1}^{n}\sum_{l=1}^{n}\sum_{h=1}^{n} l_{iklh}\left(\frac{A_{\mathrm{m},k_2}}{T}\right)\left(\frac{A_{\mathrm{m},l_2}}{T}\right)\left(\frac{A_{\mathrm{m},h_2}}{T}\right) - \cdots\right]
\end{aligned} \tag{6.44}
$$

$$
\begin{aligned}
-\frac{\mathrm{d}N_{(i_2)}}{\mathrm{d}t} =& V j_{i_2} \\
=& V\left[-\sum_{k=1}^{n} l_{ik}\left(\frac{A_{\mathrm{m},k_2}}{T}\right) - \sum_{k=1}^{n}\sum_{l=1}^{n} l_{ikl}\left(\frac{A_{\mathrm{m},k_2}}{T}\right)\left(\frac{A_{\mathrm{m},l_2}}{T}\right)\right. \\
& \left. -\sum_{k=1}^{n}\sum_{l=1}^{n}\sum_{h=1}^{n} l_{iklh}\left(\frac{A_{\mathrm{m},k_2}}{T}\right)\left(\frac{A_{\mathrm{m},l_2}}{T}\right)\left(\frac{A_{\mathrm{m},h_2}}{T}\right) - \cdots\right]
\end{aligned} \tag{6.45}
$$

式中，

$$A_{\mathrm{m},i_2} = \Delta G_{\mathrm{m},i_2}$$

$$A_{\mathrm{m},k_2} = \Delta G_{\mathrm{m},k_2}$$

$$A_{\mathrm{m},l_2} = \Delta G_{\mathrm{m},l_2}$$

$$A_{\mathrm{m},h_2} = \Delta G_{\mathrm{m},h_2}$$

为式 (6.32) 和式 (6.39)。

6.2 气体从液体中析出——析出前后气体分子组成不同

溶解于液体中的气体达到饱和，会从溶液中析出。析出前后气体分子组成发生变化。例如，氢、氮等从金属溶液中析出。

6.2.1 一种气体从溶液中析出

1. 析出过程热力学

在恒温恒压条件下，过饱和的气体从溶液中析出，析出前后气体分子组成发生变化，析出过程可以表示为

$$2[B] \Longleftrightarrow B_2(\mathrm{g})$$

气相中组元 B_2 以一个标准大气压为标准状态，液相中组元 B 服从西韦特定律，浓度以质量分数表示，析出过程的摩尔吉布斯自由能变化为

$$\Delta G_{\mathrm{m},B} = \mu_{B_2(\mathrm{g})} - 2\mu_{[B]} = \Delta G^{\theta}_{\mathrm{m},B} + RT\ln\frac{p_{B_2}}{(w[B])^2} \tag{6.46}$$

式中，

$$\mu_{B_2(\mathrm{g})} = \mu^{\theta}_{B_2(\mathrm{g})} + RT\ln p_{B_2}$$

$$\mu_{[B]} = \mu^{\theta}_{B[\mathrm{s}]} + RT\ln w[B]$$

$$\Delta G^{\theta}_{\mathrm{m},B} = \mu^{\theta}_{B_2(\mathrm{g})} - 2\mu^{\theta}_{B[\mathrm{s}]} = -RT\ln K \tag{6.47}$$

液体中的组元 B 与分压为 p'_{B_2} 的组元 B_2 平衡，有

$$K = \frac{p'_{B_2}}{(w\,[B])^2} \tag{6.48}$$

根据西韦特定律，气–液两相平衡，有

$$k_{\mathrm{S},w}{p'}^{\frac{1}{2}}_{B_2} = w\,[B] \tag{6.49}$$

将式 (6.49) 代入式 (6.48) 得

$$K = \frac{1}{k_{\mathrm{S},w}^2} \tag{6.50}$$

将式 (6.50) 代入式 (6.47) 得

$$\Delta G_{\mathrm{m},B}^{\theta} = -RT \ln k_{\mathrm{S},w}^2 \tag{6.51}$$

将式 (6.51) 代入式 (6.46) 得

$$\Delta G_{\mathrm{m},B} = RT \ln \frac{p_{B_2}}{k_{\mathrm{S},w}^2 (w\,[B_2])^2} \tag{6.52}$$

也可如下计算。

在温度 $T_{\text{平}}$，气体与溶液达成平衡，有

$$2[B] \rightleftharpoons B_2(\mathrm{g})$$

改变温度到 T，溶液中的气体达到过饱和，析出气体，有

$$2[B] = B_2(\mathrm{g})$$

该过程的摩尔吉布斯自由能变化为

$$\begin{aligned}
\Delta G_{\mathrm{m},B_2}(T) &= G_{\mathrm{m},B_2(\mathrm{g})}(T) - 2\overline{G}_{\mathrm{m},[B]}(T) \\
&= (H_{\mathrm{m},B_2(\mathrm{g})}(T) - TS_{\mathrm{m},B_2(\mathrm{g})}(T)) - 2(\overline{H}_{\mathrm{m},[B]}(T) - T\overline{S}_{\mathrm{m},[B]}(T)) \\
&= (H_{\mathrm{m},B_2(\mathrm{g})}(T) - 2\overline{H}_{\mathrm{m},[B]}(T)) - T(S_{\mathrm{m},B_2(\mathrm{g})}(T) - 2\overline{S}_{\mathrm{m},[B]}(T)) \\
&= \Delta H_{\mathrm{m},B_2}(T) - TS_{\mathrm{m},B_2}(T) \\
&\approx \Delta H_{\mathrm{m},B_2}(T_{\text{平}}) - TS_{\mathrm{m},B_2}(T_{\text{平}}) \\
&= \Delta H_{\mathrm{m},B_2}(T_{\text{平}}) - T\frac{\Delta H_{\mathrm{m},B_2}(T_{\text{平}})}{T_{\text{平}}} \\
&= \frac{\Delta H_{\mathrm{m},B_2}\Delta T(T_{\text{平}})}{T_{\text{平}}}
\end{aligned}$$

式中，

$$T_{\text{平}} > T$$

$$\Delta T = T_{\text{平}} - T > 0$$

$$\Delta H_{\mathrm{m},B_2}^{(T_{\text{平}})} < 0$$

$\Delta G_{\mathrm{m},B_2}^{(T)} < 0$，过程自发，例如氢、氮从钢水中析出。

2. 析出速率

在恒温恒压条件下，从溶液中析出一种气体的速率为

$$\begin{aligned}\frac{\mathrm{d}c_{[B]}}{\mathrm{d}t} &= j_B \\ &= -l_1\left(\frac{A_{\mathrm{m},B}}{T}\right) - l_2\left(\frac{A_{\mathrm{m},B}}{T}\right)^2 - l_3\left(\frac{A_{\mathrm{m},B}}{T}\right)^3 - \cdots\end{aligned} \tag{6.53}$$

式中，$c_{[B]}$ 为溶液中组元 B 的物质的量浓度。

$$\begin{aligned}\frac{\mathrm{d}N_{[B]}}{\mathrm{d}t} &= \Omega j_B \\ &= \Omega\left[-l_1\left(\frac{A_{\mathrm{m},B}}{T}\right) - l_2\left(\frac{A_{\mathrm{m},B}}{T}\right)^2 - l_3\left(\frac{A_{\mathrm{m},B}}{T}\right)^3 - \cdots\right]\end{aligned}$$

式中，Ω 为溶液的表面积，$N_{[B]}$ 为溶液中组元 B 的物质的量，气体仅从溶液中析出。

$$\begin{aligned}\frac{\mathrm{d}N_{[B]}}{\mathrm{d}t} &= V j_B \\ &= V\left[-l_1\left(\frac{A_{\mathrm{m},B}}{T}\right) - l_2\left(\frac{A_{\mathrm{m},B}}{T}\right)^2 - l_3\left(\frac{A_{\mathrm{m},B}}{T}\right)^3 - \cdots\right]\end{aligned}$$

式中，V 为溶液的体积，气体从整个溶液析出。

$$A_{\mathrm{m},B} = \Delta G_{\mathrm{m},B}$$

为式 (6.52)。

6.2.2 多种气体同时从溶液中析出

1. 析出过程热力学

在恒温恒压条件下，多种过饱和气体从溶液中析出，进入气相。析出过程可以表示为

$$2[i] \;=\!=\!=\; (i_2)_{\mathrm{g}}$$
$$(i = 1, 2, \cdots, n)$$

气相中的组元 i_2 以一个标准大气压的组元 i_2 为标准状态，液相中的组元 i 符合西韦特定律，浓度以质量分数表示，析出过程的摩尔吉布斯自由能变化为

$$\Delta G_{\mathrm{m},i} = \mu_{(i_2)\mathrm{g}} - 2\mu_{[i]} = \Delta G^{\theta}_{\mathrm{m},i} + RT\ln\frac{p_{(i_2)}}{(w\,[i])^2} \tag{6.54}$$

式中，

$$\mu_{(i_2)\mathrm{g}} = \mu^{\theta}_{i_2(\mathrm{g})} + RT\ln p_{(i_2)}$$

$$\mu_{[i]} = \mu_{i[\mathrm{s}]}^{\theta} + RT\ln w\,[i]$$

$$\Delta G_{\mathrm{m},i}^{\theta} = \mu_{i_2(\mathrm{g})}^{\theta} - 2\mu_{i[\mathrm{s}]}^{\theta} = -RT\ln K \tag{6.55}$$

$$K = \frac{p'_{(i_2)}}{(w\,[i])^2} \tag{6.56}$$

$p'_{(i_2)}$ 是与液相中的组元 i 平衡的气体组元 i 的分压，根据西韦特定律，气–液两相平衡，有

$$k_{\mathrm{S},w} p'^{\frac{1}{2}}_{(i_2)} = w\,[i] \tag{6.57}$$

将式 (6.57) 代入式 (6.56) 得

$$K = \frac{1}{k_{\mathrm{S},w}^2} \tag{6.58}$$

将式 (6.58) 代入式 (6.55) 得

$$\Delta G_{\mathrm{m},i}^{\theta} = RT\ln k_{\mathrm{S},w}^2 \tag{6.59}$$

将式 (6.59) 代入式 (6.54) 得

$$\Delta G_{\mathrm{m},[i]} = RT\ln \frac{k_{\mathrm{S},w}^2 p_{(i_2)}}{(w\,[i])^2} \tag{6.60}$$

2. 析出速率

在恒温恒压条件下，多种气体从溶液中析出，不考虑耦合作用，析出速率为

$$\begin{aligned} -\frac{\mathrm{d}c_{[i]}}{\mathrm{d}t} &= j_i \\ &= -l_{i_1}\left(\frac{A_{\mathrm{m},i}}{T}\right) - l_{i_2}\left(\frac{A_{\mathrm{m},i}}{T}\right)^2 - l_{i_3}\left(\frac{A_{\mathrm{m},i}}{T}\right)^3 - \cdots \end{aligned} \tag{6.61}$$

$$\begin{aligned} -\frac{\mathrm{d}N_{[i]}}{\mathrm{d}t} &= \Omega j_i \\ &= \Omega\left[-l_{i_1}\left(\frac{A_{\mathrm{m},i}}{T}\right) - l_{i_2}\left(\frac{A_{\mathrm{m},i}}{T}\right)^2 - l_{i_3}\left(\frac{A_{\mathrm{m},i}}{T}\right)^3 - \cdots\right] \end{aligned} \tag{6.62}$$

$$\begin{aligned} -\frac{\mathrm{d}N_{[i]}}{\mathrm{d}t} &= V j_i \\ &= V\left[-l_{i_1}\left(\frac{A_{\mathrm{m},i}}{T}\right) - l_{i_2}\left(\frac{A_{\mathrm{m},i}}{T}\right)^2 - l_{i_3}\left(\frac{A_{\mathrm{m},i}}{T}\right)^3 - \cdots\right] \end{aligned} \tag{6.63}$$

考虑耦合作用，析出速率为

$$\begin{aligned}-\frac{\mathrm{d}c_{[i]}}{\mathrm{d}t}&=j_i\\&=-\sum_{k=1}^{n}l_{ik}\left(\frac{A_{\mathrm{m},k}}{T}\right)-\sum_{k=1}^{n}\sum_{l=1}^{n}l_{ikl}\left(\frac{A_{\mathrm{m},k}}{T}\right)\left(\frac{A_{\mathrm{m},l}}{T}\right)\\&\quad-\sum_{k=1}^{n}\sum_{l=1}^{n}\sum_{h=1}^{n}l_{iklh}\left(\frac{A_{\mathrm{m},k}}{T}\right)\left(\frac{A_{\mathrm{m},l}}{T}\right)\left(\frac{A_{\mathrm{m},h}}{T}\right)-\cdots\end{aligned}\tag{6.64}$$

$$\begin{aligned}-\frac{\mathrm{d}N_{[i]}}{\mathrm{d}t}&=\varOmega j_i\\&=\varOmega\left[-\sum_{k=1}^{n}l_{ik}\left(\frac{A_{\mathrm{m},k}}{T}\right)-\sum_{k=1}^{n}\sum_{l=1}^{n}l_{ikl}\left(\frac{A_{\mathrm{m},k}}{T}\right)\left(\frac{A_{\mathrm{m},l}}{T}\right)\right.\\&\quad\left.-\sum_{k=1}^{n}\sum_{l=1}^{n}\sum_{h=1}^{n}l_{iklh}\left(\frac{A_{\mathrm{m},k}}{T}\right)\left(\frac{A_{\mathrm{m},l}}{T}\right)\left(\frac{A_{\mathrm{m},h}}{T}\right)-\cdots\right]\end{aligned}\tag{6.65}$$

$$\begin{aligned}-\frac{\mathrm{d}N_{[i]}}{\mathrm{d}t}&=Vj_{[i]}\\&=V\left[-\sum_{k=1}^{n}l_{ik}\left(\frac{A_{\mathrm{m},k}}{T}\right)-\sum_{k=1}^{n}\sum_{l=1}^{n}l_{ikl}\left(\frac{A_{\mathrm{m},k}}{T}\right)\left(\frac{A_{\mathrm{m},l}}{T}\right)\right.\\&\quad\left.-\sum_{k=1}^{n}\sum_{l=1}^{n}\sum_{h=1}^{n}l_{iklh}\left(\frac{A_{\mathrm{m},k}}{T}\right)\left(\frac{A_{\mathrm{m},l}}{T}\right)\left(\frac{A_{\mathrm{m},h}}{T}\right)-\cdots\right]\end{aligned}\tag{6.66}$$

式中，

$$A_{\mathrm{m},i}=\Delta G_{\mathrm{m},i}$$

$$A_{\mathrm{m},k}=\Delta G_{\mathrm{m},k}$$

$$A_{\mathrm{m},l}=\Delta G_{\mathrm{m},l}$$

$$A_{\mathrm{m},h}=\Delta G_{\mathrm{m},h}$$

为式 (6.60)。

6.3 气体从固体中析出——析出前后气体分子组成不变

溶解在固体中的气体，达到饱和，从固体中析出，进入气相。从固体中析出的气体有两种存在形式：一种是和固体中的分子相同，另一种是和固体中的分子不同。前者例如氧气、氮气从冰中析出；后者如氢、氮从固体金属中析出。这里讨论第一种情况。

6.3.1　一种气体从固体中析出

1. 析出过程热力学

在恒温恒压条件下，一种过饱和气体从固体中析出，析出前后气体分子组成不变，析出过程可以表示为

$$(B_2)_{\mathrm{s}} =\!=\!= B_2(\mathrm{g})$$

(1) 固相中的组元 B_2 以符合亨利定律的假想纯物质为标准状态，气相中的组元 B_2 以一个标准大气压的组元 B_2 为标准状态，固相浓度以摩尔分数表示，析出过程的摩尔吉布斯自由能变化为

$$\Delta G_{\mathrm{m},B_2} = \mu_{B_2(\mathrm{g})} - \mu_{(B_2)_{\mathrm{s}}} = \Delta G^{\theta}_{\mathrm{m},B_2} + RT\ln\frac{p_{B_2}}{a^{\mathrm{H}}_{(B_2)_{\mathrm{s}x}}} \tag{6.67}$$

式中，

$$\mu_{B_2(\mathrm{g})} = \mu^{\theta}_{B_2(\mathrm{g})} + RT\ln p_{B_2}$$

$$\mu_{(B_2)_{\mathrm{s}}} = \mu^{\theta}_{B_2(\mathrm{s}x)} + RT\ln a^{\mathrm{H}}_{(B_2)_{\mathrm{s}x}}$$

$$\Delta G^{\theta}_{\mathrm{m},B_2} = \mu^{\theta}_{B_2(\mathrm{g})} - \mu^{\theta}_{B_2(\mathrm{s}x)} = -RT\ln K \tag{6.68}$$

$$K = \frac{p'_{B_2}}{a'^{\mathrm{H}}_{(B_2)_{\mathrm{s}x}}} \tag{6.69}$$

式中，p'_{B_2}，$a'^{\mathrm{H}}_{(B_2)_{\mathrm{s}x}}$ 为平衡值。

根据亨利定律，气–液两相平衡，有

$$p'_{B_2} = k_{\mathrm{H}x} a'^{\mathrm{H}}_{(B_2)_{\mathrm{s}x}} \tag{6.70}$$

将式 (6.70) 代入式 (6.69) 得

$$K = k_{\mathrm{H}x} \tag{6.71}$$

将式 (6.71) 代入式 (6.68) 得

$$\Delta G^{\theta}_{\mathrm{m},B_2} = -RT\ln k_{\mathrm{H}x} \tag{6.72}$$

将式 (6.72) 代入式 (6.67) 得

$$\Delta G_{\mathrm{m},B_2} = RT\ln\frac{p_{B_2}}{k_{\mathrm{H}x} a^{\mathrm{H}}_{(B_2)_{\mathrm{s}x}}} \tag{6.73}$$

(2) 固相中的组元 B_2 以符合亨利定律的假想的 $w(B_2)/w^\theta = 1$ 的固溶体为标准状态，气相中组元 B_2 以一个标准大气压的组元 B_2 为标准状态，固相浓度以质量分数表示，析出过程的摩尔吉布斯自由能变化为

$$\Delta G_{\mathrm{m},B_2} = \mu_{B_2(\mathrm{g})} - \mu_{(B_2)_\mathrm{s}} = \Delta G^\theta_{\mathrm{m},B_2} + RT\ln\frac{p_{B_2}}{a^{\mathrm{H}}_{(B_2)_{\mathrm{s}w}}} \tag{6.74}$$

式中，

$$\mu_{B_2(\mathrm{g})} = \mu^\theta_{B_2(\mathrm{g})} + RT\ln p_{B_2}$$

$$\mu_{(B_2)_\mathrm{s}} = \mu^\theta_{B_2(\mathrm{s}w)} + RT\ln a^{\mathrm{H}}_{(B_2)_{\mathrm{s}w}}$$

$$\Delta G^\theta_{\mathrm{m},B_2} = \mu^\theta_{B_2(\mathrm{g})} - \mu^\theta_{B_2(\mathrm{s}w)} = -RT\ln K' \tag{6.75}$$

$$K' = \frac{p'_{B_2}}{a'^{\mathrm{H}}_{(B_2)_{\mathrm{s}w}}} \tag{6.76}$$

根据亨利定律，气-液两相平衡，有

$$p'_{B_2} = k_{\mathrm{H}w}a'^{\mathrm{H}}_{(B_2)_{\mathrm{s}w}} \tag{6.77}$$

将式 (6.77) 代入式 (6.76) 得

$$K' = k_{\mathrm{H}w} \tag{6.78}$$

将式 (6.78) 代入式 (6.75) 得

$$\Delta G^\theta_{\mathrm{m},B_2} = -RT\ln k_{\mathrm{H}w} \tag{6.79}$$

将式 (6.79) 代入式 (6.74) 得

$$\Delta G_{\mathrm{m},B_2} = RT\ln\frac{p_{B_2}}{k_{\mathrm{H}w}a^{\mathrm{H}}_{(B_2)_{\mathrm{s}w}}} \tag{6.80}$$

2. 析出速率

在恒温恒压条件下，一种气体从固体中析出，析出速率为

$$\begin{aligned}-\frac{\mathrm{d}c_{B_2}}{\mathrm{d}t} &= j_{B_2}\\ &= -l_1\left(\frac{A_{\mathrm{m},B_2}}{T}\right) - l_2\left(\frac{A_{\mathrm{m},B_2}}{T}\right)^2 - l_3\left(\frac{A_{\mathrm{m},B_2}}{T}\right)^3 - \cdots\end{aligned} \tag{6.81}$$

$$
\begin{aligned}
-\frac{\mathrm{d}N_{B_2}}{\mathrm{d}t} &= \Omega j_{B_2} \\
&= \Omega\left[-l_1\left(\frac{A_{\mathrm{m},\mathrm{B}_2}}{T}\right)-l_2\left(\frac{A_{\mathrm{m},B_2}}{T}\right)^2-l_3\left(\frac{A_{\mathrm{m},B_2}}{T}\right)^3-\cdots\right] \\
-\frac{\mathrm{d}N_{B_2}}{\mathrm{d}t} &= V j_{B_2} \\
&= V\left[-l_1\left(\frac{A_{\mathrm{m},B_2}}{T}\right)-l_2\left(\frac{A_{\mathrm{m},B_2}}{T}\right)^2-l_3\left(\frac{A_{\mathrm{m},B_2}}{T}\right)^3-\cdots\right]
\end{aligned}
$$

式中，Ω 为固体的表面积，V 为固体的体积，c_{B_2} 为固体中组元 B_2 的浓度，N_{B_2} 为固体中组元 B_2 的摩尔量。
式中，

$$A_{\mathrm{m},B_2}=\Delta G_{\mathrm{m},B_2}$$

为式 (6.73) 和式 (6.80)。

6.3.2　多种气体同时从固体中析出

1. 析出过程热力学

在恒温恒压条件下，多种气体同时从固体中析出，析出前后气体分子组成不变，析出过程可以表示为

$$(i_2)_{\mathrm{s}} = (i_2)_{\mathrm{g}}$$

$$(i=1,2,3,\cdots,n)$$

(1) 固相中的组元 i_2 以符合亨利定律的假想的纯物质为标准状态，浓度以摩尔分数表示，气相中的组元 i_2 以一个标准大气压的组元 i_2 为标准状态，析出过程的摩尔吉布斯自由能变化为

$$\Delta G_{\mathrm{m},i_2}=\mu_{(i_2)_{\mathrm{g}}}-\mu_{(i_2)_{\mathrm{s}}}=\Delta G^{\theta}_{\mathrm{m},i_2}+RT\ln\frac{p_{(i_2)}}{a^{\mathrm{H}}_{(i_2)_{\mathrm{s}x}}} \tag{6.82}$$

式中，

$$\mu_{(i_2)_{\mathrm{g}}}=\mu^{\theta}_{i_2(\mathrm{g})}+RT\ln p_{(i_2)}$$

$$\mu_{(i_2)_{\mathrm{s}}}=\mu^{\theta}_{i_2(\mathrm{s}x)}+RT\ln a^{\mathrm{H}}_{(i_2)_{\mathrm{s}x}}$$

$$\Delta G^{\theta}_{\mathrm{m},i_2}=\mu^{\theta}_{i_2(\mathrm{g})}-\mu^{\theta}_{i_2(\mathrm{s}x)}=-RT\ln K \tag{6.83}$$

$$K=\frac{p'_{(i_2)}}{a'^{\mathrm{H}}_{(i_2)_{\mathrm{s}x}}} \tag{6.84}$$

根据亨利定律，有

$$p'_{(i_2)}=k_{\mathrm{H}x}a'^{\mathrm{H}}_{(i_2)_{\mathrm{s}x}} \tag{6.85}$$

将式 (6.85) 代入式 (6.84) 得

$$K = k_{\mathrm{H}x} \tag{6.86}$$

将式 (6.86) 代入式 (6.83) 得

$$\Delta G^{\theta}_{\mathrm{m},i_2} = -RT\ln k_{\mathrm{H}x} \tag{6.87}$$

将式 (6.87) 代入式 (6.82) 得

$$\Delta G_{\mathrm{m},i_2} = RT\ln\frac{p_{(i_2)}}{k_{\mathrm{H}x}a^{\mathrm{H}}_{(i_2)_{\mathrm{s}x}}} \tag{6.88}$$

(2) 固相中组元 i_2 以符合亨利定律的假想的 $w(i_2)/w_\theta = 1$ 的固溶体为标准状态，浓度以质量分数表示，气相中组元 i_2 以一个标准大气压的组元 i_2 为标准状态，析出过程的摩尔吉布斯自由能变化为

$$\Delta G_{\mathrm{m},i_2} = \mu_{(i_2)_\mathrm{g}} - \mu_{(i_2)_\mathrm{s}} = -\Delta G^{\theta}_{\mathrm{m},i_2} + RT\ln\frac{p_{(i_2)}}{a^{\mathrm{H}}_{(i_2)_{\mathrm{s}w}}} \tag{6.89}$$

式中，

$$\mu_{(i_2)_\mathrm{g}} = \mu^{\theta}_{i_2(\mathrm{g})} + RT\ln p_{(i_2)}$$

$$\mu_{(i_2)_\mathrm{s}} = \mu^{\theta}_{i_2(\mathrm{s}w)} + RT\ln a^{\mathrm{H}}_{(i_2)_{\mathrm{s}w}}$$

$$\Delta G^{\theta}_{\mathrm{m},i_2} = \mu^{\theta}_{i_2(\mathrm{g})} - \mu^{\theta}_{i_2(\mathrm{s}w)} = -RT\ln K' \tag{6.90}$$

$$K' = \frac{p'_{(i_2)}}{a'^{\mathrm{H}}_{(i_2)_{\mathrm{s}w}}} \tag{6.91}$$

根据亨利定律，有

$$p'_{(i_2)} = k_{\mathrm{H}w}a'^{\mathrm{H}}_{(i_2)_{\mathrm{s}w}} \tag{6.92}$$

将式 (6.92) 代入式 (6.91) 得

$$K' = k_{\mathrm{H}w} \tag{6.93}$$

将式 (6.93) 代入式 (6.90) 得

$$\Delta G^{\theta}_{\mathrm{m},i_2} = -RT\ln k_{\mathrm{H}w} \tag{6.94}$$

将式 (6.94) 代入式 (6.89) 得

$$\Delta G_{\mathrm{m},i_2} = RT\ln\frac{p_{(i_2)}}{k_{\mathrm{H}w}a^{\mathrm{H}}_{(i_2)_{\mathrm{s}w}}} \tag{6.95}$$

2. 析出速率

在恒温恒压条件下，多种气体从固体中析出，不考虑耦合作用，析出速率为

$$
\begin{aligned}
-\frac{\mathrm{d}c_{i_2}}{\mathrm{d}t} &= j_{i_2} \\
&= -l_{i1}\left(\frac{A_{\mathrm{m},i_2}}{T}\right) - l_{i2}\left(\frac{A_{\mathrm{m},i_2}}{T}\right)^2 - l_{i3}\left(\frac{A_{\mathrm{m},i_2}}{T}\right)^3 - \cdots
\end{aligned}
\tag{6.96}
$$

$$
-\frac{\mathrm{d}N_{i_2}}{\mathrm{d}t} = \Omega\left[-j_{i_1}\left(\frac{A_{\mathrm{m},i_2}}{T}\right) - j_{i_2}\left(\frac{A_{\mathrm{m},i_2}}{T}\right)^2 - j_{i_3}\left(\frac{A_{\mathrm{m},i_2}}{T}\right)^3 \cdots\right]
$$

式中，Ω 为固体表面积，c_{i_2} 为固体中组元 i_2 的物质的量浓度，N_{i_2} 为固体中组元 i_2 的物质的量。

考虑耦合作用，析出速率为

$$
\begin{aligned}
-\frac{\mathrm{d}c_{i_2}}{\mathrm{d}t} &= j_{i_2} \\
&= -\sum_{k=1}^{n} l_{ik}\left(\frac{A_{\mathrm{m},k_2}}{T}\right) - \sum_{k=1}^{n}\sum_{l=1}^{n} l_{ikl}\left(\frac{A_{\mathrm{m},k_2}}{T}\right)\left(\frac{A_{\mathrm{m},l_2}}{T}\right) \\
&\quad - \sum_{k=1}^{n}\sum_{l=1}^{n}\sum_{h=1}^{n} l_{iklh}\left(\frac{A_{\mathrm{m},k_2}}{T}\right)\left(\frac{A_{\mathrm{m},l_2}}{T}\right)\left(\frac{A_{\mathrm{m},h_2}}{T}\right) - \cdots
\end{aligned}
\tag{6.97}
$$

$$
\begin{aligned}
-\frac{\mathrm{d}N_{i_2}}{\mathrm{d}t} &= \Omega j_{i_2} \\
&= \Omega\left\{-\sum_{k=1}^{n} l_{ik}\left(\frac{A_{\mathrm{m},k_2}}{T}\right) - \sum_{k=1}^{n}\sum_{l=1}^{n} l_{ikl}\left(\frac{A_{\mathrm{m},k_2}}{T}\right)\left(\frac{A_{\mathrm{m},l_2}}{T}\right)\right. \\
&\quad \left. - \sum_{k=1}^{n}\sum_{l=1}^{n}\sum_{h=1}^{n} l_{iklh}\left(\frac{A_{\mathrm{m},k_2}}{T}\right)\left(\frac{A_{\mathrm{m},l_2}}{T}\right)\left(\frac{A_{\mathrm{m},h_2}}{T}\right) - \cdots\right\}
\end{aligned}
$$

式中，

$$
\begin{aligned}
A_{\mathrm{m},i_2} &= \Delta G_{\mathrm{m},i_2} \\
A_{\mathrm{m},k_2} &= \Delta G_{\mathrm{m},k_2} \\
A_{\mathrm{m},l_2} &= \Delta G_{\mathrm{m},l_2} \\
A_{\mathrm{m},h_2} &= \Delta G_{\mathrm{m},h_2}
\end{aligned}
$$

为式 (6.88) 和式 (6.95)。

6.4 气体从固体中析出——析出前后气体分子组成不同

6.4.1 一种气体从固体中析出

1. 析出过程热力学

在恒温恒压条件下，一种过饱和气体从固体中析出，析出前后气体分子组成不同，析出过程可以表示为

$$2[B]_{\mathrm{s}} = B_2(\mathrm{g})$$

固相中的组元 B 符合西韦特定律，浓度以质量分数表示，气相中的组元 B_2 以一个标准大气压的气体 B_2 为标准状态，析出过程的摩尔吉布斯自由能变化为

$$\Delta G_{\mathrm{m},B} = \mu_{B_2(\mathrm{g})} - 2\mu_{[B]_{\mathrm{s}}} = \Delta G^{\theta}_{\mathrm{m},B} + RT\ln\frac{p_{B_2}}{(w\,[B]_{\mathrm{s}})^2} \tag{6.98}$$

式中，

$$\mu_{B_2(\mathrm{g})} = \mu^{\theta}_{B_2(\mathrm{g})} + RT\ln p_{B_2}$$

$$\mu_{[B]_{\mathrm{s}}} = \mu^{\theta}_{B[\mathrm{S}]_{\mathrm{s}}} + RT\ln w\,[B]_{\mathrm{s}}$$

$$\Delta G^{\theta}_{\mathrm{m},B} = \mu^{\theta}_{B_2(\mathrm{g})} - 2\mu^{\theta}_{B[\mathrm{S}]_{\mathrm{s}}} = -RT\ln K \tag{6.99}$$

式中，

$$K = \frac{p'_{B_2}}{(w\,[B]_{\mathrm{s}})^2} \tag{6.100}$$

p'_{B_2} 是与固相中的组元 B 平衡的气相中的组元 B_2 的压力。

根据西韦特定律，有

$$k_{\mathrm{S},w}p'^{\frac{1}{2}}_{B_2} = w\,[B]_{\mathrm{s}} \tag{6.101}$$

将式 (6.101) 代入式 (6.100) 得

$$K = \frac{1}{k^2_{\mathrm{S},w}} \tag{6.102}$$

将式 (6.102) 代入式 (6.99) 得

$$\Delta G^{\theta}_{\mathrm{m},B} = RT\ln k^2_{\mathrm{S},w} \tag{6.103}$$

将式 (6.103) 代入式 (6.98) 得

$$\Delta G_{\mathrm{m},B} = RT\ln\frac{p_{B_2}}{k^2_{\mathrm{S},w}(w\,[B]_{\mathrm{s}})^2} \tag{6.104}$$

利用焓变和熵变计算。

在温度 $T_{平}$，气体与固体达成平衡，有

$$2[B]_s \rightleftharpoons B_2(g)$$

改变温度到 T，溶解在固体中的组元 B 达到过饱和，从固体中析出，有

$$2[B]_s = B_2(g)$$

该过程的摩尔吉布斯自由能变化为

$$\begin{aligned}
\Delta G_{m,B}(T) &= G_{m,B_2(g)}(T) - 2\overline{G}_{m,[B_2]_s}(T) \\
&= (H_{m,B_2(g)}(T) - TS_{m,B_2(g)}(T)) - 2(\overline{H}_{m,[B_2]_s}(T) - T\overline{S}_{m,[B_2]_s}(T)) \\
&= (H_{m,B_2(g)}(T) - 2\overline{H}_{m,[B_2]_s}(T)) - T(S_{m,B_2(g)}(T) - 2\overline{S}_{m,[B_2]_s}(T)) \\
&= \Delta H_{m,B}(T) - T\Delta S_{m,B}(T) \\
&\approx \Delta H_{m,B}(T_{平}) - T\Delta S_{m,B}(T_{平}) \\
&= \Delta H_{m,B}(T_{平}) - \frac{T\Delta H_{m,B}(T_{平})}{T_{平}} \\
&= \frac{\Delta H_{m,B}\Delta T(T_{平})}{T_{平}}
\end{aligned} \tag{6.105}$$

式中，

$$\Delta T = T_{平} - T$$

2. 析出速率

在恒温恒压条件下，一种气体从固体中析出，析出速率为

$$\begin{aligned}
-\frac{\mathrm{d}c_{[B]_s}}{\mathrm{d}t} &= j_B \\
&= -l_1\left(\frac{A_{m,B}}{T}\right) - l_2\left(\frac{A_{m,B}}{T}\right)^2 - l_3\left(\frac{A_{m,B}}{T}\right)^3 - \cdots
\end{aligned} \tag{6.106}$$

$$-\frac{\mathrm{d}N_{[B]_s}}{\mathrm{d}t} = \varOmega\left[-l_1\left(\frac{A_{m,B}}{T}\right) - l_2\left(\frac{A_{m,B}}{T}\right)^2 - l_3\left(\frac{A_{m,B}}{T}\right)^3 - \cdots\right]$$

式中，$c_{[B]_s}$ 为固相中组元 B 的物质的量浓度；$N_{[B]_s}$ 为固相中组元 B 的物质的量；$\varOmega$ 为固相的表面积。若气体从整个固体析出，就用固体体积 V 代替 $\varOmega$。

$$A_{m,B} = \Delta G_{m,B}$$

为式 (6.104)。

6.4.2 多种气体同时从固体中析出

1. 析出过程热力学

在恒温恒压条件下，多种气体同时从固体中析出，析出前后气体分子组成不同，析出过程可以表示为

$$2[i]_{\mathrm{s}} = (i_2)_{\mathrm{g}}$$

$$(i = 1, 2, 3, \cdots, n)$$

固相中的组元 i 符合西韦特定律，浓度以质量分数表示，气相中的组元 i_2 以一个标准大气压的组元 i_2 为标准状态，析出过程的摩尔吉布斯自由能变化为

$$\Delta G_{\mathrm{m},i} = \mu_{(i_2)_{\mathrm{g}}} - 2\mu_{[i]_{\mathrm{s}}} = \Delta G_{\mathrm{m},i}^{\theta} + RT\ln\frac{p_{(i_2)}}{(w\,[i]_{\mathrm{s}})^2} \tag{6.107}$$

式中，

$$\mu_{(i_2)_{\mathrm{g}}} = \mu_{i_2(\mathrm{g})}^{\theta} + RT\ln p_{(i_2)}$$

$$\mu_{[i]_{\mathrm{s}}} = \mu_{i[\mathrm{S}]_{\mathrm{s}}}^{\theta} + RT\ln w\,[i]_{\mathrm{s}}$$

$$\Delta G_{\mathrm{m},i}^{\theta} = \mu_{i_2(\mathrm{g})}^{\theta} - 2\mu_{i[\mathrm{S}]_{\mathrm{s}}}^{\theta} = -RT\ln K \tag{6.108}$$

式中，

$$K = \frac{p'_{(i_2)}}{(w\,[i]_{\mathrm{s}})^2} \tag{6.109}$$

其中，$p'_{(i_2)}$ 是与 $w\,[i]_{\mathrm{s}}$ 平衡的气体中组元 i_2 的压力。

根据西韦特定律，有

$$k_{\mathrm{S},w}p_{i_2}^{\frac{1}{2}} = w\,[i]_{\mathrm{s}} \tag{6.110}$$

将式 (6.110) 代入式 (6.109) 得

$$K = \frac{1}{k_{\mathrm{S},w}^2} \tag{6.111}$$

将式 (6.111) 代入式 (6.108) 得

$$\Delta G_{\mathrm{m},i}^{\theta} = -RT\ln\frac{1}{k_{\mathrm{S},w}^2} \tag{6.112}$$

将式 (6.112) 代入式 (6.107) 得

$$\Delta G_{\mathrm{m},i} = RT\ln\frac{k_{\mathrm{S},w}^2 p_{(i_2)}}{(w_{[i]_{\mathrm{s}}})^2} \tag{6.113}$$

2. 析出速率

在恒温恒压条件下，多种气体从固体中析出，不考虑耦合作用，析出速率为

$$
\begin{aligned}
-\frac{\mathrm{d}c_{[i]_\mathrm{s}}}{\mathrm{d}t} &= j_i \\
&= -l_{i1}\left(\frac{A_{\mathrm{m},i}}{T}\right) - l_{i2}\left(\frac{A_{\mathrm{m},i}}{T}\right)^2 - l_{i3}\left(\frac{A_{\mathrm{m},i}}{T}\right)^3 - \cdots
\end{aligned} \tag{6.114}
$$

式中，$c_{[i]_\mathrm{s}}$ 为固体组元 i 的物质的量浓度，

$$
-\frac{\mathrm{d}N_{[i]_s}}{\mathrm{d}t} = \Omega\left[-l_{i_1}\left(\frac{A_{\mathrm{m},i}}{T}\right) - l_{i_2}\left(\frac{A_{\mathrm{m},i}}{T}\right)^2 - l_{i_3}\left(\frac{A_{\mathrm{m},i}}{T}\right)^3 - \cdots\right]
$$

式中，$N_{[i]_\mathrm{s}}$ 为固体中组元 i 的物质的量。

考虑耦合作用，析出速率为

$$
\begin{aligned}
-\frac{\mathrm{d}c_{[i]_\mathrm{s}}}{\mathrm{d}t} &= j_i \\
&= -\sum_{k=1}^{n} l_{ik}\left(\frac{A_{\mathrm{m},k}}{T}\right) - \sum_{k=1}^{n}\sum_{l=1}^{n} l_{ikl}\left(\frac{A_{\mathrm{m},k}}{T}\right)\left(\frac{A_{\mathrm{m},l}}{T}\right) \\
&\quad - \sum_{k=1}^{n}\sum_{l=1}^{n}\sum_{h=1}^{n} l_{iklh}\left(\frac{A_{\mathrm{m},k}}{T}\right)\left(\frac{A_{\mathrm{m},l}}{T}\right)\left(\frac{A_{\mathrm{m},h}}{T}\right) - \cdots
\end{aligned} \tag{6.115}
$$

$$
\begin{aligned}
-\frac{\mathrm{d}N_{[i]_\mathrm{s}}}{\mathrm{d}t} =& \Omega\left\{-\sum_{k=1}^{n} l_{ik}\left(\frac{A_{\mathrm{m},k}}{T}\right) - \sum_{k=1}^{n}\sum_{l=1}^{n} l_{ikl}\left(\frac{A_{\mathrm{m},k}}{T}\right)\left(\frac{A_{\mathrm{m},l}}{T}\right)\right. \\
&\left. - \sum_{k=1}^{n}\sum_{l=1}^{n}\sum_{h=1}^{n} l_{iklh}\left(\frac{A_{\mathrm{m},k}}{T}\right)\left(\frac{A_{\mathrm{m},l}}{T}\right)\left(\frac{A_{\mathrm{m},h}}{T}\right) - \cdots\right\}
\end{aligned}
$$

式中，$N_{[i]_\mathrm{s}}$ 为固体中为组元 i 的物质的量。

式中，

$$A_{\mathrm{m},i} = \Delta G_{\mathrm{m},i}$$

$$A_{\mathrm{m},k} = \Delta G_{\mathrm{m},k}$$

$$A_{\mathrm{m},l} = \Delta G_{\mathrm{m},l}$$

$$A_{\mathrm{m},h} = \Delta G_{\mathrm{m},h}$$

为式 (6.113)。

6.5 液体从溶液中析出

溶解在液体中的液体，达到过饱和，会从液体中析出，造成液体分层。例如，溶解在水中的油随着温度的降低，溶解度降低，达到过饱和，析出油相，浮在水的表面，油水分层。从液体中析出液体有两种情况，一种是析出一个纯净的液相，一种是析出含有原来溶剂的液相。

6.5.1 一种液体从溶液中析出

1. 析出过程热力学

在恒温恒压条件下，从溶液中析出一个纯净的液相的过程可以表示为

$$(B) \equiv\equiv (B)_{过饱} \equiv B(\mathrm{l})$$

(1) 溶液和液体组元 B 都以纯液体为标准状态，浓度以摩尔分数表示，析出过程的摩尔吉布斯自由能变化为

$$\Delta G_{\mathrm{m},B} = \mu_{B(\mathrm{l})} - \mu_{(B)} = -RT\ln a^{\mathrm{R}}_{(B)} = -RT\ln a^{\mathrm{R}}_{(B)_{过饱}} \tag{6.116}$$

式中，

$$\mu_{B(\mathrm{l})} = \mu^*_{B(\mathrm{l})}$$

$$\mu_{(B)} = \mu^*_{B(\mathrm{l})} + RT\ln a^{\mathrm{R}}_{(B)} = \mu^*_{B(\mathrm{l})} + RT\ln a^{\mathrm{R}}_{(B)_{过饱}}$$

(2) 溶液中的组元 B 以符合亨利定律的假想的纯物质为标准状态，液体组元 B 以纯物质为标准状态，浓度以摩尔分数表示，析出过程的摩尔吉布斯自由能变化为

$$\Delta G_{\mathrm{m},B} = \mu_{B(\mathrm{l})} - \mu_{(B)} = \Delta G^{\theta}_{\mathrm{m},B} - RT\ln a^{\mathrm{H}}_{(B)_x} \tag{6.117}$$

式中，

$$\begin{aligned}
\mu_{B(\mathrm{l})} &= \mu^*_{B(\mathrm{l})} \\
\mu_{(B)} &= \mu^{\theta}_{B(x)} + RT\ln a^{\mathrm{H}}_{(B)_x} \\
\Delta G^{\theta}_{\mathrm{m},B} &= \mu^*_{B(\mathrm{l})} - \mu^{\theta}_{B(x)} \\
&= \left[\mu^*_{B(\mathrm{l})} - \mu^*_{B(\mathrm{l})}\right] + \left[\mu^*_{B(\mathrm{l})} - \mu^{\theta}_{B(x)}\right] \\
&= RT\ln\frac{a^{\mathrm{H}}_{(B)_x}}{a^{\mathrm{R}}_{(B)}} \\
\frac{a^{\mathrm{H}}_{(B)_x}}{a^{\mathrm{R}}_{(B)}} &= \frac{1}{\gamma^0_{B(\mathrm{l})}}
\end{aligned}$$

所以

$$\Delta G_{\mathrm{m},B} = -RT\ln\gamma^0_{B(\mathrm{l})} - RT\ln a^{\mathrm{H}}_{(B)_x} \tag{6.118}$$

(3) 溶液中的组元 B 以符合亨利定律的假想的 $w(B)/w^{\theta}=1$ 的溶液为标准状态，浓度以质量分数表示；液体组元 B 以纯物质为标准状态，浓度以摩尔分数表示，析出过程的摩尔吉布斯自由能变化为

$$\Delta G_{\mathrm{m},B} = \mu_{B(\mathrm{l})} - \mu_{(B)} = \Delta G^{\theta}_{\mathrm{m},B} - RT\ln a^{\mathrm{H}}_{(B)_w} \tag{6.119}$$

式中，

$$\begin{aligned}
\mu_{B(\mathrm{l})} &= \mu^*_{B(\mathrm{l})}\\
\mu_{(B)} &= \mu^{\theta}_{B(w)} + RT\ln a^{\mathrm{H}}_{(B)_w}\\
\Delta G^{\theta}_{\mathrm{m},B} &= \mu^*_{B(\mathrm{l})} - \mu^{\theta}_{B(w)}\\
&= \left(\mu^*_{B(\mathrm{l})} - \mu^*_{B(\mathrm{l})}\right) + \left(\mu^*_{B(\mathrm{l})} - \mu^{\theta}_{B(w)}\right)\\
&= RT\ln\frac{a^{\mathrm{H}}_{(B)_w}}{a^{\mathrm{R}}_{(B)}}
\end{aligned}$$

$$\frac{a^{\mathrm{H}}_{(B)_w}}{a^{\mathrm{R}}_{(B)}} = \frac{100M_B}{M_1}\frac{1}{\gamma^0_{B(\mathrm{l})}}$$

所以

$$\Delta G_{\mathrm{m},B} = -RT\ln\frac{M_1}{100M_B}\gamma^0_{B(\mathrm{l})} - RT\ln a^{\mathrm{H}}_{(B)_w} \tag{6.120}$$

(4) 利用焓变和熵变计算。

在温度 $T_{平}$，气体与固体达成平衡，有

$$(B) \rightleftharpoons B(\mathrm{l})$$

改变温度，溶液中的组元 B 达到过饱和，从溶液中析出，有

$$(B) = B(\mathrm{l})$$

该过程的摩尔吉布斯自由能变化为

$$
\begin{aligned}
\Delta G_{\mathrm{m},B}(T) &= G_{\mathrm{m},B(\mathrm{l})}(T) - \overline{G}_{\mathrm{m},(B)}(T) \\
&= (H_{\mathrm{m},B(\mathrm{l})}(T) - TS_{\mathrm{m},B(\mathrm{l})}(T)) - (\overline{H}_{\mathrm{m},(B)}(T) - T\overline{S}_{\mathrm{m},(B)}(T)) \\
&= (H_{\mathrm{m},B(\mathrm{l})}(T) - \overline{H}_{\mathrm{m},(B)}(T)) - T(S_{\mathrm{m},B(\mathrm{l})}(T) - \overline{S}_{\mathrm{m},(B)}(T)) \\
&= \Delta H_{\mathrm{m},B}(T) - T\Delta S_{\mathrm{m},B}(T) \\
&\approx \Delta H_{\mathrm{m},B}(T_{平}) - T\Delta S_{\mathrm{m},B}(T_{平}) \\
&= \Delta H_{\mathrm{m},B}(T_{平}) - \frac{T\Delta H_{\mathrm{m},B}(T_{平})}{T_{平}} \\
&= \frac{\Delta H_{\mathrm{m},B}\Delta T(T_{平})}{T_{平}}
\end{aligned} \tag{6.121}
$$

式中，

$$\Delta T = T_{平} - T$$

2. 析出速率

在恒温恒压条件下，从体积 V 的溶液中析出一种液体的速率为

$$
\begin{aligned}
\frac{\mathrm{d}N_{B(\mathrm{l})}}{\mathrm{d}t} &= -V\frac{\mathrm{d}c_{(B)}}{\mathrm{d}t} = Vj_B \\
&= V\left[-l_1\left(\frac{A_{\mathrm{m},B}}{T}\right) - l_2\left(\frac{A_{\mathrm{m},B}}{T}\right)^2 - l_3\left(\frac{A_{\mathrm{m},B}}{T}\right)^3 - \cdots\right]
\end{aligned} \tag{6.122}
$$

式中，

$$A_{\mathrm{m},B} = \Delta G_{\mathrm{m},B}$$

为式 (6.116)、式 (6.118)、式 (6.120)。

6.5.2 多元液体从溶液中析出

1. 析出过程热力学

在恒温恒压条件下，从溶液中析出多元液体的过程可以表示为

$$(i)_{\mathrm{l}_1} =\!=\!= (i)_{过饱} = \!=\!= (i)_{\mathrm{l}_2}$$
$$(i = 1, 2, 3, \cdots, n)$$

(1) 溶液 1 和 2 中的组元都以纯液态为标准状态，浓度以摩尔分数表示，析出过程的摩尔吉布斯自由能变化为

$$\Delta G_{\mathrm{m},i} = \mu_{(i)_{\mathrm{l}_2}} - \mu_{(i)_{\mathrm{l}_1}} = RT\ln\frac{a^{\mathrm{R}}_{(i)_{\mathrm{l}_2}}}{a^{\mathrm{R}}_{(i)_{\mathrm{l}_1}}} \tag{6.123}$$

式中，

$$\mu_{(i)_{l_2}} = \mu^*_{i(l)} + RT\ln a^{R}_{(i)_{l_2}}$$

$$\mu_{(i)_{l_1}} = \mu^*_{i(l)} + RT\ln a^{R}_{(i)_{l_1}}$$

(2) 溶液 1 和 2 中的组元都以符合亨利定律的假想的纯物质为标准状态，浓度以摩尔分数表示，析出过程的摩尔吉布斯自由能变化为

$$\Delta G_{m,i} = \mu_{(i)_{l_2}} - \mu_{(i)_{l_1}} = RT\ln\frac{a^{H}_{(i)_{xl_2}}}{a^{H}_{(i)_{xl_1}}} \tag{6.124}$$

式中，

$$\mu_{(i)_{l_2}} = \mu^*_{i(x)} + RT\ln a^{H}_{(i)_{xl_2}}$$

$$\mu_{(i)_{l_1}} = \mu^*_{i(x)} + RT\ln a^{R}_{(i)_{xl_1}}$$

(3) 溶液 1 和 2 中的组元都以符合亨利定律的假想的 $w(i)/w^\theta = 1$ 的溶液为标准状态，浓度以质量分数表示，析出过程的摩尔吉布斯自由能变化为

$$\Delta G_{m,i} = \mu_{(i)_{l_2}} - \mu_{(i)_{l_1}} = RT\ln\frac{a^{H}_{(i)_{wl_2}}}{a^{H}_{(i)_{wl_1}}} \tag{6.125}$$

式中，

$$\mu_{(i)_{l_2}} = \mu^*_{i(w)} + RT\ln a^{H}_{(i)_{wl_2}}$$

$$\mu_{(i)_{l_1}} = \mu^*_{i(w)} + RT\ln a^{R}_{(i)_{wl_1}}$$

2. 析出速率

在恒温恒压条件下，不考虑耦合作用，从体积 V 的溶液中析出的第 j 种液体的速率为

$$\begin{aligned}\frac{\mathrm{d}N_{(i)_{l_2}}}{\mathrm{d}t} &= -V\frac{\mathrm{d}c_{(i)_{l_1}}}{\mathrm{d}t} = Vj_i \\ &= V\left[-l_1\left(\frac{A_{m,i}}{T}\right) - l_2\left(\frac{A_{m,i}}{T}\right)^2 - l_3\left(\frac{A_{m,i}}{T}\right)^3 - \cdots\right]\end{aligned} \tag{6.126}$$

$$(i = 1, 2, 3, \cdots, n)$$

式中，

$$A_{m,i} = \Delta G_{m,i}$$

为式 (6.123)、式 (6.124) 和式 (6.125)。

考虑耦合作用，从溶液中析出第 i 种液体的速率为

$$\begin{aligned}\frac{\mathrm{d}N_{(i)_{\mathrm{l}_2}}}{\mathrm{d}t} &= -V\frac{\mathrm{d}c_{(i)_{\mathrm{l}_1}}}{\mathrm{d}t} = Vj_i \\ &= -\sum_{k=1}^{n} l_{ik}\left(\frac{A_{\mathrm{m},k}}{T}\right) - \sum_{k=1}^{n}\sum_{l=1}^{n} l_{ikl}\left(\frac{A_{\mathrm{m},k}}{T}\right)\left(\frac{A_{\mathrm{m},l}}{T}\right) \\ &\quad - \sum_{k=1}^{n}\sum_{l=1}^{n}\sum_{h=1}^{n} l_{iklh}\left(\frac{A_{\mathrm{m},k}}{T}\right)\left(\frac{A_{\mathrm{m},l}}{T}\right)\left(\frac{A_{\mathrm{m},h}}{T}\right) - \cdots\end{aligned} \tag{6.127}$$

6.5.3 溶质组元从一个溶剂中析出进入另一个溶剂

1. 析出过程热力学

1) 析出一个组元

在恒温恒压条件下，将两个互不相溶的溶液放到同一个容器中，溶液 1 的溶剂为 A，溶液 2 的溶剂为 B，溶液 1 中的溶质 C 从溶液 1 进入溶液 2，直到两者达到平衡，可以表示为

$$(C)_A = (C)_B$$

在两个溶液中的 C 都以纯液态为标准状态，浓度以摩尔分数表示，该过程的摩尔吉布斯自由能变化为

$$\Delta G_{\mathrm{m},C} = \mu_{(C)_B} - \mu_{(C)_A} = RT\ln\frac{a^{\mathrm{R}}_{(C)_B}}{a^{\mathrm{R}}_{(C)_A}} \tag{6.128}$$

式中，

$$\mu_{(C)_B} = \mu^*_{C(\mathrm{l})} + RT\ln a^{\mathrm{R}}_{(C)_B}$$

$$\mu_{(C)_A} = \mu^*_{C(\mathrm{l})} + RT\ln a^{\mathrm{R}}_{(C)_A}$$

2) 析出多个组元

如果从溶液 1 进入溶液 2 有多个组元，可以表示为

$$(i)_A = (i)_B$$

$$(i = 1, 2, 3, \cdots, n)$$

在两个溶液中的组元 i 都以液态纯物质为标准状态，浓度以摩尔分数表示，该过程的摩尔吉布斯自由能变化为

$$\Delta G_{\mathrm{m},i} = \mu_{(i)_B} - \mu_{(i)_A} = RT\ln\frac{a^{\mathrm{R}}_{(i)_B}}{a^{\mathrm{R}}_{(i)_A}} \tag{6.129}$$

$$\mu_{(i)_B} = \mu^*_{i(\mathrm{l})} + RT\ln a^{\mathrm{R}}_{(i)_B}$$

$$\mu_{(i)_A} = \mu^*_{i(\mathrm{l})} + RT\ln a^{\mathrm{R}}_{(i)_A}$$

2. 析出速率

在恒温恒压条件下，溶液 1 中的一个溶质进入溶液 2 的速率为

$$\begin{aligned}\frac{\mathrm{d}N_{(C)_B}}{\mathrm{d}t}&=-\frac{\mathrm{d}N_{(C)_A}}{\mathrm{d}t}=Vj_C\\&=V\left[-l_1\left(\frac{A_{\mathrm{m},C}}{T}\right)-l_2\left(\frac{A_{\mathrm{m},C}}{T}\right)^2-l_3\left(\frac{A_{\mathrm{m},C}}{T}\right)^3-\cdots\right]\end{aligned}\tag{6.130}$$

式中，

$$A_{\mathrm{m},C}=\Delta G_{\mathrm{m},C}$$

为式 (6.127)。

溶液 A 中的多个溶质从溶液 A 进入溶液 B，不考虑耦合作用，速率为

$$\begin{aligned}\frac{\mathrm{d}N_{(i)_B}}{\mathrm{d}t}&=-\frac{\mathrm{d}N_{(i)_A}}{\mathrm{d}t}=Vj_i\\&=V\left[-l_{i1}\left(\frac{A_{\mathrm{m},i}}{T}\right)-l_{i2}\left(\frac{A_{\mathrm{m},i}}{T}\right)^2-l_{i3}\left(\frac{A_{\mathrm{m},i}}{T}\right)^3-\cdots\right]\end{aligned}\tag{6.131}$$

考虑耦合作用，从溶液 A 中析出第 i 种液体进入溶液 B 的速率为

$$\begin{aligned}\frac{\mathrm{d}N_{(i)_B}}{\mathrm{d}t}&=-\frac{\mathrm{d}N_{(i)_A}}{\mathrm{d}t}=Vj_i\\&=V\Bigg[-\sum_{k=1}^{n}l_{ik}\left(\frac{A_{\mathrm{m},k}}{T}\right)-\sum_{k=1}^{n}\sum_{l=1}^{n}l_{ikl}\left(\frac{A_{\mathrm{m},k}}{T}\right)\left(\frac{A_{\mathrm{m},l}}{T}\right)\\&\quad-\sum_{k=1}^{n}\sum_{l=1}^{n}\sum_{h=1}^{n}l_{iklh}\left(\frac{A_{\mathrm{m},k}}{T}\right)\left(\frac{A_{\mathrm{m},l}}{T}\right)\left(\frac{A_{\mathrm{m},h}}{T}\right)-\cdots\Bigg]\end{aligned}\tag{6.132}$$

式中，

$$A_{\mathrm{m},i}=\Delta G_{\mathrm{m},i}A_{\mathrm{m},k}=\Delta G_{\mathrm{m},k}A_{\mathrm{m},l}=\Delta G_{\mathrm{m},l}A_{\mathrm{m},h}=\Delta G_{\mathrm{m},h}$$

为式 (6.128)、式 (6.129) 和式 (6.130)。

6.5.4 液相分层

1. 分层过程热力学

1) 二元溶液分层

在恒温恒压条件下，从二元液相 l_1' 中析出溶液 l_1''。其中，l_1' 的溶质是 B，溶剂是 A，l_1'' 的溶质是 A，溶剂是 B。该过程可以表示为

$$\mathrm{l}_1' \Longleftrightarrow \mathrm{l}_1''$$

即

$$(B)_{\mathrm{l}_1'} =\!=\!= (B)_{\mathrm{l}_1''}$$

$$(A)_{\mathrm{l}_1'} =\!=\!= (A)_{\mathrm{l}_1''}$$

两个液相的组元都以纯液态物质为标准状态，浓度以摩尔分数表示。该过程的摩尔吉布斯自由能变化为

$$\Delta G_{\mathrm{m},B} = \mu_{(B)_{\mathrm{l}_1''}} - \mu_{(B)_{\mathrm{l}_1'}} = RT\ln\frac{a^{\mathrm{R}}_{(B)_{\mathrm{l}_1''}}}{a^{\mathrm{R}}_{(B)_{\mathrm{l}_1'}}} \tag{6.133}$$

$$\Delta G_{\mathrm{m},A} = \mu_{(A)_{\mathrm{l}_1''}} - \mu_{(A)_{\mathrm{l}_1'}} = RT\ln\frac{a^{\mathrm{R}}_{(A)_{\mathrm{l}_1''}}}{a^{\mathrm{R}}_{(A)_{\mathrm{l}_1'}}} \tag{6.134}$$

式中，

$$\mu_{(B)_{\mathrm{l}_1'}} = \mu^*_{B(\mathrm{l})} + RT\ln a^{\mathrm{R}}_{(B)_{\mathrm{l}_1'}}$$

$$\mu_{(B)_{\mathrm{l}_1''}} = \mu^*_{B(\mathrm{l})} + RT\ln a^{\mathrm{R}}_{(B)_{\mathrm{l}_1''}}$$

$$\mu_{(A)_{\mathrm{l}_1'}} = \mu^*_{A(\mathrm{l})} + RT\ln a^{\mathrm{R}}_{(A)_{\mathrm{l}_1'}}$$

$$\mu_{(A)_{\mathrm{l}_1''}} = \mu^*_{A(\mathrm{l})} + RT\ln a^{\mathrm{R}}_{(A)_{\mathrm{l}_1''}}$$

也可以如下计算：

在温度 $T_{\text{平}}$，液相 l_1' 和 l_1'' 达成平衡，有

$$(B)_{l_1'} \rightleftharpoons (B)_{l_1''}$$

$$(A)_{l_1'} \rightleftharpoons (A)_{l_1''}$$

改变温度到 T。组元 B 和 A 从 l_1' 进入 l_1''，有

$$(B)_{l_1'} = (B)_{l_1''}$$

$$(A)_{l_1'} = (A)_{l_1''}$$

$$\begin{aligned}
\Delta G_{\mathrm{m},B}(T) &= \overline{G}_{\mathrm{m},(B)_{\mathrm{l}_1''}}(T) - \overline{G}_{\mathrm{m},(B)_{\mathrm{l}_1'}}(T) \\
&= (\overline{H}_{\mathrm{m},(B)_{\mathrm{l}_1''}}(T) - T\overline{S}_{\mathrm{m},(B)_{\mathrm{l}_1''}}(T)) - (\overline{H}_{\mathrm{m},(B)_{\mathrm{l}_1'}}(T) - T\overline{S}_{\mathrm{m},(B)_{\mathrm{l}_1'}}(T)) \\
&= (\overline{H}_{\mathrm{m},(B)_{\mathrm{l}_1''}}(T) - \overline{H}_{\mathrm{m},(B)_{\mathrm{l}_1'}}(T)) - T(\overline{S}_{\mathrm{m},(B)_{\mathrm{l}_1''}}(T) - \overline{S}_{\mathrm{m},(B)_{\mathrm{l}_1'}}(T)) \\
&= \Delta H_{\mathrm{m},B}(T) - T\Delta S_{\mathrm{m},B}(T) \\
&\approx \Delta H_{\mathrm{m},B}(T_{\text{平}}) - T\Delta S_{\mathrm{m},B}(T_{\text{平}}) \\
&= \Delta H_{\mathrm{m},B}(T_{\text{平}}) - \frac{T\Delta H_{\mathrm{m},B}(T_{\text{平}})}{T_{\text{平}}} \\
&= \frac{\Delta H_{\mathrm{m},B}\Delta T(T_{\text{平}})}{T_{\text{平}}}
\end{aligned} \tag{6.135}$$

同理，有

$$\Delta G_{\mathrm{m},A}^{(T)} = \frac{\Delta H_{\mathrm{m},B}(T_{平})\Delta T}{T_{平}}$$

式中，

$$\Delta T = T_{平} - T$$

总摩尔吉布斯自由能变化为

$$\Delta G_{\mathrm{m},t} = n_A \Delta G_{\mathrm{m},A} + n_B \Delta G_{\mathrm{m},B}$$

式中，n_A、n_B 是溶液 l_1'' 中组元 A 和 B 的摩尔数量。

2) 多元溶液分层

l_1' 是多元溶液，从 l_1' 中析出的 l_1'' 也是多元溶液，l_1' 的溶质是 B 和 i，溶剂是 A，l_1'' 的溶质是 A 和 i，溶剂是 B，可以表示为

$$\mathrm{l}_1' = \!= \mathrm{l}_1''$$

即

$$(B)_{\mathrm{l}_1'} = \!= (B)_{\mathrm{l}_1''}$$

$$(A)_{\mathrm{l}_1'} = \!= (A)_{\mathrm{l}_1''}$$

$$(i)_{\mathrm{l}_1'} = \!= (i)_{\mathrm{l}_1''}$$

$$(i = 1, 2, 3, \cdots, r)$$

两个溶液中的组元都以纯液态物质为标准状态，该过程的摩尔吉布斯自由能变化为

$$\Delta G_{\mathrm{m},B} = \mu_{(B)_{\mathrm{l}_1''}} - \mu_{(B)_{\mathrm{l}_1'}} = RT \ln \frac{a_{(B)_{\mathrm{l}_1''}}^{\mathrm{R}}}{a_{(B)_{\mathrm{l}_1'}}^{\mathrm{R}}} \tag{6.136}$$

式中，

$$\mu_{(B)_{\mathrm{l}_1''}} = \mu_{B(\mathrm{l})}^* + RT \ln a_{(B)_{\mathrm{l}_1''}}^{\mathrm{R}}$$

$$\mu_{(B)_{\mathrm{l}_1'}} = \mu_{B(\mathrm{l})}^* + RT \ln a_{(B)_{\mathrm{l}_1'}}^{\mathrm{R}}$$

$$\Delta G_{\mathrm{m},A} = \mu_{(A)_{\mathrm{l}_1''}} - \mu_{(A)_{\mathrm{l}_1'}} = RT \ln \frac{a_{(A)_{\mathrm{l}_1''}}^{\mathrm{R}}}{a_{(A)_{\mathrm{l}_1'}}^{\mathrm{R}}} \tag{6.137}$$

式中，

$$\mu_{(A)_{\mathrm{l}_1''}} = \mu_{A(\mathrm{l})}^* + RT \ln a_{(A)_{\mathrm{l}_1''}}^{\mathrm{R}}$$

$$\mu_{(A)_{\mathrm{l}_1'}} = \mu_{A(\mathrm{l})}^* + RT \ln a_{(A)_{\mathrm{l}_1'}}^{\mathrm{R}}$$

$$\Delta G_{\mathrm{m},i} = \mu_{(i)_{\mathrm{l}_1''}} - \mu_{(i)_{\mathrm{l}_1'}} = RT \ln \frac{a_{(i)_{\mathrm{l}_1''}}^{\mathrm{R}}}{a_{(i)_{\mathrm{l}_1'}}^{\mathrm{R}}} \tag{6.138}$$

式中,

$$\mu_{(i)_{\mathrm{l}_1''}} = \mu_{A(i)}^* + RT \ln a_{(i)_{\mathrm{l}_1''}}^{\mathrm{R}}$$

$$\mu_{(i)_{\mathrm{l}_1'}} = \mu_{i(\mathrm{l})}^* + RT \ln a_{(i)_{\mathrm{l}_1'}}^{\mathrm{R}}$$

$$(i = 1, 2, 3, \cdots, r)$$

总摩尔吉布斯自由能变化为

$$\Delta G_{\mathrm{m}} = n_A \Delta G_{\mathrm{m},(A)} + n_B \Delta G_{\mathrm{m},(B)} + \sum_{i=1}^{r} n_i \Delta G_{\mathrm{m},(i)}$$

式中,n_A、n_B、n_i 是溶液 l_1'' 中组元 A、B、i 的摩尔数量。

2. 分层速率

在恒温恒压条件下,不考虑耦合作用,二元液相分层的速率为

$$\begin{aligned}\frac{\mathrm{d}N_{(B)_{\mathrm{l}_1''}}}{\mathrm{d}t} &= -\frac{\mathrm{d}N_{(B)_{\mathrm{l}_1'}}}{\mathrm{d}t} = Vj_B \\ &= V\left[-l_1\left(\frac{A_{\mathrm{m},B_{\mathrm{l}_1'}}}{T}\right) - l_2\left(\frac{A_{\mathrm{m},B_{\mathrm{l}_1'}}}{T}\right)^2 - l_3\left(\frac{A_{\mathrm{m},B_{\mathrm{l}_1'}}}{T}\right)^3 - \cdots\right]\end{aligned} \tag{6.139}$$

$$\begin{aligned}\frac{\mathrm{d}N_{(A)_{\mathrm{l}_1''}}}{\mathrm{d}t} &= -\frac{\mathrm{d}N_{(A)_{\mathrm{l}_1'}}}{\mathrm{d}t} = Vj_A \\ &= V\left[-l_1\left(\frac{A_{\mathrm{m},A_{\mathrm{l}_1'}}}{T}\right) - l_2\left(\frac{A_{\mathrm{m},A_{\mathrm{l}_1'}}}{T}\right)^2 - l_3\left(\frac{A_{\mathrm{m},A_{\mathrm{l}_1'}}}{T}\right)^3 - \cdots\right]\end{aligned} \tag{6.140}$$

考虑耦合作用,二元液相分层的速率为

$$\begin{aligned}\frac{\mathrm{d}N_{(B)_{\mathrm{l}_1''}}}{\mathrm{d}t} &= -\frac{\mathrm{d}N_{(B)_{\mathrm{l}_1'}}}{\mathrm{d}t} = Vj_B \\ &= V\left[-l_{B1}\left(\frac{A_{\mathrm{m},B}}{T}\right) - l_{B2}\left(\frac{A_{\mathrm{m},A}}{T}\right) - l_{B11}\left(\frac{A_{\mathrm{m},B}}{T}\right)^2\right.\end{aligned}$$

$$
-l_{B12}\left(\frac{A_{\mathrm{m},B}}{T}\right)\left(\frac{A_{\mathrm{m},A}}{T}\right)-l_{B22}\left(\frac{A_{\mathrm{m},A}}{T}\right)^2-l_{B111}\left(\frac{A_{\mathrm{m},B}}{T}\right)^3
-l_{B112}\left(\frac{A_{\mathrm{m},B}}{T}\right)^2\left(\frac{A_{\mathrm{m},A}}{T}\right)-l_{B122}\left(\frac{A_{\mathrm{m},B}}{T}\right)\left(\frac{A_{\mathrm{m},A}}{T}\right)^2
-l_{B222}\left(\frac{A_{\mathrm{m},A}}{T}\right)^3-\cdots\Bigg] \tag{6.141}
$$

$$
\begin{aligned}
\frac{\mathrm{d}N_{(A)_{1_1''}}}{\mathrm{d}t}&=-\frac{\mathrm{d}N_{(A)_{1_1'}}}{\mathrm{d}t}=Vj_A\\
&=V\Bigg[-l_{A1}\left(\frac{A_{\mathrm{m},B}}{T}\right)-l_{A2}\left(\frac{A_{\mathrm{m},A}}{T}\right)-l_{A11}\left(\frac{A_{\mathrm{m},B}}{T}\right)^2\\
&\quad-l_{A12}\left(\frac{A_{\mathrm{m},B}}{T}\right)\left(\frac{A_{\mathrm{m},A}}{T}\right)-l_{A22}\left(\frac{A_{\mathrm{m},A}}{T}\right)^2-l_{A111}\left(\frac{A_{\mathrm{m},B}}{T}\right)^3\\
&\quad-l_{A112}\left(\frac{A_{\mathrm{m},B}}{T}\right)^2\left(\frac{A_{\mathrm{m},A}}{T}\right)-l_{A122}\left(\frac{A_{\mathrm{m},B}}{T}\right)\left(\frac{A_{\mathrm{m},A}}{T}\right)^2\\
&\quad-l_{A222}\left(\frac{A_{\mathrm{m},A}}{T}\right)^3-\cdots\Bigg]
\end{aligned} \tag{6.142}
$$

在恒温恒压条件下，不考虑耦合作用，多元溶液分成二层的速率为

$$
\begin{aligned}
\frac{\mathrm{d}N_{(B)_{1_1''}}}{\mathrm{d}t}&=-\frac{\mathrm{d}N_{(B)_{1_1'}}}{\mathrm{d}t}=Vj_B\\
&=V\left[-l_{B1}\left(\frac{A_{\mathrm{m},B}}{T}\right)-l_{B2}\left(\frac{A_{\mathrm{m},B}}{T}\right)^2-l_{B3}\left(\frac{A_{\mathrm{m},B}}{T}\right)^3-\cdots\right]
\end{aligned} \tag{6.143}
$$

$$
\begin{aligned}
\frac{\mathrm{d}N_{(A)_{1_1''}}}{\mathrm{d}t}&=-\frac{\mathrm{d}N_{(A)_{1_1'}}}{\mathrm{d}t}=Vj_A\\
&=V\left[-l_{A1}\left(\frac{A_{\mathrm{m},A}}{T}\right)-l_{A2}\left(\frac{A_{\mathrm{m},A}}{T}\right)^2-l_{A3}\left(\frac{A_{\mathrm{m},A}}{T}\right)^3-\cdots\right]
\end{aligned} \tag{6.144}
$$

$$
\begin{aligned}
\frac{\mathrm{d}N_{(i)_{1_1''}}}{\mathrm{d}t}&=-\frac{\mathrm{d}N_{(i)_{1_1'}}}{\mathrm{d}t}=Vj_i\\
&=V\left[-l_{i1}\left(\frac{A_{\mathrm{m},i}}{T}\right)-l_{i2}\left(\frac{A_{\mathrm{m},i}}{T}\right)^2-l_{i3}\left(\frac{A_{\mathrm{m},i}}{T}\right)^3-\cdots\right]
\end{aligned} \tag{6.145}
$$

$$(i=1,2,3,\cdots,r)$$

考虑耦合作用，有

$$
\begin{aligned}
\frac{\mathrm{d}N_{(B)_{1_1''}}}{\mathrm{d}t} =& -\frac{\mathrm{d}N_{(B)_{1_1'}}}{\mathrm{d}t} = Vj_B \\
=& V\left[-\sum_{j=A}^{B} l_{Bj}\left(\frac{A_{\mathrm{m},j}}{T}\right) - \sum_{k=1}^{r} l_{Bk}\left(\frac{A_{\mathrm{m},k}}{T}\right) - \sum_{j=A}^{B}\sum_{j'=A}^{B} l_{Bjj'}\right. \\
& \times\left(\frac{A_{\mathrm{m},j}}{T}\right)\left(\frac{A_{\mathrm{m},j'}}{T}\right) - \sum_{j=A}^{B}\sum_{k=1}^{r} l_{Bjk}\left(\frac{A_{\mathrm{m},j}}{T}\right)\left(\frac{A_{\mathrm{m},k}}{T}\right) \\
& - \sum_{k=1}^{r}\sum_{l=1}^{r} l_{Bkl}\left(\frac{A_{\mathrm{m},k}}{T}\right)\left(\frac{A_{\mathrm{m},l}}{T}\right) - \sum_{j=A}^{B}\sum_{j'=A}^{B}\sum_{j''=A}^{B} l_{Bjj'j''} \\
& \times\left(\frac{A_{\mathrm{m},j}}{T}\right)\left(\frac{A_{\mathrm{m},j'}}{T}\right)\left(\frac{A_{\mathrm{m},j''}}{T}\right) \\
& - \sum_{j=A}^{B}\sum_{j'=A}^{B}\sum_{k=1}^{r} l_{Bjj'k}\left(\frac{A_{\mathrm{m},j}}{T}\right)\left(\frac{A_{\mathrm{m},j'}}{T}\right)\left(\frac{A_{\mathrm{m},k}}{T}\right) \\
& - \sum_{j=A}^{B}\sum_{k=1}^{r}\sum_{l=1}^{r} l_{Bjkl}\left(\frac{A_{\mathrm{m},j}}{T}\right)\left(\frac{A_{\mathrm{m},k}}{T}\right)\left(\frac{A_{\mathrm{m},l}}{T}\right) \\
& \left. - \sum_{k=1}^{r}\sum_{l=1}^{r}\sum_{h=1}^{r} l_{Bklh}\left(\frac{A_{\mathrm{m},k}}{T}\right)\left(\frac{A_{\mathrm{m},l}}{T}\right)\left(\frac{A_{\mathrm{m},h}}{T}\right) - \cdots\right]
\end{aligned}
\tag{6.146}
$$

$$
\begin{aligned}
\frac{\mathrm{d}N_{(A)_{1_1''}}}{\mathrm{d}t} =& -\frac{\mathrm{d}N_{(A)_{1_1'}}}{\mathrm{d}t} = Vj_A \\
=& V\left[-\sum_{j=A}^{B} l_{Aj}\left(\frac{A_{\mathrm{m},j}}{T}\right) - \sum_{k=1}^{r} l_{Ak}\left(\frac{A_{\mathrm{m},k}}{T}\right)\right. \\
& - \sum_{j=A}^{B}\sum_{j'=A}^{B} l_{Ajj'}\left(\frac{A_{\mathrm{m},j}}{T}\right)\left(\frac{A_{\mathrm{m},j'}}{T}\right) \\
& - \sum_{j=A}^{B}\sum_{k=1}^{r} l_{Ajk}\left(\frac{A_{\mathrm{m},j}}{T}\right)\left(\frac{A_{\mathrm{m},k}}{T}\right) \\
& - \sum_{k=1}^{r}\sum_{l=1}^{r} l_{Akl}\left(\frac{A_{\mathrm{m},k}}{T}\right)\left(\frac{A_{\mathrm{m},l}}{T}\right) \\
& - \sum_{j=A}^{B}\sum_{j'=A}^{B}\sum_{j''=A}^{B} l_{Ajj'j''}\left(\frac{A_{\mathrm{m},j}}{T}\right)\left(\frac{A_{\mathrm{m},j'}}{T}\right)\left(\frac{A_{\mathrm{m},j''}}{T}\right) \\
& - \sum_{j=A}^{B}\sum_{j'=A}^{B}\sum_{k=1}^{r} l_{Ajj'k}\left(\frac{A_{\mathrm{m},j}}{T}\right)\left(\frac{A_{\mathrm{m},j'}}{T}\right)\left(\frac{A_{\mathrm{m},k}}{T}\right) \\
& - \sum_{j=A}^{B}\sum_{k=1}^{r}\sum_{l=1}^{r} l_{Ajkl}\left(\frac{A_{\mathrm{m},j}}{T}\right)\left(\frac{A_{\mathrm{m},k}}{T}\right)\left(\frac{A_{\mathrm{m},l}}{T}\right) \\
& \left. - \sum_{k=1}^{r}\sum_{l=1}^{r}\sum_{h=1}^{r} l_{Aklh}\left(\frac{A_{\mathrm{m},k}}{T}\right)\left(\frac{A_{\mathrm{m},l}}{T}\right)\left(\frac{A_{\mathrm{m},h}}{T}\right) - \cdots\right]
\end{aligned}
\tag{6.147}
$$

$$
\begin{aligned}
\frac{\mathrm{d}N_{(i)_{1_1''}}}{\mathrm{d}t} = & -\frac{\mathrm{d}N_{(i)_{1_1'}}}{\mathrm{d}t} = Vj_i \\
= & V\left[-\sum_{k=1}^{n} l_{ik}\left(\frac{A_{\mathrm{m},k}}{T}\right) - \sum_{j=A}^{B} l_{iA}\left(\frac{A_{\mathrm{m},j}}{T}\right)\right. \\
& - \sum_{j=A}^{B}\sum_{j'=A}^{B} l_{ijj'}\left(\frac{A_{\mathrm{m},j}}{T}\right)\left(\frac{A_{\mathrm{m},j'}}{T}\right) \\
& - \sum_{j=A}^{B}\sum_{k=1}^{r} l_{ijk}\left(\frac{A_{\mathrm{m},j}}{T}\right)\left(\frac{A_{\mathrm{m},k}}{T}\right) - \sum_{k=1}^{n}\sum_{l=1}^{n} l_{ikl}\left(\frac{A_{\mathrm{m},k}}{T}\right)\left(\frac{A_{\mathrm{m},l}}{T}\right) \\
& - \sum_{j=A}^{B}\sum_{j'=A}^{B}\sum_{j''=A}^{B} l_{ijj'j''}\left(\frac{A_{\mathrm{m},j}}{T}\right)\left(\frac{A_{\mathrm{m},j'}}{T}\right)\left(\frac{A_{\mathrm{m},j''}}{T}\right) \\
& - \sum_{j=A}^{B}\sum_{j'=A}^{B}\sum_{k=1}^{r} l_{ijj'k}\left(\frac{A_{\mathrm{m},j}}{T}\right)\left(\frac{A_{\mathrm{m},j'}}{T}\right)\left(\frac{A_{\mathrm{m},k}}{T}\right) \\
& \left. - \sum_{k=1}^{n}\sum_{l=1}^{n}\sum_{h=1}^{n} l_{iklh}\left(\frac{A_{\mathrm{m},k}}{T}\right)\left(\frac{A_{\mathrm{m},l}}{T}\right)\left(\frac{A_{\mathrm{m},h}}{T}\right) - \cdots\right]
\end{aligned} \tag{6.148}
$$

式中，

$$A_{\mathrm{m},B} = \Delta G_{\mathrm{m},B}$$

$$A_{\mathrm{m},A} = \Delta G_{\mathrm{m},A}$$

$$A_{\mathrm{m},j} = \Delta G_{\mathrm{m},j}$$

$$A_{\mathrm{m},j'} = \Delta G_{\mathrm{m},j'}$$

$$A_{\mathrm{m},j''} = \Delta G_{\mathrm{m},j''}$$

$$A_{\mathrm{m},k} = \Delta G_{\mathrm{m},k}$$

$$A_{\mathrm{m},l} = \Delta G_{\mathrm{m},l}$$

$$A_{\mathrm{m},h} = \Delta G_{\mathrm{m},h}$$

$$(j, j', j'' = A, B; k, l, h = A, B, i; i = 1, 2, 3, \cdots, r)$$

为式 (6.124)、式 (6.125)、式 (6.126)。

6.6　液体从固体中析出

溶入固体中的液体，形成固溶体，在其含量达到过饱和时，会从固溶体中析出。

6.6.1 一种液体从固体中析出

1. 析出过程热力学

在恒温恒压条件下，一种过饱和的液体从固溶体中析出。可以表示为

$$(B)_s =\!=\!= B(\mathrm{l})$$

固溶体中的组元 B 以纯固态 B 为标准状态，液体中的组元 B 以纯液态为标准状态，浓度以摩尔分数表示，析出过程的吉布斯自由能变化为

$$\Delta G_{\mathrm{m},B} = \mu_{B(\mathrm{l})} - \mu_{(B)_s} = \Delta G^*_{\mathrm{m},B} - RT\ln a^{\mathrm{R}}_{(B)_s}$$

式中，

$$\mu_{B(\mathrm{l})} = \mu^*_{B(\mathrm{l})}$$

$$\mu_{(B)_s} = \mu^*_{B(\mathrm{s})} + RT\ln a^{\mathrm{R}}_{(B)_s}$$

$$\Delta G^*_{\mathrm{m},B} = \mu^*_{B(\mathrm{l})} - \mu^*_{B(\mathrm{s})} = \Delta_{\mathrm{fus}}G^*_{\mathrm{m},B}$$

所以

$$\Delta G_{\mathrm{m},B} = \Delta_{\mathrm{fus}}G^*_{\mathrm{m},B} - RT\ln a^{\mathrm{R}}_{(B)_s} \tag{6.149}$$

式中，$\Delta_{\mathrm{fus}}G^*_{\mathrm{m},B}$ 为组元 B 的熔化自由能。

或者如下计算。

在温度 $T_{平}$，液体 B 与固溶体达成平衡，有

$$(B)_s \rightleftharpoons B(\mathrm{l})$$

改变温度，固体中的组元 B 过饱和，析出液体 B，有

$$(B)_s = B(\mathrm{l})$$

该过程的摩尔吉布斯自由能变化为

$$\begin{aligned}
\Delta G_{\mathrm{m},B}(T) &= G_{\mathrm{m,B(l)}}(T) - \overline{G}_{\mathrm{m},(B)_s}(T)\\
&= (H_{\mathrm{m,B(l)}}(T) - TS_{\mathrm{m,B(l)}}(T)) - (\overline{H}_{\mathrm{m},(B)_s}(T) - T\overline{S}_{\mathrm{m},(B)_s}(T))\\
&= (H_{\mathrm{m,B(l)}}(T) - \overline{H}_{\mathrm{m},(B)_s}(T)) - T(S_{\mathrm{m,B(l)}}(T) - \overline{S}_{\mathrm{m},(B)_s}(T))\\
&= \Delta H_{\mathrm{m},B}(T) - T\Delta S_{\mathrm{m},B}(T)\\
&\approx \Delta H_{\mathrm{m},B}(T_{平}) - T\Delta S_{\mathrm{m},B}(T_{平})\\
&= \Delta H_{\mathrm{m},B}(T_{平}) - \frac{T\Delta H_{\mathrm{m},B}(T_{平})}{T_{平}}\\
&= \frac{\Delta H_{\mathrm{m},B}(T_{平})\Delta T}{T_{平}}
\end{aligned}$$

式中，

$$\Delta T = T_{\text{平}} - T$$

2. 析出速率

在恒温恒压条件下，一种过饱和的液体从固溶体中析出。单位体积内的析出速率为

$$\begin{aligned}\frac{\mathrm{d}c_{(B)_\mathrm{s}}}{\mathrm{d}t} &= j_B \\ &= -l_1\left(\frac{A_{\mathrm{m},B}}{T}\right) - l_2\left(\frac{A_{\mathrm{m},B}}{T}\right)^2 - l_3\left(\frac{A_{\mathrm{m},B}}{T}\right)^3 - \cdots\end{aligned} \tag{6.150}$$

整个体积的析出速率为

$$\begin{aligned}\frac{\mathrm{d}N_{B(\mathrm{l})}}{\mathrm{d}t} &= -V\frac{\mathrm{d}c_{(B)_\mathrm{s}}}{\mathrm{d}t} = Vj_B \\ &= V\left[-l_1\left(\frac{A_{\mathrm{m},B}}{T}\right) - l_2\left(\frac{A_{\mathrm{m},B}}{T}\right)^2 - l_3\left(\frac{A_{\mathrm{m},B}}{T}\right)^3 - \cdots\right]\end{aligned} \tag{6.151}$$

式中，

$$A_{\mathrm{m},(B)} = \Delta G_{\mathrm{m},(B)_\mathrm{s}}$$

为式 (6.148)。

6.6.2 多元液体同时从固体中析出

1. 析出过程热力学

在恒温恒压条件下，多元过饱和的液体从一个固溶体中析出。可以表示为

$$(i)_\mathrm{s} \;=\!=\!=\; (i)_\mathrm{l}$$

$$(i = 1, 2, 3, \cdots, n)$$

(1) 固溶体中的组元以纯固态为标准状态，液体中的组元以纯液态为标准状态，析出过程的吉布斯自由能变化为

$$\Delta G_{\mathrm{m},i} = \mu_{i(\mathrm{l})} - \mu_{(i)_\mathrm{s}} = \Delta G^*_{\mathrm{m},i} - RT\ln a^{\mathrm{R}}_{(i)_\mathrm{s}}$$

式中，

$$\mu_{i(\mathrm{l})} = \mu^*_{i(\mathrm{l})}$$

$$\mu_{(i)_\mathrm{s}} = \mu^*_{i(\mathrm{s})} + RT\ln a^{\mathrm{R}}_{(i)_\mathrm{s}}$$

$$G^*_{\mathrm{m},i} = \mu^*_{i(\mathrm{l})} - \mu^*_{i(\mathrm{s})} = \Delta_{\mathrm{fus}}G^*_{\mathrm{m},i}$$

所以

$$\Delta G_{\mathrm{m},i}=\Delta_{\mathrm{fus}}G_{\mathrm{m},i}^{*}-RT\ln a_{(i)_{\mathrm{s}}}^{\mathrm{R}} \tag{6.152}$$

(2) 固体中的组元以符合亨利定律的假想的纯固态为标准状态，溶液中的组元以符合亨利定律的假想的纯液态为标准状态，浓度以摩尔分数表示，析出过程的吉布斯自由能变化为

$$\Delta G_{\mathrm{m},i}(T)=\mu_{(i)_{1}}-\mu_{(i)_{\mathrm{s}}}=\Delta G_{\mathrm{m},(i)_{\mathrm{s}}}^{\theta}+RT\ln\frac{a_{(i)_{x}}^{\mathrm{H}}}{a_{(i)_{\mathrm{s}x}}^{\mathrm{H}}} \tag{6.153}$$

式中，

$$\mu_{(i)_{1}}=\mu_{i(x)}^{\theta}+RT\ln a_{(i)_{x}}^{\mathrm{H}}$$

$$\mu_{(i)_{\mathrm{s}}}=\mu_{i(sx)}^{\theta}+RT\ln a_{(i)_{\mathrm{s}x}}^{\mathrm{H}}$$

$$\begin{aligned}\Delta G_{\mathrm{m},i}^{\theta}&=\mu_{i(x)}^{\theta}-\mu_{i(sx)}^{\theta}\\&=\left(\mu_{i(x)}^{\theta}-\mu_{i(\mathrm{l})}^{*}\right)+\left(\mu_{i(\mathrm{l})}^{*}-\mu_{i(\mathrm{s})}^{*}\right)+\left(\mu_{i(s)}^{*}-\mu_{i(\mathrm{s}x)}^{\theta}\right)\\&=RT\ln\frac{a_{(i)}^{\mathrm{R}}}{a_{(i)_{x}}^{\mathrm{H}}}+\Delta_{\mathrm{fus}}G_{\mathrm{m},i}^{*}+RT\ln\frac{a_{(i)_{\mathrm{s}x}}^{\mathrm{H}}}{a_{(i)_{\mathrm{s}}}^{\mathrm{R}}}\end{aligned} \tag{6.154}$$

$$\frac{a_{(i)}^{\mathrm{R}}}{a_{(i)_{x}}^{\mathrm{H}}}=\gamma_{i(\mathrm{l})}^{0} \tag{6.155}$$

$$\frac{a_{(i)_{\mathrm{s}x}}^{\mathrm{H}}}{a_{(i)_{\mathrm{s}}}^{\mathrm{R}}}=\frac{1}{\gamma_{i(\mathrm{s})}^{0}} \tag{6.156}$$

将式 (6.155)、式 (6.156) 代入式 (6.154) 后，再将结果代入式 (6.153)，得

$$\Delta G_{\mathrm{m},i}=RT\ln\gamma_{i(\mathrm{l})}^{0}+\Delta_{\mathrm{fus}}G_{\mathrm{m},i}^{*}-RT\ln\gamma_{i(\mathrm{s})}^{0}+RT\ln\frac{a_{(i)_{x}}^{\mathrm{H}}}{a_{(i)_{\mathrm{s}x}}^{\mathrm{H}}} \tag{6.157}$$

(3) 固体中组元以符合亨利定律的假想的 $w(i)/w_{\theta}=1$ 的固溶体为标准状态，溶液中的组元 i 以符合亨利定律的假想的 $w(i)/w_{\theta}=1$ 的溶液为标准状态，固体和溶液的浓度都以质量分数表示，析出过程的吉布斯自由能变化为

$$\Delta G_{\mathrm{m},i}=\mu_{(i)_{1}}-\mu_{(i)_{\mathrm{s}}}=\Delta G_{\mathrm{m},i}^{\theta}+RT\ln\frac{a_{(i)_{w}}^{\mathrm{H}}}{a_{(i)_{\mathrm{s}w}}^{\mathrm{H}}} \tag{6.158}$$

式中，

$$\mu_{(i)_{1}}=\mu_{i(w)}^{\theta}+RT\ln a_{(i)_{w}}^{\mathrm{H}}$$

$$\mu_{(i)_{\mathrm{s}}}=\mu_{i(\mathrm{s}w)}^{\theta}+RT\ln a_{(i)_{\mathrm{s}w}}^{\mathrm{H}}$$

$$
\begin{aligned}
\Delta G_{\mathrm{m},i}^{\theta} &= \mu_{i(w)}^{\theta} - \mu_{i(\mathrm{s}w)}^{\theta} \\
&= \left(\mu_{i(w)}^{\theta} - \mu_{i(\mathrm{l})}^{*}\right) + \left(\mu_{i(\mathrm{l})}^{*} - \mu_{i(\mathrm{s})}^{*}\right) + \left(\mu_{i(\mathrm{s})}^{*} - \mu_{i(\mathrm{s}w)}^{\theta}\right) \\
&= RT\ln\frac{a_{(i)}^{\mathrm{R}}}{a_{(i)_w}^{\mathrm{H}}} + \Delta_{\mathrm{fus}}G_{\mathrm{m},i}^{*} + RT\ln\frac{a_{(i)_{\mathrm{s}w}}^{\mathrm{H}}}{a_{(i)_{\mathrm{s}}}^{\mathrm{R}}}
\end{aligned} \tag{6.159}
$$

$$
\frac{a_{(i)}^{\mathrm{R}}}{a_{(i)_w}^{\mathrm{H}}} = \frac{M_1}{100M_i}\gamma_{i(\mathrm{l})}^{0}
$$

$$
\frac{a_{(i)_{\mathrm{s}w}}^{\mathrm{H}}}{a_{(i)_{\mathrm{s}}}^{\mathrm{R}}} = \frac{100M_i}{M_1}\frac{1}{\gamma_{i(\mathrm{s})}^{0}}
$$

所以

$$
\Delta G_{\mathrm{m},i} = RT\ln\frac{M_1}{100M_i}\gamma_{i(\mathrm{l})}^{0} + \Delta_{\mathrm{fus}}G_{\mathrm{m},i}^{*} - RT\ln\frac{M_1}{100M_i}\gamma_{i(\mathrm{s})}^{0} + RT\ln\frac{a_{(i)_w}^{\mathrm{H}}}{a_{(i)_{\mathrm{s}w}}^{\mathrm{H}}} \tag{6.160}
$$

2. 析出速率

在恒温恒压条件下，多元液体同时从固溶体中析出。不考虑耦合作用，析出速率为

$$
\begin{aligned}
\frac{\mathrm{d}c_{(i)_{\mathrm{s}}}}{\mathrm{d}t} &= j_i \\
&= -l_1\left(\frac{A_{\mathrm{m},i}}{T}\right) - l_2\left(\frac{A_{\mathrm{m},i}}{T}\right)^2 - l_3\left(\frac{A_{\mathrm{m},i}}{T}\right)^3 - \cdots
\end{aligned} \tag{6.161}
$$

$$
\begin{aligned}
\frac{\mathrm{d}N_{B(\mathrm{l})}}{\mathrm{d}t} &= -V\frac{\mathrm{d}c_{(i)_{\mathrm{s}}}}{\mathrm{d}t} = Vj_i \\
&= V\left[-l_{i_1}\left(\frac{A_{\mathrm{m},i}}{T}\right) - l_{i_2}\left(\frac{A_{\mathrm{m},i}}{T}\right)^2 - l_{i_3}\left(\frac{A_{\mathrm{m},i}}{T}\right)^3 - \cdots\right]
\end{aligned} \tag{6.162}
$$

$$
(i = 1, 2, 3, \cdots, n)
$$

考虑耦合作用的析出速率为

$$
\begin{aligned}
\frac{\mathrm{d}N_{i(\mathrm{l})}}{\mathrm{d}t} &= -V\frac{\mathrm{d}c_{(i)_{\mathrm{s}}}}{\mathrm{d}t} = Vj_i \\
&= V\left[-\sum_{k=1}^{n}l_{ik}\left(\frac{A_{\mathrm{m},k}}{T}\right) - \sum_{k=1}^{n}\sum_{l=1}^{n}l_{ikl}\left(\frac{A_{\mathrm{m},k}}{T}\right)\left(\frac{A_{\mathrm{m},l}}{T}\right)\right. \\
&\quad \left. - \sum_{k=1}^{n}\sum_{l=1}^{n}\sum_{h=1}^{n}l_{iklh}\left(\frac{A_{\mathrm{m},k}}{T}\right)\left(\frac{A_{\mathrm{m},l}}{T}\right)\left(\frac{A_{\mathrm{m},h}}{T}\right) - \cdots\right]
\end{aligned} \tag{6.163}
$$

式中，

$$
A_{\mathrm{m},i} = \Delta G_{\mathrm{m},i}
$$

为式 (6.152)、式 (6.157)、式 (6.160)。

6.7 固体从液体中析出——溶液结晶

6.7.1 单一组元结晶

1. 结晶过程热力学

在恒温恒压条件下，从过饱和溶液中析出一种晶体的过程可以表示为

$$(B)_{\text{过饱}} \xlongequal{\quad} B\,(\text{晶体})$$

溶液中的组元 B 和晶体组元 B 都以纯晶体为标准状态，浓度以摩尔分数表示，结晶过程的摩尔吉布斯自由能变化为

$$\Delta G_{\mathrm{m},B} = \mu_{B(\text{晶体})} - \mu_{(B)_{\text{过饱}}} = -RT\ln a^{\mathrm{R}}_{(B)_{\text{过饱}}} \tag{6.164}$$

式中，

$$\mu_{B(\text{晶体})} = \mu^{*}_{B(\text{晶体})}$$

$$\mu_{(B)_{\text{过饱}}} = \mu^{*}_{B(\text{晶体})} + RT\ln a^{\mathrm{R}}_{(B)_{\text{过饱}}}$$

也可以如下计算：

在温度 $T_{\text{平}}$，组元 B 达到饱和，降低温度到 T，达到过饱和，析出晶体 B，摩尔吉布斯自由能变化为

$$\begin{aligned}
\Delta G_{\mathrm{m},B}(T) =& G_{\mathrm{m},B(\text{晶体})}(T) - \bar{G}_{\mathrm{m},(B)\text{过饱}}(T)\\
=& \left(H_{\mathrm{m},B(\text{晶体})}(T) - TS_{\mathrm{m},B(\text{晶体})}(T)\right)\\
&- \left(\bar{H}_{\mathrm{m},(B)\text{过饱}}(T) - T\bar{S}_{\mathrm{m},(B)\text{过饱}}(T)\right)\\
=& \left(H_{\mathrm{m},B(\text{晶体})}(T) - \bar{H}_{\mathrm{m},(B)\text{过饱}}(T)\right)\\
&-T\left(S_{\mathrm{m},B(\text{晶体})}(T) - \bar{S}_{\mathrm{m},(B)\text{过饱}}(T)\right)\\
=& \Delta H_{\mathrm{m},B}(T) - T\Delta S_{\mathrm{m},B}(T)\\
\approx& \Delta H_{\mathrm{m},B}(T_{\text{平}}) - T\Delta S_{\mathrm{m},B}(T_{\text{平}})\\
=& \frac{\theta_{B,T}\Delta H_{\mathrm{m},B}(T_{\text{平}})}{T_{\text{平}}}\\
=& \eta_{B,T}\Delta H_{\mathrm{m},B}(T_{\text{平}})
\end{aligned} \tag{6.165}$$

式中，

$$\theta_{B,T} = T_{\text{平}} - T$$

为绝对饱和过冷度；

$$\eta_{B,T} = \frac{T_{平} - T}{T}$$

为相对饱和过冷度。

2. 结晶速率

在恒温恒压条件下，单位体积内过饱和溶液中单一组元的结晶速率为

$$\begin{aligned}\frac{\mathrm{d}n_{B(晶体)}}{\mathrm{d}t} &= -\frac{\mathrm{d}c_{(B)_{过饱}}}{\mathrm{d}t} = j_B \\ &= -l_1\left(\frac{A_{\mathrm{m},B}}{T}\right) - l_2\left(\frac{A_{\mathrm{m},B}}{T}\right)^2 - l_3\left(\frac{A_{\mathrm{m},B}}{T}\right)^3 - \cdots\end{aligned} \tag{6.166}$$

式中，$n_{B(晶体)}$ 为单位体积过饱和溶液中，析出组元 B 晶体的物质的量；

$$A_{\mathrm{m},B} = \Delta G_{\mathrm{m},B}$$

为式 (6.164)、式 (6.165)。

6.7.2 多组元同时结晶

1. 结晶过程热力学

在恒温恒压条件下，从过饱和溶液中同时析出多种纯物质的晶体，可以表示为

$$(i)_{过饱} \;=\!=\!=\; i(晶体)$$
$$(i = 1, 2, 3, \cdots, n)$$

溶液中的组元 i 和晶体中的组元 i 都以其纯晶体为标准状态，浓度以摩尔分数表示，结晶过程的摩尔吉布斯自由能变化为

$$\Delta G_{\mathrm{m},i} = \mu_{i(晶体)} - \mu_{(i)_{过饱}} = RT\ln a^{\mathrm{R}}_{(i)_{过饱}} \tag{6.167}$$

式中，

$$\mu_{i(晶体)} = \mu^*_{i(晶体)}$$

$$\mu_{(i)_{过饱}} = \mu^*_{i(晶体)} + RT\ln a^{\mathrm{R}}_{(i)_{过饱}}$$

在温度 $T_{平}$，组元 i 达到饱和，降低温度为 T，组元 i 达到过饱和，析出晶体

i，摩尔吉布斯自由能变化为

$$\begin{aligned}\Delta G_{\mathrm{m},i}(T) &= G_{\mathrm{m},i(\text{晶体})}(T) - \bar{G}_{\mathrm{m},(i)\text{过饱}}(T) \\ &= \left(H_{\mathrm{m},i(\text{晶体})}(T) - TS_{\mathrm{m},i(\text{晶体})}(T)\right) \\ &\quad - \left(\bar{H}_{\mathrm{m},(i)\text{过饱}}(T) - T\bar{S}_{\mathrm{m},(i)\text{过饱}}(T)\right) \\ &= \left(H_{\mathrm{m},i(\text{晶体})}(T) - \bar{H}_{\mathrm{m},(i)\text{过饱}}(T)\right) \\ &\quad -T\left(S_{\mathrm{m},i(\text{晶体})}(T) - \bar{S}_{\mathrm{m},(i)\text{过饱}}(T)\right) \\ &= \Delta H_{\mathrm{m},i}(T) - T\Delta S_{\mathrm{m},i}(T) \\ &\approx \Delta H_{\mathrm{m},i}(T_{\text{平}}) - T\Delta S_{\mathrm{m},i}(T_{\text{平}}) \\ &= \frac{\theta_{i,T}\Delta H_{\mathrm{m},i}(T_{\text{平}})}{T_{\text{平}}} \\ &= \eta_{i,T}\Delta H_{\mathrm{m},i}(T_{\text{平}})\end{aligned} \tag{6.168}$$

式中，

$$\theta_{i,T} = T_{\text{平}} - T$$

为绝对饱和过冷度；

$$\eta_{i,T} = \frac{T_{\text{平}} - T}{T}$$

为相对饱和过冷度。

2. 结晶速率

在恒温恒压条件下，过饱和溶液中多个组元同时结晶，不考虑耦合作用，单位体积内的结晶速率为

$$\begin{aligned}-\frac{\mathrm{d}c_{(i)\text{过饱}}}{\mathrm{d}t} &= j_i \\ &= -l_{i_1}\left(\frac{A_{\mathrm{m},i}}{T}\right) - l_{i_2}\left(\frac{A_{\mathrm{m},i}}{T}\right)^2 - l_{i_3}\left(\frac{A_{\mathrm{m},i}}{T}\right)^3 - \cdots\end{aligned} \tag{6.169}$$

$$(i = 1, 2, 3, \cdots, n)$$

考虑耦合作用，单位体积内的结晶速率为

$$\begin{aligned}-\frac{\mathrm{d}c_{(i)\text{过饱}}}{\mathrm{d}t} &= j_i \\ &= -\sum_{k=1}^{n} l_{ik}\left(\frac{A_{\mathrm{m},k}}{T}\right) - \sum_{k=1}^{n}\sum_{l=1}^{n} l_{ikl}\left(\frac{A_{\mathrm{m},k}}{T}\right)\left(\frac{A_{\mathrm{m},l}}{T}\right) \\ &\quad - \sum_{k=1}^{n}\sum_{l=1}^{n}\sum_{h=1}^{n} l_{iklh}\left(\frac{A_{\mathrm{m},k}}{T}\right)\left(\frac{A_{\mathrm{m},l}}{T}\right)\left(\frac{A_{\mathrm{m},h}}{T}\right) - \cdots\end{aligned} \tag{6.170}$$

式中，

$$A_{\mathrm{m},i} = \Delta G_{\mathrm{m},i}$$

为式 (6.153)、式 (6.156)。

6.7.3　从多组元溶液中析出一种固溶体晶体

1. 析出过程热力学

在恒温恒压条件下，多元溶液析出固溶体晶体，可以表示为

$$(i)_{过饱} = (i)_{\alpha}$$
$$(i = 1, 2, 3, \cdots, n)$$

溶液和固溶体中组元都以纯晶体为标准状态，浓度以摩尔分数表示，结晶过程的摩尔吉布斯自由能变化为

$$\Delta G_{\mathrm{m},i} = \mu_{(i)_{\alpha}} - \mu_{(i)_{过饱}} = RT \ln \frac{a_{(i)_{\alpha}}^{\mathrm{R}}}{a_{(i)_{过饱}}^{\mathrm{R}}} \tag{6.171}$$

式中，

$$\mu_{(i)_{\alpha}} = \mu_{i(晶体)}^{*} + RT \ln a_{(i)_{\alpha}}^{\mathrm{R}}$$
$$\mu_{(i)_{过饱}} = \mu_{i(晶体)}^{*} + RT \ln a_{(i)_{过饱}}^{\mathrm{H}}$$

按结晶组元的摩尔比计算的固溶体晶体的总摩尔吉布斯自由能变化为

$$\Delta G_{\mathrm{m},\alpha} = \sum_{i=1}^{n} x_i \Delta G_{\mathrm{m},i}$$

也可以如下计算：

在温度 $T_{平}$，溶液中 n 个组元达到饱和，降低温度到 T，组元 n 达到过饱和，析出多元固溶体晶体，组元 i 的摩尔吉布斯自由能变化为

$$\begin{aligned}
\Delta G_{\mathrm{m},i}(T) &= \bar{G}_{\mathrm{m},(i)_{\alpha}}(T) - \bar{G}_{\mathrm{m},(i)_{过饱}}(T) \\
&= \left(\bar{H}_{\mathrm{m},(i)_{\alpha}}(T) - T\bar{S}_{\mathrm{m},(i)_{过饱}}(T)\right) \\
&\quad - \left(\bar{H}_{\mathrm{m},(i)_{过饱}}(T) - T\bar{S}_{\mathrm{m},(i)_{过饱}}(T)\right) \\
&= \left(\bar{H}_{\mathrm{m},(i)_{\alpha}}(T) - \bar{H}_{\mathrm{m},(i)_{过饱}}(T)\right) \\
&\quad -T\left(\bar{S}_{\mathrm{m},(i)_{\alpha}}(T) - \bar{S}_{\mathrm{m},(i)_{过饱}}(T)\right) \\
&= \Delta H_{\mathrm{m},i}(T) - T\Delta S_{\mathrm{m},i}(T) \\
&\approx \Delta H_{\mathrm{m},i}(T_{平}) - T\Delta S_{\mathrm{m},i}(T_{平}) \\
&= \frac{\theta_{i,T}\Delta H_{\mathrm{m},i}(T_{平})}{T_{平}} \\
&= \eta_{i,T}\Delta H_{\mathrm{m},i}(T_{平})
\end{aligned} \tag{6.172}$$

式中，

$$\theta_{i,T} = T_{\text{平}} - T$$

为绝对饱和过冷度；

$$\eta_{i,T} = \frac{T_{\text{平}} - T}{T}$$

为相对饱和过冷度。

$$\begin{aligned}\Delta G_{\mathrm{m},\alpha} &= \sum_{i=1}^{n} N_i \Delta G_{\mathrm{m},i}(T) \\ &= \sum_{i=1}^{n} \frac{N_i \theta_{i,T} \Delta H_{\mathrm{m},i}(T_{\text{平}})}{T} \\ &= \sum_{i=1}^{n} N_i \eta_{i,T} \Delta H_{\mathrm{m},i}(T_{\text{平}})\end{aligned} \tag{6.173}$$

2. 析出速率

在恒温恒压条件下，多元过饱和溶液析出固溶体晶体。不考虑耦合作用，单位体积内析出固溶体晶体的速率为

$$\begin{aligned}\frac{\mathrm{d}c_{(i)_\alpha}}{\mathrm{d}t} &= -\frac{\mathrm{d}c_{(i)_{\text{过饱}}}}{\mathrm{d}t} = j_i \\ &= -l_1\left(\frac{A_{\mathrm{m},i}}{T}\right) - l_2\left(\frac{A_{\mathrm{m},i}}{T}\right)^2 - l_3\left(\frac{A_{\mathrm{m},i}}{T}\right)^3 - \cdots\end{aligned} \tag{6.174}$$

$$(i = 1, 2, 3, \cdots, n)$$

式中，

$$A_{\mathrm{m},i} = \Delta G_{\mathrm{m},\alpha}$$

为式 (6.159)。

考虑耦合作用，析出晶体速率为

$$\begin{aligned}-\frac{\mathrm{d}c_{(i)_{\text{过饱}}}}{\mathrm{d}t} &= j_i \\ &= -\sum_{k=1}^{n} l_{ik}\left(\frac{A_{\mathrm{m},k}}{T}\right) - \sum_{k=1}^{n}\sum_{l=1}^{n} l_{ikl}\left(\frac{A_{\mathrm{m},k}}{T}\right)\left(\frac{A_{\mathrm{m},l}}{T}\right) \\ &\quad - \sum_{k=1}^{n}\sum_{l=1}^{n}\sum_{h=1}^{n} l_{iklh}\left(\frac{A_{\mathrm{m},k}}{T}\right)\left(\frac{A_{\mathrm{m},l}}{T}\right)\left(\frac{A_{\mathrm{m},h}}{T}\right) - \cdots\end{aligned} \tag{6.175}$$

6.8 固体从固体中析出

固溶体中的组元含量达到过饱和，会从固溶体中析出。例如，铁碳固溶体，在温度降低时，会析出碳。

6.8.1 一种固体组元从固溶体中析出

1. 析出过程热力学

在恒温恒压条件下，一种过饱和的组元从固溶体中析出，可以表示为

$$(B)_{过饱} = B(\mathrm{s})$$

固溶体中的组元 B 和固体组元 B 都以纯固体 B 为标准状态，浓度以摩尔分数表示，析出过程的摩尔吉布斯自由能变化为

$$\Delta G_{\mathrm{m},(B)} = \mu_{B(\mathrm{s})} - \mu_{(B)_\mathrm{s}} = -RT\ln a^{\mathrm{R}}_{(B)_{过饱}} \tag{6.176}$$

式中，

$$\mu_{B(\mathrm{s})} = \mu^*_{B(\mathrm{s})}$$

$$\mu_{(B)_\mathrm{s}} = \mu^*_{B(\mathrm{s})} + RT\ln a^{\mathrm{R}}_{(B)_{过饱}}$$

在温度 $T_平$，固溶体中组元 B 达到饱和，降低温度到 T，组元 B 达到过饱和，析出组元 B 的晶体，摩尔吉布斯自由能变化为

$$\begin{aligned}
\Delta G_{\mathrm{m},B}(T) &= G_{\mathrm{m},B(晶体)}(T) - \bar{G}_{\mathrm{m},(B)过饱}(T)\\
&= \left(H_{\mathrm{m},B(晶体)}(T) - TS_{\mathrm{m},B(晶体)}(T)\right)\\
&\quad - \left(\bar{H}_{\mathrm{m},(B)过饱}(T) - T\bar{S}_{\mathrm{m},(B)过饱}(T)\right)\\
&= \left(H_{\mathrm{m},B(晶体)}(T) - \bar{H}_{\mathrm{m},(B)过饱}(T)\right)\\
&\quad -T\left(S_{\mathrm{m},B(晶体)}(T) - \bar{S}_{\mathrm{m},(B)过饱}(T)\right)\\
&= \Delta H_{\mathrm{m},B}(T) - T\Delta S_{\mathrm{m},B}(T)\\
&\approx \Delta H_{\mathrm{m},B}(T_平) - T\Delta S_{\mathrm{m},B}(T_平)\\
&= \frac{\theta_{B,T}\Delta H_{\mathrm{m},B}(T_平)}{T_平}\\
&= \eta_{B,T}\Delta H_{\mathrm{m},B}(T_平)
\end{aligned} \tag{6.177}$$

式中，

$$\theta_{B,T} = T_平 - T$$

为绝对饱和过冷度；

$$\eta_{B,T}=\frac{T_{平}-T}{T}$$

为相对饱和过冷度。

2. 析出速率

在恒温恒压条件下，一种过饱和的组元从固溶体中析出，单位体积内的析出速率为

$$\begin{aligned}\frac{\mathrm{d}n_{B(\mathrm{s})}}{\mathrm{d}t}&=-\frac{\mathrm{d}c_{(B)_\mathrm{s}}}{\mathrm{d}t}=j_B\\&=-l_1\left(\frac{A_{\mathrm{m},B}}{T}\right)-l_2\left(\frac{A_{\mathrm{m},B}}{T}\right)^2-l_3\left(\frac{A_{\mathrm{m},B}}{T}\right)^3-\cdots\end{aligned}\tag{6.178}$$

整个体积内的析出速率为

$$\begin{aligned}\frac{\mathrm{d}N_{B(\mathrm{s})}}{\mathrm{d}t}&=-V\frac{\mathrm{d}c_{(B)_\mathrm{s}}}{\mathrm{d}t}=Vj_B\\&=V\left[-l_1\left(\frac{A_{\mathrm{m},B}}{T}\right)-l_2\left(\frac{A_{\mathrm{m},B}}{T}\right)^2-l_3\left(\frac{A_{\mathrm{m},B}}{T}\right)^3-\cdots\right]\end{aligned}\tag{6.179}$$

式中，

$$A_{\mathrm{m},B}=\Delta G_{\mathrm{m},B}$$

为式 (6.164) 和式 (6.165)。

6.8.2 另一种固溶体从固溶体中析出

1. 析出过程热力学

1) 从二元固溶体中析出一种新的二元固溶体

在恒温恒压条件下，从二元固溶体 β 中析出新的二元固溶体 α，可以表示为

$$(\alpha)_\beta=\!=\!=\alpha$$

即

$$(A)_\beta=\!=\!=(A)_\alpha$$

$$(B)_\beta=\!=\!=(B)_\alpha$$

两种固溶体中的组元都以纯固态为标准状态，浓度以摩尔分数表示，析出过程的摩尔吉布斯自由能变化为

$$\Delta G_{\mathrm{m},A}=\mu_{(A)_\alpha}-\mu_{(A)_\beta}=RT\ln\frac{a^{\mathrm{R}}_{(A)_\alpha}}{a^{\mathrm{R}}_{(A)_\beta}}\tag{6.180}$$

式中，

$$\mu_{(A)_\alpha} = \mu^*_{A(\mathrm{s})} + RT\ln a^{\mathrm{R}}_{(A)_\alpha}$$

$$\mu_{(A)_\beta} = \mu^*_{A(\mathrm{s})} + RT\ln a^{\mathrm{R}}_{(A)_\beta}$$

$$\Delta G_{\mathrm{m},B} = \mu_{(B)_\alpha} - \mu_{(B)_\beta} = RT\ln\frac{a^{\mathrm{R}}_{(B)_\alpha}}{a^{\mathrm{R}}_{(B)_\beta}} \tag{6.181}$$

式中，

$$\mu_{(B)_\alpha} = \mu^*_{B(\mathrm{s})} + RT\ln a^{\mathrm{R}}_{(B)_\alpha}$$

$$\mu_{(B)_\beta} = \mu^*_{B(\mathrm{s})} + RT\ln a^{\mathrm{R}}_{(B)_\beta}$$

$$\begin{aligned}\Delta G_{\mathrm{m},\alpha} &= x_A\Delta G_{\mathrm{m},(A)} + x_B\Delta G_{\mathrm{m},(B)} \\ &= x_A RT\ln\frac{a^{\mathrm{R}}_{(A)_\alpha}}{a^{\mathrm{R}}_{(A)_\beta}} + x_B RT\ln\frac{a^{\mathrm{R}}_{(B)_\alpha}}{a^{\mathrm{R}}_{(B)_\beta}}\end{aligned}$$

2) 从多元固溶体中析出另一种多元固溶体

在恒温恒压条件下，从多元固溶体 β 中析出一种新的多元固溶体 α，可以表示为

$$(\alpha)_\beta =\!=\!= \alpha$$

即

$$(i)_\beta =\!=\!= (i)_\alpha$$

$$(i = 1, 2, 3, \cdots, n)$$

两种固溶体中的组元都以纯固态物质为标准状态，浓度以摩尔分数表示，析出新固体过程的摩尔吉布斯自由能变化为

$$\Delta G_{\mathrm{m},i} = \mu_{(i)_\alpha} - \mu_{(i)_\beta} = RT\ln\frac{a^{\mathrm{R}}_{(i)_\alpha}}{a^{\mathrm{R}}_{(i)_\beta}} \tag{6.182}$$

$$(i = 1, 2, 3, \cdots, n)$$

$$\Delta G_{\mathrm{m},\alpha} = \sum_{i=1}^{n} x_i\Delta G_{\mathrm{m},i} = \sum_{i=1}^{n} x_i RT\ln\frac{a^{\mathrm{R}}_{(i)_\alpha}}{a^{\mathrm{R}}_{(i)_\beta}}$$

2. 析出速率

在恒温恒压条件下，从固溶体中析出另一种固溶体，析出速率为:

(1) 不考虑耦合作用，析出二元固溶体，有

$$\begin{aligned}\frac{\mathrm{d}N_{(A)_\alpha}}{\mathrm{d}t} &= -V\frac{\mathrm{d}c_{(A)_\beta}}{\mathrm{d}t} = Vj_A \\ &= V\left[-l_{A_1}\left(\frac{A_{\mathrm{m},A}}{T}\right) - l_{A_2}\left(\frac{A_{\mathrm{m},A}}{T}\right)^2 - l_{A_3}\left(\frac{A_{\mathrm{m},A}}{T}\right)^3 - \cdots\right]\end{aligned} \tag{6.183}$$

$$
\begin{aligned}
\frac{\mathrm{d}N_{(B)_\alpha}}{\mathrm{d}t} &= -V\frac{\mathrm{d}c_{(B)_\beta}}{\mathrm{d}t} = Vj_B \\
&= V\left[-l_{B_1}\left(\frac{A_{\mathrm{m},B}}{T}\right) - l_{B_2}\left(\frac{A_{\mathrm{m},B}}{T}\right)^2 - l_{B_3}\left(\frac{A_{\mathrm{m},B}}{T}\right)^3 - \cdots\right]
\end{aligned} \tag{6.184}
$$

式中，

$$
A_{\mathrm{m},A} = \Delta G_{\mathrm{m},A}
$$

为式 (6.168)；

$$
A_{\mathrm{m},B} = \Delta G_{\mathrm{m},B}
$$

为式 (6.169)。

析出 n 元固溶体，有

$$
\begin{aligned}
\frac{\mathrm{d}N_{(i)_\alpha}}{\mathrm{d}t} &= -V\frac{\mathrm{d}c_{(i)_\beta}}{\mathrm{d}t} = Vj_i \\
&= V\left[-l_{B_1}\left(\frac{A_{\mathrm{m},i}}{T}\right) - l_{B_2}\left(\frac{A_{\mathrm{m},i}}{T}\right)^2 - l_{B_3}\left(\frac{A_{\mathrm{m},i}}{T}\right)^3 - \cdots\right]
\end{aligned} \tag{6.185}
$$

式中，

$$
A_{\mathrm{m},i} = \Delta G_{\mathrm{m},i}
$$

为式 (6.170)。

(2) 考虑耦合作用，析出二元固溶体，有

$$
\begin{aligned}
\frac{\mathrm{d}N_{(A)_\alpha}}{\mathrm{d}t} =& -V\frac{\mathrm{d}c_{(A)_\beta}}{\mathrm{d}t} = Vj_A \\
=& V\Bigg[-l_{AA}\left(\frac{A_{\mathrm{m},A}}{T}\right) - l_{AB}\left(\frac{A_{\mathrm{m},B}}{T}\right) - l_{AAA}\left(\frac{A_{\mathrm{m},A}}{T}\right)^2 \\
& -l_{AAB}\left(\frac{A_{\mathrm{m},A}}{T}\right)\left(\frac{A_{\mathrm{m},B}}{T}\right) - l_{AAAA}\left(\frac{A_{\mathrm{m},A}}{T}\right)^3 \\
& -l_{AAAB}\left(\frac{A_{\mathrm{m},A}}{T}\right)^2\left(\frac{A_{\mathrm{m},B}}{T}\right) - l_{AABB}\left(\frac{A_{\mathrm{m},A}}{T}\right)\left(\frac{A_{\mathrm{m},B}}{T}\right)^2 \\
& -l_{ABBB}\left(\frac{A_{\mathrm{m},B}}{T}\right)^3 - \cdots\Bigg]
\end{aligned} \tag{6.186}
$$

$$
\begin{aligned}
\frac{\mathrm{d}N_{(B)_\alpha}}{\mathrm{d}t} &= -V\frac{\mathrm{d}c_{(B)_\beta}}{\mathrm{d}t} = Vj_B \\
&= V\left[-l_{BA}\left(\frac{A_{\mathrm{m},A}}{T}\right) - l_{BB}\left(\frac{A_{\mathrm{m},B}}{T}\right) - l_{BAA}\left(\frac{A_{\mathrm{m},A}}{T}\right)^2 \right. \\
&\quad - l_{BAB}\left(\frac{A_{\mathrm{m},A}}{T}\right)\left(\frac{A_{\mathrm{m},B}}{T}\right) - l_{BBB}\left(\frac{A_{\mathrm{m},B}}{T}\right)^2 \\
&\quad - l_{BAAA}\left(\frac{A_{\mathrm{m},B}}{T}\right)^3 - l_{BAAB}\left(\frac{A_{\mathrm{m},A}}{T}\right)^2\left(\frac{A_{\mathrm{m},B}}{T}\right) \\
&\quad \left. - l_{BABB}\left(\frac{A_{\mathrm{m},A}}{T}\right)\left(\frac{A_{\mathrm{m},B}}{T}\right)^2 - l_{BBBB}\left(\frac{A_{\mathrm{m},B}}{T}\right)^3 - \cdots \right]
\end{aligned}
\tag{6.187}
$$

析出 n 元固溶体，有

$$
\begin{aligned}
\frac{\mathrm{d}N_{(i)_\alpha}}{\mathrm{d}t} &= -V\frac{\mathrm{d}c_{(i)_\beta}}{\mathrm{d}t} = Vj_i \\
&= V\left[-\sum_{k=1}^{n} l_{ik}\left(\frac{A_{\mathrm{m},k}}{T}\right) - \sum_{k=1}^{n}\sum_{l=1}^{n} l_{ikl}\left(\frac{A_{\mathrm{m},k}}{T}\right)\left(\frac{A_{\mathrm{m},l}}{T}\right) \right. \\
&\quad \left. - \sum_{k=1}^{n}\sum_{l=1}^{n}\sum_{k=1}^{n} l_{iklh}\left(\frac{A_{\mathrm{m},k}}{T}\right)\left(\frac{A_{\mathrm{m},l}}{T}\right)\left(\frac{A_{\mathrm{m},h}}{T}\right) - \cdots \right]
\end{aligned}
\tag{6.188}
$$

6.8.3　固相分层

1. 分层过程热力学

1) 二元固溶体分层

在恒温恒压条件下，从二元固溶体 q_1' 中析出固溶体 q_1''。q_1' 的溶质是 B，溶剂是 A，q_1'' 的溶质是 A，溶剂是 B。该过程可以表示为

$$
q_1' = q_1''
$$

$$
(B)_{q_1'} = (B)_{q_1''}
$$

$$
(A)_{q_1'} = (A)_{q_1''}
$$

两个固相的组元都以纯固态为标准状态，浓度以摩尔分数表示，该过程的摩尔吉布斯自由能变化为

$$
\Delta G_{\mathrm{m},B} = \mu_{(B)_{q_1''}} - \mu_{(B)_{q_1'}} = RT\ln\frac{a^{\mathrm{R}}_{(B)_{q_1''}}}{a^{\mathrm{R}}_{(B)_{q_1'}}}
\tag{6.189}
$$

式中，

$$
\mu_{(B)_{q_1''}} = \mu^*_{B(\mathrm{s})} + RT\ln a^{\mathrm{R}}_{(B)_{q_1''}}
$$

$$\mu_{(B)_{q_1'}} = \mu^*_{B(\mathrm{s})} + RT\ln a^{\mathrm{R}}_{(B)_{q_1'}}$$

$$\Delta G_{\mathrm{m},A} = \mu_{(A)_{q_1''}} - \mu_{(A)_{q_1'}} = RT\ln\frac{a^{\mathrm{R}}_{(A)_{q_1''}}}{a^{\mathrm{R}}_{(A)_{q_1'}}} \tag{6.190}$$

式中，

$$\mu_{(A)_{q_1''}} = \mu^*_{A(\mathrm{s})} + RT\ln a^{\mathrm{R}}_{(A)_{q_1''}}$$

$$\mu_{(A)_{q_1'}} = \mu^*_{A(\mathrm{s})} + RT\ln a^{\mathrm{R}}_{(A)_{q_1'}}$$

$$\Delta G_{\mathrm{m}} = x_A\Delta G_{\mathrm{m},(A)_{q_1'}} + x_B\Delta G_{\mathrm{m},(B)_{q_1'}}$$

也可以如下计算：

在温度 $T_{平}$，两个固溶体达成平衡，有

$$(B)_{q_1'} \rightleftharpoons (B)_{q_1''}$$

$$(A)_{q_1'} \rightleftharpoons (A)_{q_1''}$$

改变温度到 T，组元 A 和 B 从 q_1' 进入 q_1''，有

$$(B)_{q_1'} = (B)_{q_1''}$$

$$(A)_{q_1'} = (A)_{q_1''}$$

该过程的摩尔吉布斯自由能变化为

$$\begin{aligned}
\Delta G_{\mathrm{m},B}(T) &= \overline{G}_{\mathrm{m},(\mathrm{B})_{q_1''}}(T) - \overline{G}_{\mathrm{m},(\mathrm{B})_{q_1'}}(T)\\
&= (\overline{H}_{\mathrm{m},(\mathrm{B})_{q_1''}}(T) - T\overline{S}_{\mathrm{m},(\mathrm{B})_{q_1''}}(T)) - (\overline{H}_{\mathrm{m},(\mathrm{B})_{q_1'}}(T) - T\overline{S}_{\mathrm{m},(\mathrm{B})_{q_1'}}(T))\\
&= (\overline{H}_{\mathrm{m},(\mathrm{B})_{q_1''}}(T) - H_{\mathrm{m},(\mathrm{B})_{q_1'}}(T)) - T(\overline{S}_{\mathrm{m},(\mathrm{B})_{q_1''}}(T) - \overline{S}_{\mathrm{m},(\mathrm{B})_{q_1'}}(T))\\
&= \Delta H_{\mathrm{m},B}(T) - T\Delta S_{\mathrm{m},B}(T)\\
&\approx \Delta H_{\mathrm{m},B}(T_{平}) - T\Delta S_{\mathrm{m},B}(T_{平})\\
&= \Delta H_{\mathrm{m},B}(T_{平}) - \frac{T\Delta H_{\mathrm{m},B}(T_{平})}{T_{平}}\\
&= \frac{\Delta H_{\mathrm{m},B}\Delta T(T_{平})}{T_{平}}
\end{aligned} \tag{6.191}$$

式中，

$$\Delta T = T_{平} - T$$

同理，有

$$\Delta G^{(T)}_{\mathrm{m},A} = \frac{\Delta H^{(T_{平})}_{\mathrm{m},B}\Delta T}{T_{平}} \tag{6.192}$$

$$\Delta G_{\mathrm{m},t}(T)=n_A\Delta G_{\mathrm{m},A}(T)+n_B\Delta G_{\mathrm{m},B}(T)$$

$$\begin{aligned}\Delta G_{\mathrm{m},t}&=\sum_{i=1}^{n}N_{i_2}\Delta G_{\mathrm{m},(i_2)_{\text{气泡}}}=\sum_{i=1}^{n}N_{i_2}RT\ln\frac{x_{i_2}p'_{\text{阻}}}{p_{(i_2)_{\text{过饱}'}}}\\&=\sum_{i=1}^{n}N_{i_2}RT\ln\frac{x_{i_2}p_{\text{平}}}{p_{(i_2)_{\text{过饱}'}}}<0\end{aligned}$$

2) 多元固溶体分层

q_1' 是多元固溶体，q_1'' 也是多元固溶体，q_1' 的溶质是 B 和 i，溶剂是 A；q_1'' 的溶质是 A 和 i，溶剂是 B，可以表示为

$$q_1' =\!=\!= q_1''$$

即

$$\begin{gathered}(B)_{q_1'} =\!=\!= (B)_{q_1''}\\(A)_{q_1'} =\!=\!= (A)_{q_1''}\\(i)_{q_1'} =\!=\!= (i)_{q_1''}\\(i=1,2,3,\cdots,n)\end{gathered}$$

两个固溶体中的组元都以纯固态为标准状态，该过程的摩尔吉布斯自由能变化为

$$\Delta G_{\mathrm{m},B}=\mu_{(B)_{q_1''}}-\mu_{(B)_{q_1'}}=RT\ln\frac{a^{\mathrm{R}}_{(B)_{q_1''}}}{a^{\mathrm{R}}_{(B)_{q_1'}}}\tag{6.193}$$

$$\Delta G_{\mathrm{m},A}=\mu_{(A)_{q_1''}}-\mu_{(A)_{q_1'}}=RT\ln\frac{a^{\mathrm{R}}_{(A)_{q_1''}}}{a^{\mathrm{R}}_{(A)_{q_1'}}}\tag{6.194}$$

$$\Delta G_{\mathrm{m},i}=\mu_{(i)_{q_1''}}-\mu_{(i)_{q_1'}}=RT\ln\frac{a^{\mathrm{R}}_{(i)_{q_1''}}}{a^{\mathrm{R}}_{(i)_{q_1'}}}\tag{6.195}$$

$$(i=1,2,3,\cdots,n)$$

总摩尔吉布斯自由能变化为

$$\Delta G_{\mathrm{m},T}=x_A\Delta G_{\mathrm{m},(A)}+x_B\Delta G_{\mathrm{m},(B)}+\sum_{i=1}^{n}x_B\Delta G_{\mathrm{m},(i)}$$

2. 分层速率

1) 二元固溶体分层

在恒温恒压条件下，不考虑耦合作用，固相分层的速率为

$$\begin{aligned}\frac{\mathrm{d}N_{(B)_{q_1''}}}{\mathrm{d}t} &= -\frac{\mathrm{d}N_{(B)_{q_1'}}}{\mathrm{d}t} = Vj_B \\ &= V\left[-l_{B_1}\left(\frac{A_{\mathrm{m},B}}{T}\right) - l_{B_2}\left(\frac{A_{\mathrm{m},B}}{T}\right)^2 - l_{B_3}\left(\frac{A_{\mathrm{m},B}}{T}\right)^3 - \cdots\right]\end{aligned} \tag{6.196}$$

$$\begin{aligned}\frac{\mathrm{d}N_{(A)_{q_1''}}}{\mathrm{d}t} &= -\frac{\mathrm{d}N_{(A)_{q_1'}}}{\mathrm{d}t} = Vj_A \\ &= V\left[-l_{A_1}\left(\frac{A_{\mathrm{m},A}}{T}\right) - l_{A_2}\left(\frac{A_{\mathrm{m},A}}{T}\right)^2 - l_{A_3}\left(\frac{A_{\mathrm{m},A}}{T}\right)^3 - \cdots\right]\end{aligned} \tag{6.197}$$

考虑耦合作用，固相分层的速率为

$$\begin{aligned}\frac{\mathrm{d}N_{(B)_{q_1''}}}{\mathrm{d}t} =& -\frac{\mathrm{d}N_{(B)_{q_1'}}}{\mathrm{d}t} = Vj_B \\ =& V\left[-l_{BB}\left(\frac{A_{\mathrm{m},B}}{T}\right) - l_{BA}\left(\frac{A_{\mathrm{m},A}}{T}\right) - l_{BBB}\left(\frac{A_{\mathrm{m},B}}{T}\right)^2\right. \\ & -l_{BBA}\left(\frac{A_{\mathrm{m},B}}{T}\right)\left(\frac{A_{\mathrm{m},A}}{T}\right) - l_{BAA}\left(\frac{A_{\mathrm{m},A}}{T}\right)^2 \\ & -l_{BBBB}\left(\frac{A_{\mathrm{m},B}}{T}\right)^3 - l_{BBBA}\left(\frac{A_{\mathrm{m},B}}{T}\right)^2\left(\frac{A_{\mathrm{m},A}}{T}\right) \\ & \left.-l_{BBAA}\left(\frac{A_{\mathrm{m},B}}{T}\right)\left(\frac{A_{\mathrm{m},A}}{T}\right)^2 - l_{BAAA}\left(\frac{A_{\mathrm{m},A}}{T}\right)^3 - \cdots\right]\end{aligned} \tag{6.198}$$

$$\begin{aligned}\frac{\mathrm{d}N_{(A)_{q_1''}}}{\mathrm{d}t} =& -\frac{\mathrm{d}N_{(A)_{q_1'}}}{\mathrm{d}t} = Vj_A \\ =& V\left[-l_{AA}\left(\frac{A_{\mathrm{m},A}}{T}\right) - l_{AB}\left(\frac{A_{\mathrm{m},B}}{T}\right) - l_{AAA}\left(\frac{A_{\mathrm{m},A}}{T}\right)^2\right. \\ & -l_{AAB}\left(\frac{A_{\mathrm{m},A}}{T}\right)\left(\frac{A_{\mathrm{m},B}}{T}\right) - l_{ABB}\left(\frac{A_{\mathrm{m},B}}{T}\right)^2 \\ & -l_{AAAA}\left(\frac{A_{\mathrm{m},A}}{T}\right)^3 - l_{AAAB}\left(\frac{A_{\mathrm{m},A}}{T}\right)^2\left(\frac{A_{\mathrm{m},B}}{T}\right) \\ & \left.-l_{AABB}\left(\frac{A_{\mathrm{m},A}}{T}\right)\left(\frac{A_{\mathrm{m},B}}{T}\right)^2 - l_{ABBB}\left(\frac{A_{\mathrm{m},B}}{T}\right)^3 - \cdots\right]\end{aligned} \tag{6.199}$$

式中，

$$A_{\mathrm{m},B} = \Delta G_{\mathrm{m},B}$$

为式 (6.189)；

$$A_{\mathrm{m},A} = \Delta G_{\mathrm{m},A}$$

为式 (6.190)。

2) 多元固溶体分层

在恒温恒压条件下，不考虑耦合作用，多元固溶体分层的速率为

$$\begin{aligned}\frac{\mathrm{d}N_{(B)_{q_1''}}}{\mathrm{d}t} &= -\frac{\mathrm{d}N_{(B)_{q_1'}}}{\mathrm{d}t} = Vj_B \\ &= V\left[-l_{B_1}\left(\frac{A_{\mathrm{m},B}}{T}\right) - l_{B_2}\left(\frac{A_{\mathrm{m},B}}{T}\right)^2 - l_{B_3}\left(\frac{A_{\mathrm{m},B}}{T}\right)^3 - \cdots\right]\end{aligned} \tag{6.200}$$

$$\begin{aligned}\frac{\mathrm{d}N_{(A)_{q_1''}}}{\mathrm{d}t} &= -\frac{\mathrm{d}N_{(A)_{q_1'}}}{\mathrm{d}t} = Vj_A \\ &= V\left[-l_{A_1}\left(\frac{A_{\mathrm{m},A}}{T}\right) - l_{A_2}\left(\frac{A_{\mathrm{m},A}}{T}\right)^2 - l_{A_3}\left(\frac{A_{\mathrm{m},A}}{T}\right)^3 - \cdots\right]\end{aligned} \tag{6.201}$$

$$\begin{aligned}\frac{\mathrm{d}N_{(i)_{q_1''}}}{\mathrm{d}t} &= -\frac{\mathrm{d}N_{(i)_{q_1'}}}{\mathrm{d}t} = Vj_i \\ &= V[-l_{i_1}\left(\frac{A_{\mathrm{m},i}}{T}\right) - l_{i_2}\left(\frac{A_{\mathrm{m},i}}{T}\right)^2 - l_{i_3}\left(\frac{A_{\mathrm{m},i}}{T}\right)^3 - \cdots] \\ &\qquad (i = 1, 2, 3, \cdots, n)\end{aligned} \tag{6.202}$$

考虑耦合作用，有

$$\begin{aligned}\frac{\mathrm{d}N_{(B)_{q_1''}}}{\mathrm{d}t} &= -\frac{\mathrm{d}N_{(B)_{q_1'}}}{\mathrm{d}t} = Vj_B \\ &= V\Bigg[-\sum_{j=A}^{B} l_{Bj}\left(\frac{A_{\mathrm{m},j}}{T}\right) - \sum_{k=1}^{n} l_{Bk}\left(\frac{A_{\mathrm{m},k}}{T}\right) \\ &\quad - \sum_{j=A}^{B}\sum_{j'=A}^{B} l_{Bjj'}\left(\frac{A_{\mathrm{m},j}}{T}\right)\left(\frac{A_{\mathrm{m},j'}}{T}\right) \\ &\quad - \sum_{j=A}^{B}\sum_{k=1}^{n} l_{Bjk}\left(\frac{A_{\mathrm{m},j}}{T}\right)\left(\frac{A_{\mathrm{m},k}}{T}\right) \\ &\quad - \sum_{k=1}^{n}\sum_{l=1}^{n} l_{Bkl}\left(\frac{A_{\mathrm{m},k}}{T}\right)\left(\frac{A_{\mathrm{m},l}}{T}\right)\end{aligned}$$

$$
\begin{aligned}
&-\sum_{j=A}^{B}\sum_{j'=A}^{B}\sum_{j''=A}^{B} l_{Bjj'j''}\left(\frac{A_{\mathrm{m},j}}{T}\right)\left(\frac{A_{\mathrm{m},j'}}{T}\right)\left(\frac{A_{\mathrm{m},j''}}{T}\right)\\
&-\sum_{j=A}^{B}\sum_{j'=A}^{B}\sum_{k=1}^{n} l_{Bjj'k}\left(\frac{A_{\mathrm{m},j}}{T}\right)\left(\frac{A_{\mathrm{m},j'}}{T}\right)\left(\frac{A_{\mathrm{m},k}}{T}\right)\\
&-\sum_{j=A}^{B}\sum_{k=1}^{n}\sum_{l=1}^{n} l_{Bjkl}\left(\frac{A_{\mathrm{m},j}}{T}\right)\left(\frac{A_{\mathrm{m},k}}{T}\right)\left(\frac{A_{\mathrm{m},l}}{T}\right)\\
&\left.-\sum_{k=1}^{n}\sum_{l=1}^{n}\sum_{h=1}^{n} l_{Bklh}\left(\frac{A_{\mathrm{m},k}}{T}\right)\left(\frac{A_{\mathrm{m},l}}{T}\right)\left(\frac{A_{\mathrm{m},h}}{T}\right)-\cdots\right]
\end{aligned}
\tag{6.203}
$$

$$
\begin{aligned}
\frac{\mathrm{d}N_{(A)_{q_1''}}}{\mathrm{d}t}=&-\frac{\mathrm{d}N_{(A)_{q_1'}}}{\mathrm{d}t}=Vj_A=V\left[-\sum_{j=A}^{B} l_{Aj}\left(\frac{A_{\mathrm{m},j}}{T}\right)\right.\\
&-\sum_{k=1}^{n} l_{Ak}\left(\frac{A_{\mathrm{m},k}}{T}\right)-\sum_{j=A}^{B}\sum_{j'=A}^{B} l_{Ajj'}\left(\frac{A_{\mathrm{m},j}}{T}\right)\left(\frac{A_{\mathrm{m},j'}}{T}\right)\\
&-\sum_{j=A}^{B}\sum_{k=1}^{n} l_{Bjk}\left(\frac{A_{\mathrm{m},j}}{T}\right)\left(\frac{A_{\mathrm{m},k}}{T}\right)\\
&-\sum_{k=1}^{n}\sum_{l=1}^{n} l_{Akl}\left(\frac{A_{\mathrm{m},k}}{T}\right)\left(\frac{A_{\mathrm{m},l}}{T}\right)\\
&-\sum_{j=A}^{B}\sum_{j'=A}^{B}\sum_{j''=A}^{B} l_{Ajj'j''}\left(\frac{A_{\mathrm{m},j}}{T}\right)\left(\frac{A_{\mathrm{m},j'}}{T}\right)\left(\frac{A_{\mathrm{m},j''}}{T}\right)\\
&-\sum_{j=A}^{B}\sum_{j'=A}^{B}\sum_{k=1}^{n} l_{Bjj'k}\left(\frac{A_{\mathrm{m},j}}{T}\right)\left(\frac{A_{\mathrm{m},j'}}{T}\right)\left(\frac{A_{\mathrm{m},k}}{T}\right)\\
&-\sum_{j=A}^{B}\sum_{k=1}^{n}\sum_{l=1}^{n} l_{Bjkl}\left(\frac{A_{\mathrm{m},j}}{T}\right)\left(\frac{A_{\mathrm{m},k}}{T}\right)\left(\frac{A_{\mathrm{m},l}}{T}\right)\\
&\left.-\sum_{k=1}^{n}\sum_{l=1}^{n}\sum_{h=1}^{n} l_{Aklh}\left(\frac{A_{\mathrm{m},k}}{T}\right)\left(\frac{A_{\mathrm{m},l}}{T}\right)\left(\frac{A_{\mathrm{m},h}}{T}\right)-\cdots\right]
\end{aligned}
\tag{6.204}
$$

$$
\begin{aligned}
\frac{\mathrm{d}N_{(i)_{q_1''}}}{\mathrm{d}t}&=-\frac{\mathrm{d}N_{(i)_{q_1'}}}{\mathrm{d}t}=Vj_i\\
&=V\left[-\sum_{j=A}^{B} l_{iA}\left(\frac{A_{\mathrm{m},j}}{T}\right)-\sum_{k=1}^{n} l_{ik}\left(\frac{A_{\mathrm{m},k}}{T}\right)\right.\\
&\quad-\sum_{j=A}^{B}\sum_{j'=A}^{B} l_{ijj'}\left(\frac{A_{\mathrm{m},j}}{T}\right)\left(\frac{A_{\mathrm{m},j'}}{T}\right)
\end{aligned}
$$

$$
\begin{aligned}
&-\sum_{j=A}^{B}\sum_{k=1}^{n} l_{ijk}\left(\frac{A_{\mathrm{m},j}}{T}\right)\left(\frac{A_{\mathrm{m},k}}{T}\right)\\
&-\sum_{k=1}^{n}\sum_{l=1}^{n} l_{ikl}\left(\frac{A_{\mathrm{m},k}}{T}\right)\left(\frac{A_{\mathrm{m},l}}{T}\right)\\
&-\sum_{j=A}^{B}\sum_{j'=A}^{B}\sum_{j''=A}^{B} l_{ijj'j''}\left(\frac{A_{\mathrm{m},j}}{T}\right)\left(\frac{A_{\mathrm{m},j'}}{T}\right)\left(\frac{A_{\mathrm{m},j''}}{T}\right)\\
&-\sum_{j=A}^{B}\sum_{j'=A}^{B}\sum_{k=1}^{n} l_{ijj'k}\left(\frac{A_{\mathrm{m},j}}{T}\right)\left(\frac{A_{\mathrm{m},j'}}{T}\right)\left(\frac{A_{\mathrm{m},k}}{T}\right)\\
&-\sum_{j=A}^{B}\sum_{k=1}^{n}\sum_{l=1}^{n} l_{ijkl}\left(\frac{A_{\mathrm{m},j}}{T}\right)\left(\frac{A_{\mathrm{m},k}}{T}\right)\left(\frac{A_{\mathrm{m},l}}{T}\right)\\
&\left.-\sum_{k=1}^{n}\sum_{l=1}^{n}\sum_{h=1}^{n} l_{iklh}\left(\frac{A_{\mathrm{m},k}}{T}\right)\left(\frac{A_{\mathrm{m},l}}{T}\right)\left(\frac{A_{\mathrm{m},h}}{T}\right)-\cdots\right]
\end{aligned}
\tag{6.205}
$$

式中，

$$A_{\mathrm{m},B}=\Delta G_{\mathrm{m},B}$$

为式 (6.193)；

$$A_{\mathrm{m},A}=\Delta G_{\mathrm{m},A}$$

为式 (6.194)；

$$A_{\mathrm{m},i}=\Delta G_{\mathrm{m},i}$$

为式 (6.195)。

6.9 在气体过饱和的液体中形成气泡核——析出前后气体分子组成不变

6.9.1 形成一种气体气泡核

1. 形成气泡核过程热力学

在温度 T_1，溶解在液体中的气体达到饱和，可以表示为

$$(B_2)_{\mathrm{l}_1} = (B_2)_{饱和} \rightleftharpoons B_2(\mathrm{g})$$

该过程的摩尔吉布斯自由能变化为零。升高温度到 T_1'，溶解在溶液中的气体达到过饱和，是形成气泡核的临界过饱和，即气泡核饱和溶解度，气泡核和溶液达

成平衡，并没有气泡核析出，以 l_1^* 表示，并

$$(B_2)_{l_1^*} =\!=\!= (B_2)_{过饱} =\!=\!= (B_2)_{临过饱} \rightleftharpoons (B_2)_{气泡核饱} \rightleftharpoons B_2(气泡核)$$

气泡核中的气体和溶液中的组元 B_2 都以一个标准大气压 B_2 为标准状态，该过程的摩尔吉布斯自由能变化为

$$\begin{aligned}\Delta G_{m,B_2(气泡核)} &= \mu_{B_2(气泡核)} - \mu_{(B_2)_{过饱}} \\ &= RT\ln\frac{p_{B_2(气泡核)}}{p_{(B_2)_{过饱}}} \\ &= 0\end{aligned} \tag{6.206}$$

式中，

$$\mu_{B_2(气泡核)} = \mu^{\theta}_{B_2(g)} + RT\ln p_{B_2(气泡核)}$$

$$\mu_{(B_2)_{过饱}} = \mu^{\theta}_{B_2(g)} + RT\ln p_{(B_2)_{过饱}}$$

$$p_{B_2(气泡核)} = p_{(B_2)_{过饱}} = p_{(B_2)_{临过饱}} = p_{(B_2)_{气泡核饱}}$$

$p_{B_2(气泡核)}$ 是形成气泡核需要承受的外部压力，也是气泡核内的压力；$p_{(B_2)_{过饱}}$ 是与组元 B_2 的过饱和溶液平衡的气态组元 B_2 的压力，也是其形成气泡核的临界过饱和压力 $p_{(B_2)_{临过饱}}$，即其气泡核溶解达到饱和的压力 $p_{(B_2)_{气泡核饱}}$。

继续升高温度到 T_2，溶解在液体中的气体的过饱和程度增大。在温度刚升到 T_2，气泡核 B_2 尚未来得及形成时，液相组成未变，但已由组元 B_2 的过饱和溶液 l_1^* 变成过饱和溶液 l_1^{**}，组元 B_2 的过饱和程度增加到形成气泡核的程度，形成气泡核，有

$$(B_2)_{l_1^{**}} =\!=\!= (B_2)_{过饱'} =\!=\!= (B_2)_{气泡核过饱} =\!=\!= B_2(气泡核)$$

(1) 气泡核内气体和溶液中的组元 B_2 都以一个标准大气压的组元 B_2 为标准状态，形成气泡核的摩尔吉布斯自由能变化为

$$\begin{aligned}\Delta G_{m,B_2(气泡核)} &= \mu_{B_2(气泡核)} - \mu_{(B_2)_{过饱}} = \mu_{B_2(气泡核)} - \mu_{(B_2)_{l_1^{**}}} \\ &= RT\ln\frac{p_{B_2(气泡核)}}{p_{(B_2)_{(过饱)}}} = RT\ln p_{B_2(气泡核)}\end{aligned} \tag{6.207}$$

式中，

$$\mu_{B_2(气泡核)} = \mu^{\theta}_{B_2(g)} + RT\ln p_{B_2(气泡核)}$$

$$\mu_{(B_2)_{过饱}} = \mu^{\theta}_{B_2(g)} + RT\ln p_{(B_2)_{过饱}} = \mu^{\theta}_{B_2(g)} + RT\ln p_{(B_2)_{l_1^{**}}}$$

$p_{(B_2)_{过饱}}$ 是与可以形成气泡核的组元 B_2 的过饱和溶液平衡的气体组元 B_2 的压力，大于组元 B_2 形成气泡核的临界过饱和压力；即大于组元 B_2 的气泡核溶解达到饱和的压力；$p_{B_2(气泡核)}$ 是气泡核内气体组元 B_2 的压力，等于气泡核需要承受的压力。

(2) 气体组元 B_2 以一个标准大气压的组元 B_2 为标准状态，溶液中的组元 B_2 以符合亨利定律的假想的纯物质为标准状态，有

$$
\begin{aligned}
\Delta G_{\mathrm{m},B_2(气泡核)} &= \mu_{B_2(气泡核)} - \mu_{(B_2)_{过饱}} \\
&= \Delta G^{\theta}_{\mathrm{m},B_2(气泡核)} + RT\ln\frac{p_{B_2(气泡核)}}{a^{\mathrm{H}}_{(B_2)_x}}
\end{aligned}
\tag{6.208}
$$

式中，

$$
\begin{aligned}
\mu_{B_2(气泡核)} &= \mu^{\theta}_{B_2(\mathrm{g})} + RT\ln p_{B_2(气泡核)} \\
\mu_{(B_2)_{过饱}} &= \mu^{\theta}_{B_2(x)} + RT\ln a^{\mathrm{H}}_{(B_2)_x} \\
\Delta G^{\theta}_{\mathrm{m},B_2(气泡核)} &= \mu^{\theta}_{B_2(\mathrm{g})} - \mu^{\theta}_{B_2(x)}
\end{aligned}
$$

其中，$a^{\mathrm{H}}_{(B_2)_x}$ 为溶液中组元 B_2 的活度。

(3) 气体组元 B_2 以一个标准大气压的气体 B_2 为标准状态，溶液中的组元 B_2 以符合亨利定律的假想的 $w(B_2)/w^{\theta}=1$ 浓度的组元 B_2 为标准状态，有

$$
\begin{aligned}
\Delta G_{\mathrm{m},B_2(气泡核)} &= \mu_{B_2(气泡核)} - \mu_{(B_2)_{过饱}} \\
&= \Delta G^{\theta}_{\mathrm{m},B_2(气泡核)} + RT\ln\frac{p_{B_2(气泡核)}}{a^{\mathrm{H}}_{(B_2)_w}}
\end{aligned}
\tag{6.209}
$$

式中，

$$
\begin{aligned}
\mu_{B_2(气泡核)} &= \mu^{\theta}_{B_2(\mathrm{g})} + RT\ln p_{B_2(气泡核)} \\
\mu_{(B_2)_{过饱}} &= \mu^{\theta}_{B_2(w)} + RT\ln a^{\mathrm{H}}_{(B_2)_w} \\
\Delta G^{\theta}_{\mathrm{m},B_2(气泡核)} &= \mu^{\theta}_{B_2(\mathrm{g})} - \mu^{\theta}_{B_2(w)}
\end{aligned}
$$

其中，$a^{\mathrm{H}}_{(B_2)_w}$ 为溶液中组元 B_2 的活度。

或者如下计算：

在温度 T_2，有

$$
\begin{aligned}
\Delta G_{\mathrm{m},B_2(气泡核)}(T_2) &= G_{\mathrm{m},B_2(气泡核)}(T_2) - \overline{G}_{\mathrm{m},(B_2)_{过饱}}(T_2) \\
&= (H_{\mathrm{m},B_2(气泡核)}(T_2) - T_2 S_{\mathrm{m},B_2(气泡核)}(T_2)) \\
&\quad -(\overline{H}_{\mathrm{m},(B_2)_{过饱}}(T_2) - T_2\overline{S}_{\mathrm{m},(B_2)_{过饱}}(T_2)) \\
&= \Delta H_{\mathrm{m},B_2}(T_2) - T_2\Delta S_{\mathrm{m},B_2}(T_2) \\
&\approx \Delta H_{\mathrm{m},B_2}(T_1') - T_2\Delta S_{\mathrm{m},B_2}(T_1') \\
&= \frac{\Delta H_{\mathrm{m},B_2}(T_1')\,\Delta T}{T_1'}
\end{aligned}
\tag{6.210}
$$

式中，

$$\Delta H_{\mathrm{m},B_2}(T_1') = H_{\mathrm{m},B_2(\text{气泡核})}(T_1') - \overline{H}_{\mathrm{m},(B_2)_{\text{过饱}}}(T_1')$$

$$\Delta S_{\mathrm{m},B_2}(T_1') = S_{\mathrm{m},B_2(\text{气泡核})}(T_1') - \bar{S}_{\mathrm{m},(B_2)_{\text{过饱}'}}(T_1') = \frac{\Delta H_{\mathrm{m},B_2}(T_1')}{T_1'}$$

在液体中均相形成的气泡核要承受液体表面大气压力、液体的静压力和由表面张力产生的附加压力。大气压力为 p_g，液体静压力为 $\rho_{\mathrm{l}}gh$，附加压力为

$$p_{\text{附}} = \frac{2\sigma}{R}$$

其中，ρ_{l} 为液体密度；g 为重力加速度；h 为液面到气泡的距离；σ 为液体的表面张力；R 为气泡半径。

附加压力的大小与气泡核半径和表面张力有关，半径越小，液体表面张力越大，附加压力越大。气泡核需要克服的压力为

$$p_{\text{阻}} = p_{\mathrm{g}} + \rho_{\mathrm{l}}gh + \frac{2\sigma}{R}$$

气体过饱和溶液产生的压力要大于外界阻力 $p_{\text{阻}}$，气泡核才能形成。$p_{\text{阻}}$ 值即为形成气泡核需要达到的临界过饱和压力。

在容器表面微孔隙中形成的气泡核需要克服的附加压力为

$$p_{\text{附}} = \frac{2\sigma\sin\theta}{r}$$

式中，θ 为容器表面微孔隙固相与液相的接触角；r 为圆柱形微孔隙半径。与液相中成核相比，$p_{\text{附}}$ 不仅与液–气相的界面张力有关，还与微孔隙半径，固相与液相的接触角有关。

微孔隙中形成的气泡核需要克服的压力为

$$p_{\text{阻}} = p_{\mathrm{g}} + \rho_{\mathrm{l}}gh + \frac{2\sigma\sin\theta}{r}$$

随着气泡核的形成，气体过饱和程度不断减小，达到某一临界过饱和度后，不再形成气泡核。此临界过饱和度也是气泡核的饱和溶解度。与此临界过饱和度相应的压力为临界压力，有

$$(B_2)_{\mathrm{l}_2^*} \equiv\!\equiv (B_2)_{\text{过饱}''} \equiv\!\equiv (B_2)_{\text{临过饱}} \equiv\!\equiv (B)_{\text{气泡核饱}} \rightleftharpoons B_2(\text{气泡核})$$

气泡核内的气体 B_2 和溶液中的组元 B_2 以一个标准大气压的组元 B_2 为标准

状态，该过程的摩尔吉布斯自由能变化为

$$\begin{aligned}\Delta G_{\mathrm{m},B_2(\text{气泡核})} &= \mu_{B_2(\text{气泡核})} - \mu_{(B_2)_{\text{过饱}''}} \\ &= RT\ln\frac{p_{B_2(\text{气泡核})}}{p_{(B_2)_{\text{过饱}''}}} \\ &= RT\ln\frac{p_{B_2(\text{气泡核})}}{p_{(B_2)_{\mathrm{l}_2^*}}} \\ &= 0\end{aligned}$$

式中，

$$\mu_{B_2(\text{气泡核})} = \mu^{\theta}_{B_2(\mathrm{g})} + RT\ln p_{B_2(\text{气泡核})}$$

$$\mu_{(B_2)_{\text{过饱}''}} = \mu^{\theta}_{B_2(\mathrm{g})} + RT\ln p_{(B_2)\text{过饱}''} = \mu^{\theta}_{B_2(\mathrm{g})} + RT\ln p_{(B_2)_{l_2^*}}$$

气体过饱和溶液一旦形成气泡核，气泡核就会长大成气泡。因为气泡核长大，附加压力减小，而过饱和压力变化不大。这样，过饱和组元产生的压力就大于阻力，气体向气泡内扩散，气泡核长大成气泡。当气泡长大到一定程度，由于浮力作用，气泡上浮。在上浮过程中，由于静压力不断减小，气泡体积不断长大。而随着气泡体积变大，附加压力减小。总的结果是，阻力变小。与阻力平衡的气泡内的压力变小。而气体过饱和溶液的过饱和程度变化不大，所以

$$p_{(B_2)_{\text{过饱}''}} > p'_{\text{阻}} = p_{\text{平}}$$

式中，$p_{(B_2)_{\text{过饱}''}}$ 为气体过饱和溶液中溶解的组元 B_2 可以产生的压力；$p'_{\text{阻}}$ 为气泡上升过程中不断变小的外界阻力；$p_{\text{平}}$ 为气泡内与外界阻力平衡的压力。由于外界阻力变小，气体过饱和溶液溶解的气体会向气泡中输入气体，促进气泡进一步长大。该过程可以表示为

$$(B_2)_{\mathrm{l}_2^*} \equiv (B_2)_{\text{过饱}''} = B_2(\text{气泡})$$

气体以一个标准大气压的组元 B_2 为标准状态，该过程的摩尔吉布斯自由能变化为

$$\begin{aligned}\Delta G_{\mathrm{m},B(\text{气泡})} &= \mu_{B_2(\text{气泡})} - \mu_{(B_2)_{\text{过饱}''}} \\ &= RT\ln\frac{p_{B_2(\text{气泡})}}{p_{(B_2)_{\text{过饱}''}}} \\ &= RT\ln\frac{p'_{\text{阻}}}{p_{(B_2)_{\text{过饱}''}}} \\ &= RT\ln\frac{p_{\text{平}}}{p_{(B_2)_{\text{过饱}''}}} < 0\end{aligned} \tag{6.211}$$

式中，

$$\mu_{B_2(\text{气泡})} = \mu^{\theta}_{B_2(\text{g})} + RT\ln p_{B_2(\text{气泡})}$$

$$= \mu^{\theta}_{B_2(\text{g})} + RT\ln\frac{p'_{\text{阻}}}{p^{\theta}} = \mu^{\theta}_{B_2(\text{g})} + RT\ln p_{\text{平}}$$

$$\mu_{(B_2)_{\text{过饱}''}} = \mu^{\theta}_{B_2(\text{g})} + RT\ln p_{(B_2)_{\text{过饱}''}}$$

随着气泡的长大，气体过饱和程度不断减小，达到某一临界压力后，不再向气泡内输入气体。该临界压力即过饱和气体的压力 $p_{(B_2)_{\text{过饱}^*}}$ 与气泡内的压力 $p_{B_2(\text{气泡})}$ 平衡，有

$$(B_2)_{l_2^{**}} =\!=\!= (B_2)_{\text{过饱}^*} =\!=\!= (B_2)_{\text{临过饱}^*} \rightleftharpoons B_2(\text{气泡})$$

气体以一个标准大气压的组元 B_2 为标准状态，摩尔吉布斯自由能变化为

$$\begin{aligned}\Delta G_{\text{m},B_2(\text{气泡})} &= \mu_{B_2(\text{气泡})} - \mu_{(B_2)_{\text{过饱}^*}} \\ &= RT\ln\frac{p_{B_2(\text{气泡})}}{p_{(B_2)_{\text{过饱}^*}}} \\ &= 0\end{aligned} \tag{6.212}$$

式中，

$$\mu_{B_2(\text{气泡})} = \mu^{\theta}_{B_2(\text{g})} + RT\ln p_{B_2(\text{气泡})}$$

$$\mu_{(B_2)_{\text{过饱}^*}} = \mu^{\theta}_{B_2(\text{g})} + RT\ln p_{(B_2)_{\text{过饱}^*}}$$

$$p_{B_2(\text{气泡})} = p'_{(B_2)_{\text{临过饱}}} = p_{(B_2)_{\text{过饱}^*}}$$

其中，$p_{B_2(\text{气泡})}$、$p_{(B_2)_{\text{过饱}^*}}$、$p'_{(B_2)_{\text{临过饱}}}$ 分别为气泡内气体压力、过饱和气体压力和不再产生气泡的临界气体压力。

2. 形成气泡核速率

在恒温恒压条件下，在气体过饱和的溶液中形成气泡核的速率为

$$\begin{aligned}\frac{\mathrm{d}N_{B_2(\text{气泡核})}}{\mathrm{d}t} &= Vj_{B_2(\text{气泡核})} \\ &= V\left[-l_1\left(\frac{A_m}{T}\right) - l_2\left(\frac{A_m}{T}\right)^2 - l_3\left(\frac{A_m}{T}\right)^3 - \cdots\right]\end{aligned} \tag{6.213}$$

式中，$N_{B_2(\text{气泡核})}$ 为所有气泡核 B_2 的物质的量。

由

$$N_{B_2(\text{气泡核})}M_{B_2} = \tilde{N}_{B_2(\text{气泡核})}V_{B_2(\text{气泡核})}\rho_{B_2(\text{气泡核})}$$

得气泡核的个数

$$\tilde{N}_{B_2(\text{气泡核})} = \frac{N_{B_2(\text{气泡核})} M_{B_2}}{V_{B_2(\text{气泡核})} \rho_{B_2(\text{气泡核})}}$$

对 t 求导，得

$$\begin{aligned}
\frac{\mathrm{d}\tilde{N}_{B_2(\text{气泡核})}}{\mathrm{d}t} &= \frac{M_{B_2}}{V_{B_2(\text{气泡核})} \rho_{B_2(\text{气泡核})}} \frac{\mathrm{d}N_{B_2(\text{气泡核})}}{\mathrm{d}t} \\
&= \frac{M_{B_2} V}{V_{B_2(\text{气泡核})} \rho_{B_2(\text{气泡核})}} j_{B_2(\text{气泡核})} = \frac{M_{B_2} V}{V_{B_2(\text{气泡核})} \rho_{B_2(\text{气泡核})}} \\
&\quad \times \left[-l_1 \left(\frac{A_\mathrm{m}}{T} \right) - l_2 \left(\frac{A_\mathrm{m}}{T} \right)^2 - l_3 \left(\frac{A_\mathrm{m}}{T} \right)^3 - \cdots \right]
\end{aligned} \tag{6.214}$$

式中，

$$A_\mathrm{m} = \Delta G_{\mathrm{m}, B_2(\text{气泡核})}$$

为式 (6.207)、式 (6.208)、式 (6.209)、式 (6.210)。

6.9.2 形成多种气体气泡核

1. 形成气泡核过程热力学

在恒温恒压条件下，在几种气体过饱和的溶液中，若形成气泡核，其过饱和程度必须达到其共同产生的气体压力大于气泡核需要克服的外界阻力。

在温度 T_1，溶解的气体达到饱和，有

$$(i_2)_{\mathrm{l}_1} \overline{\overline{\qquad}} (i_2)_{\text{饱}} \rightleftharpoons (i_2)_\mathrm{g}$$
$$(i = 1, 2, 3, \cdots, n)$$

该过程的摩尔吉布斯自由能变化为零。升高温度到 T_1'，溶解的气体达到过饱和，它们的过饱和压力之和是形成气泡核的临界过饱和，有

$$(i_2)_{\mathrm{l}_1^*} \overline{\overline{\qquad}} (i_2)_{\text{过饱}} \overline{\overline{\qquad}} (i_2)_{\text{临过饱}} \overline{\overline{\qquad}} (i_2)_{\text{气泡核饱}} \rightleftharpoons (i_2)_{\text{气泡核}}$$

气泡核内的气体和溶液中的组元 i_2 都以一个标准大气压的气体 i_2 为标准状态，该过程的摩尔吉布斯自由能变化为

$$\begin{aligned}
\Delta G_{\mathrm{m},(i_2)_{\text{气泡核}}} &= \mu_{(i_2)_{\text{气泡核}}} - \mu_{(i_2)_{\text{过饱}}} \\
&= RT \ln \frac{p_{(i_2)_{\text{气泡核}}}}{p_{(i_2)_{\text{过饱}}}} \\
&= RT \ln \frac{p_{(i_2)_{\text{气泡核}}}}{p_{(i_2)_{l_1^*}}} \\
&= 0
\end{aligned} \tag{6.215}$$

式中，

$$\mu_{(i_2)_{气泡核}} = \mu^{\theta}_{i_2(\mathrm{g})} + RT\ln p_{(i_2)_{气泡核}}$$

$$\mu_{(i_2)_{过饱}} = \mu^{\theta}_{i_2(\mathrm{g})} - RT\ln p_{(i_2)_{过饱}}$$

$$p_{(i_2)_{气泡核}} = p_{(i_2)_{过饱}} = p_{(i_2)_{临过饱}} = p_{(i_2)_{l_1^*}}$$

继续升高温度到 T_2，溶解在液体中的气体的过饱和程度增大。在温度刚升到 T_2，气泡核尚未形成时，液相组成未变，但已由组元 i_2 的过饱和溶液 l_1^* 变成过饱和溶液 l_1^{**}，组元 i_2 的过饱和程度增加，n 个组元共同达到形成气泡核的程度，形成气泡核，有

$$(i_2)_{\mathrm{l}_1^{**}} =\!=\!= (i_2)_{过饱} =\!=\!= (i_2)_{气泡核过饱} =\!=\!= (i_2)_{气泡核}$$
$$(i = 1, 2, 3, \cdots, n)$$

气泡核的气体和溶液中的组元 i_2 都以一个标准大气压的气体 i_2 为标准状态，该过程的摩尔吉布斯自由能变化为

$$\begin{aligned}\Delta G_{\mathrm{m},(i_2)_{气泡核}} &= \mu_{(i_2)_{气泡核}} - \mu_{(i_2)_{过饱}}\\ &= RT\ln\frac{p_{(i_2)_{气泡核}}}{p_{(i_2)_{过饱}}} = RT\ln\frac{p_{(i_2)_{气泡核}}}{p_{(i_2)_{\mathrm{l}_1^{**}}}}\end{aligned} \tag{6.216}$$

式中，

$$\mu_{(i_2)_{气泡核}} = \mu^{\theta}_{i_2(\mathrm{g})} + RT\ln p_{(i_2)_{气泡核}}$$

$$\mu_{(i_2)_{过饱}} = \mu^{\theta}_{i_2(\mathrm{g})} + RT\ln p_{(i_2)_{过饱}} = RT\ln p_{(i_2)_{\mathrm{l}_1^{**}}}$$

$$p_{(i_2)_{过饱}} = x_{i_2} p_{总}$$

$$p_{总} = \sum_{i=1}^{n} p_{(i_2)_{过饱'}}$$

式中，x_{i_2} 为气体组元 i_2 的摩尔分数；$p_{(i_2)_{过饱'}}$ 为与 $(i_2)_{过饱'}$ 平衡的气体的压力；$p_{总}$ 为可以形成气泡核的各种过饱和气体可以产生的总压力。均相形成的气泡核需要克服外界阻力为

$$p_{总} = p_{\mathrm{g}} + \rho_1 gh + \frac{2\sigma}{R}$$

非均相形成的气泡核需要克服外界阻力为

$$p_{总} = p_{\mathrm{g}} + \rho_1 gh + \frac{2\sigma\sin\theta}{r}$$

所以，各种气体的总压力要大于外界阻力 $p_{阻}$，才能形成气泡核。

各种过饱和气体形成气泡核的总摩尔吉布斯自由能为

$$\Delta G_{\mathrm{m},t} = \sum_{i=1}^{n} N_{i_2} G_{\mathrm{m},(i_2)_{\text{气泡核}}} = \sum_{i=1}^{n} N_{i_2} RT \ln \frac{p_{(i_2)\text{气泡核}}}{p_{(i_2)_{\text{过饱}}}} = \sum_{i=1}^{n} N_{i_2} RT \ln \frac{p_{i_2(\text{气泡核})}}{p_{(i_2)_{1_1^*}}}$$

随着气泡核的形成、长大，气体过饱和程度不断减小，达到某一临界过饱和度后，不再形成气泡核。此临界过饱和度就是气泡核的饱和溶解度。与此临界过饱和度相应的压力为临界压力。有

$$(i_2)_{1_2^*} = (i_2)_{\text{过饱}''} = (i_2)_{\text{临过饱}} = (i_2)_{\text{气泡核}} \rightleftharpoons (i_2)_{\text{气泡核}}$$
$$(i = 1, 2, 3, \cdots, n)$$

以一个标准大气压的气体 i_2 为标准状态，该过程的摩尔吉布斯自由能变化为

$$\begin{aligned}\Delta G_{\mathrm{m},(i_2)_{\text{气泡核}}} &= \mu_{i_2(\text{气泡核})} - \mu_{(i_2)_{\text{过饱}''}} \\ &= RT \ln \frac{p_{i_2(\text{气泡核})}}{p_{(i_2)_{\text{过饱}''}}} = RT \ln \frac{p_{i_2(\text{气泡核})}}{p_{(i_2)_{1_2^*}}} \\ &= 0\end{aligned} \tag{6.217}$$

式中，

$$\mu_{i_2(\text{气泡核})} = \mu_{i_2(\mathrm{g})}^{\theta} + RT \ln p_{i_2(\text{气泡核})}$$

$$\mu_{(i_2)_{\text{过饱}''}} = \mu_{i_2(\mathrm{g})}^{\theta} + RT \ln p_{(i_2)_{\text{过饱}''}} = \mu_{i_2(\mathrm{g})}^{\theta} + RT \ln p_{(i_2)_{1_2^*}}$$

$$\Delta G_{\mathrm{m},\text{气泡核}} = \sum_{i=1}^{n} N_{i_2} \Delta G_{\mathrm{m},(i_2)_{\text{气泡核}}} = \sum_{i=1}^{n} N_{i_2} RT \ln \frac{p_{(i_2)_{\text{气泡核}}}}{p_{(i_2)_{\text{过饱}''}}} = 0$$

形成气泡核后，气泡核长大，上浮的情况与只有一种气体形成气泡的情况相同。有

$$p_{\text{总}} \sum_{i=1}^{n} p_{(i_2)_{\text{过饱}''}} > p'_{\text{阻}} = p_{\text{平}}$$

$$p_{(i_2)_{\text{过饱}''}} = x_{i_2} p_{\text{总}} > x_{i_2} p'_{\text{阻}} = x_{i_2} p_{\text{总}} = p_{(i_2)_{\text{气泡}}}$$

$$(i_2)_{\text{过饱}''} = (i_2)_{\text{气泡}}$$

$$(i = 1, 2, 3, \cdots, n)$$

式中，x_{i_2} 为气体组元 i_2 的物质的量；$p_{\text{总}}$ 为多种过饱和气体可以产生的总压力；$p_{(i_2)_{\text{过饱}''}}$ 为过饱和气体 i_2 可产生的压力；$p'_{\text{阻}}$ 为气泡需克服的外界阻力，即气泡内与外部平衡的压力 $p_{\text{平}}$。

气体以一个标准大气压为标准状态，该过程的摩尔吉布斯自由能变化为

$$\begin{aligned}\Delta G_{\mathrm{m},(i_2)_{\text{气泡}}} &= \mu_{(i_2)_{\text{气泡}}} - \mu_{(i_2)_{\text{过饱}''}} \\ &= RT\ln\frac{p_{(i_2)_{\text{气泡}}}}{p_{(i_2)_{\text{过饱}''}}} = RT\ln\frac{x_{i_2}p'_{\text{阻}}}{p_{(i_2)_{\text{过饱}''}}} \\ &= RT\ln\frac{x_{i_2}p_{\text{平}}}{p_{(i_2)_{\text{过饱}''}}} < 0\end{aligned} \tag{6.218}$$

式中，

$$\begin{aligned}\mu_{(i_2)_{\text{气泡}}} &= \mu^{\theta}_{i_2(\mathrm{g})} + RT\ln p_{(i_2)_{\text{气泡}}} \\ &= \mu^{\theta}_{i_2(\mathrm{g})} + RT\ln x_{i_2}p'_{\text{阻}} = \mu^{\theta}_{i_2(\mathrm{g})} + RT\ln x_{i_2}p_{\text{平}}\end{aligned}$$

$$\mu_{(i_2)_{\text{过饱}''}} = \mu^{\theta}_{i_2(\mathrm{g})} + RT\ln p_{(i_2)_{\text{过饱}''}}$$

各组元的总摩尔吉布斯自由能变化为

$$\begin{aligned}\Delta G_{\mathrm{m}} &= \sum_{i=1}^{n} N_{i_2}\Delta G_{\mathrm{m},(i_2)_{\text{气泡}}} = \sum_{i=1}^{n} N_{i_2}RT\ln\frac{x_{i_2}p'_{\text{阻}}}{p_{(i_2)_{\text{过饱}''}}} \\ &= \sum_{i=1}^{n} N_{i_2}RT\ln\frac{x_{i_2}p_{\text{平}}}{p_{(i_2)_{\text{过饱}''}}} < 0\end{aligned}$$

2. 形成气泡核速率

在恒温恒压条件下，在多种气体过饱和的溶液中形成多种气体的气泡核的速率为

不考虑耦合作用：

$$\begin{aligned}-\frac{\mathrm{d}N_{(i_2)}}{\mathrm{d}t} &= \frac{\mathrm{d}N_{(i_2)\text{气泡核}}}{\mathrm{d}t} = Vj_{i_2} \\ &= V\left[-l_{i_1}\left(\frac{A_{\mathrm{m},i}}{T}\right) - l_{i_2}\left(\frac{A_{\mathrm{m},i}}{T}\right)^2 - l_{i_3}\left(\frac{A_{\mathrm{m},i}}{T}\right)^3 - \cdots\right]\end{aligned} \tag{6.219}$$

$$\begin{aligned}\frac{\mathrm{d}N_{\text{气泡核}}}{\mathrm{d}t} &= \sum_{i=1}^{n}\frac{\mathrm{d}N_{(i_2)\text{气泡核}}}{\mathrm{d}t} = V\sum_{i=1}^{n} j_{i_2} \\ &= V\sum_{i=1}^{n}\left[-l_{i_1}\left(\frac{A_{\mathrm{m},i}}{T}\right) - l_{i_2}\left(\frac{A_{\mathrm{m},i}}{T}\right)^2 - l_{i_3}\left(\frac{A_{\mathrm{m},i}}{T}\right)^3 - \cdots\right]\end{aligned} \tag{6.220}$$

考虑耦合作用：

$$\begin{aligned}\frac{\mathrm{d}N_{气泡核}}{\mathrm{d}t} &= \sum_{i=1}^{n}\frac{\mathrm{d}N_{(i_2)_{气泡核}}}{\mathrm{d}t} = V\sum_{i=1}^{n} j_{i_2} \\ &= V\sum_{i=1}^{n}\left[-\sum_{k=1}^{n} l_{ik}\left(\frac{A_{\mathrm{m},k}}{T}\right) - \sum_{k=1}^{n}\sum_{l=1}^{n} l_{ikl}\left(\frac{A_{\mathrm{m},k}}{T}\right)\left(\frac{A_{\mathrm{m},l}}{T}\right)\right. \\ &\quad \left. - \sum_{k=1}^{n}\sum_{l=1}^{n}\sum_{h=1}^{n} l_{iklh}\left(\frac{A_{\mathrm{m},k}}{T}\right)\left(\frac{A_{\mathrm{m},l}}{T}\right)\left(\frac{A_{\mathrm{m},h}}{T}\right) - \cdots\right]\end{aligned} \tag{6.221}$$

式中，

$$A_{\mathrm{m},k} = A_{\mathrm{m},l} = A_{\mathrm{m},h} = \Delta G_{\mathrm{m},(i_2)_{气泡核}}$$

为式 (6.202)。

由

$$\sum_{i=1}^{n} N_{(i_2)_{气泡核}} M_{(i_2)_{气泡核}} = \tilde{N}_{气泡核} V_{气泡核} \rho_{气泡核}$$

式中，$N_{(i_2)_{气泡核}}$ 为气泡核中组元 i_2 的摩尔数；$M_{(i_2)_{气泡核}}$ 为组元 i_2 的摩尔质量；$\tilde{N}_{气泡核}$ 为气泡核的数量；$V_{气泡核}$ 为一个气泡核的体积，认为气泡核的体积相等；$\rho_{气泡核}$ 为气泡核的密度。

$$\tilde{N}_{气泡核} = \frac{\sum\limits_{i=1}^{n} N_{(i_2)_{气泡核}} M_{(i_2)_{气泡核}}}{V_{气泡核}\rho_{气泡核}}$$

对 t 求导，得

$$\begin{aligned}\frac{\mathrm{d}\tilde{N}_{气泡核}}{\mathrm{d}t} &= \frac{1}{V_{气泡核}\rho_{气泡核}}\sum_{i=1}^{n} M_{i_2}\frac{\mathrm{d}N_{(i_2)_{气泡核}}}{\mathrm{d}t} \\ &= \frac{V}{V_{气泡核}\rho_{气泡核}}\sum_{i=1}^{n} M_{i_2} j_{(i_2)_{气泡核}} \\ &= \frac{V}{V_{气泡核}\rho_{气泡核}}\sum_{i=1}^{n} M_{i_2}\left[-\sum_{k=1}^{n} l_{ik}\left(\frac{A_{\mathrm{m},k}}{T}\right)\right. \\ &\quad - \sum_{k=1}^{n}\sum_{l=1}^{n} l_{ikl}\left(\frac{A_{\mathrm{m},k}}{T}\right)\left(\frac{A_{\mathrm{m},l}}{T}\right) \\ &\quad \left. - \sum_{k=1}^{n}\sum_{l=1}^{n}\sum_{h=1}^{n} l_{iklh}\left(\frac{A_{\mathrm{m},k}}{T}\right)\left(\frac{A_{\mathrm{m},l}}{T}\right)\left(\frac{A_{\mathrm{m},h}}{T}\right) - \cdots\right]\end{aligned} \tag{6.222}$$

6.10 在气体过饱和的固体中形成气泡核——析出前后气体分子组成不变

6.10.1 形成一种气体气泡核

1. 形成气泡核过程热力学

在温度 T_1，溶解在固体中的气体达到饱和，可以表示为

$$(B_2)_{s_1} = \!=\!= (B_2)_{饱和} \rightleftharpoons B_2(g)$$

该过程的摩尔吉布斯自由能变化为零。降低温度到 T_1'，溶解在固体中的气体达到过饱和，是形成气泡核的临界过饱和，即气泡核的饱和溶解度，气泡核与固溶体达成平衡，并没有气泡核析出，以 s_1^* 表示，有

$$(B_2)_{s_1^*} = \!=\!= (B_2)_{过饱} = \!=\!= (B_2)_{临过饱} = \!=\!= (B_2)_{气泡核饱} \rightleftharpoons B_2(气泡核)$$

气泡核内的气体 B_2 和固溶体中的组元 B_2 都以一个标准大气压的气体 B_2 为标准状态，该过程的摩尔吉布斯自由能变化为

$$\Delta G_{m,B_2(气泡核)} = \mu_{B_2(气泡核)} - \mu_{(B_2)_{过饱}} = RT\ln\frac{p_{B_2(气泡核)}}{p_{(B_2)_{过饱}}} = 0 \tag{6.223}$$

式中，

$$\mu_{B_2(气泡核)} = \mu^{\theta}_{B_2(g)} + RT\ln p_{B_2(气泡核)}$$

$$\mu_{(B_2)_{过饱}} = \mu^{\theta}_{B_2(g)} + RT\ln p_{(B_2)_{过饱}}$$

$$p_{B_2(气泡核)} = p_{(B_2)_{过饱}} = p_{(B_2)_{临过饱}} = p_{(B_2)_{气泡核饱}}$$

$p_{B_2(气泡核)}$ 是形成气泡核需要承受的外部压力，也是气泡核内的压力；$p_{(B_2)_{过饱}}$ 是与组元 B_2 的过饱和固溶体平衡的气态组元 B_2 的压力，也是其形成气泡核的临界过饱和压力 $p_{(B_2)_{临过饱}}$，即其气泡核溶解达到饱和的压力 $p_{(B_2)_{气泡核饱}}$。

继续降低温度到 T_2，溶解在固体中的气体的过饱和程度增大。在温度刚降到 T_2，气泡核 B_2 尚未形成时，固相组成未变，但已由组元 B_2 的过饱和固溶体 s_1^* 变成过饱和固溶体 s_1^{**}，组元 B_2 的过饱和程度增加到形成气泡核的程度，形成气泡核，有

$$(B_2)_{s_1^{**}} = \!=\!= (B_2)_{过饱} = \!=\!= (B_2)_{气泡核过饱} = \!=\!= B_2(气泡核)$$

气泡核内的气体和固溶体中的组元 B_2 都以一个标准大气压的气体 B_2 为标准状态，形成气泡核的摩尔吉布斯自由能变化为

$$\begin{aligned}\Delta G_{\mathrm{m},B_2(\text{气泡核})} &= \mu_{B_2(\text{气泡核})} - \mu_{(B_2)_{\text{过饱}'}} = \mu_{B_2(\text{气泡核})} - \mu_{(B_2)_{s_1^{**}}} \\ &= RT\ln\frac{p_{B_2(\text{气泡核})}}{p_{(B_2)_{\text{过饱}'}}} = RT\ln\frac{p_{B_2(\text{气泡核})}}{p_{(B_2)_{s_1^{**}}}}\end{aligned} \tag{6.224}$$

式中，

$$\mu_{B_2(\text{气泡核})} = \mu^{\theta}_{B_2(\mathrm{g})} + RT\ln p_{B_2(\text{气泡核})}$$

$$\mu_{(B_2)_{\text{过饱}}} = \mu^{\theta}_{B_2(\mathrm{g})} + RT\ln p_{(B_2)_{\text{过饱}}} = \mu^{\theta}_{B_2(\mathrm{g})} + RT\ln p_{(B_2)_{s_1^{**}}}$$

其中，$p_{(B_2)_{\text{过饱}}}$ 是过饱和固溶体形成气泡核的组元 B_2 可以产生的压力，大于组元 B_2 形成气泡核的临界过饱和压力，即大于组元 B_2 的气泡核溶解达到饱和的压力；$p_{B_2(\text{气泡核})}$ 是气泡核内气体组元 B_2 的压力，等于气泡核需要承受的外部压力。

也可以如下计算。

在温度 $T_{\text{平}}$，溶解在固体中的气体达到过饱和，与气泡核达成平衡，有

$$(B_2)_{s_1^*} \equiv (B_2)_{\text{过饱}} = B_2(\text{气泡核})$$

降低温度，气体在固体中的溶解度降低，过饱和程度增加，达到形成气泡核的程度，有

$$(B_2)_{s_1^{**}} \equiv (B_2)_{\text{过饱}'} = B_2(\text{气泡核})$$

该过程的摩尔吉布斯自由能变化为

$$\begin{aligned}\Delta G_{\mathrm{m},B_2(\text{气泡核})}(T) &= G_{\mathrm{m},B_2(\text{气泡核})}(T) - \overline{G}_{\mathrm{m},(B)_{q_1'}}(T) \\ &= (H_{\mathrm{m},B_2(\text{气泡核})}(T) - TS_{\mathrm{m},B_2(\text{气泡核})}(T)) - (\overline{H}_{\mathrm{m},(B)_{q_1'}}(T) \\ &\quad - T\overline{S}_{\mathrm{m},(B)_{q_1'}}(T)) \\ &= (H_{\mathrm{m},B_2(\text{气泡核})}(T) - \overline{H}_{\mathrm{m},(B)_{q_1'}}(T)) \\ &\quad - T(S_{\mathrm{m},B_2(\text{气泡核})}(T) - \overline{S}_{\mathrm{m},(B)_{q_1'}}(T)) \\ &= \Delta H_{\mathrm{m},B_2(\text{气泡核})}(T) - T\Delta S_{\mathrm{m},B_2(\text{气泡核})}(T)\end{aligned} \tag{6.225}$$

$$
\begin{aligned}
&\approx \Delta H_{\mathrm{m},B_2(\text{气泡核})}(T_{\text{平}}) - T\Delta S_{\mathrm{m},B_2(\text{气泡核})}(T_{\text{平}}) \\
&= \Delta H_{\mathrm{m},B_2(\text{气泡核})}(T_{\text{平}}) - \frac{T\Delta H_{\mathrm{m},B_2(\text{气泡核})}(T_{\text{平}})}{T_{\text{平}}} \\
&= \frac{\theta_{B_2,T}\Delta H_{\mathrm{m},B_2(\text{气泡核})}(T_{\text{平}})}{T_{\text{平}}} \\
&= \eta_{B_2,T}\Delta H_{\mathrm{m},B_2(\text{气泡核})}(T_{\text{平}})
\end{aligned}
$$

式中，

$$T_{\text{平}} > T$$

$$\theta_{B_2,T} = T_{\text{平}} - T$$

$$\eta_{B_2,T} = \frac{T_{\text{平}} - T}{T_{\text{平}}}$$

在固体中形成的气泡核要克服固体表面大气压力，固体的重力，使固体变形需要的压力，气体与固体的界面张力。这些都是形成气泡核的阻力，有

$$p_{\text{阻}} = p_g p_{mg} + F_{\text{变形}} + \frac{2\sigma}{R}$$

式中，p_g 为固体表面的大气压力；p_{mg} 为气泡核受到的固体的重力；$F_{\text{变形}}$ 为使固体变形所需要的力；σ 为气–固之间的界面张力；R 为气泡半径。

固体中过饱和的气体要形成气泡核，其过饱和程度要达到可以析出的气体的压力大于外界阻力 $p_{\text{阻}}$。$p_{\text{阻}}$ 值即为形成气泡核需要达到的临界过饱和压力 $p_{B_2(\text{临过饱})}$。

随着气泡核的形成，气体过饱和程度不断减小，达到某一临界过饱和度后，不再形成气泡核。此临界过饱和度也是气泡核的饱和溶解度。与此临界过饱和度相应的气体组元 B_2 的压力为临界压力，有

$$(B_2)_{s_2^*} \equiv (B_2)_{\text{过饱}''} \equiv (B_2)_{\text{临过饱}} \equiv (B_2)_{\text{气泡核饱}} \rightleftharpoons B_2(\text{气泡核})$$

气泡核内的气体 B_2 和固溶体中的组元 B_2 都以一个标准大气压的气体 B_2 为标准状态，该过程的摩尔吉布斯自由能变化为

$$
\begin{aligned}
\Delta G_{\mathrm{m},B_2(\text{气泡核})} &= \mu_{B_2(\text{气泡核})} - \mu_{(B_2)_{\text{过饱}''}} \\
&= RT\ln\frac{p_{B_2(\text{气泡核})}}{p_{(B_2)_{\text{过饱}''}}} = RT\ln\frac{p_{\text{临过饱}}}{p_{(B_2)_{s_2^*}}} = 0
\end{aligned}
\tag{6.226}
$$

式中，

$$\mu_{B_2(\text{气泡核})} = \mu^{\theta}_{B_2(\mathrm{g})} + RT\ln p_{B_2(\text{气泡核})}$$

$$\mu_{(B_2)_{过饱''}} = \mu^{\theta}_{B_2(g)} + RT\ln p_{(B_2)_{过饱''}} = \mu^{\theta}_{B_2(g)} + RT\ln p_{(B_2)_{s_2^{**}}}$$

固相中溶解的气体达到临界过饱和度后，不再形成新的气泡核，但气泡核可以长大。由于气泡核周围是固体物质，限制其长大。过饱和气体产生的压力大于气泡核周围固体物质的阻力，气泡核内气体的压力就使其周围的固体产生变形和微裂纹。随着固溶体中的过饱和气体向气泡中输入，变形量增大、裂纹增多，气泡胀大。该过程可以表示为

$$(B_2)_{s_2^*} ═══ (B_2)_{过饱''} ═══ B_2(气泡)$$

气体以一个标准大气压为标准状态，该过程的摩尔吉布斯自由能变化为

$$\begin{aligned}\Delta G_{m,B_2(气泡)} &= \mu_{B_2(气泡)} - \mu_{(B_2)_{过饱''}} \\ &= RT\ln\frac{p_{B_2(气泡)}}{p_{(B_2)_{过饱''}}} = RT\ln\frac{p'_{阻}}{p_{(B_2)_{过饱''}}} = RT\ln\frac{p_{平}}{p_{(B_2)_{过饱''}}}\end{aligned} \tag{6.227}$$

式中，

$$\begin{aligned}\mu_{B_2(气泡)} &= \mu^{\theta}_{B_2(g)} + RT\ln p_{B_2(气泡)} \\ &= \mu^{\theta}_{B_2(g)} + RT\ln p'_{阻} = \mu^{\theta}_{B_2(g)} + RT\ln p_{平}\end{aligned}$$

$$\mu_{(B_2)_{过饱''}} = \mu^{\theta}_{B_2(g)} + RT\ln p_{(B_2)_{过饱''}}$$

$$p_{B_2(气泡)} = p'_{阻} = p_{平} < p_{(B_2)_{过饱''}}$$

其中，$p_{B_2(气泡)}$ 为气泡内气体的压力；$p'_{阻}$ 为气泡长大的阻力；$p_{平}$ 为气泡内与外界阻力平衡的压力；$p_{(B_2)_{过饱''}}$ 为形成气泡核后，溶解在固体中的气体过饱和度减小后可产生的压力。

2. 形成气泡核速率

在恒温恒压条件下，在气体过饱和的固溶体中形成气泡核的速率为

$$\begin{aligned}\frac{dN_{B_2(气泡核)}}{dt} &= Vj_{B_2(气泡核)} \\ &= V\left[-l_1\left(\frac{A_{m,B_2}}{T}\right) - l_2\left(\frac{A_{m,B_2}}{T}\right)^2 - l_3\left(\frac{A_{m,B_2}}{T}\right)^3 - \cdots\right]\end{aligned} \tag{6.228}$$

由

$$N_{B_2(气泡核)}M_{B_2} = \tilde{N}_{B_2(气泡核)}V_{B_2(气泡核)}\rho_{B_2(气泡核)}$$

得气泡核的个数

$$\tilde{N}_{B_2(\text{气泡核})} = \frac{N_{B_2(\text{气泡核})} M_{B_2}}{V_{B_2(\text{气泡核})} \rho_{B_2(\text{气泡核})}}$$

对 t 求导，得

$$\begin{aligned}\frac{\mathrm{d}\tilde{N}_{B_2(\text{气泡核})}}{\mathrm{d}t} &= \frac{M_{B_2}}{V_{B_2(\text{气泡核})} \rho_{B_2(\text{气泡核})}} \frac{\mathrm{d}N_{B_2(\text{气泡核})}}{\mathrm{d}t} \\ &= \frac{M_{B_2} V}{V_{B_2(\text{气泡核})} \rho_{B_2(\text{气泡核})}} j_{B_2(\text{气泡核})} = \frac{M_{B_2} V}{V_{B_2(\text{气泡核})} \rho_{B_2(\text{气泡核})}} \\ &\quad \times \left[-l_1 \left(\frac{A_{\mathrm{m}}}{T} \right) - l_2 \left(\frac{A_{\mathrm{m}}}{T} \right)^2 - l_3 \left(\frac{A_{\mathrm{m}}}{T} \right)^3 - \cdots \right]\end{aligned} \tag{6.229}$$

式中，

$$A_{\mathrm{m}} = \Delta G_{\mathrm{m}, B_2(\text{气泡核})}$$

为式 (6.211)。

6.10.2 形成多种气体气泡核

1. 形成气泡核过程热力学

在恒温恒压条件下，在几种气体过饱和的固溶体中，若形成气泡核，其过饱和程度必须达到其共同产生的气体压力大于气泡核需要克服的外界阻力。

在温度 T_1，溶解的气体达到饱和，有

$$(i_2)_{\mathrm{s}_1} \equiv\!\equiv (i_2)_{\text{饱}} \rightleftharpoons (i_2)_{\mathrm{g}}$$

$$(i = 1, 2, 3, \cdots, n)$$

该过程的摩尔吉布斯自由能变化为零。降低温度到 T_1'，溶解在固体中的气体达到过饱和，是形成气泡核的临界过饱和，即气泡核的饱和溶解度，气泡核和固相达成平衡，以 s_1^* 表示，为

$$(i_2)_{\mathrm{s}_1^*} = (i_2)_{\text{过饱}} \equiv (i_2)_{\text{临过饱}} \equiv (i_2)_{\text{气泡核饱}} \rightleftharpoons (i_2)_{\text{气泡核}}$$

$$(i = 1, 2, 3, \cdots, n)$$

气泡核内的气体 i_2 和固溶体中的组元 i_2 都以一个标准大气压的气体 i_2 为标准状态，该过程的摩尔吉布斯自由能变化为

$$\Delta G_{\mathrm{m},(i_2)_{\text{气泡核}}} = \mu_{(i_2)_{\text{气泡核}}} - \mu_{(i_2)_{\text{过饱}}} = RT \ln p_{(i_2)_{\text{气泡核}}} = 0 \tag{6.230}$$

式中，

$$\mu_{(i_2)_{气泡核}} = \mu_{i_2(\mathrm{g})}^{\theta} + RT\ln p_{(i_2)_{气泡核}}$$

$$\mu_{(i_2)_{过饱}} = \mu_{i_2(\mathrm{g})}^{\theta} + RT\ln p_{(i_2)_{过饱}}$$

$$p_{(i_2)_{气泡核}} = p_{(i_2)_{过饱}} = p_{(i_2)_{临过饱}} = p_{(i_2)_{气泡核饱}}$$

继续降低温度到 T_2，溶解在固体中的气体的过饱和程度增大。在温度刚降到 T_2，气泡核尚未形成时，液相组成未变，但已由组元 i 的过饱和固溶体 s_1^* 变成过饱和固溶体 s_1^{**}，组元 i 的过饱和程度增加，n 个组元共同达到形成气泡核的程度，形成气泡核，有

$$(i_2)_{\mathrm{s}_1^{**}} = (i_2)_{过饱} = (i_2)_{气泡核过饱} = (i_2)_{气泡核}$$

$$(i = 1, 2, 3, \cdots, n)$$

气泡核内的气体 i_2 和固溶体中的组元 i_2 都以一个标准大气压的气体 i_2 为标准状态，该过程的摩尔吉布斯自由能变化为

$$\Delta G_{\mathrm{m},(i_2)_{气泡核}} = \mu_{(i_2)_{气泡核}} - \mu_{(i_2)_{过饱}} \tag{6.231}$$

$$v = RT\ln\frac{p_{(i_2)_{气泡核}}}{p_{(i_2)_{过饱}}} = RT\ln\frac{p_{(i_2)_{气泡核}}}{p_{(i_2)_{\mathrm{s}_1^{**}}}}$$

式中，

$$\mu_{(i_2)_{气泡核}} = \mu_{i_2(\mathrm{g})}^{\theta} + RT\ln p_{(i_2)_{气泡核}}$$

$$\mu_{(i_2)_{过饱}} = \mu_{i_2(\mathrm{g})}^{\theta} + RT\ln\frac{p_{(i_2)_{过饱}}}{p^{\theta}} = \mu_{i_2(\mathrm{g})}^{\theta} + RT\ln p_{(i_2)_{\mathrm{s}_1^{**}}}$$

$$p_{(i_2)_{过饱}} = x_{i_2}p_{总}$$

$$p_{总} = \sum_{i=1}^{r} p_{(i_2)_{过饱'}}$$

其中，$p_{总}$ 为可以形成气泡核的各种过饱和气体在气泡核内产生的总压力。均相形成的气泡核需要克服外界阻力为

$$p_{阻} = p_g + p_{mg} + F_{变形} + \frac{2\sigma}{R}$$

式中，p_g 为固体表面的大气压力；p_{mg} 为气泡受到的固体的重力；$F_{变形}$ 为使固体变形所需要的力；σ 为气–固之间的界面张力；R 为气泡半径。

形成气泡核的总摩尔吉布斯自由能变化为

$$\Delta G_{\mathrm{m},t}=\sum_{i=1}^{r}N_{i_2}\Delta G_{\mathrm{m},(i_2)_{\text{气泡核}}}=\sum_{i=1}^{r}N_{i_2}RT\ln\frac{p_{(i_2)_{\text{气泡核}}}}{p_{(i_2)_{\text{过饱}}}}=\sum_{i=1}^{r}N_{i_2}RT\ln\frac{p_{(i_2)_{\text{气泡核}}}}{p_{(i_2)_{\mathrm{s}_1^{**}}}}$$

随着气泡核的形成，气体过饱和程度不断减小，达到某一临界过饱和度后，不再形成气泡核。此临界过饱和度就是气泡核的饱和溶解度。与此临界过饱和度相应的压力为临界压力。此临界压力为多种气体共同的总压力。与单一气体形成气泡核的情况相同，此临界过饱和度是各种气体的总效果。有

$$(i_2)_{\mathrm{s}_2^*}=\!=\!=(i_2)_{\text{过饱}''}=\!=\!=(i_2)_{\text{临过饱}}=\!=\!=(i_2)_{\text{气泡核饱}}\rightleftharpoons(i_2)_{\text{气泡核}}$$

$$(i=1,2,3,\cdots,n)$$

以一个标准大气压的气体 i_2 为标准状态，该过程的摩尔吉布斯自由能变化为

$$\Delta G_{\mathrm{m},(i_2)_{\text{气泡核}}}=\mu_{i_2(\text{气泡核})}-\mu_{(i_2)_{\text{过饱}''}}=RT\ln\frac{p_{(i_2)_{\text{气泡核}}}}{p_{(i_2)_{\text{过饱}''}}}=RT\ln\frac{p_{(i_2)_{\text{气泡核}}}}{p_{(i_2)_{\mathrm{s}_2^*}}}=0$$

式中，

$$\mu_{i_2(\text{气泡核})}=\mu_{i_2(\mathrm{g})}^{\theta}+RT\ln p_{(i_2)_{\text{气泡核}}}$$

$$\mu_{(i_2)_{\text{过饱}''}}=\mu_{i_2(\mathrm{g})}^{\theta}+RT\ln p_{i_2(\text{过饱}'')}=\mu_{i_2(\mathrm{g})}^{\theta}+RT\ln p_{(i_2)_{\mathrm{s}_2^*}}$$

$$\Delta G_{\mathrm{m},t}=\sum_{i=1}^{n}N_{i_2}\Delta G_{\mathrm{m},(i_2)_{\text{气泡核}}}=0$$

式中，N_{i_2} 为气泡中组元 i_2 的摩尔数量。

形成气泡核后，气泡核长大成气泡，有

$$(i_2)_{\mathrm{s},\text{过饱}''}=\!=\!=(i_2)_{\text{气泡}}$$

$$(i=1,2,3,\cdots,n)$$

以一个标准大气压的气体 i_2 为标准状态，该过程的摩尔吉布斯自由能变化为

$$\begin{aligned}\Delta G_{\mathrm{m},(i_2)_{\text{气泡}}}&=\mu_{(i_2)_{\text{气泡}}}-\mu_{(i_2)_{\text{过饱}''}}\\&=RT\ln\frac{p_{(i_2)_{\text{气泡}}}}{p_{(i_2)_{\text{过饱}''}}}=RT\ln\frac{x_{i_2}p'_{\text{阻}}}{p_{(i_2)_{\text{过饱}''}}}=RT\ln\frac{x_{i_2}p_{\text{平}}}{p_{(i_2)_{\text{过饱}''}}}\end{aligned}\tag{6.232}$$

式中，

$$\mu_{(i_2)_{\text{气泡}}}=\mu_{i_2(\mathrm{g})}^{\theta}+RT\ln p_{(i_2)_{\text{气泡}}}=\mu_{i_2(\mathrm{g})}^{\theta}+RT\ln x_{i_2}p'_{\text{阻}}=\mu_{i_2(\mathrm{g})}+RT\ln x_{i_2}p_{\text{平}}$$

$$\mu_{(i_2)_{过饱''}} = \mu_{i_2(\mathrm{g})}^{\theta} + RT\ln\frac{p_{(i_2)_{过饱''}}}{p^{\theta}}$$

各组元的总摩尔吉布斯自由能变化为

$$\begin{aligned}\Delta G_{\mathrm{m,t}} &= \sum_{i=1}^{n} x_{i_2}\Delta G_{\mathrm{m},(i_2)_{气泡}} = \sum_{i=1}^{n} x_{i_2}RT\ln\frac{p_{(i_2)_{气泡}}}{p_{(i_2)_{过饱''}}}\\ &= \sum_{i=1}^{n} x_{i_2}RT\ln\frac{x_{i_2}p'_{阻}}{p_{(i_2)_{过饱''}}} = \sum_{i=1}^{n} x_{i_2}RT\ln\frac{x_{i_2}p_{平}}{p_{(i_2)_{过饱''}}} < 0\end{aligned}$$

2. 形成气泡核速率

在恒温恒压条件下，不考虑耦合作用，在多种气体过饱和的溶液中形成多种气体的气泡核的速率为

$$\begin{aligned}\frac{\mathrm{d}N_{气泡核}}{\mathrm{d}t} &= \sum_{i=1}^{n}\frac{\mathrm{d}N_{(i_2)_{气泡核}}}{\mathrm{d}t} = V\sum_{i=1}^{n} j_{(i_2)_{气泡核}}\\ &= V\sum_{i=1}^{n}\left[-l_{i1}\left(\frac{A_{\mathrm{m},i}}{T}\right) - l_{i2}\left(\frac{A_{\mathrm{m},i}}{T}\right)^2 - l_{i3}\left(\frac{A_{\mathrm{m},i}}{T}\right)^3 - \cdots\right]\end{aligned} \tag{6.233}$$

考虑耦合作用，有

$$\begin{aligned}\frac{\mathrm{d}N_{气泡核}}{\mathrm{d}t} &= \sum_{i=1}^{n}\frac{\mathrm{d}N_{(i_2)_{气泡核}}}{\mathrm{d}t} = V\sum_{i=1}^{n} j_{(i_2)_{气泡核}}\\ &= V\sum_{i=1}^{n}\left[-\sum_{k=1}^{n} l_{ik}\left(\frac{A_{\mathrm{m},k}}{T}\right) - \sum_{k=1}^{n}\sum_{l=1}^{n} l_{ikl}\left(\frac{A_{\mathrm{m},k}}{T}\right)\left(\frac{A_{\mathrm{m},l}}{T}\right)\right.\\ &\quad \left.-\sum_{k=1}^{n}\sum_{l=1}^{n}\sum_{h=1}^{n} l_{iklh}\left(\frac{A_{\mathrm{m},k}}{T}\right)\left(\frac{A_{\mathrm{m},l}}{T}\right)\left(\frac{A_{\mathrm{m},h}}{T}\right) - \cdots\right]\end{aligned} \tag{6.234}$$

式中，$N_{气泡核}$ 为形成的气泡核的总物质的量；

$$A_{\mathrm{m},k} = A_{\mathrm{m},l} = A_{\mathrm{m},h} = \Delta G_{\mathrm{m},(i_2)_{气泡核}}$$

为式 (6.230)。

由

$$\sum_{i=1}^{n} M_{i_2}N_{(i_2)气泡核} = \tilde{N}_{气泡核}V_{气泡核}\rho_{气泡核}$$

不考虑耦合作用，对 t 求导，得

$$\begin{aligned}\frac{\mathrm{d}\tilde{N}_{气泡核}}{\mathrm{d}t}&=\frac{1}{V_{气泡核}\rho_{气泡核}}\sum_{i=1}^{n}M_{i_2}\frac{\mathrm{d}N_{(i_2)气泡核}}{\mathrm{d}t}\\&=\frac{V}{V_{气泡核}\rho_{气泡核}}\sum_{i=1}^{n}M_{i_2}j_{(i_2)_{气泡核}}=\frac{V}{V_{气泡核}\rho_{气泡核}}\sum_{i=1}^{n}M_{i_2}\\&\quad\times\left[-l_{i1}\left(\frac{A_{\mathrm{m},i}}{T}\right)-l_{i2}\left(\frac{A_{\mathrm{m},i}}{T}\right)^2-l_{i3}\left(\frac{A_{\mathrm{m},l}}{T}\right)^3-\cdots\right]\end{aligned}\tag{6.235}$$

考虑耦合作用，有

$$\begin{aligned}\frac{\mathrm{d}\tilde{N}_{气泡核}}{\mathrm{d}t}=&\frac{V}{V_{气泡核}\rho_{气泡核}}\sum_{i=1}^{r}M_i\left[-\sum_{k=1}^{r}l_{ik}\left(\frac{A_{\mathrm{m},k}}{T}\right)\right.\\&-\sum_{k=1}^{r}\sum_{l=1}^{r}l_{ikl}\left(\frac{A_{\mathrm{m},k}}{T}\right)\left(\frac{A_{\mathrm{m},l}}{T}\right)\\&\left.-\sum_{k=1}^{r}\sum_{l=1}^{r}\sum_{h=1}^{r}l_{iklh}\left(\frac{A_{\mathrm{m},k}}{T}\right)\left(\frac{A_{\mathrm{m},l}}{T}\right)\left(\frac{A_{\mathrm{m},h}}{T}\right)-\cdots\right]\end{aligned}\tag{6.236}$$

式中，$\tilde{N}_{气泡核}$ 为气泡核的数量。

$$A_{\mathrm{m},k}=A_{\mathrm{m},l}=A_{\mathrm{m},h}=\Delta G_{\mathrm{m},(i_2)_{气泡核}}$$

为式 (6.230)。

6.11 在气体过饱和液体中形成气泡核——析出前后气体分子组成变化

6.11.1 形成一种气体的气泡核

1. 形成气泡核过程热力学

在温度 T_1，溶解在液体中气体达到饱和，可以表示为

$$[B]_{\mathrm{l}_1} = [B]_{饱} \rightleftharpoons \frac{1}{2}B_2(\mathrm{g})$$

该过程的摩尔吉布斯自由能变化为零。降低温度到 T_1'，溶解在液体中的气体达到过饱和，是形成气泡核的临界过饱和，即气泡核达到饱和，气泡核和溶液达成平衡，尚无明显的气泡核析出。以 l_1^* 表示，即

$$[B]_{\mathrm{l}_1^*} = [B]_{过饱} = [B]_{临过饱} = [B]_{气泡核饱} \rightleftharpoons \frac{1}{2}B_2(气泡核)$$

气体组元 B_2 以一个标准大气压的组元 B_2 为标准状态，液相中的组元 B 符合西韦特定律，浓度以质量分数表示，该过程的摩尔吉布斯自由能变化为

$$\begin{aligned}\Delta G_{\mathrm{m},B_2(\text{气泡核})} &= \frac{1}{2}\mu_{B_2(\text{气泡核})} - \mu_{[B]_{\text{过饱}}} \\ &= \Delta G^{\theta}_{\mathrm{m},B_2(\text{气泡核})} + RT\ln\frac{p^{\frac{1}{2}}_{B_2(\text{气泡核})}}{w[B]_{\text{气泡核饱}}} \\ &= 0\end{aligned}$$

式中，

$$\mu_{B_2(\text{气泡核})} = \mu^{\theta}_{B_2(\mathrm{g})} + RT\ln p_{B_2(\text{气泡核})}$$

$$\mu_{[B]_{\text{过饱}}} = \mu^{\theta}_{B[\mathrm{s}]} + RT\ln w[B]_{\text{气泡核饱}}$$

$$\Delta G^{\theta}_{\mathrm{m},B_2(\text{气泡核})} = \frac{1}{2}\mu^{\theta}_{B_2(\mathrm{g})} - \mu^{\theta}_{B[\mathrm{s}]} = -RT\ln K$$

$$K = \frac{(p_{B_2(\text{气泡核})}/p^{\theta})^{\frac{1}{2}}}{w[B]_{\text{气泡核饱}}} = \frac{1}{k_{\mathrm{S},w}}$$

$$k_{\mathrm{S},w}p^{\frac{1}{2}}_{B_2(\text{气泡核})} = w[B]_{\text{气泡核饱}}$$

其中，$p_{B_2(\text{气泡核})}$ 是形成气泡核需要承受的外部压力；$w[B]_{\text{气泡核饱}}$ 是液相中组元 B 的浓度；$k_{\mathrm{S},w}$ 是西韦特定律常数。

继续降低温度到 T_2，溶解在液相中的气体的过饱和程度增大。在温度刚降到 T_2，尚未形成气泡核时，液相组成未变，但已由组元 B 的过饱和溶液 l_1^* 变成过饱和溶液 l_1^{**}，组元 B 的过饱和程度增加到形成气泡核的程度，形成气泡核，有

$$[B]_{\mathrm{l}_1^{**}} = [B]_{\text{过饱}'} = [B]_{\text{气泡核过饱}} = \frac{1}{2}B_2(\text{气泡核})$$

气体组元 B_2 以一个标准大气压的气体 B_2 为标准状态，液体中的组元 B 符合西韦特定律，浓度以质量分数表示，形成气泡核的摩尔吉布斯自由能变化为

$$\begin{aligned}\Delta G_{\mathrm{m},B_2(\text{气泡核})} &= \frac{1}{2}\mu_{B_2(\text{气泡核})} - \mu_{[B]_{\text{过饱}'}} \\ &= \Delta G^{\theta}_{\mathrm{m},B_2(\text{气泡核})} + RT\ln\frac{p^{\frac{1}{2}}_{B_2(\text{气泡核})}}{w[B]_{\text{过饱}'}} \\ &= RT\ln\frac{k_{\mathrm{S},w}p^{\frac{1}{2}}_{B_2(\text{气泡核})}}{w[B]_{\text{过饱}'}}\end{aligned} \tag{6.237}$$

式中，

$$\mu_{B_2(\text{气泡核})} = \mu^{\theta}_{B_2(\mathrm{g})} + RT\ln p_{B_2(\text{气泡核})}$$

$$\mu_{[B]\text{过饱}'} = \mu^{\theta}_{B[\text{s}]} + RT\ln w[B]_{\text{过饱}'}$$

$$\Delta G^{\theta}_{\text{m},B_2(\text{气泡核})} = -RT\ln K = RT\ln k_{\text{S},w}$$

$$K = \frac{p'^{\frac{1}{2}}_{B_2(\text{气泡核})}}{w'[B]/w^{\theta}} = \frac{1}{k_{\text{S},w}}$$

后一步利用了西韦特定律

$$k_{\text{S},w} p'^{\frac{1}{2}}_{B_2(\text{气泡核})} = w[B]$$

其中，$p'_{B_2(\text{气泡核})}$ 是与 $w[B]$ 平衡的气泡核中组元 B_2 的压力。

也可以如下计算：

在温度 T_2，有

$$\begin{aligned}
\Delta G_{\text{m},B_2(\text{气泡核})}(T_2) &= \frac{1}{2}\Delta G^{\theta}_{\text{m},B_2(\text{气泡核})}(T_2) - \overline{G}_{\text{m},[B]_{\text{过饱}}}(T_2)\\
&= \frac{1}{2}(H_{\text{m},B_2(\text{气泡核})}(T_2) - T_2 S_{\text{m},B_2(\text{气泡核})}(T_2))\\
&\quad -(\bar{H}_{\text{m},[B]_{\text{过饱}}}(T_2) - T_2\overline{S}_{\text{m},[B]_{\text{过饱}}}(T_2))\\
&= \Delta H_{\text{m},B_2}(T_2) - T_2\Delta S_{\text{m},B_2}(T_2)\\
&\approx \Delta H_{\text{m},B_2}(T'_1) - T_2\Delta S_{\text{m},B_2}(T'_1)\\
&= \frac{\theta_{B_2,T_2}\Delta H_{\text{m},B_2}(T'_1)}{T'_1}\\
&= \eta_{B_2,T_2}\Delta H_{\text{m},B_2}(T'_1)
\end{aligned} \tag{6.238}$$

式中，

$$\Delta H_{\text{m},B_2}(T_2) = \frac{1}{2}H_{\text{m},B_2(\text{气泡核})}(T_2) - H_{\text{m},[B]_{\text{过饱核}}}(T_2)$$

$$\Delta S_{\text{m},B_2}(T_2) = \frac{1}{2}S_{\text{m},B_2(\text{气泡核})}(T_2) - S_{\text{m},[B]_{\text{过饱}'}}(T_2)$$

$$\theta_{B_2,T_2} = T'_1 - T_2$$

为绝对饱和过冷度；

$$\eta_{B_2,T_2} = \frac{T'_1 - T_2}{T'_1}$$

为相对饱和过冷度。

随着气泡核的形成，气体过饱和程度不断减小，达到某一临界过饱和度后，不再形成气泡核。但气泡核可以长大。此临界过饱和度也是气泡核的饱和溶解度。与此临界过饱和度相应的压力为临界压力。有

$$[B]_{\text{l}_2^*} \equiv [B]_{\text{过饱}''} \equiv [B]_{\text{临过饱}} \equiv [B]_{\text{气泡核饱}} \rightleftharpoons \frac{1}{2}B_2(\text{气泡核})$$

形成气泡核的摩尔吉布斯自由能变化为零。但是，气泡核可以长大成气泡，有

$$[B]_{l_2^*} = [B]_{过饱''} = \frac{1}{2}B_2(气泡)$$

气体中的组元 B_2 以一个标准大气压的组元 B_2 为标准状态，液相中的组元 B 符合西韦特定律，浓度以质量分数表示，该过程的摩尔吉布斯自由能变化为

$$\begin{aligned}\Delta G_{m,B_2(气泡)} &= \frac{1}{2}\mu_{B_2(气泡)} - \mu_{[B]_{过饱''}} \\ &= \Delta G^{\theta}_{m,B_2(气泡)} + RT\ln\frac{p^{\frac{1}{2}}_{B_2(气泡)}}{w[B]_{过饱''}} \\ &= \Delta G^{\theta}_{m,B_2(气泡)} + RT\ln\frac{p^{\frac{1}{2}}_{阻}}{w[B]_{过饱''}} \\ &= RT\ln\frac{k_{S,w}p_{阻}}{w[B]_{过饱''}}\end{aligned} \tag{6.239}$$

式中，

$$\mu_{B_2(气泡)} = \mu^{\theta}_{B_2(g)} + RT\ln p_{B_2(气泡)} = \mu^{\theta}_{B_2(g)} + RT\ln p_{阻}$$

$$\mu_{[B]_{过饱''}} = \mu_{B[s]} + RT\ln w[B]_{过饱''}$$

$$\Delta G^{\theta}_{m,B_2(气泡)} = -RT\ln K$$

$$K = \frac{p'^{\frac{1}{2}}_{B_2(气泡)}}{w[B]} = \frac{1}{k_{S,w}}$$

根据西韦特定律

$$k_{S,w}p'^{\frac{1}{2}}_{B_2(气泡)} = w[B]_{过饱''}$$

式中，$p'_{B_2(气泡)}$ 是与液相中 $w[B]$ 平衡的气泡中组元 B_2 的压力。

2. 形成气泡核速率

形成气泡核的速率为

$$\begin{aligned}
\frac{\mathrm{d}\tilde{N}_{B_2(\text{气泡核})}}{\mathrm{d}t} &= \frac{M_{B_2}}{\rho_{B_2(\text{气泡核})}\frac{4}{3}\pi r^3_{B_2(\text{气泡核})}}\frac{\mathrm{d}N_{B_2(\text{气泡核})}}{\mathrm{d}t} \\
&= -\frac{M_{B_2}}{2\rho_{B_2(\text{气泡核})}\frac{4}{3}\pi r^3_{B_2(\text{气泡核})}}\frac{\mathrm{d}N_{[B]}}{\mathrm{d}t} \\
&= \frac{M_{B_2}V}{2\rho_{B_2(\text{气泡核})}\frac{4}{3}\pi r^3_{B_2(\text{气泡核})}} j_{[B]} \\
&= \frac{M_B V}{2\rho_{B_2(\text{气泡核})}\frac{4}{3}\pi r^3_{B_2(\text{气泡核})}} \\
&\quad \times \left[-l_1\left(\frac{A_{\mathrm{m},B_2}}{T}\right) - l_2\left(\frac{A_{\mathrm{m},B_2}}{T}\right)^2 - l_3\left(\frac{A_{\mathrm{m},B_2}}{T}\right)^3 - \cdots\right]
\end{aligned} \tag{6.240}$$

式中，$\tilde{N}_{B_2(\text{气泡核})}$ 为液体体积 V 内形成的气泡核的数量；M_{B_2} 为组元 B_2 的分子量；M_B 为组元 B 的分子量；V 为液体体积；$\rho_{B_2(\text{气泡核})}$ 为气泡核的密度；$r_{B_2(\text{气泡核})}$ 为气泡核的半径；$N_{B_2(\text{气泡核})}$ 为单位体积内形成气泡核的物质的量；$N_{[B]}$ 为转化成气泡核的组元 B 的物质的量。

6.11.2 形成多种气体的气泡核

1. 形成气泡核过程热力学

在温度 T_1，溶解在液体中的多元气体达到饱和，可以表示为

$$[i]_{\mathrm{l}_1} = [i]_{\text{饱}} \rightleftharpoons \frac{1}{2}(i_2)_{\mathrm{g}}$$

$$(i = 1, 2, 3, \cdots, n)$$

该过程的摩尔吉布斯自由能变化为零。降低温度到 T_1'，溶解在液体中的气体达到过饱和，是形成气泡核的临界过饱和，即气泡核达到过饱和，气泡核和溶液达成平衡，以 l_1^* 表示，即

$$[i]_{\mathrm{l}_1^*} = [i]_{\text{过饱}} = [i]_{\text{临过饱}} = [i]_{\text{气泡和饱}} \rightleftharpoons \frac{1}{2}(i_2)_{\text{气泡核}}$$

$$(i = 1, 2, 3, \cdots, n)$$

气体组元以一个标准大气压为标准状态，液相中的组元符合西韦特定律，浓度

以质量分数表示，该过程的摩尔吉布斯自由能变化为

$$\begin{aligned}\Delta G_{\mathrm{m},(i_2)_{气泡核}} &= \frac{1}{2}\mu_{(i_2)_{气泡核}} - \mu_{[i]_{气泡核饱}} \\ &= \Delta G^{\theta}_{\mathrm{m},(i_2)_{气泡核}} + RT\ln\frac{p^{\frac{1}{2}}_{(i_2)_{气泡核}}}{w[i]_{气泡核饱}} \\ &= RT\ln\frac{k_{\mathrm{S},w}p^{\frac{1}{2}}_{(i_2)_{气泡核}}}{w[i]_{气泡核饱}} \\ &= 0\end{aligned}$$

式中，

$$\mu_{(i_2)_{气泡核}} = \mu^{\theta}_{i_2(\mathrm{g})} + RT\ln p_{(i_2)_{气泡核}}$$

$$\mu_{[i]_{气泡核饱}} = \mu^{\theta}_{i[\mathrm{S}]} + RT\ln w[i]_{气泡核饱}$$

$$\Delta G^{\theta}_{\mathrm{m},(i_2)_{气泡核}} = \frac{1}{2}\mu^{\theta}_{i_2(\mathrm{g})} - \mu^{\theta}_{i[\mathrm{S}]} = -RT\ln K = -RT\ln\frac{p^{\frac{1}{2}}_{(i_2)_{气泡核}}}{w[i]_{气泡核饱}} = -RT\ln\frac{1}{k_{\mathrm{S},w}}$$

后一步利用西韦特定律

$$k_{\mathrm{S},w}p^{\frac{1}{2}}_{(i_2)_{气泡核}} = w[i]_{气泡核饱}$$

$p_{(i_2)_{气泡核}}$ 为气泡核中组元 i_2 的分压；$w[i]_{气泡核饱}$ 为溶液中组元 i 的浓度。

降低温度到 T_2，溶解在液相中的气体的过饱和程度增大。在温度刚降到 T_2，尚未形成气泡核时，液相组成未变，但已由过饱和溶液 l_1^* 变成过饱和溶液 l_1^{**}，达到形成气泡核的过饱和程度，形成气泡核，有

$$[i]_{\mathrm{l}_1^{**}} \equiv [i]_{过饱'} \equiv [i]_{气泡核过饱} \equiv \frac{1}{2}(i_2)_{气泡核}$$

$$(i = 1, 2, \cdots, n)$$

气体中的组元以一个标准大气压为标准状态，液体中的组元符合西韦特定律，浓度以质量分数表示，形成气泡核的摩尔吉布斯自由能变化为

$$\begin{aligned}\Delta G_{\mathrm{m},(i_2)_{气泡核}} &= \frac{1}{2}\mu_{(i_2)_{气泡核}} - \mu_{[i]_{气泡核过饱}} \\ &= \Delta G^{\theta}_{\mathrm{m},(i_2)_{气泡核}} + RT\ln\frac{\left(p_{(i_2)_{气泡核}}/p^{\theta}\right)^{\frac{1}{2}}}{w[i]_{气泡核过饱}}\end{aligned} \tag{6.241}$$

式中，

$$\mu_{(i_2)_{气泡核}} = \mu^{\theta}_{i_2(\mathrm{g})} + RT\ln p_{(i_2)_{气泡核}}$$

$$\mu_{[i]_{\text{气泡核过饱}}} = \mu^{\theta}_{i[\text{S}]} + RT\ln w[i]_{\text{气泡核过饱}}$$

$$\begin{aligned}\Delta G^{\theta}_{\text{m},(i_2)_{\text{气泡核}}} &= \frac{1}{2}\mu^{\theta}_{i_2(\text{g})} - \mu^{\theta}_{i[\text{S}]} = -RT\ln K\\ &= -RT\ln\frac{p'^{\frac{1}{2}}_{(i_2)\text{气泡核}}}{w\,[i]_{\text{气泡核过饱}}} = -RT\ln\frac{1}{k_{\text{S},w}}\end{aligned}$$

后一步利用西韦特定律

$$k_{\text{S},w}p'^{\frac{1}{2}}_{(i_2)\text{气泡核}} = w\,[i]_{\text{气泡核过饱}}$$

式中，$p'_{(i_2)\text{气泡核}}$ 是与 $w\,[i]$ 平衡的气泡核中组元 i_2 的压力。

$$\Delta G_{\text{m},(i_2)_{\text{气泡核}}} = RT\ln\frac{k_{\text{S},w}p^{\frac{1}{2}}_{(i_2)\text{气泡核}}}{w[i]_{\text{气泡核过饱}}} \tag{6.242}$$

$$\Delta G_{\text{m},\text{气泡核}} = \sum_{i=1}^{r} n_{i_2}\Delta G_{\text{m},(i_2)_{\text{气泡核}}} = \sum_{i=1}^{r} n_{i_2}RT\ln\frac{k_{\text{S},w}(p_{(i_2)\text{气泡核}}/p^{\theta})^{\frac{1}{2}}}{w[i]_{\text{气泡核过饱}}}$$

式中，n_{i_2} 是气泡中组元 i_2 的摩尔数量。

随着气泡核的形成，气体的过饱和程度不断减小，达到某一临界过饱和度后，不再形成气泡核。此临界过饱和度也是气泡核的饱和溶解度。与此临界过饱和度相应的压力为临界压力。有

$$[i]_{l_2^*} \equiv [i]_{\text{过饱}''} \equiv [i]_{\text{临过饱}} \equiv [i]_{\text{气泡核饱}} \equiv \frac{1}{2}(i_2)_{\text{气泡核}}$$

$$(i = 1, 2, 3, \cdots, n)$$

形成气泡核的摩尔吉布斯自由能变化为零。

$$\begin{aligned}\Delta G_{\text{m},\text{气泡核}} &= \sum_{i=1}^{r}\Delta G_{\text{m},(i_2)_{\text{气泡核}}}\\ &= 0\end{aligned}$$

但是，气泡核可以长大成气泡，有

$$[i]_{l_2^*} \equiv [i]_{\text{过饱}''} = \frac{1}{2}(i_2)_{\text{气泡}}$$

气体中的组元以一个标准大气压为标准状态，液相中的组元符合西韦特定律，浓度以质量分数表示，该过程的摩尔吉布斯自由能变化为

$$\begin{aligned}\Delta G_{\text{m},(i_2)_{\text{气泡}}} &= \frac{1}{2}\mu_{(i_2)_{\text{气泡}}} - \mu_{[i]_{\text{过饱}''}}\\ &= \Delta G^{\theta}_{\text{m},(i_2)_{\text{气泡}}} + RT\ln\frac{p^{\frac{1}{2}}_{(i_2)_{\text{气泡}}}}{w\,[i]_{\text{过饱}''}}\end{aligned} \tag{6.243}$$

式中，

$$\mu_{(i_2)_{\text{气泡}}} = \mu^{\theta}_{i_2(\text{g})} + RT \ln p_{(i_2)_{\text{气泡}}}$$

$$\mu_{[i]_{\text{过饱}''}} = \mu^{\theta}_{i(\text{S})} + RT \ln w[i]_{\text{过饱}''}$$

$$\begin{aligned}\Delta G^{\theta}_{\text{m},(i_2)_{\text{气泡}}} &= \frac{1}{2}\mu^{\theta}_{i_2(\text{g})} - \mu^{\theta}_{i(\text{S})} = -RT \ln K \\ &= -RT \ln \frac{p'^{\frac{1}{2}}_{(i_2)\text{气泡核}}}{w\,[i]/w^{\theta}} = -RT \ln \frac{1}{k_{\text{S},w}}\end{aligned}$$

后一步利用了西韦特定律

$$k_{\text{S},w} p'^{\frac{1}{2}}_{(i_2)\text{气泡核}} = w\,[i]$$

式中，$p'_{(i_2)\text{气泡核}}$ 是与 $w\,[i]$ 为平衡的气泡中组元 i_2 的压力。

$$\Delta G_{\text{m},(i_2)_{\text{气泡}}} = RT \ln \frac{k_{\text{S},w} p^{\frac{1}{2}}_{(i_2)_{\text{气泡}}}}{w\,[i]_{\text{过饱}''}} \tag{6.244}$$

$$\Delta G_{\text{m},\text{气泡}} = \sum_{i=1}^{n} N_{i_2} \Delta G_{\text{m},(i_2)_{\text{气泡}}} = \sum_{i=1}^{n} N_{i_2} RT \ln \frac{k_{\text{S},w} p^{\frac{1}{2}}_{(i_2)_{\text{气泡}}}}{w[i]_{\text{过饱}''}}$$

2. 形成气泡核速率

$$\begin{aligned}\frac{\mathrm{d}\tilde{N}_{\text{气泡核}}}{\mathrm{d}t} &= \frac{1}{\rho_{\text{气泡核}} \frac{4}{3}\pi r^3_{\text{气泡核}}} \sum_{i=1}^{r} M_{i_2} \frac{\mathrm{d}N_{(i_2)\text{气泡核}}}{\mathrm{d}t} \\ &= -\frac{1}{2\rho_{\text{气泡核}} \frac{4}{3}\pi r^3_{\text{气泡核}}} \sum_{i=1}^{r} M_i \frac{\mathrm{d}N_{(i)\text{过饱}'}}{\mathrm{d}t} \\ &= \frac{V}{\rho_{\text{气泡核}} \frac{4}{3}\pi r^3_{\text{气泡核}}} \sum_{i=1}^{r} M_i j_{i_2} \\ &= \frac{V}{\rho_{\text{气泡核}} \frac{4}{3}\pi r^3_{\text{气泡核}}} \sum_{i=1}^{r} M_i \left[-l_1 \left(\frac{A_{\text{m},i_2}}{T} \right) \right. \\ &\quad \left. - l_2 \left(\frac{A_{\text{m},i_2}}{T} \right)^2 - l_3 \left(\frac{A_{\text{m},i_2}}{T} \right)^3 - \cdots \right]\end{aligned} \tag{6.245}$$

式中，$\tilde{N}_{\text{气泡核}}$ 为形成的气泡核的数量；$N_{(i_2)\text{气泡核}}$ 为形成的气泡核的物质的量；$N_{(i)\text{过饱}'}$ 为溶液中转化为气泡核的组元 i 的物质的量；M_i 为组元 i 的摩尔质量，M_{i_2} 为组元 i_2 的摩尔质量；V 为溶液体积。

考虑耦合作用，有

$$\begin{aligned}\frac{\mathrm{d}\widetilde{N}_{\text{气泡核}}}{\mathrm{d}t} = &\frac{V}{\rho_{\text{气泡核}}\dfrac{4}{3}\pi r^3_{\text{气泡核}}}\sum_{i=1}^{n}M_i\left[-\sum_{k=1}^{n}l_{ik}\left(\frac{A_{\mathrm{m},k}}{T}\right)\right.\\&-\sum_{k=1}^{n}\sum_{l=1}^{n}l_{ikl}\left(\frac{A_{\mathrm{m},k}}{T}\right)\left(\frac{A_{\mathrm{m},l}}{T}\right)\\&\left.-\sum_{k=1}^{n}\sum_{l=1}^{n}l_{ikln}\left(\frac{A_{\mathrm{m},k}}{T}\right)\left(\frac{A_{\mathrm{m},l}}{T}\right)\left(\frac{A_{\mathrm{m},n}}{T}\right)\cdots\right]\end{aligned} \tag{6.246}$$

其中，

$$A_{\mathrm{m},i_2} = \Delta G_{\mathrm{m},(i_2)\text{气泡核}}$$

为式 (6.242)。

6.12 在气体过饱和的固体中形成气泡核——析出前后气体分子组成变化

6.12.1 形成一种气体气泡核

1. 形成气泡核过程热力学

在温度 T_1，溶解在固体中的气体达到饱和，可以表示为

$$[B]_{\mathrm{s}_1} = [B]_{\text{过饱}} \rightleftharpoons \frac{1}{2}B_2(\mathrm{g})$$

该过程的摩尔吉布斯自由能变化为零。降低温度到 T_1'，溶解在固体中的气体达到过饱和，是形成气泡核的临界过饱和，即气泡核达到饱和，气泡核溶解达成平衡，尚没有气泡核析出，以 s_1^* 表示，有

$$[B]_{\mathrm{s}_1^*} = [B]_{\text{过饱}} = [B]_{\text{气泡过饱}} = [B]_{\text{气泡核饱}} \rightleftharpoons \frac{1}{2}B_2(\text{气泡核})$$

气体 B_2 以一个标准大气压的气体 B_2 为标准状态，该过程的摩尔吉布斯自由能变化为

$$\begin{aligned}\Delta G_{\mathrm{m},B_2(\text{气泡核})} &= \frac{1}{2}\mu_{B_2(\text{气泡核})} - \mu_{[B]_{\text{过饱}}}\\&= \Delta G^{\theta}_{\mathrm{m},B_2(\text{气泡核})} + RT\ln\frac{p^{\frac{1}{2}}_{B_2(\text{气泡核})}}{w\,[B]_{\text{气泡核饱}}}\\&= 0\end{aligned}$$

式中，

$$\mu_{B_2(\text{气泡核})} = \mu^{\theta}_{B_2(\text{g})} + RT\ln p_{B_2(\text{气泡核})}$$

$$\mu_{[B]_{\text{过饱}}} = \mu^{\theta}_{B[\text{S}]_{\text{s}}} + RT\ln w[B]_{\text{气泡核饱}}$$

$$\Delta G^{\theta}_{\text{m},B_2(\text{气泡核})} = \frac{1}{2}\mu^{\theta}_{B_2(\text{g})} - \mu^{\theta}_{B[\text{S}]_{\text{s}}} = -RT\ln K = -RT\ln\frac{p^{\frac{1}{2}}_{B_2(\text{气泡核})}}{w[B]_{\text{气泡核饱}}} = -RT\ln\frac{1}{k_{\text{S},w}}$$

后一步，利用西韦特定律

$$k_{\text{S},w}p^{\frac{1}{2}}_{B_2(\text{气泡核})} = w[B]_{\text{气泡核饱}}$$

其中，$p_{B_2(\text{气泡核})}$ 是形成气泡核需要承受的外部压力，也是气泡核内的压力；$w[B]_{\text{气泡核饱}}$ 是固溶体中组元 B 的浓度；k_{s} 是西韦特定律常数。

继续降低温度到 T_2，溶解在固体中的气体的过饱和程度增大。在温度刚降到 T_2，尚未形成气泡核时，固相组成未变，但已由组元 B 的过饱和固相 s_l^* 变成过饱和固相 s_l^{**}，组元 B 的过饱和程度增加到形成气泡核的程度，形成气泡核，有

$$[B]_{\text{s}_1^{**}} =\!=\!=\!= [B]_{\text{过饱}'} =\!=\!=\!= [B]_{\text{气泡核过饱}} = \frac{1}{2}B_2(\text{气泡核})$$

气体组元 B_2 以一个标准大气压的 B_2 为标准状态，固相中的组元 B 符合西韦特定律，浓度以质量分数表示，形成气泡核的摩尔吉布斯自由能变化为

$$\begin{aligned}\Delta G_{\text{m},B_2(\text{气泡核})} &= \frac{1}{2}\mu_{B_2(\text{气泡核})} - \mu_{[B]_{\text{过饱}'}} \\ &= \Delta G^{\theta}_{\text{m},B_2(\text{气泡核})} + RT\ln\frac{p^{\frac{1}{2}}_{B_2(\text{气泡核})}}{w[B]_{\text{过饱}'}} \\ &= RT\ln\frac{k_{\text{S},w}p^{\frac{1}{2}}_{B_2(\text{气泡核})}}{w[B]_{\text{过饱}'}}\end{aligned} \tag{6.247}$$

式中，

$$\mu_{B_2(\text{气泡核})} = \mu^{\theta}_{B_2(\text{g})} + RT\ln p_{B_2(\text{气泡核})}$$

$$\mu_{[B]_{\text{过饱}'}} = \mu^{\theta}_{B[\text{S}]_{\text{s}}} + RT\ln w[B]_{\text{过饱}'}$$

$$\Delta G^{\theta}_{\text{m},B_2(\text{气泡核})} = -RT\ln K$$

$$K = \frac{p'^{\frac{1}{2}}_{B_2(\text{气泡核})}}{w[B]_{\text{过饱}}} = \frac{1}{k_{\text{S},w}}$$

后一步利用西韦特定律

$$k_{\text{S},w}p'^{\frac{1}{2}}_{B_2(\text{气泡核})} = w[B]_{\text{s}}$$

式中，$p'_{B_2(\text{气泡核})}$ 是与 $w[B]$ 为平衡的气泡核中组元 B_2 的压力。

在固体中形成的气泡核要克服固体表面大气压力、固体质量加在气泡核上的重力，使固体变形需要的压力，气体与固体的界面张力。这些都是形成气泡核的阻力，有

$$p_{\text{阻}} = p_g + p_{mg} + F_{\text{变形}} + \frac{2\sigma}{R}$$

式中，p_g 为固体表面的大气压力；p_{mg} 为固体质量加在气泡核上的重力。$F_{\text{变形}}$ 为使固体变形所需要的力；σ 为气–固之间的界面张力；R 为气泡半径。

固体中过饱和的气体要形成气泡核，其过饱和程度要达到可以析出的气体的压力大于外界阻力 $p_{\text{阻}}$。$p_{\text{阻}}$ 值即为形成气泡核需要达到的临界过饱和压力 $p_{B_2(\text{临过饱})}$。

随着气泡核的形成，气体过饱和程度不断减小，达到某一临界过饱和度后，不再形成气泡核。此临界过饱和度也是气泡核的饱和溶解度。与此临界过饱和度相应的气体组元 B_2 的压力为临界压力。有

$$[B]_{s_2^*} = [B]_{\text{过饱}''} = [B]_{\text{临过饱}} = [B]_{\text{气泡核饱}} \rightleftharpoons \frac{1}{2}B_2(\text{气泡核})$$

该过程的摩尔吉布斯自由能变化为零。

固相中溶解的气体达到临界过饱和度后，不再形成新的气泡核，但气泡核可以长大。由于气泡核周围是固体物质，限制其长大。过饱和气体产生的压力大于气泡核周围固体物质的阻力，气泡核内气体的压力就使其周围的固体产生变形和微裂纹。随着溶液中的过饱和气体向气泡中输入，变形量增大、裂纹增多、气泡胀大。该过程可以表示为

$$[B]_{s_2^*} = [B]_{\text{过饱}''} = \frac{1}{2}B_2(\text{气泡})$$

气体以一个标准大气压的 B_2 为标准状态，固相中的组元 B 符合西韦特定律，浓度以质量分数表示。该过程的摩尔吉布斯自由能变化为

$$\begin{aligned}
\Delta G_{\mathrm{m},B_2(\text{气泡})} &= \frac{1}{2}\mu_{B_2(\text{气泡})} - \mu_{[B]_{\text{过饱}''}} \\
&= \Delta G^{\theta}_{\mathrm{m},B_2(\text{气泡})} + RT\ln\frac{p^{\frac{1}{2}}_{B_2(\text{气泡})}}{w[B]_{\text{过饱}''}} \\
&= \Delta G^{\theta}_{\mathrm{m},B_2(\text{气泡})} + RT\ln\frac{p^{\frac{1}{2}}_{\text{阻}}}{w[B]_{\text{过饱}''}} \\
&= \frac{1}{2}RT\ln\frac{k_{\mathrm{S},w}p^{\frac{1}{2}}_{\text{阻}}}{w[B]_{\text{过饱}''}}
\end{aligned} \tag{6.248}$$

式中，

$$\Delta G^{\theta}_{\mathrm{m},B_2(\text{气泡})} = -RT\ln K$$

$$K=\frac{p'^{\frac{1}{2}}_{B_2(\text{气泡})}}{w[B]_{\text{过饱}''}}=\frac{1}{k_{\mathrm{S},w}}$$

后一步利用了西韦特定律，有

$$k_{\mathrm{S},w}p'^{\frac{1}{2}}_{B_2(\text{气泡})}=w[B]_{\text{过饱}''}$$

$$\mu_{B_2(\text{气泡})}=\mu^{\theta}_{B_2(\mathrm{g})}+RT\ln p_{B_2(\text{气泡})}=\mu^{\theta}_{B_2(\mathrm{g})}+RT\ln p_{\text{阻}}$$

$$\mu_{(B_2)_{\text{过饱}''}}=\mu^{\theta}_{B_2[\mathrm{S}]_\mathrm{s}}+RT\ln w[B]_{\text{过饱}''}$$

$$p_{B_2(\text{气泡})}=p_{\text{阻}}=p_{\text{平}}<p_{(B_2)_{\text{过饱}''}}$$

式中，$p_{\text{阻}}$ 为气泡长大的阻力；$p_{\text{平}}$ 为气泡内与外界阻力相平衡所需要的压力。$p_{(B_2)_{\text{过饱}''}}$ 为溶解在固体中的过饱和组元 B 产生的压力。

2. 形成气泡核速率

在恒温恒压条件下，在气体过饱和的溶液中形成气泡核的速率为

$$\begin{aligned}\frac{\mathrm{d}N_{B_2(\text{气泡核})}}{\mathrm{d}t}&=Vj_{B_2(\text{气泡核})}\\&=V\left[-l_1\left(\frac{A_{\mathrm{m},B_2}}{T}\right)-l_2\left(\frac{A_{\mathrm{m},B_2}}{T}\right)^2-l_3\left(\frac{A_{\mathrm{m},B_2}}{T}\right)^3-\cdots\right]\end{aligned}\tag{6.249}$$

由

$$N_{B_2(\text{气泡核})}M_{B_2}=\tilde{N}_{B_2(\text{气泡核})}V_{B_2(\text{气泡核})}\rho_{B_2(\text{气泡核})}$$

得气泡核的个数

$$\tilde{N}_{B_2(\text{气泡核})}=\frac{N_{B_2(\text{气泡核})}M_{B_2}}{V_{B_2(\text{气泡核})}\rho_{B_2(\text{气泡核})}}$$

对 t 求导，得

$$\begin{aligned}\frac{\mathrm{d}\tilde{N}_{B_2(\text{气泡核})}}{\mathrm{d}t}&=\frac{M_{B_2}}{V_{B_2(\text{气泡核})}\rho_{B_2(\text{气泡核})}}\frac{\mathrm{d}N_{B_2(\text{气泡核})}}{\mathrm{d}t}\\&=\frac{M_{B_2}V}{V_{B_2(\text{气泡核})}\rho_{B_2(\text{气泡核})}}j_{B_2(\text{气泡核})}\\&=\frac{M_{B_2}V}{V_{B_2(\text{气泡核})}\rho_{B_2(\text{气泡核})}}\left[-l_1\left(\frac{A_{\mathrm{m},B_2}}{T}\right)-l_2\left(\frac{A_{\mathrm{m},B_2}}{T}\right)^2\right.\\&\quad\left.-l_3\left(\frac{A_{\mathrm{m},B_2}}{T}\right)^3-\cdots\right]\end{aligned}\tag{6.250}$$

式中，$N_{B_2(\text{气泡核})}$ 为气泡核的物质的量；$\tilde{N}_{B_2(\text{气泡核})}$ 为气泡核的数量；$V_{B_2(\text{气泡核})}$ 为一个气泡核的体积；V 为固体体积；$\rho_{B_2(\text{气泡核})}$ 为气泡核的密度；

$$A_{\mathrm{m},B_2} = \Delta G_{\mathrm{m},B_2(\text{气泡核})}$$

为式 (6.247)。

6.12.2　形成多种气体气泡核

1. 形成气泡核过程热力学

在恒温恒压条件下，在几种气体过饱和的固溶体中，若形成气泡核，其过饱和程度必须达到其共同产生的气体压力大于气泡核需要克服的外界阻力。

在温度 T_1，溶解的气体达到饱和，有

$$[i]_{\mathrm{s}_1} = [i]_{\text{饱}} \rightleftharpoons \frac{1}{2}(i_2)_{\mathrm{g}}$$

$$(i = 1, 2, 3, \cdots, n)$$

该过程的摩尔吉布斯自由能变化为零。降低温度到 T_1'，溶解在固体中的气体达到过饱和，是形成气泡核的临界过饱和，即气泡核的饱和溶解度，气泡核和固相达成平衡，以 s_1^* 表示，为

$$[i]_{\mathrm{s}_1^*} = [i]_{\text{过饱}} = [i]_{\text{临过饱}} = [i]_{\text{气泡核过饱}} \rightleftharpoons \frac{1}{2}(i_2)_{\text{气泡核}}$$

$$(i = 1, 2, 3, \cdots, n)$$

气体 i_2 以一个标准大气压的组元 i_2 为标准状态，固体中的组元符合西韦特定律，浓度以质量分数表示，该过程的摩尔吉布斯自由能变化为

$$\begin{aligned}\Delta G_{\mathrm{m},(i_2)_{\text{气泡核}}} &= \frac{1}{2}\mu_{(i_2)_{\text{气泡核}}} - \mu_{[i]_{\text{过饱}}} \\ &= \Delta G^{\theta}_{\mathrm{m},(i_2)_{\text{气泡核}}} + RT\ln\frac{p^{\frac{1}{2}}_{(i_2)_{\text{气泡核}}}}{w[i]_{\text{过饱}}} \\ &= RT\ln\frac{k_{\mathrm{S},w}p_{(i_2)_{\text{气泡核}}}}{w[i]_{\text{过饱}}} \\ &= 0\end{aligned} \tag{6.251}$$

式中，

$$\mu_{(i_2)_{\text{气泡核}}} = \mu^{\theta}_{i_2(\mathrm{g})} + RT\ln p_{(i_2)_{\text{气泡核}}}$$

$$\mu_{[i]_{\text{过饱}}} = \mu^{\theta}_{i[\mathrm{S}]_{\mathrm{s}}} + RT\ln w[i]_{\text{过饱}}$$

$$\Delta G^{\theta}_{\mathrm{m},(i_2)_{\text{气泡核}}} = \frac{1}{2}\mu^{\theta}_{i_2(\mathrm{g})} - \mu^{\theta}_{i[\mathrm{S}]_{\mathrm{s}}} = -RT\ln K = -RT\ln\frac{1}{k_{\mathrm{S},w}}$$

$$K=\frac{p'^{\frac{1}{2}}_{(i_2)_{\text{气泡核}}}}{w[i]_{\text{过饱}}}=\frac{1}{k_{\mathrm{S},w}}$$

后一步利用了西韦特定律，

$$k_{\mathrm{S},w}p'^{\frac{1}{2}}_{(i_2)_{\text{气泡核}}}=w[i]_{\text{过饱}}$$

继续降低温度到 T_2，溶解在固体中的气体的过饱和程度增大。在温度刚降到 T_2，气泡核尚未形成时，固相组成未变，但已由组元 i 的过饱和相 s_1^* 变成过饱和相 s_1^{**}，组元 i 的过饱和程度增加，n 个组元共同达到形成气泡核的程度，形成气泡核，有

$$[i]_{\mathrm{s}_1^{**}}=\!=\!=[i]_{\text{过饱}'}=\!=\!=[i]_{\text{气泡核过饱}}=\!=\!=\frac{1}{2}(i_2)_{\text{气泡核}}$$

$$(i=1,2,3,\cdots,n)$$

气体 i_2 以一个标准大气压的组元 i_2 为标准状态，固体中组元符合西韦特定律，浓度以质量分数表示，该过程的摩尔吉布斯自由能变化为

$$\begin{aligned}\Delta G_{\mathrm{m},(i_2)_{\text{气泡核}}}&=\frac{1}{2}\mu_{(i_2)_{\text{气泡核}}}-\mu_{[i]_{\text{过饱}'}}\\&=\Delta G^{\theta}_{\mathrm{m},(i_2)_{\text{气泡核}}}+RT\ln\frac{p^{\frac{1}{2}}_{(i_2)_{\text{气泡核}}}}{w[i]_{\text{过饱}'}}\\&=RT\ln\frac{k_{\mathrm{S},w}p^{\frac{1}{2}}_{(i_2)_{\text{气泡核}}}}{w[i]_{\text{过饱}'}}\end{aligned}\tag{6.252}$$

式中，

$$\mu_{(i_2)_{\text{气泡核}}}=\mu^{\theta}_{i_2(\mathrm{g})}+RT\ln p_{(i_2)_{\text{气泡核}}}$$

$$\mu_{[i]_{\text{过饱}}}=\mu^{\theta}_{i[\mathrm{S}]_{\mathrm{s}}}+RT\ln w[i]_{\text{过饱}'}$$

$$\Delta G^{\theta}_{\mathrm{m},(i_2)_{\text{气泡核}}}=\frac{1}{2}\mu^{\theta}_{(i_2)_{\text{气泡核}}}-\mu^{\theta}_{i[\mathrm{S}]}=-RT\ln K$$

$$K=\frac{p'^{\frac{1}{2}}_{(i_2)_{\text{气泡核}}}}{w[i]_{\text{过饱}}}=\frac{1}{k_{\mathrm{S},w}}$$

后一步利用了西韦特定律

$$k_{\mathrm{S},w}p'^{\frac{1}{2}}_{(i_2)_{\text{气泡核}}}=w[i]_{\mathrm{s}}$$

$p'_{(i_2)}$ 气泡核是与 $w[i]$ 平衡的气泡核中组元 i_2 的压力。

$$\Delta G_{\mathrm{m},\text{气泡核}}=\sum_{i=1}^{r}x_{i_2}\Delta G_{\mathrm{m},(i_2)_{\text{气泡核}}}=\sum_{i=1}^{r}x_{i_2}RT\ln\frac{p^{\frac{1}{2}}_{(i_2)_{\text{气泡核}}}}{k_{\mathrm{S},w}}$$

均相形成的气泡核需要克服外界阻力为

$$p_{阻} = p_g + F_{变形} + \frac{2\sigma}{R}$$

式中，p_g 为固体表面的大气压力；$F_{变形}$ 为使固体变形所需要的力；σ 为气–固之间的界面张力；R 为气泡半径。

随着气泡核的形成，气体过饱和程度不断减小，达到某一临界过饱和度后，不再形成气泡核。此临界过饱和度就是气泡核的饱和溶解度。与此临界过饱和度相应的压力为临界压力。此临界压力为多种气体共同的总压力。与单一气体形成气泡核的情况相同，此临界过饱和度是各种气体的总效果。有

$$[i]_{s_2^*} = [i]_{过饱''} = [i]_{临过饱} = [i]_{气泡核饱} \rightleftharpoons \frac{1}{2}(i_2)_{气泡核}$$

该过程的摩尔吉布斯自由能变化为零。

形成气泡核后，气泡核长大成气泡，有

$$[i]_{s,过饱''} = \frac{1}{2}(i_2)_{气泡}$$

$$(i = 1, 2, 3, \cdots, n)$$

气体 i_2 以一个标准大气压的 i_2 为标准状态，固体中的组元符合西韦特定律，浓度以质量分数表示，该过程的摩尔吉布斯自由能变化为

$$\begin{aligned}\Delta G_{m,(i_2)_{气泡}} &= \frac{1}{2}\mu_{(i_2)_{气泡}} - \mu_{[i_2]_{s,过饱'}} \\ &= \Delta G^{\theta}_{m,(i_2)_{气泡}} + RT\ln\frac{p^{\frac{1}{2}}_{(i_2)_{气泡}}}{w[i]_{s,过饱''}} \\ &= RT\ln\frac{k_{S,w}p^{\frac{1}{2}}_{(i_2)_{气泡}}}{w[i]_{s,过饱''}}\end{aligned} \tag{6.253}$$

式中，

$$\mu_{(i_2)_{气泡}} = \mu^{\theta}_{i_2(g)} + RT\ln p_{(i_2)_{气泡}}$$

$$\mu_{[i]_{s,过饱'}} = \mu^{\theta}_{i[S]_s} + RT\ln w[i]_{s,过饱''}$$

$$\Delta G^{\theta}_{m,(i_2)_{气泡}} = -RT\ln K$$

$$K=\frac{p'^{\frac{1}{2}}_{(i_2)_{气泡}}}{w[i]_{\text{s},过饱''}}=\frac{1}{k_{\text{S},w}}$$

后一步利用了西韦特定律，有

$$k_{\text{S},w}p'^{\frac{1}{2}}_{(i_2)_{气泡}}=w[i]_{\text{s},过饱''}$$

总摩尔吉布斯自由能变化为

$$\begin{aligned}\Delta G_{\text{m}}&=\sum_{i=1}^{r}x_{i_2}\Delta G_{\text{m},(i_2)_{气泡}}\\&=\sum_{i=1}^{r}x_{i_2}RT\ln\frac{k_{\text{S},w}p^{\frac{1}{2}}_{(i_2)_{气泡}}}{w[i]_{\text{s},过饱''}}\\&=\sum_{i=1}^{r}x_{i_2}RT\ln\frac{k_{\text{S},w}x_{i_2}p_{阻}}{w[i]_{\text{s},过饱''}}\end{aligned}\tag{6.254}$$

2. 形成气泡核速率

在恒温恒压条件下，在多种气体过饱和的溶液中形成多种气体气泡核，不考虑耦合作用，形成速率为

$$\begin{aligned}\frac{\mathrm{d}N_{(i_2)气泡核}}{\mathrm{d}t}&=Vj_{(i_2)气泡核}\\&=V\sum_{i=1}^{r}\left[-l_{i1}\left(\frac{A_{\text{m},i}}{T}\right)-l_{i2}\left(\frac{A_{\text{m},i}}{T}\right)^2-l_{i3}\left(\frac{A_{\text{m},i}}{T}\right)^3-\cdots\right]\end{aligned}$$

考虑耦合作用，有

$$\begin{aligned}\frac{\mathrm{d}\tilde{N}_{气泡核}}{\mathrm{d}t}&=\sum_{i=1}^{n}\frac{\mathrm{d}N_{(i_2)_{气泡核}}}{\mathrm{d}t}=V\sum_{i=1}^{n}j_{(i_2)_{气泡核}}\\&=V\sum_{i=1}^{n}\left[-\sum_{k=1}^{n}l_{ik}\left(\frac{A_{\text{m},k}}{T}\right)-\sum_{k=1}^{n}\sum_{l=1}^{n}l_{ikl}\left(\frac{A_{\text{m},k}}{T}\right)\left(\frac{A_{\text{m},l}}{T}\right)\right.\\&\quad\left.-\sum_{k=1}^{n}\sum_{l=1}^{n}\sum_{h=1}^{n}l_{iklh}\left(\frac{A_{\text{m},k}}{T}\right)\left(\frac{A_{\text{m},l}}{T}\right)\left(\frac{A_{\text{m},h}}{T}\right)-\cdots\right]\end{aligned}\tag{6.255}$$

式中，$N_{气泡核}$ 为形成的气泡核的总物质的量；

$$A_{\text{m},i}=A_{\text{m},k}=A_{\text{m},l}=A_{\text{m},h}=\Delta G_{\text{m},(i_2)_{气泡核}}$$

为式 (6.251)。

由

$$\sum_{i=1}^{r} N_{(i_2)\text{气泡核}} M_{i_2} = \tilde{N}_{\text{气泡核}} V_{\text{气泡核}} \rho_{\text{气泡核}}$$

式中，M_{i_2} 为组元 i_2 的摩尔质量，有

$$\tilde{N}_{\text{气泡核}} = \frac{N_{\text{气泡核}} M_{\text{气泡核}}}{V_{\text{气泡核}} \rho_{\text{气泡核}}}$$

对 t 求导，得

$$\begin{aligned}
\frac{\mathrm{d}\tilde{N}_{\text{气泡核}}}{\mathrm{d}t} &= \frac{1}{V_{\text{气泡核}} \rho_{\text{气泡核}}} \sum_{i=1}^{n} M_{i_2} \frac{\mathrm{d}N_{(i_2)\text{气泡核}}}{\mathrm{d}t} \\
&= \frac{V}{V_{\text{气泡核}} \rho_{\text{气泡核}}} \sum_{i=1}^{n} M_{i_2} j_{(i_2)_{\text{气泡核}}} \\
&= \frac{V}{V_{\text{气泡核}} \rho_{\text{气泡核}}} \sum_{i=1}^{n} M_{i_2} \left[-l_{i1} \left(\frac{A_{\mathrm{m},i}}{T} \right) \right. \\
&\quad \left. - l_{i2} \left(\frac{A_{\mathrm{m},i}}{T} \right)^2 - l_{i3} \left(\frac{A_{\mathrm{m},i}}{T} \right)^3 - \cdots \right]
\end{aligned} \tag{6.256}$$

考虑耦合作用

$$\begin{aligned}
\frac{\mathrm{d}\tilde{N}_{\text{气泡核}}}{\mathrm{d}t} = &\frac{V}{V_{\text{气泡核}} \rho_{\text{气泡核}}} \sum_{i=1}^{n} M_{i_2} \left[- \sum_{k=1}^{r} l_{ik} \left(\frac{A_{\mathrm{m},k}}{T} \right) \right. \\
&- \sum_{k=1}^{n} \sum_{l=1}^{n} l_{ikl} \left(\frac{A_{\mathrm{m},k}}{T} \right) \left(\frac{A_{\mathrm{m},l}}{T} \right) \\
&\left. - \sum_{k=1}^{n} \sum_{l=1}^{n} \sum_{h=1}^{n} l_{iklh} \left(\frac{A_{\mathrm{m},k}}{T} \right) \left(\frac{A_{\mathrm{m},l}}{T} \right) \left(\frac{A_{\mathrm{m},h}}{T} \right) - \cdots \right]
\end{aligned}$$

式中，

$$A_{\mathrm{m},k} = A_{\mathrm{m},l} = A_{\mathrm{m},h} = \Delta G_{\mathrm{m},(i_2)_{\text{气泡核}}}$$

为式 (6.252)。

6.13 在液体中形成液滴核

6.13.1 形成单一组元液滴核

1. 形成液滴核过程热力学

在温度 T_1，溶解在液体中液体组元达到饱和，可以表示为

$$(B)_{\mathrm{l}_1} = (B)_{\text{饱}} \rightleftharpoons B(\text{液})$$

该过程的摩尔吉布斯自由能变化为零。降低温度到 T_1'，溶解在液体中的液体达到过饱和，是形成液滴核的临界过饱和，液滴核和溶液达成平衡，尚无明显的液滴核析出。以 l_1^* 表示，即

$$(B)_{l_1^*} = (B)_{过饱} = (B)_{临过饱} = (B)_{液滴核饱} \rightleftharpoons B(液滴核)$$

液体组元 B 以纯物质为标准状态，浓度以摩尔分数表示，该过程的摩尔吉布斯自由能变化为

$$\begin{aligned}\Delta G_{m,B(液滴核)} &= \mu_{B(液滴核)} - \mu_{(B)_{过饱}} \\ &= RT\ln\frac{a^{R}_{B(液滴核)}}{a^{R}_{(B)_{过饱}}} \\ &= RT\ln\frac{a^{R}_{B(液滴核)}}{a^{R}_{(B)_{l_1^*}}} \\ &= 0\end{aligned}$$

式中，

$$\mu_{B(液滴核)} = \mu^*_{B(l)} + RT\ln a^{R}_{B(液滴核)}$$

$$\mu_{(B)_{过饱}} = \mu^*_{B(l)} + RT\ln a^{R}_{(B)过饱}$$

式中，$a^{R}_{B(液滴核)}$ 为以纯液态组元 B 为标准状态，液滴核中组元 B 的活度；$a^{R}_{(B)_{过饱}}$ 为溶液中组元 B 的活度。

降低温度到 T_2，液体组元 B 的过饱和程度增大，在温度刚降到 T_2，尚未有液滴核 B 析出时，液相组成未变，但已由组元 B 的过饱和溶液 l_1^* 变为过饱和溶液 l_1^{**}，过饱和程度增加到形成液滴核 B 的程度，析出液滴核 B，有

$$(B)_{l_1^{**}} = (B)_{过饱'} = (B)_{液滴核过饱} = B(液滴核)$$

液体组元 B 以纯液体为标准状态，浓度以摩尔分数表示，析出液滴核的摩尔吉布斯自由能变化为

$$\begin{aligned}\Delta G_{m,B(液滴核)} &= \mu_{B(液滴核)} - \mu_{(B)_{过饱'}} \\ &= RT\ln\frac{a^{R}_{B(液滴核)}}{a^{R}_{(B)_{过饱'}}}\end{aligned} \tag{6.257}$$

式中，

$$\mu_{B(液滴核)} = \mu^*_{B(l)} + RT\ln a^{R}_{B(液滴核)}$$

$$\mu_{(B)_{过饱}} = \mu^*_{B(l)} + RT\ln a^{R}_{(B)过饱'}$$

或如下计算：

$$
\begin{aligned}
\Delta G_{\mathrm{m},B(\text{液滴核})}(T_2) &= G_{\mathrm{m},B(\text{液滴核})}(T_2) - \overline{G}_{\mathrm{m},(B)_{\text{过饱}}}(T_2) \\
&= (H_{\mathrm{m},B(\text{液滴核})}(T_2) - TS_{\mathrm{m},B(\text{液滴核})}(T_2)) \\
&\quad -(\overline{H}_{\mathrm{m},(B)_{\text{过饱}}}(T_2) - T\overline{S}_{\mathrm{m},(B)_{\text{过饱}}}(T_2)) \\
&= (H_{\mathrm{m},B(\text{液滴核})}(T_2) - \overline{H}_{\mathrm{m},(B)_{\text{过饱}}}(T_2)) \\
&\quad -T(S_{\mathrm{m},B(\text{液滴核})}(T_2) - \overline{S}_{\mathrm{m},(B)_{\text{过饱}}}(T_2)) \\
&= \Delta H_{\mathrm{m},B(\text{液滴核})}(T_2) - T\Delta S_{\mathrm{m},B(\text{液滴核})}(T_2) \\
&\approx \Delta H_{\mathrm{m},B(\text{液滴核})}(T_1') - T\Delta S_{\mathrm{m},B(\text{液滴核})}(T_1') \\
&= \Delta H_{\mathrm{m},B(\text{液滴核})}(T_1') - \frac{T\Delta H_{\mathrm{m},B(\text{液滴核})}(T_1')}{T_{\text{平}}} \\
&= \frac{\Delta H_{\mathrm{m},B(\text{液滴核})}(T_1')\Delta T}{T_{\text{平}}} \\
&= \eta_{B_2,T} = \frac{T_{\text{平}} - T}{T_{\text{平}}}\Delta H_{\mathrm{m},B_2(\text{气泡核})}
\end{aligned}
\tag{6.258}
$$

式中，

$$\Delta T = T_1' - T_2$$

$$T_1' > T_2$$

随着液滴核的析出，液体中组元 B 的过饱和程度不断减小，达到某一临界过饱和程度，不再形成液滴核。此临界过饱和也是液滴核的饱和溶解度，有

$$(B)_{\mathrm{l}_2^*} = (B)_{\text{过饱}''} = (B)_{\text{临过饱}} = (B)_{\text{液滴核饱}'} \rightleftharpoons B(\text{液滴核})$$

该过程的摩尔吉布斯自由能变化为零

$$\Delta G_{\mathrm{m},B(\text{液滴核})} = RT\ln\frac{a^{\mathrm{R}}_{B(\text{液滴核})}}{a^{\mathrm{R}}_{(B)_{\text{过饱}''}}} = 0$$

液滴核长大成液滴，有

$$(B)_{\mathrm{l}_2^*} = (B)_{\text{过饱}''} = B(\text{液滴})$$

组元 B 以纯液态为标准状态，浓度以摩尔分数表示，该过程的摩尔吉布斯自由能变化为

$$\Delta G_{\mathrm{m},B(\text{液滴})} = \mu_{B(\text{液滴})} - \mu_{(B)_{\text{过饱}''}} = -RT\ln a^{\mathrm{R}}_{(B)_{\text{过饱}''}} \tag{6.259}$$

式中，$a^{\mathrm{R}}_{(B)_{\text{过饱}''}}$ 为组元 B 的过饱和溶液 $(B)_{\text{过饱}''}$ 中组元 B 的活度。

2. 形成液滴核速率

形成一种液滴核的速率为

$$\begin{aligned}
\frac{\mathrm{d}\tilde{N}_{B(\text{液滴核})}}{\mathrm{d}t} &= \frac{M_B}{\rho_{B(\text{液滴核})}\dfrac{4}{3}\pi r^3_{B(\text{液滴核})}}\frac{\mathrm{d}N_{B(\text{液滴核})}}{\mathrm{d}t} \\
&= -\frac{M_B}{\rho_{B(\text{液滴核})}\dfrac{4}{3}\pi r^3_{B(\text{液滴核})}}\frac{\mathrm{d}N_B}{\mathrm{d}t} \\
&= Vj_{B(\text{液滴核})} \\
&= V\left[-l_1\left(\frac{A_{\mathrm{m},B}}{T}\right) - l_2\left(\frac{A_{\mathrm{m},B}}{T}\right)^2 - l_3\left(\frac{A_{\mathrm{m},B}}{T}\right)^3 - \cdots\right]
\end{aligned} \tag{6.260}$$

式中，$\tilde{N}_{B(\text{液滴核})}$ 为液滴核的个数；M_B 为组元 B 的摩尔质量；$\rho_{B(\text{液滴核})}$ 为液滴核的密度；$r_{B(\text{液滴核})}$ 为液滴核的半径，这是认为液滴核大小相等；

$$A_{\mathrm{m},B} = \Delta G_{\mathrm{m},B(\text{液滴核})}$$

为式 (6.257)。

6.13.2 形成多组元液滴核

1. 形成液滴核过程热力学

在温度 T_1，溶解在液体中的多元液体达到饱和，可以表示为

$$(i)_{\mathrm{l}_1} = (i)_{\text{饱}} \rightleftharpoons (i)_{\mathrm{l}_2}$$

$$(i = 1, 2, 3, \cdots, n)$$

该过程的摩尔吉布斯自由能变化为零。降低温度到 T_1'，溶解在液体 l_1 中的液体 l_2 达到过饱和，是形成液体 l_2 液滴核的临界过饱和，即 l_2 的液滴核达到过饱和，l_2 的液滴核和与液体 l_1 达到达成平衡，即

$$(i)_{\mathrm{l}_1^*} = (i)_{\text{过饱}} = (i)_{\text{临过饱}} = (i)_{\text{液滴核饱}} \rightleftharpoons (i)_{\text{液滴核}}$$

$$(i = 1, 2, 3, \cdots, n)$$

液相组元 i 以纯物质为标准状态，浓度以摩尔分数表示，该过程的摩尔吉布斯自由能变化为

$$\begin{aligned}\Delta G_{\mathrm{m},(i)\text{液滴核}} &= \mu_{(i)_{\text{液滴核}}} - \mu_{(i)_{\text{过饱}}} \\ &= RT\ln\frac{a^{\mathrm{R}}_{(i)_{\text{液滴核}}}}{a^{\mathrm{R}}_{(i)_{\text{过饱}}}} \\ &= 0\end{aligned}$$

式中，

$$\mu_{(i)\text{液滴核}} = \mu^*_{i(\mathrm{l})} + RT\ln a^{\mathrm{R}}_{(i)\text{液滴核}}$$

$$\mu_{(i)_{\text{过饱}}} = \mu^*_{i(\mathrm{l})} + RT\ln a^{\mathrm{R}}_{(i)\text{过饱}}$$

$$\begin{aligned}\Delta G_{\mathrm{m},\text{液滴核}} &= \sum_{i=1}^{n} x_i\Delta G_{\mathrm{m},(i)\text{液滴核}} \\ &= 0\end{aligned}$$

式中，$a^{\mathrm{R}}_{(i)_{\text{液滴核}}}$ 为液滴核中组元 i 的活度；$a^{\mathrm{R}}_{(i)_{\text{过饱}''}}$ 为过饱和溶解中组元 i 的活度。

降低温度到 T_2，溶解在液体 l_1 中的液体 l_2 过饱和程度增大。在温度刚降到 T_2，尚未形成液滴核时，液相 l_1 的组成未变，但已由过饱和溶液 l_1^* 变成过饱和溶液 l_1^{**}，达到析出 l_2 的液滴核的过饱和程度，析出液滴核，有

$$(i)_{\mathrm{l}_1^{**}} \equiv (i)_{\text{过饱}'} \equiv (i)_{\text{液滴核过饱}} \equiv (i)_{\text{液滴核}}$$

$$(i = 1, 2, 3, \cdots, n)$$

液体中的组元以纯液态为标准状态，浓度以摩尔分数表示，形成液滴核过程的摩尔吉布斯自由能变化为

$$\Delta G_{\mathrm{m},(i)\text{液滴核}} = \mu_{(i)_{\text{液滴核}}} - \mu_{(i)_{\text{过饱}'}} = RT\ln\frac{a^{\mathrm{R}}_{(i)_{\text{液滴核}}}}{a^{\mathrm{R}}_{(i)_{\text{过饱}'}}} = RT\ln\frac{a^{\mathrm{R}}_{(i)_{\text{液滴核}}}}{a^{\mathrm{R}}_{(i)_{\mathrm{l}_1^{**}}}} \tag{6.261}$$

式中，

$$\mu_{(i)_{\text{液滴核}}} = \mu^*_{i(\mathrm{l})} + RT\ln a^{\mathrm{R}}_{(i)\text{液滴核}}$$

$$\mu_{(i)_{\text{过饱}'}} = \mu^*_{i(\mathrm{l})} + RT\ln a^{\mathrm{R}}_{(i)\text{过饱}'}$$

$$\Delta G_{\mathrm{m},\text{液滴核}} = \sum_{i=1}^{r} x_i\Delta G_{\mathrm{m},(i)\text{液滴核}} = \sum_{i=1}^{r} x_i RT\ln\frac{a^{\mathrm{R}}_{(i)_{\text{液滴核}}}}{a_{(i)_{\text{过饱}'}}}$$

式中，x_i 为液滴核中组元 i 的摩尔分数，随着液滴核的析出，液体过饱和程度不断减小，达到某一临界过饱和度后，不再形成液滴核。此临界过饱和度是液滴核的饱和溶解度，有

$$(i)_{\mathrm{l}_1^*} = (i)_{\text{过饱}''} = (i)_{\text{临核饱}'} = (i)_{\text{液滴核饱}} \rightleftharpoons (i)_{\text{液滴核}}$$

$$(i = 1, 2, 3, \cdots, n)$$

此过程的摩尔吉布斯自由能变化为零。

但是液滴核可以长大成液滴，液滴上浮形成液相 l_2。有

$$[i]_{\mathrm{l}_2^*} = [i]_{\text{过饱}''} = [i]_{\text{液滴}}$$

$$(i = 1, 2, 3, \cdots, n)$$

组元 i 以纯液态为标准状态，浓度以摩尔分数表示，该过程的摩尔吉布斯自由能变化为

$$\begin{aligned}\Delta G_{\mathrm{m},(i)_{\text{液滴}}} &= \mu_{(i)_{\text{液滴}}} - \mu_{(i)_{\text{过饱}''}}\\ &= RT\ln\frac{a^{\mathrm{R}}_{(i)_{\text{液滴}}}}{a^{\mathrm{R}}_{(i)_{\text{过饱}''}}}\end{aligned} \tag{6.262}$$

式中，

$$\mu_{(i)_{\text{液滴}}} = \mu^*_{i(\mathrm{l})} + RT\ln a^{\mathrm{R}}_{(i)_{\text{液滴}}}$$

$$\mu_{(i)_{\text{过饱}''}} = \mu^*_{i(\mathrm{l})} + RT\ln a^{\mathrm{R}}_{(i)_{\text{过饱}''}}$$

$$\Delta G_{\mathrm{m},\text{液滴}} = \sum_{i=1}^{n} x_i \Delta G_{\mathrm{m},(i)_{\text{液滴}}} = \sum_{i=1}^{n} x_i RT\ln\frac{a^{\mathrm{R}}_{(i)_{\text{液滴}}}}{a^{\mathrm{R}}_{(i)_{\text{过饱}''}}}$$

2. 形成液滴核速率

$$\begin{aligned}\frac{\mathrm{d}\tilde{N}_{\text{液滴核}}}{\mathrm{d}t} &= \frac{1}{\rho_{\text{液滴核}}\frac{4}{3}\pi r^3_{\text{液滴核}}}\sum_{i=1}^{r} M_i \frac{\mathrm{d}N_{(i)_{\text{液滴核}}}}{\mathrm{d}t}\\ &= -\frac{1}{\rho_{\text{液滴核}}\frac{4}{3}\pi r^3_{\text{液滴核}}}\sum_{i=1}^{r} M_i \frac{\mathrm{d}N_{(i)_{\text{过饱}'}}}{\mathrm{d}t}\\ &= \frac{V}{\rho_{\text{液滴核}}\frac{4}{3}\pi r^3_{\text{液滴核}}}\sum_{i=1}^{r} M_i j_{i_{\text{过饱}'}}\\ &= \frac{V}{\rho_{\text{液滴核}}\frac{4}{3}\pi r^3_{\text{液滴核}}}\sum_{i=1}^{r} M_i \left[-l_1\left(\frac{A_{\mathrm{m},i}}{T}\right)\right.\\ &\quad \left. -l_2\left(\frac{A_{\mathrm{m},i}}{T}\right)^2 - l_3\left(\frac{A_{\mathrm{m},i}}{T}\right)^3 - \cdots\right]\end{aligned} \tag{6.263}$$

式中，$\tilde{N}_{\text{液滴核}}$ 为形成液滴核的数量；$N_{(i)_{\text{液滴核}}}$ 为液滴核中组元 i 的物质的量；$N_{(i)_{\text{过饱}'}}$ 为液相 l_2 中可形成液滴核的组元 i 的物质的量；M_i 为组元 i 的摩尔质量；$\rho_{\text{液滴核}}$ 为液滴核的密度；$r_{\text{液滴核}}$ 为液滴核的半径；

$$A_{\mathrm{m},i} = \Delta G_{\mathrm{m},(i)\text{液滴核}}$$

为式 (6.261)。

6.14　在固体中形成液滴核

6.14.1　形成单一组元液滴核

1. 形成液滴核过程热力学

在温度 T_1，溶解在固体中液体组元 B 达到饱和，可以表示为

$$(B)_{\mathrm{s}_1} =\!=\!= (B)_{\text{饱}} \rightleftharpoons B(\text{液})$$

该过程的摩尔吉布斯自由能变化为零。降低温度到 T_1'，溶解在固体中的组元 B 达到过饱和，是形成组元 B 的液滴核的临界过饱和，液滴核和固体达成平衡，尚无明显的液滴核析出。以 s_1^* 表示，即

$$(B)_{\mathrm{s}_1^*} =\!=\!= (B)_{\text{过饱}} =\!=\!= (B)_{\text{临过饱}} =\!=\!= (B)_{\text{液滴核饱}} \rightleftharpoons B(\text{液滴核})$$

组元 B 以纯液态为标准状态，浓度以摩尔分数表示，该过程的摩尔吉布斯自由能变化为

$$\begin{aligned}
\Delta G_{\mathrm{m},B(\text{液滴核})} &= \mu_{B(\text{液滴核})} - \mu_{(B)_{\text{过饱}}} \\
&= \left(\mu^*_{B(\mathrm{l})} + RT\ln a^{\mathrm{R}}_{B(\text{液滴核})}\right) - \left(\mu^*_{B(\mathrm{l})} + RT\ln a^{\mathrm{R}}_{(B)_{\text{过饱}}}\right) \\
&= RT\ln\frac{a^{\mathrm{R}}_{B(\text{液滴核})}}{a^{\mathrm{R}}_{(B)_{\text{过饱}}}} \\
&= RT\ln\frac{a^{\mathrm{R}}_{B(\text{液滴核})}}{a^{\mathrm{R}}_{(B)_{\mathrm{l}_1^*}}} \\
&= 0
\end{aligned}$$

式中，$a^{\mathrm{R}}_{B(\text{液滴核})}$ 和 $a^{\mathrm{R}}_{(B)_{\text{过饱}}}$ 分别为以纯液态组元 B 为标准状态，液滴核 B 和固相中组元 B 的活度。

或如下计算：

$$\begin{aligned}\Delta G_{\mathrm{m},B(\text{液滴核})}(T_1') &= G_{\mathrm{m},B(\text{液滴核})}(T_1') - \overline{G}_{\mathrm{m},(B)_{\text{过饱}}}(T_1') \\ &= (H_{\mathrm{m},B(\text{液滴核})}(T_1') - T_1' S_{\mathrm{m},B(\text{液滴核})}(T_1')) \\ &\quad -(\overline{H}_{\mathrm{m},(B)_{\text{过饱}}}(T_1') - T'\overline{S}_{\mathrm{m},(B)_{\text{过饱}}}(T_1')) \\ &= \Delta H_{\mathrm{m},B}(T_1') - T_1'\Delta S_{\mathrm{m},B}(T_1') \\ &= \Delta H_{\mathrm{m},B}(T_1') - T_1'\frac{\Delta H_{\mathrm{m},B}(T_1')}{T_1'} \\ &= 0\end{aligned} \tag{6.264}$$

式中，

$$\Delta H_{\mathrm{m},B}(T_1') = H_{\mathrm{m},B(\text{液滴核})}(T_1') - \overline{H}_{\mathrm{m},(B)_{\text{过饱}}}(T_1')$$

为温度 T_1'，从过饱和溶液中析出组元 B 液滴核的焓变；

$$\Delta S_{\mathrm{m},B}(T_1') = S_{\mathrm{m},B(\text{液滴核})}(T_1') - \overline{S}_{\mathrm{m},(B)_{\text{过饱}}}(T_1')$$

为该过程的熵变。

降低温度到 T_2，组元 B 的过饱和程度增大，在温度刚降到 T_2，尚未有液滴核 B 析出时，固相组成未变，但已由组元 B 的过饱和固溶体 s_1^* 变为过饱和固溶体 s_1^{**}，过饱和程度增加到形成液滴核 B 的程度，析出液滴核 B，有

$$(B)_{\mathrm{s}_1^{**}} \Longleftrightarrow (B)_{\text{过饱}'} \Longleftrightarrow (B)_{\text{液滴核过饱}} = B(\text{液滴核})$$

组元 B 以纯液体为标准状态，浓度以摩尔分数表示，析出液滴核的摩尔吉布斯自由能变化为

$$\begin{aligned}\Delta G_{\mathrm{m},B(\text{液滴核})} &= \mu_{B(\text{液滴核})} - \mu_{(B)_{\text{过饱}'}} \\ &= \left(\mu_{B(\mathrm{l})}^* + RT\ln a_{B(\text{液滴核})}^{\mathrm{R}}\right) - \left(\mu_{B(\mathrm{l})}^* + RT\ln a_{(B)_{\text{过饱}'}}^{\mathrm{R}}\right) \\ &= RT\ln\frac{a_{B(\text{液滴核})}^{\mathrm{R}}}{a_{(B)_{\text{过饱}'}}^{\mathrm{R}}} \\ &= RT\ln\frac{a_{B(\text{液滴核})}^{\mathrm{R}}}{a_{(B)_{\mathrm{s}_1^{**}}}^{\mathrm{R}}}\end{aligned} \tag{6.265}$$

式中，$a_{B(\text{液滴核})}^{\mathrm{R}}$ 为以纯液态组元 B 为标准状态，液滴核 B 的活度；$a_{(B)_{\text{过饱}'}}^{\mathrm{R}} = a_{(B)_{\mathrm{s}_1^{**}}}^{\mathrm{R}}$ 为固相中组元 B 的活度。

或如下计算:

$$\begin{aligned}\Delta G_{\mathrm{m},B(\text{液滴核})}(T_2) &= G_{\mathrm{m},B(\text{液滴核})}(T_2) - \overline{G}_{\mathrm{m},(B)_{\text{过饱}'}}(T_2)\\ &= \left(H_{\mathrm{m},B(\text{液滴核})}(T_2) - T_2 S_{\mathrm{m},B(\text{液滴核})}(T_2)\right)\\ &\quad - \left(\overline{H}_{\mathrm{m},(B)_{\text{过饱}'}}(T_2) - T_2 \overline{S}_{\mathrm{m},(B)_{\text{过饱}'}}(T_2)\right)\\ &= \Delta H_{\mathrm{m},B}(T_2) - T_2 \Delta S_{\mathrm{m},B}(T_2)\\ &\approx \Delta H_{\mathrm{m},B}(T_1') - T_2 \Delta S_{\mathrm{m},B}(T_1')\\ &= \frac{\theta_{B,T_2}\Delta H_{\mathrm{m},B}(T_1')}{T_1'}\\ &= \eta_{B,T_2}\Delta H_{\mathrm{m},B}(T_1')\end{aligned} \tag{6.266}$$

式中,

$$\theta_{B,T_2} = T_1' - T_2$$

$$\eta_{B,T_2} = \frac{T_1' - T_2}{T_1'}$$

$$\Delta H_{\mathrm{m},B}(T_1') = H_{\mathrm{m},B(\text{液滴核})}(T_1') - \overline{H}_{\mathrm{m},(B)_{\text{过饱}'}}(T_1')$$

和

$$\Delta S_{\mathrm{m},B}(T_1') = S_{\mathrm{m},B(\text{液滴核})}(T_1') - S_{\mathrm{m},(B)_{\text{过饱}'}}(T_1') = \frac{\Delta H_{\mathrm{m},B}(T_1')}{T_1'}$$

分别为在温度 T_1', 从组元 B 的过饱和溶液中析出组元 B 的液滴核焓变和熵变。

2. 形成液滴核速率

形成一种液滴核的速率为

$$\begin{aligned}\frac{\mathrm{d}\tilde{N}_{B(\text{液滴核})}}{\mathrm{d}t} &= \frac{M_B}{\rho_{B(\text{液滴核})}\frac{4}{3}\pi r^3_{B(\text{液滴核})}}\frac{\mathrm{d}N_{B(\text{液滴核})}}{\mathrm{d}t}\\ &= -\frac{M_B}{\rho_{B(\text{液滴核})}\frac{4}{3}\pi r^3_{B(\text{液滴核})}}\frac{\mathrm{d}N_{(B)_{\text{过饱}'}}}{\mathrm{d}t}\\ &= \frac{M_B V}{\rho_{B(\text{液滴核})}\frac{4}{3}\pi r^3_{B(\text{液滴核})}} j_{B(\text{液滴核})}\\ &= \frac{M_B V}{\rho_{B(\text{液滴核})}\frac{4}{3}\pi r^3_{B(\text{液滴核})}}\left[-l_1\left(\frac{A_{\mathrm{m},B}}{T}\right)\right.\\ &\quad \left. -l_2\left(\frac{A_{\mathrm{m},B}}{T}\right)^2 - l_3\left(\frac{A_{\mathrm{m},B}}{T}\right)^3 - \cdots\right]\end{aligned} \tag{6.267}$$

式中，

$$A_{\mathrm{m},B}=\Delta G_{\mathrm{m},B(\text{液滴核})}$$

为式 (2.265) 和式 (2.266)。

6.14.2 形成多组元液滴核

1. 形成液滴核过程热力学

在温度 T_1，溶解在固体中的多元液体达到饱和，可以表示为

$$(i)_{\mathrm{s}_1} \equiv\!\equiv\!\equiv (i)_{\text{饱}} \rightleftharpoons (i)_{\text{液}}$$

$$(i=1,2,3,\cdots,n)$$

该过程的摩尔吉布斯自由能变化为零。降低温度到 T_1'，溶解在固体 s_i 中的液体 i 达到过饱和，是形成液体 i 液滴核的临界过饱和，即 i 的液滴核达到饱和，i 的液滴核和与固体 s 达成平衡，即

$$(i)_{\mathrm{s}^*} \equiv\!\equiv\!\equiv (i)_{\text{过饱}} \equiv\!\equiv\!\equiv (i)_{\text{临过饱}} \equiv (i)_{\text{液滴核饱}} \rightleftharpoons (i)_{\text{液滴核}}$$

$$(i=1,2,3,\cdots,n)$$

固体中的组元和液滴核组元都以纯液态为标准状态，浓度以摩尔分数表示，该过程的摩尔吉布斯自由能变化为

$$\Delta G_{\mathrm{m},(i)_{\text{液滴核}}}=\mu_{(i)_{\text{液滴核}}}-\mu_{(i)_{\text{过饱}}}=RT\ln\frac{a^{\mathrm{R}}_{(i)_{\text{液滴核}}}}{a^{\mathrm{R}}_{(i)_{\text{过饱}}}}=0$$

式中，

$$\mu_{(i)_{\text{液滴核}}}=\mu^*_{i(\mathrm{l})}+RT\ln a^{\mathrm{R}}_{(i)_{\text{液滴核}}}$$

$$\mu_{(i)_{\text{过饱}}}=\mu^*_{i(\mathrm{l})}+RT\ln a^{\mathrm{R}}_{(i)_{\text{过饱}}}$$

$$\begin{aligned}\Delta G_{\mathrm{m},\text{液滴核}}&=\sum_{i=1}^{r}x_i\Delta G_{\mathrm{m},(i)_{\text{液滴核}}}\\&=\sum_{i=1}^{r}x_iRT\ln\frac{a^{\mathrm{R}}_{(i)_{\text{液滴核}}}}{a^{\mathrm{R}}_{(i)_{\text{过饱}}}}\\&=0\end{aligned}$$

式中，$a^{\mathrm{R}}_{(i)_{\text{液滴核}}}$ 为液滴核中组元 i 的活度；$a^{\mathrm{R}}_{(i)_{\text{过饱}}}$ 为过饱和固体 s^* 中组元 i 的活度；x_i 为组元 i 的摩尔分数。

降低温度到 T_2，溶解在固体 s_1 中的 l 过饱和程度增大。在温度刚降到 T_2，尚未形成 l 的液滴核时，固相 s_1^* 的组成未变，但已由过饱和 s_1^* 变成过饱和的 s_1^{**}，达到析出 l 的液滴核的过饱和程度，析出 l 的液滴核，有

$$(i)_{s_1^{**}} = (i)_{过饱'} = (i)_{液滴核过饱} = (i)_{液滴核}$$

固体中的组元和液滴核中的组元都以纯液态为标准状态，浓度以摩尔分数表示，析出液滴核过程组元 i 的摩尔吉布斯自由能变化为

$$\Delta G_{m,(i)_{液滴核}} = \mu_{(i)_{液滴核}} - \mu_{(i)_{过饱'}} = RT\ln\frac{a^R_{(i)_{液滴核}}}{a^R_{(i)_{过饱'}}} = RT\ln\frac{a^R_{(i)_{液滴核}}}{a^R_{(i)_{l_1^{**}}}} \tag{6.268}$$

式中，

$$\mu_{(i)_{液滴核}} = \mu^*_{i(l)} + RT\ln a^R_{(i)_{液滴核}}$$

$$\mu_{(i)_{过饱'}} = \mu^*_{i(l)} + RT\ln a^R_{(i)_{过饱'}} = \mu^*_{i(l)} + RT\ln a^R_{(i)_{l_1^{**}}}$$

形成液滴核的总摩尔吉布斯自由的变化为

$$\Delta G_{m,液滴核} = \sum_{i=1}^{r} x_i\Delta G_{m,(i)_{液滴核}} = \sum_{i=1}^{r} x_i RT\ln\frac{a^R_{(i)_{液滴核}}}{a_{(i)^R_{过饱'}}} = \sum_{i=1}^{r} x_i RT\ln\frac{a^R_{(i)_{液滴核}}}{a^R_{(i)_{l_1^{**}}}}$$

式中，$a^R_{(i)_{液滴核}}$ 为液滴核中组元 i 的活度；$a^R_{(i)_{过饱}}$ 为固体 s_1^{**} 中组元 i 的活度；N_i 为液滴核中组元 i 的物质的量。

随着液滴核的析出，液体过饱和程度不断减小，达到某一临界过饱和度后，不再形成液滴核。此临界过饱和度是液滴核的溶解度，有

$$(i)_{l_2^*} = (i)_{过饱''} = (i)_{临过饱''} = (i)_{液滴核饱} \rightleftharpoons (i)_{液滴核}$$

此过程的摩尔吉布斯自由能变化为零。

$$\begin{aligned}\Delta G_{m,液滴核} &= \sum_{i=1}^{r} x_i\mu_{(i)_{液滴核}} - \sum_{i=1}^{r} x_i\mu_{(i)_{过饱''}}\\ &= \sum_{i=1}^{r} x_i RT\ln\frac{a^R_{(i)_{液滴核}}}{a^R_{(i)_{过饱''}}} = \sum_{i=1}^{r} x_i\Delta G_{m,(i)_{液滴核}}\\ &= 0\end{aligned}$$

但是，液滴核可以长大成液滴。有

$$(i)_{l_2^*} = (i)_{过饱''} = (i)_{液滴}$$

$$(i = 1, 2, 3, \cdots, n)$$

组元 i 以纯液态为标准状态，浓度以摩尔分数表示，该过程的摩尔吉布斯自由能变化为

$$\Delta G_{\mathrm{m},(i)_{液滴}} = \mu_{(i)_{液滴}} - \mu_{(i)_{过饱''}} = RT\ln\frac{a^{\mathrm{R}}_{(i)_{液滴}}}{a^{\mathrm{R}}_{(i)_{过饱''}}} \tag{6.269}$$

式中，

$$\mu_{(i)_{液滴}} = \mu^*_{i(\mathrm{l})} + RT\ln a^{\mathrm{R}}_{(i)_{液滴}}$$

$$\mu_{(i)_{过饱''}} = \mu^*_{i(\mathrm{l})} + RT\ln a^{\mathrm{R}}_{(i)_{过饱''}}$$

$$\Delta G_{\mathrm{m},液滴} = \sum_{i=1}^{r} x_i \Delta G_{\mathrm{m},(i)_{液滴}} = \sum_{i=1}^{r} x_i RT\ln\frac{a^{\mathrm{R}}_{(i)_{液滴}}}{a^{\mathrm{R}}_{(i)_{过饱''}}}$$

2. 形成液滴核速率

在恒温恒压条件下，在固体中，形成液滴核的速率为

$$\begin{aligned}
\frac{\mathrm{d}\tilde{N}_{液滴核}}{\mathrm{d}t} &= \frac{1}{\rho_{液滴核}\frac{4}{3}\pi r^3_{液滴核}}\sum_{i=1}^{n} M_i\frac{\mathrm{d}N_{(i)_{液滴核}}}{\mathrm{d}t} \\
&= -\frac{1}{\rho_{液滴核}\frac{4}{3}\pi r^3_{液滴核}}\sum_{i=1}^{n} M_i\frac{\mathrm{d}N_{(i)_{过饱}}}{\mathrm{d}t} \\
&= \frac{V}{\rho_{液滴核}\frac{4}{3}\pi r^3_{液滴核}}\sum_{i=1}^{n} M_i j_{(i)_{液滴核}} \\
&= \frac{V}{\rho_{液滴核}\frac{4}{3}\pi r^3_{液滴核}}\sum_{i=1}^{n} M_i\left[-l_1\left(\frac{A_{\mathrm{m},i}}{T}\right)\right. \\
&\quad \left.-l_2\left(\frac{A_{\mathrm{m},i}}{T}\right)^2 - l_3\left(\frac{A_{\mathrm{m},i}}{T}\right)^3 - \cdots\right]
\end{aligned} \tag{6.270}$$

式中，$\tilde{N}_{液滴核}$ 为析出的液滴核的数量；$\rho_{液滴核}$ 为液滴核的密度；$r_{液滴核}$ 为液滴核的半径；V 为固体体积，M_i 为组元 i 的摩尔质量。

考虑耦合作用，有

$$
\begin{aligned}
\frac{\mathrm{d}\tilde{N}_{液滴核}}{\mathrm{d}t} = & \frac{V}{\rho_{液滴核}\frac{4}{3}\pi r^3_{液滴核}}\sum_{i=1}^{n} M_i\left[-\sum_{k=1}^{n} l_{ik}\left(\frac{A_{\mathrm{m},i}}{T}\right)\right. \\
& -\sum_{k=1}^{n}\sum_{l=1}^{n} l_{ikl}\left(\frac{A_{\mathrm{m},k}}{T}\right)\left(\frac{A_{\mathrm{m},l}}{T}\right) \\
& \left.-\sum_{k=1}^{n}\sum_{l=1}^{n}\sum_{h=1}^{n} l_{iklh}\left(\frac{A_{\mathrm{m},k}}{T}\right)\left(\frac{A_{\mathrm{m},l}}{T}\right) l_3\left(\frac{A_{\mathrm{m},h}}{T}\right)-\cdots\right]
\end{aligned}
\tag{6.271}
$$

6.15 在固体中形成晶核

6.15.1 形成纯物质晶核

1. 形成晶核过程热力学

在温度 T_1，溶解在固溶体中的组元 B 达到饱和，可以表示为

$$(B)_{\mathrm{s}_1} \equiv\equiv (B)_{饱} \rightleftharpoons B(\mathrm{s})$$

该过程的摩尔吉布斯自由能变化为零。降低温度到 T_1'，溶解在固溶体中的组元 B 达到过饱和，是形成组元 B 的晶核的临界过饱和，晶核 B 和固溶体 s_1 达成平衡，尚无明显的晶核 B 析出。以 s_1^* 表示，即

$$(B)_{\mathrm{s}_1^*} \equiv\equiv (B)_{过饱} \equiv\equiv (B)_{临过饱} \equiv\equiv (B)_{晶核饱} \rightleftharpoons B(晶核)$$

组元 B 以纯固态为标准状态，浓度以摩尔分数表示，该过程的摩尔吉布斯自由能变化为

$$
\begin{aligned}
\Delta G_{\mathrm{m},B(晶核)} &= \mu_{B(晶核)} - \mu_{(B)_{过饱}} \\
&= \left(\mu^*_{B(\mathrm{s})} + RT\ln a^{\mathrm{R}}_{B(晶核)}\right) - \left(\mu^*_{B(\mathrm{s})} + RT\ln a^{\mathrm{R}}_{(B)_{过饱}}\right) \\
&= RT\ln\frac{a^{\mathrm{R}}_{B(晶核)}}{a^{\mathrm{R}}_{(B)_{过饱}}} \\
&= RT\ln\frac{a^{\mathrm{R}}_{B(晶核)}}{a^{\mathrm{R}}_{(B)_{1_1^*}}} \\
&= 0
\end{aligned}
$$

式中，$a^{\mathrm{R}}_{B(晶核)}$ 和 $a^{\mathrm{R}}_{(B)_{过饱}} = a^{\mathrm{R}}_{(B)_{1_1^*}}$ 分别为以固态组元 B 为标准状态，晶核 B 和固相中组元 B 的活度。

或计算如下:

$$
\begin{aligned}
\Delta G_{\mathrm{m},B(\text{晶核})}(T_1') &= G_{\mathrm{m},B(\text{晶核})}(T_1') - \overline{G}_{\mathrm{m},(B)_{\text{过饱}}}(T_1') \\
&= \left(H_{\mathrm{m},B(\text{晶核})}(T_1') - T_1' S_{\mathrm{m},B(\text{晶核})}(T_1')\right) \\
&\quad - \left(\overline{H}_{\mathrm{m},(B)_{\text{过饱}}}(T_1') - T'\overline{S}_{\mathrm{m},(B)_{\text{过饱}}}(T_1')\right) \\
&= \Delta H_{\mathrm{m},B}(T_1') - T_1' \Delta S_{\mathrm{m},B}(T_1') \\
&= \Delta H_{\mathrm{m},B}(T_1') - \frac{\Delta H_{\mathrm{m},B}(T_1')}{T_1'} \\
&= 0
\end{aligned}
$$

式中,

$$
\Delta H_{\mathrm{m},B}(T_1') = H_{\mathrm{m},B(\text{晶核})}(T_1') - \overline{H}_{\mathrm{m},(B)_{\text{过饱}}}(T_1')
$$

为温度 T_1', 从过饱和固相中析出组元 B 晶核的焓变;

$$
\Delta S_{\mathrm{m},B}(T_1') = S_{\mathrm{m},B(\text{晶核})}(T_1') - \overline{S}_{\mathrm{m},(B)_{\text{过饱}}}(T_1')
$$

为温度 T_1', 从过饱和固相中析出组元 B 晶核的熵变。

降低温度到 T_2, 组元 B 的过饱和程度增大, 在温度刚降到 T_2, 尚未有晶核 B 析出时, 固相组成未变, 但已由组元 B 的过饱和的 s_1^* 变为过饱和的 s_1^{**}, 过饱和程度增加到形成 B 晶核的程度, 析出晶核 B, 有

$$
(B)_{\mathrm{s}_1^{**}} =\!=\!= (B)_{\text{过饱}'} =\!=\!= (B)_{\text{晶核过饱}} = B(\text{晶核})
$$

以纯固态组元 B 为标准状态, 浓度以摩尔分数表示, 该过程的摩尔吉布斯自由能变化为

$$
\begin{aligned}
\Delta G_{\mathrm{m},B(\text{晶核})} &= \mu_{B(\text{晶核})} - \mu_{(B)_{\text{过饱}'}} \\
&= \left(\mu^*_{B(\mathrm{s})} + RT\ln a^{\mathrm{R}}_{B(\text{晶核})}\right) - \left(\mu^*_{B(\mathrm{s})} + RT\ln a^{\mathrm{R}}_{(B)_{\text{过饱}''}}\right) \\
&= RT\ln\frac{a^{\mathrm{R}}_{B(\text{晶核})}}{a^{\mathrm{R}}_{(B)_{\text{过饱}'}}} \qquad (6.272) \\
&= RT\ln\frac{a^{\mathrm{R}}_{B(\text{晶核})}}{a^{\mathrm{R}}_{(B)_{\mathrm{s}_1^{**}}}}
\end{aligned}
$$

或计算如下:

$$\begin{aligned}\Delta G_{\mathrm{m},B(\text{晶核})}(T_2) &= G_{\mathrm{m},B(\text{晶核})}(T_2) - \overline{G}_{\mathrm{m},(B)_{\text{过饱}'}}(T_2)\\ &= \left(H_{\mathrm{m},B(\text{晶核})}(T_2) - T_2 S_{\mathrm{m},B(\text{晶核})}(T_2)\right)\\ &\quad - \left(\overline{H}_{\mathrm{m},(B)_{\text{过饱}'}}(T_2) - T_2\overline{S}_{\mathrm{m},(B)_{\text{过饱}'}}(T_2)\right)\\ &= \Delta H_{\mathrm{m},B}(T_2) - T_2\Delta S_{\mathrm{m},B}(T_2)\\ &\approx \Delta H_{\mathrm{m},B}(T_1') - T_2\Delta S_{\mathrm{m},B}(T_1')\\ &= \frac{\Delta H_{\mathrm{m},B}(T_1')\Delta T}{T_1'}\end{aligned} \tag{6.273}$$

式中,

$$\Delta T = T_2 - T_1'$$

$$\Delta H_{\mathrm{m},B}(T_1') = H_{\mathrm{m},B(\text{晶核})}(T_1') - \overline{H}_{\mathrm{m},(B)_{\text{过饱}'}}(T_1')$$

和

$$\Delta S_{\mathrm{m},B}(T_1') = S_{\mathrm{m},B(\text{晶核})}(T_1') - \overline{S}_{\mathrm{m},(B)_{\text{过饱}'}}(T_1') = \frac{\Delta H_{\mathrm{m},B}(T_1')}{T_1'}$$

分别为在温度 T_1',从组元 B 的过饱和固溶体中析出组元 B 的晶核的焓变和熵变。

2. 形成晶核速率

形成纯物质晶核的速率为

$$\begin{aligned}\frac{\mathrm{d}\tilde{N}_{B(\text{晶核})}}{\mathrm{d}t} &= \frac{M_B}{\rho_{B(\text{晶核})}\frac{4}{3}\pi r^3_{B(\text{晶核})}}\frac{\mathrm{d}N_{B(\text{晶核})}}{\mathrm{d}t}\\ &= -\frac{M_B}{\rho_{B(\text{晶核})}\frac{4}{3}\pi r^3_{B(\text{晶核})}}\frac{\mathrm{d}N_{(B)_{\text{过饱}}}}{\mathrm{d}t}\\ &= -\frac{M_B V}{\rho_{B(\text{晶核})}\frac{4}{3}\pi r^3_{\text{液滴核}}} j_{B(\text{晶核})}\\ &= \frac{M_B V}{\rho_{B(\text{晶核})}\frac{4}{3}\pi r^3_{\text{液滴核}}}\left[-l_1\left(\frac{A_{\mathrm{m},B}}{T}\right)\right.\\ &\quad \left.-l_2\left(\frac{A_{\mathrm{m},B}}{T}\right)^2 - l_3\left(\frac{A_{\mathrm{m},B}}{T}\right)^3 - \cdots\right]\end{aligned} \tag{6.274}$$

式中，

$$A_{\mathrm{m},B}=\Delta G_{\mathrm{m},B(\text{晶核})}$$

为式 (6.272)，式 (6.273)。

6.15.2　形成多元固溶体晶核

1. 形成晶核过程热力学

在温度 T_1，溶解在 n 元固体中的 r 个组元达到饱和，析出固溶体，有

$$(i)_{\mathrm{s}_1} \equiv\!\equiv (i)_{\text{饱}} \rightleftharpoons (i)_{\mathrm{s}_2}$$

$$(i=1,2,3,\cdots,n)$$

该过程的摩尔吉布斯自由能变化为零。降低温度到 T_1'，溶解在固体 s_1 中的 r 个组元达到过饱和，是形成固溶体 s_2 的临界过饱和，即固溶体 s_2 的晶核达到过饱和，固溶体 s_2 的晶核与固溶体 s_1 达到平衡，即

$$(i)_{\mathrm{s}_1^*} \equiv\!\equiv (i)_{\text{过饱}} \equiv\!\equiv (i)_{\text{临过饱}} \equiv\!\equiv (i)_{\text{晶核饱}} \rightleftharpoons (i)_{\text{晶核}}$$

$$(i=1,2,3,\cdots,n)$$

以纯固体组元 i 为标准状态，浓度以摩尔分数表示，该过程的摩尔吉布斯自由能变化为

$$\Delta G_{\mathrm{m},(i)_{\text{晶核}}}=\mu_{(i)_{\text{晶核}}}-\mu_{(i)_{\text{过饱}}}=RT\ln\frac{a^{\mathrm{R}}_{(i)_{\text{晶核}}}}{a^{\mathrm{R}}_{(i)_{\text{过饱}}}}=0$$

式中，

$$\mu_{(i)_{\text{晶核}}}=\mu^*_{i(\mathrm{s})}+RT\ln a^{\mathrm{R}}_{(i)_{\text{晶核}}}$$
$$\mu_{(i)_{\text{过饱}}}=\mu^*_{i(\mathrm{s})}+RT\ln a^{\mathrm{R}}_{(i)_{\text{过饱}}}$$

总摩尔吉布斯自由能变化为

$$\Delta G_{\mathrm{m},\text{晶核}}=\sum_{i=1}^{r}n_i\Delta G_{\mathrm{m},(i)_{\text{晶核}}}=0$$

式中，$a^{\mathrm{R}}_{(i)_{\text{晶核}}}$ 为晶核中组元 i 的活度；$a^{\mathrm{R}}_{(i)_{\text{过饱}}}$ 为过饱和固溶体 s_1^* 中组元 i 的活度。

降低温度到 T_2，溶解在固体 s_1 中的 r 个组元的过饱和程度增大。在温度刚降到 T_2，尚未形成 s_2 的晶核时，固溶体 s_1^* 的组成未变，但已由过饱和的 s_1^* 变成过饱和的 s_1^{**}，达到析出 s_2 晶核的过饱和程度，析出 s_2 的晶核，有

$$(i)_{\mathrm{s}_1^{**}} \equiv\!\equiv (i)_{\text{过饱}'} \equiv\!\equiv (i)_{\text{晶核过饱}} = (i)_{\text{晶核}}$$

$$(i=1,2,3,\cdots,n)$$

以纯固体组元 i 为标准状态，浓度以摩尔分数表示，析出晶核过程的摩尔吉布斯自由能变化为

$$\Delta G_{\mathrm{m},(i)_{\text{晶核}}} = \mu_{(i)_{\text{晶核}}} - \mu_{(i)_{\text{过饱}'}} = RT\ln\frac{a^{\mathrm{R}}_{(i)_{\text{晶核}}}}{a^{\mathrm{R}}_{(i)_{\text{过饱}'}}} = RT\ln\frac{a^{\mathrm{R}}_{(i)_{\text{晶核}}}}{a^{\mathrm{R}}_{(i)_{\mathrm{l}_1^{**}}}} \tag{6.275}$$

式中，

$$\mu_{(i)_{\text{晶核}}} = \mu^*_{i(\mathrm{s})} + RT\ln a^{\mathrm{R}}_{(i)_{\text{晶核}}}$$

$$\mu_{(i)_{\text{过饱}'}} = \mu^*_{i(\mathrm{s})} + RT\ln a^{\mathrm{R}}_{(i)_{\text{过饱}'}}$$

晶核的总摩尔吉布斯自由能变化为

$$\Delta G_{\mathrm{m},\text{晶核}} = \sum_{i=1}^{r} x_i \Delta G_{\mathrm{m},(i)_{\text{晶核}}} = \sum_{i=1}^{r} x_i RT\ln\frac{a^{\mathrm{R}}_{(i)_{\text{晶核}}}}{a^{\mathrm{R}}_{(i)_{\text{过饱}'}}}$$

式中，$a^{\mathrm{R}}_{(i)_{\text{晶核}}}$ 为晶核中组元 i 的活度；$a^{\mathrm{R}}_{(i)_{\text{过饱}'}}$ 为固溶体 s_1^{**} 中组元 i 的活度。

随着晶核的析出，固溶体 s_1 的过饱和程度不断减小，达到某一临界过饱和度后，不再形成晶核。此临界过饱和度是晶核的溶解度，有

$$(i)_{\mathrm{l}_1^*} \equiv\equiv (i)_{\text{过饱}''} \equiv\equiv (i)_{\text{临过饱}'} \equiv (i)_{\text{晶核饱}} \rightleftharpoons (i)_{\text{晶核}}$$

$$(i = 1, 2, 3, \cdots, n)$$

此过程的摩尔吉布斯自由能变化为零。

$$\Delta G_{\mathrm{m},(i)_{\text{晶核}}} = \mu_{(i)_{\text{晶核}}} - \mu_{(i)_{\text{过饱}''}} = RT\ln\frac{a^{\mathrm{R}}_{(i)_{\text{晶核}}}}{a^{\mathrm{R}}_{(i)_{\text{过饱}''}}} = 0 \tag{6.276}$$

式中，

$$\mu_{(i)_{\text{晶核}}} = \mu^*_{i(\mathrm{s})} + RT\ln a^{\mathrm{R}}_{(i)_{\text{晶核}}}$$

$$\mu_{(i)_{\text{过饱}''}} = \mu^*_{i(\mathrm{s})} + RT\ln a^{\mathrm{R}}_{(i)_{\text{过饱}''}}$$

总摩尔吉布斯自由能变化为

$$\Delta G_{\mathrm{m},\text{晶核}} = \sum_{i=1}^{r} x_i \Delta G_{\mathrm{m},(i)_{\text{晶核}}} = 0$$

但是，晶核可以长大成晶体。有

$$(i)_{\mathrm{l}_1^*} =\!=\!=\!= (i)_{过饱''} =\!=\!= (i)_{晶体}$$

以纯固态组元 i 为标准状态，浓度以摩尔分数表示，该过程的摩尔吉布斯自由能变化为

$$\Delta G_{\mathrm{m},(i)_{晶体}} = \mu_{(i)_{晶体}} - \mu_{(i)_{过饱''}} = RT\ln\frac{a^{\mathrm{R}}_{(i)_{晶体}}}{a^{\mathrm{R}}_{(i)_{过饱''}}} = RT\ln\frac{a^{\mathrm{R}}_{(i)_{晶体}}}{a^{\mathrm{R}}_{(i)_{\mathrm{l}_2^*}}} \tag{6.277}$$

式中，

$$\mu_{(i)_{晶体}} = \mu^*_{i(\mathrm{s})} + RT\ln a^{\mathrm{R}}_{(i)_{晶体}}$$
$$\mu_{(i)_{过饱''}} = \mu^*_{i(\mathrm{s})} + RT\ln a^{\mathrm{R}}_{(i)_{过饱''}}$$

总摩尔吉布斯自由能变化为

$$\Delta G_{\mathrm{m},晶体} = \sum_{i=1}^{r} N_i \Delta G_{\mathrm{m},(i)_{晶体}} = 0$$

2. 形成晶核速率

$$\begin{aligned}
\frac{\mathrm{d}\tilde{N}_{晶核}}{\mathrm{d}t} &= \frac{1}{\rho_{晶核}\frac{4}{3}\pi r^3_{晶核}}\sum_{i=1}^{n} M_i \frac{\mathrm{d}N_{(i)_{晶核}}}{\mathrm{d}t} \\
&= -\frac{1}{\rho_{晶核}\frac{4}{3}\pi r^3_{晶核}}\sum_{i=1}^{n} M_i \frac{\mathrm{d}N_{(i)_{过饱'}}}{\mathrm{d}t} \\
&= -\frac{V}{\rho_{晶核}\frac{4}{3}\pi r^3_{晶核}}\sum_{i=1}^{n} M_i j_{(i)_{晶核}} \\
&= -\frac{V}{\rho_{晶核}\frac{4}{3}\pi r^3_{晶核}}\sum_{i=1}^{n} M_i \left[-l_1\left(\frac{A_{\mathrm{m},i}}{T}\right)\right. \\
&\quad \left. -l_2\left(\frac{A_{\mathrm{m},i}}{T}\right)^2 - l_3\left(\frac{A_{\mathrm{m},i}}{T}\right)^3 - \cdots\right]
\end{aligned} \tag{6.278}$$

式中，$\tilde{N}_{晶核}$ 为析出的晶核的数量；$N_{(i)_{晶核}}$ 为析出的晶核 i 的物质的量；$N_{(i)_{过饱'}}$ 为固溶体中转变为晶核组元 i 的物质的量；M_i 为组元 i 的摩尔质量，考虑耦合作用，

有

$$\begin{aligned}\frac{\mathrm{d}\tilde{N}_{晶核}}{\mathrm{d}t}=&\frac{1}{\rho_{晶核}\frac{4}{3}\pi r_{晶核}^{3}}\sum_{i=1}^{n}M_i\frac{\mathrm{d}N_{(i)_{晶核}}}{\mathrm{d}t}\\&\times\left[-\sum_{k=1}^{n}l_{ik}\left(\frac{A_{\mathrm{m},i}}{T}\right)-\sum_{k=1}^{n}\sum_{l=1}^{n}l_{ikl}\left(\frac{A_{\mathrm{m},k}}{T}\right)\left(\frac{A_{\mathrm{m},l}}{T}\right)\right.\\&\left.-\sum_{k=1}^{n}\sum_{l=1}^{n}\sum_{h=1}^{n}l_{iklh}\left(\frac{A_{\mathrm{m},k}}{T}\right)\left(\frac{A_{\mathrm{m},l}}{T}\right)l_3\left(\frac{A_{\mathrm{m},h}}{T}\right)-\cdots\right]\end{aligned}\tag{6.279}$$

第 7 章　熔　　化

7.1　纯物质的熔化

7.1.1　相变过程热力学

物质由固态变成液态的过程称为熔化。在恒温恒压条件下，纯物质由固态变成液态的温度称为熔点。在熔点温度，纯固态物质由固态变成液态的过程是在平衡状态下进行的，可以表示为

$$A(\mathrm{s}) \rightleftharpoons A(\mathrm{l})$$

该过程的摩尔吉布斯自由能变化为

$$\begin{aligned}\Delta G_{\mathrm{m},A}(T_{\mathrm{m}}) &= G_{\mathrm{m},A(\mathrm{l})}(T_{\mathrm{m}}) - G_{\mathrm{m},A(\mathrm{s})}(T_{\mathrm{m}}) \\ &= [H_{\mathrm{m},A(\mathrm{l})}(T_{\mathrm{m}}) - T_{\mathrm{m}}H_{\mathrm{m},A(\mathrm{l})}(T_{\mathrm{m}})] - [H_{\mathrm{m},A(\mathrm{s})}(T_{\mathrm{m}}) - T_{\mathrm{m}}S_{\mathrm{m},A(\mathrm{s})}(T_{\mathrm{m}})] \\ &= \varDelta_{\mathrm{fus}}H_{\mathrm{m},A}(T_{\mathrm{m}}) - T_{\mathrm{m}}\varDelta_{\mathrm{fus}}S_{\mathrm{m},B}(T_{\mathrm{m}}) \\ &= \varDelta_{\mathrm{fus}}H_{\mathrm{m},A}(T_{\mathrm{m}}) - T_{\mathrm{m}}\frac{\varDelta_{\mathrm{fus}}H_{\mathrm{m},A}(T_{\mathrm{m}})}{T_{\mathrm{m}}} \\ &= 0\end{aligned} \tag{7.1}$$

式中，$\varDelta_{\mathrm{fus}}H_{\mathrm{m},A}(T_{\mathrm{m}})$ 为纯物质在温度 T_{m} 的熔化焓，为正值；$\varDelta_{\mathrm{fus}}S_{\mathrm{m},B}(T_{\mathrm{m}})$ 为纯物质在温度 T_{m} 的熔化熵。在纯物质的熔点 T_{m} 下，纯物质熔化过程的摩尔吉布斯自由能变化为零。

将温度提高到熔点以上，熔化就在非平衡条件下进行。可以表示为

$$A(\mathrm{s}) = A(\mathrm{l})$$

在温度 T，熔化过程的摩尔吉布斯自由能变化为

$$\begin{aligned}\Delta G_{\mathrm{m},A}(T) &= G_{\mathrm{m},A(\mathrm{l})}(T) - G_{\mathrm{m},A(\mathrm{s})}(T) \\ &= [H_{\mathrm{m},A(\mathrm{l})}(T) - T_{\mathrm{m}}S_{\mathrm{m},A(\mathrm{l})}(T)] - [H_{\mathrm{m},A(\mathrm{s})}(T) - T_{\mathrm{m}}S_{\mathrm{m},A(\mathrm{s})}(T)] \\ &= \Delta H_{\mathrm{m},A}(T) - T\Delta S_{\mathrm{m},A}(T)\end{aligned}$$

$$\begin{aligned}
&\approx \Delta H_{\mathrm{m},A}(T_{\mathrm{m}}) - T\Delta S_{\mathrm{m},A}(T_{\mathrm{m}}) \\
&= \Delta H_{\mathrm{m},A}(T_{\mathrm{m}}) - T\frac{\Delta H_{\mathrm{m},A}(T_{\mathrm{m}})\Delta T}{T_{\mathrm{m}}} \\
&= \frac{\Delta H_{\mathrm{m},A}(T_{\mathrm{m}})\Delta T}{T_{\mathrm{m}}} < 0
\end{aligned} \tag{7.2}$$

其中，

$$T > T_{\mathrm{m}}$$

$$\Delta T = T_{\mathrm{m}} - T < 0$$

$$\Delta H_{\mathrm{m},A}(T) = \Delta H_{\mathrm{m},A}(T_{\mathrm{m}}) + \int_{T_{\mathrm{m}}}^{T} \Delta C_{p,A}\mathrm{d}T$$

$$\Delta S_{\mathrm{m},A}(T) = \Delta S_{\mathrm{m},A}(T_{\mathrm{m}}) + \int_{T_{\mathrm{m}}}^{T} \frac{\Delta C_p}{T}\mathrm{d}T$$

若 T 和 T_{m} 接近，取

$$\Delta H_{\mathrm{m},A}(T) \approx \Delta H_{\mathrm{m},A}(T_{\mathrm{m}}) > 0$$

$$\Delta S_{\mathrm{m},A}(T) \approx \Delta S_{\mathrm{m},A}(T_{\mathrm{m}}) = \frac{\Delta H_{\mathrm{m},A}(T_{\mathrm{m}})}{T_{\mathrm{m}}}$$

将 $\Delta H_{\mathrm{m},A}(T_{\mathrm{m}}) = L_{\mathrm{m},A}$，$\Delta S_{\mathrm{m},A}(T_{\mathrm{m}}) = \dfrac{L_{\mathrm{m},A}}{T_{\mathrm{m}}}$ 代入式 (7.2)，得

$$\Delta G_{\mathrm{m},A}(T) = L_{\mathrm{m},A} - T\frac{L_{\mathrm{m},A}}{T_{\mathrm{m}}} = \frac{L_{\mathrm{m},A}\Delta T}{T_{\mathrm{m}}}$$

式中，$L_{\mathrm{m},A}$ 为组元 A 的结晶潜热。

7.1.2 纯物质液−固两相的吉布斯自由能与温度和压力的关系

1. 由纯物质液–固两相的吉布斯自由能与温度的关系

$$\mathrm{d}G = V\mathrm{d}P - S\mathrm{d}T$$

在恒压条件下，有

$$\mathrm{d}G = -S\mathrm{d}T$$

$$\frac{\mathrm{d}G}{\mathrm{d}T} = -S$$

式中，S 恒为正值，吉布斯自由能对温度的导数为负数，即吉布斯自由能随温度的升高而减小。液态原子、分子等的排列秩序比固态差，因此，物质液态的熵比固态大，即物质液态的吉布斯自由能与温度关系的曲线斜率比同物质固态的吉布斯自

由能与温度关系的曲线斜率绝对值大。两条曲线斜率不同，必然相交于某一点，该点对应的固–液两相吉布斯自由能相等，液–固两相平衡共存 (图 7.1)。在一个标准大气压，该点所对应的温度 T_{m} 为该固体的熔点。

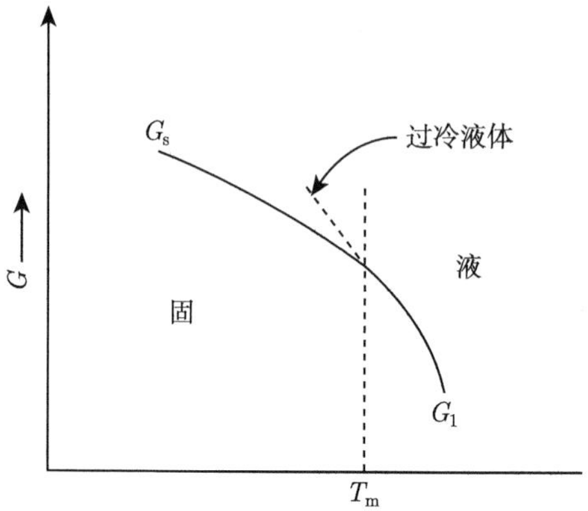

图 7.1　在恒压条件下吉布斯自由能与温度的关系

2. 纯物质液–固两相的吉布斯自由能与压力的关系

在恒温条件下，有

$$\mathrm{d}G = V\mathrm{d}P$$

$$\frac{\mathrm{d}G}{\mathrm{d}P} = V$$

式中，体积恒为正值，吉布斯自由能对压力的导数为正数，即在恒温条件下，吉布斯自由能随压力增加而增大。在大多数情况下，同一物质的液态体积比固态体积大一些，即物质液态的吉布斯自由能与压力关系的曲线斜率比同物质固态的吉布斯自由能与压力关系的曲线斜率大。两条曲线斜率不同，会相交于一点 $P_{临}$(图 7.2)。$P_{临}$ 是在恒定温度条件下的固液转化压力，称为临界压力。同一物质，在压力大于临界压力时，液态的吉布斯自由能大于固态的吉布斯自由能，固态比液态稳定，随着压力的增加，熔化温度升高。而若压力低于临界压力，则同一物质的固态吉布斯自由能比液态吉布斯自由能大，随着压力减小，熔点降低。

对于液态体积比固态体积小的物质，其液态的吉布斯自由能与压力关系的曲线斜率比固态的吉布斯自由能与压力关系的曲线斜率小。两条曲线也会相交于一点 $P_{临}$。同一物质若压力大于临界压力，则液态的吉布斯自由能小于固态的吉布斯自由能，液态比固态稳定，随着压力增加，熔化温度降低；而若压力小于临界压力，则固态的吉布斯自由能小于液态的吉布斯自由能，固态稳定，随着压力增加，熔化温度升高。在 1 个标准大气压，液固两相平衡的温度即为该物质的熔点，若压力大于 1 个标准大气压时，则随着压力的增加，物质液态的吉布斯自由能小于其固态的吉布斯自由能，即压力增加，物质的熔点降低。例如，水结冰体积增大。在一个标准大气压，冰的熔化温度是 0℃，而在 10 个标准大气压，冰的熔化温度为 0.01℃。

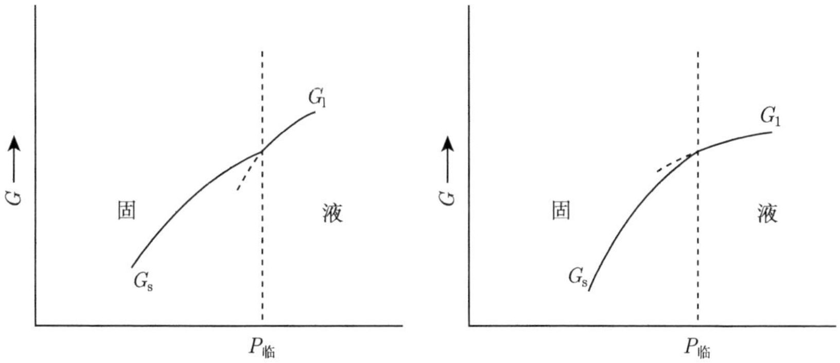

(a) 熔化后体积增加　　　　(b) 熔化后体积减小

图 7.2　在恒温条件下吉布斯自由能与压力的关系

7.1.3　相变速率

在恒温恒压条件下，纯物质在高于其熔点温度的熔化速率为

$$
\begin{aligned}
\frac{\mathrm{d}n_{A(\mathrm{l})}}{\mathrm{d}t} &= -\frac{\mathrm{d}n_{A(\mathrm{s})}}{\mathrm{d}t} = j_A \\
&= -l_1\left(\frac{A_{\mathrm{m},A}}{T}\right) - l_2\left(\frac{A_{\mathrm{m},A}}{T}\right)^2 - l_3\left(\frac{A_{\mathrm{m},A}}{T}\right)^3 - \cdots \\
&= -l_1\left(\frac{L_{\mathrm{m},A}\Delta T}{TT_\mathrm{m}}\right) - l_2\left(\frac{L_{\mathrm{m},A}\Delta T}{TT_\mathrm{m}}\right)^2 - l_3\left(\frac{L_{\mathrm{m},A}\Delta T}{TT_\mathrm{m}}\right)^3 - \cdots \\
&= -l_1'\left(\frac{\Delta T}{T}\right) - l_2'\left(\frac{\Delta T}{T}\right)^2 - l_3'\left(\frac{\Delta T}{T}\right)^3 - \cdots
\end{aligned}
\tag{7.3}
$$

其中，

$$A_{\mathrm{m},A} = \Delta G_{\mathrm{m},A} = \frac{L_{\mathrm{m},A}\Delta T}{T_\mathrm{m}}$$

7.2　二元系熔化

7.2.1　具有最低共熔点的二元系

1. 相变过程热力学

图 7.3 是具有最低共熔点的二元系相图。在恒压条件下，组成点为 P 的物质升温熔化。温度升到 T_E，物质组成点为 P_E。在组成为 P_E 的物质中，有共熔点组

成的 E 和过量的组元 B。

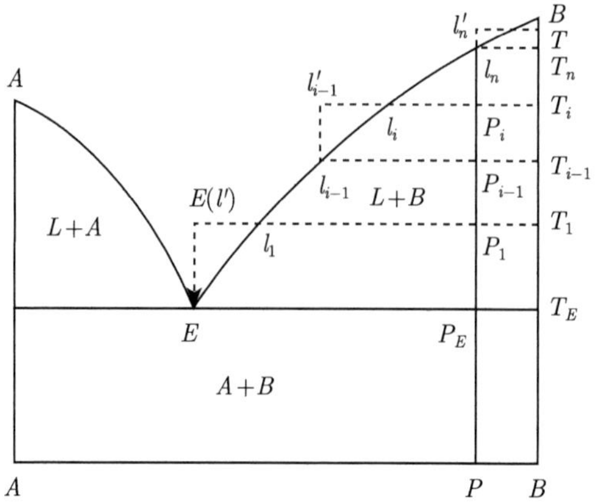

图 7.3　具有最低共熔点的二元系相图

1) 在温度 T_E

组成为 E 的均匀固相的熔化过程在平衡状态可以表示为

$$E(\mathrm{s}) \rightleftharpoons E(\mathrm{l})$$

即

$$x_A A(\mathrm{s}) + x_B B(\mathrm{s}) \rightleftharpoons x_A (A)_{E(\mathrm{l})} + x_B (B)_{E(\mathrm{l})}$$

或

$$A(\mathrm{s}) \rightleftharpoons (A)_{E(\mathrm{l})}$$

$$B(\mathrm{s}) \rightleftharpoons (B)_{E(\mathrm{l})}$$

式中，x_A、x_B 分别为组成为 E 的组元 A、B 的摩尔分数。

熔化过程的摩尔吉布斯自由能变化为

$$\begin{aligned}\Delta G_{\mathrm{m},E}(T_E) &= G_{\mathrm{m},E(\mathrm{l})}(T_E) - G_{\mathrm{m},E(\mathrm{s})}(T_E) \\ &= [H_{\mathrm{m},E(\mathrm{l})}(T_E) - T_E H_{\mathrm{m},E(\mathrm{l})}(T_E)] - [H_{\mathrm{m},E(\mathrm{s})}(T_E) - T_E S_{\mathrm{m},E(\mathrm{s})}(T_E)] \\ &= \Delta_{\mathrm{fus}} H_{\mathrm{m},E}(T_E) - T_E \Delta_{\mathrm{fus}} S_{\mathrm{m},E}(T_E) \\ &= \Delta_{\mathrm{fus}} H_{\mathrm{m},E}(T_E) - T_E \frac{\Delta_{\mathrm{fus}} H_{\mathrm{m},E}(T_E)}{T_E} \\ &= 0\end{aligned} \tag{7.4}$$

式中，$\Delta_{\mathrm{fus}}H_{\mathrm{m},E}(T_E)$ 和 $\Delta_{\mathrm{fus}}S_{\mathrm{m},E}(T_E)$ 分别为组成为 E 的物质的熔化焓和熔化熵。

$$M_E = x_A M_A + x_B M_B$$

其中，M_E、M_A、M_B 分别为 E、A、B 的摩尔质量。

或如下计算：

$$\begin{aligned}\Delta G_{\mathrm{m},A}(T_E) &= \overline{G}_{\mathrm{m},(A)_{E(\mathrm{l})}}(T_E) - G_{\mathrm{m},A(\mathrm{s})}(T_E)\\ &= \Delta_{\mathrm{sol}}H_{\mathrm{m},A}(T_E) - T_E\Delta_{\mathrm{sol}}S_{\mathrm{m},A}(T_E)\\ &= \Delta_{\mathrm{sol}}H_{\mathrm{m},A}(T_E) - T_E\frac{\Delta_{\mathrm{sol}}H_{\mathrm{m},A}(T_E)}{T_E}\\ &= 0\end{aligned} \tag{7.5}$$

$$\begin{aligned}\Delta G_{\mathrm{m},B}(T_E) &= \overline{G}_{\mathrm{m},(B)_{E(\mathrm{l})}}(T_E) - G_{\mathrm{m},B(\mathrm{s})}(T_E)\\ &= \Delta_{\mathrm{sol}}H_{\mathrm{m},B}(T_E) - T_E\Delta_{\mathrm{sol}}S_{\mathrm{m},B}(T_E)\\ &= \Delta_{\mathrm{sol}}H_{\mathrm{m},B}(T_E) - T_E\frac{\Delta_{\mathrm{sol}}H_{\mathrm{m},B}(T_E)}{T_E}\\ &= 0\end{aligned} \tag{7.6}$$

$$\begin{aligned}\Delta G_{\mathrm{m},E}(T_E) &= x_A\Delta G_{\mathrm{m},A}(T_E) - x_B\Delta G_{\mathrm{m},B}(T_E)\\ &= \frac{[x_A\Delta_{\mathrm{sol}}H_{\mathrm{m},A}(T_E) + x_B\Delta_{\mathrm{sol}}H_{\mathrm{m},B}(T_E)]\Delta T}{T_E}\\ &= 0\end{aligned} \tag{7.7}$$

其中，

$$\Delta T = T_E - T_E = 0$$

该过程的摩尔吉布斯自由能变化也可以如下计算。

固相和液相中的组元 A、B 都以其纯固态为标准状态，浓度以摩尔分数表示，该过程的摩尔吉布斯自由能变化为

$$\Delta G_{\mathrm{m},A} = \mu_{(A)_{E(\mathrm{l})}} - \mu_{A(\mathrm{s})} = RT\ln a^{\mathrm{R}}_{(A)_{E(\mathrm{l})}} = RT\ln a^{\mathrm{R}}_{A(\mathrm{s})} = 0 \tag{7.8}$$

其中，

$$\mu_{(A)_{E(\mathrm{l})}} = \mu^*_{A(\mathrm{s})} + RT\ln a^{\mathrm{R}}_{(A)_{E(\mathrm{l})}} = \mu^*_{A(\mathrm{s})} + RT\ln a^{\mathrm{R}}_{(A)_{饱}}$$

$$\mu_{A(\mathrm{s})} = \mu^*_{A(\mathrm{s})}$$

$$\Delta G_{\mathrm{m},B} = \mu_{(B)_{E(\mathrm{l})}} - \mu_{B(\mathrm{s})} = RT\ln a^{\mathrm{R}}_{(B)_{E(\mathrm{l})}} = RT\ln a^{\mathrm{R}}_{B(\mathrm{s})} = 0$$

其中，

$$\mu_{(B)_{E(\mathrm{l})}} = \mu^*_{B(\mathrm{s})} + RT\ln a^{\mathrm{R}}_{(B)_{E(\mathrm{l})}} = \mu^*_{B(\mathrm{s})} + RT\ln a^{\mathrm{R}}_{(B)_{饱}}$$

$$\mu_{B(\mathrm{s})} = \mu^*_{B(\mathrm{s})}$$

$$\begin{aligned}\Delta G_{\mathrm{m},E} &= x_A\Delta G_{\mathrm{m},A} + x_B\Delta G_{\mathrm{m},B} \\ &= RT(x_A\ln a^{\mathrm{R}}_{(A)_{E(\mathrm{l})}} + x_B\ln a^{\mathrm{R}}_{(B)_{E(\mathrm{l})}}) \\ &= 0\end{aligned}$$

在温度 T_E，组成为 $E(\mathrm{s})$ 的固相和 $E(\mathrm{l})$ 平衡，熔化在平衡状态下进行，摩尔吉布斯自由能变化为零。

2) 升高温度到 T_1

液相组成未变，由于温度升高，$E(\mathrm{l})$ 成为 $E(\mathrm{l'})$。固相 $E(\mathrm{s})$ 熔化为液相 $E(\mathrm{l'})$，在非平衡条件下进行。有

$$E(\mathrm{s}) = E(\mathrm{l'})$$

即

$$x_A A(\mathrm{s}) + x_B B(\mathrm{s}) = x_A (A)_{E(\mathrm{l'})} + x_B (B)_{E(\mathrm{l'})}$$

或

$$A(\mathrm{s}) = A_{E(\mathrm{l'})}$$

$$B(\mathrm{s}) = B_{E(\mathrm{l'})}$$

该过程的摩尔吉布斯自由能变化为

$$\begin{aligned}\Delta G_{\mathrm{m},E}(T_1) &= G_{\mathrm{m},E(\mathrm{l'})}(T_1) - G_{\mathrm{m},E(\mathrm{s})}(T_1) \\ &= \Delta_{\mathrm{fus}}H_{\mathrm{m},E}(T_1) - T_1\Delta_{\mathrm{fus}}S_{\mathrm{m},E}(T_1) \\ &\approx \Delta_{\mathrm{fus}}H_{\mathrm{m},E}(T_E) - T_1\frac{\Delta_{\mathrm{fus}}H_{\mathrm{m},E}(T_E)}{T_E} \\ &= \frac{\Delta_{\mathrm{fus}}H_{\mathrm{m},E}(T_E)\Delta T}{T_E}\end{aligned} \tag{7.9}$$

式中，$\Delta_{\mathrm{fus}}H_{\mathrm{m},E}(T_E)$ 为 E 在温度 T_E 的熔化焓；$\Delta_{\mathrm{fus}}S_{\mathrm{m},E}(T_E)$ 为 E 在温度 T_E 的熔化熵。

或如下计算:

$$\begin{aligned}\Delta G_{\mathrm{m},A}(T_1) &= \overline{G}_{\mathrm{m},(A)_{E(1)}}(T_1) - G_{\mathrm{m},A(\mathrm{s})}(T_1) \\ &= \varDelta_{\mathrm{sol}}H_{\mathrm{m},A}(T_1) - T_1\varDelta_{\mathrm{sol}}S_{\mathrm{m},A}(T_1) \\ &\approx \varDelta_{\mathrm{sol}}H_{\mathrm{m},A}(T_E) - T_1\frac{\varDelta_{\mathrm{fus}}H_{\mathrm{m},A}(T_E)}{T_E} \\ &= \frac{\varDelta_{\mathrm{sol}}H_{\mathrm{m},A}(T_E)\Delta T}{T_E}\end{aligned} \tag{7.10}$$

$$\begin{aligned}\Delta G_{\mathrm{m},B}(T_1) &= \overline{G}_{\mathrm{m},(B)_{E(1)}}(T_1) - G_{\mathrm{m},B(\mathrm{s})}(T_1) \\ &= \varDelta_{\mathrm{sol}}H_{\mathrm{m},B}(T_1) - T_1\varDelta_{\mathrm{sol}}S_{\mathrm{m},B}(T_1) \\ &\approx \varDelta_{\mathrm{sol}}H_{\mathrm{m},B}(T_E) - T_1\varDelta_{\mathrm{sol}}\Delta S_{\mathrm{m},B}(T_E) \\ &= \frac{\varDelta_{\mathrm{sol}}H_{\mathrm{m},E}(T_E)\Delta T}{T_E}\end{aligned} \tag{7.11}$$

式中，$\varDelta_{\mathrm{sol}}H_{\mathrm{m},A}(T_E)$、$\varDelta_{\mathrm{sol}}H_{\mathrm{m},B}(T_E)$ 分别为组元 A、B 在温度 T_E 的溶解焓；$\varDelta_{\mathrm{sol}}S_{\mathrm{m},A}(T_E)$、$\varDelta_{\mathrm{sol}}S_{\mathrm{m},B}(T_E)$ 分别为组元 A、B 在温度 T_E 的溶解熵，是组元 A、B 饱和 (平衡) 状态的溶解焓和溶解熵。

总摩尔吉布斯自由能变化为

$$\begin{aligned}\Delta G_{\mathrm{m},E}(T_1) &= x_A G_{\mathrm{m},A}(T_1) - x_B G_{\mathrm{m},B}(T_1) \\ &= \frac{x_A\varDelta_{\mathrm{sol}}H_{\mathrm{m},A}(T_E) + x_B\varDelta_{\mathrm{sol}}H_{\mathrm{m},B}(T_E)}{T_E}\end{aligned} \tag{7.12}$$

其中，

$$\Delta T = T_E - T_1 < 0$$

或如下计算:

固相和液相中的组元 A、B 都以其纯固态为标准状态，浓度以摩尔分数表示，该过程的摩尔吉布斯自由能变化为

$$\Delta G_{\mathrm{m},A} = \mu_{(A)_{E(1')}} - \mu_{A(\mathrm{s})} = RT\ln a^{\mathrm{R}}_{(A)_{E(1')}} \tag{7.13}$$

其中，

$$\mu_{(A)_{E(1')}} = \mu^*_{A(\mathrm{s})} + RT\ln a^{\mathrm{R}}_{(A)_{E(1')}}$$

$$\mu_{A(\mathrm{s})} = \mu^*_{A(\mathrm{s})}$$

$$\Delta G_{\mathrm{m},B} = \mu_{(B)_{E(1')}} - \mu_{B(\mathrm{s})} = RT\ln a^{\mathrm{R}}_{(B)_{E(1')}} \tag{7.14}$$

其中,

$$\mu_{(B)_{E(l')}} = \mu^*_{B(s)} + RT \ln a^R_{(B)_{E(l')}}$$

$$\mu_{B(s)} = \mu^*_{B(s)}$$

组成为 E 的摩尔吉布斯自由能变化为

$$\Delta G_{m,E} = x_A \Delta G_{m,A} + x_B \Delta G_{m,B}$$

$$= RT \left(x_A \ln a^R_{(A)_{E(l')}} + x_B \ln a^R_{(B)_{E(l')}} \right) \tag{7.15}$$

直到组成为 $E(s)$ 的固相完全消失,固相组元 A 消失,剩余的固相组元 B 继续向溶液 $E(l')$ 中溶解,有

$$B(s) \rule[0.5ex]{2em}{0.4pt} (B)_{E(l')}$$

该过程的摩尔吉布斯自由能变化为

$$\Delta G_{m,B}(T_1) = \overline{G}_{m,(B)_{E(l')}}(T_1) - G_{m,B(s)}(T_1)$$

$$= [\overline{H}_{m,(B)_{E(l')}}(T_1) - T_1 \overline{S}_{m,(B)_{E(l')}}(T_1)] - [H_{m,B(s)}(T_1) - T_1 S_{m,B(s)}(T_1)]$$

$$= \Delta_{sol}H_{m,B}(T_1) - T_1 \Delta_{sol}S_{m,B}(T_1)$$

$$\approx \Delta_{sol}H_{m,B}(T_E) - T_1 \frac{\Delta_{sol}H_{m,B}(T_E)}{T_E}$$

$$= \frac{\Delta_{sol}H_{m,B}(T_E)\Delta T}{T_E}$$

$$\tag{7.16}$$

其中,

$$\Delta_{sol}H_{m,B}(T_1) \approx \Delta_{sol}H_{m,B}(T_E) > 0$$

$$\Delta_{sol}S_{m,B}(T_1) \approx \Delta_{sol}S_{m,B}(T_E) = \frac{\Delta_{sol}H_{m,B}(T_E)}{T_E} > 0$$

$$\Delta T = T_E - T_1 < 0$$

$\Delta_{sol}H_{m,B}(T_1)$ 和 $\Delta_{sol}S_{m,B}(T_1)$ 分别为固体组元 B 在温度 T_1 的溶解焓和溶解熵。

固相和液相中的组元 B 以纯固态为标准状态,浓度以摩尔分数表示,该过程的摩尔吉布斯自由能变化为

$$\Delta G_{m,B} = \mu_{(B)_{E(l')}} - \mu_{B(s)} = RT \ln a^R_{(B)_{E(l')}} \tag{7.17}$$

其中,

$$\mu_{(B)_{E(l')}} = \mu^*_{B(s)} + RT \ln a^R_{(B)_{E(l')}}$$

$$\mu_{B(\mathrm{s})} =\!=\!= \mu^*_{B(\mathrm{s})}$$

直到固相组元 B 溶解达到饱和，固液两相达成平衡。平衡液相组成为液相线 ET_B 上的 l_1 点。有

$$B(\mathrm{s}) \rightleftharpoons (B)_{l_1} =\!=\!= (B)_{饱}$$

3) 从 T_1 升温到 T_n

从温度 T_1 到温度 T_n，随着温度的升高，固相组元 B 不断向溶液中溶解。

在温度 T_{i-1}，固液两相达成平衡，组元 B 溶解达到饱和。平衡液相组成为 l_{i-1}。有

$$B(\mathrm{s}) \rightleftharpoons (B)_{l_{i-1}} =\!=\!= (B)_{饱}$$

$$(i = 1, 2, 3, \cdots, n)$$

继续升高温度到 T_i。温度刚升到 T_i，固相组元 B 还未来得及溶解进入液相时，溶液组成仍与 l_{i-1} 相同，但是已经由组元 B 饱和的溶液 l_{i-1} 变成其不饱和的溶液 l'_{i-1}。因此，固相组元 B 向溶液 l'_{i-1} 中溶解。液相组成由 l'_{i-1} 向该温度的平衡液相组成 l_i 转变，物质组成由 P_{i-1} 向 P_i 转变。该过程可以表示为

$$B(\mathrm{s}) =\!=\!= (B)_{l'_{i-1}}$$

$$(i = 1, 2, 3, \cdots, n)$$

该过程的摩尔吉布斯自由能变化为

$$\begin{aligned}
\Delta G_{\mathrm{m},B}(T_i) &= \overline{G}_{\mathrm{m},(B)_{l'{}_{i-1}}}(T_i) - G_{\mathrm{m},B(\mathrm{s})}(T_i) \\
&= [\overline{H}_{\mathrm{m},(B)_{l'{}_{i-1}}}(T_i) - T_i\overline{S}_{\mathrm{m},(B)_{l'{}_{i-1}}}(T_i)] - [H_{\mathrm{m},B(\mathrm{s})}(T_i) - T_i S_{\mathrm{m},B(\mathrm{s})}(T_i)] \\
&= \Delta_{\mathrm{sol}} H_{\mathrm{m},B}(T_i) - T_i \Delta_{\mathrm{sol}} S_{\mathrm{m},B}(T_i) \\
&\approx \Delta_{\mathrm{sol}} H_{\mathrm{m},B}(T_{i-1}) - T_1 \Delta_{\mathrm{sol}} S_{\mathrm{m},B}(T_{i-1}) \\
&= \frac{\Delta_{\mathrm{sol}} H_{\mathrm{m},B}(T_{i-1})\Delta T}{T_E}
\end{aligned} \tag{7.18}$$

其中，

$$\Delta T = T_{i-1} - T_i < 0$$

$$\Delta_{\mathrm{sol}} H_{\mathrm{m},B}(T_i) \approx \Delta_{\mathrm{sol}} H_{\mathrm{m},B}(T_{i-1})$$

$$\Delta_{\mathrm{sol}} S_{\mathrm{m},B}(T_i) \approx \Delta_{\mathrm{sol}} S_{\mathrm{m},B}(T_{i-1}) = \frac{\Delta_{\mathrm{sol}} H_{\mathrm{m},B}(T_{i-1})}{T_{i-1}}$$

或如下计算:

固相和液相中的组元 B 都以其纯固态为标准状态，浓度以摩尔分数表示。有

$$\Delta G_{\mathrm{m},B} = \mu_{(B)_{l'_{i-1}}} - \mu_{B(\mathrm{s})} = RT \ln a^{\mathrm{R}}_{(B)_{l'_{i-1}}} \tag{7.19}$$

其中,

$$\mu_{(B)_{l'_{i-1}}} = \mu^*_{B(\mathrm{s})} + RT \ln a^{\mathrm{R}}_{(B)_{l'_{i-1}}}$$

$$\mu_{B(\mathrm{s})} = \mu^*_{B(\mathrm{s})}$$

直到固相组元 B 溶解达到饱和，固液两相形成新的平衡。平衡液相组成为液相线 ET_B 上的 l_i 点。有

$$B(\mathrm{s}) \rightleftharpoons (B)_{l_i} =\!=\!= (B)_{饱}$$

在温度 T_n，固液两相达成平衡，组元 B 的溶解达到饱和。平衡液相组成为液相线 ET_B 上的 l_n 点，有

$$B(\mathrm{s}) \rightleftharpoons (B)_{l_n} =\!=\!= (B)_{饱}$$

4) 温度升到高于 T_n 的温度 T

在温度刚升到 T，固相组元 B 还未来得及溶解进入溶液时，溶液组成仍与 l_n 相同，但是已经由组元 B 饱和的溶液 l_n 变成组元 B 不饱和的溶液 l'_n，固相组元 B 向其中溶解。有

$$B(\mathrm{s}) =\!=\!= (B)_{l'_n}$$

该过程的摩尔吉布斯自由能变化为

$$\begin{aligned}\Delta G_{\mathrm{m},B}(T) &= \overline{G}_{\mathrm{m},(B)_{l'_n}}(T) - G_{\mathrm{m},B(\mathrm{s})}(T) \\ &\approx \Delta_{\mathrm{sol}} H_{\mathrm{m},B}(T_n) - T\Delta_{\mathrm{sol}} S_{\mathrm{m},B}(T_n) \\ &= \frac{\Delta_{\mathrm{sol}} H_{\mathrm{m},B}(T_n)\Delta T}{T_n}\end{aligned} \tag{7.20}$$

其中,

$$\Delta_{\mathrm{sol}} H_{\mathrm{m},B}(T) \approx \Delta_{\mathrm{sol}} H_{\mathrm{m},B}(T_n)$$

$$\Delta_{\mathrm{sol}} S_{\mathrm{m},B}(T) \approx \Delta_{\mathrm{sol}} S_{\mathrm{m},B}(T_n) = \frac{\Delta_{\mathrm{sol}} H_{\mathrm{m},B}(T_n)}{T_n}$$

$$\Delta T = T_n - T < 0$$

固相和液相中的组元 B 都以其纯固态为标准状态，浓度以摩尔分数表示，有

$$\Delta G_{m,B} = \mu_{(B)_{l'_n}} - \mu_{B(s)} = RT\ln a^{R}_{(B)_{l'_n}} \tag{7.21}$$

其中，

$$\mu_{(B)_{l'_n}} = \mu^*_{B(s)} + RT\ln a^{R}_{(B)_{l'n}}$$

$$\mu_{B(s)} = \mu^*_{B(s)}$$

2. 相变速率

1) 在温度 T_1

压力恒定，温度为 T_1，具有最低共熔点的二元系组元 $E(s)$ 的熔化速率为

$$\begin{aligned}
\frac{dN_{E(l')}}{dt} &= -\frac{dN_{E(s)}}{dt} = j_E \\
&= -l_1\left(\frac{A_{m,E}}{T}\right) - l_2\left(\frac{A_{m,E}}{T}\right)^2 - l_3\left(\frac{A_{m,E}}{T}\right)^3 - \cdots \\
&= -l_1\left(\frac{L_{m,E}\Delta T}{TT_E}\right) - l_2\left(\frac{L_{m,E}\Delta T}{TT_E}\right)^2 - l_3\left(\frac{L_{m,E}\Delta T}{TT_E}\right)^3 - \cdots \\
&= -l'_1\left(\frac{\Delta T}{T}\right) - l'_2\left(\frac{\Delta T}{T}\right)^2 - l'_3\left(\frac{\Delta T}{T}\right)^3 - \cdots
\end{aligned} \tag{7.22}$$

不考虑耦合作用，组元 A、B 的溶解速率为

$$\begin{aligned}
\frac{dN_{(A)_{E(l')}}}{dt} &= -\frac{dN_{A(s)}}{dt} = j_A \\
&= -l_1\left(\frac{A_{m,A}}{T}\right) - l_2\left(\frac{A_{m,A}}{T}\right)^2 - l_3\left(\frac{A_{m,A}}{T}\right)^3 - \cdots
\end{aligned} \tag{7.23}$$

$$\begin{aligned}
\frac{dN_{(B)_{E(l')}}}{dt} &= -\frac{dN_{B(s)}}{dt} = j_B \\
&= -l_1\left(\frac{A_{m,B}}{T}\right) - l_2\left(\frac{A_{m,B}}{T}\right)^2 - l_3\left(\frac{A_{m,B}}{T}\right)^3 - \cdots
\end{aligned} \tag{7.24}$$

式中，

$$A_{m,A} = \Delta G_{m,A}$$

$$A_{m,B} = \Delta G_{m,B}$$

分别为式 (7.10)、式 (7.11) 和式 (7.13)、式 (7.14)。

考虑耦合作用，有

$$
\begin{aligned}
\frac{\mathrm{d}N_{(A)_{E(1')}}}{\mathrm{d}t} =& -\frac{\mathrm{d}N_{A(\mathrm{s})}}{\mathrm{d}t} = j_A \\
=& -l_{11}\left(\frac{A_{\mathrm{m},A}}{T}\right) - l_{12}\left(\frac{A_{\mathrm{m},B}}{T}\right) - l_{111}\left(\frac{A_{\mathrm{m},A}}{T}\right)^2 \\
& -l_{112}\left(\frac{A_{\mathrm{m},A}}{T}\right)\left(\frac{A_{\mathrm{m},B}}{T}\right) - l_{122}\left(\frac{A_{\mathrm{m},B}}{T}\right)^2 \\
& -l_{1111}\left(\frac{A_{\mathrm{m},A}}{T}\right)^3 - l_{1112}\left(\frac{A_{\mathrm{m},A}}{T}\right)^2\left(\frac{A_{\mathrm{m},B}}{T}\right) \\
& +l_{1122}\left(\frac{A_{\mathrm{m},A}}{T}\right)\left(\frac{A_{\mathrm{m},B}}{T}\right)^2 + l_{1222}\left(\frac{A_{\mathrm{m},B}}{T}\right)^3 - \cdots
\end{aligned}
\tag{7.25}
$$

2) 从温度 T_2 到温度 T

在压力恒定条件下，从温度 T_2 到温度 T 间的任一温度 T_i，组元 B 的溶解速率为

$$
\begin{aligned}
\frac{\mathrm{d}N_{(B)_{1'_{i-1}}}}{\mathrm{d}t} =& -\frac{\mathrm{d}N_{B(\mathrm{s})}}{\mathrm{d}t} = j_B \\
=& -l_1\left(\frac{A_{\mathrm{m},B}}{T}\right) - l_2\left(\frac{A_{\mathrm{m},B}}{T}\right)^2 - l_3\left(\frac{A_{\mathrm{m},B}}{T}\right)^3 - \cdots
\end{aligned}
\tag{7.26}
$$

其中，

$$A_{\mathrm{m},B} = \Delta G_{\mathrm{m},B}$$

为式 (7.18)、式 (7.19)。

7.2.2　具有稳定化合物的二元系

1. 相变过程热力学

图 7.4 是具有稳定二元化合物的二元系相图。

在恒压条件下，组成点为 P 的物质升温熔化。温度升到 T_{E_1}，物质组成点为 P_{E_1}。在组成为 P_{E_1} 的物质中，有共熔点组成的 E 和过量的 A_mB_n。在温度 T_{E_1}，出现组成为 $E_1(\mathrm{l})$ 的液相，熔化在平衡状态下进行。有

$$E_1(\mathrm{s}) \rightleftharpoons E_1(\mathrm{l})$$

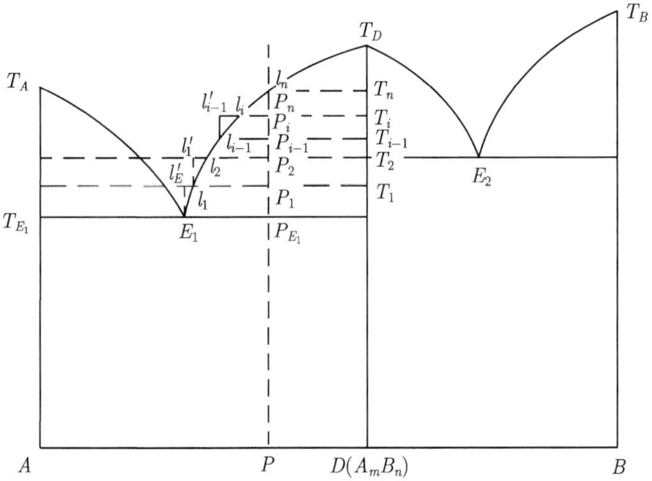

图 7.4 具有稳定二元化合物的二元系相图

即

$$x_A A(\mathrm{s})+x_D A_m B_n(\mathrm{s}) \rightleftharpoons x_A(A)_{E_1(\mathrm{l})}+x_D(A_m B_n)_{E_1(\mathrm{l})} \equiv x_A(A)_{饱}+x_D(A_m B_n)_{饱}$$

或

$$A(\mathrm{s}) \rightleftharpoons (A)_{E_1(\mathrm{l})} \equiv (A)_{饱}$$

$$A_m B_n(\mathrm{s}) \rightleftharpoons (A_m B_n)_{E_1(\mathrm{l})} \equiv (A_m B_n)_{饱}$$

该过程的摩尔吉布斯自由能变化为

$$\begin{aligned}\Delta G_{\mathrm{m},E_1}(T_{E_1}) &= G_{\mathrm{m},E_1(\mathrm{l})}(T_{E_1}) - G_{\mathrm{m},E_1(\mathrm{s})}(T_{E_1}) \\ &= \Delta_{\mathrm{fus}} H_{\mathrm{m},E_1}(T_{E_1}) - T_{E_1} \Delta_{\mathrm{fus}} S_{\mathrm{m},E_1}(T_{E_1}) \\ &= \Delta_{\mathrm{fus}} H_{\mathrm{m},E_1}(T_{E_1}) - T_{E_1} \frac{\Delta_{\mathrm{fus}} H_{\mathrm{m},E_1}(T_{E_1})}{T_{E_1}} \\ &= 0\end{aligned} \tag{7.27}$$

或

$$\begin{aligned}\Delta G_{\mathrm{m},A}(T_{E_1}) &= \overline{G}_{\mathrm{m},(A)_{E_1(\mathrm{l})}}(T_{E_1}) - G_{\mathrm{m},A(\mathrm{s})}(T_{E_1}) \\ &= \Delta_{\mathrm{sol}} H_{\mathrm{m},A}(T_{E_1}) - T_{E_1} \Delta_{\mathrm{sol}} S_{\mathrm{m},A}(T_{E_1}) \\ &= \Delta_{\mathrm{sol}} H_{\mathrm{m},A}(T_{E_1}) - T_{E_1} \frac{\Delta_{\mathrm{sol}} H_{\mathrm{m},A}(T_{E_1})}{T_{E_1}} \\ &= 0\end{aligned} \tag{7.28}$$

$$\begin{aligned}\Delta G_{\mathrm{m},D}(T_{E_1}) &= \overline{G}_{\mathrm{m},(D)_{E_1(\mathrm{l})}}(T_{E_1}) - G_{\mathrm{m},D(s)}(T_{E_1}) \\ &= \varDelta_{\mathrm{sol}} H_{\mathrm{m},D}(T_{E_1}) - T_{E_1} \varDelta_{\mathrm{sol}} S_{\mathrm{m},D}(T_{E_1}) \\ &= \varDelta_{\mathrm{sol}} H_{\mathrm{m},D}(T_{E_1}) - T_{E_1} \frac{\varDelta_{\mathrm{sol}} H_{\mathrm{m},D}(T_{E_1})}{T_{E_1}} \\ &= 0\end{aligned} \tag{7.29}$$

$$\begin{aligned}\Delta G_{\mathrm{m},E_1}(T_{E_1}) &= x_A \Delta G_{\mathrm{m},A}(T_{E_1}) + x_D \Delta G_{\mathrm{m},D}(T_{E_1}) \\ &= \frac{[x_A \varDelta_{\mathrm{sol}} H_{\mathrm{m},A}(T_{E_1}) + x_D \varDelta_{\mathrm{sol}} H_{\mathrm{m},D}(T_{E_1})]\Delta T}{T_{E_1}} \\ &= 0\end{aligned} \tag{7.30}$$

式中，

$$\Delta T = T_{E_1} - T_{E_1} = 0$$

也可以如下计算。

固相和液相中的组元 A、A_mB_n 都以其纯固态为标准状态，浓度以摩尔分数表示，有

$$\begin{aligned}\Delta G_{\mathrm{m},A} &= \mu_{(A)_{E_1(\mathrm{l})}} - \mu_{A(\mathrm{s})} \\ &= RT \ln a^{\mathrm{R}}_{(A)_{E_1(\mathrm{l})}} \\ &= RT \ln a^{\mathrm{R}}_{(A)_{饱}} \\ &= 0\end{aligned} \tag{7.31}$$

式中，

$$\mu_{(A)_{E_1(\mathrm{l})}} = \mu^*_{A(\mathrm{s})} + RT \ln a^{\mathrm{R}}_{(A)_{E_1(\mathrm{l})}}$$

$$\mu_{A(\mathrm{s})} = \mu^*_{A(\mathrm{s})}$$

$$\begin{aligned}\Delta G_{\mathrm{m},D} &= \mu_{(D)_{E_1(\mathrm{l})}} - \mu_{D(\mathrm{s})} \\ &= RT \ln a^{\mathrm{R}}_{(D)_{E_1(\mathrm{l})}} \\ &= 0\end{aligned} \tag{7.32}$$

式中，

$$\mu_{(D)_{E_1(\mathrm{l})}} = \mu^*_{D(\mathrm{s})} + RT \ln a^{\mathrm{R}}_{(D)_{E_1(\mathrm{l})}}$$

$$\mu_{D(\mathrm{s})} = \mu^*_{D(s)}$$

在温度 T_{E_1}，恒压条件下，固–液相平衡共存。升高温度到 T_1。在温度刚升到 T_1，固相组元还未来得及溶入液相时，溶液组成仍然与 $E_1(\mathrm{l})$ 相同。但是，已由组

元 A、A_mB_n 饱和的溶液 $E_1(\mathrm{l})$ 变成其不饱和的溶液 $E_1(\mathrm{l}')$。固相组元 A、A_mB_n 向其中溶解。直到组成为 $E(\mathrm{s})$ 的固相消失，同时，固相组元 A 消失，只剩固相组元 A_mB_n。有

$$E_1(\mathrm{s}) = E_1(\mathrm{l}')$$

即

$$x_A A(\mathrm{s}) + x_D A_mB_n(\mathrm{s}) = x_A (A)_{E_1(\mathrm{l}')} + x_D (A_mB_n)_{E_1(\mathrm{l}')}$$

或

$$A(\mathrm{s}) = (A)_{E_1(\mathrm{l}')}$$

$$A_mB_n(\mathrm{s}) = (A_mB_n)_{E_1(\mathrm{l}')}$$

该过程的摩尔吉布斯自由能变化为

$$\begin{aligned}\Delta G_{\mathrm{m},E_1}(T_1) &= G_{\mathrm{m},E_1(\mathrm{l}')}(T_1) - G_{\mathrm{m},E_1(\mathrm{s})}(T_1)\\ &= \Delta_{\mathrm{fus}}H_{\mathrm{m},E_1}(T_1) - T_1\Delta_{\mathrm{fus}}S_{\mathrm{m},E_1}(T_1)\\ &\approx \Delta_{\mathrm{fus}}H_{\mathrm{m},E_1}(T_{E_1}) - T_1\frac{\Delta_{\mathrm{fus}}H_{\mathrm{m},E_1}(T_{E_1})}{T_{E_1}}\\ &= \frac{\Delta_{\mathrm{fus}}H_{\mathrm{m},E_1}(T_{E_1})\Delta T}{T_{E_1}} < 0\end{aligned} \tag{7.33}$$

式中，

$$\Delta T = T_{E_1} - T_1 < 0$$

或

$$\begin{aligned}\Delta G_{\mathrm{m},A}(T_1) &= \overline{G}_{\mathrm{m},(A)_{E_1(\mathrm{l}')}}(T_1) - G_{\mathrm{m},A(\mathrm{s})}(T_1)\\ &= \Delta_{\mathrm{sol}}H_{\mathrm{m},A}(T_1) - T_1\Delta_{\mathrm{sol}}S_{\mathrm{m},A}(T_1)\\ &\approx \Delta_{\mathrm{sol}}H_{\mathrm{m},A}(T_{E_1}) - T_1\frac{\Delta H_{\mathrm{m},A}(T_{E_1})}{T_{E_1}}\\ &= \frac{\Delta_{\mathrm{sol}}H_{\mathrm{m},A}(T_{E_1})\Delta T}{T_{E_1}} < 0\end{aligned} \tag{7.34}$$

$$\begin{aligned}\Delta G_{\mathrm{m},D}(T_1) &= \overline{G}_{\mathrm{m},(D)_{E_1(\mathrm{l}')}}(T_1) - G_{\mathrm{m},D(\mathrm{s})}(T_1)\\ &= \Delta_{\mathrm{sol}}H_{\mathrm{m},D}(T_1) - T_1\Delta_{\mathrm{sol}}S_{\mathrm{m},D}(T_1)\\ &\approx \Delta_{\mathrm{sol}}H_{\mathrm{m},D}(T_{E_1}) - T_1\frac{\Delta H_{\mathrm{m},D}(T_{E_1})}{T_{E_1}}\\ &= \frac{\Delta_{\mathrm{sol}}H_{\mathrm{m},D}(T_{E_1})\Delta T}{T_{E_1}} < 0\end{aligned} \tag{7.35}$$

式中，

$$\Delta T = T_{E_1} - T_1 < 0$$

并有

$$\begin{aligned}\Delta G_{\mathrm{m},E_1}(T_1) &= x_A \Delta G_{\mathrm{m},A}(T_1) + x_D \Delta G_{\mathrm{m},D}(T_1)\\ &= \frac{[x_A \Delta_{\mathrm{sol}} H_{\mathrm{m},A}(T_{E_1}) + x_D \Delta_{\mathrm{sol}} H_{\mathrm{m},D}(T_{E_1})]\Delta T}{T_{E_1}} < 0\end{aligned}$$

固相和液相中的组元 A、A_mB_n 都以其纯固态为标准状态，浓度以摩尔分数表示。有

$$\Delta G_{\mathrm{m},A} = \mu_{(A)_{E_1(1')}} - \mu_{A(\mathrm{s})} = RT\ln a^{\mathrm{R}}_{(A)_{E_1(1')}} \tag{7.36}$$

式中，

$$\mu_{(A)_{E_1(1')}} = \mu^*_{A(\mathrm{s})} + RT\ln a^{\mathrm{R}}_{(A)_{E_1(1')}}$$

$$\mu_{A(\mathrm{s})} = \mu^*_{A(\mathrm{s})}$$

$$\Delta G_{\mathrm{m},D} = \mu_{(D)_{E_1(1')}} - \mu_{D(\mathrm{s})} = RT\ln a^{\mathrm{R}}_{(D)_{E_1(1')}} \tag{7.37}$$

式中，

$$\mu_{(D)_{E_1(1')}} = \mu^*_{D(\mathrm{s})} + RT\ln a^{\mathrm{R}}_{(D)_{E_1(1')}}$$

$$\mu_{D(\mathrm{s})} = \mu^*_{D(\mathrm{s})}$$

$$\begin{aligned}\Delta G_{\mathrm{m},E_1} &= x_A \Delta G_{\mathrm{m},A} + x_D \Delta G_{\mathrm{m},D}\\ &= RT\left(x_A \ln a^{\mathrm{R}}_{(A)_{E_1(1')}} + x_D \ln a^{\mathrm{R}}_{(D)_{E_1(1')}}\right) < 0\end{aligned} \tag{7.38}$$

直到组元 A 完全进入液相，仅剩下固相组元 A_mB_n。固相组元 A_mB_n 继续溶解，固相组元 A_mB_n 溶解过程的摩尔吉布斯自由能变化仍可用式 (7.35) 和式 (7.37) 表示，直到溶液成为组元 A_mB_n 的饱和溶液。固–液两相达到新的平衡，平衡液相组成为液相线 $T_{E_1}T_D$ 上的 l_1 点。有

$$A_mB_n(\mathrm{s}) \rightleftharpoons (A_mB_n)_{l_1} = (A_mB_n)_{饱}$$

升高温度，从 T_1 到 T_n。随着温度升高，固体组元 A_mB_n 不断地向溶液中溶解。该过程可以统一描述如下。

在温度 T_{i-1}，固液两相达成平衡，固相组元 A_mB_n 溶解达到饱和。平衡液相组成为液相线 E_1T_D 上的 l_{i-1} 点。有

$$A_mB_n(\mathrm{s}) \rightleftharpoons (A_mB_n)_{l_{i-1}} = (A_mB_n)_{饱}$$

$$(i = 1, 2, 3, \cdots, n)$$

继续升高温度到 T_i。在温度刚升到 T_i，固相组元 A_mB_n 尚未来得及向液相中溶解时，溶液组成仍然与 l_{i-1} 相同。但已由组元 A_mB_n 饱和的溶液 l_{i-1} 变成其不饱和的溶液 l'_{i-1}，固相组元 A_mB_n 向其中溶解。有

$$A_mB_n(\mathrm{s}) = (A_mB_n)_{l'_{i-1}}$$
$$(i = 1, 2, \cdots, n)$$

该过程的摩尔吉布斯自由能变化为

$$\begin{aligned}\Delta G_{\mathrm{m},D}(T_i) &= \overline{G}_{\mathrm{m},(D)_{l'_{i-1}}}(T_i) - G_{\mathrm{m},D(\mathrm{s})}(T_i)\\ &= \Delta_{\mathrm{sol}}H_{\mathrm{m},D}(T_i) - T_i\Delta_{\mathrm{sol}}S_{\mathrm{m},D}(T_i)\\ &\approx \Delta_{\mathrm{sol}}H_{\mathrm{m},D}(T_{i-1}) - T_i\frac{\Delta_{\mathrm{sol}}H_{\mathrm{m},D}(T_{i-1})}{T_{i-1}}\\ &= \frac{\Delta_{\mathrm{sol}}H_{\mathrm{m},D}\Delta T}{T_{i-1}}\end{aligned} \tag{7.39}$$

$$\Delta_{\mathrm{sol}}S_{\mathrm{m},D}(T_{i-1}) = \frac{\Delta_{\mathrm{sol}}H_{\mathrm{m},D}(T_{i-1})}{T_{i-1}} \tag{7.40}$$

式中，

$$\Delta T = T_{i-1} - T_i < 0$$

或者

固相和液相中的组元 A_mB_n 都以其纯固态为标准状态，浓度以摩尔分数表示，摩尔吉布斯自由能变化为

$$\begin{aligned}\Delta G_{\mathrm{m},D} &= \mu_{(D)_{l'_{i-1}}} - \mu_{D(\mathrm{s})}\\ &= RT\ln a^{\mathrm{R}}_{(D)_{l'_{i-1}}}\end{aligned} \tag{7.41}$$

式中，

$$\mu_{(D)_{l'_{i-1}}} = \mu^*_{D(\mathrm{s})} + RT\ln a^{\mathrm{R}}_{(D)_{l'_{i-1}}}$$
$$\mu_{D(\mathrm{s})} = \mu^*_{D(\mathrm{s})}$$

直到固相组元 A_mB_n 溶解达到饱和，固–液两相溶解达到新的平衡，平衡液相组成为液相线 ET_D 上的 l_i 点，有

$$A_mB_n(\mathrm{s}) \rightleftharpoons (A_mB_n)_{l_i} \equiv (A_mB_n)_{饱}$$

温度升到 T_n，固–液两相达到平衡，固相组元 A_mB_n 溶解达到饱和，平衡液相组成为液相线上的 l_n 点。有

$$A_mB_n(\mathrm{s}) \rightleftharpoons (A_mB_n)_{l_n} \equiv (A_mB_n)_{饱}$$

固相组元 A_mB_n 不能完全消失。继续升高温度到 T。在温度刚升到 T，固相组元 A_mB_n 还未来得及溶解进入液相时，溶液组成仍然与 l_n 相同。但已由 A_mB_n 饱和的溶液 l_n 变成其不饱和的 l'_n。固相组元 A_mB_n 向其中溶解，有

$$A_mB_n(\mathrm{s}) =\!=\!= (A_mB_n)_{l'_n}$$

该过程的摩尔吉布斯自由能变化为

$$\begin{aligned}\Delta G_{\mathrm{m},D}(T) &= \overline{G}_{\mathrm{m},(D)_{l'_n}}(T) - G_{\mathrm{m},D(\mathrm{s})}(T)\\ &= \Delta_{\mathrm{sol}}H_{\mathrm{m},D}(T) - T\Delta_{\mathrm{sol}}S_{\mathrm{m},D}(T)\\ &\approx \Delta_{\mathrm{sol}}H_{\mathrm{m},D}(T_n) - T\frac{\Delta_{\mathrm{sol}}H_{\mathrm{m},D}(T_n)}{T_n}\\ &= \frac{\Delta_{\mathrm{sol}}H_{\mathrm{m},D}(T_n)\Delta T}{T_n}\end{aligned} \tag{7.42}$$

式中，

$$\Delta T = T_n - T < 0$$

固相和液相中的组元 A_mB_n 都以纯固态为标准状态，浓度以摩尔分数表示，该过程的摩尔吉布斯自由能变化为

$$\Delta G_{\mathrm{m},D} = \mu_{(D)_{l'_n}} - \mu_{D(\mathrm{s})} = RT\ln a^{\mathrm{R}}_{(D)_{l'_n}} \tag{7.43}$$

式中，

$$\mu_{(D)_{l'_n}} = \mu^*_{D(\mathrm{s})} + RT\ln a^{\mathrm{R}}_{(D)_{l'_n}}$$

$$\mu_{D(\mathrm{s})} = \mu^*_{D(\mathrm{s})}$$

直到固相组元 A_mB_n 消失。

2. **相变速率**

在温度 T_1，熔化速率为

$$\begin{aligned}\frac{\mathrm{d}N_{E(\mathrm{l})}}{\mathrm{d}t} &= -\frac{\mathrm{d}N_{E(\mathrm{s})}}{\mathrm{d}t} = j_E\\ &= -l_1\left(\frac{A_{\mathrm{m},E_1}}{T}\right) - l_2\left(\frac{A_{\mathrm{m},E_2}}{T}\right)^2 - l_3\left(\frac{A_{\mathrm{m},E_3}}{T}\right)^3 - \cdots\end{aligned}$$

式中，

$$A_{\mathrm{m},E_1} = \Delta G_{\mathrm{m},E_1}(T_1)$$

为式 (7.33)

从温度 T_1 到温度 T_n 的熔化速率。

在恒温恒压条件下，从温度 T_1 到 T_n，熔化速率为

$$
\begin{aligned}
\frac{\mathrm{d}N_{D(\mathrm{l})}}{\mathrm{d}t} &= -\frac{\mathrm{d}N_{D(\mathrm{s})}}{\mathrm{d}t} \\
&= Vj_{D(\mathrm{s})} \\
&= -l_1\left(\frac{A_{\mathrm{m},D}}{T}\right) - l_2\left(\frac{A_{\mathrm{m},D}}{T}\right)^2 - l_3\left(\frac{A_{\mathrm{m},D}}{T}\right)^3 - \cdots
\end{aligned} \tag{7.44}
$$

式中，

$$A_{\mathrm{m},D} = \Delta G_{\mathrm{m},D}$$

为式 (7.39)、式 (7.41)。

7.2.3 具有异分熔点化合物的二元系

1. 相变过程热力学

图 7.5 是具有异分熔点二元化合物的二元系相图。

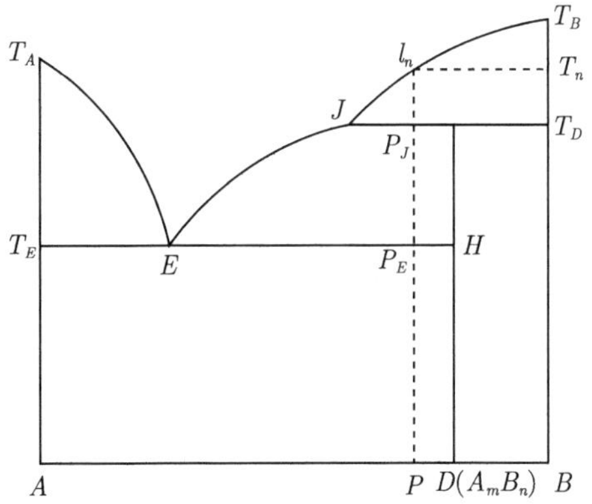

图 7.5 具有异分熔点二元化合物的二元系相图

在恒压条件下，组成点为 P 的物质升温熔化。温度升到 T_E，物质组成点为 P_E。在组成为 P_E 的物质中，有共熔点组成的 E 和过量的 A_mB_n。在温度 T_E，开始熔化，出现组成为 E(l) 的液相，有

$$E(\mathrm{s}) \rightleftharpoons E(\mathrm{l})$$

即

$$x_A A(\mathrm{s}) + x_D A_m B_n(\mathrm{s}) \rightleftharpoons x_A(A)_{E(\mathrm{l})} + x_D(A_mB_n)_{E(\mathrm{l})} \equiv x_A(A)_{饱} + x_D(A_mB_n)_{饱}$$

或

$$A(\mathrm{s}) \rightleftharpoons (A)_{E(\mathrm{l})} \equiv (A)_{饱}$$

$$A_mB_n(\mathrm{s}) \rightleftharpoons (A_mB_n)_{E(\mathrm{l})} =\!=\!= (A_mB_n)_{\text{饱}}$$

达到平衡时，固液比为 $EP_E : P_EH$。该过程的摩尔吉布斯自由能变化为

$$\begin{aligned}\Delta G_{\mathrm{m},E} &= G_{\mathrm{m},E(\mathrm{l})} - G_{\mathrm{m},E(\mathrm{s})} \\ &= \Delta_{\mathrm{fus}}H_{\mathrm{m},E} - T_E\Delta_{\mathrm{fus}}S_{\mathrm{m},E} \\ &= \Delta_{\mathrm{fus}}H_{\mathrm{m},E} - T_E\frac{\Delta_{\mathrm{fus}}H_{\mathrm{m},E}}{T_E} = 0\end{aligned} \tag{7.45}$$

式中，$\Delta_{\mathrm{fus}}H_{\mathrm{m},E}$、$\Delta_{\mathrm{fus}}S_{\mathrm{m},E}$ 分别为组元 E 的熔化焓、熔化熵。

或

$$\begin{aligned}\Delta G_{\mathrm{m},A} &= \overline{G}_{\mathrm{m},(A)_{E(\mathrm{l})}}(\mathrm{s}) - G_{\mathrm{m},A(\mathrm{s})} \\ &= \Delta_{\mathrm{sol}}H_{\mathrm{m},A} - T_E\Delta_{\mathrm{sol}}S_{\mathrm{m},A} \\ &= \Delta_{\mathrm{sol}}H_{\mathrm{m},A} - T_E\frac{\Delta_{\mathrm{sol}}H_{\mathrm{m},A}}{T_E} = 0\end{aligned} \tag{7.46}$$

$$\begin{aligned}\Delta G_{\mathrm{m},D} &= \overline{G}_{\mathrm{m},(D)_{E(\mathrm{l})}} - G_{\mathrm{m},D(\mathrm{s})} \\ &= \Delta_{\mathrm{sol}}H_{\mathrm{m},D} - T_E\Delta_{\mathrm{sol}}S_{\mathrm{m},D} \\ &= \Delta_{\mathrm{sol}}H_{\mathrm{m},D} - T_E\frac{\Delta_{\mathrm{sol}}H_{\mathrm{m},D}}{T_E} = 0\end{aligned} \tag{7.47}$$

式中，$\Delta_{\mathrm{sol}}H_{\mathrm{m},A}$、$\Delta_{\mathrm{sol}}H_{\mathrm{m},D}$ 分别为组元 A 和 A_mB_n 的溶解焓；$\Delta_{\mathrm{sol}}S_{\mathrm{m},A}$、$\Delta_{\mathrm{sol}}S_{\mathrm{m},D}$ 分别为组元 A 和 A_mB_n 的溶解熵。

$$\begin{aligned}\Delta G_{\mathrm{m},E} &= x_A\Delta G_{\mathrm{m},A} + x_D\Delta G_{\mathrm{m},D} \\ &= \frac{(x_A\Delta_{\mathrm{sol}}H_{\mathrm{m},A} + x_D\Delta_{\mathrm{sol}}H_{\mathrm{m},D})\,\Delta T}{T_E} = 0\end{aligned} \tag{7.48}$$

式中，

$$\Delta T = T_E - T_E = 0$$

$$M_E = x_AM_A + x_DM_D$$

这里，M_E、M_A、M_D 分别为组元 E、A、A_mB_n 的摩尔质量。

固相和液相中的组元 A、A_mB_n 都以其纯固态为标准状态，浓度以摩尔分数表示，有

$$\Delta G_{\mathrm{m},A} = \mu_{(A)_{E(\mathrm{l})}} - \mu_{A(\mathrm{s})} = RT\ln a^{\mathrm{R}}_{(A)_{E(\mathrm{l})}} = 0 \tag{7.49}$$

式中，

$$\mu_{(A)_{E(\mathrm{l})}} = \mu^*_{A(\mathrm{s})} + RT\ln a^{\mathrm{R}}_{(A)_{E(\mathrm{l})}}$$

$$\mu_{A(\mathrm{s})} = \mu^*_{A(\mathrm{s})}$$

$$\Delta G_{\mathrm{m},D} = \mu_{(D)_{E(\mathrm{l})}} - \mu_{D(\mathrm{s})} = RT\ln a^{\mathrm{R}}_{(D)_{E(\mathrm{l})}} = 0 \tag{7.50}$$

式中，

$$\mu_{(D)_{E(\mathrm{l})}} = \mu^*_{D(\mathrm{s})} + RT\ln a^{\mathrm{R}}_{(D)_{E(\mathrm{l})}}$$

$$\mu_{D(\mathrm{s})} = \mu^*_{D(\mathrm{s})}$$

$$\begin{aligned}\Delta G_{\mathrm{m},E} &= x_A\Delta G_{\mathrm{m},A} + x_D\Delta G_{\mathrm{m},D}\\ &= RT(x_A\ln a^{\mathrm{R}}_{(A)_{E(\mathrm{l})}} + x_D\ln a^{\mathrm{R}}_{(D)_{E(\mathrm{l})}})\\ &= 0\end{aligned} \tag{7.51}$$

在温度 T_E，组成为 $E(\mathrm{s})$ 的固相和液相 $E(\mathrm{l})$ 平衡共存。

升高温度到 T_1。在温度刚升到 T_1，固相组元还未来得及溶入液相时，液相组成未变，但已由组元 A、A_mB_n 饱和的液相 $E(\mathrm{l})$ 成为不饱和的液相 $E(\mathrm{l}')$。固相 $E(\mathrm{s})$ 熔化为液相 $E(\mathrm{l}')$。有

$$E(\mathrm{s}) =\!=\!= E(\mathrm{l}')$$

即

$$x_AA(\mathrm{s}) + x_DA_mB_n(\mathrm{s}) =\!=\!= x_A(A)_{E(\mathrm{l}')} + x_D(A_mB_n)_{E(\mathrm{l}')}$$

或

$$A(\mathrm{s}) =\!=\!= (A)_{E(\mathrm{l}')}$$

$$A_mB_n(\mathrm{s}) =\!=\!= (A_mB_n)_{E(\mathrm{l}')}$$

该过程的摩尔吉布斯自由能变化为

$$\begin{aligned}\Delta G_{\mathrm{m},E}(T_1) &= G_{\mathrm{m},E(\mathrm{l}')}(T_1) - G_{\mathrm{m},E(\mathrm{s})}(T_1)\\ &= \Delta_{\mathrm{fus}}H_{\mathrm{m},E}(T_1) - T_1\Delta_{\mathrm{fus}}S_{\mathrm{m},E}(T_1)\\ &\approx \Delta_{\mathrm{fus}}H_{\mathrm{m},E}(T_E) - T_1\frac{\Delta_{\mathrm{fus}}H_{\mathrm{m},E}(T_E)}{T_E}\\ &= \frac{\Delta_{\mathrm{fus}}H_{\mathrm{m},E}\Delta T}{T_E}\end{aligned} \tag{7.52}$$

式中，$\Delta_{\mathrm{fus}}H_{\mathrm{m},E}$、$\Delta_{\mathrm{fus}}S_{\mathrm{m},E}$ 分别为 E 的熔化焓、熔化熵。

$$\Delta T = T_E - T_1 < 0$$

或

$$\begin{aligned}\Delta G_{\mathrm{m},A}(T_1) &= \overline{G}_{\mathrm{m},(A)_{E(\mathrm{l}')}}(T_1) - G_{\mathrm{m},A(\mathrm{s})}(T_1)\\ &= \Delta_{\mathrm{sol}}H_{\mathrm{m},A}(T_1) - T_1\Delta_{\mathrm{sol}}S_{\mathrm{m},A}(T_1)\\ &\approx \Delta_{\mathrm{sol}}H_{\mathrm{m},A}(T_E) - T_1\frac{\Delta_{\mathrm{sol}}H_{\mathrm{m},A}(T_E)}{T_E}\\ &= \frac{\Delta_{\mathrm{sol}}H_{\mathrm{m},A}(T_E)\Delta T}{T_E}\end{aligned} \tag{7.53}$$

$$\begin{aligned}\Delta G_{\mathrm{m},D}(T_1) &= \overline{G}_{\mathrm{m},(D)_{E(1')}}(T_1) - G_{\mathrm{m},D(\mathrm{s})}(T_1)\\ &= \Delta_{\mathrm{sol}}H_{\mathrm{m},D}(T_1) - T_1\Delta_{\mathrm{sol}}S_{\mathrm{m},D}(T_1)\\ &\approx \Delta_{\mathrm{sol}}H_{\mathrm{m},D}(T_E) - T_1\frac{\Delta_{\mathrm{sol}}H_{\mathrm{m},A}(T_E)}{T_E}\\ &= \frac{\Delta_{\mathrm{sol}}H_{\mathrm{m},D}\Delta T}{T_E}\end{aligned} \tag{7.54}$$

式中，$\Delta_{\mathrm{sol}}H_{\mathrm{m},A}$、$\Delta_{\mathrm{sol}}H_{\mathrm{m},D}$ 分别为组元 A、A_mB_n 的溶解焓；$\Delta_{\mathrm{sol}}S_{\mathrm{m},A}$、$\Delta_{\mathrm{sol}}S_{\mathrm{m},D}$ 分别为组元 A、A_mB_n 的溶解熵。

E 的摩尔吉布斯自由能变化为

$$\begin{aligned}\Delta G_{\mathrm{m},E} &= x_A\Delta G_{\mathrm{m},A}(T_1) + x_D\Delta G_{\mathrm{m},D}(T_1)\\ &= \frac{[x_A\Delta_{\mathrm{sol}}H_{\mathrm{m},A}(T_E) + x_D\Delta_{\mathrm{sol}}H_{\mathrm{m},D}(T_E)]\Delta T}{T_E}\end{aligned}$$

固相和液相中的组元 A、A_mB_n 都以其纯固态为标准状态，浓度以摩尔分数表示，有

$$\Delta G_{\mathrm{m},A} = \mu_{(A)_{E(1')}} - \mu_{A(\mathrm{s})} = RT\ln a^{\mathrm{R}}_{(A)_{E(1')}} \tag{7.55}$$

式中，

$$\mu_{(A)_{E(1')}} = \mu^*_{A(\mathrm{s})} + RT\ln a^{\mathrm{R}}_{(A)_{E(1')}}$$

$$\mu_{A(\mathrm{s})} = \mu^*_{A(\mathrm{s})}$$

$$\Delta G_{\mathrm{m},D} = \mu_{(D)_{E(1')}} - \mu_{D(\mathrm{s})} = RT\ln a^{\mathrm{R}}_{(D)_{E(1')}} \tag{7.56}$$

式中，

$$\mu_{(D)_{E(1')}} = \mu^*_{D(\mathrm{s})} + RT\ln a^{\mathrm{R}}_{(D)_{E(1')}}$$

$$\mu_{D(\mathrm{s})} = \mu^*_{D(\mathrm{s})}$$

$$\begin{aligned}\Delta G_{\mathrm{m},E} &= x_A\Delta G_{\mathrm{m},A} + x_D\Delta G_{\mathrm{m},D}\\ &= RT\left(x_A\ln a^{\mathrm{R}}_{(A)_{E(1')}} + x_D\ln a^{\mathrm{R}}_{(D)_{E(1')}}\right)\end{aligned} \tag{7.57}$$

直到组成的 $E(\mathrm{s})$ 的固相完全消失，组元 A_mB_n 继续溶解，溶解过程的摩尔吉布斯自由能变化仍可用式 (7.54) 和式 (7.56) 描述，组元 A_mB_n 溶解达到饱和，固–液两相达成新的平衡，平衡液相组成为液相线 EJ 上的 l_1 点。有

$$A_mB_n(\mathrm{s}) \rightleftharpoons (A_mB_n)_{l_1} = (A_mB_n)_{饱}$$

从温度 T_1 到 T_J，随着温度升高，固相组元 A_mB_n 不断地向溶液中溶解，该过程可以统一描述如下。

在温度 T_{i-1}，固液两相达成平衡，组元 A_mB_n 溶解达到饱和。平衡液相组成为液相线 EJ 上的 l_{i-1} 点。有

$$A_mB_n(\mathrm{s}) \rightleftharpoons (A_mB_n)_{l_{i-1}} \equiv (A_mB_n)_{\text{饱}}$$

$$(i=1,2,\cdots,n)$$

继续升高温度到 T_i。在温度刚升到 T_i，固相组元 A_mB_n 还未来得及溶解进入溶液时，溶液组成仍与 l_{i-1} 相同。但已由组元 A_mB_n 饱和的溶液 l_{i-1} 变成其不饱和的溶液 l'_{i-1}。因此，固相组元 A_mB_n 向其中溶解。有

$$A_mB_n(\mathrm{s}) = (A_mB_n)_{l'_{i-1}}$$

$$(i=1,2,\cdots,n)$$

该过程的摩尔吉布斯自由能变化为

$$\begin{aligned}\Delta G_{\mathrm{m},D}(T_i) &= \overline{G}_{\mathrm{m},(D)_{l'_{i-1}}}(T_i) - G_{\mathrm{m},D(\mathrm{s})}(T_i)\\ &= \Delta_{\mathrm{sol}}H_{\mathrm{m},D}(T_i) - T_i\Delta_{\mathrm{sol}}S_{\mathrm{m},D}(T_i)\\ &\approx \Delta_{\mathrm{sol}}H_{\mathrm{m},D}(T_{i-1}) - T_i\frac{\Delta_{\mathrm{sol}}H_{\mathrm{m},D}(T_{i-1})}{T_{i-1}}\\ &= \frac{\Delta_{\mathrm{sol}}H_{\mathrm{m},D}\Delta T}{T_{i-1}}\end{aligned} \tag{7.58}$$

式中，

$$\Delta T = T_{i-1} - T_i < 0$$

$$\Delta_{\mathrm{sol}}H_{\mathrm{m},D}(T_{i-1}) = \frac{\Delta_{\mathrm{sol}}H_{\mathrm{m},D}(T_{i-1})}{T_{i-1}}$$

固相和液相中的组元 A_mB_n 都以其纯固态为标准状态，浓度以摩尔分数表示，有

$$\Delta G_{\mathrm{m},D} = \mu_{(D)_{l'_{i-1}}} - \mu_{D(\mathrm{s})} = RT\ln a^{\mathrm{R}}_{(D)_{l'_{i-1}}}$$

式中，

$$\mu_{(D)_{l'_{i-1}}} = \mu^*_{D(\mathrm{s})} + RT\ln a^{\mathrm{R}}_{(D)_{l'_{i-1}}}$$

$$\mu_{D(\mathrm{s})} = \mu^*_{D(\mathrm{s})}$$

直到固相组元 A_mB_n 溶解达到饱和，固–液两相达成新的平衡。平衡液相组成为液相线 EJ 上的 l_i 点。有

$$A_mB_n(\mathrm{s}) \rightleftharpoons (A_mB_n)_{l_i} \equiv (A_mB_n)_{\text{饱}}$$

升高温度到 T_J，化合物 A_mB_n 分解。有

$$A_mB_n(\mathrm{s}) = m(A)_J + nB(\mathrm{s})$$

$$B(\mathrm{s}) \rightleftharpoons (B)_J \equiv (B)_{饱}$$

固相和液相中的组元 A_mB_n、A、B 都以纯固态为标准状态，浓度以摩尔分数表示，该过程的摩尔吉布斯自由能变化为

$$\begin{aligned}\Delta G_{\mathrm{m},D} &= mG_{\mathrm{m},(A)_J} + nG_{\mathrm{m},B(\mathrm{s})} - G_{\mathrm{m},D(\mathrm{s})} \\ &= \Delta G^{\theta}_{\mathrm{m},D} + RT\ln\left(a^{\mathrm{R}}_{(A)_J}\right)^m\end{aligned} \tag{7.59}$$

式中，

$$\Delta G^{\theta}_{\mathrm{m},D} = m\mu^*_{A(\mathrm{s})} + n\mu^*_{B(\mathrm{s})} - \mu^*_{\mathrm{m},D(\mathrm{s})} = -\Delta_{\mathrm{f}}G^{\theta}_{\mathrm{m},D}$$

为化合物 A_mB_n 的标准摩尔生成吉布斯自由能的负值。所以

$$\Delta G_{\mathrm{m},D} = -\Delta_{\mathrm{f}}G^{\theta}_{\mathrm{m},D} + RT\ln\left(a^{\mathrm{R}}_{(A)_J}\right)^m \tag{7.60}$$

直到化合物 A_mB_n 分解完。

升高温度，从 T_J 升高到 T_n，固相组元 B 随着温度升高不断地向溶液中溶解，该过程可以统一描述如下。

在温度 T_{k-1}，固体组元 B 溶解达到饱和，固液两相达成平衡。平衡液相组成为液相线 JT_B 上的 l_{k-1} 点。有

$$B(\mathrm{s}) \rightleftharpoons (B)_{l_{k-1}} \equiv (B)_{饱}$$

$$(k = 1, 2, \cdots, n)$$

继续升高温度到 T_k。当温度刚升到 T_k，固相组元 B 还未来得及溶解进入溶液时，液相组成仍然与 l_{k-1} 相同。但是已由组元 B 饱和的溶液 l_{k-1} 变成其不饱和的溶液 l'_{k-1}。固相组元 B 向其中溶解，液相由 l'_{k-1} 向 l_k 转变。有

$$B(\mathrm{s}) = (B)_{l'_{k-1}}$$

该过程的摩尔吉布斯自由能变化为

$$\begin{aligned}\Delta G_{\mathrm{m},B}(T_k) &= \overline{G}_{\mathrm{m},(B)_{l'_{k-1}}}(T_k) - G_{\mathrm{m},B(\mathrm{s})}(T_k) \\ &= \Delta_{\mathrm{sol}}H_{\mathrm{m},B}(T_k) - T_k\Delta_{\mathrm{sol}}S_{\mathrm{m},B}(T_k) \\ &\approx \Delta_{\mathrm{sol}}H_{\mathrm{m},B}(T_{k-1}) - T_k\frac{\Delta_{\mathrm{sol}}H_{\mathrm{m},B}(T_{k-1})}{T_{k-1}} \\ &= \frac{\Delta_{\mathrm{sol}}H_{\mathrm{m},B}(T_{k-1})\Delta T}{T_{k-1}}\end{aligned} \tag{7.61}$$

式中，

$$\Delta T = T_{k-1} - T_k$$

固相和液相中的组元 B 都以其固态纯物质为标准状态，浓度以摩尔分数表示，有

$$\Delta G_{\mathrm{m},B} = \mu_{(B)_{l'_{k-1}}} - \mu_{B(\mathrm{s})} = RT \ln a^{\mathrm{R}}_{(B)_{l'_{k-1}}} \tag{7.62}$$

式中，

$$\mu_{(B)_{l'_{k-1}}} = \mu^*_{B(\mathrm{s})} + RT \ln a^{\mathrm{R}}_{(B)_{l'_{k-1}}}$$

$$\mu_{B(\mathrm{s})} = \mu^*_{B(\mathrm{s})}$$

直到固相组元 B 溶解达到饱和，固–液两相达成新的平衡。平衡液相组成为 l_k。有

$$B(\mathrm{s}) \rightleftharpoons (B)_{l_k} \equiv\!\equiv (B)_{饱}$$

在温度 T_n，固相组元 B 溶解达到饱和，固液两相平衡。平衡液相组成为液相线 JT_B 上的 l_n 点。有

$$B(\mathrm{s}) \rightleftharpoons (B)_{l_n} \equiv\!\equiv (B)_{饱}$$

升高温度到 T。在温度刚升到 T，固相组元 B 还未来得及溶解时，液相组成仍然与溶液 l_n 相同。但是，已由组元 B 饱和的溶液 l_n 变成组元 B 不饱和的溶液 l'_n。固相组元 B 向其中溶解，有

$$B(\mathrm{s}) \equiv\!\equiv (B)_{l'_n}$$

直到固相组元 B 完全消失，转入液相。该过程的摩尔吉布斯自由能变化为

$$\begin{aligned}\Delta G_{\mathrm{m},B}(T) &= \overline{G}_{\mathrm{m},(B)_{l'_n}}(T) - G_{\mathrm{m},B(\mathrm{s})}(T) \\ &= \Delta_{\mathrm{sol}} H_{\mathrm{m},B}(T) - T\Delta_{\mathrm{sol}} S_{\mathrm{m},B}(T) \\ &\approx \Delta_{\mathrm{sol}} H_{\mathrm{m},B}(T_n) - T\frac{\Delta_{\mathrm{sol}} H_{\mathrm{m},B}(T_n)}{T_n} \\ &= \frac{\Delta_{\mathrm{sol}} H_{\mathrm{m},B}(T_n)\Delta T}{T_n}\end{aligned} \tag{7.63}$$

式中，

$$\Delta T = T_n - T$$

固相和液相中的组元 B 都以其固态纯物质为标准状态，浓度以摩尔分数表示。有

$$\Delta G_{\mathrm{m},B} = \mu_{(B)_{l'_n}} - \mu_{B(\mathrm{s})} = RT \ln a^{\mathrm{R}}_{(B)_{l'_n}} \tag{7.64}$$

式中，

$$\mu_{(B)_{l'_n}} = \mu^*_{B(\mathrm{s})} + RT\ln a^{\mathrm{R}}_{(B)_{l'_n}}$$

$$\mu_{B(\mathrm{s})} = \mu^*_{B(\mathrm{s})}$$

2. 相变速率

(1) 在恒温恒压条件下，在温度 T_1，熔化速率为

$$\begin{aligned}-\frac{\mathrm{d}N_{E(\mathrm{s})}}{\mathrm{d}t} = \frac{\mathrm{d}N_{E(\mathrm{l}')}}{\mathrm{d}t} &= Vj_E \\ &= V\left[-l_1\left(\frac{A_{\mathrm{m},E}}{T}\right) - l_2\left(\frac{A_{\mathrm{m},E}}{T}\right)^2 - l_3\left(\frac{A_{\mathrm{m},E}}{T}\right)^3 - \cdots\right]\end{aligned}$$

式中，

$$A_{\mathrm{m},E} = \Delta G_{\mathrm{m},E}$$

为式 (7.52)。

$$\begin{aligned}\frac{\mathrm{d}N_{A(\mathrm{l})}}{\mathrm{d}t} = \frac{\mathrm{d}N_{A(\mathrm{s})}}{\mathrm{d}t} &= Vj_{A(s)} \\ &= V\left[-l_1\left(\frac{A_{\mathrm{m}},A}{T}\right) - l_2\left(\frac{A_{\mathrm{m}},A}{T}\right)^2 - l_3\left(\frac{A_{\mathrm{m}},A}{T}\right)^3 - \cdots\right]\end{aligned}$$

$$\begin{aligned}\frac{\mathrm{d}N_{D(l_i)}}{\mathrm{d}t} = -\frac{\mathrm{d}N_{D(\mathrm{s})}}{\mathrm{d}t} &= Vj_{D(\mathrm{s})} \\ &= V\left[-l_1\left(\frac{A_{\mathrm{m},D}}{T}\right) - l_2\left(\frac{A_{\mathrm{m},D}}{T}\right)^2 - l_3\left(\frac{A_{\mathrm{m},D}}{T}\right)^3 - \cdots\right]\end{aligned} \tag{7.65}$$

式中，

$$A_{\mathrm{m},A} = \Delta G_{\mathrm{m},A}, \quad A_{\mathrm{m},D} = \Delta G_{\mathrm{m},D}$$

分别为式 (7.53) 和式 (7.54)、式 (7.58)、式 (7.59)。

(2) 在温度 T_1 到 T_J，化学反应速率为

$$\begin{aligned}-\frac{\mathrm{d}N_D}{\mathrm{d}t} = \frac{n\mathrm{d}N_{B(\mathrm{s})}}{\mathrm{d}t} = \frac{m\mathrm{d}N_{(A)}}{\mathrm{d}t} &= j_{D(\mathrm{s})} \\ &= -l_1\left(\frac{A_{\mathrm{m},D}}{T}\right) - l_2\left(\frac{A_{\mathrm{m},D}}{T}\right)^2 - l_3\left(\frac{A_{\mathrm{m},D}}{T}\right)^3 - \cdots\end{aligned} \tag{7.66}$$

式中，

$$A_{\mathrm{m},D} = \Delta G_{\mathrm{m},D}$$

为式 (7.60)。

(3) 在温度 T_D 到 T，过程的速率为

$$\begin{aligned}\frac{\mathrm{d}N_{B(l'_k)}}{\mathrm{d}t} &= \frac{n\mathrm{d}N_{B(\mathrm{s})}}{\mathrm{d}t} \\ &= Vj_B \\ &= V\left[-l_1\left(\frac{A_{\mathrm{m},B}}{T}\right) - l_2\left(\frac{A_{\mathrm{m},B}}{T}\right)^2 - l_3\left(\frac{A_{\mathrm{m},B}}{T}\right)^3 - \cdots\right]\end{aligned} \tag{7.67}$$

式中，

$$A_{\mathrm{m},B} = \Delta G_{\mathrm{m},B}$$

为式 (7.63)、式 (7.64)。

7.2.4　具有液相分层的二元系

1. 相变过程热力学

图 7.6 是具有液相分层的二元系相图。在恒压条件下，组成点为 P 的物质升温熔化。温度升到 T_E，物质组成点为 P_E。在组成为 P_E 的物质中，有最低共熔点组成的 $E(\mathrm{s})$ 和过量的组元 A。

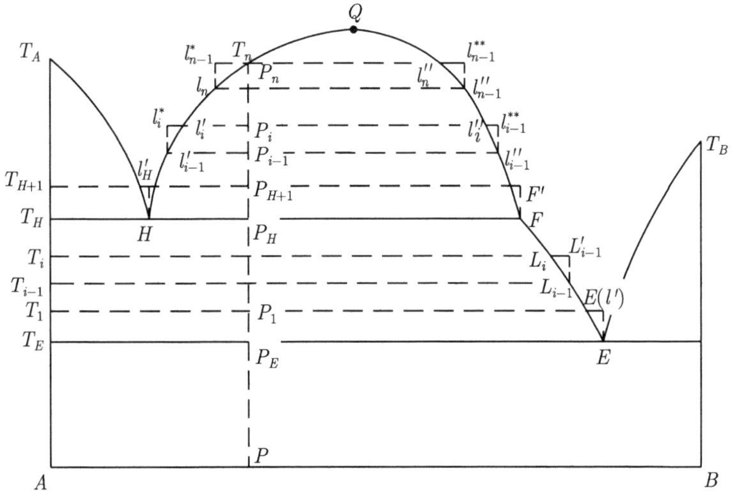

图 7.6　具有液相分层的二元系相图

在温度 T_E，组成为 E 的固相熔化过程可以表示为

$$E(\mathrm{s}) \rightleftharpoons E(\mathrm{l})$$

即

$$x_A A(\mathrm{s}) + x_B B(\mathrm{s}) \rightleftharpoons x_A (A)_{E(\mathrm{l})} + x_B (B)_{E(\mathrm{l})} \equiv x_A (A)_{饱} + x_B (B)_{饱}$$

或

$$A(\mathrm{s}) \rightleftharpoons (A)_{E(\mathrm{l})} \equiv (A)_{饱}$$

$$B(\mathrm{s}) \rightleftharpoons (B)_{E(\mathrm{l})} \equiv (B)_{饱}$$

式中，x_A、x_B 分别是组成为 E 的组元 A、B 的摩尔分数。

过程在恒温恒压平衡状态进行，摩尔吉布斯自由能变化为零，即

$$\Delta G_{\mathrm{m},E} = 0$$

$$\Delta G_{\mathrm{m},A} = 0$$

$$\Delta G_{\mathrm{m},B} = 0$$

升高温度到 T_1。在温度刚升到 T_E，固相组元还未来得及溶入液相时，溶液组成未变，但已由组元 A、B 饱和的溶液 $E(\mathrm{l})$ 变为组元 A、B 不饱和的溶液 $E(\mathrm{l}')$。固相组元 A、B 向其中溶解，有

$$E(\mathrm{s}) = E(\mathrm{l}')$$

即

$$x_A A(\mathrm{s}) + x_B B(\mathrm{s}) = x_A (A)_{E(\mathrm{l}')} + x_B (B)_{E(\mathrm{l}')}$$

或

$$A(\mathrm{s}) = (A)_{E(\mathrm{l}')}$$

$$B(\mathrm{s}) = (B)_{E(\mathrm{l}')}$$

该过程的摩尔吉布斯自由能的变化为

$$\begin{aligned}\Delta G_{\mathrm{m},E}(T_1) &= G_{\mathrm{m},E(\mathrm{l}')}(T_1) - G_{\mathrm{m},E(\mathrm{s})}(T_1) \\ &\approx \Delta_{\mathrm{fus}} H_{\mathrm{m},E}(T_E) - T\frac{\Delta_{\mathrm{fus}} H_{\mathrm{m},E}(T_E)}{T_E} \\ &= \frac{\Delta_{\mathrm{fus}} H_{\mathrm{m},E}(T_E)\Delta T}{T_E}\end{aligned} \tag{7.68}$$

式中，

$$\Delta T = T_E - T_1 < 0$$

或

$$\begin{aligned}\Delta G_{\mathrm{m},A}(T_1) &= \overline{G}_{\mathrm{m},(A)_{E(1')}}(T_1) - G_{\mathrm{m},A(\mathrm{s})}(T_1)\\ &\approx \Delta_{\mathrm{sol}} H_{\mathrm{m},A}(T_E) - T\frac{\Delta_{\mathrm{sol}} H_{\mathrm{m},A}(T_E)}{T_E}\\ &= \frac{\Delta_{\mathrm{sol}} H_{\mathrm{m},A}(T_E)\Delta T}{T_E}\end{aligned} \tag{7.69}$$

$$\begin{aligned}\Delta G_{\mathrm{m},B}(T_1) &= \overline{G}_{\mathrm{m},(B)_{E(1')}} - G_{\mathrm{m},B(\mathrm{s})}(T_1)\\ &\approx \Delta_{\mathrm{sol}} H_{\mathrm{m},B}(T_E) - T\frac{\Delta_{\mathrm{sol}} H_{\mathrm{m},B}(T_E)}{T_E}\\ &= \frac{\Delta_{\mathrm{sol}} H_{\mathrm{m},B}(T_E)\Delta T}{T_E}\\ \Delta T &= T_E - T < 0\end{aligned} \tag{7.70}$$

并有

$$\Delta G_{\mathrm{m},E}(T_1) = x_A \Delta_{\mathrm{sol}} G_{\mathrm{m},A}(T_1) + x_B \Delta_{\mathrm{sol}} G_{\mathrm{m},B}(T_1) \tag{7.71}$$

直到组元 B 完全进入液相，仅剩下固相组元 A。固相组元 A 继续溶解，溶解过程的摩尔吉布斯自由能变化仍可用式 (7.69) 表示。并有，组元 A 以纯固态 A 为标准状态，浓度以摩尔分数表示

$$\Delta G_{\mathrm{m},A} = \mu_{(A)_{E(1')}} - \mu_{A(\mathrm{s})} = RT\ln a^{\mathrm{R}}_{(A)_{E(1')}}$$

式中，$\mu_{(A)_{E(1')}} = \mu_{A(\mathrm{s})} - RT\ln a^{\mathrm{R}}_{(A)_{E(1')}}$

$$\mu_{A(\mathrm{s})} = \mu^*_{A(\mathrm{s})}$$

直到溶液成为组元 A 的饱和溶液。固–液两相达到新的平衡，平衡液相组成为液相线 EF 上的 l_1 点，有

$$A(\mathrm{s}) \rightleftharpoons (A)_{l_1} =\!=\!= (A)_{饱}$$

升高温度。从 T_1 到 T_H，随着温度的升高，固相组元 A 不断地向溶液中溶解，可以统一描述如下。

在温度 T_{i-1}，液–固两相达成平衡，固相组元 A 溶解达到饱和，平衡液相组成为液相线 EF 上的 l_{i-1} 点，有

$$A(\mathrm{s}) \rightleftharpoons (A)_{l_{i-1}} =\!=\!= (A)_{饱}$$

$$(i = 1, 2, \cdots, n)$$

继续升高温度到 T_i。当温度刚升到 T_i，固相组元 A 尚未来得及向液相中溶解时，液相组成未变，但已由组元 A 饱和的液相 l_{i-1}，变成组元 A 不饱和的液相 l'_{i-1}。固相组元 A 向其中溶解，有

$$A(\mathrm{s}) =\!=\!= (A)_{l'_{i-1}}$$

$$(i = 1, 2, \cdots, n)$$

该过程的摩尔吉布斯自由能的变化为

$$\begin{aligned}\Delta G_{\mathrm{m},A}(T_i) &= \overline{G}_{\mathrm{m},(A)_{l'_{i-1}}}(T_i) - G_{\mathrm{m},A(\mathrm{s})}(T_i)\\ &\approx \Delta_{\mathrm{sol}} H_{\mathrm{m},A}(T_{i-1}) - \frac{\Delta_{\mathrm{sol}} H_{\mathrm{m},A}(T_{i-1})}{T_{i-1}}\\ &= \frac{\Delta_{\mathrm{sol}} H_{\mathrm{m},A}(T_{i-1})\Delta T}{T_{i-1}}\end{aligned} \tag{7.72}$$

式中，

$$\Delta T = T_{i-1} - T_i < 0$$

或者以纯固态组元 A 为标准状态，浓度以摩尔分数表示，溶解过程的摩尔吉布斯自由能变化为

$$\Delta G_{\mathrm{m},A} = \mu_{(A)_{l'_{i-1}}} - \mu_{A(\mathrm{s})} = RT \ln a^{\mathrm{R}}_{(A)_{l'_{i-1}}} \tag{7.73}$$

温度升到 T_H，物质组成点为 P_H。有

$$A(\mathrm{s}) + l_F \rightleftharpoons l_H$$

该过程在恒温恒压条件下进行，摩尔吉布斯自由能的变化为零，即

$$\Delta G_{\mathrm{m},H} = 0$$

升高温度到 T_{H+1}，如果上述反应未进行完，则有剩余的固相 A 存在，液相 l_H 变成 l'_H，液相 l_F 变成 l'_F，发生如下反应：

$$A(\mathrm{s}) + l'_H + l'_F = l'_1 + l''_1$$

即

$$\begin{aligned}&A(\mathrm{s}) = (A)_{l'_F}\\ &A(\mathrm{s}) = (A)_{l'_H}\\ &(A)_{l'_H} = (A)_{l'_F}\\ &(B)_{l'_F} = (\mathrm{B})_{l'_H}\end{aligned}$$

该过程的摩尔吉布斯自由能变化为

$$\begin{aligned}\Delta G_{\mathrm{m},A}(T_{H+1}) &= \overline{G}_{\mathrm{m},(A)_{l'_F}}(T_{H+1}) - G_{\mathrm{m},A(\mathrm{s})}(T_{H+1})\\ &\approx \Delta H_{\mathrm{m},A}(T_H) - T_{H+1}\frac{\Delta H_{\mathrm{m},A}}{T_H}\\ &= \frac{\Delta H_{\mathrm{m},A}(T_H)\Delta T}{T_H}\end{aligned} \tag{7.74}$$

$$\begin{aligned}\Delta G'_{\mathrm{m},A}(T_{H+1}) &= \overline{G}_{\mathrm{m},(A)_{l'_H}}(T_{H+1}) - G_{\mathrm{m},A(\mathrm{s})}(T_{H+1}) \\ &\approx \Delta H_{\mathrm{m},A}(T_H) - T_{H+1}\frac{\Delta H_{\mathrm{m},A}(T_H)}{T_H} \\ &= \frac{\Delta H_{\mathrm{m},A}(T_H)\Delta H}{T_H}\end{aligned} \tag{7.75}$$

$$\begin{aligned}\Delta G_{\mathrm{m},(A)}(T_{H+1}) &= \overline{G}_{\mathrm{m},(A)_{l'_F}}(T_{H+1}) - \overline{G}_{\mathrm{m},(A)_{l'_\mathrm{H}}} \\ &\approx \Delta H_{\mathrm{m},(A)}(T_H) - T_{H+1}\frac{\Delta H_{\mathrm{m},(A)}(T_H)}{T_H} \\ &= \frac{\Delta H_{\mathrm{m},(A)}(T_H)\Delta T}{T_H}\end{aligned} \tag{7.76}$$

$$\begin{aligned}\Delta G_{\mathrm{m},(B)}(T_{H+1}) &= \overline{G}_{\mathrm{m},(B)_{l'_H}} - \overline{G}_{\mathrm{m},(B)_{l'_F}} \\ &\approx \Delta H_{\mathrm{m},(B)}(T_H) - T_{H+1}\frac{\Delta H_{\mathrm{m},(B)}(T_H)}{T_H} \\ &= \frac{\Delta H_{\mathrm{m},(B)}(T_H)\Delta T}{T_H}\end{aligned} \tag{7.77}$$

$$\Delta G_{\mathrm{m},A,t}(T_{H+1}) = \Delta G_{\mathrm{m},A}(T_{H+1}) + \Delta G'_{\mathrm{m},A}(T_{H+1}) \tag{7.78}$$

$$\Delta G_{\mathrm{m},t}(T_{H+1}) = \Delta G_{\mathrm{m},(A),t}(T_{H+1}) + \Delta G_{\mathrm{m},(B)}(T_{H+1}) \tag{7.79}$$

直到固相组元 A 消耗净，体系成为两个平衡液相 l'_1 和 l''_1。继续升高温度。从 T_{H+1} 到 T_n，液相分层，描述如下。

在温度 T_{j-1}，分层过程达到平衡，有

$$l'_{i-1} \rightleftharpoons l''_{i-1}$$

即

$$(A)_{l'_{i-1}} \rightleftharpoons (A)_{l''_{i-1}}$$

$$(B)_{l'_{i-1}} \rightleftharpoons (B)_{l''_{i-1}}$$

升高温度至 T_j。在温度刚升到 T_j，组元 A、B 尚未从一个液相转移到另一个液相时，液相组成未变，但已由平衡态 l'_{i-1} 和 l''_{i-1} 变成平衡态 l^*_{i-1} 和 l^{**}_{i-1}。

$$(A)_{l^*_{i-1}} = (A)_{l^{**}_{i-1}}$$

$$(B)_{l^{**}_{i-1}} = (B)_{l^*_{i-1}}$$

该过程的摩尔吉布斯自由能变化为

$$
\begin{aligned}
\Delta G_{\mathrm{m},A}(T_i) &= \overline{G}_{\mathrm{m},(A)_{l_{i-1}^{**}}}(T_i) - \overline{G}_{\mathrm{m},(A)_{l_{i-1}^{*}}}(T_i) \\
&\approx \Delta H_{\mathrm{m},A}(T_{i-1}) - T_i \frac{\Delta H_{\mathrm{m},A}(T_{i-1})}{T_{i-1}} \\
&= \frac{\Delta H_{\mathrm{m},A}(T_{i-1})\Delta T}{T_{i-1}}
\end{aligned} \tag{7.80}
$$

$$
\begin{aligned}
\Delta G_{\mathrm{m},B}(T_i) &= \bar{G}_{\mathrm{m},(B)_{l_{i-1}^{*}}}(T_i) - \bar{G}_{\mathrm{m},(B)_{l_{i-1}^{**}}}(T_i) \\
&\approx \Delta H_{\mathrm{m},B}(T_{i-1}) - T_i \frac{\Delta H_{\mathrm{m},B}(T_{i-1})}{T_{i-1}} \\
&= \frac{\Delta H_{\mathrm{m},B}(T_{i-1})\Delta T}{T_{i-1}}
\end{aligned} \tag{7.81}
$$

式中，

$$\Delta T = T_{i-1} - T_i < 0$$

直到达成新的平衡，有

$$(A)_{l_i'} = (A)_{l_i''}$$

$$(B)_{l_i'} = (B)_{l_i''}$$

温度升到 T_{n-1}，两液相达成平衡，有

$$(A)_{l_{n-1}'} \rightleftharpoons (A)_{l_{n-1}''}$$

$$(B)_{l_{n-1}'} \rightleftharpoons (B)_{l_{n-1}''}$$

升高温度为 T_n。在温度刚升到 T_n。组元 A、B 尚未从一个液相转移到另一个液相时，液相组成未变，但已由平衡态 l_{n-1}' 和 l_{n-1}'' 变成非平衡态 l_{n-1}^* 和 l_{n-1}^{**}。有

$$(A)_{l_{n-1}}^{*} = (A)_{l_{n-1}}^{**}$$

$$(B)_{l_{n-1}}^{**} = (B)_{l_{n-1}}^{*}$$

该过程的摩尔吉布斯自由能的变化为

$$\Delta G_{\mathrm{m},A}(T_n) = \overline{G}_{\mathrm{m},(A)_{l_{n-1}^{**}}} - \overline{G}_{\mathrm{m},(A)_{l_{n-1}^{*}}} = \frac{\Delta H_{\mathrm{m},A}(T_{n-1})\Delta T}{T_{n-1}} \tag{7.82}$$

$$\Delta G_{\mathrm{m},B}(T_n) = \overline{G}_{\mathrm{m},(B)_{l_{n-1}^{*}}} - \overline{G}_{\mathrm{m},(B)_{l_{n-1}^{**}}} = \frac{\Delta H_{\mathrm{m},B}(T_{n-1})\Delta T}{T_{n-1}} \tag{7.83}$$

式中，

$$\Delta T = T_{n-1} - T_n < 0$$

或者以纯液态组元 A 和 B 为标准状态，浓度以摩尔分数表示，该过程的摩尔吉布斯自由能变化为

$$\begin{aligned}\Delta G_{\mathrm{m},A} &= \mu_{(A)_{l_{n-1}^{**}}} - \mu_{(A)_{l_{n-1}^{*}}} \\ &= RT\ln\frac{a^{\mathrm{R}}_{(A)_{l_{n-1}^{**}}}}{a^{\mathrm{R}}_{(A)_{l_{n-1}^{*}}}}\end{aligned} \tag{7.84}$$

$$\begin{aligned}\Delta G_{\mathrm{m},B} &= \mu_{(B)_{l_{n-1}^{*}}} - \mu_{(B)l_{l_{n-1}^{**}}} \\ &= RT\ln\frac{a^{\mathrm{R}}_{(B)_{l_{n-1}^{**}}}}{a^{\mathrm{R}}_{(B)_{l_{n-1}^{**}}}}\end{aligned} \tag{7.85}$$

直到两液相成为一个液相，有

$$(A)_{l_n} =\!=\!= (A)_{l'_n} \rightleftharpoons (A)_{l''_n} =\!=\!= (A)_{l_n}$$

$$(B)_{l_n} =\!=\!= (B)_{l'_n} \rightleftharpoons (B)_{l''_n} =\!=\!= (B)_{l_n}$$

继续升高温度，体系进入单一液相区。

2. 相变速率

1) 在温度 T_1

在恒温恒压条件下，在温度 T_1，$E(\mathrm{s})'$ 的熔化速率为

$$\begin{aligned}\frac{\mathrm{d}N_{E(\mathrm{l})}}{\mathrm{d}t} &= -\frac{\mathrm{d}N_{E(\mathrm{s})}}{\mathrm{d}t} = Vj_E \\ &= -V\left[l_1\left(\frac{A_{\mathrm{m},E}}{T}\right) + l_2\left(\frac{A_{\mathrm{m},E}}{T}\right)^2 + l_3\left(\frac{A_{\mathrm{m},E}}{T}\right)^3 + \cdots\right]\end{aligned} \tag{7.86}$$

式中，

$$A_{\mathrm{m},E} = \Delta G_{\mathrm{m},E}$$

不考虑耦合作用，在温度 T_1，组元 A 和 B 的溶解速率为

$$\begin{aligned}\frac{\mathrm{d}N_{(A)_{E(\mathrm{l}')}}}{\mathrm{d}t} &= -\frac{\mathrm{d}N_{A(\mathrm{s})}}{\mathrm{d}t} = Vj_A \\ &= -V\left[l_1\left(\frac{A_{\mathrm{m},A}}{T}\right) + l_2\left(\frac{A_{\mathrm{m},A}}{T}\right)^2 + l_3\left(\frac{A_{\mathrm{m},A}}{T}\right)^3 + \cdots\right]\end{aligned} \tag{7.87}$$

式中，

$$A_{\mathrm{m},A} = \Delta G_{\mathrm{m},A}$$

$$\frac{\mathrm{d}N_{(B)_{E(\mathrm{l}')}}}{\mathrm{d}t} = -\frac{\mathrm{d}N_{(B)(\mathrm{s})}}{\mathrm{d}t} = Vj_B$$
$$= -V\left[l_1\left(\frac{A_{\mathrm{m},B}}{T}\right) + l_2\left(\frac{A_{\mathrm{m},B}}{T}\right)^2 + l_3\left(\frac{A_{\mathrm{m},B}}{T}\right)^3 + \cdots\right] \tag{7.88}$$

2) 从温度 T_1 到 T_F

在恒温恒压条件下，过程速率为

$$\frac{\mathrm{d}N_{(A)}}{\mathrm{d}t} = -\frac{\mathrm{d}N_{A(\mathrm{s})}}{\mathrm{d}t} = Vj_A$$
$$= -V\left[l_1\left(\frac{A_{\mathrm{m},A}}{T}\right) + l_2\left(\frac{A_{\mathrm{m},A}}{T}\right)^2 + l_3\left(\frac{A_{\mathrm{m},A}}{T}\right)^3 + \cdots\right] \tag{7.89}$$

3) 在温度 T_{H+1}

在恒温恒压条件下，在温度 T_{H+1}，不考虑耦合作用，过程速率为

$$-\frac{\mathrm{d}N_{A(\mathrm{s})}}{\mathrm{d}t} = Vj_{A(\mathrm{s})}$$
$$= -V\left[l_1\left(\frac{A_{\mathrm{m},A}}{T}\right) + l_2\left(\frac{A_{\mathrm{m},A}}{T}\right)^2 + l_3\left(\frac{A_{\mathrm{m},A}}{T}\right)^3 + \cdots\right] \tag{7.90}$$

$$-\frac{\mathrm{d}N_{A'(\mathrm{s})}}{\mathrm{d}t} = Vj_{A'(\mathrm{s})}$$
$$= -V\left[l'_1\left(\frac{A_{\mathrm{m},A'}}{T}\right) + l'_2\left(\frac{A_{\mathrm{m},A'}}{T}\right)^2 + l'_3\left(\frac{A_{\mathrm{m},A'}}{T}\right)^3 + \cdots\right] \tag{7.91}$$

$$-\frac{\mathrm{d}N_{(A)}}{\mathrm{d}t} = Vj_{(A)}$$
$$= -V\left[l''_1\left(\frac{A_{\mathrm{m},(A)}}{T}\right) + l''_2\left(\frac{A_{\mathrm{m},(A)}}{T}\right)^2 + l''_3\left(\frac{A_{\mathrm{m},(A)}}{T}\right)^3 + \cdots\right] \tag{7.92}$$

$$-\frac{\mathrm{d}N_{(B)}}{\mathrm{d}t} = Vj_{(B)}$$
$$= -V\left[l'''_1\left(\frac{A_{\mathrm{m},(B)}}{T}\right) + l'''_2\left(\frac{A_{\mathrm{m},(B)}}{T}\right)^2 + l'''_3\left(\frac{A_{\mathrm{m},(B)}}{T}\right)^3 + \cdots\right] \tag{7.93}$$

式中，

$$A_{\mathrm{m},A} = \Delta G_{\mathrm{m},A}$$

$$A_{\mathrm{m},A'} = \Delta G'_{\mathrm{m},A}$$

$$A_{\mathrm{m},(A)} = \Delta G'_{\mathrm{m},(A)}$$

$$A_{\mathrm{m},(B)} = \Delta G_{\mathrm{m},(B)}$$

考虑耦合的作用，有

$$\begin{aligned}
-\frac{\mathrm{d}N_{A(\mathrm{s})}}{\mathrm{d}t} =& Vj_A \\
=& -V\Bigg[l_{11}\left(\frac{A_{\mathrm{m},A}}{T}\right) + l_{12}\left(\frac{A_{\mathrm{m},A'}}{T}\right) + l_{13}\left(\frac{A_{\mathrm{m},(A)}}{T}\right) \\
& + l_{14}\left(\frac{A_{\mathrm{m},(B)}}{T}\right) + l_{111}\left(\frac{A_{\mathrm{m},A}}{T}\right)^2 \\
& + l_{112}\left(\frac{A_{\mathrm{m},A}}{T}\right)\left(\frac{A_{\mathrm{m},A'}}{T}\right) + l_{113}\left(\frac{A_{\mathrm{m},A}}{T}\right)\left(\frac{A_{\mathrm{m},(A)}}{T}\right) \\
& + l_{114}\left(\frac{A_{\mathrm{m},A}}{T}\right)\left(\frac{A_{\mathrm{m},(B)}}{T}\right) + l_{122}\left(\frac{A_{\mathrm{m},A'}}{T}\right)^2 \\
& + l_{123}\left(\frac{A_{\mathrm{m},A'}}{T}\right)\left(\frac{A_{\mathrm{m},(A)}}{T}\right) + l_{124}\left(\frac{A_{\mathrm{m},A'}}{T}\right)\left(\frac{A_{\mathrm{m},(B)}}{T}\right) \\
& + l_{133}\left(\frac{A_{\mathrm{m},(A)}}{T}\right)^2 + l_{134}\left(\frac{A_{\mathrm{m},(A)}}{T}\right)\left(\frac{A_{\mathrm{m},(B)}}{T}\right) \\
& + l_{144}\left(\frac{A_{\mathrm{m},(B)}}{T}\right)^2 + l_{1111}\left(\frac{A_{\mathrm{m},A}}{T}\right)^3 + l_{1112}\left(\frac{A_{\mathrm{m},A}}{T}\right)^2\left(\frac{A_{\mathrm{m},A'}}{T}\right) \\
& + l_{1113}\left(\frac{A_{\mathrm{m},A}}{T}\right)^2\left(\frac{A_{\mathrm{m},(A)}}{T}\right) \\
& + l_{1114}\left(\frac{A_{\mathrm{m},A}}{T}\right)^2\left(\frac{A_{\mathrm{m},(B)}}{T}\right) + l_{1122}\left(\frac{A_{\mathrm{m},A}}{T}\right)\left(\frac{A_{\mathrm{m},A'}}{T}\right)^2 \\
& + l_{1123}\left(\frac{A_{\mathrm{m},A}}{T}\right)\left(\frac{A_{\mathrm{m},A'}}{T}\right)\left(\frac{A_{\mathrm{m},(A)}}{T}\right) \\
& + l_{1124}\left(\frac{A_{\mathrm{m},A}}{T}\right)\left(\frac{A_{\mathrm{m},A'}}{T}\right)\left(\frac{A_{\mathrm{m},(B)}}{T}\right) + l_{1133}\left(\frac{A_{\mathrm{m},A}}{T}\right)\left(\frac{A_{\mathrm{m},(A)}}{T}\right)^2 \\
& + l_{1134}\left(\frac{A_{\mathrm{m},A}}{T}\right)\left(\frac{A_{\mathrm{m},(A)}}{T}\right)\left(\frac{A_{\mathrm{m},(B)}}{T}\right)
\end{aligned}$$

$$
\begin{aligned}
&+l_{1144}\left(\frac{A_{\mathrm{m},(A)}}{T}\right)\left(\frac{A_{\mathrm{m},(B)}}{T}\right)^2+l_{1222}\left(\frac{A_{\mathrm{m},A'}}{T}\right)^3\\
&+l_{1223}\left(\frac{A_{\mathrm{m},A'}}{T}\right)^2\left(\frac{A_{\mathrm{m},(A)}}{T}\right)+l_{1233}\left(\frac{A_{\mathrm{m},A'}}{T}\right)\left(\frac{A_{\mathrm{m},(A)}}{T}\right)^2\\
&+l_{1234}\left(\frac{A_{\mathrm{m},A'}}{T}\right)\left(\frac{A_{\mathrm{m},A}}{T}\right)\left(\frac{A_{\mathrm{m},(B)}}{T}\right)\\
&+l_{1244}\left(\frac{A_{\mathrm{m},A'}}{T}\right)\left(\frac{A_{\mathrm{m},(B)}}{T}\right)^2+l_{1333}\left(\frac{A_{\mathrm{m},(A)}}{T}\right)^3\\
&+l_{1334}\left(\frac{A_{\mathrm{m},(A)}}{T}\right)^2\left(\frac{A_{\mathrm{m},(B)}}{T}\right)+l_{1344}\left(\frac{A_{\mathrm{m},(A)}}{T}\right)\left(\frac{A_{\mathrm{m},(B)}}{T}\right)^2\\
&+l_{1444}\left(\frac{A_{\mathrm{m},(B)}}{T}\right)^3+\cdots\Bigg]
\end{aligned}
\tag{7.94}
$$

$$
\begin{aligned}
-\frac{\mathrm{d}N_{(A)}}{\mathrm{d}t}=&Vj_{(A)}\\
=&-V\Bigg[l'_{21}\left(\frac{A_{\mathrm{m},A}}{T}\right)+l'_{22}\left(\frac{A_{\mathrm{m},A'}}{T}\right)+l'_{23}\left(\frac{A_{\mathrm{m},(A)}}{T}\right)+l'_{24}\left(\frac{A_{\mathrm{m},(B)}}{T}\right)\\
&+l'_{211}\left(\frac{A_{\mathrm{m},A}}{T}\right)^2+l'_{212}\left(\frac{A_{\mathrm{m},A}}{T}\right)\left(\frac{A_{\mathrm{m},A'}}{T}\right)\\
&+l'_{213}\left(\frac{A_{\mathrm{m},A}}{T}\right)\left(\frac{A_{\mathrm{m},(A)}}{T}\right)+l'_{214}\left(\frac{A_{\mathrm{m},A}}{T}\right)\left(\frac{A_{\mathrm{m},(B)}}{T}\right)\\
&+l'_{222}\left(\frac{A_{\mathrm{m},A'}}{T}\right)^2+l'_{223}\left(\frac{A_{\mathrm{m},A'}}{T}\right)\left(\frac{A_{\mathrm{m},(A)}}{T}\right)\\
&+l'_{224}\left(\frac{A_{\mathrm{m},A'}}{T}\right)\left(\frac{A_{\mathrm{m},(B)}}{T}\right)+l'_{233}\left(\frac{A_{\mathrm{m},(A)}}{T}\right)^2\\
&+l'_{234}\left(\frac{A_{\mathrm{m},(A)}}{T}\right)\left(\frac{A_{\mathrm{m},(B)}}{T}\right)+l'_{244}\left(\frac{A_{\mathrm{m},(B)}}{T}\right)^2\\
&+l'_{2111}\left(\frac{A_{\mathrm{m},A}}{T}\right)^3+l'_{2112}\left(\frac{A_{\mathrm{m},A}}{T}\right)^2\left(\frac{A_{\mathrm{m},A'}}{T}\right)\\
&+l'_{2113}\left(\frac{A_{\mathrm{m},A}}{T}\right)^2\left(\frac{A_{\mathrm{m},(A)}}{T}\right)+l'_{2114}\left(\frac{A_{\mathrm{m},A}}{T}\right)^2\left(\frac{A_{\mathrm{m},(B)}}{T}\right)
\end{aligned}
$$

$$
\begin{aligned}
&+l'_{2122}\left(\frac{A_{\mathrm{m},A}}{T}\right)\left(\frac{A_{\mathrm{m},A'}}{T}\right)^2\\
&+l'_{2123}\left(\frac{A_{\mathrm{m},A}}{T}\right)\left(\frac{A_{\mathrm{m},A'}}{T}\right)\left(\frac{A_{\mathrm{m},(A)}}{T}\right)+l'_{2133}\left(\frac{A_{\mathrm{m},A}}{T}\right)\left(\frac{A_{\mathrm{m},(A)}}{T}\right)^2\\
&+l'_{2134}\left(\frac{A_{\mathrm{m},A}}{T}\right)\left(\frac{A_{\mathrm{m},(A)}}{T}\right)\left(\frac{A_{\mathrm{m},(B)}}{T}\right)\\
&+l'_{2144}\left(\frac{A_{\mathrm{m},A}}{T}\right)\left(\frac{A_{\mathrm{m},(B)}}{T}\right)^2+l'_{2222}\left(\frac{A_{\mathrm{m},A'}}{T}\right)^3\\
&+l'_{2223}\left(\frac{A_{\mathrm{m},A'}}{T}\right)^2\left(\frac{A_{\mathrm{m},(A)}}{T}\right)+l_{2224}\left(\frac{A_{\mathrm{m},A'}}{T}\right)^2\left(\frac{A_{\mathrm{m},(B)}}{T}\right)\\
&+l'_{2233}\left(\frac{A_{\mathrm{m},A}}{T}\right)\left(\frac{A_{\mathrm{m},(A)}}{T}\right)^2+l'_{2234}\left(\frac{A_{\mathrm{m},A'}}{T}\right)\left(\frac{A_{\mathrm{m},(A)}}{T}\right)\left(\frac{A_{\mathrm{m},(B)}}{T}\right)\\
&+l'_{2244}\left(\frac{A_{\mathrm{m},A'}}{T}\right)\left(\frac{A_{\mathrm{m},(B)}}{T}\right)^2\\
&+l'_{2333}\left(\frac{A_{\mathrm{m},(A)}}{T}\right)^3+l'_{2334}\left(\frac{A_{\mathrm{m},(A)}}{T}\right)^2\left(\frac{A_{\mathrm{m},(B)}}{T}\right)\\
&+l'_{2344}\left(\frac{A_{\mathrm{m},(A)}}{T}\right)\left(\frac{A_{\mathrm{m},(B)}}{T}\right)^2+l'_{2444}\left(\frac{A_{\mathrm{m},(B)}}{T}\right)^3+\cdots\Bigg]
\end{aligned}
\tag{7.95}
$$

$$
\begin{aligned}
-\frac{\mathrm{d}N_{(B)}}{\mathrm{d}t}=&Vj_{(B)}\\
=&-V\Bigg[l''_{31}\left(\frac{A_{\mathrm{m},A}}{T}\right)+l''_{32}\left(\frac{A_{\mathrm{m},A'}}{T}\right)+l''_{33}\left(\frac{A_{\mathrm{m},(A)}}{T}\right)+l''_{34}\left(\frac{A_{\mathrm{m},(B)}}{T}\right)\\
&+l''_{311}\left(\frac{A_{\mathrm{m},A}}{T}\right)^2+l''_{312}\left(\frac{A_{\mathrm{m},A}}{T}\right)\left(\frac{A_{\mathrm{m},A'}}{T}\right)+l''_{313}\left(\frac{A_{\mathrm{m},A}}{T}\right)\left(\frac{A_{\mathrm{m},(A)}}{T}\right)\\
&+l''_{314}\left(\frac{A_{\mathrm{m},A}}{T}\right)\left(\frac{A_{\mathrm{m},(B)}}{T}\right)\\
&+l''_{322}\left(\frac{A_{\mathrm{m},A'}}{T}\right)^2+l''_{323}\left(\frac{A_{\mathrm{m},A'}}{T}\right)\left(\frac{A_{\mathrm{m},(A)}}{T}\right)+l''_{324}\left(\frac{A_{\mathrm{m},A'}}{T}\right)\left(\frac{A_{\mathrm{m},(B)}}{T}\right)\\
&+l''_{333}\left(\frac{A_{\mathrm{m},(A)}}{T}\right)^2
\end{aligned}
$$

$$+l''_{334}\left(\frac{A_{\mathrm{m},(A)}}{T}\right)\left(\frac{A_{\mathrm{m},(B)}}{T}\right)+l''_{344}\left(\frac{A_{\mathrm{m},(B)}}{T}\right)^2+l''_{3111}\left(\frac{A_{\mathrm{m},A}}{T}\right)^3$$

$$+l''_{3112}\left(\frac{A_{\mathrm{m},A}}{T}\right)^2\left(\frac{A_{\mathrm{m},A'}}{T}\right)$$

$$+l''_{3113}\left(\frac{A_{\mathrm{m},A}}{T}\right)^2\left(\frac{A_{\mathrm{m},(A)}}{T}\right)+l''_{3114}\left(\frac{A_{\mathrm{m},A}}{T}\right)^2\left(\frac{A_{\mathrm{m},(B)}}{T}\right)$$

$$+l''_{3122}\left(\frac{A_{\mathrm{m},A}}{T}\right)\left(\frac{A_{\mathrm{m},A'}}{T}\right)^2$$

$$+l''_{3123}\left(\frac{A_{\mathrm{m},A}}{T}\right)\left(\frac{A_{\mathrm{m},A'}}{T}\right)\left(\frac{A_{\mathrm{m},(A)}}{T}\right)+l''_{3133}\left(\frac{A_{\mathrm{m},A}}{T}\right)\left(\frac{A_{\mathrm{m},(A)}}{T}\right)^3$$

$$+l''_{3134}\left(\frac{A_{\mathrm{m},A}}{T}\right)\left(\frac{A_{\mathrm{m},(A)}}{T}\right)\left(\frac{A_{\mathrm{m},(B)}}{T}\right) \tag{7.96}$$

$$+l''_{3144}\left(\frac{A_{\mathrm{m},A}}{T}\right)\left(\frac{A_{\mathrm{m},(B)}}{T}\right)^2+l''_{3222}\left(\frac{A_{\mathrm{m},A'}}{T}\right)^3$$

$$+l''_{3223}\left(\frac{A_{\mathrm{m},A'}}{T}\right)^2\left(\frac{A_{\mathrm{m},(A)}}{T}\right)+l''_{3224}\left(\frac{A_{\mathrm{m},A'}}{T}\right)\left(\frac{A_{\mathrm{m},(B)}}{T}\right)$$

$$+l''_{3233}\left(\frac{A_{\mathrm{m},A'}}{T}\right)\left(\frac{A_{\mathrm{m},(A)}}{T}\right)^2+l''_{3234}\left(\frac{A_{\mathrm{m},A'}}{T}\right)\left(\frac{A_{\mathrm{m},(A)}}{T}\right)\left(\frac{A_{\mathrm{m},(B)}}{T}\right)$$

$$+l''_{3333}\left(\frac{A_{\mathrm{m},(A)}}{T}\right)^3+l''_{3334}\left(\frac{A_{\mathrm{m},(A)}}{T}\right)^2\left(\frac{A_{\mathrm{m},(B)}}{T}\right)$$

$$+l''_{3344}\left(\frac{A_{\mathrm{m},(A)}}{T}\right)\left(\frac{A_{\mathrm{m},(B)}}{T}\right)^2+l''_{3444}\left(\frac{A_{\mathrm{m},(B)}}{T}\right)^3+\cdots\Bigg]$$

4) 从温度 T_{H+1} 到 T_n

在恒温恒压条件下，从温度 T_{H+1} 到 T_n，液相分层速率如下。

不考虑耦合作用：

$$\begin{aligned}\frac{\mathrm{d}N_{(A)l_{i-1}^{**}}}{\mathrm{d}t}&=-\frac{\mathrm{d}N_{(A)}l_{i-1}^{*}}{\mathrm{d}t}=Vj_A\\&=-V\left[l_1\left(\frac{A_{\mathrm{m},A}}{T}\right)+l_2\left(\frac{A_{\mathrm{m},A}}{T}\right)^2+l_3\left(\frac{A_{\mathrm{m},A}}{T}\right)^3+\cdots\right]\end{aligned} \tag{7.97}$$

$$\begin{aligned}\frac{\mathrm{d}N_{(B)l_{i-1}^{*}}}{\mathrm{d}t}&=-\frac{\mathrm{d}N_{(B)l_{i-1}^{**}}}{\mathrm{d}t}=-Vj_B\\&=-V\left[l_1\left(\frac{A_{\mathrm{m},B}}{T}\right)+l_2\left(\frac{A_{\mathrm{m},B}}{T}\right)^2+l_3\left(\frac{A_{\mathrm{m},B}}{T}\right)^3+\cdots\right]\end{aligned}\tag{7.98}$$

考虑耦合作用：

$$\begin{aligned}\frac{\mathrm{d}N_{(A)_{l_{i-1}^{**}}}}{\mathrm{d}t}=&-\frac{\mathrm{d}N_{(A)_{l_{i-1}^{*}}}}{\mathrm{d}t}=Vj_A\\=&-V\left[l_{11}\left(\frac{A_{\mathrm{m},A}}{T}\right)+l_{12}\left(\frac{A_{\mathrm{m},B}}{T}\right)+l_{111}\left(\frac{A_{\mathrm{m},A}}{T}\right)^2\right.\\&+l_{112}\left(\frac{A_{\mathrm{m},A}}{T}\right)\left(\frac{A_{\mathrm{m},B}}{T}\right)+l_{122}\left(\frac{A_{\mathrm{m},B}}{T}\right)^2+l_{1111}\left(\frac{A_{\mathrm{m},A}}{T}\right)^3\\&+l_{1112}\left(\frac{A_{\mathrm{m},A}}{T}\right)^2\left(\frac{A_{\mathrm{m},B}}{T}\right)+l_{1122}\left(\frac{A_{\mathrm{m},A}}{T}\right)\left(\frac{A_{\mathrm{m},B}}{T}\right)^2\\&\left.+l_{1222}\left(\frac{A_{\mathrm{m},B}}{T}\right)^3+\cdots\right]\end{aligned}\tag{7.99}$$

$$\begin{aligned}\frac{\mathrm{d}N_{(B)_{l_{i-1}^{*}}}}{\mathrm{d}t}=&-\frac{\mathrm{d}N_{(B)_{l_{i-1}^{**}}}}{\mathrm{d}t}=Vj_B\\=&-V\left[l_{21}\left(\frac{A_{\mathrm{m},A}}{T}\right)+l_{22}\left(\frac{A_{\mathrm{m},B}}{T}\right)\right.\\&+l_{211}\left(\frac{A_{\mathrm{m},A}}{T}\right)^2+l_{212}\left(\frac{A_{\mathrm{m},A}}{T}\right)\left(\frac{A_{\mathrm{m},B}}{T}\right)+l_{2122}\left(\frac{A_{\mathrm{m},B}}{T}\right)^2\\&+l_{2111}\left(\frac{A_{\mathrm{m},A}}{T}\right)^3+l_{2112}\left(\frac{A_{\mathrm{m},A}}{T}\right)^2\left(\frac{A_{\mathrm{m},B}}{T}\right)+l_{2122}\left(\frac{A_{\mathrm{m},A}}{T}\right)\left(\frac{A_{\mathrm{m},B}}{T}\right)^2\\&\left.+l_{2222}\left(\frac{A_{\mathrm{m},B}}{T}\right)^3+\cdots\right]\end{aligned}\tag{7.100}$$

7.2.5 具有连续固溶体的二元系

1. 相变过程热力学

如图 7.7 所示，具有连续固溶体的二元系 A-B，在恒压条件下，物质组成为 P 点的物质升温加热。

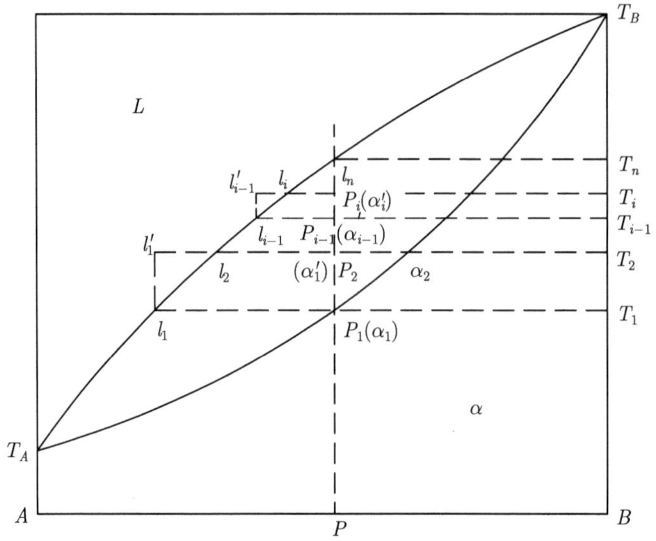

图 7.7　具有连续固溶体的二元系相图

温度升到 T_1，开始出现液相。物质组成点为 P_1，固相组成是 α_1，两点重合，液相组成为 l_1，液–固两相平衡，可以表示为

$$\alpha_1 \rightleftharpoons l_1$$

即

$$\alpha_1 \rightleftharpoons (\alpha_1)_{l_1} = (\alpha_1)_{饱}$$

$$(A)_{\alpha_1} \rightleftharpoons (A)_{l_1}$$

$$(B)_{\alpha_1} \rightleftharpoons (B)_{l_1}$$

尚无明显的液相。该过程的摩尔吉布斯自由能变化为零。

继续升高温度到 T_2，在温度刚升到 T_2，固相组元 α_1 还未来得及溶解进入液相时，溶液组成仍然和 l_1 相同。但已由和 α_1 平衡的 l_1 变成和 α_1 不平衡的 l_1'。固相组成也未变，但已由 α_1 变成 α_1'。固相组元 α_1' 向溶液 l_1' 中溶解。随着 α_1' 的溶解，液相由 l_1' 向 l_2 转变，固相由 α_1' 向 α_2 转变。有

$$\alpha_1' = (\alpha_1')_{l_1'}$$

即

$$(A)_{\alpha_1'} = (A)_{l_1'}$$

$$(B)_{\alpha_1'} = (B)_{l_1'}$$

该过程的摩尔吉布斯自由能变化为

$$\begin{aligned}
\Delta G_{\mathrm{m},A} =& \overline{G}_{\mathrm{m},(A)_{l_1'}} - \overline{G}_{\mathrm{m},(A)_{\alpha_1'}} = \left(\overline{H}_{\mathrm{m},(A)_{l_1'}} - T_2\overline{S}_{\mathrm{m},(A)_{l_1'}}\right) \\
&- \left(\overline{H}_{\mathrm{m},(A)_{\alpha_1'}} - T_2\overline{S}_{\mathrm{m},(A)_{\alpha_1'}}\right) \\
=& \left[\left(\overline{H}_{\mathrm{m},(A)_{l_1'}} - T_2\overline{S}_{\mathrm{m},(A)_{l_1'}}\right) - \left(H_{\mathrm{m},A(\mathrm{s})} - T_2 S_{\mathrm{m},A(\mathrm{s})}\right)\right] \\
&- \left[\left(\overline{H}_{\mathrm{m},(A)_{\alpha_1'}} - T_2\overline{S}_{\mathrm{m},(A)_{\alpha_1'}}\right) - \left(H_{\mathrm{m},A(\mathrm{s})} - T_2 S_{\mathrm{m},A(\mathrm{s})}\right)\right] \\
=& \left[(\varDelta_{\mathrm{sol}} H_{\mathrm{m},A})_{l_1'} - T_2 (\varDelta_{\mathrm{sol}} S_{\mathrm{m},A})_{l_1'}\right] \\
&- \left[(\varDelta_{\mathrm{sol}} H_{\mathrm{m},A})_{\alpha_1'} - T_2 (\varDelta_{\mathrm{sol}} S_{\mathrm{m},A})_{\alpha_1'}\right] \\
=& \frac{(\varDelta_{\mathrm{sol}} H_{\mathrm{m},A})_{l_1'} \Delta T}{T_1} - \frac{(\varDelta_{\mathrm{sol}} H_{\mathrm{m},A})_{\alpha_1'} \Delta T}{T_1} \\
=& \frac{\left[(\varDelta_{\mathrm{sol}} H_{\mathrm{m},A})_{l_1'} - (\varDelta_{\mathrm{sol}} H_{\mathrm{m},A})_{\alpha_1'}\right] \Delta T}{T_1}
\end{aligned} \tag{7.101}$$

式中，$(\varDelta_{\mathrm{sol}} H_{\mathrm{m},A})_{l_1'}$，$(\varDelta_{\mathrm{sol}} S_{\mathrm{m},A})_{l_1'}$ 和 $(\varDelta_{\mathrm{sol}} H_{\mathrm{m},A})_{\alpha_1'}$，$(\varDelta_{\mathrm{sol}} S_{\mathrm{m},A})_{\alpha_1'}$ 分别为组元 A 在溶液 l_1' 和固溶体 α_1' 中的溶解焓和溶解熵。

$$\begin{aligned}
\Delta G_{\mathrm{m},B} =& \overline{G}_{\mathrm{m},(B)_{l_1'}} - \overline{G}_{\mathrm{m},(B)_{\alpha_1'}} = \left(\overline{H}_{\mathrm{m},(B)_{l_1'}} - T_2\overline{S}_{\mathrm{m},(B)_{l_1'}}\right) \\
&- \left(\overline{H}_{\mathrm{m},(B)_{\alpha_1'}} - T_2\overline{S}_{\mathrm{m},(B)_{\alpha_1'}}\right) \\
=& \left[\left(\overline{H}_{\mathrm{m},(B)_{l_1'}} - T_2\overline{S}_{\mathrm{m},(B)_{l_1'}}\right) - \left(H_{\mathrm{m},B(\mathrm{s})} - T_2 S_{\mathrm{m},B(\mathrm{s})}\right)\right] \\
&- \left[\left(\overline{H}_{\mathrm{m},(B)_{\alpha_1'}} - T_2\overline{S}_{\mathrm{m},(B)_{\alpha_1'}}\right) - \left(H_{\mathrm{m},B(\mathrm{s})} - T_2 S_{\mathrm{m},B(\mathrm{s})}\right)\right] \\
=& \left[(\varDelta_{\mathrm{sol}} H_{\mathrm{m},B})_{l_1'} - T_2 (\varDelta_{\mathrm{sol}} S_{\mathrm{m},B})_{l_1'}\right] \\
&- \left[(\varDelta_{\mathrm{sol}} H_{\mathrm{m},B})_{\alpha_1'} - T_2 (\varDelta_{\mathrm{sol}} S_{\mathrm{m},B})_{\alpha_1'}\right] \\
=& \frac{(\varDelta_{\mathrm{sol}} H_{\mathrm{m},B})_{l_1'} \Delta T}{T_1} - \frac{(\varDelta_{\mathrm{sol}} H_{\mathrm{m},B})_{\alpha_1'} \Delta T}{T_1} \\
=& \frac{\left[(\varDelta_{\mathrm{sol}} H_{\mathrm{m},B})_{l_1'} - (\varDelta_{\mathrm{sol}} H_{\mathrm{m},B})_{\alpha_1'}\right] \Delta T}{T_1}
\end{aligned} \tag{7.102}$$

式中，$(\varDelta_{\mathrm{sol}} H_{\mathrm{m},B})_{l_1'}$，$(\varDelta_{\mathrm{sol}} S_{\mathrm{m},B})_{l_1'}$ 和 $(\varDelta_{\mathrm{sol}} H_{\mathrm{m},B})_{\alpha_1'}$，$(\varDelta_{\mathrm{sol}} S_{\mathrm{m},B})_{\alpha_1'}$ 分别为组元 B 在溶液 l_1' 和固溶体 α_1 中的溶解焓和溶解熵。

$$\Delta T = T_1 - T_2 < 0$$

或者如下计算。

固相和液相中的组元 A 和 B 都以其纯固态为标准状态，浓度以摩尔分数表示，有

$$\Delta G_{\mathrm{m},A} = \mu_{(A)_{l_1'}} - \mu_{(A)_{\alpha_1'}} = RT \ln \frac{a^{\mathrm{R}}_{(A)_{l_1'}}}{a^{\mathrm{R}}_{(A)_{\alpha_1'}}} \tag{7.103}$$

式中，

$$\mu_{(A)_{l_1'}} = \mu^*_{A(\mathrm{s})} + RT \ln a^{\mathrm{R}}_{(A)_{l_1'}}$$

$$\mu_{(A)_{\alpha_1'}} = \mu^*_{A(\mathrm{s})} + RT \ln a^{\mathrm{R}}_{(A)_{\alpha_1'}}$$

$$\Delta G_{\mathrm{m},B} = \mu_{(B)_{l_1'}} - \mu_{(B)_{\alpha_1'}} = RT \ln \frac{a^{\mathrm{R}}_{(B)_{l_1'}}}{a^{\mathrm{R}}_{(B)_{\alpha_1'}}} \tag{7.104}$$

式中，

$$\mu_{(B)_{l_1'}} = \mu^*_{B(\mathrm{s})} + RT \ln a^{\mathrm{R}}_{(B)_{l_1'}}$$

$$\mu_{(B)_{\alpha_1'}} = \mu^*_{B(\mathrm{s})} + RT \ln a^{\mathrm{R}}_{(B)_{\alpha_1'}}$$

固溶体 α_1 的摩尔吉布斯自由能变化为

$$\begin{aligned}\Delta G_{\mathrm{m},\alpha_1} &= x_A \Delta G_{\mathrm{m},A} + x_B \Delta G_{\mathrm{m},B} \\ &= \frac{\left\{x_A\left[(\Delta_{\mathrm{sol}} H_{\mathrm{m},A})_{l_1'} - (\Delta_{\mathrm{sol}} H_{\mathrm{m},A})_{\alpha_1'}\right] + x_B\left[(\Delta_{\mathrm{sol}} H_{\mathrm{m},B})_{l_1'} - (\Delta_{\mathrm{sol}} H_{\mathrm{m},B})_{\alpha_1'}\right]\right\}\Delta T}{T_1}\end{aligned} \tag{7.105}$$

$$\Delta G_{\mathrm{m},\alpha_1} = x_A \Delta G_{\mathrm{m},A} + x_B \Delta G_{\mathrm{m},B} = RT\left[x_A \ln \frac{a^{\mathrm{R}}_{(A)_{l_1'}}}{a^{\mathrm{R}}_{(A)_{\alpha_1'}}} + x_B \ln \frac{a^{\mathrm{R}}_{(B)_{l_1'}}}{a^{\mathrm{R}}_{(B)_{\alpha_1'}}}\right] \tag{7.106}$$

直到固液两相达成新的平衡，平衡固相组成为 α_2，平衡液相组成为液相线上的 l_2。有

$$\alpha_2 \rightleftharpoons l_2$$

即

$$(A)_{\alpha_2} \rightleftharpoons (A)_{l_2}$$

$$(B)_{\alpha_2} \rightleftharpoons (B)_{l_2}$$

温度从 T_1 升高到 T_n，固溶体溶解过程可以统一描写如下。

在温度 T_{i-1}，固液两相达成平衡，平衡固相为 α_{i-1}，平衡液相为 l_{i-1}。有

$$\alpha_{i-1} \rightleftharpoons l_{i-1}$$

即

$$(A)_{l_{i-1}} \rightleftharpoons (A)_{\alpha_{i-1}}$$

$$(B)_{l_{i-1}} \rightleftharpoons (B)_{\alpha_{i-1}}$$

$$(i = 1, 2, \cdots, n)$$

继续升高温度到 T_i。在温度刚升到 T_i，固相 α_{i-1} 还未来得及溶解进入液相时，液相组成仍然与 l_{i-1} 相同。但已由固–液两相平衡的 l_{i-1}，变成固液两相不平衡的 l'_{i-1}。固相组成也未变，但已由 α_{i-1} 变成 α'_{i-1}。固相 α'_{i-1} 向液相 l'_{i-1} 中溶解，使液相由 l'_{i-1} 向 l_i 变化；固相由 α_{i-1} 向 α_i 转变。有

$$\alpha'_{i-1} = (\alpha'_{i-1})_{l'_{i-1}}$$

即

$$(A)_{\alpha'_{i-1}} = (A)_{l'_{i-1}}$$

$$(B)_{\alpha'_{i-1}} = (B)_{l'_{i-1}}$$

该过程的摩尔吉布斯自由能变化为

$$\begin{aligned}\Delta G_{\mathrm{m},A} &= \overline{G}_{\mathrm{m},(A)_{l'_{i-1}}} - \overline{G}_{\mathrm{m},(A)_{\alpha'_{i-1}}} \\ &= \left(\overline{H}_{\mathrm{m},(A)_{l'_{i-1}}} - T_i\overline{S}_{\mathrm{m},(A)_{l'_{i-1}}}\right) - \left(\overline{H}_{\mathrm{m},(A)_{\alpha'_{i-1}}} - T_i\overline{S}_{\mathrm{m},(A)_{\alpha'_{i-1}}}\right) \\ &= (\Delta_{\mathrm{sol}}H_{\mathrm{m},A} - T_i\Delta_{\mathrm{sol}}S_{\mathrm{m},A})_{l'_{i-1}} - (\Delta_{\mathrm{sol}}H_{\mathrm{m},A} - T_i\Delta_{\mathrm{sol}}S_{\mathrm{m},A})_{\alpha'_{i-1}} \\ &= \frac{\left[(\Delta_{\mathrm{sol}}H_{\mathrm{m},A})_{l'_{i-1}} - (\Delta_{\mathrm{sol}}H_{\mathrm{m},A})_{\alpha'_{i-1}}\right]\Delta T}{T_{i-1}}\end{aligned} \tag{7.107}$$

$$\begin{aligned}\Delta G_{\mathrm{m},B} &= \overline{G}_{\mathrm{m},(B)_{l'_{i-1}}} - \overline{G}_{\mathrm{m},(B)_{\alpha'_{i-1}}} = \left(\overline{H}_{\mathrm{m},(B)_{l'_{i-1}}} - T_i\overline{S}_{\mathrm{m},(B)_{l'_{i-1}}}\right) \\ &\quad - \left(\overline{H}_{\mathrm{m},(B)_{\alpha'_{i-1}}} - T_i\overline{S}_{\mathrm{m},(B)_{\alpha'_{i-1}}}\right) \\ &= (\Delta_{\mathrm{sol}}H_{\mathrm{m},B} - T_i\Delta_{\mathrm{sol}}S_{\mathrm{m},B})_{l'_{i-1}} - (\Delta_{\mathrm{sol}}H_{\mathrm{m},B} - T_i\Delta_{\mathrm{sol}}S_{\mathrm{m},B})_{\alpha'_{i-1}} \\ &= \frac{\left[(\Delta_{\mathrm{sol}}H_{\mathrm{m},B})_{l'_{i-1}} - (\Delta_{\mathrm{sol}}H_{\mathrm{m},B})_{\alpha'_{i-1}}\right]\Delta T}{T_{i-1}}\end{aligned} \tag{7.108}$$

式中，

$$\Delta T = T_{i-1} - T_i < 0$$

直到固–液两相达成新的平衡，有

$$\alpha_i \rightleftharpoons l_i$$

即

$$(A)_{\alpha_i} \rightleftharpoons (A)_{l_i}$$

$$(B)_{\alpha_i} \rightleftharpoons (B)_{l_i}$$

温度升高到 T_n。固液两相达成平衡。固相为 α_n，液相为 l_n。有

$$\alpha_n \rightleftharpoons l_n$$

即

$$(A)_{l_n} \rightleftharpoons (A)_{\alpha_n}$$

$$(B)_{l_n} \rightleftharpoons (B)_{\alpha_n}$$

升高温度到 T。在温度刚升到 T，固相组元 α_n 还未来得及溶解进入液相时，溶液组成仍然与 l_n 相同，但已由固-液两相平衡的溶液 l_n 变成不平衡的 l'_n。固相组成也未变，但已由 α_n 变成 α'_n。固相组元 α'_n 向溶液 l'_n 中溶解，直到固相 α_n 消失，有

$$\alpha'_n = (\alpha'_n)_{l'_n}$$

即

$$(A)_{\alpha'_n} = (A)_{l'_n}$$

$$(B)_{\alpha'_n} = (B)_{l'_n}$$

该过程的摩尔吉布斯自由能变化为

$$\begin{aligned}\Delta G_{\mathrm{m},A} &= \overline{G}_{\mathrm{m},(A)_{l'_n}} - \overline{G}_{\mathrm{m},(A)_{\alpha'_n}} \\ &= \left(\overline{H}_{\mathrm{m},(A)_{l'_n}} - T\overline{S}_{\mathrm{m},(A)_{l'_n}}\right) - \left(\overline{H}_{\mathrm{m},(A)_{\alpha'_n}} - T\overline{S}_{\mathrm{m},(A)_{\alpha'_n}}\right) \\ &= \frac{\left[(\Delta_{\mathrm{sol}} H_{\mathrm{m},A})_{l'_n} - (\Delta_{\mathrm{sol}} H_{\mathrm{m},A})_{\alpha'_n}\right]\Delta T}{T_n}\end{aligned} \tag{7.109}$$

$$\begin{aligned}\Delta G_{\mathrm{m},B} &= \overline{G}_{\mathrm{m},(B)_{l'_n}} - \overline{G}_{\mathrm{m},(B)_{\alpha'_n}} \\ &= \left(\overline{H}_{\mathrm{m},(B)_{l'_n}} - T\overline{S}_{\mathrm{m},(B)_{l'_n}}\right) - \left(\overline{H}_{\mathrm{m},(B)_{\alpha'_n}} - T\overline{S}_{\mathrm{m},(B)_{\alpha'_n}}\right) \\ &= \frac{\left[(\Delta_{\mathrm{sol}} H_{\mathrm{m},B})_{l'_n} - (\Delta_{\mathrm{sol}} H_{\mathrm{m},B})_{\alpha'_n}\right]\Delta T}{T_n}\end{aligned} \tag{7.110}$$

$$\begin{aligned}\Delta G_{\mathrm{m},\alpha_n} &= x_A \Delta G_{\mathrm{m},A} + x_B \Delta G_{\mathrm{m},B} \\ &= \frac{\Delta T\left\{x_A\left[(\Delta_{\mathrm{sol}} H_{\mathrm{m},A})_{l'_n} - (\Delta_{\mathrm{sol}} H_{\mathrm{m},A})_{\alpha'_n}\right] + x_B\left[(\Delta_{\mathrm{sol}} H_{\mathrm{m},B})_{l'_n} - (\Delta_{\mathrm{sol}} H_{\mathrm{m},B})_{\alpha'_n}\right]\right\}}{T_n}\end{aligned} \tag{7.111}$$

固相和液相中的组元 A、B 都以其纯固态为标准状态，浓度以摩尔分数表示，有

$$\Delta G_{\mathrm{m},A}=\mu_{(A)_{l_n'}}-\mu_{(A)_{\alpha_n'}}=RT\ln\frac{a^{\mathrm{R}}_{(A)_{l_n'}}}{a^{\mathrm{R}}_{(A)_{\alpha_n'}}} \tag{7.112}$$

式中，

$$\mu_{(A)_{l_n'}}=\mu^*_{A(\mathrm{s})}+RT\ln a^{\mathrm{R}}_{(A)_{l_n'}}$$

$$\mu_{(A)_{\alpha_n'}}=\mu^*_{A(\mathrm{s})}+RT\ln a^{\mathrm{R}}_{(A)\alpha_n'}$$

$$\Delta G_{\mathrm{m},B}=\mu_{(B)_{l_n'}}-\mu_{(B)_{\alpha_n'}}=RT\ln\frac{a^{\mathrm{R}}_{(B)_{l_n'}}}{a^{\mathrm{R}}_{(B)_{\alpha_n'}}} \tag{7.113}$$

式中，

$$\mu_{(B)_{l_n'}}=\mu^*_{B(\mathrm{s})}+RT\ln a^{\mathrm{R}}_{(B)_{l_n'}}$$

$$\mu_{(B)_{\alpha_n'}}=\mu^*_{B(\mathrm{s})}+RT\ln a^{\mathrm{R}}_{(B)_{\alpha_n'}}$$

固溶体 α_n 的摩尔吉布斯自由能变化为

$$\begin{aligned}\Delta G_{\mathrm{m},\alpha_n}&=x_A\Delta G_{\mathrm{m},A}+x_B\Delta G_{\mathrm{m},B}\\&=x_ART\ln\frac{a^{\mathrm{R}}_{(A)_{l_n'}}}{a^{\mathrm{R}}_{(A)_{\alpha_n'}}}+x_BRT\ln\frac{a^{\mathrm{R}}_{(B)_{l_n'}}}{a^{\mathrm{R}}_{(B)_{\alpha_n'}}}\end{aligned} \tag{7.114}$$

2. 相变速率

在恒温恒压条件下，从温度 T_1 到 T，不考虑耦合作用，具有连续固溶体组成的二元系物质的熔化速率为

$$\begin{aligned}\frac{\mathrm{d}N_{(A)_{l_i}}}{\mathrm{d}t}&=-\frac{\mathrm{d}N_{(A)_{\alpha_i}}}{\mathrm{d}t}=Vj_{(A)_{\alpha_i}}\\&=-V\left[l_1\left(\frac{A_{\mathrm{m},B}}{T}\right)+l_2\left(\frac{A_{\mathrm{m},B}}{T}\right)^2+l_3\left(\frac{A_{\mathrm{m},B}}{T}\right)^3+\cdots\right]\end{aligned} \tag{7.115}$$

$$\begin{aligned}\frac{\mathrm{d}N_{(B)_{l_i}}}{\mathrm{d}t}&=-\frac{\mathrm{d}N_{(B)_{\alpha_i}}}{\mathrm{d}t}=Vj_{(B)_{\alpha_i}}\\&=-V\left[l_1\left(\frac{A_{\mathrm{m},B}}{T}\right)+l_2\left(\frac{A_{\mathrm{m},B}}{T}\right)^2+l_3\left(\frac{A_{\mathrm{m},B}}{T}\right)^3+\cdots\right]\end{aligned} \tag{7.116}$$

$$
\begin{aligned}
\frac{\mathrm{d}N_{(\alpha_i)_{l_i}}}{\mathrm{d}t} &= -\frac{\mathrm{d}N_{\alpha_i}}{\mathrm{d}t} = -x_{(A)_{\alpha_i}}\frac{\mathrm{d}N_{(A)_{\alpha_i}}}{\mathrm{d}t} - x_{(B)_{\alpha_i}}\frac{\mathrm{d}N_{(B)_{\alpha_i}}}{\mathrm{d}t} \\
&= V\left[x_A J_{(A)_{\alpha_i}} + x_B J_{(B)_{\alpha_i}}\right] \\
&= -V\left\{x_A\left[l_1\left(\frac{A_{\mathrm{m},B}}{T}\right) + l_2\left(\frac{A_{\mathrm{m},B}}{T}\right)^2 + l_3\left(\frac{A_{\mathrm{m},B}}{T}\right)^3 + \cdots\right]\right. \\
&\quad \left. + x_B\left[l_1'\left(\frac{A_{\mathrm{m},B}}{T}\right) + l_2'\left(\frac{A_{\mathrm{m},B}}{T}\right)^2 + l_3'\left(\frac{A_{\mathrm{m},B}}{T}\right)^3 + \cdots\right]\right\}
\end{aligned}
\tag{7.117}
$$

或

$$
\begin{aligned}
\frac{\mathrm{d}N_{l_i}}{\mathrm{d}t} &= -\frac{\mathrm{d}N_{\alpha_i}}{\mathrm{d}t} = VJ_{\alpha_i} \\
&= -V\left[l_1''\left(\frac{A_{\mathrm{m},\alpha_i}}{T}\right) + l_2''\left(\frac{A_{\mathrm{m},\alpha_i}}{T}\right)^2 + l_3''\left(\frac{A_{\mathrm{m},\alpha_i}}{T}\right)^3 + \cdots\right]
\end{aligned}
\tag{7.118}
$$

式中，

$$A_{\mathrm{m},A} = \Delta G_{\mathrm{m},A}$$

$$A_{\mathrm{m},B} = \Delta G_{\mathrm{m},B}$$

$$A_{\mathrm{m},\alpha_i} = \Delta G_{\mathrm{m},\alpha_i}$$

考虑耦合作用，熔化速率为

$$
\begin{aligned}
\frac{\mathrm{d}N_{(A)_{l_i}}}{\mathrm{d}t} &= -\frac{\mathrm{d}N_{(A)_{\alpha_i}}}{\mathrm{d}t} = VJ_{(A)_{\alpha_i}} \\
&= -V\left[l_{iA}\left(\frac{A_{\mathrm{m},A}}{T}\right) + l_{iB}\left(\frac{A_{\mathrm{m},B}}{T}\right) + l_{iAA}\left(\frac{A_{\mathrm{m},A}}{T}\right)^2\right. \\
&\quad + l_{iAB}\left(\frac{A_{\mathrm{m},A}}{T}\right)\left(\frac{A_{\mathrm{m},B}}{T}\right) \\
&\quad + l_{iBB}\left(\frac{A_{\mathrm{m},B}}{T}\right)^2 + l_{iAAA}\left(\frac{A_{\mathrm{m},A}}{T}\right)^3 + l_{iAAB}\left(\frac{A_{\mathrm{m},A}}{T}\right)^2\left(\frac{A_{\mathrm{m},B}}{T}\right) \\
&\quad \left. + l_{iABB}\left(\frac{A_{\mathrm{m},A}}{T}\right)\left(\frac{A_{\mathrm{m},B}}{T}\right)^2 + l_{iBBB}\left(\frac{A_{\mathrm{m},B}}{T}\right)^3 + \cdots\right]
\end{aligned}
\tag{7.119}
$$

$$
\begin{aligned}
\frac{\mathrm{d}N_{(B)_{l_i}}}{\mathrm{d}t} =& -\frac{\mathrm{d}N_{(B)_{\alpha_i}}}{\mathrm{d}t} = VJ_{(B)_{\alpha_i}} \\
=& -V\left[l_{iB}\left(\frac{A_{\mathrm{m},B}}{T}\right) + l_{iA}\left(\frac{A_{\mathrm{m},A}}{T}\right) + l_{iBB}\left(\frac{A_{\mathrm{m},B}}{T}\right)^2\right. \\
& + l_{iBA}\left(\frac{A_{\mathrm{m},B}}{T}\right)\left(\frac{A_{\mathrm{m},A}}{T}\right) \\
& + l_{iAA}\left(\frac{A_{\mathrm{m},A}}{T}\right)^2 + l_{iBBB}\left(\frac{A_{\mathrm{m},B}}{T}\right)^3 + l_{iBBA}\left(\frac{A_{\mathrm{m},B}}{T}\right)^2\left(\frac{A_{\mathrm{m},A}}{T}\right) \\
& \left. + l_{iBAA}\left(\frac{A_{\mathrm{m},B}}{T}\right)\left(\frac{A_{\mathrm{m},A}}{T}\right)^2 + l_{iAAA}\left(\frac{A_{\mathrm{m},A}}{T}\right)^3 + \cdots\right]
\end{aligned}
\tag{7.120}
$$

7.2.6 具有不连续固溶体的二元系

1. 相变过程热力学

图 7.8 是具有最低共熔点，不连续固溶体的二元系相图。

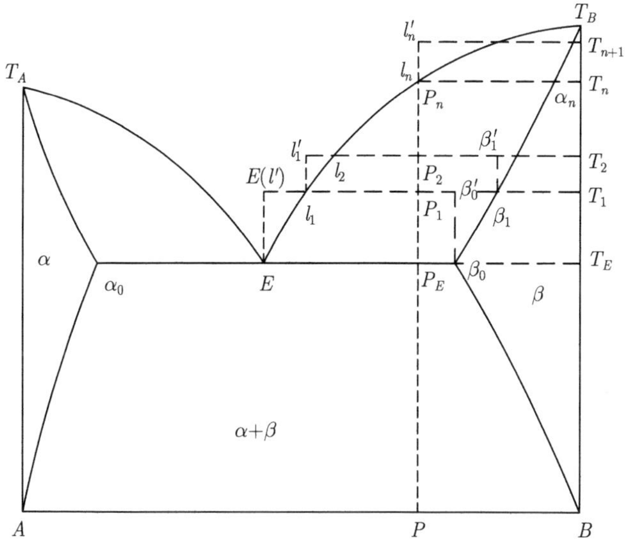

图 7.8 具有不连续固溶体的二元系相图

在恒压条件下，组成点为 P 的物质升温到 T_E，出现液相。物质组成点为 P_E。固–液两相达成平衡，有

$$E(\mathrm{s}) \rightleftharpoons E(\mathrm{l})$$

即

$$x_{\alpha_0}\alpha_0 + x_{\beta_0}\beta_0 \rightleftharpoons E(\mathrm{l}) = x_{\alpha_0}(\alpha_0)_{E(\mathrm{l})} + x_{\beta_0}(\beta_0)_{E(\mathrm{l})}$$

或

$$\alpha_0 \rightleftharpoons (\alpha_0)_{E(\mathrm{l})} \equiv (\alpha_0)_{饱}$$

$$\beta_0 \rightleftharpoons (\beta_0)_{E(\mathrm{l})} \equiv (\beta_0)_{饱}$$

即

$$(A)_{\alpha_0} \rightleftharpoons (A)_{\beta_0} \rightleftharpoons (A)_{E(\mathrm{l})}$$

$$(B)_{\alpha_0} \rightleftharpoons (B)_{\beta_0} \rightleftharpoons (B)_{E(\mathrm{l})}$$

该过程的摩尔吉布斯自由能变化为

$$\begin{aligned}
\Delta G_{\mathrm{m},E} &= G_{\mathrm{m},E(\mathrm{l})} - G_{\mathrm{m},E(\mathrm{s})} \\
&= (H_{\mathrm{m},E(\mathrm{l})} - T_E S_{\mathrm{m},E(\mathrm{l})}) - (H_{\mathrm{m},E(\mathrm{s})} - T_E S_{\mathrm{m},E(\mathrm{s})}) \\
&= \Delta_{\mathrm{fus}} H_{\mathrm{m},E} - T_E \Delta_{\mathrm{fus}} S_{\mathrm{m},E} \\
&= \Delta_{\mathrm{fus}} H_{\mathrm{m},E} - T_E \frac{\Delta_{\mathrm{fus}} H_{\mathrm{m},E}}{T_E} = 0
\end{aligned} \tag{7.121}$$

式中，$\Delta_{\mathrm{fus}}H_{\mathrm{m},E}$、$\Delta_{\mathrm{fus}}S_{\mathrm{m},E}$ 分别是固相 $E(\mathrm{s})$ 的熔化焓、熔化熵。

$$M_E = x_\alpha M_\alpha + x_\beta M_\beta = x_A M_A + x_B M_B$$

$$M_\alpha = x_{\alpha A} M_A + x_{\alpha B} M_B$$

$$M_\beta = x_{\beta A} M_A + x_{\beta B} M_B$$

式中，M_E、M_α、M_β 分别为物质 E、α、β 的“摩尔质量”；M_A、M_B 分别为组元 A、B 的摩尔质量；x_α、x_β 分别为物质 E 中固溶体 α、β 的“摩尔分数”；$x_{\alpha A}$、$x_{\alpha B}$、$x_{\beta A}$、$x_{\beta B}$ 分别为固溶体 α、β 中组元 A、B 的摩尔分数。

升高温度到 T_1。在温度刚升到 T_1，固相 $E(\mathrm{s})$ 还未来得及熔化，进入溶液时，液相组成仍为 $E(\mathrm{l})$，但已由固–液两相平衡的 $E(\mathrm{l})$ 变为固液两相不平衡的 $E(\mathrm{l}')$，$E(\mathrm{s})$ 熔化。有

$$E(\mathrm{s}) = E(\mathrm{l}')$$

该过程的摩尔吉布斯自由能变化为

$$\begin{aligned}\Delta G_{\mathrm{m},E}(T_1) &= G_{\mathrm{m},E(\mathrm{l}')}(T_1) - G_{\mathrm{m},E(\mathrm{s})}(T_1) \\ &= [H_{\mathrm{m},E(\mathrm{l}')}(T_1) - T_1 S_{\mathrm{m},E(\mathrm{l}')}(T_1)] - [H_{\mathrm{m},E(\mathrm{s})}(T_1) - T_1 S_{\mathrm{m},E(\mathrm{s})}(T_1)] \\ &= \Delta_{\mathrm{fus}} H_{\mathrm{m},E}(T_1) - T_1 \Delta_{\mathrm{fus}} S_{\mathrm{m},E}(T_1) \\ &\approx \Delta_{\mathrm{fus}} H_{\mathrm{m},E}(T_E) - T_1 \frac{\Delta_{\mathrm{fus}} H_{\mathrm{m},E}(T_E)}{T_E} \\ &= \frac{\Delta_{\mathrm{fus}} H_{\mathrm{m},E}(T_E) \Delta T}{T_E} < 0\end{aligned} \tag{7.122}$$

直到固相 $E(\mathrm{s})$ 完全熔化，消失。此时，固相组元 α_0' 完全进入液相，但组元 β_0' 有剩余，继续向 $E(\mathrm{l}')$ 中溶解，直至完全进入液相，溶液变为 l_1，固相成为 α_1。该过程可以表示为

$$\beta_0' \xlongequal{\quad} E(\mathrm{l}')$$

即

$$(A)_{\beta_0'} \xlongequal{\quad} (A)_{E(\mathrm{l}')}$$

$$(B)_{\beta_0'} \xlongequal{\quad} (B)_{E(\mathrm{l}')}$$

该过程的摩尔吉布斯自由能变化为

$$\begin{aligned}\Delta G_{\mathrm{m},A}(T_1) &= \overline{G}_{\mathrm{m},(A)_{E(\mathrm{l}')}}(T_1) - \overline{G}_{\mathrm{m},A(\mathrm{s})_{\beta_0'}}(T_1) \\ &= (\overline{G}_{\mathrm{m},(A)_{E(\mathrm{l}')}}(T_1) - G_{\mathrm{m},A(\mathrm{s})})(T_1) - (\overline{G}_{\mathrm{m},(A)_{\beta_0'}}(T_1) - G_{\mathrm{m},A(\mathrm{s})}(T_1)) \\ &= [(\Delta_{\mathrm{sol}} H_{\mathrm{m},A}(T_1))_{E(\mathrm{l}')} - T_1 (\Delta_{\mathrm{sol}} S_{\mathrm{m},A}(T_1))_{E(\mathrm{l}')}] \\ &\quad -[(\Delta_{\mathrm{sol}} H_{\mathrm{m},A}(T_1))_{\beta_0'} - T_1 (\Delta_{\mathrm{sol}} S_{\mathrm{m},A}(T_1))_{\beta_0'}] \\ &= \frac{(\Delta_{\mathrm{sol}} H_{\mathrm{m},A}(T_E))_{E(\mathrm{l}')} \Delta T}{T_E} - \frac{(\Delta_{\mathrm{sol}} H_{\mathrm{m},A}(T_E))_{\beta_0'} \Delta T}{T_E} \\ &= \frac{[(\Delta_{\mathrm{sol}} H_{\mathrm{m},A}(T_E))_{E(\mathrm{l}')} - (\Delta_{\mathrm{sol}} H_{\mathrm{m},A})_{\beta_0'}(T_E)] \Delta T}{T_E}\end{aligned} \tag{7.123}$$

$$\begin{aligned}\Delta G_{\mathrm{m},B}(T_1) &= \overline{G}_{\mathrm{m},(B)_{E(\mathrm{l}')}}(T_1) - \overline{G}_{\mathrm{m},B(\mathrm{s})_{\beta_0'}}(T_1) \\ &= (\overline{G}_{\mathrm{m},(B)_{E(\mathrm{l}')}}(T_1) - G_{\mathrm{m},B(\mathrm{s})}(T_1)) - (\overline{G}_{\mathrm{m},(B)_{\beta_0'}}(T_1) - G_{\mathrm{m},B(\mathrm{s})}(T_1)) \\ &= \frac{[(\Delta_{\mathrm{sol}} H_{\mathrm{m},B}(T_E))_{E(\mathrm{l}')} - (\Delta_{\mathrm{sol}} H_{\mathrm{m},B}(T_E))_{\beta_0'}] \Delta T}{T_E}\end{aligned} \tag{7.124}$$

式中，

$$\Delta T = T_E - T_1 < 0$$

该过程固溶体 β_0 的摩尔吉布斯自由能变化为

$$\begin{aligned}\Delta G_{\mathrm{m},\beta_0'}(T_1) &= x_{A,\beta_0'}\Delta G_{\mathrm{m},A}(T_1) + x_{B,\beta_0'}\Delta G_{\mathrm{m},B}(T_1)\\ &= (\Delta T\{x_{A,\beta_0'}[(\Delta_{\mathrm{sol}}H_{\mathrm{m},A}(T_1))_{E(\mathrm{l}')} - (\Delta_{\mathrm{sol}}H_{\mathrm{m},A}(T_1))_{\beta_0'}]\\ &\quad + x_{B,\beta_0'}[(\Delta_{\mathrm{sol}}H_{\mathrm{m},B}(T_1))_{E(\mathrm{l}')} - (\Delta_{\mathrm{sol}}H_{\mathrm{m},B}(T_1))_{\beta_0'}]\})/(T_E)\end{aligned}$$

固相和液相中的组元 A、B 都以其纯固态为标准状态，浓度以摩尔分数表示，有

$$\Delta G_{\mathrm{m},A} = \mu_{(A)_{E(\mathrm{l}')}} - \mu_{(A)_{\beta_0'}} = RT\ln\frac{a^{\mathrm{R}}_{(A)_{E(\mathrm{l}')}}}{a^{\mathrm{R}}_{(A)_{\beta_0'}}} \tag{7.125}$$

式中，

$$\mu_{(A)_{E(\mathrm{l}')}} = \mu^*_{A(\mathrm{s})} + RT\ln a^{\mathrm{R}}_{(A)_{E(\mathrm{l}')}}$$

$$\mu_{(A)_{\beta_0'}} = \mu^*_{A(\mathrm{s})} + RT\ln a^{\mathrm{R}}_{(A)_{\beta_0'}}$$

$$\Delta G_{\mathrm{m},B} = \mu_{(B)_{E(\mathrm{l}')}} - \mu_{(B)_{\beta_0'}} = RT\ln\frac{a^{\mathrm{R}}_{(B)_{E(\mathrm{l}')}}}{a^{\mathrm{R}}_{(B)_{\beta_0'}}} \tag{7.126}$$

式中，

$$\mu_{(B)_{E(\mathrm{l}')}} = \mu^*_{B(\mathrm{s})} + RT\ln a^{\mathrm{R}}_{(B)_{E(\mathrm{l}')}}$$

$$\mu_{(B)_{\beta_0'}} = \mu^*_{B(\mathrm{s})} + RT\ln a^{\mathrm{R}}_{(B)_{\beta_0'}}$$

该过程固溶体 β_0 的摩尔吉布斯自由能变化为

$$\begin{aligned}\Delta G_{\mathrm{m},\beta_0'} &= x_A\Delta G_{\mathrm{m},A} + x_B\Delta G_{\mathrm{m},B}\\ &= x_A RT\ln\frac{a^{\mathrm{R}}_{(A)_{E(\mathrm{l}')}}}{a^{\mathrm{R}}_{(A)_{\beta_0'}}} + x_B RT\ln\frac{a^{\mathrm{R}}_{(B)_{E(\mathrm{l}')}}}{a^{\mathrm{R}}_{(B)_{\beta_0'}}}\end{aligned} \tag{7.127}$$

或者如下计算。

升高温度到 T_1。在温度刚升到 T_1，固相组元 α_0 和 β_0 还未来得及溶解进入液相时，液相组成未变，但已由组元 α_0 和 β_0 饱和的液相 $E(\mathrm{l})$ 变成不饱和的液相 $E(\mathrm{l}')$，固相也由 α_0 和 β_0 变为 α_0' 和 β_0'。因此，固相 α_0' 和 β_0' 向 $E(\mathrm{l}')$ 中溶解。有

$$\alpha_0' \xlongequal{\quad} (\alpha_0)_{E(\mathrm{l}')}$$

$$\beta_0' \equiv (\beta_0)_{E(1')}$$

即

$$(A)_{\alpha_0'} \equiv (A)_{E(1')}$$

$$(B)_{\alpha_0'} \equiv (B)_{E(1')}$$

和

$$(A)_{\beta_0'} \equiv (A)_{E(1')}$$

$$(B)_{\beta_0'} \equiv (B)_{E(1')}$$

该过程的摩尔吉布斯自由能变化为

$$\begin{aligned}
\Delta G_{\mathrm{m},(A)_{\alpha_0'}}(T_1) &= \overline{G}_{\mathrm{m},(A)_{E(1')}}(T_1) - \overline{G}_{\mathrm{m},(A)_{\alpha_0'}}(T_1) \\
&= [\overline{H}_{\mathrm{m},(A)_{E(1')}}(T_1) - T_1\overline{S}_{\mathrm{m},(A)_{E(1')}}(T_1)] \\
&\quad -[\overline{H}_{\mathrm{m},(A)_{\alpha_0'}}(T_1) - T_1\overline{S}_{\mathrm{m},(A)_{\alpha_0'}}(T_1)] \\
&= \Delta_{\mathrm{sol}} H_{\mathrm{m},(A)_{\alpha_0' \to E(1')}}(T_1) - T_1 \Delta_{\mathrm{sol}} S_{\mathrm{m},(A)_{\alpha_0' \to E(1')}}(T_1) \\
&\approx \Delta_{\mathrm{sol}} H_{\mathrm{m},(A)_{\alpha_0' \to E(1')}}(T_E) - T_1 \frac{\Delta_{\mathrm{sol}} H_{\mathrm{m},(A)_{\alpha_0' \to E(1')}}(T_E)}{T_E} \\
&= \frac{\Delta_{\mathrm{sol}} H_{\mathrm{m},(A)_{\alpha_0' \to E(1')}}(T_E)\Delta T}{T_E}
\end{aligned} \tag{7.128}$$

同理，有

$$\Delta G_{\mathrm{m},(B)_{\alpha_0' \to E(1')}}(T_1) = \frac{\Delta_{\mathrm{sol}} H_{\mathrm{m},(B)_{\alpha_0' \to E(1')}}(T_E)\Delta T}{T_E} \tag{7.129}$$

$$\Delta G_{\mathrm{m},(A)_{\beta_0' \to E(1')}}(T_1) = \frac{\Delta_{\mathrm{sol}} H_{\mathrm{m},(A)_{\beta_0' \to E(1')}}(T_E)\Delta T}{T_E} \tag{7.130}$$

$$\Delta G_{\mathrm{m},(B)_{\beta_0' \to E(1')}}(T_1) = \frac{\Delta_{\mathrm{sol}} H_{\mathrm{m},(B)_{\beta_0' \to E(1')}}(T_E)\Delta T}{T_E} \tag{7.131}$$

式中，$\Delta_{\mathrm{sol}} H_{\mathrm{m},(A)_{\alpha_0' \to E(1')}}$ 是 α_0' 中的 A 溶解到 $E(1')$ 中的摩尔焓的变化。其他意义同此。

或者如下计算。

以纯固态组元 A、B 为标准状态，浓度以摩尔分数表示，该过程的摩尔吉布斯自由能变化为

$$\Delta G_{\mathrm{m},(A)_{\alpha_0'}} = \mu_{(A)_{E(1')}} - \mu_{(A)_{\alpha_0'}} = RT \ln \frac{a^{\mathrm{R}}_{(A)_{E(1')}}}{a^{\mathrm{R}}_{(A)_{\alpha_0'}}} \tag{7.132}$$

$$\Delta G_{\mathrm{m},(B)_{\alpha_0'}}=\mu_{(B)_{E(1')}}-\mu_{(B)_{\alpha_0'}}=RT\ln\frac{a^{\mathrm{R}}_{(B)_{E(1')}}}{a^{\mathrm{R}}_{(B)_{\alpha_0'}}} \tag{7.133}$$

$$\Delta G_{\mathrm{m},(A)_{\beta_0'}}=\mu_{(A)_{E(1')}}-\mu_{(A)_{\beta_0'}}=RT\ln\frac{a^{\mathrm{R}}_{(A)_{E(1')}}}{a^{\mathrm{R}}_{(A)_{\beta_0'}}} \tag{7.134}$$

$$\Delta G_{\mathrm{m},(B)_{\beta_0'}}=\mu_{(B)_{E(1')}}-\mu_{(B)_{\beta_0'}}=RT\ln\frac{a^{\mathrm{R}}_{(B)_{E(1')}}}{a^{\mathrm{R}}_{(B)_{\beta_0'}}} \tag{7.135}$$

式中，$a^{\mathrm{R}}_{(A)_{E(1')}}$ 和 $a^{\mathrm{R}}_{(A)_{\beta_0'}}$ 分别为组元 A 在液相 $E(1')$ 和 α_0' 中的活度，其他意义同此。

总摩尔吉布斯自由能变化为

$$\Delta G_{\mathrm{m},E}=x_A\Delta G_{\mathrm{m},A}+x_B\Delta G_{\mathrm{m},B} \tag{7.136}$$

$$\Delta G_{\mathrm{m},A}=x_{A,\alpha_0'}\Delta G_{\mathrm{m},(A)_{\alpha_0'}}(T_1)+x_{A,\beta_0'}\Delta G_{\mathrm{m},(A)_{\beta_0'}}(T_1) \tag{7.137}$$

$$\Delta G_{\mathrm{m},B}=x_{B,\alpha_0'}\Delta G_{\mathrm{m},(B)_{\alpha_0'}}+x_{B,\beta_0'}\Delta G_{\mathrm{m},(B)_{\beta_0'}} \tag{7.138}$$

从温度 T_1 到 T_n，随着温度的升高，固溶体 β 不断地溶解进入液相，该过程可以统一描述如下。

在温度 T_{i-1}，液固两相达成平衡，固相为固溶体 β_{i-1}，平衡液相组成为液相线 ET_B 上的 l_{i-1} 点。有

$$\beta_{i-1}\rightleftharpoons l_{i-1}$$

即

$$(A)_{\beta_{i-1}}\rightleftharpoons(A)_{l_{i-1}}$$

$$(B)_{\beta_{i-1}}\rightleftharpoons(B)_{l_{i-1}}$$

继续升高温度到 T_i。温度刚升到 T_i，固相 β_{i-1} 还未来得及溶解到液相中时，液相组成仍然和 l_{i-1} 相同。但是，已由固液平衡的 l_{i-1} 变为不平衡的 l_{i-1}'，同时固相组成未变，但由组元 β_{i-1} 变为 β_{i-1}'。因此，固相 β_{i-1}' 向液相 l_{i-1}' 中溶解，液相组成由 l_{i-1}' 向 l_i 转变，固相组成由 β_{i-1}' 向 β_i 转变。该过程可以表示为

$$\beta_{i-1}'=\!=\!=l_{i-1}'$$

即

$$(A)_{\beta_{i-1}'}\rightleftharpoons(A)_{l_{i-1}'}$$

$$(B)_{\beta_{i-1}'}\rightleftharpoons(B)_{l_{i-1}'}$$

该过程的摩尔吉布斯自由能变化为

$$\begin{aligned}\Delta G_{\mathrm{m},A} &= \overline{G}_{\mathrm{m},(A)_{l'_{i-1}}} - \overline{G}_{\mathrm{m},A_{\beta'_{i-1}}} \\ &= (\overline{G}_{\mathrm{m},(A)_{l'_{i-1}}} - G_{\mathrm{m},A(\mathrm{s})}) - (\overline{G}_{\mathrm{m},(A)_{\beta'_{i-1}}} - G_{\mathrm{m},A(\mathrm{s})}) \\ &= \frac{[(\Delta_{\mathrm{sol}}H_{\mathrm{m},A})_{l'_{i-1}} - (\Delta_{\mathrm{sol}}H_{\mathrm{m},A})_{\beta'_{i-1}}]\Delta T}{T_{i-1}}\end{aligned} \tag{7.139}$$

$$\begin{aligned}\Delta G_{\mathrm{m},B} &= \overline{G}_{\mathrm{m},(B)_{l'_{i-1}}} - \overline{G}_{\mathrm{m},(B)_{\beta'_{i-1}}} \\ &= (\overline{G}_{\mathrm{m},(B)_{l'_{i-1}}} - G_{\mathrm{m},B(\mathrm{s})}) - (\overline{G}_{\mathrm{m},(B)_{\beta'_{i-1}}} - G_{\mathrm{m},B(\mathrm{s})}) \\ &= \frac{[(\Delta_{\mathrm{sol}}H_{\mathrm{m},B})_{l'_{i-1}} - (\Delta_{\mathrm{sol}}H_{\mathrm{m},B})_{\beta'_{i-1}}]\Delta T}{T_{i-1}}\end{aligned} \tag{7.140}$$

式中，

$$\Delta T = T_{i-1} - T_i < 0$$

固溶体 β'_{i-1} 的摩尔吉布斯自由能变化为

$$\begin{aligned}\Delta G_{\mathrm{m},\beta'_{i-1}} &= x_{A,\beta'_{i-1}}\Delta G_{\mathrm{m},A} + x_{B,\beta'_{i-1}}\Delta G_{\mathrm{m},B} \\ &= (\Delta T\{x_{A,\beta'_{i-1}}[(\Delta_{\mathrm{sol}}H_{\mathrm{m},A})_{l'_{i-1}} - (\Delta_{\mathrm{sol}}H_{\mathrm{m},A})_{\beta'_{i-1}}] + x_{B,\beta'_{i-1}}[(\Delta_{\mathrm{sol}}H_{\mathrm{m},B})_{l'_{i-1}} \\ &\quad - (\Delta_{\mathrm{sol}}H_{\mathrm{m},B})_{\beta'_{i-1}}]\})/T_{i-1}\end{aligned} \tag{7.141}$$

固相和液相中的组元 A 和 B 都以其纯固态为标准状态，浓度以摩尔分数表示，摩尔吉布斯自由能变化为

$$\Delta G_{\mathrm{m},A} = \mu_{(A)_{l'_{i-1}}} - \mu_{(A)_{\beta'_{i-1}}} = RT\ln\frac{a^{\mathrm{R}}_{(A)_{l'_{i-1}}}}{a^{\mathrm{R}}_{(A)_{\beta'_{i-1}}}} \tag{7.142}$$

式中，

$$\mu_{(A)_{l'_{i-1}}} = \mu^*_{A(\mathrm{s})} + RT\ln a^{\mathrm{R}}_{(A)_{l'_{i-1}}}$$

$$\mu_{(A)_{\beta'_{i-1}}} = \mu^*_{A(\mathrm{s})} + RT\ln a^{\mathrm{R}}_{(A)_{\beta'_{i-1}}}$$

$$\Delta G_{\mathrm{m},B} = \mu_{(B)_{l'_{i-1}}} - \mu_{(B)_{\beta'_{i-1}}} = RT\ln\frac{a^{\mathrm{R}}_{(B)_{l'_{i-1}}}}{a^{\mathrm{R}}_{(B)_{\beta'_{i-1}}}} \tag{7.143}$$

式中，

$$\mu_{(B)_{l'_{i-1}}} = \mu^*_{B(\mathrm{s})} + RT\ln a^{\mathrm{R}}_{(B)_{l'_{i-1}}}$$

$$\mu_{(B)_{\beta'_{i-1}}} = \mu^*_{B(\mathrm{s})} + RT\ln a^{\mathrm{R}}_{(B)_{\beta'_{i-1}}}$$

该过程，固溶体 β'_{i-1} 的摩尔吉布斯自由能变化为

$$\begin{aligned}\Delta G_{\mathrm{m},\beta'_{i-1}} &= x_A\Delta G_{\mathrm{m},A} + x_B\Delta G_{\mathrm{m},B} \\ &= x_A RT\ln\frac{a^{\mathrm{R}}_{(A)_{l'_{i-1}}}}{a^{\mathrm{R}}_{(A)_{\beta'_{i-1}}}} + x_B RT\ln\frac{a^{\mathrm{R}}_{(B)_{l'_{i-1}}}}{a^{\mathrm{R}}_{(B)_{\beta'_{i-1}}}}\end{aligned} \tag{7.144}$$

在温度 T_n，固液两相达成平衡，固相已经很少。有

$$\beta_n \rightleftharpoons l_n$$

$$(A)_{\beta_n} \rightleftharpoons (A)_{l_n}$$

$$(B)_{\beta_n} \rightleftharpoons (B)_{l_n}$$

当温度刚升到 T，固相 β_n 尚未来得及溶入液相时，溶液组成仍然和 l_n 相同。但是，已由饱和的液相 l_n 转变为不饱和的液相 l'_n。固相组成未变，但已由 β_n 变为 β'_n。固相 β'_n 向液相 l'_n 中溶解，直到固溶体 β_n 完全消失。有

$$\beta'_n = l'_n$$

即

$$(A)_{\beta'_n} \rightleftharpoons (A)_{l'_n}$$

$$(B)_{\beta'_n} \rightleftharpoons (B)_{l'_n}$$

固相和液相的组元 A 和 B 都以纯固态为标准状态，浓度以摩尔分数表示，该过程的摩尔吉布斯自由能变化为

$$\Delta G_{\mathrm{m},A} = \mu_{(A)_{l'_n}} - \mu_{(A)_{\beta'_n}} = RT\ln\frac{a^{\mathrm{R}}_{(A)_{l'_n}}}{a^{\mathrm{R}}_{(A)_{\beta'_n}}} \tag{7.145}$$

式中，

$$\mu_{(A)_{l'_n}} = \mu^*_{A(\mathrm{s})} + RT\ln a^{\mathrm{R}}_{(A)_{l'_n}}$$

$$\mu_{(A)_{\beta'_n}} = \mu^*_{A(\mathrm{s})} + RT\ln a^{\mathrm{R}}_{(A)_{\beta'_n}}$$

$$\Delta G_{\mathrm{m},B} = \mu_{(B)_{l'_n}} - \mu_{(B)_{\beta'_n}} = RT\ln\frac{a^{\mathrm{R}}_{(B)_{l'_n}}}{a^{\mathrm{R}}_{(B)_{\beta'_n}}} \tag{7.146}$$

式中，

$$\mu_{(B)_{l'_n}} = \mu^*_{B(\mathrm{s})} + RT\ln a^{\mathrm{R}}_{(B)_{l'_n}}$$

$$\mu_{(B)_{\beta'_n}} = \mu^*_{B(\mathrm{s})} + RT\ln a^{\mathrm{R}}_{(B)_{\beta'_n}}$$

固溶体 β_n 的摩尔吉布斯自由能变化为

$$\begin{aligned}\Delta G_{\mathrm{m},\beta_n} &= x_A\Delta G_{\mathrm{m},A} + x_B\Delta G_{\mathrm{m},B} \\ &= x_ART\ln\frac{a^{\mathrm{R}}_{(A)_{l'_n}}}{a^{\mathrm{R}}_{(A)_{\beta'_n}}} + x_BRT\ln\frac{a^{\mathrm{R}}_{(B)_{l'_n}}}{a^{\mathrm{R}}_{(B)_{\beta'_n}}}\end{aligned} \tag{7.147}$$

也可以如下计算。

该过程的摩尔吉布斯自由能变化为

$$\begin{aligned}\Delta G_{\mathrm{m},A} &= \overline{G}_{\mathrm{m},(A)_{l'_n}} - \overline{G}_{\mathrm{m},(A)_{\beta'_n}} \\ &= (\overline{G}_{\mathrm{m},(A)_{l'_n}} - G_{\mathrm{m},A(\mathrm{s})}) - (\overline{G}_{\mathrm{m},(A)_{\beta'_n}} - G_{\mathrm{m},A(\mathrm{s})}) \\ &= \frac{[(\Delta_{\mathrm{sol}}H_{\mathrm{m},A})_{l'_n} - (\Delta_{\mathrm{sol}}H_{\mathrm{m},A})_{\beta'_n}]\Delta T}{T_n}\end{aligned} \tag{7.148}$$

$$\begin{aligned}\Delta G_{\mathrm{m},B} &= \overline{G}_{\mathrm{m},(B)_{l'_n}} - \overline{G}_{\mathrm{m},\beta'_n} \\ &= (\overline{G}_{\mathrm{m},(B)_{l'_n}} - G_{\mathrm{m},B(\mathrm{s})}) - (\overline{G}_{\mathrm{m},(B)_{\beta'_n}} - G_{\mathrm{m},B(\mathrm{s})}) \\ &= \frac{[(\Delta_{\mathrm{sol}}H_{\mathrm{m},B})_{l'_n} - (\Delta_{\mathrm{sol}}H_{\mathrm{m},B})_{\beta'_n}]\Delta T}{T_n}\end{aligned} \tag{7.149}$$

按各组元摩尔比计算，该过程固溶体 β_n 的摩尔吉布斯自由能变化为

$$\begin{aligned}\Delta G_{\mathrm{m},\beta'_n} &= x_{A,\beta'_n}\Delta G_{\mathrm{m},A} + x_{B,\beta'_n}\Delta G_{\mathrm{m},B} \\ &= (\Delta T\{x_{A,\beta'_n}[(\Delta_{\mathrm{sol}}H_{\mathrm{m},A})_{l'_n} - (\Delta_{\mathrm{sol}}H_{\mathrm{m},A})_{\beta'_n}] + x_{B,\beta'_n}[(\Delta_{\mathrm{sol}}H_{\mathrm{m},B})_{l'_n} \\ &\quad - (\Delta_{\mathrm{sol}}H_{\mathrm{m},B})_{\beta'_n}]\})/(T_n)\end{aligned} \tag{7.150}$$

2. 相变速率

在温度 T_1 到 T_n 的熔化速率。

在恒温恒压条件下，在 T_1 到 T_n，不考虑耦合作用，熔化速率为

$$\begin{aligned}\frac{\mathrm{d}N_{(A)_{l_i}}}{\mathrm{d}t} &= -\frac{\mathrm{d}N_{(A)_{\beta_i}}}{\mathrm{d}t} = Vj_{(A)_{\beta_i}} \\ &= -V\left[l_1\left(\frac{A_{\mathrm{m},A}}{T}\right) + l_2\left(\frac{A_{\mathrm{m},A}}{T}\right)^2 + l_3\left(\frac{A_{\mathrm{m},A}}{T}\right)^3 + \cdots\right]\end{aligned} \tag{7.151}$$

$$
\begin{aligned}
\frac{\mathrm{d}N_{(B)_{l_i}}}{\mathrm{d}t} &= -\frac{\mathrm{d}N_{(B)_{\beta_i}}}{\mathrm{d}t} = Vj_{(B)_{\beta_i}} \\
&= -V\left[l_1\left(\frac{A_{\mathrm{m},B}}{T}\right) + l_2\left(\frac{A_{\mathrm{m},B}}{T}\right)^2 + l_3\left(\frac{A_{\mathrm{m},B}}{T}\right)^3 + \cdots\right]
\end{aligned}
\tag{7.152}
$$

$$
\begin{aligned}
\frac{\mathrm{d}N_{(\beta_i)_{l_i}}}{\mathrm{d}t} &= -\frac{\mathrm{d}N_{\beta_i}}{\mathrm{d}t} = -x_{(A)_{\beta_i}}\frac{\mathrm{d}N_{(A)_{\beta_i}}}{\mathrm{d}t} - x_{(B)_{\beta_i}}\frac{\mathrm{d}N_{(B)_{\beta_i}}}{\mathrm{d}t} \\
&= V[x_A j_{(A)_{\beta_i}} + x_A j_{(B)_{\beta_i}}] \\
&= -V\left\{x_A\left[l_1\left(\frac{A_{\mathrm{m},A}}{T}\right) + l_2\left(\frac{A_{\mathrm{m},A}}{T}\right)^2 + l_3\left(\frac{A_{\mathrm{m},A}}{T}\right)^3 + \cdots\right]\right. \\
&\quad \left. + x_B\left[l_1'\left(\frac{A_{\mathrm{m},B}}{T}\right) + l_2'\left(\frac{A_{\mathrm{m},B}}{T}\right)^2 + l_3'\left(\frac{A_{\mathrm{m},B}}{T}\right)^3 + \cdots\right]\right\}
\end{aligned}
\tag{7.153}
$$

或

$$
\begin{aligned}
\frac{\mathrm{d}N_{(\beta_i)_{l_i}}}{\mathrm{d}t} &= -\frac{\mathrm{d}N_{\beta_i}}{\mathrm{d}t} = Vj_{\beta_i} \\
&= -V\left[l_1''\left(\frac{A_{\mathrm{m},\beta_i}}{T}\right) + l_2''\left(\frac{A_{\mathrm{m},\beta_i}}{T}\right)^2 + l_3''\left(\frac{A_{\mathrm{m},\beta_i}}{T}\right)^3 + \cdots\right]
\end{aligned}
\tag{7.154}
$$

式中，

$$
A_{\mathrm{m},A} = \Delta G_{\mathrm{m},A}
$$

$$
A_{\mathrm{m},B} = \Delta G_{\mathrm{m},B}
$$

$$
A_{\mathrm{m},\beta_i} = \Delta G_{\mathrm{m},\beta_i}
$$

考虑耦合作用，熔化速率为

$$
\begin{aligned}
\frac{\mathrm{d}N_{(A)_{l_i}}}{\mathrm{d}t} &= -\frac{\mathrm{d}N_{(A)_{\beta_i}}}{\mathrm{d}t} = Vj_{(A)_{\beta_i}} \\
&= -V\left[l_{iA}\left(\frac{A_{\mathrm{m},A}}{T}\right) + l_{iB}\left(\frac{A_{\mathrm{m},B}}{T}\right) + l_{iAA}\left(\frac{A_{\mathrm{m},A}}{T}\right)^2\right. \\
&\quad + l_{iAB}\left(\frac{A_{\mathrm{m},A}}{T}\right)\left(\frac{A_{\mathrm{m},B}}{T}\right) \\
&\quad + l_{iBB}\left(\frac{A_{\mathrm{m},B}}{T}\right)^2 + l_{iAAA}\left(\frac{A_{\mathrm{m},A}}{T}\right)^3 + l_{iAAB}\left(\frac{A_{\mathrm{m},A}}{T}\right)^2\left(\frac{A_{\mathrm{m},B}}{T}\right) \\
&\quad \left. + l_{iABB}\left(\frac{A_{\mathrm{m},A}}{T}\right)\left(\frac{A_{\mathrm{m},B}}{T}\right)^2 + l_{iBBB}\left(\frac{A_{\mathrm{m},B}}{T}\right)^3 + \cdots\right]
\end{aligned}
\tag{7.155}
$$

$$
\begin{aligned}
\frac{\mathrm{d}N_{(B)_{l_i}}}{\mathrm{d}t} &= -\frac{\mathrm{d}N_{(B)_{\beta_i}}}{\mathrm{d}t} = Vj_{(B)_{\beta_i}} \\
&= -V\left[l_{iB}\left(\frac{A_{\mathrm{m},B}}{T}\right) + l_{iA}\left(\frac{A_{\mathrm{m},A}}{T}\right) + l_{iBB}\left(\frac{A_{\mathrm{m},B}}{T}\right)^2\right. \\
&\quad + l_{iBA}\left(\frac{A_{\mathrm{m},B}}{T}\right)\left(\frac{A_{\mathrm{m},A}}{T}\right) + l_{iAA}\left(\frac{A_{\mathrm{m},A}}{T}\right)^2 \\
&\quad + l_{iBBB}\left(\frac{A_{\mathrm{m},B}}{T}\right)^3 + l_{iBBA}\left(\frac{A_{\mathrm{m},B}}{T}\right)^2\left(\frac{A_{\mathrm{m},A}}{T}\right) \\
&\quad \left. + l_{iBAA}\left(\frac{A_{\mathrm{m},B}}{T}\right)\left(\frac{A_{\mathrm{m},A}}{T}\right)^2 + l_{iAAA}\left(\frac{A_{\mathrm{m},A}}{T}\right)^3 + \cdots\right]
\end{aligned} \tag{7.156}
$$

7.3 三元系熔化

7.3.1 具有最低共熔点的三元系

1. 相变过程热力学

图 7.9 是具有最低共熔点的三元系相图。在恒压条件下，物质组成点为 M 的固相升温熔化。

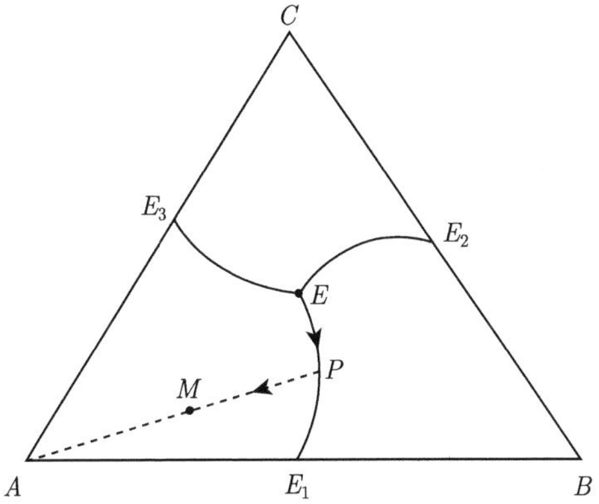

图 7.9 具有最低共熔点的三元系相图

1) 温度升到 T_E

物质组成点达到最低共熔点 E 所在的平行于底面的等温平面。组成为 E 的均匀固相熔化为液相 $E(\mathrm{l})$，可以表示为

$$
E(\mathrm{s}) =\!=\!= E(\mathrm{l})
$$

即

$$x_AA(\mathrm{s})+x_BB(\mathrm{s})+x_CC(\mathrm{s}) = E(\mathrm{l}) = x_A(A)_{E(\mathrm{l})}+x_B(B)_{E(\mathrm{l})}+x_C(C)_{E(\mathrm{l})}$$

或

$$A(\mathrm{s}) = (A)_{E(\mathrm{l})}$$

$$B(\mathrm{s}) = (B)_{E(\mathrm{l})}$$

$$C(\mathrm{s}) = (C)_{E(\mathrm{l})}$$

式中，x_A、x_B、x_C 分别为组成 E 的组元 A、B、C 的摩尔分数。

$$M_E=x_AM_A+x_BM_B+x_CM_C$$

式中，M_E、M_A、M_B、M_C 分别为组元 E、A、B、C 的摩尔质量。熔化过程的摩尔吉布斯自由能变化为

$$\begin{aligned}\Delta G_{\mathrm{m},E}(T_E)&=\overline{G}_{\mathrm{m},E(\mathrm{l})}(T_E)-G_{\mathrm{m},E(\mathrm{s})}(T_E)\\&=[\overline{H}_{\mathrm{m},E(\mathrm{l})}(T_E)-T_E\overline{S}_{\mathrm{m},E(\mathrm{l})}(T_E)]-[H_{\mathrm{m},E(\mathrm{s})}(T_E)-T_1S_{\mathrm{m},E(\mathrm{s})}(T_E)]\\&=\Delta_{\mathrm{fus}}H_{\mathrm{m},E}(T_E)-T_E\Delta_{\mathrm{fus}}S_{\mathrm{m},E}(T_E)\\&=\Delta_{\mathrm{fus}}H_{\mathrm{m},E}(T_E)-T_E\frac{\Delta_{\mathrm{fus}}H_{\mathrm{m},E}(T_E)}{T_E}\\&=0\end{aligned}\tag{7.157}$$

或

$$\begin{aligned}\Delta G_{\mathrm{m},A}(T_E)&=\overline{G}_{\mathrm{m},(A)_{E(\mathrm{l})}}(T_E)-G_{\mathrm{m},A(\mathrm{s})}(T_E)\\&=[\overline{H}_{\mathrm{m},(A)_{E(\mathrm{l})}}(T_E)-T_E\overline{S}_{\mathrm{m},(A)_{E(\mathrm{l})}}(T_E)]-[H_{\mathrm{m},A(\mathrm{s})}(T_E)-T_1S_{\mathrm{m},A(\mathrm{s})}(T_E)]\\&=\Delta_{\mathrm{sol}}H_{\mathrm{m},A}(T_E)-T_E\Delta_{\mathrm{sol}}S_{\mathrm{m},A}(T_E)\\&=\Delta_{\mathrm{sol}}H_{\mathrm{m},A}(T_E)-T_E\frac{\Delta_{\mathrm{sol}}H_{\mathrm{m},A}(T_E)}{T_E}\\&=0\end{aligned}\tag{7.158}$$

同理

$$\begin{aligned}\Delta G_{\mathrm{m},B}(T_E)&=\overline{G}_{\mathrm{m},(B)_{E(\mathrm{l})}}(T_E)-G_{\mathrm{m},B(\mathrm{s})}(T_E)\\&=\Delta_{\mathrm{sol}}H_{\mathrm{m},B}(T_E)-T_E\frac{\Delta_{\mathrm{sol}}H_{\mathrm{m},B}(T_E)}{T_E}\\&=0\end{aligned}\tag{7.159}$$

$$\begin{aligned}\Delta G_{\mathrm{m},C}(T_E) &= \overline{G}_{\mathrm{m},(C)_{E(\mathrm{l})}}(T_E) - G_{\mathrm{m},C(\mathrm{s})}(T_E) \\ &= \Delta_{\mathrm{fus}} H_{\mathrm{m},C}(T_E) - T_E \frac{\Delta_{\mathrm{fus}} H_{\mathrm{m},C}(T_E)}{T_E} \\ &= 0\end{aligned} \tag{7.160}$$

$$\Delta G_{\mathrm{m},E} = x_A \Delta G_{\mathrm{m},A} + x_B \Delta G_{\mathrm{m},B} + x_C \Delta G_{\mathrm{m},C}$$

式中，$\Delta_{\mathrm{sol}} H_{\mathrm{m},A}$、$\Delta_{\mathrm{sol}} S_{\mathrm{m},A}$，$\Delta_{\mathrm{sol}} H_{\mathrm{m},B}$、$\Delta_{\mathrm{sol}} S_{\mathrm{m},B}$，$\Delta_{\mathrm{sol}} H_{\mathrm{m},C}$、$\Delta_{\mathrm{sol}} S_{\mathrm{m},C}$ 分别为组元 A、B、C 的溶解焓和溶解熵，通常为正值。

该过程的摩尔吉布斯自由能变化也可以如下计算。

固相和液相中的组元 A、B、C 都以纯固态物质为标准状态，浓度以摩尔分数表示，摩尔吉布斯自由能变为

$$\begin{aligned}\Delta G_{\mathrm{m},Et} &= \mu_{E(\mathrm{l})} - \mu_{E(\mathrm{s})} \\ &= (x_A \mu_{(A)_{E(\mathrm{l})}} + x_B \mu_{(B)_{E(\mathrm{l})}} + x_C \mu_{(C)_{E(\mathrm{l})}}) - (x_A \mu_{A(\mathrm{s})} + x_B \mu_{B(\mathrm{s})} + x_C \mu_{C(\mathrm{s})}) \\ &= x_A RT \ln a^{\mathrm{R}}_{(A)_{E(\mathrm{l})}} + x_B RT \ln a^{\mathrm{R}}_{(B)_{E(\mathrm{l})}} + x_C RT \ln a^{\mathrm{R}}_{(C)_{E(\mathrm{l})}}\end{aligned} \tag{7.161}$$

在温度 T_E，最低共熔组成的液相 $E(\mathrm{l})$ 中，组元 A、B 和 C 都是饱和的。所以

$$\ln a^{\mathrm{R}}_{(A)_{E(\mathrm{l})}} = \ln a^{\mathrm{R}}_{(B)_{E(\mathrm{l})}} = \ln a^{\mathrm{R}}_{(C)_{E(\mathrm{l})}} = 1 \tag{7.162}$$

$$\Delta G_{\mathrm{m},E} = 0 \tag{7.163}$$

2) 升高温度到 T_1

在温度刚升到 T_1，固相组元 A、B、C 还未来得及溶解进入溶液时，液相组成仍与 $E(\mathrm{l})$ 相同，只是由组元 A、B、C 饱和的溶液 $E(\mathrm{l})$ 变为不饱和的溶液 $E(\mathrm{l}')$，固体组元 A、B、C 向其中溶解。有

$$E(\mathrm{s}) =\!=\!= E(\mathrm{l}')$$

即

$$x_A A(\mathrm{s}) + x_B B(\mathrm{s}) + x_C C(\mathrm{s}) =\!=\!= E(\mathrm{l}') =\!=\!= x_A (A)_{E(\mathrm{l}')} + x_B (B)_{E(\mathrm{l}')} + x_C (C)_{E(\mathrm{l}')}$$

或

$$A(\mathrm{s}) =\!=\!= (A)_{E(\mathrm{l}')}$$

$$B(\mathrm{s}) =\!=\!= (B)_{E(\mathrm{l}')}$$

$$C(\mathrm{s}) =\!=\!= (C)_{E(\mathrm{l}')}$$

该过程的摩尔吉布斯自由能变化为

$$\begin{aligned}\Delta G_{\mathrm{m},E}(T_1) &= G_{\mathrm{m},E(\mathrm{l}')}(T_1) - G_{\mathrm{m},E(\mathrm{s})}(T_1)\\ &= \Delta_{\mathrm{fus}} H_{\mathrm{m},E}(T_1) - T_1 \Delta_{\mathrm{fus}} S_{\mathrm{m},E}(T_1)\\ &\approx \Delta_{\mathrm{fus}} H_{\mathrm{m},E}(T_E) - T_1 \frac{\Delta_{\mathrm{fus}} H_{\mathrm{m},E}(T_E)}{T_E}\\ &= \frac{\Delta_{\mathrm{fus}} H_{\mathrm{m},E}(T_E)\Delta T}{T_E}\end{aligned} \tag{7.164}$$

其中，

$$\Delta_{\mathrm{fus}} H_{\mathrm{m},E}(T_1) \approx \Delta_{\mathrm{fus}} H_{\mathrm{m},E}(T_E)$$

$$\Delta_{\mathrm{fus}} S_{\mathrm{m},E}(T_1) \approx \Delta_{\mathrm{fus}} S_{\mathrm{m},E}(T_E) = \frac{\Delta_{\mathrm{fus}} H_{\mathrm{m},E}(T_E)}{T_E}$$

$$\Delta T = T_E - T_1 < 0$$

或

$$\begin{aligned}\Delta G_{\mathrm{m},A}(T_1) &= \overline{G}_{\mathrm{m},(A)_{E(\mathrm{l}')}}(T_1) - G_{\mathrm{m},A(\mathrm{s})}(T_1)\\ &= [\overline{H}_{\mathrm{m},(A)_{E(\mathrm{l}')}}(T_1) - T_1 \overline{S}_{\mathrm{m},(A)_{E(\mathrm{l}')}}(T_1)] - [H_{\mathrm{m},A(\mathrm{s})}(T_1) - T_1 S_{\mathrm{m},A(\mathrm{s})}(T_1)]\\ &= \Delta_{\mathrm{sol}} H_{\mathrm{m},A}(T_1) - T_1 \Delta_{\mathrm{sol}} S_{\mathrm{m},A}(T_1)\\ &\approx \Delta_{\mathrm{sol}} H_{\mathrm{m},A}(T_E) - T_1 \Delta_{\mathrm{sol}} S_{\mathrm{m},A}(T_E)\\ &= \frac{\Delta_{\mathrm{sol}} H_{\mathrm{m},A}(T_E)\Delta T}{T_E}\end{aligned} \tag{7.165}$$

同理可得

$$\begin{aligned}\Delta G_{\mathrm{m},B}(T_1) &= \overline{G}_{\mathrm{m},(B)_{E(\mathrm{l}')}}(T_1) - G_{\mathrm{m},B(\mathrm{s})}(T_1)\\ &= \frac{\Delta_{\mathrm{sol}} H_{\mathrm{m},B}(T_E)\Delta T}{T_E}\end{aligned} \tag{7.166}$$

$$\begin{aligned}\Delta G_{\mathrm{m},C}(T_1) &= \overline{G}_{\mathrm{m},(C)_{E(\mathrm{l}')}}(T_1) - G_{\mathrm{m},C(\mathrm{s})}(T_1)\\ &= \frac{\Delta_{\mathrm{sol}} H_{\mathrm{m},C}(T_E)\Delta T}{T_E}\end{aligned} \tag{7.167}$$

其中，

$$\Delta T = T_E - T_1 < 0$$

$$\begin{aligned}\Delta G_{\mathrm{m},Et}(T_1) &= x_A\Delta G_{\mathrm{m},A}(T_1)+x_B\Delta G_{\mathrm{m},B}(T_1)+x_C\Delta G_{\mathrm{m},B}(T_1)\\ &= \frac{x_A\Delta_{\mathrm{sol}}H_{\mathrm{m},A}(T_E)\Delta T}{T_E}+\frac{x_B\Delta_{\mathrm{sol}}H_{\mathrm{m},B}(T_E)\Delta T}{T_E}\\ &\quad+\frac{x_C\Delta_{\mathrm{sol}}H_{\mathrm{m},C}(T_E)\Delta T}{T_E}<0\end{aligned} \tag{7.168}$$

也可以如下计算。

固相和液相中的组元 E、A、B、C 都以纯物质为标准状态，浓度以摩尔分数表示，摩尔吉布斯自由能变化为

$$\begin{aligned}\Delta G_{\mathrm{m},E} &= \mu_{E(\mathrm{l})}-\mu_{E(\mathrm{s})}\\ &= [x_A\mu_{(A)_{E(\mathrm{l}')}}+x_B\mu_{(B)_{E(\mathrm{l}')}}+x_C\mu_{(C)_{E(\mathrm{l}')}}]-[x_A\mu_{A(\mathrm{s})}+x_B\mu_{B(\mathrm{s})}+x_C\mu_{C(\mathrm{s})}]\\ &= x_A\Delta G_{\mathrm{m},A}+x_B\Delta G_{\mathrm{m},B}+x_C\Delta G_{\mathrm{m},B}\\ &= x_ART\ln a^{\mathrm{R}}_{(A)_{E(\mathrm{l}')}}+x_BRT\ln a^{\mathrm{R}}_{(B)_{E(\mathrm{l}')}}+x_CRT\ln a^{\mathrm{R}}_{(C)_{E(\mathrm{l}')}}<0\end{aligned} \tag{7.169}$$

其中，

$$\mu_{(A)_{E(\mathrm{l}')}}=\mu^*_{A(\mathrm{s})}+RT\ln a^{\mathrm{R}}_{(A)_{E(\mathrm{l}')}}$$

$$\mu_{A(\mathrm{s})}=\mu^*_{A(\mathrm{s})}$$

$$\mu_{(B)_{E(\mathrm{l}')}}=\mu^*_{B(\mathrm{s})}+RT\ln a^{\mathrm{R}}_{(B)_{E(\mathrm{l}')}}$$

$$\mu_{B(\mathrm{s})}=\mu^*_{B(\mathrm{s})}$$

$$\mu_{(C)_{E(\mathrm{l}')}}=\mu^*_{C(\mathrm{s})}+RT\ln a^{\mathrm{R}}_{(C)_{E(\mathrm{l}')}}$$

$$\mu_{C(\mathrm{s})}=\mu^*_{C(\mathrm{s})}$$

$$\Delta G_{\mathrm{m},A}=\mu_{(A)_{E(\mathrm{l}')}}-\mu_{A(\mathrm{s})}=RT\ln a^{\mathrm{R}}_{(A)_{E(\mathrm{l}')}}<0 \tag{7.170}$$

$$\Delta G_{\mathrm{m},B}=\mu_{(B)_{E(\mathrm{l}')}}-\mu_{B(\mathrm{s})}=RT\ln a^{\mathrm{R}}_{(B)_{E(\mathrm{l}')}}<0 \tag{7.171}$$

$$\Delta G_{\mathrm{m},C}=\mu_{(C)_{E(\mathrm{l}')}}-\mu_{C(\mathrm{s})}=RT\ln a^{\mathrm{R}}_{(C)_{E(\mathrm{l}')}}<0 \tag{7.172}$$

直到固相组元 C 消失，剩余的固相组元 A 和 B 继续向溶液 $E(\mathrm{l}')$ 中溶解，有

$$A(\mathrm{s}) =\!=\!= (A)_{E(\mathrm{l}')}$$

$$B(\mathrm{s}) =\!=\!= (B)_{E(\mathrm{l}')}$$

该过程的摩尔吉布斯自由能变化为

$$\begin{aligned}\Delta G_{\mathrm{m},A}(T_1) &= \overline{G}_{\mathrm{m},(A)_{E(1')}}(T_1) - G_{\mathrm{m},A(\mathrm{s})}(T_1)\\ &= [\overline{H}_{\mathrm{m},(A)_{E(1')}}(T_1) - T_1\overline{S}_{\mathrm{m},(A)_{E(1')}}(T_1)] - [H_{\mathrm{m},A(\mathrm{s})}(T_1) - T_1 S_{\mathrm{m},A(\mathrm{s})}(T_1)]\\ &= \Delta_{\mathrm{sol}}H_{\mathrm{m},A}(T_1) - T_1\Delta_{\mathrm{sol}}S_{\mathrm{m},A}(T_1)\\ &\approx \Delta_{\mathrm{sol}}H_{\mathrm{m},A}(T_E) - T_E\Delta_{\mathrm{sol}}S_{\mathrm{m},A}(T_E)\\ &= \frac{\Delta_{\mathrm{sol}}H_{\mathrm{m},A}(T_E)\Delta T}{T_E}\end{aligned} \tag{7.173}$$

$$\begin{aligned}\Delta G_{\mathrm{m},B}(T_1) &= \overline{G}_{\mathrm{m},(B)_{E(1')}}(T_1) - G_{\mathrm{m},B(\mathrm{s})}(T_1)\\ &= [\overline{H}_{\mathrm{m},(B)_{E(1')}}(T_1) - T_1\overline{S}_{\mathrm{m},(B)_{E(1')}}(T_1)] - [H_{\mathrm{m},B(\mathrm{s})}(T_1) - T_1 S_{\mathrm{m},B(\mathrm{s})}(T_1)]\\ &= \Delta_{\mathrm{sol}}H_{\mathrm{m},B}(T_1) - T_1\Delta_{\mathrm{sol}}S_{\mathrm{m},B}(T_1)\\ &\approx \Delta_{\mathrm{sol}}H_{\mathrm{m},B}(T_E) - T_1\Delta_{\mathrm{sol}}S_{\mathrm{m},B}(T_E)\\ &= \frac{\Delta_{\mathrm{sol}}H_{\mathrm{m},B}(T_E)\Delta T}{T_E}\end{aligned} \tag{7.174}$$

其中，

$$\Delta T = T_E - T_1 < 0$$

也可以如下计算：

固相和液相中的组元 A 和 B 都以纯固态为标准状态，浓度以摩尔分数表示，该过程的摩尔吉布斯自由能变化为

$$\Delta G_{\mathrm{m},A} = \mu_{(A)E(1')} - \mu_{A(\mathrm{s})} = RT\ln a^{\mathrm{R}}_{(A)_{E(1')}} \tag{7.175}$$

$$\Delta G_{\mathrm{m},B} = \mu_{(B)_{E(1')}} - \mu_{B(\mathrm{s})} = RT\ln a^{\mathrm{R}}_{(B)_{E(1')}} \tag{7.176}$$

$$\Delta G_{\mathrm{m,t}} = x_A\Delta G_{\mathrm{m},A} + x_B\Delta G_{\mathrm{m},B} = x_A RT\ln a^{\mathrm{R}}_{(A)_{E(1')}} + x_B RT\ln a^{\mathrm{R}}_{(B)_{E(1')}} \tag{7.177}$$

直到固相组元 A 和 B 溶解达到饱和，固相组元 A 和 B 与液相达成平衡，平衡液相为共熔线 EE_1 上的 l_1 点。有

$$A(\mathrm{s}) \rightleftharpoons (A)_{l_1} =\!=\!= (A)_{饱}$$

$$B(\mathrm{s}) \rightleftharpoons (B)_{l_1} =\!=\!= (B)_{饱}$$

3) 温度从 T_1 升到 T_p

继续升高温度，温度从 T_1 到 T_p，重复上述过程，可以统一描述如下。溶解过程沿着共熔线 EE_1，从 E 点移动到 P 点。

在温度 T_{i-1}，液固两相达成平衡，平衡液相组成为共熔线 EE_1 上的 l_{i-1} 点。有

$$A(\mathrm{s}) \rightleftharpoons (A)_{l_{i-1}} = (A)_{饱}$$

$$B(\mathrm{s}) \rightleftharpoons (B)_{l_{i-1}} = (B)_{饱}$$

$$(i = 1,\ 2,\ \cdots,\ n)$$

继续升高温度到 T_i。在温度刚升到 T_i，固相组元 A、B 还未来得及溶入液相时，溶液组成未变，但已由组元 A 和 B 的饱和溶液 l_{i-1} 变为不饱和溶液 l'_{i-1}。在温度 T_i，与固相组元 A、B 平衡的液相为共熔线 EE_1 上的 l_i 点，是组元 A 和 B 的饱和溶液。因此，固相组元 A 和 B 会向液相 l'_{i-1} 中溶解，可以表示为

$$A(\mathrm{s}) = (A)_{l'_{i-1}}$$

$$B(\mathrm{s}) = (B)_{l'_{i-1}}$$

该过程的摩尔吉布斯自由能变化为

$$\begin{aligned}
\Delta G_{\mathrm{m},A}(T_i) &= \overline{G}_{\mathrm{m},(A)_{l'_{i-1}}}(T_i) - G_{\mathrm{m},A(\mathrm{s})}(T_i) \\
&= [\overline{H}_{\mathrm{m},(A)_{l'_{i-1}}}(T_i) - T_i\overline{S}_{\mathrm{m},(A)_{l'_{i-1}}}(T_i)] - [H_{\mathrm{m},A(\mathrm{s})}(T_i) - T_iS_{\mathrm{m},A(\mathrm{s})}(T_i)] \\
&= \Delta_{\mathrm{sol}}H_{\mathrm{m},A}(T_i) - T_i\Delta_{\mathrm{sol}}S_{\mathrm{m},A}(T_i) \\
&\approx \Delta_{\mathrm{sol}}H_{\mathrm{m},A}(T_{i-1}) - T_i\frac{\Delta_{\mathrm{sol}}H_{\mathrm{m},A}(T_{i-1})}{T_{i-1}} \\
&= \frac{\Delta_{\mathrm{sol}}H_{\mathrm{m},A}(T_{i-1})\Delta T}{T_{i-1}} < 0
\end{aligned} \tag{7.178}$$

同理

$$\begin{aligned}
\Delta G_{\mathrm{m},B}(T_i) &= \overline{G}_{\mathrm{m},(B)_{l'_{i-1}}}(T_i) - G_{\mathrm{m},B(\mathrm{s})}(T_i) \\
&\approx \Delta_{\mathrm{sol}}H_{\mathrm{m},B}(T_{i-1}) - T_i\Delta_{\mathrm{sol}}S_{\mathrm{m},B}(T_{i-1}) \\
&= \frac{\Delta_{\mathrm{sol}}H_{\mathrm{m},B}(T_{i-1})\Delta T}{T_{i-1}} < 0
\end{aligned} \tag{7.179}$$

按各组元摩尔比计算，总摩尔吉布斯自由能变化为

$$\begin{aligned}
\Delta G_{\mathrm{m},}(T_i) &= x_A\Delta G_{\mathrm{m},A}(T_i) + x_B\Delta G_{\mathrm{m},B}(T_i) \\
&= \frac{[x_A\Delta_{\mathrm{sol}}H_{\mathrm{m},\ A}(T_{i-1}) + x_B\Delta_{\mathrm{sol}}H_{\mathrm{m},\ B}(T_{i-1})]\Delta T}{T_{i-1}}
\end{aligned}$$

其中，

$$\Delta_{\mathrm{sol}} H_{\mathrm{m},A}(T_i) \approx \Delta_{\mathrm{sol}} H_{\mathrm{m},A}(T_{i-1})$$

$$\Delta_{\mathrm{sol}} S_{\mathrm{m},A}(T_i) \approx \Delta_{\mathrm{sol}} S_{\mathrm{m},A}(T_{i-1}) = \frac{\Delta_{\mathrm{sol}} H_{\mathrm{m},A}(T_{i-1})}{T_{i-1}}$$

$$\Delta_{\mathrm{sol}} H_{\mathrm{m},B}(T_i) \approx \Delta_{\mathrm{sol}} H_{\mathrm{m},B}(T_{i-1})$$

$$\Delta_{\mathrm{sol}} S_{\mathrm{m},B}(T_i) \approx \Delta_{\mathrm{sol}} S_{\mathrm{m},B}(T_{i-1}) = \frac{\Delta_{\mathrm{sol}} H_{\mathrm{m},B}(T_{i-1})}{T_{i-1}}$$

$$\Delta T = T_{i-1} - T_i < 0$$

或如下计算：

固–液两相的组元 A、B 都以纯固态组元 A、B 为标准状态，浓度以摩尔分数表示，该过程的摩尔吉布斯自由能变化为

$$\Delta G_{\mathrm{m},A} = \mu_{(A)_{l'_{i-1}}} - \mu_{A(\mathrm{s})} = RT \ln a^{\mathrm{R}}_{(A)_{l'_{i-1}}} \tag{7.180}$$

其中，

$$\mu_{(A)_{l'_{i-1}}} = \mu^*_{A(\mathrm{s})} + RT \ln a^{\mathrm{R}}_{(A)_{l'_{i-1}}}$$

$$\mu_{A(\mathrm{s})} = \mu^*_{A(\mathrm{s})}$$

同理

$$\Delta G_{\mathrm{m},B} = \mu_{(B)_{l'_{i-1}}} - \mu_{B(\mathrm{s})} = RT \ln a^{\mathrm{R}}_{(B)_{l'_{i-1}}} \tag{7.181}$$

其中，

$$\mu_{(B)_{l'_{i-1}}} = \mu^*_{B(\mathrm{s})} + RT \ln a^{\mathrm{R}}_{(A)_{l'_{i-1}}}$$

$$\mu_{B(\mathrm{s})} = \mu^*_{B(\mathrm{s})}$$

$$\begin{aligned}\Delta G_{\mathrm{m,t}} &= x_A \Delta G_{\mathrm{m},A} + x_B \Delta G_{\mathrm{m},B} \\ &= x_A RT \ln a^{\mathrm{R}}_{(A)_{l'_{i-1}}} + x_B RT \ln a^{\mathrm{R}}_{(B)_{l'_{i-1}}}\end{aligned} \tag{7.182}$$

直到达成平衡，平衡液相组成为共熔线 EE_1 上的 l_i 点。

$$A(\mathrm{s}) \rightleftharpoons (A)_{l_i} = (A)_{饱}$$

$$B(\mathrm{s}) \rightleftharpoons (B)_{l_i} = (B)_{饱}$$

继续升高温度，在温度 T_p，溶解达成平衡，有

$$A(\mathrm{s}) \rightleftharpoons (A)_{l_p} = (A)_{饱}$$

$$B(\mathrm{s}) \rightleftharpoons (B)_{l_p} =\!=\!= (B)_{饱}$$

4) 升高温度到 T_{M_1}

温度刚升到 T_{M_1}，固相组元 A、B 还未来得及溶解进入液相时，溶液组成仍与 l_p 相同，但已由组元 A、B 的饱和溶液 l_p 变为不饱和溶液 l'_p。固相组元 A、B 向其中溶解，有

$$A(\mathrm{s}) =\!=\!= (A)_{l'_p}$$

$$B(\mathrm{s}) =\!=\!= (B)_{l'_p}$$

该过程的摩尔吉布斯自由能变化为

$$\begin{aligned}\Delta G_{\mathrm{m},A}(T_{M_1}) &= \overline{G}_{\mathrm{m},(A)l'_p}(T_{M_1}) - G_{\mathrm{m},A(\mathrm{s})}(T_{M_1}) \\ &= \Delta_{\mathrm{sol}} H_{\mathrm{m},A}(T_{M_1}) - T_{M_1} \Delta_{\mathrm{sol}} S_{\mathrm{m},A}(T_{M_1}) \\ &\approx \Delta_{\mathrm{sol}} H_{\mathrm{m},A}(T_p) - T_{M_1} \frac{\Delta_{\mathrm{sol}} H_{\mathrm{m},A}(T_p)}{T_p} \\ &= \frac{\Delta_{\mathrm{sol}} H_{\mathrm{m},A}(T_p)\Delta T}{T_p}\end{aligned} \tag{7.183}$$

$$\begin{aligned}\Delta G_{\mathrm{m},B}(T_{M_1}) &= \overline{G}_{\mathrm{m},(B)l'_p}(T_{M_1}) - G_{\mathrm{m},B(\mathrm{s})}(T_{M_1}) \\ &= \Delta_{\mathrm{sol}} H_{\mathrm{m},B}(T_{M_1}) - T_{M_1} \Delta_{\mathrm{sol}} S_{\mathrm{m},B}(T_{M_1}) \\ &\approx \Delta_{\mathrm{sol}} H_{\mathrm{m},B}(T_p) - T_{M_1} \frac{\Delta_{\mathrm{sol}} H_{\mathrm{m},B}(T_p)}{T_p} \\ &= \frac{\Delta_{\mathrm{sol}} H_{\mathrm{m},B}(T_p)\Delta T}{T_p}\end{aligned} \tag{7.184}$$

其中，

$$\Delta T = T_p - T_{M_1} < 0$$

或如下计算：

固相和液相中的组元 A、B 都以其纯固态为标准状态，浓度以摩尔分数表示，有

$$\Delta G_{\mathrm{m},A} = \mu_{(A)_{l'_p}} - \mu_{A(\mathrm{s})} = RT \ln a^{\mathrm{R}}_{(A)_{l'_p}}$$

其中，

$$\mu_{(A)_{l'_p}} = \mu^*_{A(\mathrm{s})} + RT \ln a^{\mathrm{R}}_{(A)_{l'_p}} \tag{7.185}$$

$$\mu_{A(\mathrm{s})} = \mu^*_{A(\mathrm{s})}$$

$$\Delta G_{\mathrm{m},B} = \mu_{(B)_{l'_p}} - \mu_{B(\mathrm{s})} = RT \ln a^{\mathrm{R}}_{(B)_{l'_p}} \tag{7.186}$$

其中，

$$\mu_{(B)_{l'_p}} = \mu^*_{B(\text{s})} + RT\ln a^{\text{R}}_{(B)_{l'_p}}$$

$$\mu_{B(\text{s})} = \mu^*_{B(\text{s})}$$

直到固相组元 B 消失，固相组元 A 溶解达到饱和，溶液组成为 PA 线上的 l_{M_1} 点，是固态组元 A 的平衡液相组成点。有

$$A(\text{s}) \rightleftharpoons (A)_{l_{M_1}} = (A)_{饱}$$

5) 温度从 T_{M_1} 升高到 T_M

温度从 T_{M_1} 升高到 T_M，固态组元 A 的平衡液相组成从 P 点沿 PA 连线向 M 点移动。固相组元 A 的溶解过程可以统一描写如下。

在温度 T_{k-1}，固相组元 A 溶解达到饱和，平衡液相组成为 l_{k-1}，有

$$A(\text{s}) \rightleftharpoons (A)_{l_{k-1}} = (A)_{饱}$$

温度升高到 T_k。在温度刚升到 T_k，固相组元 A 还未来得及溶解时，溶液组成仍然和 l_{k-1} 相同。只是由组元 A 饱和的溶液 l_{k-1} 变成不饱和的 l'_{k-1}。固相组元 A 向其中溶解，有

$$A(\text{s}) = (A)_{l'_{k-1}}$$

该过程的摩尔吉布斯自由能变化为

$$\begin{aligned}\Delta G_{\text{m},A}(T_k) &= \overline{G}_{\text{m},(A)_{l'_{k-1}}}(T_k) - G_{\text{m},A(\text{s})}(T_k)\\ &\approx \Delta_{\text{sol}}H_{\text{m},A}(T_{k-1}) - T_k\frac{\Delta_{\text{sol}}H_{\text{m},A}(T_{k-1})}{T_{k-1}}\\ &= \frac{\Delta_{\text{sol}}H_{\text{m},A}(T_{k-1})\Delta T}{T_{k-1}}\end{aligned} \tag{7.187}$$

其中，

$$\Delta T = T_{k-1} - T_k < 0$$

或如下计算：

固相和液相中的组元 A 都以纯固态为标准状态，浓度以摩尔分数表示，有

$$\Delta G_{\text{m},A} = \mu_{(A)_{l'_{k-1}}} - \mu_{A(\text{s})} = RT\ln a^{\text{R}}_{(A)_{l'_{k-1}}} \tag{7.188}$$

其中，

$$\mu_{(A)_{l'_{k-1}}} = \mu^*_{A(\text{s})} + RT\ln a^{\text{R}}_{(A)_{l'_{k-1}}}$$

$$\mu_{A(\mathrm{s})} = \mu^*_{A(\mathrm{s})}$$

直到固相组元 A 溶解达到饱和，溶液组成为 PA 连线上的 l_k 点，是固相组元 A 的平衡液相组成点。有

$$A(\mathrm{s}) \rightleftharpoons (A)_{l_k} = (A)_{饱}$$

在温度 T_M，固相组元 A 溶解达到饱和，平衡液相组成为 l_M 点。有

$$A(\mathrm{s}) \rightleftharpoons (A)_{l_M} = (A)_{饱}$$

升高温度到 T_{M+1}，饱和溶液 l_M 变为不饱和溶液 l'_M，固相组元 A 向其中溶解，有

$$A(\mathrm{s}) = (A)_{l'_M}$$

该过程的摩尔吉布斯自由能变化为

$$\begin{aligned}\Delta G_{\mathrm{m},A}(T_{M+1}) &= \overline{G}_{\mathrm{m},(A)_{l'_M}}(T_{M+1}) - G_{\mathrm{m},A(\mathrm{s})}(T_{M+1}) \\ &\approx \varDelta_{\mathrm{sol}} H_{\mathrm{m},A}(T_M) - T_{M1}\frac{\varDelta_{\mathrm{sol}} H_{\mathrm{m},A}(T_M)}{T_{k-1}} \\ &= \frac{\varDelta_{\mathrm{sol}} H_{\mathrm{m},A}(T_M)\Delta T}{T_M}\end{aligned} \tag{7.189}$$

其中，

$$\Delta T = T_M - T_{M+1} < 0$$

或如下计算：

固相和液相中的组元 A 都以纯固态为标准状态，浓度以摩尔分数表示，有

$$\Delta G_{\mathrm{m},A} = \mu_{(A)_{l'_M}} - \mu_{A(\mathrm{s})} = RT\ln a^{\mathrm{R}}_{(A)_{l'_M}} \tag{7.190}$$

其中，

$$\mu_{(A)_{l'_M}} = \mu^*_{A(\mathrm{s})} + RT\ln a^{\mathrm{R}}_{(A)_{l'_M}}$$

$$\mu_{A(\mathrm{s})} = \mu^*_{A(\mathrm{s})}$$

2. 相变速率

1) 在温度 T_1

压力恒定，温度为 T_1，具有最低共熔点的三元系固相 E 的熔化速率为

$$\begin{aligned}\frac{\mathrm{d}n_{E(\mathrm{l}')}}{\mathrm{d}t} &= -\frac{\mathrm{d}n_{E(\mathrm{s})}}{\mathrm{d}t} = j_E \\ &= -l_1\left(\frac{A_{\mathrm{m},E}}{T}\right) - l_2\left(\frac{A_{\mathrm{m},E}}{T}\right)^2 - l_3\left(\frac{A_{\mathrm{m},E}}{T}\right)^3 - \cdots\end{aligned}$$

不考虑耦合作用，固相组元 A、组元 B 和组元 C 的溶解速率分别为

$$\begin{aligned}\frac{\mathrm{d}n_{(A)_{E(1')}}}{\mathrm{d}t} &= -\frac{\mathrm{d}n_{A(\mathrm{s})}}{\mathrm{d}t} = j_A \\ &= -l_1\left(\frac{A_{\mathrm{m},A}}{T}\right) - l_2\left(\frac{A_{\mathrm{m},A}}{T}\right)^2 - l_3\left(\frac{A_{\mathrm{m},A}}{T}\right)^3 - \cdots\end{aligned} \tag{7.191}$$

$$\begin{aligned}\frac{\mathrm{d}n_{(B)_{E(1')}}}{\mathrm{d}t} &= -\frac{\mathrm{d}n_{B(\mathrm{s})}}{\mathrm{d}t} = j_B \\ &= -l_1\left(\frac{A_{\mathrm{m},B}}{T}\right) - l_2\left(\frac{A_{\mathrm{m},B}}{T}\right)^2 - l_3\left(\frac{A_{\mathrm{m},B}}{T}\right)^3 - \cdots\end{aligned} \tag{7.192}$$

$$\begin{aligned}\frac{\mathrm{d}n_{(C)_{E(1')}}}{\mathrm{d}t} &= -\frac{\mathrm{d}n_{C(\mathrm{s})}}{\mathrm{d}t} = j_B \\ &= -l_1\left(\frac{A_{\mathrm{m},C}}{T}\right) - l_2\left(\frac{A_{\mathrm{m},C}}{T}\right)^2 - l_3\left(\frac{A_{\mathrm{m},C}}{T}\right)^3 - \cdots\end{aligned} \tag{7.193}$$

考虑耦合作用，组元 A、组元 B 和组元 C 的溶解速率分别为

$$\begin{aligned}\frac{\mathrm{d}n_{(A)_{E(1')}}}{\mathrm{d}t} =& -\frac{\mathrm{d}n_{A(\mathrm{s})}}{\mathrm{d}t} = j_A \\ =& -l_{11}\left(\frac{A_{\mathrm{m},A}}{T}\right) - l_{12}\left(\frac{A_{\mathrm{m},B}}{T}\right) - l_{13}\left(\frac{A_{\mathrm{m},C}}{T}\right) - l_{111}\left(\frac{A_{\mathrm{m},A}}{T}\right)^2 \\ & -l_{112}\left(\frac{A_{\mathrm{m},A}}{T}\right)\left(\frac{A_{\mathrm{m},B}}{T}\right) - l_{113}\left(\frac{A_{\mathrm{m},A}}{T}\right)\left(\frac{A_{\mathrm{m},C}}{T}\right) \\ & -l_{122}\left(\frac{A_{\mathrm{m},B}}{T}\right)^3 - l_{123}\left(\frac{A_{\mathrm{m},B}}{T}\right)\left(\frac{A_{\mathrm{m},C}}{T}\right) \\ & -l_{133}\left(\frac{A_{\mathrm{m},C}}{T}\right)^2 - l_{1111}\left(\frac{A_{\mathrm{m},A}}{T}\right)^3 - l_{1112}\left(\frac{A_{\mathrm{m},A}}{T}\right)^2\left(\frac{A_{\mathrm{m},B}}{T}\right) \\ & -l_{1113}\left(\frac{A_{\mathrm{m},A}}{T}\right)^2\left(\frac{A_{\mathrm{m},C}}{T}\right) - l_{1122}\left(\frac{A_{\mathrm{m},A}}{T}\right)\left(\frac{A_{\mathrm{m},B}}{T}\right)^2 \\ & -l_{1123}\left(\frac{A_{\mathrm{m},A}}{T}\right)\left(\frac{A_{\mathrm{m},B}}{T}\right)\left(\frac{A_{\mathrm{m},C}}{T}\right) - l_{1133}\left(\frac{A_{\mathrm{m},A}}{T}\right)\left(\frac{A_{\mathrm{m},C}}{T}\right)^2 \\ & -l_{1222}\left(\frac{A_{\mathrm{m},B}}{T}\right)^3 - l_{1223}\left(\frac{A_{\mathrm{m},B}}{T}\right)^2\left(\frac{A_{\mathrm{m},C}}{T}\right) \\ & -l_{1233}\left(\frac{A_{\mathrm{m},B}}{T}\right)\left(\frac{A_{\mathrm{m},C}}{T}\right)^2 - l_{1333}\left(\frac{A_{\mathrm{m},C}}{T}\right)^3\end{aligned} \tag{7.194}$$

$$\begin{aligned}\frac{\mathrm{d}n_{(B)_{E(1')}}}{\mathrm{d}t} &= -\frac{\mathrm{d}n_{B(\mathrm{s})}}{\mathrm{d}t} = j_B \\ &= -l_{21}\left(\frac{A_{\mathrm{m},A}}{T}\right) - l_{22}\left(\frac{A_{\mathrm{m},B}}{T}\right) - l_{23}\left(\frac{A_{\mathrm{m},C}}{T}\right) - l_{211}\left(\frac{A_{\mathrm{m},A}}{T}\right)^2 \\ &\quad - l_{212}\left(\frac{A_{\mathrm{m},A}}{T}\right)\left(\frac{A_{\mathrm{m},B}}{T}\right) - l_{213}\left(\frac{A_{\mathrm{m},A}}{T}\right)\left(\frac{A_{\mathrm{m},C}}{T}\right) \\ &\quad - l_{222}\left(\frac{A_{\mathrm{m},B}}{T}\right)^2 - l_{223}\left(\frac{A_{\mathrm{m},B}}{T}\right)\left(\frac{A_{\mathrm{m},C}}{T}\right) \\ &\quad - l_{233}\left(\frac{A_{\mathrm{m},C}}{T}\right)^2 - l_{2111}\left(\frac{A_{\mathrm{m},A}}{T}\right)^3 - l_{2112}\left(\frac{A_{\mathrm{m},A}}{T}\right)^2\left(\frac{A_{\mathrm{m},B}}{T}\right) \\ &\quad - l_{2113}\left(\frac{A_{\mathrm{m},A}}{T}\right)^2\left(\frac{A_{\mathrm{m},C}}{T}\right) - l_{2122}\left(\frac{A_{\mathrm{m},A}}{T}\right)\left(\frac{A_{\mathrm{m},B}}{T}\right)^2 \\ &\quad - l_{2123}\left(\frac{A_{\mathrm{m},A}}{T}\right)\left(\frac{A_{\mathrm{m},B}}{T}\right)\left(\frac{A_{\mathrm{m},C}}{T}\right) - l_{2133}\left(\frac{A_{\mathrm{m},A}}{T}\right)\left(\frac{A_{\mathrm{m},C}}{T}\right)^2 \\ &\quad - l_{2222}\left(\frac{A_{\mathrm{m},B}}{T}\right)^3 - l_{2223}\left(\frac{A_{\mathrm{m},B}}{T}\right)^2\left(\frac{A_{\mathrm{m},C}}{T}\right) \\ &\quad - l_{2233}\left(\frac{A_{\mathrm{m},B}}{T}\right)\left(\frac{A_{\mathrm{m},C}}{T}\right)^2 - l_{2333}\left(\frac{A_{\mathrm{m},C}}{T}\right)^3\end{aligned} \tag{7.195}$$

$$\begin{aligned}\frac{\mathrm{d}n_{(C)_{E(1')}}}{\mathrm{d}t} &= -\frac{\mathrm{d}n_{C(\mathrm{s})}}{\mathrm{d}t} = j_C \\ &= -l_{31}\left(\frac{A_{\mathrm{m},A}}{T}\right) - l_{32}\left(\frac{A_{\mathrm{m},B}}{T}\right) - l_{33}\left(\frac{A_{\mathrm{m},C}}{T}\right) - l_{311}\left(\frac{A_{\mathrm{m},A}}{T}\right)^2 \\ &\quad - l_{312}\left(\frac{A_{\mathrm{m},A}}{T}\right)\left(\frac{A_{\mathrm{m},B}}{T}\right) - l_{313}\left(\frac{A_{\mathrm{m},A}}{T}\right)\left(\frac{A_{\mathrm{m},C}}{T}\right) \\ &\quad - l_{322}\left(\frac{A_{\mathrm{m},B}}{T}\right)^2 - l_{323}\left(\frac{A_{\mathrm{m},B}}{T}\right)\left(\frac{A_{\mathrm{m},C}}{T}\right) \\ &\quad - l_{333}\left(\frac{A_{\mathrm{m},C}}{T}\right)^2 - l_{3111}\left(\frac{A_{\mathrm{m},A}}{T}\right)^3 - l_{3112}\left(\frac{A_{\mathrm{m},A}}{T}\right)^2\left(\frac{A_{\mathrm{m},B}}{T}\right) \\ &\quad - l_{3113}\left(\frac{A_{\mathrm{m},A}}{T}\right)^2\left(\frac{A_{\mathrm{m},C}}{T}\right) - l_{3122}\left(\frac{A_{\mathrm{m},A}}{T}\right)\left(\frac{A_{\mathrm{m},B}}{T}\right)^2\end{aligned}$$

$$
\begin{aligned}
&-l_{3123}\left(\frac{A_{\mathrm{m},A}}{T}\right)\left(\frac{A_{\mathrm{m},B}}{T}\right)\left(\frac{A_{\mathrm{m},C}}{T}\right)-l_{3133}\left(\frac{A_{\mathrm{m},A}}{T}\right)\left(\frac{A_{\mathrm{m},C}}{T}\right)^2\\
&-l_{3222}\left(\frac{A_{\mathrm{m},B}}{T}\right)^2-l_{3223}\left(\frac{A_{\mathrm{m},B}}{T}\right)^2\left(\frac{A_{\mathrm{m},C}}{T}\right)\\
&-l_{3233}\left(\frac{A_{\mathrm{m},B}}{T}\right)\left(\frac{A_{\mathrm{m},C}}{T}\right)^2-l_{3333}\left(\frac{A_{\mathrm{m},C}}{T}\right)^3
\end{aligned}
\tag{7.196}
$$

式中，

$$
\begin{aligned}
A_{\mathrm{m},A}&=\Delta G_{\mathrm{m},A}\\
A_{\mathrm{m},B}&=\Delta G_{\mathrm{m},B}\\
A_{\mathrm{m},C}&=\Delta G_{\mathrm{m},C}
\end{aligned}
$$

2) 从温度 T_2 到温度 T_p

压力恒定，温度为从 T_2 到温度 T_p 间的任一温度 T_i，不考虑耦合作用，固相组元 A 和 B 的溶解速率为

$$
\begin{aligned}
\frac{\mathrm{d}n_{(A)_{l'_{i-1}}}}{\mathrm{d}t}&=-\frac{\mathrm{d}n_{A(\mathrm{s})}}{\mathrm{d}t}=j_A\\
&=-l_1\left(\frac{A_{\mathrm{m},A}}{T}\right)-l_2\left(\frac{A_{\mathrm{m},A}}{T}\right)^2-l_3\left(\frac{A_{\mathrm{m},A}}{T}\right)^3-\cdots\\
\frac{\mathrm{d}n_{(B)_{l'_{i-1}}}}{\mathrm{d}t}&=-\frac{\mathrm{d}n_{B(\mathrm{s})}}{\mathrm{d}t}=j_B\\
&=-l_1\left(\frac{A_{\mathrm{m},B}}{T}\right)-l_2\left(\frac{A_{\mathrm{m},B}}{T}\right)^2-l_3\left(\frac{A_{\mathrm{m},B}}{T}\right)^3-\cdots
\end{aligned}
\tag{7.197}
$$

考虑耦合作用，有

$$
\begin{aligned}
\frac{\mathrm{d}n_{(A)_{l'_{i-1}}}}{\mathrm{d}t}&=-\frac{\mathrm{d}n_{A(\mathrm{s})}}{\mathrm{d}t}=j_A\\
&=-l_{11}\left(\frac{A_{\mathrm{m},A}}{T}\right)-l_{12}\left(\frac{A_{\mathrm{m},B}}{T}\right)-l_{111}\left(\frac{A_{\mathrm{m},A}}{T}\right)^2\\
&\quad-l_{112}\left(\frac{A_{\mathrm{m},A}}{T}\right)\left(\frac{A_{\mathrm{m},B}}{T}\right)-l_{122}\left(\frac{A_{\mathrm{m},B}}{T}\right)^2\\
&\quad-l_{1111}\left(\frac{A_{\mathrm{m},A}}{T}\right)^3-l_{1112}\left(\frac{A_{\mathrm{m},A}}{T}\right)^2\left(\frac{A_{\mathrm{m},B}}{T}\right)\\
&\quad-l_{1122}\left(\frac{A_{\mathrm{m},A}}{T}\right)\left(\frac{A_{\mathrm{m},B}}{T}\right)^2-l_{1222}\left(\frac{A_{\mathrm{m},B}}{T}\right)^3-\cdots
\end{aligned}
\tag{7.198}
$$

$$\begin{aligned}\frac{\mathrm{d}n_{(B)_{l'_{i-1}}}}{\mathrm{d}t}=&-\frac{\mathrm{d}n_{B(\mathrm{s})}}{\mathrm{d}t}=j_B\\=&-l_{21}\left(\frac{A_{\mathrm{m},A}}{T}\right)-l_{22}\left(\frac{A_{\mathrm{m},B}}{T}\right)-l_{211}\left(\frac{A_{\mathrm{m},A}}{T}\right)^2\\&-l_{212}\left(\frac{A_{\mathrm{m},A}}{T}\right)\left(\frac{A_{\mathrm{m},B}}{T}\right)-l_{222}\left(\frac{A_{\mathrm{m},B}}{T}\right)^2\\&-l_{2111}\left(\frac{A_{\mathrm{m},A}}{T}\right)^3-l_{2112}\left(\frac{A_{\mathrm{m},A}}{T}\right)^2\left(\frac{A_{\mathrm{m},B}}{T}\right)\\&-l_{2122}\left(\frac{A_{\mathrm{m},A}}{T}\right)\left(\frac{A_{\mathrm{m},B}}{T}\right)^2-l_{2222}\left(\frac{A_{\mathrm{m},B}}{T}\right)^3-\cdots\end{aligned}\tag{7.199}$$

其中，

$$A_{\mathrm{m},A}=\Delta G_{\mathrm{m},A}$$

$$A_{\mathrm{m},B}=\Delta G_{\mathrm{m},B}$$

3) 在温度 T_{M_1} 不考虑耦合作用，有

$$\begin{aligned}\frac{\mathrm{d}n_{(A)_{\alpha'_p}}}{\mathrm{d}t}=&-\frac{\mathrm{d}n_{A(\mathrm{s})}}{\mathrm{d}t}=j_A\\=&\,l_1\left(\frac{A_{\mathrm{m},A}}{T}\right)-l_2\left(\frac{A_{\mathrm{m},A}}{T}\right)^2-l_3\left(\frac{A_{\mathrm{m},A}}{T}\right)^3-\cdots\end{aligned}\tag{7.200}$$

$$\begin{aligned}\frac{\mathrm{d}n_{(B)_{\alpha'_p}}}{\mathrm{d}t}=&-\frac{\mathrm{d}n_{B(\mathrm{s})}}{\mathrm{d}t}=j_B\\=&\,l_1\left(\frac{A_{\mathrm{m},B}}{T}\right)-l_2\left(\frac{A_{\mathrm{m},B}}{T}\right)^2-l_3\left(\frac{A_{\mathrm{m},B}}{T}\right)^3-\cdots\end{aligned}\tag{7.201}$$

考虑耦合作用，有

$$\begin{aligned}\frac{\mathrm{d}n_{(A)_{\alpha'_p}}}{\mathrm{d}t}=&-\frac{\mathrm{d}n_{A(\mathrm{s})}}{\mathrm{d}t}=j_A\\=&\,l_{11}\left(\frac{A_{\mathrm{m},A}}{T}\right)-l_{12}\left(\frac{A_{\mathrm{m},B}}{T}\right)-l_{111}\left(\frac{A_{\mathrm{m},A}}{T}\right)^2-l_{112}\left(\frac{A_{\mathrm{m},A}}{T}\right)\left(\frac{A_{\mathrm{m},B}}{T}\right)\\&-l_{122}\left(\frac{A_{\mathrm{m},B}}{T}\right)^2-l_{1111}\left(\frac{A_{\mathrm{m},A}}{T}\right)^3-l_{1112}\left(\frac{A_{\mathrm{m},A}}{T}\right)^2\left(\frac{A_{\mathrm{m},B}}{T}\right)\\&-l_{1122}\left(\frac{A_{\mathrm{m},A}}{T}\right)\left(\frac{A_{\mathrm{m},B}}{T}\right)^2-l_{1222}\left(\frac{A_{\mathrm{m},B}}{T}\right)^3-\cdots\end{aligned}\tag{7.202}$$

$$\begin{aligned}\frac{\mathrm{d}n_{(B)_{\alpha'_p}}}{\mathrm{d}t} &= -\frac{\mathrm{d}n_{B(\mathrm{s})}}{\mathrm{d}t} = j_B \\ &= -l_{21}\left(\frac{A_{\mathrm{m},A}}{T}\right) - l_{22}\left(\frac{A_{\mathrm{m},B}}{T}\right) - l_{211}\left(\frac{A_{\mathrm{m},A}}{T}\right)^2 - l_{212}\left(\frac{A_{\mathrm{m},A}}{T}\right)\left(\frac{A_{\mathrm{m},B}}{T}\right) \\ &\quad - l_{222}\left(\frac{A_{\mathrm{m},B}}{T}\right)^2 - l_{2111}\left(\frac{A_{\mathrm{m},A}}{T}\right)^3 - l_{2112}\left(\frac{A_{\mathrm{m},A}}{T}\right)^2\left(\frac{A_{\mathrm{m},B}}{T}\right) \\ &\quad - l_{2122}\left(\frac{A_{\mathrm{m},A}}{T}\right)\left(\frac{A_{\mathrm{m},B}}{T}\right)^2 - l_{2222}\left(\frac{A_{\mathrm{m},B}}{T}\right)^3 - \cdots \end{aligned} \tag{7.203}$$

4) 从温度 T_{M_2} 到温度 T

温度为从 T_{M_2} 到温度 T，在温度 T_k 固相组元 A 的溶解速率为

$$\begin{aligned}\frac{\mathrm{d}n_{(A)_{l'_{i-1}}}}{\mathrm{d}t} &= -\frac{\mathrm{d}n_{A(\mathrm{s})}}{\mathrm{d}t} = j_A \\ &= -l_1\left(\frac{A_{\mathrm{m},A}}{T}\right) - l_2\left(\frac{A_{\mathrm{m},A}}{T}\right)^2 - l_3\left(\frac{A_{\mathrm{m},A}}{T}\right)^3 - \cdots \end{aligned} \tag{7.204}$$

7.3.2 具有同组成熔融二元化合物的三元系

1. 相变过程热力学

图 7.10 是具有同组成熔融二元化合物的三元系相图。连接 CD，将三角形 ABC 划分为两个三角形 ADC 和 BCD。物质组成点 M 位于三角形 BCD 内。

将物质组成点为 M 的物质升温加热。温度升高到 T_E，物质组成点到达 E 点的等温平面，开始出现液相，液–固两相平衡，有

$$E(\mathrm{s}) \rightleftharpoons E(\mathrm{l})$$

即

$$\begin{aligned} x_B B(\mathrm{s}) + x_C C(\mathrm{s}) + x_D D(\mathrm{s}) &\rightleftharpoons x_B (B)_{E(\mathrm{l})} + x_C (C)_{E(\mathrm{l})} + x_D (D)_{E(\mathrm{l})} \\ &\equiv x_B (B)_{饱} + x_C (C)_{饱} + x_D (D)_{饱} \end{aligned}$$

或

$$B(\mathrm{s}) \rightleftharpoons (B)_{E(\mathrm{l})} \equiv (B)_{饱}$$

$$C(\mathrm{s}) \rightleftharpoons (C)_{E(\mathrm{l})} \equiv (C)_{饱}$$

$$D(\mathrm{s}) \rightleftharpoons (D)_{E(\mathrm{l})} \equiv (D)_{饱}$$

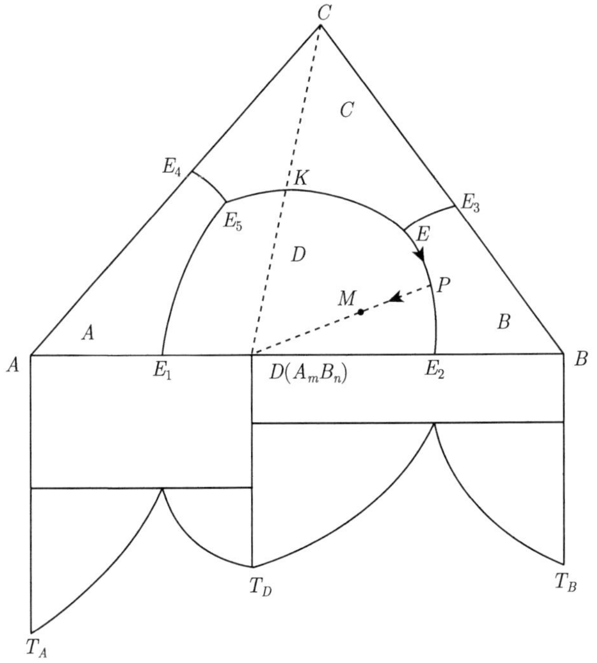

图 7.10 具有同组成熔融二元化合物的三元系相图

该过程的摩尔吉布斯自由能变化为

$$
\begin{aligned}
\Delta G_{\mathrm{m},E}(T_E) &= G_{\mathrm{m},E(\mathrm{l})}(T_E) - G_{\mathrm{m},E(\mathrm{s})}(T_E) \\
&= \Delta_{\mathrm{fus}} H_{\mathrm{m},E}(T_E) - T_E \Delta_{\mathrm{fus}} S_{\mathrm{m},E}(T_E) \\
&= \Delta_{\mathrm{fus}} H_{\mathrm{m},E}(T_E) - T_E \frac{\Delta_{\mathrm{fus}} H_{\mathrm{m},E}(T_E)}{T_E} \\
&= 0
\end{aligned} \tag{7.205}
$$

或

$$
\begin{aligned}
\Delta G_{\mathrm{m},B}(T_E) &= \overline{G}_{\mathrm{m},(B)_{E(\mathrm{l})}}(T_E) - G_{\mathrm{m},B(\mathrm{s})}(T_E) \\
&= \Delta_{\mathrm{sol}} H_{\mathrm{m},B}(T_E) - T_E \Delta S_{\mathrm{m},B}(T_E) \\
&= \Delta_{\mathrm{sol}} H_{\mathrm{m},B}(T_E) - T_E \frac{\Delta_{\mathrm{sol}} H_{\mathrm{m},B}(T_E)}{T_E} \\
&= 0
\end{aligned} \tag{7.206}
$$

$$
\begin{aligned}
\Delta G_{\mathrm{m},C}(T_E) &= \overline{G}_{\mathrm{m},(C)_{E(\mathrm{l})}}(T_E) - G_{\mathrm{m},C(\mathrm{s})}(T_E) \\
&= \Delta_{\mathrm{sol}} H_{\mathrm{m},C}(T_E) - T_E \Delta S_{\mathrm{m},C}(T_E)
\end{aligned}
$$

$$= \Delta_{\text{sol}} H_{\text{m},C}\left(T_E\right) - T_E \frac{\Delta_{\text{sol}} H_{\text{m},C}\left(T_E\right)}{T_E} \\ = 0 \tag{7.207}$$

$$\begin{aligned} \Delta G_{\text{m},D}\left(T_E\right) &= \overline{G}_{\text{m},(D)_{E(\text{l})}}\left(T_E\right) - G_{\text{m},D(\text{s})}\left(T_E\right) \\ &= \Delta_{\text{sol}} H_{\text{m},D}\left(T_E\right) - T_E \Delta S_{\text{m},D}\left(T_E\right) \\ &= \Delta_{\text{sol}} H_{\text{m},D}\left(T_E\right) - T_E \frac{\Delta_{\text{sol}} H_{\text{m},D}\left(T_E\right)}{T_E} \\ &= 0 \end{aligned} \tag{7.208}$$

或如下计算:

$$\Delta G_{\text{m},D}\left(T_E\right) = x_B \Delta G_{\text{m},B}\left(T_E\right) + x_C \Delta G_{\text{m},C}\left(T_E\right) + x_D \Delta G_{\text{m},D}\left(T_E\right) = 0$$

固相和液相中组元 B、C、D 都以其纯固态物质为标准状态，浓度以摩尔分数表示。摩尔吉布斯自由能变化为

$$\Delta G_{\text{m},B} = \mu_{(B)_{E(\text{l})}} - \mu_{B(\text{s})} = RT \ln a^{\text{R}}_{(B)_{E(\text{l})}} = RT \ln a^{\text{R}}_{(\text{B})_{饱}} = 0 \tag{7.209}$$

式中，

$$\mu_{(B)_{E(\text{l})}} = \mu^*_{B(\text{s})} + RT \ln a^{\text{R}}_{(\text{B})_{E(\text{l})}} = \mu^*_{B(\text{s})} + RT \ln a^{\text{R}}_{(B)_{饱}}$$

$$\mu_{B(\text{s})} = \mu^*_{B(\text{s})}$$

$$\begin{aligned} \Delta G_{\text{m},C} &= \mu_{(C)_{E(\text{l})}} - \mu_{C(\text{s})} \\ &= RT \ln a^{\text{R}}_{(C)_{E(\text{l})}} \\ &= RT \ln a^{\text{R}}_{(C)_{饱}} \\ &= 0 \end{aligned} \tag{7.210}$$

式中，

$$\mu_{(C)_{E(\text{l})}} = \mu^*_{C(\text{s})} + RT \ln a^{\text{R}}_{(C)_{E(\text{l})}} = \mu^*_{C(\text{s})} + RT \ln a^{\text{R}}_{(C)_{饱}}$$

$$\mu_{C(\text{s})} = \mu^*_{C(\text{s})}$$

$$\begin{aligned} \Delta G_{\text{m},D} &= \mu_{(D)_{E(\text{l})}} - \mu_{D(\text{s})} \\ &= RT \ln a^{\text{R}}_{(D)_{E(\text{l})}} \\ &= RT \ln a^{\text{R}}_{(D)_{饱}} \\ &= 0 \end{aligned} \tag{7.211}$$

式中，

$$\mu_{(D)_{E(\mathrm{l})}} = \mu^*_{D(\mathrm{s})} + RT\ln a^{\mathrm{R}}_{(D)_{E(\mathrm{l})}} = \mu^*_{D(\mathrm{s})} + RT\ln a^{\mathrm{R}}_{(D)_{饱}}$$

$$\mu_{D(\mathrm{s})} = \mu^*_{D(\mathrm{s})}$$

升高温度到 T_1。在温度刚升到 T_1，固相组元 B、C、D 还未来得及溶解进入溶液时，溶相组元仍与 $E(\mathrm{l})$ 相同，但已由组元 B、C、A_mB_n 的饱和溶液 $E(\mathrm{l})$ 变成不饱和的溶液 $E(\mathrm{l}')$。固体组元 B、C、A_mB_n 向其中溶解。有

$$E\,(\mathrm{s}) =\!=\!= E\,(\mathrm{l}')$$

即

$$x_A B_{(\mathrm{s})} + x_B B_{(\mathrm{s})} + x_C C_{(\mathrm{s})} =\!=\!= x_A(A)_{E(\mathrm{l}')} + x_B(B)_{E(\mathrm{l}')} + x_C(C)_{E(\mathrm{l}')}$$

或

$$B(\mathrm{s}) =\!=\!= (B)_{E(\mathrm{l}')}$$

$$C(\mathrm{s}) =\!=\!= (C)_{E(\mathrm{l}')}$$

$$D(\mathrm{s}) =\!=\!= (D)_{E(\mathrm{l}')}$$

该过程的摩尔吉布斯自由能变化为

$$\begin{aligned}\Delta G_{\mathrm{m},E}\,(T_1) &= G_{\mathrm{m},E(\mathrm{l}')}\,(T_1) - G_{\mathrm{m},E(\mathrm{s})}\,(T_1)\\ &= \Delta_{\mathrm{fus}}H_{\mathrm{m},E}\,(T_1) - T_1\Delta_{\mathrm{fus}}S_{\mathrm{m},E}\,(T_1)\\ &= \Delta_{\mathrm{fus}}H_{\mathrm{m},E}\,(T_E) - T_1\frac{\Delta_{\mathrm{fus}}H_{\mathrm{m},E}\,(T_E)}{T_E}\\ &= \frac{\Delta_{\mathrm{fus}}H_{\mathrm{m},E}\,(T_E)\,\Delta T}{T_E}\end{aligned} \tag{7.212}$$

式中，

$$\Delta T = T_E - T_1$$

或如下计算：

$$\begin{aligned}\Delta G_{\mathrm{m},B}\,(T_1) &= \overline{G}_{\mathrm{m},(B)_{E(\mathrm{l}')}}\,(T_1) - G_{\mathrm{m},B(\mathrm{s})}\,(T_1)\\ &= \Delta_{\mathrm{sol}}H_{\mathrm{m},B}\,(T_1) - T_1\Delta_{\mathrm{sol}}S_{\mathrm{m},B}\,(T_1)\\ &\approx \Delta_{\mathrm{sol}}H_{\mathrm{m},B}\,(T_E) - T_1\frac{\Delta_{\mathrm{sol}}H_{\mathrm{m},B}\,(T_E)}{T_E}\\ &= \frac{\Delta_{\mathrm{sol}}H_{\mathrm{m},B}\,(T_E)\,\Delta T}{T_E}\end{aligned} \tag{7.213}$$

同理

$$\Delta G_{\mathrm{m},C}(T_1)=\frac{\Delta_{\mathrm{sol}}H_{\mathrm{m},C}(T_E)\,\Delta T}{T_E} \tag{7.214}$$

$$\Delta G_{\mathrm{m},D}(T_1)=\frac{\Delta_{\mathrm{sol}}H_{\mathrm{m},D}(T_E)\,\Delta T}{T_E} \tag{7.215}$$

直到固相 C 消失，完全转化为液相。有

$$B(\mathrm{s}) \rightleftharpoons (B)_{E(\mathrm{l})} = (B)_{饱}$$

$$A_mB_n(\mathrm{s}) \rightleftharpoons (A_mB_n)_{E(\mathrm{l})} = (A_mB_n)_{饱}$$

继续升高温度。温度从 T_1 到 T_P，平衡液相组成从 E 点沿共熔线 E_6E_2 向 P 点移动。固体组元 B、A_mB_n 的溶解过程可以统一描述如下。

在温度 T_{i-1}，固液两相达成平衡，平衡液相组成为共熔线 E_6E_2 上的 l_{i-1} 点。

$$B(\mathrm{s}) \rightleftharpoons (B)_{l_{i-1}} = (B)_{饱}$$

$$A_mB_n(\mathrm{s}) \rightleftharpoons (A_mB_n)_{l_{i-1}} = (A_mB_n)_{饱}$$

在温度刚升到 T_{i-1}，固体组元 B 和 A_mB_n 还未来得及溶解时，溶液组成仍然和 l_{i-1} 相同，只是由组元 B 和 A_mB_n 饱和的溶液 l_{i-1} 变成其不饱和的溶液 l'_{i-1}。固相组元 B 和 A_mB_n 向其中溶解，有

$$B(\mathrm{s}) = (B)_{l'_{i-1}}$$

$$A_mB_n(\mathrm{s}) = (A_mB_n)_{l'_{i-1}}$$

该过程的摩尔吉布斯自由能变化为

$$\begin{aligned}\Delta G_{\mathrm{m},B}(T_i) &= \overline{G}_{\mathrm{m},(B)_{l'_{i-1}}}(T_i)-G_{\mathrm{m},B(\mathrm{s})}(T_i)\\ &= \Delta_{\mathrm{sol}}H_{\mathrm{m},B}(T_i)-T_i\Delta_{\mathrm{sol}}S_{\mathrm{m},B}(T_i)\\ &\approx \Delta_{\mathrm{sol}}H_{\mathrm{m},B}(T_{i-1})-T_i\frac{\Delta_{\mathrm{sol}}H_{\mathrm{m},B}(T_{i-1})}{T_{i-1}}\\ &= \frac{\Delta_{\mathrm{sol}}H_{\mathrm{m},B}(T_{i-1})\,\Delta T}{T_{i-1}}\end{aligned} \tag{7.216}$$

$$\begin{aligned}\Delta G_{\mathrm{m},D}(T_i) &= \overline{G}_{\mathrm{m},(D)_{l'_{i-1}}}(T_i)-G_{\mathrm{m},D(\mathrm{s})}(T_i)\\ &= \Delta_{\mathrm{sol}}H_{\mathrm{m},D}(T_i)-T_i\Delta_{\mathrm{sol}}S_{\mathrm{m},D}(T_i)\\ &\approx \Delta_{\mathrm{sol}}H_{\mathrm{m},D}(T_{i-1})-T_i\frac{\Delta_{\mathrm{sol}}H_{\mathrm{m},D}(T_{i-1})}{T_{i-1}}\\ &= \frac{\Delta_{\mathrm{sol}}H_{\mathrm{m},D}(T_{i-1})\,\Delta T}{T_{i-1}}\end{aligned} \tag{7.217}$$

式中，

$$\Delta T = T_{i-1} - T_i < 0$$

固相和液相中的组元 B 和 A_mB_n 都以其纯固态为标准状态，浓度以摩尔分数表示，摩尔吉布斯自由能变化为

$$\begin{aligned}\Delta G_{\mathrm{m},B} &= \mu_{(B)_{l'_{i-1}}} - \mu_{B(\mathrm{s})} \\ &= RT\ln a^{\mathrm{R}}_{(B)_{l'_{i-1}}}\end{aligned} \tag{7.218}$$

式中，

$$\mu_{(B)_{l'_{i-1}}} = \mu^*_{B(\mathrm{s})} + RT\ln a^{\mathrm{R}}_{(B)_{l'_{i-1}}}$$

$$\mu_{B(\mathrm{s})} = \mu^*_{B(\mathrm{s})}$$

$$\begin{aligned}\Delta G_{\mathrm{m},D} &= \mu_{(D)_{l'_{i-1}}} - \mu_{D(\mathrm{s})} \\ &= RT\ln a^{\mathrm{R}}_{(D)_{l'_{i-1}}}\end{aligned} \tag{7.219}$$

式中，

$$\mu_{(D)_{l'_{i-1}}} = \mu^*_{D(\mathrm{s})} + RT\ln a^{\mathrm{R}}_{(D)_{l'_{i-1}}}$$

$$\mu_{D(\mathrm{s})} = \mu^*_{D(\mathrm{s})}$$

直到固相组元 B、D 溶解达到饱和，液固两相达成平衡。平衡液相组成为 l_i。有

$$B\,(\mathrm{s}) \rightleftharpoons (B)_{l_i} \rightleftharpoons (B)_{饱}$$

$$A_mB_n\,(\mathrm{s}) \rightleftharpoons (A_mB_n)_{l_i} \rightleftharpoons (A_mB_n)_{饱}$$

升高温度到 T_P，达成平衡时，平衡液相组成为共熔线和 PD 连线交点 P，液相以 l_P 表示。有

$$B\,(\mathrm{s}) \rightleftharpoons (B)_{l_P} \rightleftharpoons (B)_{饱}$$

$$A_mB_n\,(\mathrm{s}) \rightleftharpoons (A_mB_n)_{l_P} \rightleftharpoons (A_mB_n)_{饱}$$

升高温度到 T_{P+1}。在温度刚升到 T_{P+1}，固相组元 B 和 A_mB_n 还未来得及溶解进入液相时，液相组成仍与 l_P 相同，但已由组元 B 和 A_mB_n 饱和的溶液变成不饱和的溶液 l'_P。固相组元 B 和 A_mB_n 向其中溶解。有

$$\begin{aligned}\Delta G_{\mathrm{m},B}(T_{P+1}) &= \overline{G}_{\mathrm{m},(B)_{l'_P}}(T_{P+1}) - G_{\mathrm{m},B(\mathrm{s})}(T_{P+1}) \\ &= \Delta_{\mathrm{sol}}H_{\mathrm{m},B}(T_{P+1}) - T_{P+1}\Delta_{\mathrm{sol}}S_{\mathrm{m},B}(T_{P+1}) \\ &\approx \Delta_{\mathrm{sol}}H_{\mathrm{m},B}(T_P) - T_{P+1}\frac{\Delta_{\mathrm{sol}}H_{\mathrm{m},B}(T_P)}{T_P} \\ &= \frac{\Delta_{\mathrm{sol}}H_{\mathrm{m},B}(T_P)\Delta T}{T_P}\end{aligned} \tag{7.220}$$

$$
\begin{aligned}
\Delta G_{\mathrm{m},D}(T_{P+1}) &= \overline{G}_{\mathrm{m},(D)_{l'_P}}(T_{P+1}) - G_{\mathrm{m},D(\mathrm{s})}(T_{P+1}) \\
&\approx \Delta_{\mathrm{sol}} H_{\mathrm{m},D}(T_P) - T_{P+1}\frac{\Delta_{\mathrm{sol}} H_{\mathrm{m},D}(T_P)}{T_P} \\
&= \frac{\Delta_{\mathrm{sol}} H_{\mathrm{m},D}(T_P)\Delta T}{T_P}
\end{aligned}
\tag{7.221}
$$

式中，

$$\Delta T = T_p - T_{p+1}$$

或者如下计算：

以纯固态组元 B 和 A_mB_n 为标准状态，浓度以摩尔分数表示，溶解过程的摩尔吉布斯自由能变化为

$$\Delta G_{\mathrm{m},B} = \mu_{(B)_{l'_P}} - \mu_{B(\mathrm{s})} = RT\ln a^{\mathrm{R}}_{(B)_{l'_P}} \tag{7.222}$$

式中

$$\mu_{(B)_{l'_P}} = \mu^*_{B(\mathrm{s})} + RT\ln a^{\mathrm{R}}_{(B)_{l'_P}}$$

$$\mu_{B(\mathrm{s})} = \mu^*_{B(\mathrm{s})}$$

$$\Delta G_{\mathrm{m},D} = \mu_{(D)_{l'_P}} - \mu_{D(\mathrm{s})} = RT\ln a^{\mathrm{R}}_{(D)_{l'_P}} \tag{7.223}$$

式中，

$$\mu_{(D)_{l'_P}} = \mu^*_{D(\mathrm{s})} + RT\ln a^{\mathrm{R}}_{(D)_{l'_P}}$$

$$\mu_{D(\mathrm{s})} = \mu^*_{D(\mathrm{s})}$$

直到固相组元 B 消失，完全进入液相；固相组元 A_mB_n 与液相 l_{p+1} 达成平衡，成为饱和溶液，有

$$A_mB_n(\mathrm{s}) \rightleftharpoons (A_mB_n)_{l_p} = (A_mB_n)_{饱}$$

继续升高温度。温度从 T_p 升高到 T_M，平衡液相组成沿 PD 连线，从 P 点向 M 点移动。该过程可以统一描述如下。

在温度 T_{k-1}，固–液两相达成平衡，平衡液相组成为 l_{k-1}。有

$$A_mB_n(\mathrm{s}) \rightleftharpoons (A_mB_n)_{l_{k-1}} = (A_mB_n)_{饱}$$

$$(k = 1, 2, \cdots, n)$$

继续升高温度到 T_k。当温度刚升到 T_k，固相组元 A_mB_n 还未来得及溶解进入溶液。溶液组成仍然和 l_{k-1} 相同。但已由固相组元 A_mB_n 的饱和溶液 l_{k-1} 变成其不饱和溶液 l'_{k-1}，固相组元 A_mB_n 向其中溶解，有

$$A_mB_n(\mathrm{s}) = (A_mB_n)_{l'_{k-1}}$$

该过程的摩尔吉布斯自由能变化为

$$\begin{aligned}\Delta G_{\mathrm{m},D}(T_k) &= \bar{G}_{\mathrm{m},(D)_{l'_{k-1}}}(T_k) - G_{\mathrm{m},D(\mathrm{s})}(T_k) \\ &= \Delta_{\mathrm{sol}} H_{\mathrm{m},D}(T_k) - T_k \Delta_{\mathrm{sol}} S_{\mathrm{m},D}(T_k) \\ &\approx \Delta_{\mathrm{sol}} H_{\mathrm{m},D}(T_{k-1}) - T_k \frac{\Delta_{\mathrm{sol}} H_{\mathrm{m},D}(T_{k-1})}{T_{k-1}} \\ &= \frac{\Delta_{\mathrm{sol}} H_{\mathrm{m},D}(T_{k-1})\Delta T}{T_{k-1}}\end{aligned} \tag{7.224}$$

式中，

$$\Delta T = T_{k-1} - T_k$$

固相和液相中的组元 A_mB_n 都以纯固态为标准状态，浓度以摩尔分数表示，有

$$\Delta G_{\mathrm{m},D} = \mu_{(D)_{l'_{k-1}}} - \mu_{D(\mathrm{s})} = RT\ln a^{\mathrm{R}}_{(D)_{l'_{k-1}}} \tag{7.225}$$

式中，

$$\mu_{(D)_{l'_{k-1}}} = \mu^*_{D(\mathrm{s})} + RT\ln a^{\mathrm{R}}_{(D)_{l'_{k-1}}}$$

$$\mu_{D(\mathrm{s})} = \mu^*_{D(\mathrm{s})}$$

直到固–液两相达成平衡，溶液成为组元 A_mB_n 的饱和溶液。平衡液相组成为 l_k，有

$$A_mB_n(\mathrm{s}) \rightleftharpoons (A_mB_n)_{l_k} ==== (A_mB_n)_{饱}$$

温度升到 T_M。达成平衡时，平衡液相组成为 l_M，是组元 A_mB_n 的饱和溶液。有

$$A_mB_n(\mathrm{s}) \rightleftharpoons (A_mB_n)_{l_M} ==== (A_mB_n)_{饱}$$

继续升高温度到 T，高于 T_M。在温度刚升到 T，固相组元 A_mB_n 还未来得及溶解到溶液中时，液相组成仍然与 l_M 相同。但是，已由组元 A_mB_n 饱和的溶液 l_M 变为不饱和的溶液 l'_M。固相组元 A_mB_n 向其中溶解，有

$$A_mB_n(\mathrm{s}) ==== (A_mB_n)_{l'_M}$$

该过程的摩尔吉布斯自由能变化为

$$\begin{aligned}\Delta G_{\mathrm{m},D}(T) &= \bar{G}_{\mathrm{m},(D)_{l'_M}}(T) - G_{\mathrm{m},D(\mathrm{s})}(T) \\ &= \Delta_{\mathrm{sol}} H_{\mathrm{m},D}(T) - T\Delta_{\mathrm{sol}} S_{\mathrm{m},D}(T) \\ &\approx \Delta_{\mathrm{sol}} H_{\mathrm{m},D}(T_M) - T\frac{\Delta_{\mathrm{sol}} H_{\mathrm{m},D}(T_M)}{T_M} \\ &= \frac{\Delta_{\mathrm{sol}} H_{\mathrm{m},D}(T_M)\Delta T}{T_M}\end{aligned} \tag{7.226}$$

式中，

$$\Delta T = T_M - T < 0$$

固相和液相中的组元 A_mB_n 都以其纯固态为标准状态，浓度以摩尔分数表示，摩尔吉布斯自由能变化为

$$\Delta G_{\mathrm{m},D} = \mu_{(D)_{l'_M}} - \mu_{D(\mathrm{s})} = RT \ln a^{\mathrm{R}}_{(D)_{l'_M}} \tag{7.227}$$

式中，

$$\mu_{(D)_{l'_M}} = \mu^*_{D(\mathrm{s})} + RT \ln a^{\mathrm{R}}_{(D)_{l'_M}}$$

$$\mu_{D(\mathrm{s})} = \mu^*_{D(\mathrm{s})}$$

直到固态组元 A_mB_n 消失。

2. 相变速率

1) 在温度 T_1

在温度 T_1，不考虑耦合作用，组元 E 的熔化速率为

$$\begin{aligned}\frac{\mathrm{d}N_{E(\mathrm{l}')}}{\mathrm{d}t} &= -\frac{\mathrm{d}N_{E(\mathrm{s})}}{\mathrm{d}t} = Vj_E \\ &= -V\left[l_1\left(\frac{A_{\mathrm{m},E}}{T}\right) + l_2\left(\frac{A_{\mathrm{m},E}}{T}\right)^2 + l_3\left(\frac{A_{\mathrm{m},E}}{T}\right)^3 + \cdots\right]\end{aligned} \tag{7.228}$$

式中，

$$A_{\mathrm{m},E} = \Delta G_{\mathrm{m},E}$$

组元 B、C 和 A_mB_n 的溶解速率为

$$\begin{aligned}\frac{\mathrm{d}N_{(B)_{E(\mathrm{l}')}}}{\mathrm{d}t} &= -\frac{\mathrm{d}N_{B(\mathrm{s})}}{\mathrm{d}t} = Vj_B \\ &= -V\left[l_1\left(\frac{A_{\mathrm{m},B}}{T}\right) + l_2\left(\frac{A_{\mathrm{m},B}}{T}\right)^2 + l_3\left(\frac{A_{\mathrm{m},B}}{T}\right)^3 + \cdots\right]\end{aligned} \tag{7.229}$$

式中，

$$A_{\mathrm{m},B} = \Delta G_{\mathrm{m},B}$$

$$\begin{aligned}\frac{\mathrm{d}N_{(C)_{E(\mathrm{l}')}}}{\mathrm{d}t} &= -\frac{\mathrm{d}N_{C(\mathrm{s})}}{\mathrm{d}t} = Vj_C \\ &= -V\left[l_1\left(\frac{A_{\mathrm{m},C}}{T}\right) + l_2\left(\frac{A_{\mathrm{m},C}}{T}\right)^2 + l_3\left(\frac{A_{\mathrm{m},C}}{T}\right)^3 + \cdots\right]\end{aligned} \tag{7.230}$$

式中，

$$A_{\mathrm{m},C} = \Delta G_{\mathrm{m},C}$$

$$\begin{aligned}\frac{\mathrm{d}N_{(D)_{E(1')}}}{\mathrm{d}t} &= -\frac{\mathrm{d}N_{D(\mathrm{s})}}{\mathrm{d}t} = Vj_D \\ &= -V\left[l_1\left(\frac{A_{\mathrm{m},D}}{T}\right) + l_2\left(\frac{A_{\mathrm{m},D}}{T}\right)^2 + l_3\left(\frac{A_{\mathrm{m},D}}{T}\right)^3 + \cdots\right]\end{aligned} \tag{7.231}$$

式中，

$$A_{\mathrm{m},D} = \Delta G_{\mathrm{m},D}$$

考虑耦合作用，组元 B、C 和 A_mB_n 的溶解速率为

$$\begin{aligned}\frac{\mathrm{d}N_{(B)_{E(1')}}}{\mathrm{d}t} =& -\frac{\mathrm{d}N_{B(\mathrm{s})}}{\mathrm{d}t} = Vj_B \\ =& -V\left[l_{11}\left(\frac{A_{\mathrm{m},B}}{T}\right) + l_{12}\left(\frac{A_{\mathrm{m},C}}{T}\right) + l_{13}\left(\frac{A_{\mathrm{m},D}}{T}\right)\right. \\ &+ l_{111}\left(\frac{A_{\mathrm{m},B}}{T}\right)^2 + l_{112}\left(\frac{A_{\mathrm{m},B}}{T}\right)\left(\frac{A_{\mathrm{m},C}}{T}\right) \\ &+ l_{113}\left(\frac{A_{\mathrm{m},B}}{T}\right)\left(\frac{A_{\mathrm{m},D}}{T}\right) + l_{122}\left(\frac{A_{\mathrm{m},C}}{T}\right)^2 \\ &+ l_{123}\left(\frac{A_{\mathrm{m},C}}{T}\right)\left(\frac{A_{\mathrm{m},D}}{T}\right) + l_{133}\left(\frac{A_{\mathrm{m},D}}{T}\right)^2 \\ &+ l_{1111}\left(\frac{A_{\mathrm{m},B}}{T}\right)^3 + l_{1112}\left(\frac{A_{\mathrm{m},B}}{T}\right)^2\left(\frac{A_{\mathrm{m},C}}{T}\right) \\ &+ l_{1113}\left(\frac{A_{\mathrm{m},B}}{T}\right)^2\left(\frac{A_{\mathrm{m},D}}{T}\right) \\ &+ l_{1122}\left(\frac{A_{\mathrm{m},B}}{T}\right)\left(\frac{A_{\mathrm{m},C}}{T}\right)^2 + l_{1123}\left(\frac{A_{\mathrm{m},B}}{T}\right)\left(\frac{A_{\mathrm{m},C}}{T}\right)\left(\frac{A_{\mathrm{m},D}}{T}\right) \\ &+ l_{1133}\left(\frac{A_{\mathrm{m},B}}{T}\right)\left(\frac{A_{\mathrm{m},D}}{T}\right)^2 \\ &+ l_{1222}\left(\frac{A_{\mathrm{m},C}}{T}\right)^3 + l_{1223}\left(\frac{A_{\mathrm{m},C}}{T}\right)^2\left(\frac{A_{\mathrm{m},D}}{T}\right) + l_{1233}\left(\frac{A_{\mathrm{m},C}}{T}\right)\left(\frac{A_{\mathrm{m},D}}{T}\right)^2 \\ &\left.+ l_{1333}\left(\frac{A_{\mathrm{m},D}}{T}\right)^3 + \cdots\right]\end{aligned} \tag{7.232}$$

$$
\begin{aligned}
\frac{\mathrm{d}N_{(C)_{E(1')}}}{\mathrm{d}t} &= -\frac{\mathrm{d}N_{C(\mathrm{s})}}{\mathrm{d}t} = Vj_B \\
&= -V\left[l_{21}\left(\frac{A_{\mathrm{m},B}}{T}\right) + l_{22}\left(\frac{A_{\mathrm{m},C}}{T}\right) + l_{23}\left(\frac{A_{\mathrm{m},D}}{T}\right)\right. \\
&\quad + l_{211}\left(\frac{A_{\mathrm{m},B}}{T}\right)^2 + l_{212}\left(\frac{A_{\mathrm{m},B}}{T}\right)\left(\frac{A_{\mathrm{m},C}}{T}\right) \\
&\quad + l_{213}\left(\frac{A_{\mathrm{m},B}}{T}\right)\left(\frac{A_{\mathrm{m},D}}{T}\right) + l_{222}\left(\frac{A_{\mathrm{m},C}}{T}\right)^2 \\
&\quad + l_{223}\left(\frac{A_{\mathrm{m},C}}{T}\right)\left(\frac{A_{\mathrm{m},D}}{T}\right) + l_{233}\left(\frac{A_{\mathrm{m},D}}{T}\right)^2 \\
&\quad + l_{2111}\left(\frac{A_{\mathrm{m},B}}{T}\right)^3 + l_{2112}\left(\frac{A_{\mathrm{m},B}}{T}\right)^2\left(\frac{A_{\mathrm{m},C}}{T}\right) \\
&\quad + l_{2113}\left(\frac{A_{\mathrm{m},B}}{T}\right)^2\left(\frac{A_{\mathrm{m},D}}{T}\right) \\
&\quad + l_{2122}\left(\frac{A_{\mathrm{m},B}}{T}\right)\left(\frac{A_{\mathrm{m},C}}{T}\right)^2 + l_{2123}\left(\frac{A_{\mathrm{m},B}}{T}\right)\left(\frac{A_{\mathrm{m},C}}{T}\right)\left(\frac{A_{\mathrm{m},D}}{T}\right) \\
&\quad + l_{2133}\left(\frac{A_{\mathrm{m},B}}{T}\right)\left(\frac{A_{\mathrm{m},D}}{T}\right)^2 \\
&\quad + l_{2222}\left(\frac{A_{\mathrm{m},C}}{T}\right)^3 + l_{2223}\left(\frac{A_{\mathrm{m},C}}{T}\right)^2\left(\frac{A_{\mathrm{m},D}}{T}\right) \\
&\quad + l_{2233}\left(\frac{A_{\mathrm{m},C}}{T}\right)\left(\frac{A_{\mathrm{m},D}}{T}\right)^2 \\
&\quad \left. + l_{2333}\left(\frac{A_{\mathrm{m},D}}{T}\right)^3 + \cdots\right]
\end{aligned}
\tag{7.233}
$$

$$
\begin{aligned}
\frac{\mathrm{d}N_{(D)_{E(1')}}}{\mathrm{d}t} &= -\frac{\mathrm{d}N_{D(\mathrm{s})}}{\mathrm{d}t} = Vj_D \\
&= -V\left[l_{31}\left(\frac{A_{\mathrm{m},B}}{T}\right) + l_{32}\left(\frac{A_{\mathrm{m},C}}{T}\right) + l_{33}\left(\frac{A_{\mathrm{m},D}}{T}\right)\right. \\
&\quad + l_{311}\left(\frac{A_{\mathrm{m},B}}{T}\right)^2 + l_{312}\left(\frac{A_{\mathrm{m},B}}{T}\right)\left(\frac{A_{\mathrm{m},C}}{T}\right)
\end{aligned}
$$

$$
\begin{aligned}
&+l_{313}\left(\frac{A_{\mathrm{m},B}}{T}\right)\left(\frac{A_{\mathrm{m},D}}{T}\right)+l_{322}\left(\frac{A_{\mathrm{m},C}}{T}\right)^2\\
&+l_{323}\left(\frac{A_{\mathrm{m},C}}{T}\right)\left(\frac{A_{\mathrm{m},D}}{T}\right)+l_{333}\left(\frac{A_{\mathrm{m},D}}{T}\right)^2\\
&+l_{3111}\left(\frac{A_{\mathrm{m},B}}{T}\right)^3+l_{3112}\left(\frac{A_{\mathrm{m},B}}{T}\right)^2\left(\frac{A_{\mathrm{m},C}}{T}\right)+l_{3113}\left(\frac{A_{\mathrm{m},B}}{T}\right)^2\left(\frac{A_{\mathrm{m},D}}{T}\right)\\
&+l_{3122}\left(\frac{A_{\mathrm{m},B}}{T}\right)\left(\frac{A_{\mathrm{m},C}}{T}\right)^2+l_{3123}\left(\frac{A_{\mathrm{m},B}}{T}\right)\left(\frac{A_{\mathrm{m},C}}{T}\right)\left(\frac{A_{\mathrm{m},D}}{T}\right)\\
&+l_{3133}\left(\frac{A_{\mathrm{m},B}}{T}\right)\left(\frac{A_{\mathrm{m},D}}{T}\right)^2\\
&+l_{3222}\left(\frac{A_{\mathrm{m},C}}{T}\right)^3+l_{3223}\left(\frac{A_{\mathrm{m},C}}{T}\right)^2\left(\frac{A_{\mathrm{m},D}}{T}\right)\\
&+l_{3233}\left(\frac{A_{\mathrm{m},C}}{T}\right)\left(\frac{A_{\mathrm{m},D}}{T}\right)^2\\
&\left.+l_{3333}\left(\frac{A_{\mathrm{m},D}}{T}\right)^3+\cdots\right]
\end{aligned}
\tag{7.234}
$$

2) 从温度 T_1 到 T_{P+1}

从温度 T_1 到 T_{P+1}，固相组元 B 和 A_mB_n 溶解，不考虑耦合作用，速率为

$$
\begin{aligned}
\frac{\mathrm{d}N_{(B)_{l_{i-1}}}}{\mathrm{d}t}&=-\frac{\mathrm{d}N_{B(\mathrm{s})}}{\mathrm{d}t}=Vj_B\\
&=-V\left[l_1\left(\frac{A_{\mathrm{m},B}}{T}\right)+l_2\left(\frac{A_{\mathrm{m},B}}{T}\right)^2+l_3\left(\frac{A_{\mathrm{m},B}}{T}\right)^3+\cdots\right]
\end{aligned}
\tag{7.235}
$$

式中，

$$A_{\mathrm{m},B}=\Delta G_{\mathrm{m},B}$$

$$
\begin{aligned}
\frac{\mathrm{d}N_{(D)_{l_{i-1}}}}{\mathrm{d}t}&=-\frac{\mathrm{d}N_{D(\mathrm{s})}}{\mathrm{d}t}=Vj_D\\
&=-V\left[l_1\left(\frac{A_{\mathrm{m},D}}{T}\right)+l_2\left(\frac{A_{\mathrm{m},D}}{T}\right)^2+l_3\left(\frac{A_{\mathrm{m},D}}{T}\right)^3+\cdots\right]
\end{aligned}
\tag{7.236}
$$

式中，

$$A_{\mathrm{m},D}=\Delta G_{\mathrm{m},D}$$

考虑耦合作用，溶解速率为

$$
\begin{aligned}
-\frac{\mathrm{d}N_{(B)_{l'_{i-1}}}}{\mathrm{d}t} &= -\frac{\mathrm{d}N_{B(\mathrm{s})}}{\mathrm{d}t} = Vj_B \\
&= -V\left[l_{11}\left(\frac{A_{\mathrm{m},B}}{T}\right) + l_{12}\left(\frac{A_{\mathrm{m},D}}{T}\right) + l_{111}\left(\frac{A_{\mathrm{m},B}}{T}\right)^2\right. \\
&\quad + l_{112}\left(\frac{A_{\mathrm{m},B}}{T}\right)\left(\frac{A_{\mathrm{m},D}}{T}\right) \\
&\quad + l_{122}\left(\frac{A_{\mathrm{m},D}}{T}\right)^2 + l_{1111}\left(\frac{A_{\mathrm{m},B}}{T}\right)^3 + l_{1112}\left(\frac{A_{\mathrm{m},B}}{T}\right)^2\left(\frac{A_{\mathrm{m},D}}{T}\right) \\
&\quad \left. + l_{1122}\left(\frac{A_{\mathrm{m},B}}{T}\right)\left(\frac{A_{\mathrm{m},D}}{T}\right)^2 + l_{1222}\left(\frac{A_{\mathrm{m},D}}{T}\right)^3 + \cdots\right]
\end{aligned}
\tag{7.237}
$$

$$
\begin{aligned}
-\frac{\mathrm{d}N_{(D)_{l'_{i-1}}}}{\mathrm{d}t} &= -\frac{\mathrm{d}N_{D(\mathrm{s})}}{\mathrm{d}t} = Vj_D \\
&= -V\left[l_{21}\left(\frac{A_{\mathrm{m},B}}{T}\right) + l_{22}\left(\frac{A_{\mathrm{m},D}}{T}\right) + l_{211}\left(\frac{A_{\mathrm{m},B}}{T}\right)^2\right. \\
&\quad + l_{212}\left(\frac{A_{\mathrm{m},B}}{T}\right)\left(\frac{A_{\mathrm{m},D}}{T}\right) \\
&\quad + l_{222}\left(\frac{A_{\mathrm{m},D}}{T}\right)^2 + l_{2111}\left(\frac{A_{\mathrm{m},B}}{T}\right)^3 + l_{2112}\left(\frac{A_{\mathrm{m},B}}{T}\right)^2\left(\frac{A_{\mathrm{m},D}}{T}\right) \\
&\quad \left. + l_{2122}\left(\frac{A_{\mathrm{m},B}}{T}\right)\left(\frac{A_{\mathrm{m},D}}{T}\right)^2 + l_{2222}\left(\frac{A_{\mathrm{m},D}}{T}\right)^3 + \cdots\right]
\end{aligned}
\tag{7.238}
$$

3) 从温度 T_{P+1} 到 T

从温度 T_{P+1} 到 T，固相组元 A_mB_n 溶解，速率为

$$
\begin{aligned}
\frac{\mathrm{d}N_{(D)_{l'_{k-1}}}}{\mathrm{d}t} &= -\frac{\mathrm{d}N_{D(\mathrm{s})}}{\mathrm{d}t} = Vj_D \\
&= -V\left[l_1\left(\frac{A_{\mathrm{m},D}}{T}\right) + l_2\left(\frac{A_{\mathrm{m},D}}{T}\right)^2 + l_3\left(\frac{A_{\mathrm{m},D}}{T}\right)^3 + \cdots\right]
\end{aligned}
\tag{7.239}
$$

式中，

$$A_{\mathrm{m},D} = \Delta G_{\mathrm{m},D}$$

7.3.3 具有异组成熔融二元化合物的三元系

1. 相变过程热力学

图 7.11 是具有异组成熔融二元化合物的三元系相图。

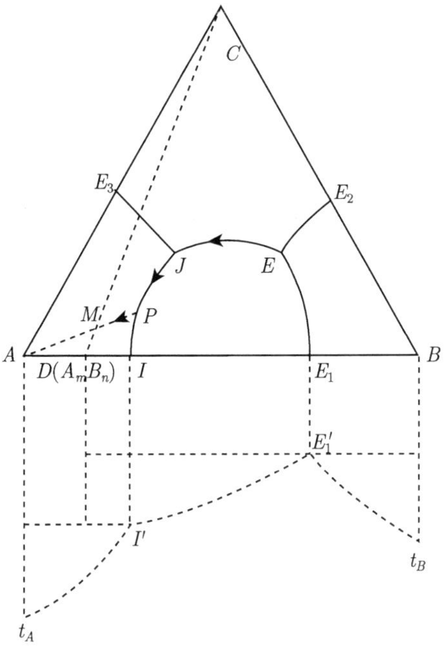

图 7.11 具有异组成熔融二元化合物的三元系相图

物质组成点为 M 的固体升温熔化。温度升到 T_E，物质组成点到达最低共熔点 E 所在的平行于底面的等温平面，开始出现液相 $E(\mathrm{l})$。液–固两相平衡，可以表示为

$$E(\mathrm{s}) \rightleftharpoons E(\mathrm{l})$$

即

$$\begin{aligned} x_B B(\mathrm{s}) + x_D D(\mathrm{s}) + x_C C(\mathrm{s}) &\rightleftharpoons E(\mathrm{l}) = x_B(B)_{E(\mathrm{l})} + x_D(D)_{E(\mathrm{l})} + x_C(C)_{E(\mathrm{l})} \\ &= x_B(B)_{饱} + x_D(D)_{饱} + x_C(C)_{饱} \end{aligned}$$

或

$$B(\mathrm{s}) \rightleftharpoons (B)_{E(\mathrm{l})} \equiv (B)_{饱}$$

$$C(\mathrm{s}) \rightleftharpoons (C)_{E(\mathrm{l})} \equiv (C)_{饱}$$

$$D(\mathrm{s}) \rightleftharpoons (D)_{E(\mathrm{l})} = (D)_{饱}$$

熔化过程的摩尔吉布斯自由能变化为

$$\begin{aligned}\Delta G_{\mathrm{m},E}(T_E) &= G_{\mathrm{m},E(\mathrm{l})}(T_E) - G_{\mathrm{m},E(\mathrm{s})}(T_E) \\ &= \Delta_{\mathrm{fus}} H_{\mathrm{m},E}(T_E) - T_E \Delta_{\mathrm{fus}} S_{\mathrm{m},E}(T_E) \\ &= \Delta_{\mathrm{fus}} H_{\mathrm{m},E}(T_E) - T_E \frac{\Delta_{\mathrm{fus}} H_{\mathrm{m},E}(T_E)}{T_E} \\ &= 0\end{aligned} \tag{7.240}$$

或

$$\begin{aligned}\Delta G_{\mathrm{m},B}(T_E) &= \overline{G}_{\mathrm{m},(B)_{E(\mathrm{l})}}(T_E) - G_{\mathrm{m},B(\mathrm{s})}(T_E) \\ &= \Delta_{\mathrm{sol}} H_{\mathrm{m},B}(T_E) - T_E \Delta_{\mathrm{sol}} S_{\mathrm{m},B}(T_E) \\ &= \Delta_{\mathrm{sol}} H_{\mathrm{m},B}(T_E) - T_E \frac{\Delta_{\mathrm{sol}} H_{\mathrm{m},B}(T_E)}{T_E} \\ &= 0\end{aligned} \tag{7.241}$$

同理

$$\Delta G_{\mathrm{m},C}(T_E) = 0 \tag{7.242}$$

$$\Delta G_{\mathrm{m},D}(T_E) = 0 \tag{7.243}$$

因此

$$\Delta G_{\mathrm{m},E}(T_E) = x_A \Delta G_{\mathrm{m},B}(T_E) + x_C \Delta G_{\mathrm{m},C}(T_E) + x_D \Delta G_{\mathrm{m},D}(T_E) = 0 \tag{7.244}$$

继续升高温度到 T_1。在温度刚升到 T_1 时，固相组元 B、A_mB_n、C 尚未来得及向液相中溶解，溶液组成仍与 $E(l)$ 相同，只是已由组元 B、A_mB_n、C 饱和的溶液 $E(l)$ 变成不饱和的 $E(l')$，固相组元 B、A_mB_n、C 向其中溶解。可以表示为

$$B(\mathrm{s}) =\!=\!= (B)_{E(\mathrm{l}')}$$

$$A_mB_n(\mathrm{s}) =\!=\!= (A_mB_n)_{E(\mathrm{l}')}$$

$$C(\mathrm{s}) =\!=\!= (C)_{E(\mathrm{l}')}$$

该过程的摩尔吉布斯自由能变化为

$$\begin{aligned}\Delta G_{\mathrm{m},B}(T_1) &= \overline{G}_{\mathrm{m},(B)_{E(\mathrm{l}')}}(T_1) - G_{\mathrm{m},B(\mathrm{s})}(T_1) \\ &= \Delta_{\mathrm{sol}} H_{\mathrm{m},B}(T_1) - T_1 \Delta_{\mathrm{sol}} S_{\mathrm{m},B}(T_1) \\ &\simeq \Delta_{\mathrm{sol}} H_{\mathrm{m},B}(T_E) - T_1 \frac{\Delta_{\mathrm{sol}} H_{\mathrm{m},B}(T_E)}{T_E} \\ &= \frac{\Delta_{\mathrm{sol}} H_{\mathrm{m},B}(T_E)\,\Delta T}{T_E}\end{aligned} \tag{7.245}$$

同理

$$\Delta G_{\mathrm{m},D}\left(T_1\right)=\overline{G}_{\mathrm{m},(D)_{E(1')}}\left(T_1\right)-G_{\mathrm{m},D(\mathrm{s})}\left(T_1\right)=\frac{\Delta_{\mathrm{sol}}H_{\mathrm{m},D}\left(T_E\right)\Delta T}{T_E} \tag{7.246}$$

$$\Delta G_{\mathrm{m},C}\left(T_1\right)=\overline{G}_{\mathrm{m},(C)_{E(1')}}\left(T_1\right)-G_{\mathrm{m},C(\mathrm{s})}\left(T_1\right)=\frac{\Delta_{\mathrm{sol}}H_{\mathrm{m},C}\left(T_E\right)\Delta T}{T_E} \tag{7.247}$$

式中，

$$\Delta T=T_E-T_1<0$$

或液相和固相中的组元 B、A_mB_n、C 都以纯固态组元为标准状态，该过程的摩尔吉布斯自由能变化为

$$\Delta G_{\mathrm{m},B}=\mu_{(B)_{E(1')}}-\mu_{B(\mathrm{s})}=RT\ln a^{\mathrm{R}}_{(B)_{E(1')}} \tag{7.248}$$

$$\Delta G_{\mathrm{m},D}=\mu_{(D)_{E(1')}}-\mu_{D(\mathrm{s})}=RT\ln a^{\mathrm{R}}_{(D)_{E(1')}} \tag{7.249}$$

$$\Delta G_{\mathrm{m},C}=\mu_{(C)_{E(1')}}-\mu_{C(\mathrm{s})}=RT\ln a^{\mathrm{R}}_{(C)_{E(1')}} \tag{7.250}$$

式中，

$$\mu_{(B)_{E(1')}}=\mu^*_{B(\mathrm{s})}+RT\ln a^{\mathrm{R}}_{(B)_{E(1')}}$$

$$\mu_{B(\mathrm{s})}=\mu^*_{B(\mathrm{s})}$$

$$\mu_{(D)_{E(1')}}=\mu^*_{D(\mathrm{s})}+RT\ln a^{\mathrm{R}}_{(D)_{E(1')}}$$

$$\mu_{D(\mathrm{s})}=\mu^*_{D(\mathrm{s})}$$

$$\mu_{(C)_{E(1')}}=\mu^*_{C(\mathrm{s})}+RT\ln a^{\mathrm{R}}_{(C)_{E(1')}}$$

$$\mu_{C(\mathrm{s})}=\mu^*_{C(\mathrm{s})}$$

直到固相组元 B 消失，组元 A_mB_n 和 C 达到饱和，平衡液相组成为共熔线 JE 上的 l_1 点，有

$$A_mB_n(\mathrm{s})\rightleftharpoons(A_mB_n)_{l_1}=\!=\!=(A_mB_n)_{饱}$$

$$C(\mathrm{s})\rightleftharpoons(C)_{l_1}=\!=\!=(C)_{饱}$$

从温度 T_1 到 T_j，随着温度的升高，固相组元 A_mB_n 和 C 不断地向溶液中溶解，平衡液相组成沿共熔线 EJ 从 E 点向 J 点移动。该过程可以描述如下。

在温度 T_{i-1}，液–固两相达成平衡，有

$$A_mB_n(\mathrm{s})\rightleftharpoons(A_mB_n)_{l_{i-1}}=\!=\!=(A_mB_n)_{饱}$$

$$C(\mathrm{s}) \rightleftharpoons (C)_{l_{i-1}} = (C)_{饱}$$

$$(i = 1, 2, \cdots, n)$$

升高温度到 T_i。在温度刚升到 T_i，固相组元 A_mB_n 和 C 还未来得及向液相中溶解时，液相组成与 l_{i-1} 相同，但已由 l_{i-1} 变成 l'_{i-1}，由组元 A_mB_n 和 C 的饱和溶液变为不饱和溶液。在温度 T_i，与固相组元 A_mB_n 和 C 平衡的液相为 l_i。因此，固相组元 A_mB_n 和 C 向液相 l'_{i-1} 中溶解。可以表示为

$$A_mB_n(\mathrm{s}) = (A_mB_n)_{l'_{i-1}}$$

$$C(\mathrm{s}) = (C)_{l'_{i-1}}$$

直到达成新的平衡，有

$$A_mB_n(\mathrm{s}) \rightleftharpoons (A_mB_n)_{l_i} = (A_mB_n)_{饱}$$

$$C(\mathrm{s}) = (C)_{l_i} = (C)_{饱}$$

该过程的摩尔吉布斯自由能变化为

$$\begin{aligned}\Delta G_{\mathrm{m},D}(T_i) &= \overline{G}_{\mathrm{m},(D)_{l'_{i-1}}}(T_i) - G_{\mathrm{m},D(\mathrm{s})}(T_i)\\ &= \frac{\Delta_{\mathrm{sol}}H_{\mathrm{m},D}(T_i)\Delta T}{T_{i-1}}\end{aligned} \tag{7.251}$$

$$\begin{aligned}\Delta G_{\mathrm{m},C}(T_i) &= \overline{G}_{\mathrm{m},(C)_{l'_{i-1}}}(T_i) - G_{\mathrm{m},C(\mathrm{s})}(T_i)\\ &= \frac{\Delta_{\mathrm{sol}}H_{\mathrm{m},C}(T_i)\Delta T}{T_{i-1}}\end{aligned} \tag{7.252}$$

式中，

$$\Delta T = T_{i-1} - T_i < 0$$

液固两相中的组元 A_mB_n 和 C 都以纯固态物质为标准状态，该过程的摩尔吉布斯自由能变化为

$$\Delta G_{\mathrm{m},D} = \mu_{(D)_{l'_{i-1}}} - \mu_{D(\mathrm{s})} = RT\ln a^{\mathrm{R}}_{(D)_{l'_{i-1}}} \tag{7.253}$$

式中，

$$\mu_{(D)_{l'_{i-1}}} = \mu^*_{D(\mathrm{s})} + RT\ln a^{\mathrm{R}}_{(D)_{l'_{i-1}}}$$

$$\mu_{D(\mathrm{s})} = \mu^*_{D(\mathrm{s})}$$

$$\Delta G_{\mathrm{m},C} = \mu_{(C)_{l'_{i-1}}} - \mu_{C(\mathrm{s})} = RT\ln a^{\mathrm{R}}_{(C)_{l'_{i-1}}} \tag{7.254}$$

式中，

$$\mu_{(C)_{l'_{i-1}}} = \mu^*_{C(\mathrm{s})} + RT\ln a^{\mathrm{R}}_{(C)_{l'_{i-1}}}$$

$$\mu_{C(\mathrm{s})} = \mu^*_{C(\mathrm{s})}$$

温度升高到 T_J，达成平衡时，液相组成为 $J(\mathrm{l})$，有

$$\begin{aligned} x_A A(\mathrm{s}) + x_D A_m B_n(\mathrm{s}) + x_C C(\mathrm{s}) &\rightleftharpoons J(\mathrm{l}) \\ &=\!=\!= x_A(A)_{J(\mathrm{l})} + x_D(A_m B_n)_{J(\mathrm{l})} + x_C(C)_{J(\mathrm{l})} \\ &=\!=\!= x_A(A)_{饱} + x_D(A_m B_n)_{饱} + x_C(C)_{饱} \end{aligned}$$

液相 J 是组元 A、A_mB_n 和 C 的饱和溶液。

继续升高温度到 T_{J+1}。在温度刚升到 T_{J+1}，固相组元 A 和 A_mB_n 还未来得及溶入液相时，其组成不变，但已由组元 A、A_mB_n、C 饱和的液相 $J(l)$ 变为不饱和的液相 $J(l')$。固体组元 A、A_mB_n、C 向液相 $J(\mathrm{l}')$ 中溶解。有

$$A(\mathrm{s}) =\!=\!= (A)_{J(\mathrm{l}')}$$

$$A_m B_n(\mathrm{s}) =\!=\!= (A_m B_n)_{J(\mathrm{l}')}$$

$$C(\mathrm{s}) =\!=\!= (C)_{J(\mathrm{l}')}$$

该过程的摩尔吉布斯自由能变化为

$$\begin{aligned} \Delta G_{\mathrm{m},A}(T_{J+1}) &= \overline{G}_{\mathrm{m},(A)_{J(\mathrm{l}')}}(T_{J+1}) - G_{\mathrm{m},A(\mathrm{s})}(T_{J+1}) \\ &= \Delta_{\mathrm{sol}} H_{\mathrm{m},A}(T_{J+1}) - T_{J+1}\Delta_{\mathrm{sol}} S_{\mathrm{m},A}(T_{J+1}) \\ &\simeq \Delta_{\mathrm{sol}} H_{\mathrm{m},A}(T_J) - T_J \frac{\Delta_{\mathrm{sol}} H_{\mathrm{m},A}(T_J)}{T_J} \\ &= \frac{\Delta_{\mathrm{sol}} H_{\mathrm{m},A}(T_J)\Delta T}{T_J} \end{aligned} \tag{7.255}$$

同理

$$\begin{aligned} \Delta G_{\mathrm{m},D}(T_{J+1}) &= \overline{G}_{\mathrm{m},(D)_{J(\mathrm{l}')}}(T_{J+1}) - G_{\mathrm{m},D(\mathrm{s})}(T_{J+1}) \\ &= \frac{\Delta_{\mathrm{sol}} H_{\mathrm{m},D}(T_J)\Delta T}{T_J} \end{aligned} \tag{7.256}$$

$$\begin{aligned} \Delta G_{\mathrm{m},C}(T_{J+1}) &= \overline{G}_{\mathrm{m},(C)_{J(\mathrm{l}')}}(T_{J+1}) - G_{\mathrm{m},C(\mathrm{s})}(T_{J+1}) \\ &= \frac{\Delta_{\mathrm{sol}} H_{\mathrm{m},C}(T_J)\Delta T}{T_J} \end{aligned} \tag{7.257}$$

或固相和液相中的组元 A、A_mB_n 和 C 都以固态纯物质为标准状态，该过程的摩尔吉布斯自由能变化为

$$\Delta G_{\mathrm{m},A} = \mu_{(A)_{J(1')}} - \mu_{A(\mathrm{s})} = RT\ln a^{\mathrm{R}}_{(A)_{J(1')}} \tag{7.258}$$

式中，

$$\mu_{(A)_{J(1')}} = \mu^*_{A(\mathrm{s})} + RT\ln a^{\mathrm{R}}_{(A)_{J(1')}}$$

$$\mu_{A(\mathrm{s})} = \mu^*_{A(\mathrm{s})}$$

$$\Delta G_{\mathrm{m},D} = \mu_{(D)_{J(1')}} - \mu_{D(\mathrm{s})} = RT\ln a^{\mathrm{R}}_{(D)_{J(1')}} \tag{7.259}$$

式中，

$$\mu_{(D)_{J(1')}} = \mu^*_{D(\mathrm{s})} + RT\ln a^{\mathrm{R}}_{(D)_{J(1')}}$$

$$\mu_{D(\mathrm{s})} = \mu^*_{D(\mathrm{s})}$$

$$\Delta G_{\mathrm{m},C} = \mu_{(C)_{J(1')}} - \mu_{C(\mathrm{s})} = RT\ln a^{\mathrm{R}}_{(C)_{J(1')}} \tag{7.260}$$

式中，

$$\mu_{(C)_{J(1')}} = \mu^*_{C(\mathrm{s})} + RT\ln a^{\mathrm{R}}_{(C)_{J(1')}}$$

$$\mu_{C(\mathrm{s})} = \mu^*_{C(\mathrm{s})}$$

直到固相组元 C 消耗尽，组元 A 和 A_mB_n 达到饱和，溶液达到新的平衡，液相组成的 l_{J+1}，有

$$A(\mathrm{s}) \rightleftharpoons (A)_{l_{J+1}} \equiv (A)_{饱}$$

$$A_mB_n(\mathrm{s}) \rightleftharpoons (A_mB_n)_{l_{J+1}} \equiv (A_mB_n)_{饱}$$

温度从 T_J 到 T_P，随着温度的升高，固相组元 A 和 A_mB_n 不断地向溶液中溶解，平衡液相组成沿共熔线 JI，从 J 点移动到 P 点，是组元 A 和 A_mB_n 的饱和溶液。该过程可以描述如下。

在温度 T_{k-1}，液–固两相达到平衡，有

$$A(\mathrm{s}) \rightleftharpoons (A)_{l_{k-1}} \equiv (A)_{饱}$$

$$A_mB_n(\mathrm{s}) \rightleftharpoons (A_mB_n)_{l_{k-1}} \equiv (A_mB_n)_{饱}$$

升高温度到 T_k。在温度刚升到 T_k 时，固相组元 A 和 A_mB_n 还未来得及向溶液中溶解，液相组成仍与 l_{k-1} 相同，但已由组元 A 和 A_mB_n 饱和的溶液 l_{k-1} 变成不饱和的 l'_{k-1}。在温度 T_k，与固相组元 A 和 A_mB_n 平衡的液相为 l_k。因此，固相组元 A 和 A_mB_n 向液相 l'_{k-1} 中溶解。有

$$A(\mathrm{s}) = (A)_{l'_{k-1}}$$

$$A_mB_n(\mathrm{s}) = (A_mB_n)_{l'_{k-1}}$$

直到达成新的平衡，有

$$A(\mathrm{s}) \rightleftharpoons (A)_{l_k} = (A)_{饱}$$

$$A_mB_n(\mathrm{s}) \rightleftharpoons (A_mB_n)_{l_k} = (A_mB_n)_{饱}$$

该过程的摩尔吉布斯自由能变化为

$$\begin{aligned}\Delta G_{\mathrm{m},A}(T_k) &= \overline{G}_{\mathrm{m},(A)_{l'_{k-1}}}(T_k) - G_{\mathrm{m},A(\mathrm{s})}(T_k)\\ &= \Delta_{\mathrm{sol}}H_{\mathrm{m},A}(T_k) - T_K\Delta_{\mathrm{sol}}S_{\mathrm{m},A}(T_k)\\ &\simeq \Delta_{\mathrm{sol}}H_{\mathrm{m},A}(T_{k-1}) - T_K\frac{\Delta_{\mathrm{sol}}H_{\mathrm{m},A}(T_{k-1})}{T_{k-1}}\\ &= \frac{\Delta_{\mathrm{sol}}H_{\mathrm{m},A}(T_{k-1})\Delta T}{T_{k-1}}\end{aligned} \tag{7.261}$$

同理

$$\begin{aligned}\Delta G_{\mathrm{m},D}(T_k) &= \overline{G}_{\mathrm{m},(D)_{l'_{k-1}}}(T_k) - G_{\mathrm{m},D(\mathrm{s})}(T_k)\\ &= \frac{\Delta_{\mathrm{sol}}H_{\mathrm{m},D}(T_{k-1})\Delta T}{T_{k-1}}\end{aligned} \tag{7.262}$$

式中，

$$\Delta T = T_{k-1} - T_k < 0$$

液-固两相中的组元 A 和 A_mB_n 都以其纯固态为标准状态，浓度以摩尔分数表示，该过程的摩尔吉布斯自由能变化为

$$\Delta G_{\mathrm{m},A} = \mu_{(A)l'_{k-1}} - \mu_{A(\mathrm{s})} = RT\ln a^{\mathrm{R}}_{(A)_{l'_{k-1}}} \tag{7.263}$$

式中，

$$\mu_{(A)_{l'_{k-1}}} = \mu^*_{A(\mathrm{s})} + RT\ln a^{\mathrm{R}}_{(A)_{l'_{k-1}}}$$

$$\mu_{A(\mathrm{s})} = \mu^*_{A(\mathrm{s})}$$

$$\Delta G_{\mathrm{m},D} = \mu_{(D)l'_{k-1}} - \mu_{D(\mathrm{s})} = RT\ln a^{\mathrm{R}}_{(D)_{l'_{k-1}}} \tag{7.264}$$

式中，

$$\mu_{(D)_{l'_{k-1}}} = \mu^*_{D(\mathrm{s})} + RT\ln a^{\mathrm{R}}_{(D)_{l'_{k-1}}}$$

$$\mu_{D(\mathrm{s})} = \mu^*_{D(\mathrm{s})}$$

在温度 T_P，溶解达成平衡后，固相组元 A_mB_n 已经极少。溶液组成为 l_P，是组元 A 和 A_mB_n 的饱和溶液。有

$$A(\mathrm{s}) \rightleftharpoons (A)_{l_P} \equiv\equiv (A)_{饱}$$

$$A_mB_n(\mathrm{s}) \rightleftharpoons (A_mB_n)_{l_P} \equiv\equiv (A_mB_n)_{饱}$$

继续升温到 T_{P+1}。在温度刚升到 T_{P+1} 时，固相组元 A 和 A_mB_n 还未来得及溶解到溶液中，液相组成仍为 l_P，但液相已由组元 A 和 A_mB_n 饱和的 l_P 变为不饱和的 l'_P。在温度 T_{P+1}，平衡液相为 l_{P+1}。因此，固相组元 A 和 A_mB_n 向液相 l'_P 中溶解，直到组元 A 达到饱和，组元 A_mB_n 消耗尽，完全转入液相。即

$$A(\mathrm{s}) = (A)_{l'_P}$$

$$A_mB_n(\mathrm{s}) = (A_mB_n)_{l'_P}$$

达到平衡有

$$A(\mathrm{s}) \rightleftharpoons (A)_{l_{P+1}} \equiv\equiv (A)_{饱}$$

该过程的摩尔吉布斯自由能变化为

$$\begin{aligned}\Delta G_{\mathrm{m},A}(T_{P+1}) &= \overline{G}_{\mathrm{m},(A)_{l'_P}}(T_{P+1}) - G_{\mathrm{m},A(\mathrm{s})}(T_{P+1})\\ &= \Delta_{\mathrm{sol}}H_{\mathrm{m},A}(T_{P+1}) - T_{P+1}\Delta_{\mathrm{sol}}S_{\mathrm{m},A}(T_{P+1})\\ &\approx \Delta_{\mathrm{sol}}H_{\mathrm{m},A}(T_P) - T_{P+1}\frac{\Delta_{\mathrm{sol}}H_{\mathrm{m},A}(T_P)}{T_P}\\ &= \frac{\Delta_{\mathrm{sol}}H_{\mathrm{m},A}(T_P)\Delta T}{T_P}\end{aligned} \tag{7.265}$$

同理

$$\begin{aligned}\Delta G_{\mathrm{m},D}(T_{P+1}) &= \overline{G}_{\mathrm{m},(D)_{l'_P}}(T_{P+1}) - G_{\mathrm{m},D(\mathrm{s})}(T_{P+1})\\ &= \frac{\Delta_{\mathrm{sol}}H_{\mathrm{m},D}(T_P)\Delta T}{T_P}\end{aligned} \tag{7.266}$$

式中，

$$\Delta T = T_P - T_{P_1} < 0$$

液固两相中的组元 A 和 A_mB_n 都以纯固态为标准状态，浓度以摩尔分数表示，该过程的摩尔吉布斯自由能变化为

$$\Delta G_{\mathrm{m},A} = \mu_{(A)_{l'_P}} - \mu_{A(\mathrm{s})} = RT\ln a^{\mathrm{R}}_{(A)_{l'_P}} \tag{7.267}$$

式中，

$$\mu_{(A)_{l'_P}} = \mu^*_{A(\mathrm{s})} + RT\ln a^{\mathrm{R}}_{(A)_{l'_P}}$$

$$\mu_{A(\mathrm{s})} = \mu^*_{A(\mathrm{s})}$$

$$\Delta G_{\mathrm{m},D} = \mu_{(D)_{l'_P}} - \mu_{D(\mathrm{s})} = RT\ln a^{\mathrm{R}}_{(D)_{l'_P}} \tag{7.268}$$

式中，

$$\mu_{(D)_{l'_P}} = \mu^*_{D(\mathrm{s})} + RT\ln a^{\mathrm{R}}_{(D)_{l'_P}}$$

$$\mu_{D(\mathrm{s})} = \mu^*_{D(\mathrm{s})}$$

温度从 T_P 升高到 T_M，平衡液相组成点沿着 PA 连线从 P 点向 M 点移动。熔化过程可以统一描写如下。

在温度 T_{j-1}，液–固两相达成平衡，液相组成为 PA 连线上的 l_{j-1} 点，是组元 A 的饱和溶液，有

$$A(\mathrm{s}) \rightleftharpoons (A)_{l_{j-1}} =\!=\!= (A)_{饱}$$

$$(j = 1, 2, \cdots, n)$$

继续升高温度到 T_j。温度刚升到 T_j 时，固相组元 A 还未来得及溶解进入液相，液体组成未变。但是已由组元 A 的饱和溶液 l_{j-1} 转变为组元 A 的不饱和溶液 l'_{j-1}。在温度 T_j，与固相组元平衡的液相为共熔线 PA 上的 l_j 点，是组元 A 的饱和溶液。因此，固相组元 A 向液相 l'_{j-1} 中溶解。可以表示为

$$A(\mathrm{s}) =\!=\!= (A)_{l'_{j-1}}$$

该过程的摩尔吉布斯自由能变化为

$$\begin{aligned}\Delta G_{\mathrm{m},A}(T_j) &= \overline{G}_{\mathrm{m},(A)_{l'_{j-1}}}(T_j) - G_{\mathrm{m},A(\mathrm{s})}(T_j) \\ &= \frac{\Delta_{\mathrm{sol}} H_{\mathrm{m},A}(T_{j-1})\Delta T}{T_{j-1}}\end{aligned} \tag{7.269}$$

式中，

$$\Delta T = T_{j-1} - T_j < 0$$

液–固两相中的组元 A 以其纯固态为标准状态，浓度以摩尔分数表示，该过程的摩尔吉布斯自由能变化为

$$\Delta G_{\mathrm{m},A} = \mu_{(A)_{l'_{j-1}}} - \mu_{A(\mathrm{s})} = RT\ln a^{\mathrm{R}}_{(A)_{l'_{j-1}}} \tag{7.270}$$

式中，

$$\mu_{(A)_{l'_{j-1}}} = \mu^*_{A(\mathrm{s})} + RT\ln a^{\mathrm{R}}_{(A)_{l'_{j-1}}}$$

$$\mu_{A(\mathrm{s})} = \mu^*_{A(\mathrm{s})}$$

温度升到 T_M，平衡液相组成为 l_M，液固两相达成平衡时，有

$$A(\mathrm{s}) \rightleftharpoons (A)_{l_M} \equiv (A)_{饱}$$

升高温度到 T_{M+1}。在温度刚升到 T_{M+1}，固相组元 A 还未来得及溶入液相时，组元 A 饱和的液相 l_M 变为不饱和的 l'_M。固相组元 A 向液相 l'_M 中溶解，直到完全消失，有

$$A(\mathrm{s}) = (A)_{l'_M}$$

该过程的摩尔吉布斯自由能变化为

$$\begin{aligned}\Delta G_{\mathrm{m},A}(T_{M+1}) &= \overline{G}_{\mathrm{m},(A)_{l'_M}}(T_{M+1}) - G_{\mathrm{m},A(\mathrm{s})}(T_{M+1})\\ &= \frac{\Delta_{\mathrm{sol}} H_{\mathrm{m},A}(T_M)\Delta T}{T_M}\end{aligned} \tag{7.271}$$

式中，

$$\Delta T = T_M - T_{M+1} < 0$$

液–固两相中的组元 A 都以纯固态组元 A 为标准状态，浓度以摩尔分数表示，该过程的摩尔吉布斯自由能变化为

$$\Delta G_{\mathrm{m},A} = \mu_{(A)_{l'_M}} - \mu_{A(\mathrm{s})} = RT\ln a^{\mathrm{R}}_{(A)_{l'_M}} \tag{7.272}$$

式中，

$$\mu_{(A)_{l'_M}} = \mu^*_{A(\mathrm{s})} + RT\ln a^{\mathrm{R}}_{(A)_{l'_M}}$$

$$\mu_{A(\mathrm{s})} = \mu^*_{A(\mathrm{s})}$$

2. 相变速率

1) 在温度 T_{E+1}

在恒温恒压条件下，在温度 T_{E+1} 的熔化速率为

$$\begin{aligned}\frac{\mathrm{d}N_{E(\mathrm{l})}}{\mathrm{d}t} &= -\frac{\mathrm{d}N_{E(\mathrm{s})}}{\mathrm{d}t} = Vj_{E(\mathrm{s})}\\ &= -V\left[l_1\left(\frac{A_{\mathrm{m},E}}{T}\right) + l_2\left(\frac{A_{\mathrm{m},E}}{T}\right)^2 + l_3\left(\frac{A_{\mathrm{m},E}}{T}\right)^3 + \cdots\right]\end{aligned} \tag{7.273}$$

式中，

$$A_{\mathrm{m},E} = \Delta G_{\mathrm{m},E}$$

2) 从温度 T_1 到 T_J

在恒温恒压条件下，在温度 T_i，不考虑耦合作用，熔化速率为

$$\begin{aligned}\frac{\mathrm{d}N_{(D)_{l'_{i-1}}}}{\mathrm{d}t} &= -\frac{\mathrm{d}N_{D(\mathrm{s})}}{\mathrm{d}t} = VJ_{D(\mathrm{s})} \\ &= -V\left[l_1\left(\frac{A_{\mathrm{m},D}}{T}\right) + l_2\left(\frac{A_{\mathrm{m},D}}{T}\right)^2 + l_3\left(\frac{A_{\mathrm{m},D}}{T}\right)^3 + \cdots\right]\end{aligned} \tag{7.274}$$

$$\begin{aligned}\frac{\mathrm{d}N_{(C)_{l'_{i-1}}}}{\mathrm{d}t} &= -\frac{\mathrm{d}N_{C(\mathrm{s})}}{\mathrm{d}t} = VJ_{C(\mathrm{s})} \\ &= -V\left[l_1\left(\frac{A_{\mathrm{m},C}}{T}\right) + l_2\left(\frac{A_{\mathrm{m},C}}{T}\right)^2 + l_3\left(\frac{A_{\mathrm{m},C}}{T}\right)^3 + \cdots\right]\end{aligned} \tag{7.275}$$

式中，

$$A_{\mathrm{m},D} = \Delta G_{\mathrm{m},D}$$

$$A_{\mathrm{m},C} = \Delta G_{\mathrm{m},C}$$

考虑耦合作用，熔化速率为

$$\begin{aligned}\frac{\mathrm{d}N_{(D)_{l'_{i-1}}}}{\mathrm{d}t} &= -\frac{\mathrm{d}N_{D(\mathrm{s})}}{\mathrm{d}t} = VJ_{D(\mathrm{s})} \\ &= -V\left[l_{iD}\left(\frac{A_{\mathrm{m},D}}{T}\right) + l_{iC}\left(\frac{A_{\mathrm{m},C}}{T}\right) + l_{iDD}\left(\frac{A_{\mathrm{m},D}}{T}\right)^2\right. \\ &\quad + l_{iDC}\left(\frac{A_{\mathrm{m},D}}{T}\right)\left(\frac{A_{\mathrm{m},C}}{T}\right) + l_{iCC}\left(\frac{A_{\mathrm{m},D}}{T}\right)^2 + l_{iDDD}\left(\frac{A_{\mathrm{m},D}}{T}\right)^3 \\ &\quad + l_{iDDC}\left(\frac{A_{\mathrm{m},D}}{T}\right)^2\left(\frac{A_{\mathrm{m},C}}{T}\right) + l_{iDCC}\left(\frac{A_{\mathrm{m},D}}{T}\right)\left(\frac{A_{\mathrm{m},C}}{T}\right)^2 \\ &\quad \left. + l_{iCCC}\left(\frac{A_{\mathrm{m},C}}{T}\right)^3 + \cdots\right]\end{aligned} \tag{7.276}$$

$$
\begin{aligned}
\frac{\mathrm{d}N_{(C)_{l'_{i-1}}}}{\mathrm{d}t} &= -\frac{\mathrm{d}N_{C(\mathrm{s})}}{\mathrm{d}t} = VJ_{C(\mathrm{s})} \\
&= -V\left[l_{iC}\left(\frac{A_{\mathrm{m},C}}{T}\right) + l_{iD}\left(\frac{A_{\mathrm{m},D}}{T}\right) + l_{iCC}\left(\frac{A_{\mathrm{m},C}}{T}\right)^2\right. \\
&\quad + l_{iCD}\left(\frac{A_{\mathrm{m},D}}{T}\right)\left(\frac{A_{\mathrm{m},C}}{T}\right) + l_{iDD}\left(\frac{A_{\mathrm{m},D}}{T}\right)^2 + l_{iCCC}\left(\frac{A_{\mathrm{m},C}}{T}\right)^3 \\
&\quad + l_{iCCD}\left(\frac{A_{\mathrm{m},C}}{T}\right)^2\left(\frac{A_{\mathrm{m},D}}{T}\right) + l_{iCDD}\left(\frac{A_{\mathrm{m},C}}{T}\right)\left(\frac{A_{\mathrm{m},D}}{T}\right)^2 \\
&\quad \left. + l_{iDDD}\left(\frac{A_{\mathrm{m},D}}{T}\right)^3 + \cdots\right]
\end{aligned} \tag{7.277}
$$

3) 从温度 T_J 到 T_P

在恒温恒压条件下，在温度 T_k，不考虑耦合作用，熔化速率为

$$
\begin{aligned}
\frac{\mathrm{d}N_{(A)_{l'_{k-1}}}}{\mathrm{d}t} &= -\frac{\mathrm{d}N_{A(\mathrm{s})}}{\mathrm{d}t} = VJ_{A(\mathrm{s})} \\
&= -V\left[l_1\left(\frac{A_{\mathrm{m},A}}{T}\right) + l_2\left(\frac{A_{\mathrm{m},A}}{T}\right)^2 + l_3\left(\frac{A_{\mathrm{m},A}}{T}\right)^3 + \cdots\right]
\end{aligned} \tag{7.278}
$$

$$
\begin{aligned}
\frac{\mathrm{d}N_{(D)_{l'_{k-1}}}}{\mathrm{d}t} &= -\frac{\mathrm{d}N_{D(\mathrm{s})}}{\mathrm{d}t} = VJ_{D(\mathrm{s})} \\
&= -V\left[l_1\left(\frac{A_{\mathrm{m},D}}{T}\right) + l_2\left(\frac{A_{\mathrm{m},D}}{T}\right)^2 + l_3\left(\frac{A_{\mathrm{m},D}}{T}\right)^3 + \cdots\right]
\end{aligned} \tag{7.279}
$$

式中，

$$A_{\mathrm{m},A} = \Delta G_{\mathrm{m},A}$$

$$A_{\mathrm{m},D} = \Delta G_{\mathrm{m},D}$$

考虑耦合作用，熔化速率为

$$
\begin{aligned}
\frac{\mathrm{d}N_{(A)_{l'_{k-1}}}}{\mathrm{d}t} &= -\frac{\mathrm{d}N_{A(\mathrm{s})}}{\mathrm{d}t} = VJ_{A(\mathrm{s})} \\
&= -V\left[l_{kA}\left(\frac{A_{\mathrm{m},A}}{T}\right) + l_{kD}\left(\frac{A_{\mathrm{m},D}}{T}\right) + l_{kAA}\left(\frac{A_{\mathrm{m},A}}{T}\right)^2\right.
\end{aligned}
$$

$$+l_{kAD}\left(\frac{A_{\mathrm{m},D}}{T}\right)\left(\frac{A_{\mathrm{m},A}}{T}\right)+l_{kDD}\left(\frac{A_{\mathrm{m},D}}{T}\right)^2+l_{kAAA}\left(\frac{A_{\mathrm{m},A}}{T}\right)^3$$
$$+l_{kAAD}\left(\frac{A_{\mathrm{m},A}}{T}\right)^2\left(\frac{A_{\mathrm{m},D}}{T}\right)+l_{kADD}\left(\frac{A_{\mathrm{m},A}}{T}\right)\left(\frac{A_{\mathrm{m},D}}{T}\right)^2 \tag{7.280}$$
$$+l_{kDDD}\left(\frac{A_{\mathrm{m},D}}{T}\right)^3+\cdots\Bigg]$$

$$\begin{aligned}\frac{\mathrm{d}N_{(D)_{l'_{k-1}}}}{\mathrm{d}t}&=-\frac{\mathrm{d}N_{D(\mathrm{s})}}{\mathrm{d}t}=VJ_{D(\mathrm{s})}\\&=-V\Bigg[l_{kD}\left(\frac{A_{\mathrm{m},D}}{T}\right)+l_{kA}\left(\frac{A_{\mathrm{m},A}}{T}\right)+l_{kDD}\left(\frac{A_{\mathrm{m},D}}{T}\right)^2\\&\quad+l_{kDA}\left(\frac{A_{\mathrm{m},D}}{T}\right)\left(\frac{A_{\mathrm{m},A}}{T}\right)+l_{kAA}\left(\frac{A_{\mathrm{m},A}}{T}\right)^2+l_{kDDD}\left(\frac{A_{\mathrm{m},D}}{T}\right)^3\\&\quad+l_{kDDA}\left(\frac{A_{\mathrm{m},D}}{T}\right)^2\left(\frac{A_{\mathrm{m},A}}{T}\right)+l_{kDAA}\left(\frac{A_{\mathrm{m},D}}{T}\right)\left(\frac{A_{\mathrm{m},A}}{T}\right)^2\\&\quad+l_{kAAA}\left(\frac{A_{\mathrm{m},A}}{T}\right)^3+\cdots\Bigg]\end{aligned} \tag{7.281}$$

4) 从温度 T_P 到 T_{M+1}

在恒温恒压条件下，在温度 T_j，熔化速率为

$$\begin{aligned}\frac{\mathrm{d}N_{(A)_{l'_{j-1}}}}{\mathrm{d}t}&=-\frac{\mathrm{d}N_{A(\mathrm{s})}}{\mathrm{d}t}=VJ_{A(\mathrm{s})}\\&=-V\left[l_1\left(\frac{A_{\mathrm{m},A}}{T}\right)+l_2\left(\frac{A_{\mathrm{m},A}}{T}\right)^2+l_3\left(\frac{A_{\mathrm{m},A}}{T}\right)^3+\cdots\right]\end{aligned} \tag{7.282}$$

7.3.4 具有低温稳定、高温分解的二元化合物的三元系

1. 相变过程热力学

图 7.12 是具有低温稳定、高温分解的二元化合物的三元系相图。

物质组成点为 M 的物质升温熔化。温度升高到 T_{E_5}。物质组成点到达 E 点所在的平行于底面的等温平面，开始出现液相 $E\,(\mathrm{l})$。液–固两相平衡，有

$$E\,(\mathrm{s}) \rightleftharpoons E\,(\mathrm{l})$$

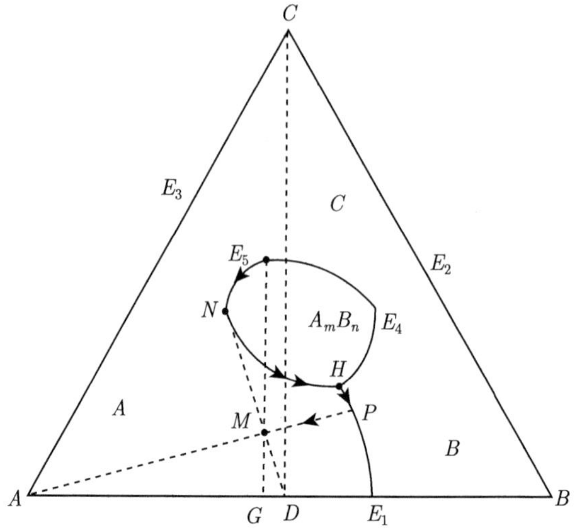

图 7.12 具有低温稳定、高温分解的二元化合物的三元系相图

即

$$x_A A(\mathrm{s}) + x_D A_m B_n(\mathrm{s}) + x_C C(\mathrm{s}) \rightleftharpoons x_A (A)_{E(\mathrm{l})} + x_D (A_m B_n)_{E(\mathrm{l})} + x_C (C)_{E(\mathrm{l})}$$

或

$$A\,(\mathrm{s}) \rightleftharpoons (A)_{E(\mathrm{l})}$$

$$A_m B_n\,(\mathrm{s}) \rightleftharpoons (A_m B_n)_{E(\mathrm{l})}$$

$$C\,(\mathrm{s}) \rightleftharpoons (C)_{E(\mathrm{l})}$$

在温度 T_E，熔化过程的摩尔吉布斯自由能变化为

$$\begin{aligned}\Delta G_{\mathrm{m},E}\,(T_E) &= G_{\mathrm{m},E(\mathrm{l})}\,(T_E) - G_{\mathrm{m},E(\mathrm{s})}\,(T_E)\\ &= \Delta_{\mathrm{fus}} H_{\mathrm{m},E}\,(T_E) - T_E \Delta_{\mathrm{fus}} S_{\mathrm{m},E}\,(T_E)\\ &= 0\end{aligned} \tag{7.283}$$

或

$$\begin{aligned}\Delta G_{\mathrm{m},A}\,(T_E) &= G_{\mathrm{m},(A)_{E_5(\mathrm{l})}}\,(T_E) - G_{\mathrm{m},A(\mathrm{s})}\,(T_E)\\ &= \Delta_{\mathrm{sol}} H_{\mathrm{m},A}\,(T_E) - T_E \frac{\Delta_{\mathrm{sol}} H_{\mathrm{m},A}\,(T_E)}{T_E}\\ &= 0\end{aligned} \tag{7.284}$$

同理

$$\begin{aligned}\Delta G_{\mathrm{m},D}\left(T_E\right) &= G_{\mathrm{m},(D)_{E(\mathrm{l})}}\left(T_E\right)-G_{\mathrm{m},D(\mathrm{s})}\left(T_E\right)\\ &=\Delta_{\mathrm{sol}}H_{\mathrm{m},D}\left(T_E\right)-T_E\frac{\Delta_{\mathrm{sol}}H_{\mathrm{m},D}\left(T_E\right)}{T_E}\\ &=0\end{aligned}\tag{7.285}$$

$$\begin{aligned}\Delta G_{\mathrm{m},C}\left(T_E\right) &= G_{\mathrm{m},(C)_{E(\mathrm{l})}}\left(T_E\right)-G_{\mathrm{m},C(\mathrm{s})}\left(T_E\right)\\ &=\Delta_{\mathrm{sol}}H_{\mathrm{m},C}\left(T_E\right)-T_E\frac{\Delta_{\mathrm{sol}}H_{\mathrm{m},C}\left(T_E\right)}{T_E}\\ &=0\end{aligned}\tag{7.286}$$

该过程的摩尔吉布斯自由能也可以如下计算。

在温度 T_E，低共熔组成的液相 $E\,(\mathrm{l})$ 中，组元 A、A_mB_n 和 C 是饱和的。固相和液相中组元都以纯固态物质为标准状态，浓度以摩尔分数表示，有

$$\begin{aligned}\Delta G_{\mathrm{m},E(\mathrm{l})} &= x_A\mu_{(A)_{E(\mathrm{l})}}+x_D\mu_{(D)_{E(\mathrm{l})}}+x_C\mu_{(C)_{E(\mathrm{l})}}-\left(x_A\mu_{A(\mathrm{s})}-x_D\mu_{D(\mathrm{s})}-x_C\mu_{C(\mathrm{s})}\right)\\ &=0\end{aligned}\tag{7.287}$$

式中

$$\mu_{A(\mathrm{s})}=\mu^*_{A(\mathrm{s})}$$

$$\mu_{D(\mathrm{s})}=\mu^*_{D(\mathrm{s})}$$

$$\mu_{C(\mathrm{s})}=\mu^*_{C(\mathrm{s})}$$

$$\begin{aligned}\mu_{(A)_{E(\mathrm{l})}} &= \mu^*_{A(\mathrm{s})}+RT\ln a^{\mathrm{R}}_{(A)_{E(\mathrm{l})}}\\ &=\mu^*_{A(\mathrm{s})}+RT\ln a^{\mathrm{R}}_{(A)_{饱}}\\ &=\mu^*_{A(\mathrm{s})}\end{aligned}\tag{7.288}$$

同理

$$\mu_{(D)_{E(\mathrm{l})}}=\mu^*_{D(\mathrm{s})}\tag{7.289}$$

$$\mu_{(C)_{E(\mathrm{l})}}=\mu^*_{C(\mathrm{s})}\tag{7.290}$$

继续升高温度到 T_1。在温度刚升到 T_1，固体组元 A、A_mB_n 和 C 还未来得及溶解进入液相时，液相组成仍然和 $E\,(\mathrm{l})$ 相同。但是，由于温度升高，已经由 A、A_mB_n 和 C 的饱和溶液 $E\,(\mathrm{l})$ 变为不饱和溶液 $E\,(\mathrm{l}')$，固相组元 A、A_mB_n 和 C 向溶液 $E\,(\mathrm{l}')$ 中溶解，有

$$E(\mathrm{s}) =\!=\!= \mathrm{E}(\mathrm{l}')$$

即

$$x_A A(\mathrm{s}) + x_D A_m B_n(\mathrm{s}) + x_C C(\mathrm{s}) = x_A (A)_{E(\mathrm{l}')} + x_D (A_m B_n)_{E(\mathrm{l}')} + x_C (C)_{E(\mathrm{l}')}$$

也可以表示为

$$A(\mathrm{s}) = (A)_{E(\mathrm{l}')}$$

$$A_m B_n(\mathrm{s}) = (A_m B_n)_{E(\mathrm{l}')}$$

$$C(\mathrm{s}) = (C)_{E(\mathrm{l}')}$$

直到固相组元 C 消失，溶液成为组元 A 和 A_mB_n 的饱和溶液 l_1，达到新的平衡。l_1 是固相组元 A 和 A_mB_n 在共熔线 EH 上的平衡液相组成点。

该过程的摩尔吉布斯自由能变化为

$$\begin{aligned}\Delta G_{\mathrm{m},E}(T_1) &= G_{\mathrm{m},E(\mathrm{l}')}(T_1) - G_{\mathrm{m},E(\mathrm{s})}(T_1) \\ &= \Delta_{\mathrm{fus}} H_{\mathrm{m},E}(T_1) - T_1 \Delta_{\mathrm{fus}} S_{\mathrm{m},E}(T_1) \\ &\simeq \Delta_{\mathrm{fus}} H_{\mathrm{m},E}(T_E) - T_1 \frac{\Delta_{\mathrm{fus}} H_{\mathrm{m},E}(T_E)}{T_E} \\ &= \frac{\Delta_{\mathrm{fus}} H_{\mathrm{m},E}(T_E)\Delta T}{T_E} < 0\end{aligned} \tag{7.291}$$

式中，

$$\Delta T = T_E - T_1 < 0$$

或

$$\begin{aligned}\Delta G_{\mathrm{m},A}(T_1) &= G_{\mathrm{m},(A)_{E(\mathrm{l}')}}(T_1) - G_{\mathrm{m},A(\mathrm{s})}(T_1) \\ &= \frac{\Delta_{\mathrm{sol}} H_{\mathrm{m},A}(T_E)\Delta T}{T_E} < 0\end{aligned} \tag{7.292}$$

$$\begin{aligned}\Delta G_{\mathrm{m},D}(T_1) &= G_{\mathrm{m},(D)_{E(\mathrm{l}')}}(T_1) - G_{\mathrm{m},D(\mathrm{s})}(T_1) \\ &= \frac{\Delta_{\mathrm{sol}} H_{\mathrm{m},D}(T_E)\Delta T}{T_E} < 0\end{aligned} \tag{7.293}$$

$$\begin{aligned}\Delta G_{\mathrm{m},C}(T_1) &= G_{\mathrm{m},(C)_{E(\mathrm{l}')}}(T_1) - G_{\mathrm{m},C(\mathrm{s})}(T_1) \\ &= \frac{\Delta_{\mathrm{sol}} H_{\mathrm{m},C}(T_E)\Delta T}{T_E} < 0\end{aligned} \tag{7.294}$$

该过程的摩尔吉布斯自由能变化也可以如下计算。

固相和液相中组元都以纯固态物质为标准状态，浓度以摩尔分数表示，有

$$\begin{aligned}\Delta G_{\mathrm{m},E} &= x_A\mu_{(A)_{E(1')}} + x_D\mu_{(D)_{E(1')}} + x_C\mu_{(C)_{E(1')}} - \left(x_A\mu_{A(\mathrm{s})} - x_D\mu_{D(\mathrm{s})} - x_C\mu_{C(\mathrm{s})}\right)\\ &= RT\left(x_A\ln a^{\mathrm{R}}_{(A)_{E(1')}} + x_D\ln a^{\mathrm{R}}_{(D)_{E(1')}} + x_C\ln a^{\mathrm{R}}_{(C)_{E(1')}}\right)\end{aligned} \tag{7.295}$$

式中，

$$\mu_{A(\mathrm{s})} = \mu^*_{A(\mathrm{s})}$$

$$\mu_{D(\mathrm{s})} = \mu^*_{D(\mathrm{s})}$$

$$\mu_{C(\mathrm{s})} = \mu^*_{C(\mathrm{s})}$$

$$\mu_{(A)_{E(1')}} = \mu^*_{A(\mathrm{s})} + RT\ln a^{\mathrm{R}}_{(A)_{E(1')}}$$

$$\mu_{(D)_{E(1')}} = \mu^*_{D(\mathrm{s})} + RT\ln a^{\mathrm{R}}_{(D)_{E(1')}}$$

$$\mu_{(C)_{E(1')}} = \mu^*_{C(\mathrm{s})} + RT\ln a^{\mathrm{R}}_{(C)_{E(1')}}$$

温度从 T_1 升到 T_N，液–固两相平衡组成沿共熔线 EN 从 E 向 N 移动。溶解过程，可以统一描述如下。

在温度 T_{i-1}，液固两相达成平衡，有

$$A(\mathrm{s}) \rightleftharpoons (A)_{l_{i-1}} =\!=\!= (A)_{饱}$$

$$A_mB_n(\mathrm{s}) \rightleftharpoons (A_mB_n)_{l_{i-1}} =\!=\!= (A_mB_n)_{饱}$$

继续升高温度到 T_i。在温度刚到达 T_i，固相组元 A 和 A_mB_n 还未来得及溶解进入液相时，溶液组成仍然和 l_{i-1} 相同，但已由组元 A 和 A_mB_n 饱和的溶液变成不饱和的溶液 l'_{i-1}。固相组元 A 和 A_mB_n 向其中溶解，直到成为饱和的溶液 l_i，达到新的平衡。有

$$A(\mathrm{s}) =\!=\!= (A)_{l'_{i-1}}$$

$$A_mB_n(\mathrm{s}) =\!=\!= (A_mB_n)_{l'_{i-1}}$$

固液相中的组元 A 和 A_mB_n 都以固态纯物质为标准状态，浓度以摩尔分数表示，该过程的摩尔吉布斯自由能变化为

$$\Delta G_{\mathrm{m},A} = \mu_{(A)_{l'_{i-1}}} - \mu_{A(\mathrm{s})} = RT\ln a^{\mathrm{R}}_{(A)_{l'_{i-1}}} \tag{7.296}$$

式中，

$$\mu_{(A)_{l'_{i-1}}} = \mu^*_{A(\mathrm{s})} + RT\ln a^{\mathrm{R}}_{(A)l'_{i-1}}$$

$$\mu_{A(\mathrm{s})} = \mu^*_{A(\mathrm{s})}$$

$$G_{\mathrm{m},D} = \mu_{(D)_{l'_{i-1}}} - \mu_{D(\mathrm{s})} = RT\ln a^{\mathrm{R}}_{(D)_{l'_{i-1}}} \tag{7.297}$$

式中，

$$\mu_{(D)_{l'_{i-1}}} = \mu^*_{D(\mathrm{s})} + RT\ln a^{\mathrm{R}}_{(D)l'_{i-1}}$$

$$\mu_{D(\mathrm{s})} = \mu^*_{D(\mathrm{s})}$$

温度 T_N 的平衡液相组成为共熔线 EH 上的 N 点，N 点为组元 A 和化合物 A_mB_n 界线的转折点，把共熔线 EH 分为 EN 线和 NH 线两段。EN 段为一致熔融界线，以单箭头表示，NH 线为不一致熔融界线，以双箭头表示。

在温度 T_N，固相组元 A 由溶解开始转变为析出。温度从 T_N 到 T_H，化合物 A_mB_n 溶解进入溶液，而组元 A 从溶液中析出。可以统一描述如下。

在温度 T_{k-1}，液固两相达成平衡，有

$$A_mB_n(\mathrm{s}) \rightleftharpoons (A_mB_n)_{l'_{i-1}} =\!=\!= (A_mB_n)_{饱}$$

$$(A)_{l_{i-1}} \rightleftharpoons A(\mathrm{s}) =\!=\!= (A)_{饱}$$

$$(k = 1, 2, 3, \cdots, n)$$

升高温度到 T_k。温度刚升到 T_k，固相化合物 A_mB_n 还未来得及溶解时，液相中也还未来得及析出固相组元 A，溶液组成仍与相同，但已由组元 A_mB_n 和 A 饱和的 l_{k-1} 变成组元 A_mB_n 不饱和、组元 A 过饱和的 l'_{k-1}。因而，固相组元 A_mB_n 向溶液中溶解，溶液中的组元 A 结晶析出。有

$$A_mB_n(\mathrm{s}) =\!=\!= (A_mB_n)_{l'_{k-1}}$$

$$(A)_{l'_{k-1}} =\!=\!= A(\mathrm{s})$$

该过程的摩尔吉布斯自由能变化为

$$\Delta G_{\mathrm{m},D}(T_k) = \frac{\Delta_{\mathrm{sol}}H_{\mathrm{m},D}(T_{k-1})\Delta T}{T_{k-1}} \tag{7.298}$$

$$\Delta G_{\mathrm{m},A}(T_k) = \frac{\Delta_{\mathrm{sol}}H_{\mathrm{m},A}(T_{k-1})\Delta T}{T_{k-1}} \tag{7.299}$$

以纯固态组元 A_mB_n 和相 A 为标准状态，浓度以摩尔分数表示，摩尔吉布斯自由能变化为

$$\Delta G_{\mathrm{m},D} = \mu_{(D)_{l'_{k-1}}} - \mu_{D(\mathrm{s})} = RT\ln a^{\mathrm{R}}_{(D)_{l'_{k-1}}} \tag{7.300}$$

式中

$$\mu_{(D)_{l'_{k-1}}} = \mu^*_{D(\mathrm{s})} + RT\ln a^{\mathrm{R}}_{(D)_{l'_{k-1}}}$$

$$\mu_{D(\mathrm{s})} = \mu^*_{D(\mathrm{s})}$$

$$\Delta G_{\mathrm{m},A} = \mu_{(A)_{l'_{k-1}}} - \mu_{A(\mathrm{s})} = RT\ln a^{\mathrm{R}}_{(A)_{l'_{k-1}}} = -RT\ln a^{\mathrm{R}}_{(A)_{过饱}} \tag{7.301}$$

式中，

$$\mu_{A(\mathrm{s})} = \mu^*_{A(\mathrm{s})}$$

$$\mu_{(A)_{l'_{k-1}}} = \mu^*_{A(\mathrm{s})} + RT\ln a^{\mathrm{R}}_{(A)_{l'_{k-1}}} = \mu^*_{A(\mathrm{s})} + RT\ln a^{\mathrm{R}}_{(A)_{过饱}}$$

直到变成组元 A_mB_n 和 A 的饱和溶液 l_k，达到新的平衡。有

$$A_mB_n(\mathrm{s}) \rightleftharpoons (A_mB_n)_{l'_{k-1}} \equiv (A_mB_n)_{饱}$$

$$(A)_{饱} \equiv (A)_{l'_{k-1}} \rightleftharpoons A(\mathrm{s})$$

在温度 T_{H-1}，达成平衡后，液相以 l_{H-1} 表示。有

$$A_mB_n(\mathrm{s}) \rightleftharpoons (A_mB_n)_{l_{H-1}} \equiv (A_mB_n)_{饱}$$

$$A(\mathrm{s}) \rightleftharpoons (A)_{l_{H-1}} \equiv (A)_{饱}$$

温度升高到 T_H，化合物 A_mB_n 分解，溶液 l_{H-1} 由组元 A 的饱和溶液成为组元 A 的不饱和溶液 l'_{H-1}，固相组元 A 向其中溶解。在溶液 l_{H-1} 中组元 B 没有饱和，化合物 A_mB_n 分解出的固相组元 B 向其中溶解。可以表示为

$$A_mB_n(\mathrm{s}) = m(A)_{l'_{H-1}} + n(B)_{l'_{H-1}}$$

$$A(\mathrm{s}) = (A)_{l'_{H-1}}$$

分解和溶解过程的摩尔吉布斯自由能变化为

$$\begin{aligned}\Delta G_{\mathrm{m},D} &= m\mu_{(A)_{l'_{H-1}}} + n\mu_{(B)_{l'_{H-1}}} - \mu_{D(\mathrm{s})}\\ &= -\Delta_{\mathrm{f}}G^*_{\mathrm{m},D} + mRT\ln a^{\mathrm{R}}_{(A)_{l'_{H-1}}} + nRT\ln a^{\mathrm{R}}_{(B)_{l'_{H-1}}}\end{aligned} \tag{7.302}$$

$$\Delta G_{\mathrm{m},A} = \mu_{(A)_{l'_{H-1}}} - \mu_{A(\mathrm{s})} = RT\ln a^{\mathrm{R}}_{(A)_{l'_{H-1}}}$$

式中，$\Delta_{\mathrm{f}}G^*_{\mathrm{m},D}$ 为化合物 A_mB_n 的生成自由能；

$$\mu_{(A)_{l'_{H-1}}} = \mu^*_{A(\mathrm{s})} + RT\ln a^{\mathrm{R}}_{(A)_{l'_{H-1}}}$$

$$\mu_{A(\mathrm{s})} = \mu^*_{A(\mathrm{s})}$$

或

$$\begin{aligned}
\Delta G_{\mathrm{m},D}\left(T_H\right) &= m\overline{G}_{\mathrm{m},(A)_{l'_{H-1}}}\left(T_H\right) + n\overline{G}_{\mathrm{m},(B)_{l'_{H-1}}}\left(T_H\right) - G_{\mathrm{m},D(\mathrm{s})}\left(T_H\right) \\
&= \left[m\bar{H}_{\mathrm{m},(A)_{l'_{H-1}}}\left(T_H\right) + n\bar{H}_{\mathrm{m},(B)_{l'_{H-1}}}\left(T_H\right) - H_{\mathrm{m},D(\mathrm{s})}\left(T_H\right)\right] \\
&\quad -T_H\left[m\bar{S}_{\mathrm{m},(A)_{l'_{H-1}}}\left(T_H\right) + nS_{\mathrm{m},(B)_{l'_{H-1}}}\left(T_H\right) - S_{\mathrm{m},D(\mathrm{s})}\left(T_H\right)\right] \\
&= m\Delta_{\mathrm{sol}}G_{\mathrm{m},A}\left(T_H\right) + n\Delta_{\mathrm{sol}}G_{\mathrm{m},B}\left(T_H\right) - \Delta_f G^*_{\mathrm{m},D}
\end{aligned} \tag{7.303}$$

$$\Delta G_{\mathrm{m},A}(T_H) = \frac{\Delta_{\mathrm{sol}}H_{\mathrm{m},A}(T_{H-1})\Delta T}{T_{H-1}} \tag{7.304}$$

式中，

$$\Delta T = T_{H-1} - T_H < 0$$

直到化合物 A_mB_n 分解完毕，液相 l_H 成为组元 A 和 B 的饱和溶液，有

$$A(\mathrm{s}) \rightleftharpoons (A)_{l_H} \equiv (A)_{饱}$$

$$B(\mathrm{s}) \rightleftharpoons (B)_{l_H} \equiv (B)_{饱}$$

继续升高温度，从 T_H 到 T_P。固相组元 A 和 B 溶解。平衡液相组成沿共熔线 HE_1，从 H 移动到 P。溶解过程可以统一描述如下。

在温度 T_{j-1}，溶解达到平衡，有

$$A(\mathrm{s}) \rightleftharpoons (A)_{l_{j-1}} \equiv (A)_{饱}$$

$$B(\mathrm{s}) \rightleftharpoons (B)_{l_{j-1}} \equiv (B)_{饱}$$

升高温度到 T_j。温度刚升到 T_j，固体组元 A 和 B 还未来得及溶解时，液相组成仍和 l_{j-1} 相同，但已由组元 A 和 B 饱和的溶液 l_{j-1} 变为不饱和的溶液 l'_{j-1}。固体组元 A 和 B 向其中溶解。有

$$A(\mathrm{s}) = (A)_{l'_{j-1}}$$

$$B(\mathrm{s}) = (B)_{l'_{j-1}}$$

固液两相中的组元 A 和 B 都以纯固态为标准状态，浓度以摩尔分数表示，该过程的摩尔吉布斯自由能变化为

$$\Delta G_{\mathrm{m},A} = \mu_{(A)_{l'_{j-1}}} - \mu_{A(\mathrm{s})} = RT\ln a^{\mathrm{R}}_{(A)_{l'_{j-1}}} \tag{7.305}$$

式中，

$$\mu_{(A)_{l'_{j-1}}} = \mu^*_{A(\mathrm{s})} + RT\ln a^{\mathrm{R}}_{(A)_{l'_{j-1}}}$$

$$\mu_{A(\mathrm{s})} = \mu^*_{A(\mathrm{s})}$$

$$\Delta G_{\mathrm{m},B} = \mu_{(B)_{l'_{j-1}}} - \mu_{B(\mathrm{s})} = RT\ln a^{\mathrm{R}}_{(B)_{l'_{j-1}}} \tag{7.306}$$

式中，

$$\mu_{(B)_{l'_{j-1}}} = \mu^*_{B(\mathrm{s})} + RT\ln a^{\mathrm{R}}_{(B)_{l'_{j-1}}}$$

$$\mu_{B(\mathrm{s})} = \mu^*_{B(\mathrm{s})}$$

或

$$\Delta G_{\mathrm{m},A}(T_j) = \frac{\Delta_{\mathrm{sol}}H_{\mathrm{m},A}(T_{j-1})\Delta T}{T_{j-1}} \tag{7.307}$$

$$\Delta G_{\mathrm{m},B}(T_j) = \frac{\Delta_{\mathrm{sol}}H_{\mathrm{m},B}(T_{j-1})\Delta T}{T_{j-1}} \tag{7.308}$$

式中，

$$\Delta T = T_{j-1} - T_j < 0$$

升高温度到 T_P，在温度 T_P，固–液两相达成平衡，有

$$A(\mathrm{s}) \rightleftharpoons (A)_{l_P} \equiv (A)_{饱}$$

$$B(\mathrm{s}) \rightleftharpoons (A)_{l_P} \equiv (B)_{饱}$$

升高温度到 T_{P+1}，在温度刚升到 T_{P+1}，固相组元 A 和 B 尚未向溶液中溶解时，液相组成仍为 l_P，但已由组元 A、B 的饱和溶液 l_P 变成不饱和的 l'_P，固相组元 A、B 向其中溶解，有

$$A(\mathrm{s}) = (A)_{l_P}$$

$$B(\mathrm{s}) = (A)_{l_P}$$

升高温度。从 T_P 到 T_M，固相组元 A 溶解，过程从 P 点沿 PA 连线向 M 点移动。溶解过程可以统一描述如下。

在温度 T_h，溶解过程达成平衡，平衡液相组成为 PA 连线上的 l_h 点。有

$$A(\mathrm{s}) \rightleftharpoons (A)_{l_{h-1}} \equiv (A)_{饱}$$

继续升高温度到 T_h。在温度刚升到 T_h 时，固相 A 还未来得及溶解，溶液组成仍和 l_{h-1} 相同，但已由组元 A 饱和的 l_{h-1} 变成不饱和的 l'_{h-1}。固体组元 A 向 l'_{h-1} 中溶解。即

$$A(\mathrm{s}) = (A)_{l'_{h-1}}$$

直到成为饱和溶液 l_h，达到新的平衡，有

$$A\,(\mathrm{s}) \rightleftharpoons (A)_{l_h} \equiv\!\equiv (A)_{饱}$$

固相和液相中的组元 A 都以纯固态物质为标准状态，浓度以摩尔分数表示，该过程的摩尔吉布斯自由能变化为

$$\Delta G_{\mathrm{m},A} = \mu_{(A)_{l'_{h-1}}} - \mu_{A(\mathrm{s})} = RT \ln a^{\mathrm{R}}_{(A)_{l'_{h-1}}} \tag{7.309}$$

式中，

$$\mu_{(A)_{l'_{h-1}}} = \mu^*_{A(\mathrm{s})} + RT \ln a^{\mathrm{R}}_{(A)_{l'_{h-1}}}$$

$$\mu_{A(\mathrm{s})} = \mu^*_{A(\mathrm{s})}$$

在温度 T_M，固相组元 A 溶解达到饱和，平衡液相组成点为 l_M。有

$$A\,(\mathrm{s}) \rightleftharpoons (A)_{l_M} \equiv\!\equiv (A)_{饱}$$

升高温度到 T_{M+1}，溶液 l_M 成为不饱和溶液 l'_M，两者组成相同。固相组元 A 向其中溶解，直到溶解完毕。有

$$A\,(\mathrm{s}) \equiv\!\equiv (A)_{l'_M}$$

固相和液相中的组元 A 都以纯固态为标准状态，浓度以摩尔分数表示，该过程的摩尔吉布斯自由能变化为

$$\Delta G_{\mathrm{m},A} = \mu_{(A)_{l'_M}} - \mu_{A(\mathrm{s})} = RT \ln a^{\mathrm{R}}_{(A)_{l'_M}} \tag{7.310}$$

式中，

$$\mu_{(A)_{l'_M}} = \mu^*_{A(\mathrm{s})} + RT \ln a^{\mathrm{R}}_{(A)_{l'_M}}$$

$$\mu_{A(\mathrm{s})} = \mu^*_{A(\mathrm{s})}$$

固、液相中的组元 A 和 B 都以纯固态为标准状态，浓度以摩尔分数表示，溶解过程的摩尔吉布斯自由能变化为

$$\Delta G_{\mathrm{m},A} = \mu_{(A)_{l'_P}} - \mu_{A(\mathrm{s})} = RT \ln a^{\mathrm{R}}_{(A)_{l'_P}} \tag{7.311}$$

式中，

$$\mu_{(A)_{l'_P}} = \mu^*_{A(\mathrm{s})} + RT \ln a^{\mathrm{R}}_{(A)_{l'_P}}$$

$$\mu_{A(\mathrm{s})} = \mu^*_{A(\mathrm{s})}$$

$$\Delta G_{\mathrm{m},B} = \mu_{(B)_{l'_P}} - \mu_{B(\mathrm{s})} = RT\ln a^{\mathrm{R}}_{(B)_{l'_P}} \tag{7.312}$$

式中，

$$\mu_{(B)_{l'_P}} = \mu^*_{B(\mathrm{s})} + RT\ln a^{\mathrm{R}}_{(B)_{l'_P}}$$

$$\mu_{B(\mathrm{s})} = \mu^*_{B(\mathrm{s})}$$

直到固相组元 B 溶解完，组元 A 达到饱和，液–固两相达成平衡，液相组成为 l_{p+1} 点，有

$$A\,(\mathrm{s}) \rightleftharpoons (A)_{l_{p+1}} \equiv\equiv (A)_{饱}$$

2. 相变速率

1) 在温度 T_1

在温度 T_1，最低共熔点组成的 $E\,(\mathrm{s})$ 的熔化速率为

$$\begin{aligned}\frac{\mathrm{d}N_{E(\mathrm{l})}}{\mathrm{d}t} &= -\frac{\mathrm{d}N_{E(\mathrm{s})}}{\mathrm{d}t} = Vj_E \\ &= -V\left[l_1\left(\frac{A_{\mathrm{m},E}}{T}\right) + l_2\left(\frac{A_{\mathrm{m},E}}{T}\right)^2 + l_3\left(\frac{A_{\mathrm{m},E}}{T}\right)^3 + \cdots\right]\end{aligned} \tag{7.313}$$

式中，

$$A_{\mathrm{m},E} = \Delta G_{\mathrm{m},E}$$

不考虑耦合作用，固相组元 A、A_mB_n 和 C 的溶解速率为

$$\begin{aligned}\frac{\mathrm{d}N_{(A)_{E(\mathrm{l}')}}}{\mathrm{d}t} &= -\frac{\mathrm{d}N_{A(\mathrm{s})}}{\mathrm{d}t} = Vj_A \\ &= -V\left[l_1\left(\frac{A_{\mathrm{m},A}}{T}\right) + l_2\left(\frac{A_{\mathrm{m},A}}{T}\right)^2 + l_3\left(\frac{A_{\mathrm{m},A}}{T}\right)^3 + \cdots\right]\end{aligned} \tag{7.314}$$

式中，

$$A_{\mathrm{m},A} = \Delta G_{\mathrm{m},A}$$

$$\begin{aligned}\frac{\mathrm{d}N_{(D)_{E(\mathrm{l}')}}}{\mathrm{d}t} &= -\frac{\mathrm{d}N_{D(\mathrm{s})}}{\mathrm{d}t} = Vj_D \\ &= -V\left[l_1\left(\frac{A_{\mathrm{m},D}}{T}\right) + l_2\left(\frac{A_{\mathrm{m},D}}{T}\right)^2 + l_3\left(\frac{A_{\mathrm{m},D}}{T}\right)^3 + \cdots\right]\end{aligned} \tag{7.315}$$

式中，

$$A_{\mathrm{m},D} = \Delta G_{\mathrm{m},D}$$

$$\frac{\mathrm{d}N_{(C)_{E(\mathrm{l}')}}}{\mathrm{d}t} = -\frac{\mathrm{d}N_{C(\mathrm{s})}}{\mathrm{d}t} = Vj_C$$

$$= -V\left[l_1\left(\frac{A_{\mathrm{m},C}}{T}\right) + l_2\left(\frac{A_{\mathrm{m},C}}{T}\right)^2 + l_3\left(\frac{A_{\mathrm{m},C}}{T}\right)^3 + \cdots\right] \qquad (7.316)$$

式中,

$$A_{\mathrm{m},C} = \Delta G_{\mathrm{m},C}$$

考虑耦合作用, 有

$$\frac{\mathrm{d}N_{(A)_{E(\mathrm{l}')}}}{\mathrm{d}t} = -\frac{\mathrm{d}N_{A(\mathrm{s})}}{\mathrm{d}t} = Vj_A$$

$$= -V\left[l_{11}\left(\frac{A_{\mathrm{m},A}}{T}\right) + l_{12}\left(\frac{A_{\mathrm{m},D}}{T}\right) + l_{13}\left(\frac{A_{\mathrm{m},C}}{T}\right) + l_{111}\left(\frac{A_{\mathrm{m},A}}{T}\right)^2\right.$$

$$+ l_{112}\left(\frac{A_{\mathrm{m},A}}{T}\right)\left(\frac{A_{\mathrm{m},D}}{T}\right) + l_{113}\left(\frac{A_{\mathrm{m},A}}{T}\right)\left(\frac{A_{\mathrm{m},C}}{T}\right) + l_{122}\left(\frac{A_{\mathrm{m},D}}{T}\right)^2$$

$$+ l_{123}\left(\frac{A_{\mathrm{m},D}}{T}\right)\left(\frac{A_{\mathrm{m},C}}{T}\right) + l_{133}\left(\frac{A_{\mathrm{m},C}}{T}\right)^2 + l_{1111}\left(\frac{A_{\mathrm{m},A}}{T}\right)^3$$

$$+ l_{1112}\left(\frac{A_{\mathrm{m},A}}{T}\right)^2\left(\frac{A_{\mathrm{m},D}}{T}\right) + l_{1113}\left(\frac{A_{\mathrm{m},A}}{T}\right)^2\left(\frac{A_{\mathrm{m},C}}{T}\right)$$

$$+ l_{1122}\left(\frac{A_{\mathrm{m},A}}{T}\right)\left(\frac{A_{\mathrm{m},D}}{T}\right)^2 + l_{1123}\left(\frac{A_{\mathrm{m},A}}{T}\right)\left(\frac{A_{\mathrm{m},D}}{T}\right)\left(\frac{A_{\mathrm{m},C}}{T}\right)$$

$$+ l_{1133}\left(\frac{A_{\mathrm{m},A}}{T}\right)\left(\frac{A_{\mathrm{m},C}}{T}\right)^2 + l_{1222}\left(\frac{A_{\mathrm{m},D}}{T}\right)^3 + l_{1223}\left(\frac{A_{\mathrm{m},D}}{T}\right)^2\left(\frac{A_{\mathrm{m},C}}{T}\right)$$

$$\left.+ l_{1233}\left(\frac{A_{\mathrm{m},D}}{T}\right)\left(\frac{A_{\mathrm{m},C}}{T}\right)^2 + l_{1333}\left(\frac{A_{\mathrm{m},C}}{T}\right)^3 + \cdots\right]$$

$$(7.317)$$

$$\frac{\mathrm{d}N_{(D)_{E(\mathrm{l}')}}}{\mathrm{d}t} = -\frac{\mathrm{d}N_{D(\mathrm{s})}}{\mathrm{d}t} = Vj_D$$

$$= -V\left[l_{21}\left(\frac{A_{\mathrm{m},A}}{T}\right) + l_{22}\left(\frac{A_{\mathrm{m},D}}{T}\right) + l_{23}\left(\frac{A_{\mathrm{m},C}}{T}\right) + l_{211}\left(\frac{A_{\mathrm{m},A}}{T}\right)^2\right.$$

$$+ l_{212}\left(\frac{A_{\mathrm{m},A}}{T}\right)\left(\frac{A_{\mathrm{m},D}}{T}\right) + l_{213}\left(\frac{A_{\mathrm{m},A}}{T}\right)\left(\frac{A_{\mathrm{m},C}}{T}\right) + l_{222}\left(\frac{A_{\mathrm{m},D}}{T}\right)^2$$

$$
\begin{aligned}
&+l_{223}\left(\frac{A_{\mathrm{m},D}}{T}\right)\left(\frac{A_{\mathrm{m},C}}{T}\right)+l_{233}\left(\frac{A_{\mathrm{m},C}}{T}\right)^2+l_{2111}\left(\frac{A_{\mathrm{m},A}}{T}\right)^3\\
&+l_{2112}\left(\frac{A_{\mathrm{m},A}}{T}\right)^2\left(\frac{A_{\mathrm{m},D}}{T}\right)+l_{2113}\left(\frac{A_{\mathrm{m},A}}{T}\right)^2\left(\frac{A_{\mathrm{m},C}}{T}\right)\\
&+l_{2122}\left(\frac{A_{\mathrm{m},A}}{T}\right)\left(\frac{A_{\mathrm{m},D}}{T}\right)^2+l_{2123}\left(\frac{A_{\mathrm{m},A}}{T}\right)\left(\frac{A_{\mathrm{m},D}}{T}\right)\left(\frac{A_{\mathrm{m},C}}{T}\right)\\
&+l_{2133}\left(\frac{A_{\mathrm{m},A}}{T}\right)\left(\frac{A_{\mathrm{m},C}}{T}\right)^2+l_{2222}\left(\frac{A_{\mathrm{m},D}}{T}\right)^3+l_{2223}\left(\frac{A_{\mathrm{m},D}}{T}\right)^2\left(\frac{A_{\mathrm{m},C}}{T}\right)\\
&+l_{2233}\left(\frac{A_{\mathrm{m},D}}{T}\right)\left(\frac{A_{\mathrm{m},C}}{T}\right)^2+l_{2333}\left(\frac{A_{\mathrm{m},C}}{T}\right)^3+\cdots\Bigg]
\end{aligned}
\tag{7.318}
$$

$$
\begin{aligned}
\frac{\mathrm{d}N_{(C)_{E(1')}}}{\mathrm{d}t}&=-\frac{\mathrm{d}N_{C(\mathrm{s})}}{\mathrm{d}t}=Vj_C\\
&=-V\Bigg[l_{31}\left(\frac{A_{\mathrm{m},A}}{T}\right)+l_{32}\left(\frac{A_{\mathrm{m},D}}{T}\right)+l_{33}\left(\frac{A_{\mathrm{m},C}}{T}\right)+l_{311}\left(\frac{A_{\mathrm{m},A}}{T}\right)^2\\
&\quad+l_{312}\left(\frac{A_{\mathrm{m},A}}{T}\right)\left(\frac{A_{\mathrm{m},D}}{T}\right)+l_{313}\left(\frac{A_{\mathrm{m},A}}{T}\right)\left(\frac{A_{\mathrm{m},C}}{T}\right)+l_{322}\left(\frac{A_{\mathrm{m},D}}{T}\right)^2\\
&\quad+l_{323}\left(\frac{A_{\mathrm{m},D}}{T}\right)\left(\frac{A_{\mathrm{m},C}}{T}\right)+l_{333}\left(\frac{A_{\mathrm{m},C}}{T}\right)^2+l_{3111}\left(\frac{A_{\mathrm{m},A}}{T}\right)^3\\
&\quad+l_{3112}\left(\frac{A_{\mathrm{m},A}}{T}\right)^2\left(\frac{A_{\mathrm{m},D}}{T}\right)+l_{3113}\left(\frac{A_{\mathrm{m},A}}{T}\right)^2\left(\frac{A_{\mathrm{m},C}}{T}\right)\\
&\quad+l_{3122}\left(\frac{A_{\mathrm{m},D}}{T}\right)^2\left(\frac{A_{\mathrm{m},A}}{T}\right)+l_{3123}\left(\frac{A_{\mathrm{m},A}}{T}\right)\left(\frac{A_{\mathrm{m},D}}{T}\right)\left(\frac{A_{\mathrm{m},C}}{T}\right)\\
&\quad+l_{3133}\left(\frac{A_{\mathrm{m},A}}{T}\right)\left(\frac{A_{\mathrm{m},C}}{T}\right)^2+l_{3222}\left(\frac{A_{\mathrm{m},D}}{T}\right)^3+l_{3223}\left(\frac{A_{\mathrm{m},D}}{T}\right)^2\left(\frac{A_{\mathrm{m},C}}{T}\right)\\
&\quad+l_{3233}\left(\frac{A_{\mathrm{m},D}}{T}\right)\left(\frac{A_{\mathrm{m},C}}{T}\right)^2+l_{3333}\left(\frac{A_{\mathrm{m},C}}{T}\right)^3+\cdots\Bigg]
\end{aligned}
\tag{7.319}
$$

2) 从温度 T_1 到 T_N

从温度 T_1 到 T_N，不考虑耦合作用，固相组元 A 和 A_mB_n 的溶解速率为

$$\begin{aligned}\frac{\mathrm{d}N_{(A)_{l'_{i-1}}}}{\mathrm{d}t} &= -\frac{\mathrm{d}N_{A(\mathrm{s})}}{\mathrm{d}t} = Vj_A \\ &= -V\left[l_1\left(\frac{A_{\mathrm{m},A}}{T}\right) + l_2\left(\frac{A_{\mathrm{m},A}}{T}\right)^2 + l_3\left(\frac{A_{\mathrm{m},A}}{T}\right)^3 + \cdots\right]\end{aligned} \tag{7.320}$$

式中，

$$A_{\mathrm{m},A} = \Delta G_{\mathrm{m},A}$$

$$\begin{aligned}\frac{\mathrm{d}N_{(D)_{E(1')}}}{\mathrm{d}t} &= -\frac{\mathrm{d}N_{D(\mathrm{s})}}{\mathrm{d}t} = Vj_D \\ &= -V\left[l_1\left(\frac{A_{\mathrm{m},D}}{T}\right) + l_2\left(\frac{A_{\mathrm{m},D}}{T}\right)^2 + l_3\left(\frac{A_{\mathrm{m},D}}{T}\right)^3 + \cdots\right]\end{aligned} \tag{7.321}$$

式中，

$$A_{\mathrm{m},D} = \Delta G_{\mathrm{m},D}$$

考虑耦合作用

$$\begin{aligned}\frac{\mathrm{d}N_{(A)_{E(1')}}}{\mathrm{d}t} &= -\frac{\mathrm{d}N_{A(\mathrm{s})}}{\mathrm{d}t} = Vj_A \\ &= -V\left[l_{11}\left(\frac{A_{\mathrm{m},A}}{T}\right) + l_{12}\left(\frac{A_{\mathrm{m},D}}{T}\right) + l_{111}\left(\frac{A_{\mathrm{m},A}}{T}\right)^2\right. \\ &\quad + l_{112}\left(\frac{A_{\mathrm{m},A}}{T}\right)\left(\frac{A_{\mathrm{m},D}}{T}\right) \\ &\quad + l_{122}\left(\frac{A_{\mathrm{m},D}}{T}\right)^2 + l_{1111}\left(\frac{A_{\mathrm{m},A}}{T}\right)^3 + l_{1112}\left(\frac{A_{\mathrm{m},A}}{T}\right)^2\left(\frac{A_{\mathrm{m},D}}{T}\right) \\ &\quad \left. + l_{1122}\left(\frac{A_{\mathrm{m},A}}{T}\right)\left(\frac{A_{\mathrm{m},D}}{T}\right)^2 + l_{1222}\left(\frac{A_{\mathrm{m},D}}{T}\right)^3 + \cdots\right]\end{aligned} \tag{7.322}$$

$$\begin{aligned}\frac{\mathrm{d}N_{(D)_{E(1')}}}{\mathrm{d}t} &= -\frac{\mathrm{d}N_{D(\mathrm{s})}}{\mathrm{d}t} = Vj_D \\ &= -V\left[l_{21}\left(\frac{A_{\mathrm{m},A}}{T}\right) + l_{22}\left(\frac{A_{\mathrm{m},D}}{T}\right) + l_{211}\left(\frac{A_{\mathrm{m},A}}{T}\right)^2\right. \\ &\quad + l_{212}\left(\frac{A_{\mathrm{m},A}}{T}\right)\left(\frac{A_{\mathrm{m},D}}{T}\right)\end{aligned}$$

$$
\begin{aligned}
&+l_{222}\left(\frac{A_{\mathrm{m},D}}{T}\right)^2+l_{2111}\left(\frac{A_{\mathrm{m},A}}{T}\right)^3+l_{2112}\left(\frac{A_{\mathrm{m},A}}{T}\right)^2\left(\frac{A_{\mathrm{m},D}}{T}\right)\\
&+l_{2122}\left(\frac{A_{\mathrm{m},A}}{T}\right)\left(\frac{A_{\mathrm{m},D}}{T}\right)^2+l_{2222}\left(\frac{A_{\mathrm{m},D}}{T}\right)^3+\cdots\Bigg]
\end{aligned}
\tag{7.323}
$$

3) 从温度 T_N 到 T_H

从温度 T_N 到 T_H，组元 A_mB_n 的溶解速率为

$$
\begin{aligned}
\frac{\mathrm{d}N_{(D)_{l'_{k-1}}}}{\mathrm{d}t}&=-\frac{\mathrm{d}N_{D(\mathrm{s})}}{\mathrm{d}t}=Vj_D\\
&=-V\left[l_1\left(\frac{A_{\mathrm{m},D}}{T}\right)+l_2\left(\frac{A_{\mathrm{m},D}}{T}\right)^2+l_3\left(\frac{A_{\mathrm{m},D}}{T}\right)^3+\cdots\right]
\end{aligned}
\tag{7.324}
$$

式中，

$$
A_{\mathrm{m},D}=\Delta G_{\mathrm{m},D}
$$

4) 在温度 T_H

在温度 T_H，化合物 A_mB_n 的分解速率为

$$
\begin{aligned}
-\frac{\mathrm{d}n_D}{\mathrm{d}t}&=j_D\\
&=-l_1\left(\frac{A_{\mathrm{m},D}}{T}\right)-l_2\left(\frac{A_{\mathrm{m},D}}{T}\right)^2-l_3\left(\frac{A_{\mathrm{m},D}}{T}\right)^3-\cdots
\end{aligned}
\tag{7.325}
$$

固相组元 A 的溶解速率

$$
\begin{aligned}
-\frac{\mathrm{d}N_{A(\mathrm{s})}}{\mathrm{d}t}&=Vj_A\\
&=-V\left[l_1\left(\frac{A_{\mathrm{m},A}}{T}\right)+l_2\left(\frac{A_{\mathrm{m},A}}{T}\right)^2+l_3\left(\frac{A_{\mathrm{m},A}}{T}\right)^3+\cdots\right]
\end{aligned}
\tag{7.326}
$$

式中，

$$
A_{\mathrm{m},A}=\Delta G_{\mathrm{m},A}
$$

5) 温度从 T_H 到 T_P

温度从 T_H 到 T_P，不考虑耦合作用，固相组元 A 和 B 在温度 T_j 的溶解速率为

$$
\begin{aligned}
\frac{\mathrm{d}N_{(A)_{l'_{j-1}}}}{\mathrm{d}t}&=-\frac{\mathrm{d}N_{A(\mathrm{s})}}{\mathrm{d}t}=Vj_A\\
&=-V\left[l_1\left(\frac{A_{\mathrm{m},A}}{T}\right)+l_2\left(\frac{A_{\mathrm{m},A}}{T}\right)^2+l_3\left(\frac{A_{\mathrm{m},A}}{T}\right)^3+\cdots\right]
\end{aligned}
\tag{7.327}
$$

式中，

$$A_{m,A} = \Delta G_{m,A}$$

$$\begin{aligned}\frac{\mathrm{d}N_{(B)_{l'_{j-1}}}}{\mathrm{d}t} &= -\frac{\mathrm{d}N_{B(s)}}{\mathrm{d}t} = Vj_B \\ &= -V\left[l_1\left(\frac{A_{m,B}}{T}\right) + l_2\left(\frac{A_{m,B}}{T}\right)^2 + l_3\left(\frac{A_{m,B}}{T}\right)^3 + \cdots\right]\end{aligned} \tag{7.328}$$

式中，

$$A_{m,B} = \Delta G_{m,B}$$

考虑耦合作用，有

$$\begin{aligned}\frac{\mathrm{d}N_{(A)_{l'_{j-1}}}}{\mathrm{d}t} &= -\frac{\mathrm{d}N_{A(s)}}{\mathrm{d}t} = Vj_A \\ &= -V\left[l_{11}\left(\frac{A_{m,A}}{T}\right) + l_{12}\left(\frac{A_{m,B}}{T}\right) + l_{111}\left(\frac{A_{m,A}}{T}\right)^2\right. \\ &\quad + l_{112}\left(\frac{A_{m,A}}{T}\right)\left(\frac{A_{m,B}}{T}\right) \\ &\quad + l_{122}\left(\frac{A_{m,B}}{T}\right)^2 + l_{1111}\left(\frac{A_{m,A}}{T}\right)^3 + l_{1112}\left(\frac{A_{m,A}}{T}\right)^2\left(\frac{A_{m,B}}{T}\right) \\ &\quad \left. + l_{1122}\left(\frac{A_{m,A}}{T}\right)\left(\frac{A_{m,B}}{T}\right)^2 + l_{1222}\left(\frac{A_{m,B}}{T}\right)^3 + \cdots\right]\end{aligned} \tag{7.329}$$

$$\begin{aligned}\frac{\mathrm{d}N_{(B)_{l'_{j-1}}}}{\mathrm{d}t} &= -\frac{\mathrm{d}N_{B(s)}}{\mathrm{d}t} = Vj_B \\ &= -V\left[l_{21}\left(\frac{A_{m,A}}{T}\right) + l_{22}\left(\frac{A_{m,B}}{T}\right) + l_{211}\left(\frac{A_{m,A}}{T}\right)^2\right. \\ &\quad + l_{212}\left(\frac{A_{m,A}}{T}\right)\left(\frac{A_{m,B}}{T}\right) \\ &\quad + l_{222}\left(\frac{A_{m,B}}{T}\right)^2 + l_{2111}\left(\frac{A_{m,A}}{T}\right)^3 + l_{2112}\left(\frac{A_{m,A}}{T}\right)^2\left(\frac{A_{m,B}}{T}\right) \\ &\quad \left. + l_{2122}\left(\frac{A_{m,A}}{T}\right)\left(\frac{A_{m,B}}{T}\right)^2 + l_{2222}\left(\frac{A_{m,B}}{T}\right)^3 + \cdots\right]\end{aligned} \tag{7.330}$$

6) 从温度 T_p 到 T_{M+1}

从温度 T_p 到 T，固相组元 A 溶解。溶解速率为

$$\begin{aligned}\frac{\mathrm{d}N_{(A)_{l_{h-1}}}}{\mathrm{d}t} &= -\frac{\mathrm{d}N_{A(\mathrm{s})}}{\mathrm{d}t} = Vj_A \\ &= -V\left[l_1\left(\frac{A_{\mathrm{m},A}}{T}\right)+l_2\left(\frac{A_{\mathrm{m},A}}{T}\right)^2+l_3\left(\frac{A_{\mathrm{m},A}}{T}\right)^3+\cdots\right]\end{aligned} \tag{7.331}$$

式中，

$$A_{\mathrm{m},A} = \Delta G_{\mathrm{m},A}$$

7.3.5 具有高温稳定、低温分解的二元化合物的三元系

1. 相变过程热力学

图 7.13 是具有高温稳定、低温分解的二元化合物的三元系相图。物质组成点为 M 的固体升温熔化。

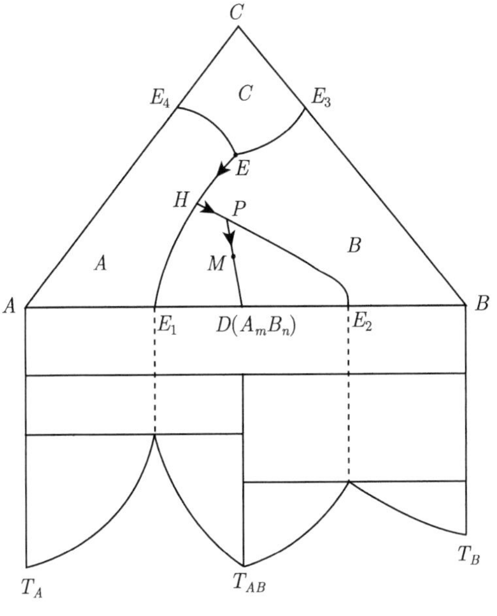

图 7.13 具有高温稳定、低温分解的二元化合物的三元系相图

温度升到 T_E，物质组成点到达最低共熔点 E 所在的等温平面，开始出现液相，液–固两相平衡，即

$$E\,(\mathrm{s}) \rightleftharpoons E\,(\mathrm{l})$$

即

$$x_A A(\mathrm{s}) + x_B B(\mathrm{s}) + x_c C(\mathrm{s}) = x_A (A)_{E(\mathrm{l})} + x_B (B)_{E(\mathrm{l})} + x_C (C)_{E(\mathrm{l})}$$
$$= x_A (A)_{饱} + x_B (B)_{饱} + x_C (C)_{饱}$$

可以写作

$$A(\mathrm{s}) = (A)_{E(\mathrm{l})}$$
$$B(\mathrm{s}) = (B)_{E(\mathrm{l})}$$
$$C(\mathrm{s}) = (C)_{E(\mathrm{l})}$$

该过程的摩尔吉布斯自由能变化为

$$\begin{aligned}\Delta G_{\mathrm{m},E}(T_E) &= G_{\mathrm{m},E(\mathrm{l})}(T_E) - G_{\mathrm{m},E(\mathrm{s})}(T_E) \\ &= \Delta_{\mathrm{fus}} H_{\mathrm{m}}(T_E) - T_E \Delta_{\mathrm{fus}} S_{\mathrm{m}}(T_E) \\ &= \Delta_{\mathrm{fus}} H_{\mathrm{m}}(T_E) - T_E \frac{\Delta_{\mathrm{fus}} H_{\mathrm{m}}(T_E)}{T_E} \\ &= 0\end{aligned} \tag{7.332}$$

或

$$\begin{aligned}\Delta G_{\mathrm{m},A}(T_E) &= G_{\mathrm{m},(A)_{E(\mathrm{l})}}(T_E) - G_{\mathrm{m},A(\mathrm{s})}(T_E) \\ &= \Delta_{\mathrm{sol}} H_{\mathrm{m},A}(T_E) - T_E \Delta_{\mathrm{sol}} S_{\mathrm{m},A}(T_E) \\ &= \Delta_{\mathrm{sol}} H_{\mathrm{m},A}(T_E) - T_E \frac{\Delta_{\mathrm{sol}} H_{\mathrm{m},A}(T_E)}{T_E} \\ &= 0\end{aligned} \tag{7.333}$$

同理

$$\Delta G_{\mathrm{m},B}(T_E) = \Delta_{\mathrm{sol}} H_{\mathrm{m},B}(T_E) - T_E \frac{\Delta_{\mathrm{sol}} H_{\mathrm{m},B}(T_E)}{T_E} = 0 \tag{7.334}$$

$$\Delta G_{\mathrm{m},C}(T_E) = \Delta_{\mathrm{sol}} H_{\mathrm{m},C}(T_E) - T_E \frac{\Delta_{\mathrm{sol}} H_{\mathrm{m},C}(T_E)}{T_E} = 0 \tag{7.335}$$

固液两相中的组元 A、B、C 都以其固态纯物质为标准状态，浓度以摩尔分数表示。熔化过程的摩尔吉布斯自由能变化为

$$\Delta G_{\mathrm{m},A} = \mu_{(A)_{E(\mathrm{l})}} - \mu_{A(\mathrm{s})} = RT \ln a^{\mathrm{R}}_{(A)_{E(\mathrm{l})}} = RT \ln a^{\mathrm{R}}_{(A)_{饱}} = 0 \tag{7.336}$$

式中，

$$\mu_{(A)_{E(\mathrm{l})}} = \mu^*_{A(\mathrm{s})} + RT \ln a^{\mathrm{R}}_{(A)_{E(\mathrm{l})}}$$

$$\mu_{A(\mathrm{s})} = \mu^*_{A(\mathrm{s})}$$

$$\Delta G_{\mathrm{m},B} = \mu_{(B)_{E(\mathrm{l})}} - \mu_{B(\mathrm{s})} = RT\ln a^{\mathrm{R}}_{(B)_{E(\mathrm{l})}} = 0 \tag{7.337}$$

式中，

$$\mu_{(B)_{E(\mathrm{l})}} = \mu^*_{B(\mathrm{s})} + RT\ln a^{\mathrm{R}}_{(B)_{E(\mathrm{l})}}$$

$$\mu_{B(\mathrm{s})} = \mu^*_{B(\mathrm{s})}$$

$$\Delta G_{\mathrm{m},C} = \mu_{(C)_{E(\mathrm{l})}} - \mu_{C(\mathrm{s})} = RT\ln a^{\mathrm{R}}_{(C)_{E(\mathrm{l})}} = 0 \tag{7.338}$$

式中，

$$\mu_{(C)_{E(\mathrm{l})}} = \mu^*_{C(\mathrm{s})} + RT\ln a^{\mathrm{R}}_{(C)_{E(\mathrm{l})}}$$

$$\mu_{C(\mathrm{s})} = \mu^*_{C(\mathrm{s})}$$

继续升高温度到 T_1。在温度刚升到 T_1，固相组元 A、B、C 还未来得及溶解进入液相时，溶液组成未变，仍然和 $E\,(\mathrm{l})$ 相同。但是，已由组元 A、B、C 的饱和溶液 $E\,(\mathrm{l})$ 变为其不饱和溶液 $E\,(\mathrm{l}')$。固相组元 A、B、C 向其中溶解，有

$$E\,(\mathrm{s}) =\!=\!= E\,(\mathrm{l}')$$

即

$$x_A A\,(\mathrm{s}) + x_B B\,(\mathrm{s}) + x_C C\,(\mathrm{s}) =\!=\!= x_A\,(A)_{E(\mathrm{l}')} + x_B (B)_{E(\mathrm{l}')} + x_C (C)_{E(\mathrm{l}')}$$

或

$$A\,(\mathrm{s}) =\!=\!= (A)_{E(\mathrm{l}')}$$

$$B\,(\mathrm{s}) =\!=\!= (B)_{E(\mathrm{l}')}$$

$$C\,(\mathrm{s}) =\!=\!= (C)_{E(\mathrm{l}')}$$

该过程的摩尔吉布斯自由能变化为

$$\begin{aligned}\Delta G_{\mathrm{m},E}(T_1) &= G_{\mathrm{m},E(\mathrm{l}')}(T_1) - G_{\mathrm{m},E(\mathrm{s})}(T_1)\\ &= \Delta_{\mathrm{fus}}H_{\mathrm{m},E}(T_1) - T_1\Delta_{\mathrm{fus}}S_{\mathrm{m},E}(T_1)\\ &\approx \Delta_{\mathrm{fus}}H_{\mathrm{m},E}(T_E) - T_1\Delta_{\mathrm{fus}}S_{\mathrm{m},E}(T_E)\\ &= \frac{\Delta_{\mathrm{fus}}H_{\mathrm{m},E}(T_E)\Delta T}{T_E} < 0\end{aligned} \tag{7.339}$$

或

$$\begin{aligned}\Delta G_{\mathrm{m},A}(T_1) &= \overline{G}_{\mathrm{m},(A)_{E(1')}}(T_1) - G_{\mathrm{m},A(\mathrm{s})}(T_1) \\ &= \Delta_{\mathrm{sol}} H_{\mathrm{m},A}(T_1) - T_1 \Delta_{\mathrm{sol}} S_{\mathrm{m},A}(T_1) \\ &= \frac{\Delta_{\mathrm{sol}} H_{\mathrm{m},A}(T_E)\Delta T}{T_E} < 0\end{aligned} \tag{7.340}$$

同理

$$\Delta G_{\mathrm{m},B}(T_1) = \frac{\Delta_{\mathrm{sol}} H_{\mathrm{m},B}(T_E)\Delta T}{T_E} < 0 \tag{7.341}$$

$$\Delta G_{\mathrm{m},C}(T_1) = \frac{\Delta_{\mathrm{sol}} H_{\mathrm{m},C}(T_E)\Delta T}{T_E} < 0 \tag{7.342}$$

式中,

$$\Delta T = T_E - T_1 < 0$$

$$\begin{aligned}\Delta G_{\mathrm{m},E}(T_1) &= x_A \Delta G_{\mathrm{m},A}(T_1) + x_B \Delta G_{\mathrm{m},B}(T_1) + x_C \Delta G_{\mathrm{m},C}(T_1) \\ &= \frac{x_A \Delta_{\mathrm{sol}} H_{\mathrm{m},A}(T_E)\Delta T}{T_E} + \frac{x_B \Delta_{\mathrm{sol}} H_{\mathrm{m},B}(T_E)\Delta T}{T_E} \\ &\quad + \frac{x_C \Delta_{\mathrm{sol}} H_{\mathrm{m},C}(T_E)\Delta T}{T_E} \\ &< 0\end{aligned} \tag{7.343}$$

或固相和液相中的组元 A、B、C 都以其纯固态为标准状态，浓度以摩尔分数表示，该过程的摩尔吉布斯自由能变化为

$$\Delta G_{\mathrm{m},A} = \mu_{(A)_{E(1')}} - \mu_{A(\mathrm{s})} = RT \ln a^{\mathrm{R}}_{(A)_{E(1')}} \tag{7.344}$$

式中,

$$\mu_{(A)_{E(1')}} = \mu^*_{A(\mathrm{s})} + RT \ln a^{\mathrm{R}}_{(A)_{E(1')}}$$

$$\mu_{A(\mathrm{s})} = \mu^*_{A(\mathrm{s})}$$

$$\Delta G_{\mathrm{m},B} = \mu_{(B)_{E(1')}} - \mu_{B(\mathrm{s})} = RT \ln a^{\mathrm{R}}_{(B)_{E(1')}} \tag{7.345}$$

式中,

$$\mu_{(B)_{E(1')}} = \mu^*_{B(\mathrm{s})} + RT \ln a^{\mathrm{R}}_{(B)_{E(1')}}$$

$$\mu_{B(\mathrm{s})} = \mu^*_{B(\mathrm{s})}$$

$$\Delta G_{\mathrm{m},C} = \mu_{(C)_{E(1')}} - \mu_{C(\mathrm{s})} = RT \ln a^{\mathrm{R}}_{(C)_{E(1')}} \tag{7.346}$$

式中,

$$\mu_{(C)_{E(1')}} = \mu^*_{C(\mathrm{s})} + RT \ln a^{\mathrm{R}}_{(C)_{E(1')}}$$

$$\mu_{C(\mathrm{s})} = \mu^*_{C(\mathrm{s})}$$

$$\begin{aligned}\Delta G_{\mathrm{m},E} &= x_A \Delta G_{\mathrm{m},A} + x_B \Delta G_{\mathrm{m},B} + x_C \Delta G_{\mathrm{m},C} \\ &= x_A RT \ln a^{\mathrm{R}}_{(A)_E(\mathrm{l}')} + x_B RT \ln a^{\mathrm{R}}_{(B)_E(\mathrm{l}')} + x_C RT \ln a^{\mathrm{R}}_{(C)_E(\mathrm{l}')}\end{aligned} \tag{7.347}$$

溶解过程直到固相组元 C 消失，固相组元 A、B 达到饱和，达成新的平衡。其平衡液相组成为共熔线 EH 上的 l_1 点。有

$$A\,(\mathrm{s}) \rightleftharpoons (A)_{l_1} \equiv (A)_{饱}$$

$$B\,(\mathrm{s}) \rightleftharpoons (B)_{l_1} \equiv (B)_{饱}$$

继续升高温度，从 T_E 到 T_H，平衡液相组成沿着共熔线 EH 从 E 点向 H 点移动。固相组元 A、B 不断溶解进入溶液。该过程可以统一描写如下。

在温度 T_{i-1}，固相组元 A、B 和液相达成平衡，溶液组成为共熔线 EH 上的 l_{i-1} 点，有

$$A\,(\mathrm{s}) \rightleftharpoons (A)_{l_{i-1}} \equiv (A)_{饱}$$

$$B\,(\mathrm{s}) \rightleftharpoons (B)_{l_{i-1}} \equiv (B)_{饱}$$

升高温度到 T_i。在温度刚升到 T_i 时，固相组元 A 和 B 还未来得及溶解进入液相，溶液组成仍然与 l_{i-1} 相同。但是，已由组元 A 和 B 饱和的液相 l_{i-1} 变成不饱和的 l'_{i-1}。固相组元 A 和 B 向其中溶解，有

$$A\,(\mathrm{s}) = (A)_{l'_{i-1}}$$

$$B\,(\mathrm{s}) = (B)_{l'_{i-1}}$$

该过程的摩尔吉布斯自由能变化为

$$\begin{aligned}\Delta G_{\mathrm{m},A}(T_i) &= \bar{G}_{\mathrm{m},(A)_{l'_{i-1}}}(T_i) - G_{\mathrm{m},A(\mathrm{s})}(T_i) \\ &= \varDelta_{\mathrm{sol}} H_{\mathrm{m},A}(T_i) - T_i \varDelta_{\mathrm{sol}} S_{\mathrm{m},A}(T_i) \\ &\approx \varDelta_{\mathrm{sol}} H_{\mathrm{m},A}(T_{i-1}) - T_i \varDelta_{\mathrm{sol}} S_{\mathrm{m},A}(T_{i-1}) \\ &= \frac{\varDelta_{\mathrm{sol}} H_{\mathrm{m},A}(T_{i-1})\Delta T}{T_{i-1}}\end{aligned} \tag{7.348}$$

$$\begin{aligned}\Delta G_{\mathrm{m},B}(T_i) &= \bar{G}_{\mathrm{m},(B)_{l'_{i-1}}}(T_i) - G_{\mathrm{m},B(\mathrm{s})}(T_i) \\ &= \varDelta_{\mathrm{sol}} H_{\mathrm{m},B}(T_i) - T_i \varDelta_{\mathrm{sol}} S_{\mathrm{m},B}(T_i) \\ &\approx \varDelta_{\mathrm{sol}} H_{\mathrm{m},B}(T_{i-1}) - T_i \varDelta_{\mathrm{sol}} S_{\mathrm{m},B}(T_{i-1}) \\ &= \frac{\varDelta_{\mathrm{sol}} H_{\mathrm{m},B}(T_{i-1})\Delta T}{T_{i-1}}\end{aligned} \tag{7.349}$$

式中，

$$\Delta T = T_{i-1} - T_i < 0$$

固相和液相中的组元 A、B 都以其纯固态为标准状态，浓度以摩尔分数表示，该过程的摩尔吉布斯自由能变化为

$$\Delta G_{\mathrm{m},A} = \mu_{(A)_{l'_{i-1}}} - \mu_{A(\mathrm{s})} = RT \ln a^{\mathrm{R}}_{(A)_{l'_{i-1}}} \tag{7.350}$$

式中，

$$\mu_{(A)_{l'_{i-1}}} = \mu^*_{A(\mathrm{s})} + RT \ln a^{\mathrm{R}}_{(A)_{l'_{i-1}}}$$

$$\mu_{A(\mathrm{s})} = \mu^*_{A(\mathrm{s})}$$

$$\Delta G_{\mathrm{m},B} = \mu_{(B)_{l'_{i-1}}} - \mu_{B(\mathrm{s})} = RT \ln a^{\mathrm{R}}_{(B)_{l'_{i-1}}} \tag{7.351}$$

式中，

$$\mu_{(B)_{l'_{i-1}}} = \mu^*_{B(\mathrm{s})} + RT \ln a^{\mathrm{R}}_{(B)_{l'_{i-1}}}$$

$$\mu_{B(\mathrm{s})} = \mu^*_{B(\mathrm{s})}$$

直到固相组元 A、B 溶解达到饱和，液–固两相达成新的平衡。平衡液相组成为共熔线 EH 上的 l_i 点。有

$$A(\mathrm{s}) \rightleftharpoons (A)_{l_i} =\!=\!= (A)_{饱}$$

$$B(\mathrm{s}) \rightleftharpoons (B)_{l_i} =\!=\!= (B)_{饱}$$

温度升高到 T_H，平衡液相组成为 l_H。在温度刚升到 T_H，固相组元 A 和 B 还未来得及溶解进入溶液时，液相组成仍然与 l_{H-1} 相同。但是，已由组元 A、B 饱和的溶液 l_{H-1} 变成不饱和的 l'_{H-1}。固相组元 A、B 向其中溶解，有

$$A(\mathrm{s}) =\!=\!= (A)_{l'_{H-1}}$$

$$B(\mathrm{s}) =\!=\!= (B)_{l'_{H-1}}$$

并发生化学反应

$$mA(\mathrm{s}) + nB(\mathrm{s}) =\!=\!= A_mB_n(\mathrm{s})$$

$$A_mB_n(\mathrm{s}) =\!=\!= (A_mB_n)_{l'_{H-1}}$$

即

$$mA(\mathrm{s}) + nB(\mathrm{s}) =\!=\!= (A_mB_n)_{l'_{H-1}}$$

该过程的摩尔吉布斯自由能变化为

$$\begin{aligned}\Delta G_{\mathrm{m},A}(T_H) &= \bar{G}_{\mathrm{m},(A)_{l'_{H-1}}}(T_H) - G_{\mathrm{m},A(\mathrm{s})}(T_H)\\ &= \Delta_{\mathrm{sol}}H_{\mathrm{m},A}(T_H) - T_H\Delta_{\mathrm{sol}}S_{\mathrm{m},A}(T_H)\\ &\approx \Delta_{\mathrm{sol}}H_{\mathrm{m},A}(T_{H-1}) - T_H\Delta_{\mathrm{sol}}S_{\mathrm{m},A}(T_{H-1})\\ &= \frac{\Delta_{\mathrm{sol}}H_{\mathrm{m},A}(T_{H-1})\Delta T}{T_{H-1}}\end{aligned} \tag{7.352}$$

$$\begin{aligned}\Delta G_{\mathrm{m},B}(T_H) &= \bar{G}_{\mathrm{m},(B)_{l'_{H-1}}}(T_H) - G_{\mathrm{m},B(\mathrm{s})}(T_H)\\ &= \Delta_{\mathrm{sol}}H_{\mathrm{m},B}(T_H) - T_H\Delta_{\mathrm{sol}}S_{\mathrm{m},B}(T_H)\\ &\approx \Delta_{\mathrm{sol}}H_{\mathrm{m},B}(T_{H-1}) - T_H\Delta_{\mathrm{sol}}S_{\mathrm{m},B}(T_{H-1})\\ &= \frac{\Delta_{\mathrm{sol}}H_{\mathrm{m},B}(T_{H-1})\Delta T}{T_{H-1}}\end{aligned} \tag{7.353}$$

$$\Delta G_{\mathrm{m},D} = G_{\mathrm{m},D} - (mG_{\mathrm{m},A} + nG_{\mathrm{m},B}) = \Delta_{\mathrm{f}}G_{\mathrm{m},D} \tag{7.354}$$

式中，$\Delta_{\mathrm{f}}G_{\mathrm{m},D}$ 为化合物 A_mB_n 的摩尔生成吉布斯自由能。

$$\begin{aligned}\Delta G'_{\mathrm{m},D}(T_H) &= \bar{G}_{\mathrm{m},(D)_{l'_{H-1}}}(T_H) - G_{\mathrm{m},D(\mathrm{s})}(T_H)\\ &= \Delta_{\mathrm{sol}}H_{\mathrm{m},D}(T_H) - T_H\Delta_{\mathrm{sol}}S_{\mathrm{m},D}(T_H)\\ &\approx \Delta_{\mathrm{sol}}H_{\mathrm{m},D}(T_{H-1}) - T_H\Delta_{\mathrm{sol}}S_{\mathrm{m},D}(T_{H-1})\\ &= \frac{\Delta_{\mathrm{sol}}H_{\mathrm{m},D}(T_{H-1})\Delta T}{T_{H-1}}\\ &= \Delta_{\mathrm{sol}}G_{\mathrm{m},D}(T_H)\end{aligned} \tag{7.355}$$

$$\Delta G_{\mathrm{m},D,t}(T_H) = \Delta G_{\mathrm{m},D}(T_H)+\Delta G'_{\mathrm{m},D}(T_H) = \Delta_{\mathrm{f}}G_{\mathrm{m},D}(T_H)+\Delta_{\mathrm{sol}}G_{\mathrm{m},D}(T_H) \tag{7.356}$$

式中, $\Delta T = T_{H-1} - T_H < 0$；$\Delta_{\mathrm{f}}G_{\mathrm{m},D}$ 为化合物 A_mB_n 的摩尔生成吉布斯自由能。

固–液两相中的组元 A、B、A_mB_n 都以其纯固态为标准状态，浓度以摩尔分数表示，该过程的摩尔吉布斯自由能变化为

$$\Delta G_{\mathrm{m},A} = \mu_{(A)_{l'_{H-1}}} - \mu_{A(\mathrm{s})} = RT\ln a^{\mathrm{R}}_{(A)_{l'_{H-1}}} \tag{7.357}$$

式中，

$$\mu_{(A)_{l'_{H-1}}} = \mu^*_{A(\mathrm{s})} + RT\ln a^{\mathrm{R}}_{(A)_{l'_{H-1}}}$$

$$\mu_{A(\mathrm{s})} = \mu^*_{A(\mathrm{s})}$$

$$\Delta G_{\mathrm{m},B} = \mu_{(B)_{l'_{H-1}}} - \mu_{B(\mathrm{s})} = RT \ln a^{\mathrm{R}}_{(B)_{l'_{H-1}}} \tag{7.358}$$

式中，

$$\mu_{(B)_{l'_{H-1}}} = \mu^*_{B(\mathrm{s})} + RT \ln a^{\mathrm{R}}_{(B)_{l'_{H-1}}}$$

$$\mu_{B(\mathrm{s})} = \mu^*_{B(\mathrm{s})}$$

$$\Delta G'_{\mathrm{m},D} = \mu_{(D)_{l'_{H-1}}} - \mu_{D(\mathrm{s})} = RT \ln a^{\mathrm{R}}_{(D)_{l'_{H-1}}} \tag{7.359}$$

式中，

$$\mu_{(D)_{l'_{H-1}}} = \mu^*_{D(\mathrm{s})} + RT \ln a^{\mathrm{R}}_{(D)_{l'_{H-1}}}$$

$$\mu_{D(\mathrm{s})} = \mu^*_{D(\mathrm{s})}$$

继续升高温度，温度从 T_H 到 T_P，平衡液相组成沿着共熔线 HE_2 从 H 向 P 点移动。溶解过程可以统一描述如下。

在温度 T_{k-1}，溶解达成平衡，平衡液相是共熔线上的 l_{k-1} 点。有

$$B\,(\mathrm{s}) \rightleftharpoons (B)_{l_{k-1}} =\!=\!= (B)_{饱}$$

$$A_mB_n\,(\mathrm{s}) \rightleftharpoons (A_mB_n)_{l_{k-1}} =\!=\!= (A_mB_n)_{饱}$$

$$(k = 1, 2, 3, \cdots, n)$$

升高温度到 T_k。温度刚升到 T_k 时，固相组元 B 和 A_mB_n 还未来得及溶解，液相组成仍与 l_{k-1} 相同。但是，已由组元 B 和 A_mB_n 的饱和溶液 l_{k-1} 变成其不饱和的溶液 l'_{k-1}。固相组元 B 和 A_mB_n 向其中溶解。有

$$B\,(\mathrm{s}) =\!=\!= (B)_{l'_{k-1}}$$

$$A_mB_n\,(\mathrm{s}) =\!=\!= (A_mB_n)_{l'_{k-1}}$$

该过程的摩尔吉布斯自由能变化为

$$\begin{aligned}\Delta G_{\mathrm{m},B}\,(T_k) &= \bar{G}_{\mathrm{m},(B)_{l'_{k-1}}}\,(T_k) - G_{\mathrm{m},B(\mathrm{s})}\,(T_k)\\ &= \Delta_{\mathrm{sol}}H_{\mathrm{m},B}\,(T_k) - T_k\Delta_{\mathrm{sol}}S_{\mathrm{m},B}\,(T_k)\\ &= \frac{\Delta_{\mathrm{sol}}H_{\mathrm{m},B}\,(T_{k-1})\,\Delta T}{T_{k-1}}\end{aligned} \tag{7.360}$$

$$\begin{aligned}\Delta G_{\mathrm{m},D}\,(T_k) &= \bar{G}_{\mathrm{m},(D)_{l'_{k-1}}}\,(T_k) - G_{\mathrm{m},D(\mathrm{s})}\,(T_k)\\ &= \Delta_{\mathrm{sol}}H_{\mathrm{m},D}\,(T_k) - T_k\Delta_{\mathrm{sol}}S_{\mathrm{m},D}\,(T_k)\\ &= \frac{\Delta_{\mathrm{sol}}H_{\mathrm{m},D}\,(T_{k-1})\,\Delta T}{T_{k-1}}\end{aligned} \tag{7.361}$$

式中，

$$\Delta T = T_{k-1} - T_k$$

固相和液相中的组元 B 和 A_mB_n 都以纯固态为标准状态，浓度以摩尔分数表示，该过程的摩尔吉布斯自由能变化为

$$\Delta G_{\mathrm{m},B} = \mu_{(B)_{l'_{k-1}}} - \mu_{B(\mathrm{s})} = RT\ln a^{\mathrm{R}}_{(B)_{l'_{k-1}}} \tag{7.362}$$

式中，

$$\mu_{(B)_{l'_{k-1}}} = \mu^*_{B(\mathrm{s})} + RT\ln a^{\mathrm{R}}_{(B)_{l'_{k-1}}}$$

$$\mu_{B(\mathrm{s})} = \mu^*_{B(\mathrm{s})}$$

$$\Delta G_{\mathrm{m},D} = \mu_{(D)_{l'_{k-1}}} - \mu_{D(\mathrm{s})} = RT\ln a^{\mathrm{R}}_{(D)_{l'_{k-1}}} \tag{7.363}$$

式中，

$$\mu_{(D)_{l'_{k-1}}} = \mu^*_{D(\mathrm{s})} + RT\ln a^{\mathrm{R}}_{(D)_{l'_{k-1}}}$$

$$\mu_{D(\mathrm{s})} = \mu^*_{D(\mathrm{s})}$$

直到组元 B、A_mB_n 溶解达到饱和，液固达到新的平衡。平衡液相组成是共熔线 HP 上的 l_k 点。有

$$B(\mathrm{s}) \rightleftharpoons (B)_{l_k} =\!=\!= (B)_{饱}$$

$$A_mB_n(\mathrm{s}) \rightleftharpoons (A_mB_n)_{l_k} =\!=\!= (A_mB_n)_{饱}$$

温度升到 T_P，平衡液相组成为 l_P。达成平衡时，有

$$B(\mathrm{s}) \rightleftharpoons (B)_{l_P} =\!=\!= (B)_{饱}$$

$$A_mB_n(\mathrm{s}) \rightleftharpoons (A_mB_n)_{l_P} =\!=\!= (A_mB_n)_{饱}$$

温度从 T_P 到 T_M，平衡液相组成沿 PD 连线从 P 点向 M 点移动。温度升到 T_{P+1}。当温度刚升到 T_{P+1}，组元 B 和 A_mB_n 还未来得及溶解进入溶液时，液相组成仍然和 l_P 相同，只是由组元 B 和 A_mB_n 饱和的溶液 l_P 变成其不饱和的 l'_P。固体组元 B 和 A_mB_n 向其中溶解，有

$$B(\mathrm{s}) =\!=\!= (B)_{l'_P}$$

$$A_mB_n(\mathrm{s}) =\!=\!= (A_mB_n)_{l'_P}$$

该过程的摩尔吉布斯自由能变化为

$$\begin{aligned}\Delta G_{\mathrm{m},B}(T_{P+1}) &= \bar{G}_{\mathrm{m},(B)_{l'_P}}(T_{P+1}) - G_{\mathrm{m},B(\mathrm{s})}(T_{P+1}) \\ &= \Delta_{\mathrm{sol}} H_{\mathrm{m},B}(T_{P+1}) - T_{P+1}\Delta_{\mathrm{sol}} S_{\mathrm{m},B}(T_{P+1}) \\ &\approx \Delta_{\mathrm{sol}} H_{\mathrm{m},B}(T_P) - T_{P+1}\Delta_{\mathrm{sol}} S_{\mathrm{m},B}(T_P) \\ &= \frac{\Delta_{\mathrm{sol}} H_{\mathrm{m},B}(T_P)\Delta T}{T_P}\end{aligned} \tag{7.364}$$

$$\begin{aligned}\Delta G_{\mathrm{m},D}(T_{P+1}) &= \bar{G}_{\mathrm{m},(D)_{l'_P}}(T_{P+1}) - G_{\mathrm{m},D(\mathrm{s})}(T_{P+1}) \\ &= \Delta_{\mathrm{sol}} H_{\mathrm{m},D}(T_{P+1}) - T_{P+1}\Delta_{\mathrm{sol}} S_{\mathrm{m},D}(T_{P+1}) \\ &\approx \Delta_{\mathrm{sol}} H_{\mathrm{m},D}(T_P) - T_{P+1}\Delta_{\mathrm{sol}} S_{\mathrm{m},D}(T_P) \\ &= \frac{\Delta_{\mathrm{sol}} H_{\mathrm{m},D}(T_P)\Delta T}{T_P}\end{aligned} \tag{7.365}$$

式中，

$$\Delta T = T_P - T_{P+1} < 0$$

固相和液相中的组元 B 和 A_mB_n 都以其纯固态为标准状态，浓度以摩尔分数表示，该过程的摩尔吉布斯自由能变化为

$$\Delta G_{\mathrm{m},B} = \mu_{(B)_{l'_P}} - \mu_{B(\mathrm{s})} = RT\ln a^{\mathrm{R}}_{(B)_{l'_P}} \tag{7.366}$$

式中，

$$\mu_{(B)_{l'_P}} = \mu^*_{B(\mathrm{s})} + RT\ln a^{\mathrm{R}}_{(B)_{l'_P}}$$

$$\mu_{B(\mathrm{s})} = \mu^*_{B(\mathrm{s})}$$

$$\Delta G_{\mathrm{m},D} = \mu_{(D)_{l'_P}} - \mu_{D(\mathrm{s})} = RT\ln a^{\mathrm{R}}_{(D)_{l'_P}} \tag{7.367}$$

式中，

$$\mu_{(D)_{l'_P}} = \mu^*_{D(\mathrm{s})} + RT\ln a^{\mathrm{R}}_{(D)_{l'_P}}$$

$$\mu_{D(\mathrm{s})} = \mu^*_{D(\mathrm{s})}$$

直到固相组元 B 消失，组元 A_mB_n 溶解达到饱和，固相组元 A_mB_n 达到饱和，有

$$A_mB_n\,(\mathrm{s}) \rightleftharpoons (A_mB_n)_{l_{P+1}} \equiv (A_mB_n)_{饱}$$

温度从 T_P 到 T_M，溶解过程可以统一描述如下。

在温度 T_{j-1}，液–固两相达成平衡，平衡液相组成为 PD 连线上的 l_{j-1} 点。有

$$A_mB_n\,(\mathrm{s}) \rightleftharpoons (A_mB_n)_{l_{j-1}} = (A_mB_n)_{饱}$$

继续升高温度到 T_j。温度刚升到 T_j，固相组元 A_mB_n 还未来得及溶解进入液相时，溶液组成仍与 l_{j-1} 相同，但已经由 A_mB_n 饱和的 l_{j-1} 变成其不饱和的 l'_{j-1}。固相组元 A_mB_n 向其中溶解，有

$$A_mB_n\,(\mathrm{s}) = (A_mB_n)_{l'_{j-1}}$$

$$\begin{aligned}\Delta G_{\mathrm{m},D}(T_j) &= \bar{G}_{\mathrm{m},(D)_{l'_{j-1}}}(T_j) - G_{\mathrm{m},D(\mathrm{s})}(T_j)\\ &= \Delta_{\mathrm{sol}}H_{\mathrm{m},D}(T_j) - T_j\Delta_{\mathrm{sol}}S_{\mathrm{m},D}(T_j)\\ &= \frac{\Delta_{\mathrm{sol}}H_{\mathrm{m},D}(T_{j-1})\Delta T}{T_{j-1}}\end{aligned} \tag{7.368}$$

式中，

$$\Delta T = T_{j-1} - T_j < 0$$

固–液两相中的组元 A_mB_n 都以纯固态为标准状态，浓度以摩尔分数表示，该过程的摩尔吉布斯自由能变化为

$$\Delta G_{\mathrm{m},D} = \mu_{(D)_{l'_{j-1}}} - \mu_{D(\mathrm{s})} = RT\ln a^{\mathrm{R}}_{(D)_{l'_{j-1}}} \tag{7.369}$$

式中，

$$\mu_{(D)_{l'_{j-1}}} = \mu^*_{D(\mathrm{s})} + RT\ln a^{\mathrm{R}}_{(D)_{l'_{j-1}}}$$

$$\mu_{D(\mathrm{s})} = \mu^*_{D(\mathrm{s})}$$

溶解过程一直进行到溶液达到饱和，液–固两相达成新的平衡。平衡液相组成为 PD 线上的 l_j 点。有

$$A_mB_n\,(\mathrm{s}) \rightleftharpoons (A_mB_n)_{l_j} = (A_mB_n)_{饱}$$

温度升高到 T_M，液固两相达成平衡，有

$$A_mB_n\,(\mathrm{s}) \rightleftharpoons (A_mB_n)_{l_M} = (A_mB_n)_{饱}$$

温度升高到 T。在温度 T，有

$$A_mB_n\,(\mathrm{s}) = (A_mB_n)_{l_T}$$

$$\begin{aligned}\Delta G_{\mathrm{m},D}(T) &= \bar{G}_{\mathrm{m},(D)_{l_T}}(T) - G^{(T)}_{\mathrm{m},D(\mathrm{s})}(T) \\ &= \Delta_{\mathrm{sol}} H_{\mathrm{m},D}(T) - T\Delta_{\mathrm{sol}} S_{\mathrm{m},D}(T) \\ &\approx \Delta_{\mathrm{sol}} H_{\mathrm{m},D}(T_M) - T\Delta_{\mathrm{sol}} S_{\mathrm{m},D}(T_M) \\ &= \frac{\Delta_{\mathrm{sol}} H_{\mathrm{m},D}(T_M)\Delta T}{T_M}\end{aligned} \tag{7.370}$$

式中，

$$\Delta T = T_M - T < 0$$

以纯固态组元 A_mB_n 为标准状态，浓度以摩尔分数表示，溶解过程的摩尔吉布斯自由能变化为

$$\Delta G_{\mathrm{m},D} = \mu_{(D)_{l_T}} - \mu_{D(\mathrm{s})} = RT\ln a^{\mathrm{R}}_{(D)_{l_T}} \tag{7.371}$$

式中，

$$\mu_{(D)_{l_T}} = \mu^*_{D(\mathrm{s})} + RT\ln a^{\mathrm{R}}_{(D)_{l_T}}$$

$$\mu_{D(\mathrm{s})} = \mu^*_{D(\mathrm{s})}$$

2. 相变速率

1) 在温度 T_1

在温度 T_1，组成为 $E\,(\mathrm{s})$ 的固相熔化速率为

$$\begin{aligned}\frac{\mathrm{d}N_{E(\mathrm{l})}}{\mathrm{d}t} &= -\frac{\mathrm{d}N_{E(\mathrm{s})}}{\mathrm{d}t} = Vj_E \\ &= -V\left[l_1\left(\frac{A_{\mathrm{m},E}}{T}\right) + l_2\left(\frac{A_{\mathrm{m},E}}{T}\right)^2 + l_3\left(\frac{A_{\mathrm{m},E}}{T}\right)^3 + \cdots\right]\end{aligned} \tag{7.372}$$

式中，

$$A_{\mathrm{m},E} = \Delta G_{\mathrm{m},E}$$

不考虑耦合作用，固相组元 A、B、C 的溶解速率为

$$\begin{aligned}\frac{\mathrm{d}N_{(A)_{E(\mathrm{l'})}}}{\mathrm{d}t} &= -\frac{\mathrm{d}N_{A(\mathrm{s})}}{\mathrm{d}t} = Vj_A \\ &= -V\left[l_1\left(\frac{A_{\mathrm{m},A}}{T}\right) + l_2\left(\frac{A_{\mathrm{m},A}}{T}\right)^2 + l_3\left(\frac{A_{\mathrm{m},A}}{T}\right)^3 + \cdots\right]\end{aligned} \tag{7.373}$$

式中，

$$A_{\mathrm{m},A} = \Delta G_{\mathrm{m},A}$$

$$\begin{aligned}\frac{\mathrm{d}N_{(B)_{E(1')}}}{\mathrm{d}t} &= -\frac{\mathrm{d}N_{B(\mathrm{s})}}{\mathrm{d}t} = Vj_B \\ &= -V\left[l_1\left(\frac{A_{\mathrm{m},B}}{T}\right)+l_2\left(\frac{A_{\mathrm{m},B}}{T}\right)^2+l_3\left(\frac{A_{\mathrm{m},B}}{T}\right)^3+\cdots\right]\end{aligned} \tag{7.374}$$

式中，

$$A_{\mathrm{m},B} = \Delta G_{\mathrm{m},B}$$

$$\begin{aligned}\frac{\mathrm{d}N_{(C)_{E(1')}}}{\mathrm{d}t} &= -\frac{\mathrm{d}N_{C(\mathrm{s})}}{\mathrm{d}t} = Vj_C \\ &= -V\left[l_1\left(\frac{A_{\mathrm{m},C}}{T}\right)+l_2\left(\frac{A_{\mathrm{m},C}}{T}\right)^2+l_3\left(\frac{A_{\mathrm{m},C}}{T}\right)^3+\cdots\right]\end{aligned} \tag{7.375}$$

式中，

$$A_{\mathrm{m},C} = \Delta G_{\mathrm{m},C}$$

考虑耦合作用，固相组元 A、B、C 的溶解速率为

$$\begin{aligned}\frac{\mathrm{d}N_{(A)_{E(1')}}}{\mathrm{d}t} =& -\frac{\mathrm{d}N_{A(\mathrm{s})}}{\mathrm{d}t} = Vj_A \\ =& -V\left[l_{11}\left(\frac{A_{\mathrm{m},A}}{T}\right)+l_{12}\left(\frac{A_{\mathrm{m},B}}{T}\right)+l_{13}\left(\frac{A_{\mathrm{m},C}}{T}\right)+l_{111}\left(\frac{A_{\mathrm{m},A}}{T}\right)^2\right. \\ &+l_{112}\left(\frac{A_{\mathrm{m},A}}{T}\right)\left(\frac{A_{\mathrm{m},B}}{T}\right)+l_{113}\left(\frac{A_{\mathrm{m},A}}{T}\right)\left(\frac{A_{\mathrm{m},C}}{T}\right)+l_{122}\left(\frac{A_{\mathrm{m},B}}{T}\right)^2 \\ &+l_{123}\left(\frac{A_{\mathrm{m},B}}{T}\right)\left(\frac{A_{\mathrm{m},C}}{T}\right)+l_{133}\left(\frac{A_{\mathrm{m},C}}{T}\right)^2+l_{1111}\left(\frac{A_{\mathrm{m},A}}{T}\right)^3 \\ &+l_{1112}\left(\frac{A_{\mathrm{m},A}}{T}\right)^2\left(\frac{A_{\mathrm{m},B}}{T}\right)+l_{1113}\left(\frac{A_{\mathrm{m},A}}{T}\right)^2\left(\frac{A_{\mathrm{m},C}}{T}\right) \\ &+l_{1122}\left(\frac{A_{\mathrm{m},A}}{T}\right)\left(\frac{A_{\mathrm{m},B}}{T}\right)^2+l_{1123}\left(\frac{A_{\mathrm{m},A}}{T}\right)\left(\frac{A_{\mathrm{m},B}}{T}\right)\left(\frac{A_{\mathrm{m},C}}{T}\right) \\ &+l_{1133}\left(\frac{A_{\mathrm{m},A}}{T}\right)\left(\frac{A_{\mathrm{m},C}}{T}\right)^2+l_{1222}\left(\frac{A_{\mathrm{m},B}}{T}\right)^3+l_{1223}\left(\frac{A_{\mathrm{m},B}}{T}\right)^2\left(\frac{A_{\mathrm{m},C}}{T}\right) \\ &\left.+l_{1233}\left(\frac{A_{\mathrm{m},B}}{T}\right)\left(\frac{A_{\mathrm{m},C}}{T}\right)^2+l_{1333}\left(\frac{A_{\mathrm{m},C}}{T}\right)^3+\cdots\right]\end{aligned} \tag{7.376}$$

$$
\begin{aligned}
\frac{\mathrm{d}N_{(B)_{E(1')}}}{\mathrm{d}t} &= -\frac{\mathrm{d}N_{B(\mathrm{s})}}{\mathrm{d}t} = Vj_B \\
&= -V\left[l_{21}\left(\frac{A_{\mathrm{m},A}}{T}\right) + l_{22}\left(\frac{A_{\mathrm{m},B}}{T}\right) + l_{23}\left(\frac{A_{\mathrm{m},C}}{T}\right) + l_{211}\left(\frac{A_{\mathrm{m},A}}{T}\right)^2\right. \\
&\quad + l_{212}\left(\frac{A_{\mathrm{m},A}}{T}\right)\left(\frac{A_{\mathrm{m},B}}{T}\right) + l_{213}\left(\frac{A_{\mathrm{m},A}}{T}\right)\left(\frac{A_{\mathrm{m},C}}{T}\right) + l_{222}\left(\frac{A_{\mathrm{m},B}}{T}\right)^2 \\
&\quad + l_{223}\left(\frac{A_{\mathrm{m},B}}{T}\right)\left(\frac{A_{\mathrm{m},C}}{T}\right) + l_{233}\left(\frac{A_{\mathrm{m},C}}{T}\right)^2 + l_{2111}\left(\frac{A_{\mathrm{m},A}}{T}\right)^3 \\
&\quad + l_{2112}\left(\frac{A_{\mathrm{m},A}}{T}\right)^2\left(\frac{A_{\mathrm{m},B}}{T}\right) + l_{2113}\left(\frac{A_{\mathrm{m},A}}{T}\right)^2\left(\frac{A_{\mathrm{m},C}}{T}\right) \\
&\quad + l_{2122}\left(\frac{A_{\mathrm{m},A}}{T}\right)\left(\frac{A_{\mathrm{m},B}}{T}\right)^2 + l_{2123}\left(\frac{A_{\mathrm{m},A}}{T}\right)\left(\frac{A_{\mathrm{m},B}}{T}\right)\left(\frac{A_{\mathrm{m},C}}{T}\right) \\
&\quad + l_{2133}\left(\frac{A_{\mathrm{m},A}}{T}\right)\left(\frac{A_{\mathrm{m},C}}{T}\right)^2 + l_{2222}\left(\frac{A_{\mathrm{m},B}}{T}\right)^3 + l_{2223}\left(\frac{A_{\mathrm{m},B}}{T}\right)^2\left(\frac{A_{\mathrm{m},C}}{T}\right) \\
&\quad \left. + l_{2233}\left(\frac{A_{\mathrm{m},B}}{T}\right)\left(\frac{A_{\mathrm{m},C}}{T}\right)^2 + l_{2333}\left(\frac{A_{\mathrm{m},C}}{T}\right)^3 + \cdots\right]
\end{aligned}
\tag{7.377}
$$

$$
\begin{aligned}
\frac{\mathrm{d}N_{(C)_{E(1')}}}{\mathrm{d}t} &= -\frac{\mathrm{d}N_{C(\mathrm{s})}}{\mathrm{d}t} = Vj_C \\
&= -V\left[l_{31}\left(\frac{A_{\mathrm{m},A}}{T}\right) + l_{32}\left(\frac{A_{\mathrm{m},B}}{T}\right) + l_{33}\left(\frac{A_{\mathrm{m},C}}{T}\right) + l_{311}\left(\frac{A_{\mathrm{m},A}}{T}\right)^2\right. \\
&\quad + l_{312}\left(\frac{A_{\mathrm{m},A}}{T}\right)\left(\frac{A_{\mathrm{m},B}}{T}\right) + l_{313}\left(\frac{A_{\mathrm{m},A}}{T}\right)\left(\frac{A_{\mathrm{m},C}}{T}\right) + l_{322}\left(\frac{A_{\mathrm{m},B}}{T}\right)^2 \\
&\quad + l_{323}\left(\frac{A_{\mathrm{m},B}}{T}\right)\left(\frac{A_{\mathrm{m},C}}{T}\right) + l_{333}\left(\frac{A_{\mathrm{m},C}}{T}\right)^2 + l_{3111}\left(\frac{A_{\mathrm{m},A}}{T}\right)^3 \\
&\quad + l_{3112}\left(\frac{A_{\mathrm{m},A}}{T}\right)^2\left(\frac{A_{\mathrm{m},B}}{T}\right) + l_{3113}\left(\frac{A_{\mathrm{m},A}}{T}\right)^2\left(\frac{A_{\mathrm{m},C}}{T}\right) \\
&\quad + l_{3122}\left(\frac{A_{\mathrm{m},B}}{T}\right)^2\left(\frac{A_{\mathrm{m},A}}{T}\right) + l_{3123}\left(\frac{A_{\mathrm{m},A}}{T}\right)\left(\frac{A_{\mathrm{m},B}}{T}\right)\left(\frac{A_{\mathrm{m},C}}{T}\right)
\end{aligned}
$$

$$+l_{3133}\left(\frac{A_{\mathrm{m},C}}{T}\right)^2\left(\frac{A_{\mathrm{m},A}}{T}\right)+l_{3222}\left(\frac{A_{\mathrm{m},B}}{T}\right)^3$$
$$+l_{3223}\left(\frac{A_{\mathrm{m},B}}{T}\right)^2\left(\frac{A_{\mathrm{m},C}}{T}\right) \tag{7.378}$$
$$+l_{3233}\left(\frac{A_{\mathrm{m},C}}{T}\right)^2\left(\frac{A_{\mathrm{m},B}}{T}\right)+l_{3333}\left(\frac{A_{\mathrm{m},C}}{T}\right)^3+\cdots\Bigg]$$

2) 从温度 T_E 到 T_H

从温度 T_E 到 T_H，在温度 T_E，不考虑耦合作用，固相组元 A、B 的溶解速率为

$$\begin{aligned}\frac{\mathrm{d}N_{(A)_{l'_{i-1}}}}{\mathrm{d}t}&=-\frac{\mathrm{d}N_{A(\mathrm{s})}}{\mathrm{d}t}=Vj_A\\&=-V\left[l_1\left(\frac{A_{\mathrm{m},A}}{T}\right)+l_2\left(\frac{A_{\mathrm{m},A}}{T}\right)^2+l_3\left(\frac{A_{\mathrm{m},A}}{T}\right)^3+\cdots\right]\end{aligned} \tag{7.379}$$

$$\begin{aligned}\frac{\mathrm{d}N_{(B)_{l'_{i-1}}}}{\mathrm{d}t}&=-\frac{\mathrm{d}N_{B(\mathrm{s})}}{\mathrm{d}t}=Vj_B\\&=-V\left[l_1\left(\frac{A_{\mathrm{m},B}}{T}\right)+l_2\left(\frac{A_{\mathrm{m},B}}{T}\right)^2+l_3\left(\frac{A_{\mathrm{m},B}}{T}\right)^3+\cdots\right]\end{aligned} \tag{7.380}$$

考虑耦合作用，有

$$\begin{aligned}\frac{\mathrm{d}N_{(A)_{l'_{i-1}}}}{\mathrm{d}t}&=-\frac{\mathrm{d}N_{A(\mathrm{s})}}{\mathrm{d}t}=Vj_A\\&=-V\Bigg[l_{11}\left(\frac{A_{\mathrm{m},A}}{T}\right)+l_{12}\left(\frac{A_{\mathrm{m},B}}{T}\right)+l_{111}\left(\frac{A_{\mathrm{m},A}}{T}\right)^2\\&\quad+l_{112}\left(\frac{A_{\mathrm{m},A}}{T}\right)\left(\frac{A_{\mathrm{m},B}}{T}\right)\\&\quad+l_{122}\left(\frac{A_{\mathrm{m},B}}{T}\right)^2+l_{1111}\left(\frac{A_{\mathrm{m},A}}{T}\right)^3+l_{1112}\left(\frac{A_{\mathrm{m},A}}{T}\right)^2\left(\frac{A_{\mathrm{m},B}}{T}\right)\\&\quad+l_{1122}\left(\frac{A_{\mathrm{m},A}}{T}\right)\left(\frac{A_{\mathrm{m},B}}{T}\right)^2+l_{1222}\left(\frac{A_{\mathrm{m},B}}{T}\right)^3+\cdots\Bigg]\end{aligned} \tag{7.381}$$

$$\frac{\mathrm{d}N_{(B)_{l'_{i-1}}}}{\mathrm{d}t} = -\frac{\mathrm{d}N_{B(\mathrm{s})}}{\mathrm{d}t} = Vj_B$$
$$= -V\left[l_{21}\left(\frac{A_{\mathrm{m},A}}{T}\right) + l_{22}\left(\frac{A_{\mathrm{m},B}}{T}\right) + l_{211}\left(\frac{A_{\mathrm{m},A}}{T}\right)^2\right.$$
$$+ l_{212}\left(\frac{A_{\mathrm{m},A}}{T}\right)\left(\frac{A_{\mathrm{m},B}}{T}\right)$$
$$+ l_{222}\left(\frac{A_{\mathrm{m},B}}{T}\right)^2 + l_{2111}\left(\frac{A_{\mathrm{m},A}}{T}\right)^3 + l_{2112}\left(\frac{A_{\mathrm{m},A}}{T}\right)^2\left(\frac{A_{\mathrm{m},B}}{T}\right)$$
$$\left. + l_{2122}\left(\frac{A_{\mathrm{m},A}}{T}\right)\left(\frac{A_{\mathrm{m},B}}{T}\right)^2 + l_{2222}\left(\frac{A_{\mathrm{m},B}}{T}\right)^3 + \cdots\right] \tag{7.382}$$

式中，

$$A_{\mathrm{m},A} = \Delta G_{\mathrm{m},A}$$

$$A_{\mathrm{m},B} = \Delta G_{\mathrm{m},B}$$

3) 在温度 T_H

在温度 T_H，不考虑耦合作用，固相组元 A、B 的溶解速率为

$$\frac{\mathrm{d}N_{(A)_{l'_{H-1}}}}{\mathrm{d}t} = -\frac{\mathrm{d}N_{A(\mathrm{s})}}{\mathrm{d}t} = Vj_A$$
$$= -V\left[l_1\left(\frac{A_{\mathrm{m},A}}{T}\right) + l_2\left(\frac{A_{\mathrm{m},A}}{T}\right)^2 + l_3\left(\frac{A_{\mathrm{m},A}}{T}\right)^3 + \cdots\right] \tag{7.383}$$

$$\frac{\mathrm{d}N_{(B)_{l'_{H-1}}}}{\mathrm{d}t} = -\frac{\mathrm{d}N_{B(\mathrm{s})}}{\mathrm{d}t} = Vj_B$$
$$= -V\left[l_1\left(\frac{A_{\mathrm{m},B}}{T}\right) + l_2\left(\frac{A_{\mathrm{m},B}}{T}\right)^2 + l_3\left(\frac{A_{\mathrm{m},B}}{T}\right)^3 + \cdots\right] \tag{7.384}$$

化学反应速率为

$$\frac{\mathrm{d}N_{D(\mathrm{s})}}{\mathrm{d}t} = j$$
$$= -l_1\left(\frac{A_{\mathrm{m},D}}{T}\right) - l_2\left(\frac{A_{\mathrm{m},D}}{T}\right)^2 - l_3\left(\frac{A_{\mathrm{m},D}}{T}\right)^3 - \cdots \tag{7.385}$$

考虑耦合效应，固相组元 A、B 的溶解速率为

$$
\begin{aligned}
\frac{\mathrm{d}N_{(A)_{l'_{H-1}}}}{\mathrm{d}t} =& -\frac{\mathrm{d}N_{A(\mathrm{s})}}{\mathrm{d}t} = Vj_A \\
=& -V\left[l_{11}\left(\frac{A_{\mathrm{m},A}}{T}\right) + l_{12}\left(\frac{A_{\mathrm{m},B}}{T}\right) + l_{111}\left(\frac{A_{\mathrm{m},A}}{T}\right)^2\right. \\
& + l_{112}\left(\frac{A_{\mathrm{m},A}}{T}\right)\left(\frac{A_{\mathrm{m},B}}{T}\right) \\
& + l_{122}\left(\frac{A_{\mathrm{m},B}}{T}\right)^2 + l_{1111}\left(\frac{A_{\mathrm{m},A}}{T}\right)^3 + l_{1112}\left(\frac{A_{\mathrm{m},A}}{T}\right)^2\left(\frac{A_{\mathrm{m},B}}{T}\right) \\
& \left. + l_{1122}\left(\frac{A_{\mathrm{m},A}}{T}\right)\left(\frac{A_{\mathrm{m},B}}{T}\right)^2 + l_{1222}\left(\frac{A_{\mathrm{m},B}}{T}\right)^3 + \cdots\right]
\end{aligned}
\tag{7.386}
$$

$$
\begin{aligned}
\frac{\mathrm{d}N_{(B)_{l'_{H-1}}}}{\mathrm{d}t} =& -\frac{\mathrm{d}N_{B(\mathrm{s})}}{\mathrm{d}t} = Vj_B \\
=& -V\left[l_{21}\left(\frac{A_{\mathrm{m},A}}{T}\right) + l_{22}\left(\frac{A_{\mathrm{m},B}}{T}\right) + l_{211}\left(\frac{A_{\mathrm{m},A}}{T}\right)^2\right. \\
& + l_{212}\left(\frac{A_{\mathrm{m},A}}{T}\right)\left(\frac{A_{\mathrm{m},B}}{T}\right) \\
& + l_{222}\left(\frac{A_{\mathrm{m},B}}{T}\right)^2 + l_{2111}\left(\frac{A_{\mathrm{m},A}}{T}\right)^3 + l_{2112}\left(\frac{A_{\mathrm{m},A}}{T}\right)^2\left(\frac{A_{\mathrm{m},B}}{T}\right) \\
& \left. + l_{2122}\left(\frac{A_{\mathrm{m},A}}{T}\right)\left(\frac{A_{\mathrm{m},B}}{T}\right)^2 + l_{2222}\left(\frac{A_{\mathrm{m},B}}{T}\right)^3 + \cdots\right]
\end{aligned}
\tag{7.387}
$$

式中，

$$A_{\mathrm{m},A} = \Delta G_{\mathrm{m},A}$$

$$A_{\mathrm{m},B} = \Delta G_{\mathrm{m},B}$$

$$A_{\mathrm{m},D} = \Delta G_{\mathrm{m},D}$$

4) 从温度 T_H 到 T_P

从温度 T_H 到 T_P，不考虑耦合作用，固相组元 B 和 A_mB_n 的溶解速率为

$$\frac{\mathrm{d}N_{(B)_{l'_{k-1}}}}{\mathrm{d}t}=-\frac{\mathrm{d}N_{B(\mathrm{s})}}{\mathrm{d}t}=Vj_B$$
$$=-V\left[l_1\left(\frac{A_{\mathrm{m},B}}{T}\right)+l_2\left(\frac{A_{\mathrm{m},B}}{T}\right)^2+l_3\left(\frac{A_{\mathrm{m},B}}{T}\right)^3+\cdots\right] \tag{7.388}$$

$$\frac{\mathrm{d}N_{(D)_{l'_{k-1}}}}{\mathrm{d}t}=-\frac{\mathrm{d}N_{D(\mathrm{s})}}{\mathrm{d}t}=Vj_D$$
$$=-V\left[l_1\left(\frac{A_{\mathrm{m},D}}{T}\right)+l_2\left(\frac{A_{\mathrm{m},D}}{T}\right)^2+l_3\left(\frac{A_{\mathrm{m},D}}{T}\right)^3+\cdots\right] \tag{7.389}$$

考虑耦合作用，有

$$\begin{aligned}\frac{\mathrm{d}N_{(B)_{l'_{k-1}}}}{\mathrm{d}t}&=-\frac{\mathrm{d}N_{B(\mathrm{s})}}{\mathrm{d}t}=Vj_B\\&=-V\left[l_{11}\left(\frac{A_{\mathrm{m},B}}{T}\right)+l_{12}\left(\frac{A_{\mathrm{m},D}}{T}\right)+l_{111}\left(\frac{A_{\mathrm{m},B}}{T}\right)^2\right.\\&\quad+l_{112}\left(\frac{A_{\mathrm{m},B}}{T}\right)\left(\frac{A_{\mathrm{m},D}}{T}\right)\\&\quad+l_{122}\left(\frac{A_{\mathrm{m},D}}{T}\right)^2+l_{1111}\left(\frac{A_{\mathrm{m},B}}{T}\right)^3+l_{1112}\left(\frac{A_{\mathrm{m},B}}{T}\right)^2\left(\frac{A_{\mathrm{m},D}}{T}\right)\\&\quad\left.+l_{1122}\left(\frac{A_{\mathrm{m},B}}{T}\right)\left(\frac{A_{\mathrm{m},D}}{T}\right)^2+l_{1222}\left(\frac{A_{\mathrm{m},D}}{T}\right)^3+\cdots\right]\end{aligned} \tag{7.390}$$

$$\begin{aligned}\frac{\mathrm{d}N_{(D)_{l'_{k-1}}}}{\mathrm{d}t}&=-\frac{\mathrm{d}N_{D(\mathrm{s})}}{\mathrm{d}t}=Vj_D\\&=-V\left[l_{21}\left(\frac{A_{\mathrm{m},B}}{T}\right)+l_{22}\left(\frac{A_{\mathrm{m},D}}{T}\right)+l_{211}\left(\frac{A_{\mathrm{m},B}}{T}\right)^2\right.\\&\quad+l_{212}\left(\frac{A_{\mathrm{m},B}}{T}\right)\left(\frac{A_{\mathrm{m},D}}{T}\right)\\&\quad+l_{222}\left(\frac{A_{\mathrm{m},D}}{T}\right)^2+l_{2111}\left(\frac{A_{\mathrm{m},B}}{T}\right)^3+l_{2112}\left(\frac{A_{\mathrm{m},B}}{T}\right)^2\left(\frac{A_{\mathrm{m},D}}{T}\right)\\&\quad\left.+l_{2122}\left(\frac{A_{\mathrm{m},B}}{T}\right)\left(\frac{A_{\mathrm{m},D}}{T}\right)^2+l_{2222}\left(\frac{A_{\mathrm{m},D}}{T}\right)^3+\cdots\right]\end{aligned} \tag{7.391}$$

式中，

$$A_{\mathrm{m},B} = \Delta G_{\mathrm{m},B}$$

$$A_{\mathrm{m},D} = \Delta G_{\mathrm{m},D}$$

5) 在温度 T_{P+1}

在温度 T_{P+1}，不考虑耦合作用，固相组元 B、D 溶解速率为

$$\begin{aligned}\frac{\mathrm{d}N_{(B)_{l'_P}}}{\mathrm{d}t} &= -\frac{\mathrm{d}N_{B(\mathrm{s})}}{\mathrm{d}t} = Vj_B \\ &= -V\left[l_1\left(\frac{A_{\mathrm{m},B}}{T}\right) + l_2\left(\frac{A_{\mathrm{m},B}}{T}\right)^2 + l_3\left(\frac{A_{\mathrm{m},B}}{T}\right)^3 + \cdots\right]\end{aligned} \tag{7.392}$$

$$\begin{aligned}\frac{\mathrm{d}N_{(D)_{l'_P}}}{\mathrm{d}t} &= -\frac{\mathrm{d}N_{D(\mathrm{s})}}{\mathrm{d}t} = Vj_D \\ &= -V\left[l_1\left(\frac{A_{\mathrm{m},D}}{T}\right) + l_2\left(\frac{A_{\mathrm{m},D}}{T}\right)^2 + l_3\left(\frac{A_{\mathrm{m},D}}{T}\right)^3 + \cdots\right]\end{aligned} \tag{7.393}$$

考虑耦合作用，有

$$\begin{aligned}\frac{\mathrm{d}N_{(B)_{l'_P}}}{\mathrm{d}t} =& -\frac{\mathrm{d}N_{B(\mathrm{s})}}{\mathrm{d}t} = Vj_B \\ =& -V\left[l_{11}\left(\frac{A_{\mathrm{m},B}}{T}\right) + l_{12}\left(\frac{A_{\mathrm{m},D}}{T}\right) + l_{111}\left(\frac{A_{\mathrm{m},B}}{T}\right)^2 + l_{112}\left(\frac{A_{\mathrm{m},B}}{T}\right)\left(\frac{A_{\mathrm{m},D}}{T}\right)\right. \\ & + l_{122}\left(\frac{A_{\mathrm{m},D}}{T}\right)^2 + l_{1111}\left(\frac{A_{\mathrm{m},B}}{T}\right)^3 + l_{1112}\left(\frac{A_{\mathrm{m},B}}{T}\right)^2\left(\frac{A_{\mathrm{m},D}}{T}\right) \\ & \left. + l_{1122}\left(\frac{A_{\mathrm{m},B}}{T}\right)\left(\frac{A_{\mathrm{m},D}}{T}\right)^2 + l_{1222}\left(\frac{A_{\mathrm{m},D}}{T}\right)^3 + \cdots\right]\end{aligned} \tag{7.394}$$

$$\begin{aligned}\frac{\mathrm{d}N_{(D)_{l'_P}}}{\mathrm{d}t} =& -\frac{\mathrm{d}N_{D(\mathrm{s})}}{\mathrm{d}t} = Vj_D \\ =& -V\left[l_{21}\left(\frac{A_{\mathrm{m},A}}{T}\right) + l_{22}\left(\frac{A_{\mathrm{m},D}}{T}\right) + l_{211}\left(\frac{A_{\mathrm{m},A}}{T}\right)^2 + l_{212}\left(\frac{A_{\mathrm{m},A}}{T}\right)\left(\frac{A_{\mathrm{m},D}}{T}\right)\right. \\ & + l_{222}\left(\frac{A_{\mathrm{m},D}}{T}\right)^2 + l_{2111}\left(\frac{A_{\mathrm{m},A}}{T}\right)^3 + l_{2112}\left(\frac{A_{\mathrm{m},A}}{T}\right)^2\left(\frac{A_{\mathrm{m},D}}{T}\right) \\ & \left. + l_{2122}\left(\frac{A_{\mathrm{m},A}}{T}\right)\left(\frac{A_{\mathrm{m},D}}{T}\right)^2 + l_{2222}\left(\frac{A_{\mathrm{m},D}}{T}\right)^3 + \cdots\right]\end{aligned} \tag{7.395}$$

式中，

$$A_{\mathrm{m},B} = \Delta G_{\mathrm{m},B}$$

$$A_{\mathrm{m},D} = \Delta G_{\mathrm{m},D}$$

6) 从温度 T_P 到 T_M

从温度 T_P 到 T_M，固相组元 A_mB_n 的溶解速率为

$$\begin{aligned}\frac{\mathrm{d}N_{(D)_{l'_{j-1}}}}{\mathrm{d}t} &= -\frac{\mathrm{d}N_{D(\mathrm{s})}}{\mathrm{d}t} = Vj_D \\ &= -V\left[l_1\left(\frac{A_{\mathrm{m},D}}{T}\right) + l_2\left(\frac{A_{\mathrm{m},D}}{T}\right)^2 + l_3\left(\frac{A_{\mathrm{m},D}}{T}\right)^3 + \cdots\right]\end{aligned} \tag{7.396}$$

式中，

$$A_{\mathrm{m},D} = \Delta G_{\mathrm{m},D}$$

7.3.6　具有同组成熔融三元化合物的三元系

1. 相变过程热力学

图 7.14 是具有同组成熔融三元化合物的三元系相图。连接三元化合物 ($DA_mB_nC_p$) 和三个顶点 A、B、C 的直线，将相图分成三个三角形 ADB、BDC 和 CDA。每一个三角形相当于一个具有低共熔点的三元系，物质升温熔化过程类似于具有低共熔点的三元系。

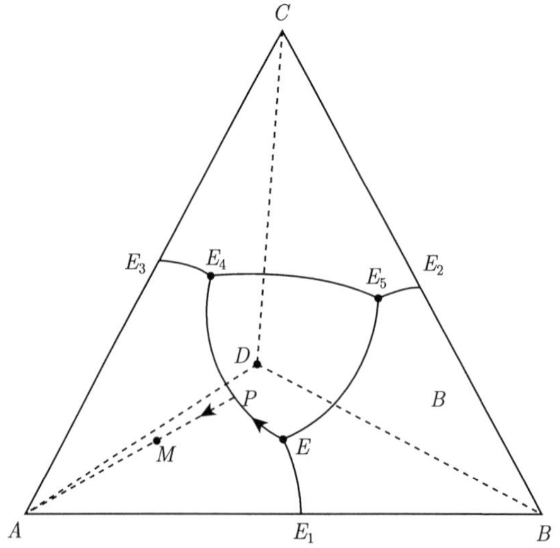

图 7.14　具有同组成熔融三元化合物的三元系相图

物质组成点为 M 的物质升温熔化。温度升高到 T_E，物质组成点到达平行于底面、经过最低共熔点 E 的等温平面，开始出现液相 E。液–固两相平衡，可以表示为

$$E\,(\mathrm{s}) \rightleftharpoons E\,(\mathrm{l})$$

即

$$x_A A(\mathrm{s}) + x_B B(\mathrm{s}) + x_D A_m B_n C_p(\mathrm{s}) \rightleftharpoons x_A(A)_{E(\mathrm{l})} + x_B(B)_{E(\mathrm{l})} + x_D(A_m B_n C_p)_{E(\mathrm{l})}$$
$$=\!=\!= x_A(A)_{饱} + x_B(B)_{饱} + x_D(A_m B_n C_p)_{饱}$$

也可以表示为

$$A(\mathrm{s}) \rightleftharpoons (A)_{E(\mathrm{l})} =\!=\!= (A)_{饱}$$

$$B(\mathrm{s}) \rightleftharpoons (B)_{E(\mathrm{l})} =\!=\!= (B)_{饱}$$

$$A_m B_n C_p(\mathrm{s}) \rightleftharpoons (A_m B_n C_p)_{E(\mathrm{l})} =\!=\!= (A_m B_n C_p)_{饱}$$

该过程的摩尔吉布斯自由能变化为

$$\begin{aligned}\Delta G_{\mathrm{m},E}(T_E) &= G_{\mathrm{m},E(\mathrm{l})}(T_E) - G_{\mathrm{m},E}(T_E)\\ &= \Delta_{\mathrm{fus}} H_{\mathrm{m},E}(T_E) - T_E \Delta_{\mathrm{fus}} S_{\mathrm{m},E}(T_E)\\ &= \Delta_{\mathrm{fus}} H_{\mathrm{m},E}(T_E) - T_E \frac{\Delta_{\mathrm{fus}} H_{\mathrm{m},E}(T_E)}{T_E}\\ &= 0\end{aligned} \tag{7.397}$$

或

$$\begin{aligned}\Delta G_{\mathrm{m},A}(T_E) &= \Delta \overline{G}_{\mathrm{m},(A)_{E(l)}}(T_E) - G_{\mathrm{m},A(\mathrm{s})}(T_E)\\ &= \Delta_{\mathrm{sol}} H_{\mathrm{m},A}(T_E) - T_E \Delta_{\mathrm{sol}} S_{\mathrm{m},A}(T_E)\\ &= \Delta_{\mathrm{sol}} H_{\mathrm{m},A}(T_E) - T_E \frac{\Delta_{\mathrm{sol}} H_{\mathrm{m},A}(T_E)}{T_E}\\ &= 0\end{aligned} \tag{7.398}$$

同理

$$\Delta G_{\mathrm{m},B}(T_E) = \Delta_{\mathrm{sol}} H_{\mathrm{m},B}(T_E) - T_E \frac{\Delta_{\mathrm{sol}} H_{\mathrm{m},B}(T_E)}{T_E} = 0 \tag{7.399}$$

$$\Delta G_{\mathrm{m},D}(T_E) = \Delta_{\mathrm{sol}} H_{\mathrm{m},D}(T_E) - T_E \frac{\Delta_{\mathrm{sol}} H_{\mathrm{m},D}(T_E)}{T_E} = 0 \tag{7.400}$$

在温度 T_E，若固相 $E\,(\mathrm{s})$ 未完全熔化，继续升温到 T_1，平衡液相组成为共熔线 E_4E 上的 l_1 点，而当温度刚升到 T_1，尚无固相组元 A、B 和 $A_m B_n C_p$ 溶解进

入液相时，液相组成仍与 E 相同，但已由组元 A、B 和 $A_mB_nC_p$ 的饱和溶液 $E\,(\mathrm{l})$ 变成不饱和溶液 $E\,(\mathrm{l}')$。因此，固相组元 A、B 和 $A_mB_nC_p$ 向其中溶解，有

$$A(\mathrm{s}) =\!=\!=\!= (A)_{E(\mathrm{l}')}$$

$$B(\mathrm{s}) =\!=\!=\!= (B)_{E(\mathrm{l}')}$$

$$A_mB_nC_p(\mathrm{s}) =\!=\!=\!= (A_mB_nC_p)_{E(\mathrm{l}')}$$

该过程的摩尔吉布斯自由能变化为

$$\begin{aligned}\Delta G_{\mathrm{m},A}(T_1) &= \Delta\overline{G}_{\mathrm{m},(A)_{E(\mathrm{l}')}}(T_1) - G_{\mathrm{m},A(\mathrm{s})}(T_1)\\ &= \varDelta_{\mathrm{sol}}H_{\mathrm{m},A}(T_1) - T_1\varDelta_{\mathrm{sol}}S_{\mathrm{m},A}(T_1)\\ &\approx \varDelta_{\mathrm{sol}}H_{\mathrm{m},A}(T_E) - T_1\varDelta_{\mathrm{sol}}S_{\mathrm{m},A}(T_E)\\ &= \frac{\Delta H_{\mathrm{m},A}(T_E)\Delta T}{T_E}\end{aligned} \tag{7.401}$$

同理

$$\Delta G_{\mathrm{m},B}(T_1) = \frac{\Delta H_{\mathrm{m},B}(T_E)\Delta T}{T_E} \tag{7.402}$$

$$\Delta G_{\mathrm{m},D}(T_1) = \frac{\Delta H_{\mathrm{m},D}(T_E)\Delta T}{T_E} \tag{7.403}$$

式中，

$$\Delta T = T_E - T_1 < 0$$

固相和液相中组元 A、B、$A_mB_nC_p\,(\mathrm{s})$ 以其纯固态为标准状态，浓度以摩尔分数表示，该过程的摩尔吉布斯自由能变化为

$$\Delta G_{\mathrm{m},A} = \mu_{(A)_{E(\mathrm{l}')}} - \mu_{A(\mathrm{s})} = RT\ln a^{\mathrm{R}}_{(A)_{E(\mathrm{l}')}} \tag{7.404}$$

式中，

$$\mu_{(A)_{E(\mathrm{l}')}} = \mu^*_{A(\mathrm{s})} + RT\ln a^{\mathrm{R}}_{(A)_{E(\mathrm{l}')}}$$

$$\mu_{A(\mathrm{s})} = \mu^*_{A(\mathrm{s})}$$

$$\Delta G_{\mathrm{m},B} = \mu_{(B)_{E(\mathrm{l}')}} - \mu_{B(\mathrm{s})} = RT\ln a^{\mathrm{R}}_{(B)_{E(\mathrm{l}')}} \tag{7.405}$$

式中，

$$\mu_{(B)_{E(\mathrm{l}')}} = \mu^*_{B(\mathrm{s})} + RT\ln a^{\mathrm{R}}_{(B)_{E(\mathrm{l}')}}$$

$$\mu_{B(\mathrm{s})} = \mu^*_{B(\mathrm{s})}$$

$$\Delta G_{\mathrm{m},D} = \mu_{(D)_{E(\mathrm{l}')}} - \mu_{D(\mathrm{s})} = RT\ln a^{\mathrm{R}}_{(D)_{E(\mathrm{l}')}} \tag{7.406}$$

式中，

$$\mu_{(D)_{E(l')}} = \mu^*_{D(\mathrm{s})} + RT\ln a^{\mathrm{R}}_{(D)_{E(l')}}$$

$$\mu_{D(\mathrm{s})} = \mu^*_{D(\mathrm{s})}$$

直到固相组元 B 消失，组元 A 和 $A_mB_nC_p$ 达到饱和，液–固两相达成新的平衡。平衡液相组成为共熔线 E_4E 上的 l_1 点。有

$$A(\mathrm{s}) \rightleftharpoons (A)_{l_1} \equiv (A)_{饱}$$

$$A_mB_nC_p(\mathrm{s}) \rightleftharpoons (A_mB_nC_p)_{l_1} \equiv (A_mB_nC_p)_{饱}$$

继续升高温度，从温度 T_E 到 T_P，平衡液相组成沿着共熔线 E_4E 从 E 点向 P 点移动。该过程可以描述如下。

在温度 T_{i-1}，液–固两相达成平衡，平衡液相组成为共熔线 E_4E 上的 l_{i-1} 点。有

$$A(\mathrm{s}) \rightleftharpoons (A)_{l_{i-1}} \equiv (A)_{饱}$$

$$A_mB_nC_p(\mathrm{s}) \rightleftharpoons (A_mB_nC_p)_{l_{i-1}} \equiv (A_mB_nC_p)_{饱}$$

$$(i = 1, 2, 3, \cdots, n)$$

继续升高温度到 C。在温度刚升到 T_i 时，固相组元 A 和 $A_mB_nC_p$ 还未来得及向液相中溶解，液相组成仍与 l_{i-1} 相同。但已由组元 A 和 $A_mB_nC_p$ 饱和的溶液 l_{i-1} 变成其不饱和的溶液 l'_{i-1}。固相组元 A 和 $A_mB_nC_p$ 向其中溶解，有

$$A(\mathrm{s}) = (A)_{l'_{i-1}}$$

$$A_mB_nC_p(\mathrm{s}) = (A_mB_nC_p)_{l'_{i-1}}$$

该过程的摩尔吉布斯自由能变化为

$$\begin{aligned}\Delta G_{\mathrm{m},A}(T_i) &= \overline{G}_{\mathrm{m},(A)_{l'_{i-1}}}(T_i) - G_{\mathrm{m},A(\mathrm{s})}(T_i)\\ &= \Delta_{\mathrm{sol}}H_{\mathrm{m},A}(T_i) - T_i\Delta_{\mathrm{sol}}S_{\mathrm{m},A}(T_i)\\ &= \frac{\Delta_{\mathrm{sol}}H_{\mathrm{m},A}(T_{i-1})\Delta T}{T_{i-1}}\end{aligned} \tag{7.407}$$

同理

$$\Delta G_{\mathrm{m},D}(T_i) = \frac{\Delta_{\mathrm{sol}}H_{\mathrm{m},D}(T_{i-1})\Delta T}{T_{i-1}} \tag{7.408}$$

式中，

$$\Delta T = T_{i-1} - T_i < 0$$

固–液两相中组元 A 和 $A_mB_nC_p$ 都以纯固态为标准状态，浓度以摩尔分数表示，该过程的摩尔吉布斯自由能变化为

$$\Delta G_{\mathrm{m},A} = \mu_{(A)_{l'_{i-1}}} - \mu_{A(\mathrm{s})} = RT\ln a^{\mathrm{R}}_{(A)_{l'_{i-1}}} \tag{7.409}$$

式中，

$$\mu_{(A)_{l'_{i-1}}} = \mu^*_{A(\mathrm{s})} + RT\ln a^{\mathrm{R}}_{(A)l'_{i-1}}$$

$$\mu_{A(\mathrm{s})} = \mu^*_{A(\mathrm{s})}$$

$$\Delta G_{\mathrm{m},D} = \mu_{(D)_{l'_{i-1}}} - \mu_{D(\mathrm{s})} = RT\ln a^{\mathrm{R}}_{(D)_{l'_{i-1}}} \tag{7.410}$$

式中，

$$\mu_{(D)_{l'_{i-1}}} = \mu^*_{D(\mathrm{s})} + RT\ln a^{\mathrm{R}}_{(D)l'_{i-1}}$$

$$\mu_{D(\mathrm{s})} = \mu^*_{D(\mathrm{s})}$$

直到溶解达到饱和，液–固两相达成新的平衡，平衡液相组成为共熔线 EE_6 上的 l_i 点。

在温度 T_P，液–固两相达成平衡，平衡液相组成为共熔线 E_4E_6 上的 P 点，以 l_P 表示。液相 l_P 是组元 A 和 $A_mB_nC_p$ 的饱和溶液。

$$A(\mathrm{s}) \rightleftharpoons (A)_{l_P} =\!=\!= (A)_{饱}$$

$$A_mB_nC_p(\mathrm{s}) \rightleftharpoons (A_mB_nC_p)_{l_P} =\!=\!= (A_mB_nC_p)_{饱}$$

继续升高温度到 T_{P+1}。在温度刚升到 T_{P+1}，固相组元 A 和 $A_mB_nC_p$ 还未来得及向溶液中溶解时，液相组成仍和 l_P 相同，但已由组元 A 和 $A_mB_nC_p$ 饱和的溶液 l_P 变成不饱和的 l'_P。固相组元 A 和 $A_mB_nC_p$ 向其中溶解，有

$$A(\mathrm{s}) =\!=\!= (A)_{l'_P}$$

$$A_mB_nC_p(\mathrm{s}) =\!=\!= (A_mB_nC_p)_{l'_P}$$

该过程的摩尔吉布斯自由能变化为

$$\begin{aligned}\Delta G_{\mathrm{m},A}(T_{P+1}) &= \overline{G}_{\mathrm{m},(A)_{l'_P}}(T_{P+1}) - G_{\mathrm{m},A(\mathrm{s})}(T_{P+1})\\ &= \Delta_{\mathrm{sol}}H_{\mathrm{m},A}(T_{P+1}) - T_{P+1}\Delta_{\mathrm{sol}}S_{\mathrm{m},A}(T_{P+1})\\ &\approx \Delta_{\mathrm{sol}}H_{\mathrm{m},A}(T_P) - T_{P+1}\Delta_{\mathrm{sol}}S_{\mathrm{m},A}(T_P)\\ &= \frac{\Delta_{\mathrm{sol}}H_{\mathrm{m},A}(T_P)\,\Delta T}{T_P}\end{aligned} \tag{7.411}$$

同理

$$\Delta G_{\mathrm{m},D}\left(T_{P+1}\right)=\frac{\Delta_{\mathrm{sol}}H_{\mathrm{m},D}\left(T_P\right)\Delta T}{T_P} \tag{7.412}$$

式中，

$$T_P-T_{P+1}<0$$

液–固两相中的组元 $A_mB_nC_p$ 都以纯固态为标准状态，浓度以摩尔分数表示，该过程的摩尔吉布斯自由能变化为

$$G_{\mathrm{m},A}=\mu_{(A)_{l'_P}}-\mu_{A(\mathrm{s})}=RT\ln a^{\mathrm{R}}_{(A)_{l'_P}} \tag{7.413}$$

式中，

$$\mu_{(A)_{l'_P}}=\mu^*_{A(\mathrm{s})}+RT\ln a^{\mathrm{R}}_{(A)_{l'_P}}$$

$$\mu_{A(\mathrm{s})}=\mu^*_{A(\mathrm{s})}$$

$$\Delta G_{\mathrm{m},D}=\mu_{(D)_{l'_P}}-\mu_{D(\mathrm{s})}=RT\ln a^{\mathrm{R}}_{(D)_{l'_P}} \tag{7.414}$$

式中，

$$\mu_{(D)_{l'_P}}=\mu^*_{D(\mathrm{s})}+RT\ln a^{\mathrm{R}}_{(D)_{l'_P}}$$

$$\mu_{D(\mathrm{s})}=\mu^*_{D(\mathrm{s})}$$

溶解过程一直进行到固相组元 $A_mB_nC_p$ 消耗尽，组元 A 达到饱和。液–固两相达成新的平衡。平衡液相组成为 PA 连线上的 l_{P+1} 点。有

$$A(\mathrm{s})\rightleftharpoons(A)_{l_{P+1}}=\!=\!=(A)_{饱}$$

继续升高温度，温度从 T_P 到 T_M，平衡液相组成沿着经过 M 点的 PA 连线向 M 点移动。溶解过程可以描述如下。

在温度 T_{k-1}，液–固两相平衡。平衡液相组成为 PA 连线上的 l_{k-1} 点。有

$$A(\mathrm{s})\rightleftharpoons(A)_{l_{k-1}}$$

$$(k=1,2,3,\cdots,n)$$

继续升高温度到 T_k。在温度刚升到 T_k，固相组元 A 还未来得及向液相 l_{k-1} 中溶解时，溶液组成与 l_{k-1} 相同，但已经由组元 A 饱和的液相 l_{k-1} 变为其不饱和的液相 l'_{k-1}。固相组元 A 向其中溶解。有

$$A(\mathrm{s})=\!=\!=(A)_{l'_{k-1}}$$

该过程的摩尔吉布斯自由能变化为

$$\begin{aligned}\Delta G_{\mathrm{m},A}(T_k) &= \overline{G}_{\mathrm{m},(A)_{l'_{k-1}}}(T_k) - G_{\mathrm{m},A(\mathrm{s})}(T_k) \\ &= \Delta_{\mathrm{sol}}H_{\mathrm{m},A}(T_k) - T_k\Delta_{\mathrm{sol}}S_{\mathrm{m},A}(T_k) \\ &\approx \Delta_{\mathrm{sol}}H_{\mathrm{m},A}(T_{k-1}) - T_k\Delta_{\mathrm{sol}}S_{\mathrm{m},A}(T_{k-1}) \\ &= \frac{\Delta_{\mathrm{sol}}H_{\mathrm{m},A}(T_{k-1})\Delta T}{T_{k-1}}\end{aligned} \tag{7.415}$$

式中，

$$\Delta T = T_{k-1} - T_k < 0$$

固相和液相中的组元 $A_mB_nC_p$ 都以纯固态为标准状态，浓度以摩尔分数表示，溶解过程的摩尔吉布斯自由能变化为

$$\Delta G_{\mathrm{m},D} = \mu_{(D)_{l'_{k-1}}} - \mu_{D(\mathrm{s})} = RT\ln a^{\mathrm{R}}_{(D)_{l'_{k-1}}} \tag{7.416}$$

式中，

$$\mu_{(D)_{l'_{k-1}}} = \mu^*_{D(\mathrm{s})} + RT\ln a^{\mathrm{R}}_{(D)_{l'_{k-1}}}$$

$$\mu_{D(\mathrm{s})} = \mu^*_{D(\mathrm{s})}$$

直到溶液成为组元 A 的饱和溶液，液–固两相达成新的平衡。平衡液相组成为 PA 连线上的 l_k 点。

温度升到 T_M，液–固两相达成平衡，有

$$A(\mathrm{s}) \rightleftharpoons (A)_{l_M} \equiv (A)_{饱}$$

温度升高到 T。在温度 T，溶液 l_M 成为不饱和溶液 l'_M，固相 A 向其中溶解。有

$$A(\mathrm{s}) = (A)_{l'_M}$$

直到固相 A 消耗净，该过程的摩尔吉布斯自由能变化为

$$\begin{aligned}\Delta G_{\mathrm{m},A}(T) &= \overline{G}_{\mathrm{m},(A)_{l'_M}}(T) - G_{\mathrm{m},A(\mathrm{s})}(T) \\ &= \Delta_{\mathrm{sol}}H_{\mathrm{m},A}(T) - T\Delta_{\mathrm{sol}}S_{\mathrm{m},A}(T) \\ &\approx \Delta_{\mathrm{sol}}H_{\mathrm{m},A}(T_M) - T\Delta_{\mathrm{sol}}S_{\mathrm{m},A}(T_M) \\ &= \frac{\Delta_{\mathrm{sol}}H_{\mathrm{m},A}(T_M)\Delta T}{T_M} \\ &< 0\end{aligned} \tag{7.417}$$

式中，

$$\Delta T = T_M - T < 0$$

以纯固态组元 A 为标准状态，浓度以摩尔分数表示，溶解过程的摩尔吉布斯自由能变化为

$$\Delta G_{\mathrm{m},A} = \mu_{(A)_{l'_M}} - \mu_{A(\mathrm{s})} = RT \ln a^{\mathrm{R}}_{(A)_{l'_M}} \tag{7.418}$$

式中，

$$\mu_{(A)_{l'_M}} = \mu^*_{A(\mathrm{s})} + RT \ln a^{\mathrm{R}}_{(A)_{l'_M}}$$

$$\mu_{A(\mathrm{s})} = \mu^*_{A(\mathrm{s})}$$

2. **相变速率**

1) 在温度 T_1

在温度 T_1，固相组元 $E\,(\mathrm{s})$ 的熔化速率为

$$\begin{aligned}\frac{\mathrm{d}N_{E(\mathrm{l})}}{\mathrm{d}t} &= -\frac{\mathrm{d}N_{E(\mathrm{s})}}{\mathrm{d}t} = Vj_E \\ &= -V\left[l_1\left(\frac{A_{\mathrm{m},E}}{T}\right) + l_2\left(\frac{A_{\mathrm{m},E}}{T}\right)^2 + l_3\left(\frac{A_{\mathrm{m},E}}{T}\right)^3 + \cdots\right]\end{aligned} \tag{7.419}$$

不考虑耦合作用，固相组元 A、B 和 $A_mB_nC_p$ 的溶解速率为

$$\begin{aligned}\frac{\mathrm{d}N_{(A)_{E(\mathrm{l}')}}}{\mathrm{d}t} &= -\frac{\mathrm{d}N_{A(\mathrm{s})}}{\mathrm{d}t} = Vj_A \\ &= -V\left[l_1\left(\frac{A_{\mathrm{m},A}}{T}\right) + l_2\left(\frac{A_{\mathrm{m},A}}{T}\right)^2 + l_3\left(\frac{A_{\mathrm{m},A}}{T}\right)^3 + \cdots\right]\end{aligned} \tag{7.420}$$

$$\begin{aligned}\frac{\mathrm{d}N_{(B)_{E(\mathrm{l}')}}}{\mathrm{d}t} &= -\frac{\mathrm{d}N_{B(\mathrm{s})}}{\mathrm{d}t} = Vj_B \\ &= -V\left[l_1\left(\frac{A_{\mathrm{m},B}}{T}\right) + l_2\left(\frac{A_{\mathrm{m},B}}{T}\right)^2 + l_3\left(\frac{A_{\mathrm{m},B}}{T}\right)^3 + \cdots\right]\end{aligned} \tag{7.421}$$

$$\begin{aligned}\frac{\mathrm{d}N_{(D)_{E(\mathrm{l}')}}}{\mathrm{d}t} &= -\frac{\mathrm{d}N_{D(\mathrm{s})}}{\mathrm{d}t} = Vj_D \\ &= -V\left[l_1\left(\frac{A_{\mathrm{m},D}}{T}\right) + l_2\left(\frac{A_{\mathrm{m},D}}{T}\right)^2 + l_3\left(\frac{A_{\mathrm{m},D}}{T}\right)^3 + \cdots\right]\end{aligned} \tag{7.422}$$

考虑耦合作用，有

$$
\begin{aligned}
\frac{\mathrm{d}N_{(A)_{E(1')}}}{\mathrm{d}t} &= -\frac{\mathrm{d}N_{A(\mathrm{s})}}{\mathrm{d}t} = Vj_A \\
&= -V\Bigg[l_{11}\left(\frac{A_{\mathrm{m},A}}{T}\right) + l_{12}\left(\frac{A_{\mathrm{m},B}}{T}\right) + l_{13}\left(\frac{A_{\mathrm{m},D}}{T}\right) + l_{111}\left(\frac{A_{\mathrm{m},A}}{T}\right)^2 \\
&\quad + l_{112}\left(\frac{A_{\mathrm{m},A}}{T}\right)\left(\frac{A_{\mathrm{m},B}}{T}\right) + l_{113}\left(\frac{A_{\mathrm{m},A}}{T}\right)\left(\frac{A_{\mathrm{m},D}}{T}\right) + l_{122}\left(\frac{A_{\mathrm{m},B}}{T}\right)^2 \\
&\quad + l_{123}\left(\frac{A_{\mathrm{m},B}}{T}\right)\left(\frac{A_{\mathrm{m},D}}{T}\right) + l_{133}\left(\frac{A_{\mathrm{m},D}}{T}\right)^2 + l_{1111}\left(\frac{A_{\mathrm{m},A}}{T}\right)^3 \\
&\quad + l_{1112}\left(\frac{A_{\mathrm{m},A}}{T}\right)^2\left(\frac{A_{\mathrm{m},B}}{T}\right) + l_{1113}\left(\frac{A_{\mathrm{m},A}}{T}\right)^2\left(\frac{A_{\mathrm{m},D}}{T}\right) \\
&\quad + l_{1122}\left(\frac{A_{\mathrm{m},A}}{T}\right)\left(\frac{A_{\mathrm{m},B}}{T}\right)^2 \\
&\quad + l_{1123}\left(\frac{A_{\mathrm{m},A}}{T}\right)\left(\frac{A_{\mathrm{m},B}}{T}\right)\left(\frac{A_{\mathrm{m},D}}{T}\right) + l_{1133}\left(\frac{A_{\mathrm{m},A}}{T}\right)\left(\frac{A_{\mathrm{m},D}}{T}\right)^2 \\
&\quad + l_{1222}\left(\frac{A_{\mathrm{m},B}}{T}\right)^3 \\
&\quad + l_{1223}\left(\frac{A_{\mathrm{m},B}}{T}\right)^2\left(\frac{A_{\mathrm{m},D}}{T}\right) + l_{1233}\left(\frac{A_{\mathrm{m},B}}{T}\right)\left(\frac{A_{\mathrm{m},D}}{T}\right)^2 \\
&\quad + l_{1333}\left(\frac{A_{\mathrm{m},D}}{T}\right)^3 + \cdots\Bigg]
\end{aligned} \tag{7.423}
$$

$$
\begin{aligned}
\frac{\mathrm{d}N_{(B)_{E(1')}}}{\mathrm{d}t} &= -\frac{\mathrm{d}N_{B(\mathrm{s})}}{\mathrm{d}t} = Vj_B \\
&= -V\Bigg[l_{21}\left(\frac{A_{\mathrm{m},A}}{T}\right) + l_{22}\left(\frac{A_{\mathrm{m},B}}{T}\right) + l_{23}\left(\frac{A_{\mathrm{m},D}}{T}\right) + l_{211}\left(\frac{A_{\mathrm{m},A}}{T}\right)^2 \\
&\quad + l_{212}\left(\frac{A_{\mathrm{m},A}}{T}\right)\left(\frac{A_{\mathrm{m},B}}{T}\right) + l_{213}\left(\frac{A_{\mathrm{m},A}}{T}\right)\left(\frac{A_{\mathrm{m},D}}{T}\right) + l_{222}\left(\frac{A_{\mathrm{m},B}}{T}\right)^2 \\
&\quad + l_{223}\left(\frac{A_{\mathrm{m},B}}{T}\right)\left(\frac{A_{\mathrm{m},D}}{T}\right) + l_{233}\left(\frac{A_{\mathrm{m},D}}{T}\right)^2 + l_{2111}\left(\frac{A_{\mathrm{m},A}}{T}\right)^3
\end{aligned}
$$

$$
\begin{aligned}
&+l_{2112}\left(\frac{A_{\mathrm{m},A}}{T}\right)^2\left(\frac{A_{\mathrm{m},B}}{T}\right)+l_{2113}\left(\frac{A_{\mathrm{m},A}}{T}\right)^2\left(\frac{A_{\mathrm{m},D}}{T}\right)\\
&+l_{2122}\left(\frac{A_{\mathrm{m},A}}{T}\right)\left(\frac{A_{\mathrm{m},B}}{T}\right)^2\\
&+l_{2123}\left(\frac{A_{\mathrm{m},A}}{T}\right)\left(\frac{A_{\mathrm{m},B}}{T}\right)\left(\frac{A_{\mathrm{m},D}}{T}\right)+l_{2133}\left(\frac{A_{\mathrm{m},D}}{T}\right)^2\left(\frac{A_{\mathrm{m},A}}{T}\right)\\
&+l_{2222}\left(\frac{A_{\mathrm{m},B}}{T}\right)^3\\
&+l_{2223}\left(\frac{A_{\mathrm{m},B}}{T}\right)^2\left(\frac{A_{\mathrm{m},D}}{T}\right)+l_{2233}\left(\frac{A_{\mathrm{m},D}}{T}\right)^2\left(\frac{A_{\mathrm{m},B}}{T}\right)\\
&+l_{2333}\left(\frac{A_{\mathrm{m},D}}{T}\right)^3+\cdots\Bigg]
\end{aligned}
\tag{7.424}
$$

$$
\begin{aligned}
\frac{\mathrm{d}N_{(D)_{E(\mathrm{l}')}}}{\mathrm{d}t}&=-\frac{\mathrm{d}N_{D(\mathrm{s})}}{\mathrm{d}t}=Vj_D\\
&=-V\Bigg[l_{31}\left(\frac{A_{\mathrm{m},A}}{T}\right)+l_{32}\left(\frac{A_{\mathrm{m},B}}{T}\right)+l_{33}\left(\frac{A_{\mathrm{m},D}}{T}\right)+l_{311}\left(\frac{A_{\mathrm{m},A}}{T}\right)^2\\
&\quad+l_{312}\left(\frac{A_{\mathrm{m},A}}{T}\right)\left(\frac{A_{\mathrm{m},B}}{T}\right)+l_{313}\left(\frac{A_{\mathrm{m},A}}{T}\right)\left(\frac{A_{\mathrm{m},D}}{T}\right)+l_{322}\left(\frac{A_{\mathrm{m},B}}{T}\right)^2\\
&\quad+l_{323}\left(\frac{A_{\mathrm{m},B}}{T}\right)\left(\frac{A_{\mathrm{m},D}}{T}\right)+l_{333}\left(\frac{A_{\mathrm{m},D}}{T}\right)^2+l_{3111}\left(\frac{A_{\mathrm{m},A}}{T}\right)^3\\
&\quad+l_{3112}\left(\frac{A_{\mathrm{m},A}}{T}\right)^2\left(\frac{A_{\mathrm{m},B}}{T}\right)+l_{3113}\left(\frac{A_{\mathrm{m},A}}{T}\right)^2\left(\frac{A_{\mathrm{m},D}}{T}\right)\\
&\quad+l_{3122}\left(\frac{A_{\mathrm{m},B}}{T}\right)^2\left(\frac{A_{\mathrm{m},A}}{T}\right)+l_{3123}\left(\frac{A_{\mathrm{m},A}}{T}\right)\left(\frac{A_{\mathrm{m},B}}{T}\right)\left(\frac{A_{\mathrm{m},D}}{T}\right)\\
&\quad+l_{3133}\left(\frac{A_{\mathrm{m},D}}{T}\right)^2\left(\frac{A_{\mathrm{m},A}}{T}\right)+l_{3222}\left(\frac{A_{\mathrm{m},B}}{T}\right)^3+l_{3223}\left(\frac{A_{\mathrm{m},B}}{T}\right)^2\left(\frac{A_{\mathrm{m},D}}{T}\right)\\
&\quad+l_{3233}\left(\frac{A_{\mathrm{m},D}}{T}\right)^2\left(\frac{A_{\mathrm{m},B}}{T}\right)+l_{3333}\left(\frac{A_{\mathrm{m},D}}{T}\right)^3+\cdots\Bigg]
\end{aligned}
\tag{7.425}
$$

式中，

$$A_{\mathrm{m},A} = \Delta G_{\mathrm{m},A}$$

$$A_{\mathrm{m},B} = \Delta G_{\mathrm{m},B}$$

$$A_{\mathrm{m},D} = \Delta G_{\mathrm{m},D}$$

2) 从温度 T_E 到 T_P

从温度 T_E 到 T_P，在温度 T_i，不考虑耦合作用，固相组元 A 和 A_mB_n 的溶解速率为

$$\begin{aligned}\frac{\mathrm{d}N_{(A)_{l'_{i-1}}}}{\mathrm{d}t} &= -\frac{\mathrm{d}N_{A(\mathrm{s})}}{\mathrm{d}t} = Vj_A \\ &= -V\left[l_1\left(\frac{A_{\mathrm{m},A}}{T}\right) + l_2\left(\frac{A_{\mathrm{m},A}}{T}\right)^2 + l_3\left(\frac{A_{\mathrm{m},A}}{T}\right)^3 + \cdots\right]\end{aligned} \tag{7.426}$$

$$\begin{aligned}\frac{\mathrm{d}N_{(D)_{l'_{i-1}}}}{\mathrm{d}t} &= -\frac{\mathrm{d}N_{D(\mathrm{s})}}{\mathrm{d}t} = Vj_D \\ &= -V\left[l_1\left(\frac{A_{\mathrm{m},D}}{T}\right) + l_2\left(\frac{A_{\mathrm{m},D}}{T}\right)^2 + l_3\left(\frac{A_{\mathrm{m},D}}{T}\right)^3 + \cdots\right]\end{aligned} \tag{7.427}$$

考虑耦合作用，有

$$\begin{aligned}\frac{\mathrm{d}N_{(A)_{l'_{i-1}}}}{\mathrm{d}t} &= -\frac{\mathrm{d}N_{A(\mathrm{s})}}{\mathrm{d}t} = Vj_A \\ &= -V\left[l_{11}\left(\frac{A_{\mathrm{m},A}}{T}\right) + l_{12}\left(\frac{A_{\mathrm{m},D}}{T}\right) + l_{111}\left(\frac{A_{\mathrm{m},A}}{T}\right)^2\right. \\ &\quad + l_{112}\left(\frac{A_{\mathrm{m},A}}{T}\right)\left(\frac{A_{\mathrm{m},D}}{T}\right) \\ &\quad + l_{122}\left(\frac{A_{\mathrm{m},D}}{T}\right)^2 + l_{1111}\left(\frac{A_{\mathrm{m},A}}{T}\right)^3 + l_{1112}\left(\frac{A_{\mathrm{m},A}}{T}\right)^2\left(\frac{A_{\mathrm{m},D}}{T}\right) \\ &\quad \left. + l_{1122}\left(\frac{A_{\mathrm{m},A}}{T}\right)\left(\frac{A_{\mathrm{m},D}}{T}\right)^2 + l_{1222}\left(\frac{A_{\mathrm{m},D}}{T}\right)^3 + \cdots\right]\end{aligned} \tag{7.428}$$

$$\begin{aligned}\frac{\mathrm{d}N_{(D)_{l'_{i-1}}}}{\mathrm{d}t} &= -\frac{\mathrm{d}N_{D(\mathrm{s})}}{\mathrm{d}t} = Vj_D\\ &= -V\left[l_{21}\left(\frac{A_{\mathrm{m},A}}{T}\right) + l_{22}\left(\frac{A_{\mathrm{m},D}}{T}\right) + l_{211}\left(\frac{A_{\mathrm{m},A}}{T}\right)^2\right.\\ &\quad + l_{212}\left(\frac{A_{\mathrm{m},A}}{T}\right)\left(\frac{A_{\mathrm{m},D}}{T}\right)\\ &\quad + l_{222}\left(\frac{A_{\mathrm{m},D}}{T}\right)^2 + l_{2111}\left(\frac{A_{\mathrm{m},A}}{T}\right)^3 + l_{2112}\left(\frac{A_{\mathrm{m},A}}{T}\right)^2\left(\frac{A_{\mathrm{m},D}}{T}\right)\\ &\quad \left. + l_{2122}\left(\frac{A_{\mathrm{m},A}}{T}\right)\left(\frac{A_{\mathrm{m},D}}{T}\right)^2 + l_{2222}\left(\frac{A_{\mathrm{m},D}}{T}\right)^3 + \cdots\right]\end{aligned} \tag{7.429}$$

式中，

$$A_{\mathrm{m},A} = \Delta G_{\mathrm{m},A}$$

$$A_{\mathrm{m},D} = \Delta G_{\mathrm{m},D}$$

3) 在温度 T_{P+1}

在温度 T_{P+1}，不考虑耦合作用，固体组元 A 和 A_mB_n 的溶解速率为

$$\begin{aligned}\frac{\mathrm{d}N_{(A)_{l'_P}}}{\mathrm{d}t} &= -\frac{\mathrm{d}N_{A(\mathrm{s})}}{\mathrm{d}t} = Vj_A\\ &= -V\left[l_1\left(\frac{A_{\mathrm{m},A}}{T}\right) + l_2\left(\frac{A_{\mathrm{m},A}}{T}\right)^2 + l_3\left(\frac{A_{\mathrm{m},A}}{T}\right)^3 + \cdots\right]\end{aligned} \tag{7.430}$$

$$\begin{aligned}\frac{\mathrm{d}N_{(D)_{l'_P}}}{\mathrm{d}t} &= -\frac{\mathrm{d}N_{D(\mathrm{s})}}{\mathrm{d}t} = Vj_D\\ &= -V\left[l_1\left(\frac{A_{\mathrm{m},D}}{T}\right) + l_2\left(\frac{A_{\mathrm{m},D}}{T}\right)^2 + l_3\left(\frac{A_{\mathrm{m},D}}{T}\right)^3 + \cdots\right]\end{aligned} \tag{7.431}$$

考虑耦合作用，有

$$\begin{aligned}\frac{\mathrm{d}N_{(A)_{l'_P}}}{\mathrm{d}t} &= -\frac{\mathrm{d}N_{A(\mathrm{s})}}{\mathrm{d}t} = Vj_A\\ &= -V\left[l_{11}\left(\frac{A_{\mathrm{m},A}}{T}\right) + l_{12}\left(\frac{A_{\mathrm{m},D}}{T}\right) + l_{111}\left(\frac{A_{\mathrm{m},A}}{T}\right)^2 + l_{112}\left(\frac{A_{\mathrm{m},A}}{T}\right)\left(\frac{A_{\mathrm{m},D}}{T}\right)\right.\end{aligned}$$

$$+l_{122}\left(\frac{A_{\mathrm{m},D}}{T}\right)^2+l_{1111}\left(\frac{A_{\mathrm{m},A}}{T}\right)^3+l_{1112}\left(\frac{A_{\mathrm{m},A}}{T}\right)^2\left(\frac{A_{\mathrm{m},D}}{T}\right)$$
$$+l_{1122}\left(\frac{A_{\mathrm{m},A}}{T}\right)\left(\frac{A_{\mathrm{m},D}}{T}\right)^2+l_{1222}\left(\frac{A_{\mathrm{m},D}}{T}\right)^3+\cdots\Bigg] \tag{7.432}$$

$$\frac{\mathrm{d}N_{(D)_{l'_P}}}{\mathrm{d}t}=-\frac{\mathrm{d}N_{D(\mathrm{s})}}{\mathrm{d}t}=Vj_D$$
$$=-V\Bigg[l_{21}\left(\frac{A_{\mathrm{m},A}}{T}\right)+l_{22}\left(\frac{A_{\mathrm{m},D}}{T}\right)+l_{211}\left(\frac{A_{\mathrm{m},A}}{T}\right)^2+l_{212}\left(\frac{A_{\mathrm{m},A}}{T}\right)\left(\frac{A_{\mathrm{m},D}}{T}\right)$$
$$+l_{222}\left(\frac{A_{\mathrm{m},D}}{T}\right)^2+l_{2111}\left(\frac{A_{\mathrm{m},A}}{T}\right)^3+l_{2112}\left(\frac{A_{\mathrm{m},A}}{T}\right)^2\left(\frac{A_{\mathrm{m},D}}{T}\right)$$
$$+l_{2122}\left(\frac{A_{\mathrm{m},A}}{T}\right)\left(\frac{A_{\mathrm{m},D}}{T}\right)^2+l_{2222}\left(\frac{A_{\mathrm{m},D}}{T}\right)^3+\cdots\Bigg] \tag{7.433}$$

式中，

$$A_{\mathrm{m},A}=\Delta G_{\mathrm{m},A}$$
$$A_{\mathrm{m},D}=\Delta G_{\mathrm{m},D}$$

4) 从温度 T_{P+1} 到 T_M

从温度 T_{P+1} 到 T_M，在温度 T_k，固体组元 A 的溶解速率为

$$\frac{\mathrm{d}N_{(A)_{l'_{k-1}}}}{\mathrm{d}t}=-\frac{\mathrm{d}N_{A(\mathrm{s})}}{\mathrm{d}t}=Vj_A$$
$$=-V\left[l_1\left(\frac{A_{\mathrm{m},A}}{T}\right)+l_2\left(\frac{A_{\mathrm{m},A}}{T}\right)^2+l_3\left(\frac{A_{\mathrm{m},A}}{T}\right)^3+\cdots\right] \tag{7.434}$$

式中，

$$A_{\mathrm{m},A}=\Delta G_{\mathrm{m},A}$$

5) 在温度 T

在温度 T，固相组元 A 的溶解速率为

$$\frac{\mathrm{d}N_{(A)_{l'_M}}}{\mathrm{d}t}=-\frac{\mathrm{d}N_{A(\mathrm{s})}}{\mathrm{d}t}=Vj_A$$
$$=-V\left[l_1\left(\frac{A_{\mathrm{m},A}}{T}\right)+l_2\left(\frac{A_{\mathrm{m},A}}{T}\right)^2+l_3\left(\frac{A_{\mathrm{m},A}}{T}\right)^3+\cdots\right] \tag{7.435}$$

式中，

$$A_{\mathrm{m},A}=\Delta G_{\mathrm{m},A}$$

7.3.7 具有异组成熔融三元化合物的三元系

1. 相变过程热力学

图 7.15 是具有异组成熔融三元化合物的三元系相图。化合物的组成点 D 位于其初晶区之外。连接 D 和三角形 ABC 的三个顶点的连线，将相图分成三个基本三角形 ADB、BDC 和 CDA。

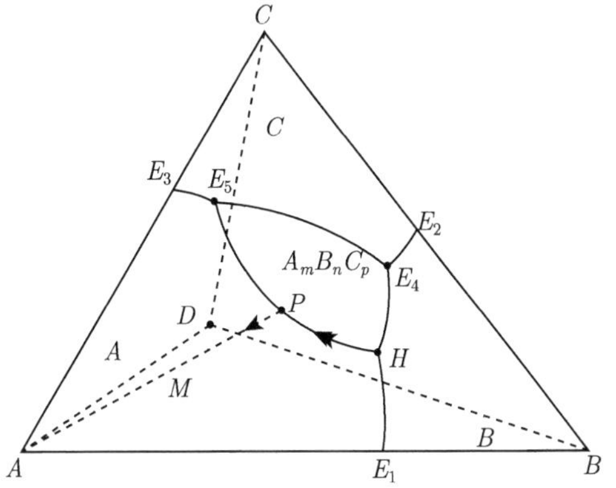

图 7.15 具有异组成熔融三元化合物的三元系相图

将物质组成点为 M 的物质升温加热。温度升到 T_H，物质组成点到达过 H 点的等温平面，开始出现液相，发生转熔反应，有

$$A_mB_nC_p\,(\mathrm{s}) = mA\,(\mathrm{s}) + nB\,(\mathrm{s}) + p\,(C)_{H(\mathrm{l})}$$

$$A\,(\mathrm{s}) \rightleftharpoons (A)_{H(\mathrm{l})} \equiv (A)_{饱}$$

$$B\,(\mathrm{s}) \rightleftharpoons (B)_{H(\mathrm{l})} \equiv (B)_{饱}$$

$$A_mB_nC_p\,(\mathrm{s}) \rightleftharpoons (A_mB_nC_p)_{H(\mathrm{l})} \equiv (A_mB_nC_p)_{饱}$$

该过程的摩尔吉布斯自由能变化为

$$\begin{aligned}\Delta G_{\mathrm{m},A}\,(T_H) &= \bar{G}_{\mathrm{m},(A)_{H(\mathrm{l})}}\,(T_H) - G_{\mathrm{m},A(\mathrm{s})}\,(T_H)\\ &= \Delta_{\mathrm{sol}}H_{\mathrm{m},A}\,(T_H) - T_H\Delta_{\mathrm{sol}}S_{\mathrm{m},A}\,(T_H)\\ &= \Delta_{\mathrm{sol}}H_{\mathrm{m},A}\,(T_H) - T_H\frac{\Delta_{\mathrm{sol}}H_{\mathrm{m},A}\,(T_H)}{T_H}\\ &= 0\end{aligned} \tag{7.436}$$

$$
\begin{aligned}
\Delta G_{\mathrm{m},B}(T_H) &= \bar{G}_{\mathrm{m},(B)_{H(\mathrm{l})}}(T_H) - G_{\mathrm{m},B(\mathrm{s})}(T_H)\\
&= \Delta_{\mathrm{sol}}H_{\mathrm{m},B}(T_H) - T_H\Delta_{\mathrm{sol}}S_{\mathrm{m},B}(T_H)\\
&= \Delta_{\mathrm{sol}}H_{\mathrm{m},B}(T_H) - T_H\frac{\Delta_{\mathrm{sol}}H_{\mathrm{m},B}(T_H)}{T_H}\\
&= 0
\end{aligned}
\tag{7.437}
$$

$$
\begin{aligned}
\Delta G_{\mathrm{m},D}(T_H) &= \bar{G}_{\mathrm{m},(D)_{H(\mathrm{l})}}(T_H) - G_{\mathrm{m},D(\mathrm{s})}(T_H)\\
&= \Delta_{\mathrm{sol}}H_{\mathrm{m},D}(T_H) - T_H\Delta_{\mathrm{sol}}S_{\mathrm{m},D}(T_H)\\
&= \Delta_{\mathrm{sol}}H_{\mathrm{m},D}(T_H) - T_H\frac{\Delta_{\mathrm{sol}}H_{\mathrm{m},D}(T_H)}{T_H}\\
&= 0
\end{aligned}
\tag{7.438}
$$

以纯固态组元 A、B、C 和 $A_mB_nC_p$ 为标准状态，浓度以摩尔分数表示，转熔反应的摩尔吉布斯自由能变化为

$$
\begin{aligned}
\Delta G_{\mathrm{m},D} &= m\mu_{A(\mathrm{s})} + n\mu_{B(\mathrm{s})} + c\mu_{(C)_{H(\mathrm{l})}} - \mu_{D(\mathrm{s})}\\
&= \Delta G^*_{\mathrm{m},D} + pRT\ln a^{\mathrm{R}}_{(C)_{H(\mathrm{l})}}
\end{aligned}
\tag{7.439}
$$

式中，

$$\mu_{A(\mathrm{s})} = \mu^*_{A(\mathrm{s})}$$

$$\mu_{B(\mathrm{s})} = \mu^*_{B(\mathrm{s})}$$

$$\mu_{C(H(\mathrm{l}))} = \mu^*_{C(\mathrm{s})} + RT\ln a^{\mathrm{R}}_{(C)_{H(\mathrm{l})}}$$

$$\mu_{D(\mathrm{s})} = \mu^*_{D(\mathrm{s})}$$

$$\Delta G^*_{\mathrm{m},D} = m\mu^*_{A(\mathrm{s})} + n\mu^*_{B(\mathrm{s})} + p\mu^*_{C(\mathrm{s})} - \mu^*_{D(\mathrm{s})} = -\Delta_{\mathrm{f}}G^*_{\mathrm{m},D} \tag{7.440}$$

$\Delta_{\mathrm{f}}G^*_{\mathrm{m},D}$ 是化合物 $A_mB_nC_p$ 的标准摩尔生成吉布斯自由能。所以

$$\Delta G_{\mathrm{m},D} = -\Delta_{\mathrm{f}}G^*_{\mathrm{m},D} + pRT\ln a^{\mathrm{R}}_{(C)_{H(\mathrm{l})}} \tag{7.441}$$

直到固相组元 B 消失，剩下固相组元 A 和 $A_mB_nC_p$。有

$$A(\mathrm{s}) \rightleftharpoons (A)_{H(\mathrm{l})} =\!=\!= (A)_{饱}$$

$$A_mB_nC_p(\mathrm{s}) \rightleftharpoons (A_mB_nC_p)_{H(\mathrm{l})} =\!=\!= (A_mB_nC_p)_{饱}$$

继续升高温度。温度升高到 T_{H+1}。温度刚升到 T_H，固相组元还未来得及溶入液相时，溶液组成仍然和 $H\,(\mathrm{l})$ 相同，但已由组元 A、B 和 $A_mB_nC_p$ 饱和的 $H\,(\mathrm{l})$ 变为不饱和的 $H\,(\mathrm{l}')$。固相组元 A、$A_mB_nC_p$ 向其中溶解，有

$$A_mB_nC_p\,(\mathrm{s}) = (A_mB_nC_p)_{H(\mathrm{l}')}$$

$$A\,(\mathrm{s}) = (A)_{H(\mathrm{l}')}$$

$$B\,(\mathrm{s}) = (B)_{饱} = (B)_{H(\mathrm{l}')}$$

并有转熔反应发生

$$A_mB_nC_p\,(\mathrm{s}) = mA\,(\mathrm{s}) + n\,(B)_{H(\mathrm{l}')} + p(C)_{H(\mathrm{l}')}$$

该过程的摩尔吉布斯自由能变化为

$$\begin{aligned}\Delta G_{\mathrm{m},D}\,(T_{H+1}) &= \bar{G}_{\mathrm{m},(D)_{H(l')}}\,(T_{H+1}) - G_{\mathrm{m},D(\mathrm{s})}\,(T_{H+1})\\ &= \Delta_{\mathrm{sol}}H_{\mathrm{m},D}\,(T_{H+1}) - T_{H+1}\Delta_{\mathrm{sol}}S_{\mathrm{m},D}\,(T_{H+1})\\ &\simeq \Delta_{\mathrm{sol}}H_{\mathrm{m},D}\,(T_H) - T_H\frac{\Delta_{\mathrm{sol}}H_{\mathrm{m},D}}{T_H}\,(T_H)\\ &= \frac{\Delta_{\mathrm{sol}}H_{\mathrm{m},D}\,(T_H)\,\Delta T}{T_H}\end{aligned} \tag{7.442}$$

同理

$$\begin{aligned}\Delta G_{\mathrm{m},A}\,(T_{H+1}) &= \bar{G}_{\mathrm{m},(A)_{H(\mathrm{l}')}}\,(T_{H+1}) - G_{\mathrm{m},A(\mathrm{s})}\,(T_{H+1})\\ &= \frac{\Delta_{\mathrm{sol}}H_{\mathrm{m},A}\,(T_H)\,\Delta T}{T_H}\end{aligned} \tag{7.443}$$

$$\begin{aligned}\Delta G_{\mathrm{m},B}\,(T_{H+1}) &= \bar{G}_{\mathrm{m},(B)_{H(\mathrm{l}')}}\,(T_{H+1}) - G_{\mathrm{m},B(\mathrm{s})}\,(T_{H+1})\\ &= \frac{\Delta_{\mathrm{sol}}H_{\mathrm{m},B}\,(T_H)\,\Delta T}{T_H}\end{aligned} \tag{7.444}$$

式中，

$$\Delta T = T_H - T_{H+1} < 0$$

以纯固态组元 A、B、C 和 $A_mB_nC_p$ 为标准状态，浓度以摩尔分数表示，摩尔吉布斯自由能变化为

$$\begin{aligned}\Delta G_{\mathrm{m},D} &= m\mu_{A(\mathrm{s})} + n\mu_{(B)_{H(\mathrm{l}')}} + p\mu_{(C)_{H(\mathrm{l}')}} - \mu_{D(\mathrm{s})}\\ &= \Delta G^*_{\mathrm{m},D} + RT\left(n\ln a^{\mathrm{R}}_{(B)_{H(\mathrm{l}')}} + p\ln a^{\mathrm{R}}_{(C)_{H(\mathrm{l}')}}\right)\end{aligned} \tag{7.445}$$

式中，

$$\mu_{A(\mathrm{s})} = \mu^*_{A(\mathrm{s})}$$

$$\mu_{(B)_{H(1')}} = \mu^*_{B(\mathrm{s})} + RT\ln a^{\mathrm{R}}_{(B)_{H(1')}}$$

$$\mu_{(C)_{H(1')}} = \mu^*_{C(\mathrm{s})} + RT\ln a^{\mathrm{R}}_{(C)_{H(1')}}$$

$$\Delta G^*_{\mathrm{m},D} = m\mu^*_{A(\mathrm{s})} + n\mu^*_{B(\mathrm{s})} + p\mu^*_{C(\mathrm{s})} - \mu^*_{D(\mathrm{s})} = -\Delta_{\mathrm{f}} G^*_{\mathrm{m},D} \tag{7.446}$$

所以

$$\Delta G_{\mathrm{m},D} = -\Delta_{\mathrm{f}} G^*_{\mathrm{m},D} + RT\left(n\ln a^{\mathrm{R}}_{(B)_{H(1')}} + p\ln a^{\mathrm{R}}_{(C)_{H(1')}}\right) \tag{7.447}$$

温度从 T_H 升到 T_P，平衡液相组成沿着共熔线 HE_5，从 H 点移向 P 点。该过程固相组元 A 和 $A_mB_nC_p$ 不断地向溶液中溶解，组元 B 由饱和变成不饱和，化合物 $A_mB_nC_p$ 发生转熔反应。

在温度 T_{i-1}，固–液两相达成平衡，有

$$A\,(\mathrm{s}) \rightleftharpoons (A)_{l_{i-1}} =\!=\!= (A)_{饱}$$

$$A_mB_nC_p\,(\mathrm{s}) \rightleftharpoons (A_mB_nC_p)_{l_{i-1}} =\!=\!= (A_mB_nC_p)_{饱}$$

$$A_mB_nC_p\,(\mathrm{s}) =\!=\!= mA\,(\mathrm{s}) + n\,(B)_{l_{i-1}} + p\,(C)_{l_{i-1}}$$

$$(i = 1, 2, 3, \cdots, n)$$

温度升高到 T_i。在温度刚升到 T_i，固相组元 A 和 $A_mB_nC_p$ 还未来得及向溶液中溶解时，溶液组成与 l_{i-1} 相同，但已由组元 A 和 $A_mB_nC_p$ 饱和的液相 l_{i-1} 变成不饱和的 l'_{i-1}。固相组元 A 和 $A_mB_nC_p$ 向其中溶解，有

$$A\,(\mathrm{s}) =\!=\!= (A)_{l'_{i-1}}$$

$$A_mB_nC_p\,(\mathrm{s}) =\!=\!= (A_mB_nC_p)_{l'_{i-1}}$$

化合物 $A_mB_nC_p$ 发生转熔反应，有

$$A_mB_nC_p\,(\mathrm{s}) =\!=\!= mA\,(\mathrm{s}) + n\,(B)_{l'_{i-1}} + p\,(C)_{l'_{i-1}}$$

该过程的摩尔吉布斯自由能变化为

$$\begin{aligned}\Delta G_{\mathrm{m},A}(T_i) &= \overline{G}_{\mathrm{m},(A)_{l'_{i-1}}}(T_i) - G_{\mathrm{m},A(\mathrm{s})}(T_i)\\ &= \Delta_{\mathrm{sol}} H_{\mathrm{m},(A)_{l'_{i-1}}}(T_i) - T_i\Delta_{\mathrm{sol}} S_{\mathrm{m},(A)_{l'_{i-1}}}(T_i)\\ &= \frac{\Delta_{\mathrm{sol}} H_{\mathrm{m},(A)_{l'_{i-1}}}(T_{i-1})\Delta T}{T_{i-1}} < 0\end{aligned} \tag{7.448}$$

$$\begin{aligned}\Delta G_{\mathrm{m},D}(T_i) &= \overline{G}_{\mathrm{m},(D)_{l'_{i-1}}}(T_i) - G_{\mathrm{m},D(\mathrm{s})}(T_i)\\ &= \varDelta_{\mathrm{sol}} H_{\mathrm{m},(D)_{l'_{i-1}}}(T_i) - T_i \varDelta_{\mathrm{sol}} S_{\mathrm{m},(D)_{l'_{i-1}}}(T_i)\\ &= \frac{\varDelta_{\mathrm{sol}} H_{\mathrm{m},(D)_{l'_{i-1}}}(T_{i-1})\Delta T}{T_{i-1}}\end{aligned} \tag{7.449}$$

式中,

$$\Delta T = T_{i-1} - T_i < 0$$

组元 A、B、C 和 $A_m B_n C_p$ 都以纯固态为标准状态，浓度以摩尔分数表示，转熔反应的摩尔吉布斯自由能变化为

$$\begin{aligned}\Delta G_{\mathrm{m},D,2} &= m\mu_{A(\mathrm{s})} + n\mu_{(B)_{l'_{i-1}}} + p\mu_{(C)_{l'_{i-1}}} - A_m B_n C_p\,(\mathrm{s})\\ &= \Delta G^*_{\mathrm{m},D,2} + nRT\ln a^{\mathrm{R}}_{(B)_{l'_{i-1}}} + pRT\ln a^{\mathrm{R}}_{(C)_{l'_{i-1}}}\end{aligned} \tag{7.450}$$

式中,

$$\mu_{A(\mathrm{s})} = \mu^*_{A(\mathrm{s})}$$

$$\mu_{(B)_{l'_{i-1}}} = \mu^*_{B(\mathrm{s})} + RT\ln a^{\mathrm{R}}_{(B)_{l'_{i-1}}}$$

$$\mu_{(C)_{l'_{i-1}}} = \mu^*_{C(\mathrm{s})} + RT\ln a^{\mathrm{R}}_{(C)_{l'_{i-1}}}$$

$$\Delta G^*_{\mathrm{m},D,2} = m\mu^*_{A(\mathrm{s})} + n\mu^*_{B(\mathrm{s})} + p\mu^*_{C(\mathrm{s})} - \mu^*_D = -\varDelta_{\mathrm{f}} G^{\theta}_{\mathrm{m},D} \tag{7.451}$$

所以

$$\Delta G_{\mathrm{m},D,2} = -\varDelta_{\mathrm{f}} G^*_{\mathrm{m},D} + nRT\ln\left(a^{\mathrm{R}}_{(B)_{l'_{i-1}}}\right) + pRT\ln\left(a^{\mathrm{R}}_{(C)_{l'_{i-1}}}\right) \tag{7.452}$$

固相液相中的组元 A、$A_m B_n C_p$ 都以其纯固态为标准状态，浓度以摩尔分数表示，溶解过程的摩尔吉布斯自由能变化为

$$\Delta G_{\mathrm{m},A} = \mu_{(A)_{l'_{i-1}}} - \mu_{A(\mathrm{s})} = RT\ln a^{\mathrm{R}}_{(A)_{l'_{i-1}}} \tag{7.453}$$

式中,

$$\mu_{(A)_{l'_{i-1}}} = \mu^*_{A(\mathrm{s})} + RT\ln a^{\mathrm{R}}_{(A)_{l'_{i-1}}}$$

$$\mu_{A(\mathrm{s})} = \mu^*_{A(\mathrm{s})}$$

$$\Delta G_{\mathrm{m},D,1} = \mu_{(D)_{l'_{i-1}}} - \mu_{D(\mathrm{s})} = RT\ln a^{\mathrm{R}}_{(D)_{l'_{i-1}}} \tag{7.454}$$

式中，

$$\mu_{(D)_{l'_{i-1}}} = \mu^*_{D(\mathrm{s})} + RT\ln a^{\mathrm{R}}_{(D)_{l'_{i-1}}}$$

$$\mu_{D(\mathrm{s})} = \mu^*_{D(\mathrm{s})}$$

升高温度到 T_P，达成平衡时，平衡液相组成为共熔线 HE_5 上的 P 点，以 l_P 表示。有

$$A(\mathrm{s}) \rightleftharpoons (A)_{l_P} = (A)_{饱}$$

$$A_mB_nC_p(\mathrm{s}) \rightleftharpoons (A_mB_nC_p)_{l_P} = (A_mB_nC_p)_{饱}$$

$$A_mB_nC_p(\mathrm{s}) = mA(\mathrm{s}) + n(B) + p(C)$$

直到固体组元 $A_mB_nC_p$ 消耗尽。该过程的摩尔吉布斯自由能变化为

$$\begin{aligned}\Delta G_{\mathrm{m},D} &= m\mu_{A(\mathrm{s})} + n\mu_{(B)_{l_P}} + p\mu_{(C)_{l_P}} - \mu_{D(\mathrm{s})} \\ &= \Delta G^*_{\mathrm{m},D} + nRT\ln a^{\mathrm{R}}_{(B)_{l_P}} + pRT\ln a^{\mathrm{R}}_{(C)_{l_P}}\end{aligned} \tag{7.455}$$

式中，

$$\mu_{A(\mathrm{s})} = \mu^*_{A(\mathrm{s})}$$

$$\mu_{(B)_{l_P}} = \mu^*_{B(\mathrm{s})} + RT\ln a^{\mathrm{R}}_{(B)_{l_P}}$$

$$\mu_{(C)_{l_P}} = \mu^*_{C(\mathrm{s})} + RT\ln a^{\mathrm{R}}_{(C)_{l_P}}$$

$$\mu_{D(\mathrm{s})} = \mu^*_{D(\mathrm{s})}$$

$$\Delta G^*_{\mathrm{m},D} = \mu^*_{D(\mathrm{s})} - \left[m\mu^*_{A(\mathrm{s})} + n\mu^*_{B(\mathrm{s})} + p\mu^*_{C(\mathrm{s})}\right] = -\Delta_{\mathrm{f}}G^{\theta}_{\mathrm{m},D} \tag{7.456}$$

直到固体组元 $A_mB_nC_p$ 消耗尽，转熔反应进行完。

继续升高温度。从 T_P 到 T_M，固相组元 A 溶解。平衡液相组成沿着 AP 连线向 M 点移动。该过程可以统一描述如下。

在温度 T_{k-1}，固相组元 A 溶解达成平衡，平衡液相组成为 AP 连线上的 l_{k-1} 点。有

$$A(\mathrm{s}) \rightleftharpoons (A)_{l_{k-1}} = (A)_{饱}$$

$$(k = 1, 2, 3, \cdots, n)$$

温度升高到 T_k。在温度刚升到 T_k，固相组元 A 还未来得及溶解进入溶液时，液相组成仍与 l_{k-1} 相同。但已由组元 A 饱和的 l_{k-1} 变成不饱和的 l'_{k-1}。固相组元 A 向其中溶解，有

$$A(\mathrm{s}) = (A)_{l'_{k-1}}$$

该过程的摩尔吉布斯自由能变化为

$$\begin{aligned}\Delta G_{\mathrm{m},A}(T_k) &= \overline{G}_{\mathrm{m},(A)_{l'_{k-1}}}(T_k) - G_{\mathrm{m},A(\mathrm{s})}(T_k)\\ &= \Delta_{\mathrm{sol}}H_{\mathrm{m},A}(T_k) - T_k\Delta_{\mathrm{sol}}S_{\mathrm{m},A}(T_k)\\ &= \frac{\Delta_{\mathrm{sol}}H_{\mathrm{m},A}(T_{k-1})\Delta T}{T_{k-1}}\end{aligned} \tag{7.457}$$

或者固相和液相中的组元 A 都以其纯固态为标准状态，浓度以摩尔分数表示，摩尔吉布斯自由能变化为

$$\Delta G_{\mathrm{m},A} = \mu_{(A)_{l'_{k-1}}} - \mu_{A(\mathrm{s})} = RT\ln a^{\mathrm{R}}_{(A)_{l'_{k-1}}} \tag{7.458}$$

式中，

$$\mu_{(A)_{l'_{k-1}}} = \mu^*_{A(\mathrm{s})} + RT\ln a^{\mathrm{R}}_{(A)_{l'_{k-1}}}$$

$$\mu_{A(\mathrm{s})} = \mu^*_{A(\mathrm{s})}$$

直到固体组元 A 溶解达到饱和，液–固两相达到新的平衡。平衡液相组成为 PA 线上的 l_k 点。有

$$A\,(\mathrm{s}) \rightleftharpoons (A)_{l_k} \equiv (A)_{饱}$$

温度升高到 T_M。固–液两相达成平衡，固相组元 A 溶解达到饱和。平衡液相组成为 l_M。有

$$A\,(\mathrm{s}) \rightleftharpoons (A)_{l_M} \equiv (A)_{饱}$$

继续升高温度到 T，高于 T。在温度刚升到 T，固相组元 A 还未来得及溶解进入溶液时，液相组成仍然和 l_M 相同。但是，已由组元 A 饱和的溶液 l_M 变为其不饱和的溶液 l'_M。固相组元 A 向其中溶解。有

$$A\,(\mathrm{s}) = (A)_{l'_M}$$

该过程的摩尔吉布斯自由能变化为

$$\begin{aligned}\Delta G_{\mathrm{m},A}(T) &= \overline{G}_{\mathrm{m},(A)_{l'_M}}(T) - G_{\mathrm{m},A(\mathrm{s})}(T)\\ &= \Delta_{\mathrm{sol}}H_{\mathrm{m},A}(T) - T\Delta_{\mathrm{sol}}S_{\mathrm{m},A}(T)\\ &\approx \Delta_{\mathrm{sol}}H_{\mathrm{m},A}(T_M) - T\Delta_{\mathrm{sol}}S_{\mathrm{m},A}(T_M)\\ &= \frac{\Delta_{\mathrm{sol}}H_{\mathrm{m},A}(T_M)\Delta T}{T_M}\end{aligned} \tag{7.459}$$

式中，

$$\Delta T = T_M - T < 0$$

固相和液相中的组元 A 都以其纯固态为标准状态，浓度以摩尔分数表示，有

$$\Delta G_{\mathrm{m},A} = \mu_{(A)_{l'_M}} - \mu_{A(\mathrm{s})} = RT \ln a^{\mathrm{R}}_{(A)_{l'_M}} \tag{7.460}$$

式中，

$$\mu_{(A)_{l'_M}} = \mu^*_{A(\mathrm{s})} + RT \ln a^{\mathrm{R}}_{(A)_{l'_M}}$$

$$\mu_{A(\mathrm{s})} = \mu^*_{A(\mathrm{s})}$$

直到固相组元 A 消失。

2. 相变速率

1) 温度 T_H

温度 T_H, 组元 A_mB_n 的转熔反应速率为

$$\begin{aligned} -\frac{\mathrm{d}n_D}{\mathrm{d}t} &= j_D \\ &= -l_1\left(\frac{A_{\mathrm{m},D}}{T}\right) - l_2\left(\frac{A_{\mathrm{m},D}}{T}\right)^2 - l_3\left(\frac{A_{\mathrm{m},D}}{T}\right)^3 - \cdots \end{aligned} \tag{7.461}$$

式中，

$$A_{\mathrm{m},D} = \Delta G_{\mathrm{m},D}$$

2) 在温度 T_{H+1}

在温度 T_{H+1}，不考虑耦合作用，固相组元 A_mB_n、A 和 B 溶解速率为

$$\begin{aligned} \frac{\mathrm{d}N_{(D)_{H(\mathrm{l}')}}}{\mathrm{d}t} &= -\frac{\mathrm{d}N_{D(\mathrm{s})}}{\mathrm{d}t} \\ &= -V\left[l_1\left(\frac{A_{\mathrm{m},D}}{T}\right) + l_2\left(\frac{A_{\mathrm{m},D}}{T}\right)^2 + l_3\left(\frac{A_{\mathrm{m},D}}{T}\right)^3 + \cdots\right] \end{aligned} \tag{7.462}$$

$$\begin{aligned} \frac{\mathrm{d}N_{(A)_{H(\mathrm{l}')}}}{\mathrm{d}t} &= -\frac{\mathrm{d}N_{A(\mathrm{s})}}{\mathrm{d}t} = Vj_A \\ &= -V\left[l_1\left(\frac{A_{\mathrm{m},A}}{T}\right) + l_2\left(\frac{A_{\mathrm{m},A}}{T}\right)^2 + l_3\left(\frac{A_{\mathrm{m},A}}{T}\right)^3 + \cdots\right] \end{aligned} \tag{7.463}$$

$$\begin{aligned}\frac{\mathrm{d}N_{(B)_{H(1')}}}{\mathrm{d}t}&=-\frac{\mathrm{d}N_{B(\mathrm{s})}}{\mathrm{d}t}=Vj_B\\&=-V\left[l_1\left(\frac{A_{\mathrm{m},B}}{T}\right)+l_2\left(\frac{A_{\mathrm{m},B}}{T}\right)^2+l_3\left(\frac{A_{\mathrm{m},B}}{T}\right)^3+\cdots\right]\end{aligned}\tag{7.464}$$

考虑耦合作用，有

$$\begin{aligned}\frac{\mathrm{d}N_{(D)_{H(1')}}}{\mathrm{d}t}=&-\frac{\mathrm{d}N_{D(\mathrm{s})}}{\mathrm{d}t}=Vj_D\\=&-V\left[l_{11}\left(\frac{A_{\mathrm{m},D}}{T}\right)+l_{12}\left(\frac{A_{\mathrm{m},A}}{T}\right)+l_{13}\left(\frac{A_{\mathrm{m},B}}{T}\right)+l_{111}\left(\frac{A_{\mathrm{m},D}}{T}\right)^2\right.\\&+l_{112}\left(\frac{A_{\mathrm{m},D}}{T}\right)\left(\frac{A_{\mathrm{m},A}}{T}\right)+l_{113}\left(\frac{A_{\mathrm{m},D}}{T}\right)\left(\frac{A_{\mathrm{m},B}}{T}\right)+l_{122}\left(\frac{A_{\mathrm{m},A}}{T}\right)^2\\&+l_{123}\left(\frac{A_{\mathrm{m},A}}{T}\right)\left(\frac{A_{\mathrm{m},B}}{T}\right)+l_{133}\left(\frac{A_{\mathrm{m},B}}{T}\right)^2+l_{1111}\left(\frac{A_{\mathrm{m},D}}{T}\right)^3\\&+l_{1112}\left(\frac{A_{\mathrm{m},D}}{T}\right)^2\left(\frac{A_{\mathrm{m},A}}{T}\right)+l_{1113}\left(\frac{A_{\mathrm{m},D}}{T}\right)^2\left(\frac{A_{\mathrm{m},B}}{T}\right)\\&+l_{1122}\left(\frac{A_{\mathrm{m},D}}{T}\right)\left(\frac{A_{\mathrm{m},A}}{T}\right)^2\\&+l_{1123}\left(\frac{A_{\mathrm{m},D}}{T}\right)\left(\frac{A_{\mathrm{m},A}}{T}\right)\left(\frac{A_{\mathrm{m},B}}{T}\right)+l_{1133}\left(\frac{A_{\mathrm{m},D}}{T}\right)\left(\frac{A_{\mathrm{m},B}}{T}\right)^2\\&+l_{1222}\left(\frac{A_{\mathrm{m},A}}{T}\right)^3\\&+l_{1223}\left(\frac{A_{\mathrm{m},A}}{T}\right)^2\left(\frac{A_{\mathrm{m},B}}{T}\right)+l_{1233}\left(\frac{A_{\mathrm{m},A}}{T}\right)\left(\frac{A_{\mathrm{m},B}}{T}\right)^2\\&\left.+l_{1333}\left(\frac{A_{\mathrm{m},B}}{T}\right)^3+\cdots\right]\end{aligned}\tag{7.465}$$

$$\begin{aligned}\frac{\mathrm{d}N_{(A)_{H(1')}}}{\mathrm{d}t}=&-\frac{\mathrm{d}N_{A(\mathrm{s})}}{\mathrm{d}t}=Vj_A\\=&-V\left[l_{21}\left(\frac{A_{\mathrm{m},D}}{T}\right)+l_{22}\left(\frac{A_{\mathrm{m},A}}{T}\right)+l_{23}\left(\frac{A_{\mathrm{m},B}}{T}\right)+l_{211}\left(\frac{A_{\mathrm{m},D}}{T}\right)^2\right.\end{aligned}$$

$$
\begin{aligned}
&+l_{212}\left(\frac{A_{\mathrm{m},D}}{T}\right)\left(\frac{A_{\mathrm{m},A}}{T}\right)+l_{213}\left(\frac{A_{\mathrm{m},D}}{T}\right)\left(\frac{A_{\mathrm{m},B}}{T}\right)+l_{222}\left(\frac{A_{\mathrm{m},A}}{T}\right)^2\\
&+l_{223}\left(\frac{A_{\mathrm{m},A}}{T}\right)\left(\frac{A_{\mathrm{m},B}}{T}\right)+l_{233}\left(\frac{A_{\mathrm{m},B}}{T}\right)^2+l_{2111}\left(\frac{A_{\mathrm{m},D}}{T}\right)^3\\
&+l_{2112}\left(\frac{A_{\mathrm{m},D}}{T}\right)^2\left(\frac{A_{\mathrm{m},A}}{T}\right)+l_{2113}\left(\frac{A_{\mathrm{m},D}}{T}\right)^2\left(\frac{A_{\mathrm{m},B}}{T}\right)\\
&+l_{2122}\left(\frac{A_{\mathrm{m},D}}{T}\right)\left(\frac{A_{\mathrm{m},A}}{T}\right)^2\\
&+l_{2123}\left(\frac{A_{\mathrm{m},D}}{T}\right)\left(\frac{A_{\mathrm{m},A}}{T}\right)\left(\frac{A_{\mathrm{m},B}}{T}\right)+l_{2133}\left(\frac{A_{\mathrm{m},D}}{T}\right)\left(\frac{A_{\mathrm{m},B}}{T}\right)^2\\
&+l_{2222}\left(\frac{A_{\mathrm{m},A}}{T}\right)^3\\
&+l_{2223}\left(\frac{A_{\mathrm{m},A}}{T}\right)^2\left(\frac{A_{\mathrm{m},B}}{T}\right)+l_{2233}\left(\frac{A_{\mathrm{m},A}}{T}\right)\left(\frac{A_{\mathrm{m},B}}{T}\right)^2\\
&+l_{2333}\left(\frac{A_{\mathrm{m},B}}{T}\right)^3+\cdots\Bigg]
\end{aligned}
\tag{7.466}
$$

$$
\begin{aligned}
\frac{\mathrm{d}N_{(B)_{H(\mathrm{l}')}}}{\mathrm{d}t}&=-\frac{\mathrm{d}N_{B(\mathrm{s})}}{\mathrm{d}t}=Vj_B\\
&=-V\Bigg[l_{31}\left(\frac{A_{\mathrm{m},D}}{T}\right)+l_{32}\left(\frac{A_{\mathrm{m},A}}{T}\right)+l_{33}\left(\frac{A_{\mathrm{m},B}}{T}\right)+l_{311}\left(\frac{A_{\mathrm{m},D}}{T}\right)^2\\
&\quad+l_{312}\left(\frac{A_{\mathrm{m},D}}{T}\right)\left(\frac{A_{\mathrm{m},A}}{T}\right)+l_{313}\left(\frac{A_{\mathrm{m},D}}{T}\right)\left(\frac{A_{\mathrm{m},B}}{T}\right)+l_{322}\left(\frac{A_{\mathrm{m},A}}{T}\right)^2\\
&\quad+l_{323}\left(\frac{A_{\mathrm{m},A}}{T}\right)\left(\frac{A_{\mathrm{m},B}}{T}\right)+l_{333}\left(\frac{A_{\mathrm{m},B}}{T}\right)^2+l_{3111}\left(\frac{A_{\mathrm{m},D}}{T}\right)^3\\
&\quad+l_{3112}\left(\frac{A_{\mathrm{m},D}}{T}\right)^2\left(\frac{A_{\mathrm{m},A}}{T}\right)+l_{3113}\left(\frac{A_{\mathrm{m},D}}{T}\right)^2\left(\frac{A_{\mathrm{m},B}}{T}\right)\\
&\quad+l_{3122}\left(\frac{A_{\mathrm{m},D}}{T}\right)\left(\frac{A_{\mathrm{m},A}}{T}\right)^2\\
&\quad+l_{3123}\left(\frac{A_{\mathrm{m},D}}{T}\right)\left(\frac{A_{\mathrm{m},A}}{T}\right)\left(\frac{A_{\mathrm{m},B}}{T}\right)+l_{3133}\left(\frac{A_{\mathrm{m},D}}{T}\right)\left(\frac{A_{\mathrm{m},B}}{T}\right)^2
\end{aligned}
$$

$$
\begin{aligned}
&+l_{3222}\left(\frac{A_{\mathrm{m},A}}{T}\right)^3\\
&+l_{3223}\left(\frac{A_{\mathrm{m},A}}{T}\right)^2\left(\frac{A_{\mathrm{m},B}}{T}\right)+l_{3233}\left(\frac{A_{\mathrm{m},A}}{T}\right)\left(\frac{A_{\mathrm{m},B}}{T}\right)^2\\
&+l_{3333}\left(\frac{A_{\mathrm{m},B}}{T}\right)^3+\cdots\Bigg]
\end{aligned}
\tag{7.467}
$$

式中，

$$A_{\mathrm{m},D}=\Delta G_{\mathrm{m},D}$$

$$A_{\mathrm{m},A}=\Delta G_{\mathrm{m},A}$$

$$A_{\mathrm{m},B}=\Delta G_{\mathrm{m},B}$$

转熔反应的速率为

$$
\begin{aligned}
-\frac{\mathrm{d}n_D}{\mathrm{d}t}&=j_D\\
&=-l_1\left(\frac{A_{\mathrm{m},D}}{T}\right)-l_2\left(\frac{A_{\mathrm{m},A}}{T}\right)^2-l_3\left(\frac{A_{\mathrm{m},B}}{T}\right)^3-\cdots\cdots
\end{aligned}
\tag{7.468}
$$

3) 从温度 T_{H+1} 到 T_P

从温度 T_{H+1} 到 T_P，在其中的温度 T_i，不考虑耦合作用，组元 A 和 A_mB_n 的溶解速率为

$$
\begin{aligned}
\frac{\mathrm{d}N_{(A)_{l'_{i-1}}}}{\mathrm{d}t}&=-\frac{\mathrm{d}N_{A(\mathrm{s})}}{\mathrm{d}t}=Vj_A\\
&=-V\left[l_1\left(\frac{A_{\mathrm{m},A}}{T}\right)+l_2\left(\frac{A_{\mathrm{m},A}}{T}\right)^2+l_3\left(\frac{A_{\mathrm{m},A}}{T}\right)^3+\cdots\right]
\end{aligned}
\tag{7.469}
$$

$$
\begin{aligned}
\frac{\mathrm{d}N_{(D)_{l'_{i-1}}}}{\mathrm{d}t}&=-\frac{\mathrm{d}N_{D(\mathrm{s})}}{\mathrm{d}t}=Vj_D\\
&=-V\left[l_1\left(\frac{A_{\mathrm{m},D}}{T}\right)+l_2\left(\frac{A_{\mathrm{m},D}}{T}\right)^2+l_3\left(\frac{A_{\mathrm{m},D}}{T}\right)^3+\cdots\right]
\end{aligned}
\tag{7.470}
$$

考虑耦合作用，有

$$\begin{aligned}\frac{\mathrm{d}N_{(A)_{l'_{i-1}}}}{\mathrm{d}t} &= -\frac{\mathrm{d}N_{A(\mathrm{s})}}{\mathrm{d}t} = Vj_A \\ &= -V\left[l_{11}\left(\frac{A_{\mathrm{m},A}}{T}\right) + l_{12}\left(\frac{A_{\mathrm{m},D}}{T}\right) + l_{111}\left(\frac{A_{\mathrm{m},A}}{T}\right)^2\right. \\ &\quad + l_{112}\left(\frac{A_{\mathrm{m},A}}{T}\right)\left(\frac{A_{\mathrm{m},D}}{T}\right) \\ &\quad + l_{122}\left(\frac{A_{\mathrm{m},D}}{T}\right)^2 + l_{1111}\left(\frac{A_{\mathrm{m},A}}{T}\right)^3 + l_{1112}\left(\frac{A_{\mathrm{m},A}}{T}\right)^2\left(\frac{A_{\mathrm{m},D}}{T}\right) \\ &\quad \left. + l_{1122}\left(\frac{A_{\mathrm{m},A}}{T}\right)\left(\frac{A_{\mathrm{m},D}}{T}\right)^2 + l_{1222}\left(\frac{A_{\mathrm{m},D}}{T}\right)^3 + \cdots\right]\end{aligned} \tag{7.471}$$

式中，

$$A_{\mathrm{m},A} = \Delta G_{\mathrm{m},A}$$

$$A_{\mathrm{m},D} = \Delta G_{\mathrm{m},D}$$

转熔反应速率为

$$\begin{aligned}-\frac{\mathrm{d}n_D}{\mathrm{d}t} &= j_D \\ &= -l_1\left(\frac{A_{\mathrm{m},D}}{T}\right) - l_2\left(\frac{A_{\mathrm{m},D}}{T}\right)^2 - l_3\left(\frac{A_{\mathrm{m},D}}{T}\right)^3 - \cdots\cdots\end{aligned} \tag{7.472}$$

式中，

$$A_{\mathrm{m},D} = \Delta G_{\mathrm{m},D}$$

4) 从温度 T_P 到 T_M

从温度 T_P 到 T_M，在温度 T_k，固相组元 A 的溶解速率为

$$\begin{aligned}\frac{\mathrm{d}N_{(A)_{l'_{k-1}}}}{\mathrm{d}t} &= -\frac{\mathrm{d}N_{A(\mathrm{s})}}{\mathrm{d}t} = Vj_A \\ &= -V\left[l_1\left(\frac{A_{\mathrm{m},A}}{T}\right) + l_2\left(\frac{A_{\mathrm{m},A}}{T}\right)^2 + l_3\left(\frac{A_{\mathrm{m},A}}{T}\right)^3 + \cdots\right]\end{aligned} \tag{7.473}$$

式中，

$$A_{\mathrm{m},A} = \Delta G_{\mathrm{m},A}$$

7.3.8 具有晶型转变的三元系

1. 熔化过程的热力学

图 7.16 是具有晶型转变的三元系相图。

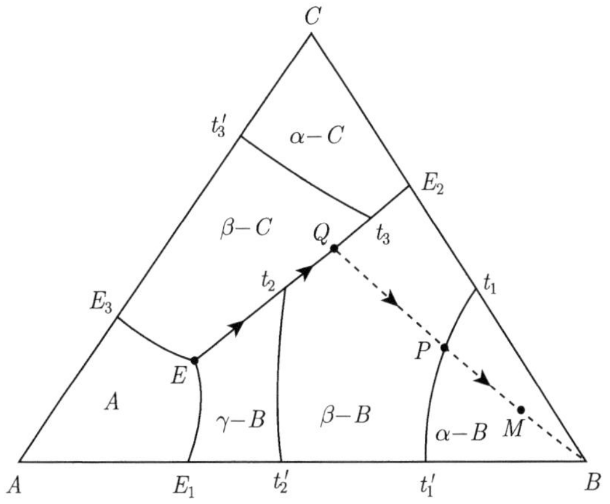

图 7.16 具有晶型转变的三元系相图

物质组成点为 M 的物质升温熔化。温度升高到 T_E，出现液相，液–固两相平衡。有

$$E\,(\mathrm{s}) \rightleftharpoons E\,(\mathrm{l})$$

即

$$\begin{aligned}x_A A\,(\mathrm{s}) + x_B \gamma\text{-}B\,(\mathrm{s}) + x_C \beta\text{-}C\,(\mathrm{s}) &\rightleftharpoons x_A\,(A)_{E(\mathrm{l})} + x_B\,(B)_{E(\mathrm{l})} + x_C\,(C)_{E(\mathrm{l})}\\ &\equiv x_A\,(A)_{\text{饱}} + x_B\,(B)_{\text{饱}} + x_C\,(C)_{\text{饱}}\end{aligned}$$

或

$$A\,(\mathrm{s}) \rightleftharpoons (A)_{E(\mathrm{l})} \equiv (A)_{\text{饱}}$$

$$\gamma\text{-}B \rightleftharpoons (B)_{E(\mathrm{l})} \equiv (B)_{\text{饱}}$$

$$\beta\text{-}C \rightleftharpoons (C)_{E(\mathrm{l})} \equiv (C)_{\text{饱}}$$

该过程的摩尔吉布斯自由能变化为

$$\begin{aligned}\Delta G_{\mathrm{m},E}\,(T_E) &= G_{\mathrm{m},E(\mathrm{l})}\,(T_E) - G_{\mathrm{m},E(\mathrm{s})}\,(T_E)\\ &= \Delta_{\mathrm{fus}} H_{\mathrm{m},E}\,(T_E) - T_E \Delta_{\mathrm{fus}} S_{\mathrm{m},E}\,(T_E)\\ &= \Delta_{\mathrm{fus}} H_{\mathrm{m},E}\,(T_E) - T_E \frac{\Delta_{\mathrm{fus}} H_{\mathrm{m},E}\,(T_E)}{T_E}\\ &= 0\end{aligned} \tag{7.474}$$

或

$$\begin{aligned}\Delta G_{\mathrm{m},A}(T_E) &= \overline{G}_{\mathrm{m},(A)_{E(\mathrm{l})}}(T_E) - G_{\mathrm{m},A(\mathrm{s})}(T_E) \\ &= \Delta_{\mathrm{sol}}H_{\mathrm{m},A}(T_E) - T_E\Delta_{\mathrm{sol}}S_{\mathrm{m},A}(T_E) \\ &= \Delta_{\mathrm{sol}}H_{\mathrm{m},A}(T_E) - T_E\frac{\Delta_{\mathrm{sol}}H_{\mathrm{m},A}(T_E)}{T_E} \\ &= 0\end{aligned} \tag{7.475}$$

同理

$$\Delta G_{\mathrm{m},B}(T_E) = \Delta_{\mathrm{sol}}H_{\mathrm{m},B}(T_E) - T_E\frac{\Delta_{\mathrm{sol}}H_{\mathrm{m},B}(T_E)}{T_E} = 0 \tag{7.476}$$

$$\Delta G_{\mathrm{m},C}(T_E) = \Delta_{\mathrm{sol}}H_{\mathrm{m},C}(T_E) - T_E\frac{\Delta_{\mathrm{sol}}H_{\mathrm{m},C}(T_E)}{T_E} = 0 \tag{7.477}$$

固相和液相中的组元 A、B 和 C 都分别以纯固态 A、γ-B 和 β-C 为标准状态，浓度以摩尔分数表示，有

$$\Delta G_{\mathrm{m},A} = \mu_{(A)_{E(\mathrm{l})}} - \mu_{A(\mathrm{s})} = RT\ln a^{\mathrm{R}}_{(A)_{E(\mathrm{l})}} = RT\ln a^{\mathrm{R}}_{(A)_{饱}} = 0 \tag{7.478}$$

$$\Delta G_{\mathrm{m},B} = \mu_{(B)_{E(\mathrm{l})}} - \mu_{\gamma\text{-}B} = RT\ln a^{\mathrm{R}}_{(B)_{E(\mathrm{l})}} = RT\ln a^{\mathrm{R}}_{(B)_{饱}} = 0 \tag{7.479}$$

$$\Delta G_{\mathrm{m},C} = \mu_{(C)_{E(\mathrm{l})}} - \mu_{\beta\text{-}C} = RT\ln a^{\mathrm{R}}_{(C)_{E(\mathrm{l})}} = RT\ln a^{\mathrm{R}}_{(C)_{饱}} = 0 \tag{7.480}$$

式中，

$$\mu_{(A)_{E(\mathrm{l})}} = \mu^*_{A(\mathrm{s})} + RT\ln a^{\mathrm{R}}_{(A)_{E(\mathrm{l})}}$$

$$\mu_{A(\mathrm{s})} = \mu^*_{A(\mathrm{s})}$$

$$\mu_{(B)_{E(\mathrm{l})}} = \mu^*_{\gamma\text{-}B} + RT\ln a^{\mathrm{R}}_{(B)_{E(\mathrm{l})}}$$

$$\mu_{\gamma\text{-}B} = \mu^*_{\gamma\text{-}B}$$

$$\mu_{(C)_{E(\mathrm{l})}} = \mu^*_{\beta\text{-}C} + RT\ln a^{\mathrm{R}}_{(C)_{E(\mathrm{l})}}$$

$$\mu_{\beta\text{-}C} = \mu^*_{\beta\text{-}C}$$

升高温度到 T_1，固相组元 $E(\mathrm{s})$ 继续熔化。或当温度刚升到 T_1，固相组元 A、B 和 C 还未来得及溶解进入液相时，液相组成未变，仍与 $E(\mathrm{l})$ 相同，但已由组元 A、B、C 饱和的溶液 $E(\mathrm{l})$ 变成不饱和的溶液 $E(\mathrm{l}')$，固相组元 A、B、C 向其中溶解。有

$$E(\mathrm{s}) \xlongequal{\quad} E(\mathrm{l}')$$

或

$$A(\mathrm{s}) \xlongequal{\quad} (A)_{E(\mathrm{l}')}$$

$$\gamma\text{-}B =\!=\!= (B)_{E(\mathrm{l}')}$$

$$\beta\text{-}C =\!=\!= (C)_{E(\mathrm{l}')}$$

该过程的摩尔吉布斯自由能变化为

$$\begin{aligned}\Delta G_{\mathrm{m},E}(T_1) &= G_{\mathrm{m},E}\,(\mathrm{l}')\,(T_1) - G_{\mathrm{m},E}\,(\mathrm{s})\,(T_1)\\ &= \Delta_{\mathrm{fus}} H_{\mathrm{m},E}(T_1) - T_1 \Delta_{\mathrm{fus}} S_{\mathrm{m},E}(T_1)\\ &\approx \Delta_{\mathrm{fus}} H_{\mathrm{m},E}(T_E) - T_1 \frac{\Delta_{\mathrm{fus}H_{\mathrm{m},E}(T_E)}}{T_E}\\ &= \frac{\Delta_{\mathrm{fus}} H_{\mathrm{m},E}(T_E)\Delta T}{T_E}\end{aligned} \tag{7.481}$$

式中，

$$\Delta T = T_E - T_1 < 0$$

或者

$$\begin{aligned}\Delta G_{\mathrm{m},A}(T_1) &= \bar{G}_{\mathrm{m},(A)_{E(\mathrm{l}')}}(T_1) - G_{\mathrm{m},A(\mathrm{s})}(T_1)\\ &= \Delta_{\mathrm{sol}} H_{\mathrm{m},(A)_{E(\mathrm{l}')}}(T_1) - T_1 \Delta_{\mathrm{sol}} S_{\mathrm{m},(A)_{E(\mathrm{l}')}}(T_1)\\ &\approx \Delta_{\mathrm{sol}} H_{\mathrm{m},(A)_{E(\mathrm{l}')}}(T_E) - T_1 \frac{\Delta_{\mathrm{sol}} H_{\mathrm{m},(A)_{E(\mathrm{l}')}}(T_E)}{T_E}\\ &= \frac{\Delta_{\mathrm{sol}} H_{\mathrm{m},(A)_{E(\mathrm{l}')}}(T_E)\Delta T}{T_E}\end{aligned} \tag{7.482}$$

同理

$$\Delta G_{\mathrm{m},\gamma\text{-}B}(T_1) = \frac{\Delta_{\mathrm{sol}} H_{\mathrm{m},(B)_E(\mathrm{l}')}\Delta T}{T_E} \tag{7.483}$$

$$\Delta G_{\mathrm{m},\beta\text{-}C}(T_1) = \frac{\Delta_{\mathrm{sol}} H_{\mathrm{m},(C)_E(\mathrm{l}')}\Delta T}{T_E} \tag{7.484}$$

或者，固相和液相中的组元 A、B 和 C 分别以纯固态 A、γ-B 和 β-C 为标准状态，浓度以摩尔分数表示，摩尔吉布斯自由能变化为

$$\Delta G_{\mathrm{m},A} = \mu_{(A)_{E(\mathrm{l}')}} - \mu_{A(\mathrm{s})} = RT \ln a^{\mathrm{R}}_{(A)_{E(\mathrm{l}')}} \tag{7.485}$$

式中，

$$\mu_{(A)_{E(\mathrm{l}')}} = \mu^*_{A(\mathrm{s})} + RT \ln a^{\mathrm{R}}_{(A)_{E(\mathrm{l}')}}$$

$$\mu_{A(\mathrm{s})} = \mu_{A(\mathrm{s})}^{*}$$

$$\Delta G_{\mathrm{m},B} = \mu_{(B)_{E(1')}} - \mu_{\gamma\text{-}B} = RT\ln a_{(B)_{E(1')}}^{\mathrm{R}} \tag{7.486}$$

式中，

$$\mu_{(B)_{E(1')}} = \mu_{\gamma\text{-}B}^{*} + RT\ln a_{(B)_{E(1')}}^{\mathrm{R}}$$

$$\mu_{\gamma\text{-}B} = \mu_{\gamma\text{-}B}^{*}$$

$$\Delta G_{\mathrm{m},C} = \mu_{(C)_{E(1')}} - \mu_{\beta\text{-}C} = RT\ln a_{(C)_{E(1')}}^{\mathrm{R}} \tag{7.487}$$

式中，

$$\mu_{(C)_{E(1')}} = \mu_{\beta\text{-}C}^{*} + RT\ln a_{(C)_{E(1')}}^{\mathrm{R}}$$

$$\mu_{\beta\text{-}C} = \mu_{\beta\text{-}C}^{*}$$

直到固相 $E\,(\mathrm{s})$ 消失，固相 A 消失。平衡液相组成为 l_1。有

$$(A)_{l_1} \equiv\!= (A)_{饱}$$

$$\gamma\text{-}B \rightleftharpoons (B)_{l_1} \equiv\!= (B)_{饱}$$

$$\beta\text{-}C \rightleftharpoons (C)_{l_1} \equiv\!= (C)_{饱}$$

继续升高温度从 T_E 到 T_2，平衡液相组成沿着共熔线 EE_2 从 E 向 t_2 移动。该过程固相组元 $\gamma\text{-}B$ 和 $\beta\text{-}C$ 向溶液中溶解。可以统一描述如下。

在温度 T_{i-1}，固相 $\gamma\text{-}B$、$\beta\text{-}C$ 和液相三相达成平衡。平衡液相组成为共熔线 EE_2 上的 l_{i-1} 点。有

$$\gamma\text{-}B \rightleftharpoons (B)_{l_{i-1}} \equiv\!= (B)_{饱}$$

$$\beta\text{-}C \rightleftharpoons (C)_{l_{i-1}} \equiv\!= (C)_{饱}$$

$$(i = 1, 2, 3, \cdots, n)$$

升高温度到 T_i。在温度刚升到 T_i，固相组元 $\gamma\text{-}B$ 和 $\beta\text{-}C$ 还未来得及溶解到溶液中时，液相组成仍然和 l_{i-1} 相同，但已由组元 $\gamma\text{-}B$ 和 $\beta\text{-}C$ 饱和的溶液 l_{i-1} 变成其不饱和的溶液 l'_{i-1}。因而，固相组元 $\gamma\text{-}B$ 和 $\beta\text{-}C$ 向其中溶解。有

$$\gamma\text{-}B = (B)_{l'_{i-1}}$$

$$\beta\text{-}C = (C)_{l'_{i-1}}$$

该过程的摩尔吉布斯自由能变化为

$$\begin{aligned}\Delta G_{\mathrm{m},B}(T_i) &= \overline{G}_{\mathrm{m},(B)_{l'_{i-1}}}(T_i) - G_{\mathrm{m},\gamma\text{-}B}(T_i)\\ &= \frac{\Delta_{\mathrm{sol}} H_{\mathrm{m},B}(T_{i-1})\Delta T}{T_{i-1}}\end{aligned} \tag{7.488}$$

$$\begin{aligned}\Delta G_{\mathrm{m},C}(T_i) &= \overline{G}_{\mathrm{m},(C)_{l'_{i-1}}}(T_i) - G_{\mathrm{m},\beta\text{-}C}(T_i)\\ &= \frac{\Delta_{\mathrm{sol}} H_{\mathrm{m},C}(T_{i-1})\Delta T}{T_{i-1}}\end{aligned} \tag{7.489}$$

式中，

$$\Delta T = T_{i-1} - T_i < 0$$

固相和液相中的组元 B 和 C 都分别以纯固态组元 $\gamma\text{-}B$ 和 $\beta\text{-}C$ 为标准状态，浓度以摩尔分数表示，有

$$\Delta G_{\mathrm{m},B} = \mu_{(B)_{l'_{i-1}}} - \mu_{\gamma\text{-}B} = RT\ln a^{\mathrm{R}}_{(B)_{l'_{i-1}}} \tag{7.490}$$

式中，

$$\mu_{(B)_{l'_{i-1}}} = \mu^*_{\gamma\text{-}B} + RT\ln a^{\mathrm{R}}_{(B)_{l'_{i-1}}}$$

$$\mu_{\gamma\text{-}B(\mathrm{s})} = \mu^*_{\gamma\text{-}B}$$

$$\Delta G_{\mathrm{m},C} = \mu_{(C)_{l'_{i-1}}} - \mu_{\beta\text{-}C(\mathrm{s})} = RT\ln a^{\mathrm{R}}_{(C)_{l'_{i-1}}} \tag{7.491}$$

式中，

$$\mu_{(C)_{l'_{i-1}}} = \mu^*_{\beta\text{-}C} + RT\ln a^{\mathrm{R}}_{(C)_{l'_{i-1}}}$$

$$\mu_{\beta\text{-}C(\mathrm{s})} = \mu^*_{\beta\text{-}C}$$

直到固–液两相达到新的平衡，溶液成为组元 $\gamma\text{-}B$ 和 $\beta\text{-}C$ 的饱和溶液。平衡液相组成为 l_i，有

$$\gamma\text{-}B \rightleftharpoons (B)_{l_i} =\!=\!= (B)_{饱}$$

$$\beta\text{-}C \rightleftharpoons (C)_{l_i} =\!=\!= (C)_{饱}$$

升高温度到 T_{t_2}。固相组元 $\gamma\text{-}B$ 发生晶型转变，成为 $\beta\text{-}B$，固相 $\gamma\text{-}B$、$\beta\text{-}B$、$\beta\text{-}C$ 和溶液四相达到平衡时，溶液成为组元 $\gamma\text{-}B$、$\beta\text{-}B$ 和 $\beta\text{-}C$ 的饱和溶液，有

$$\gamma\text{-}B \rightleftharpoons \beta\text{-}B \rightleftharpoons (B)_{l_{t_2}} =\!=\!= (B)_{饱}$$

$$\beta\text{-}C \rightleftharpoons (C)_{l_{t_2}} =\!=\!= (C)_{饱}$$

该过程的摩尔吉布斯自由能变化为

$$
\begin{aligned}
\Delta G_{\mathrm{m},B(\gamma\to\beta)}\left(T_{t_2}\right) &= G_{\mathrm{m},\beta\text{-}B}\left(T_{t_2}\right) - G_{\mathrm{m},\gamma\text{-}B}\left(T_{t_2}\right) \\
&= \Delta H_{\mathrm{m},B(\gamma\to\beta)}\left(T_{t_2}\right) - T_{t_2}\Delta S_{\mathrm{m},B(\gamma\to\beta)}\left(T_{t_2}\right) \\
&= \Delta H_{\mathrm{m},B(\gamma\to\beta)}\left(T_{t_2}\right) - T_{t_2}\frac{\Delta H_{\mathrm{m},B(\gamma\to\beta)}\left(T_{t_2}\right)}{T_{t_2}} \\
&= 0
\end{aligned}
\tag{7.492}
$$

$$
\begin{aligned}
\Delta G_{\mathrm{m},\gamma\text{-}B}\left(T_{t_2}\right) &= \overline{G}_{\mathrm{m},\gamma\text{-}B(\text{饱})}\left(T_{t_2}\right) - G_{\mathrm{m},\gamma\text{-}B}\left(T_{t_2}\right) \\
&= \varDelta_{\mathrm{sol}} H_{\mathrm{m},\gamma\text{-}B}\left(T_{t_2}\right) - T_{t_2}\varDelta_{\mathrm{sol}} S_{\mathrm{m},\gamma\text{-}B}\left(T_{t_2}\right) \\
&= \varDelta_{\mathrm{sol}} H_{\mathrm{m},\gamma\text{-}B}\left(T_{t_2}\right) - T_{t_2}\frac{\varDelta_{\mathrm{sol}} H_{\mathrm{m},\gamma\text{-}B}\left(T_{t_2}\right)}{T_{t_2}} \\
&= 0
\end{aligned}
\tag{7.493}
$$

同理

$$
\begin{aligned}
\Delta G_{\mathrm{m},\beta\text{-}B} &= \bar{G}_{\mathrm{m},\beta\text{-}B(\text{饱})} - G_{\mathrm{m},\beta\text{-}B} \\
&= \varDelta_{\mathrm{sol}} H_{\mathrm{m},\beta\text{-}B} - T_{t_2}\varDelta_{\mathrm{sol}} S_{\mathrm{m},\beta\text{-}B} \\
&= \varDelta_{\mathrm{sol}} H_{\mathrm{m},\beta\text{-}B}^{(T_{t2})} - T_{t_2}\frac{\varDelta_{\mathrm{sol}} H_{\mathrm{m},\beta\text{-}B}^{(T_{t2})}}{T_{t_2}} \\
&= 0
\end{aligned}
\tag{7.494}
$$

$$
\begin{aligned}
\Delta G_{\mathrm{m},\beta\text{-}C} &= \bar{G}_{\mathrm{m},\beta\text{-}C(\text{饱})} - G_{\mathrm{m},\beta\text{-}C} \\
&= \varDelta_{\mathrm{sol}} H_{\mathrm{m},\beta\text{-}C} - T_{t_2}\varDelta_{\mathrm{sol}} S_{\mathrm{m},\beta\text{-}C} \\
&= \varDelta_{\mathrm{sol}} H_{\mathrm{m},\beta\text{-}C}\left(T_{t_2}\right) - T_{t_2}\frac{\varDelta_{\mathrm{sol}} H_{\mathrm{m},\beta\text{-}C}\left(T_{t_2}\right)}{T_{t_2}} \\
&= 0
\end{aligned}
\tag{7.495}
$$

升高温度 T_{t_2+1}。若 γ-B 到 β-B 的晶型转变未完成，则晶型转变继续进行。在温度刚升到 T_{t_2+1}，固相组元 γ-B、β-B 和 β-C 还未来得及溶解进入溶液时，液相组成仍然和 l_{t_2} 相同。但是，已由组元 γ-B、β-B 和 β-C 饱和的 l_{t_2} 成为其不饱和的 l'_{t_2}。固相组元 β-B 和 β-C 向其中溶解，有

$$\gamma\text{-}B =\!=\!= \beta\text{-}B$$

$$\gamma\text{-}B =\!=\!= (B)_{l'_{t_2}}$$

$$\beta\text{-}B \Longrightarrow (B)_{l'_{t_2}}$$

$$\beta\text{-}C \Longrightarrow (C)_{l'_{t_2}}$$

该过程的摩尔吉布斯自由能变化为

$$\begin{aligned}\Delta G_{\mathrm{m},B(\gamma\to\beta)}(T_{t_2+1}) &= G_{\mathrm{m},\beta\text{-}B}(T_{t_2+1}) - G_{\mathrm{m},\gamma\text{-}B}(T_{t_2+1})\\ &= \Delta H_{\mathrm{m},B(\gamma\to\beta)}(T_{t_2+1}) - T_{t_2+1}\Delta S_{\mathrm{m},B(\gamma\to\beta)}(T_{t_2+1})\\ &\approx \Delta H_{\mathrm{m},B(\gamma\to\beta)}(T_{t_2}) - T_{t_2+1}\frac{\Delta H_{\mathrm{m},B(\gamma\to\beta)}(T_{t_2})}{T_{t_2}}\\ &= \frac{\Delta H_{\mathrm{m},B(\gamma\to\beta)}(T_{t_2})\Delta T}{T_{t_2}}\end{aligned} \tag{7.496}$$

$$\begin{aligned}\Delta G_{\mathrm{m},B}(T_{t_2+1}) &= G_{\mathrm{m},(B)_{l'_{t_2}}}(T_{t_2+1}) - G_{\mathrm{m},\gamma\text{-}B}(T_{t_2+1})\\ &= \Delta_{\mathrm{sol}}H_{\mathrm{m},\gamma\text{-}B}(T_{t_2+1}) - T_{t_2+1}\Delta_{\mathrm{sol}}S_{\mathrm{m},\gamma\text{-}B}(T_{t_2+1})\\ &\approx \Delta_{\mathrm{sol}}H_{\mathrm{m},\gamma\text{-}B}(T_{t_2}) - T_{t_2+1}\Delta_{\mathrm{sol}}S_{\mathrm{m},\gamma\text{-}B}(T_{t_2})\\ &= \frac{\Delta_{\mathrm{sol}}H_{\mathrm{m},\gamma\text{-}B}(T_{t_2})\Delta T}{T_{t_2}}\end{aligned} \tag{7.497}$$

同理

$$\Delta G_{\mathrm{m},B}(T_{t_2+1}) = \frac{\Delta_{\mathrm{sol}}H_{\mathrm{m},\beta\text{-}B}(T_{t_2})\Delta T}{T_{t_2}} \tag{7.498}$$

式中，

$$\Delta T = T_{t_2} - T_{t_2+1} < 0$$

固相和液相都分别以纯固态组元 $\beta\text{-}B$ 和 $\beta\text{-}C$ 为标准状态，浓度以摩尔分数表示，摩尔吉布斯自由能变化为

$$\Delta G_{\mathrm{m},B} = \mu_{(B)_{l'_{t_2}}} - \mu_{\beta\text{-}B} = RT\ln a^{\mathrm{R}}_{(B)_{l'_{t_2}}} \tag{7.499}$$

式中，

$$\mu_{(B)_{l'_{t_2}}} = \mu^*_{\beta\text{-}B} + RT\ln a^{\mathrm{R}}_{(B)_{l'_{t_2}}}$$

$$\mu_{\beta\text{-}B} = \mu^*_{\beta\text{-}B}$$

$$\Delta G_{\mathrm{m},C} = \mu_{(C)_{l'_{t_2}}} - \mu_{\beta\text{-}C} = RT\ln a^{\mathrm{R}}_{(C)_{l'_{t_2}}} \tag{7.500}$$

式中，

$$\mu_{(C)_{l'_{t_2}}} = \mu^*_{\beta\text{-}C} + RT\ln a^{\mathrm{R}}_{(C)_{l'_{t_2}}}$$

$$\mu_{\beta\text{-}C} = \mu^*_{\beta\text{-}C}$$

直到 γ-B 消失，完全转变为 β-B，β-B 和 β-C 的溶解达到饱和。平衡液相为 l_{t_2+1}，有

$$\beta\text{-}B\,(\mathrm{s}) \rightleftharpoons (B)_{l_{t_2+1}} \equiv (B)_{饱}$$

$$\beta\text{-}C\,(\mathrm{s}) \rightleftharpoons (C)_{l_{t_2+1}} \equiv (C)_{饱}$$

继续升高温度。从 T_{t_2} 到 T_Q，平衡液相组成沿共熔线 t_2Q 从 t_2 点向 Q 点移动。相应的平衡液相组成为 l_{t_2} 和 l_Q。该过程固相组元 β-B 和 β-C 不断地向溶液中溶解。可以统一描述如下。

在温度 T_{k-1}，固–液两相达成平衡，溶液成为组元 β-B 和 β-C 的饱和溶液。

平衡液相组成为 l_{k-1}，有

$$\beta\text{-}B \rightleftharpoons (B)_{l_{k-1}} \equiv (B)_{饱}$$

$$\beta\text{-}C \rightleftharpoons (C)_{l_{k-1}} \equiv (C)_{饱}$$

$$(k = 1, 2, 3, \cdots, n)$$

升高温度到 T_k。在温度刚升到 T_k，固相组元 β-B 和 β-C 还未来得及溶解进入溶液时，液相组成仍然与 l_{k-1} 相同。但是，已由组元 β-B 和 β-C 饱和的液相 l_{k-1} 变成其不饱和的 l'_{k-1}。固相组元 β-B 和 β-C 向其中溶解，有

$$\beta\text{-}B = (B)_{l'_{k-1}}$$

$$\beta\text{-}C = (C)_{l'_{k-1}}$$

该过程的摩尔吉布斯自由能变化为

$$\begin{aligned}\Delta G_{\mathrm{m},B}(T_k) &= \bar{G}_{\mathrm{m},(B)_{l'_{k-1}}}(T_k) - G_{\mathrm{m},\beta\text{-}B}(T_k)\\ &= \Delta_{\mathrm{sol}}H_{\mathrm{m},B}(T_k) - T_k\Delta_{\mathrm{sol}}S_{\mathrm{m},B}(T_k)\\ &\approx \Delta_{\mathrm{sol}}H_{\mathrm{m},B}(T_{k-1}) - T_k\Delta_{\mathrm{sol}}S_{\mathrm{m},B}(T_{k-1})\\ &= \frac{\Delta_{\mathrm{sol}}H_{\mathrm{m},B}(T_{k-1})\Delta T}{T_{k-1}}\end{aligned} \tag{7.501}$$

同理

$$\Delta G_{\mathrm{m},C}(T_k) = \bar{G}_{\mathrm{m},(C)_{l'_{k-1}}}(T_k) - G_{\mathrm{m},\beta\text{-}C}(T_k) = \frac{\Delta_{\mathrm{sol}}H_{\mathrm{m},C}(T_{k-1})\Delta T}{T_{k-1}} \tag{7.502}$$

固相和液相中的组元 B 和 C 都以纯固态 $\beta\text{-}B$ 和 $\beta\text{-}C$ 为标准状态，浓度以摩尔分数表示，摩尔溶解自由能变化为

$$\Delta G_{\mathrm{m},B} = \mu_{(B)_{l'_{k-1}}} - \mu_{\beta\text{-}B} = RT\ln a^{\mathrm{R}}_{(B)_{l'_{k-1}}} \tag{7.503}$$

式中，

$$\mu_{(B)_{l'_{k-1}}} = \mu^*_{\beta\text{-}B(\mathrm{s})} + RT\ln a^{\mathrm{R}}_{(B)_{l'_{k-1}}}$$

$$\mu_{\beta\text{-}B} = \mu^*_{\beta\text{-}B}$$

$$\Delta G_{\mathrm{m},C} = \mu_{(C)_{l'_{k-1}}} - \mu_{\beta\text{-}C} = RT\ln a^{\mathrm{R}}_{(C)_{l'_{k-1}}} \tag{7.504}$$

式中，

$$\mu_{(C)_{l'_{k-1}}} = \mu^*_{\beta\text{-}C} + RT\ln a^{\mathrm{R}}_{(C)_{l'_{k-1}}}$$

$$\mu_{\beta\text{-}C} = \mu^*_{\beta\text{-}C}$$

温度升高到 T_Q，固相 $\beta\text{-}B$ 与 $\beta\text{-}C$ 和溶液三相达成平衡时，溶液中组元 B 和 C 也达到饱和。有

$$\beta\text{-}B \rightleftharpoons (B)_{l_Q} \equiv\!\equiv (B)_{饱}$$

$$\beta\text{-}C \rightleftharpoons (C)_{l_Q} \equiv\!\equiv (C)_{饱}$$

升高温度到 T_{Q+1}。在温度刚升到 T_{Q+1}，固相组元 $\beta\text{-}B$ 和 $\beta\text{-}C$ 还未来得及溶解进入溶液时，饱和溶液 l_Q 成为不饱和溶液 l'_Q，两者组成相同。固相组元 $\beta\text{-}B$ 和 $\beta\text{-}C$ 向溶液中溶解。有

$$\beta\text{-}B = (B)_{l'_Q}$$

$$\beta\text{-}C = (C)_{l'_Q}$$

该过程的摩尔吉布斯自由能变化为

$$\begin{aligned}\Delta G_{\mathrm{m},B}(T_{Q+1}) &= \bar{G}_{\mathrm{m},(B)_{l'_Q}}(T_{Q+1}) - G_{\mathrm{m},\beta\text{-}B}(T_{Q+1})\\ &= \Delta_{\mathrm{sol}}H_{\mathrm{m},B}(T_{Q+1}) - T_{Q+1}\Delta_{\mathrm{sol}}S_{\mathrm{m},B}(T_{Q+1})\\ &\approx \Delta_{\mathrm{sol}}H_{\mathrm{m},B}(T_Q) - T_{Q+1}\Delta_{\mathrm{sol}}S_{\mathrm{m},B}(T_Q)\\ &= \frac{\Delta_{\mathrm{sol}}H_{\mathrm{m},B}(T_Q)\Delta T}{T_Q}\end{aligned} \tag{7.505}$$

同理

$$\Delta G_{\mathrm{m},C}(T_{Q+1}) = \frac{\Delta_{\mathrm{sol}}H_{\mathrm{m},C}(T_Q)\Delta T}{T_Q} \tag{7.506}$$

式中，

$$\Delta T = T_Q - T_{Q+1}$$

固相和液相中的组元 B 和 C 都分别以纯固态组元 $\beta\text{-}B$ 和 $\beta\text{-}C$ 为标准状态，浓度以摩尔分数表示，摩尔吉布斯自由能变化为

$$\Delta G_{\mathrm{m},B} = \mu_{(B)_{l'_Q}} - \mu_{\beta\text{-}B} = RT\ln a^{\mathrm{R}}_{(B)_{l'_Q}} \tag{7.507}$$

式中，

$$\mu_{(B)_{l'_Q}} = \mu^*_{\beta\text{-}B} + RT\ln a^{\mathrm{R}}_{(B)_{l'_Q}}$$

$$\mu_{\beta\text{-}B} = \mu^*_{\beta\text{-}B}$$

$$\Delta G_{\mathrm{m},C} = \mu_{(C)_{l'_Q}} - \mu_{\beta\text{-}C} = RT\ln a^{\mathrm{R}}_{(C)_{l'_Q}} \tag{7.508}$$

式中，

$$\mu_{(C)_{l'_Q}} = \mu^*_{\beta\text{-}C} + RT\ln a^{\mathrm{R}}_{(C)_{l'_Q}}$$

$$\mu_{\beta\text{-}C} = \mu^*_{\beta-C}$$

直到固相组元 $\beta\text{-}C$ 消失，溶液中 $\beta\text{-}B$ 达到饱和。有

$$\beta\text{-}B \rightleftharpoons (B)_{l_{Q+1}} \equiv (B)_{饱}$$

升高温度从 T_Q 到 T_P。平衡液相组成沿 QB 连线从 Q 点向 P 点移动。固相组元 $\beta\text{-}B$ 不断向溶液中溶解。该过程可以统一描述如下。

在温度 T_{j-1}，固–液两相达成平衡，平衡液相组成为 l_{j-1}，有

$$\beta\text{-}B \rightleftharpoons (B)_{l_{j-1}} \equiv (B)_{饱}$$

升高温度到 T_j。在温度刚升到 T_j，固相组元 $\beta\text{-}B$ 还未来得及溶解进入溶液时，液相组成仍然与 l_{j-1} 相同，但已由组元 $\beta\text{-}B$ 的饱和溶液 l_{j-1} 变为不饱和溶液 l'_{j-1}。固相组元 $\beta\text{-}B$ 向其中溶解，有

$$\beta\text{-}B = (B)_{l'_{j-1}}$$

该过程的摩尔吉布斯自由能变化为

$$\begin{aligned}\Delta G_{\mathrm{m},B}(T_j) &= \bar{G}_{\mathrm{m},(B)_{l'_{j-1}}}(T_j) - G_{\mathrm{m},\beta\text{-}B}(T_j)\\ &= \Delta_{\mathrm{sol}}H_{\mathrm{m},B}(T_j) - T_j\Delta_{\mathrm{sol}}S_{\mathrm{m},B}(T_j)\\ &\approx \Delta_{\mathrm{sol}}H_{\mathrm{m},B}(T_{j-1}) - T_j\Delta_{\mathrm{sol}}S_{\mathrm{m},B}(T_{j-1})\\ &= \frac{\Delta_{\mathrm{sol}}H_{\mathrm{m},B}(T_{j-1})\Delta T}{T_{j-1}}\end{aligned} \tag{7.509}$$

式中，

$$\Delta T = T_{j-1} - T_j$$

固相和液相中的组元 B 都以纯固态组元 β-B 为标准状态，浓度以摩尔分数表示，有

$$\Delta G_{\mathrm{m},B} = \mu_{(B)_{l'_{j-1}}} - \mu_{\beta\text{-}B} = RT\ln a^{\mathrm{R}}_{(B)_{l'_{j-1}}} \tag{7.510}$$

式中，

$$\mu_{(B)_{l'_{j-1}}} = \mu^*_{\beta\text{-}B} + RT\ln a^{\mathrm{R}}_{(B)_{l'_{j-1}}}$$

$$\mu_{\beta\text{-}B} = \mu^*_{\beta\text{-}B}$$

直到固相组元 β-B 溶解达到饱和，固–液两相平衡，平衡液相组成为 l_j。有

$$\beta\text{-}B \rightleftharpoons (B)_{l_j} \equiv\!\equiv (B)_{饱}$$

升高温度到 T_P。固相组元 β-B 发生转变。固相 β-B、α-B 和溶液三相达成平衡，平衡液相组成为 l_P。溶液中组元 B 达到饱和。有

$$\beta\text{-}B \rightleftharpoons \alpha\text{-}B\,(B)_{l_P} \equiv\!\equiv (B)_{饱}$$

该过程的摩尔吉布斯自由能变化为

$$\begin{aligned}\Delta G_{\mathrm{m},B(\beta\to\alpha)}(T_P) &= G_{\mathrm{m},\alpha\text{-}B}(T_P) - G_{\mathrm{m},\beta\text{-}B}(T_P)\\ &= \Delta H_{\mathrm{m},B(\beta\text{-}\alpha)}(T_P) - T_P\Delta S_{\mathrm{m},B(\beta\text{-}\alpha)}(T_P)\\ &= \Delta H_{\mathrm{m},B(\beta\text{-}\alpha)}(T_P) - T_P\frac{\Delta H_{\mathrm{m},B(\beta\text{-}\alpha)}(T_P)}{T_P}\\ &= 0\end{aligned} \tag{7.511}$$

$$\begin{aligned}\Delta G_{\mathrm{m},\beta\text{-}B}(T_P) &= \bar{G}_{\mathrm{m},B(饱)}(T_P) - G_{\mathrm{m},\beta\text{-}B}(T_P)\\ &= \Delta_{\mathrm{sol}}H_{\mathrm{m},B}(T_P) - T_P\Delta_{\mathrm{sol}}S_{\mathrm{m},B}(T_P)\\ &= \Delta_{\mathrm{sol}}H_{\mathrm{m},B}(T_P) - T_P\frac{\Delta_{\mathrm{sol}}H_{\mathrm{m},B}(T_P)}{T_P}\\ &= 0\end{aligned} \tag{7.512}$$

同理

$$\begin{aligned}\Delta G_{\mathrm{m},\alpha-B}(T_P) &= \bar{G}_{\mathrm{m},B(饱)}(T_P) - G_{\mathrm{m},\alpha-B}(T_P)\\ &= \Delta_{\mathrm{sol}}H_{\mathrm{m},B}(T_P) - T_P\Delta_{\mathrm{sol}}S_{\mathrm{m},B}(T_P)\\ &= \Delta_{\mathrm{sol}}H_{\mathrm{m},B}(T_P) - T_P\frac{\Delta_{\mathrm{sol}}H_{\mathrm{m},B}(T_P)}{T_P}\\ &= 0\end{aligned} \tag{7.513}$$

继续升高温度到 T_{P+1}。相变尚未完成，则继续进行，在温度刚升到 T_{P+1}，固相组元 $\beta\text{-}B$ 和 $\alpha\text{-}B$ 还未来得及溶解进入溶液时，液相组成仍与 l_P 相同，但已由组元 $\beta\text{-}B$ 和 $\alpha\text{-}B$ 饱和的 l_P 变为其不饱和的 l'_P。固相组元 $\beta\text{-}B$ 和 $\alpha\text{-}B$ 向溶液中溶解。有

$$\beta\text{-}B = \!=\!= \alpha\text{-}B$$

$$\beta\text{-}B = \!=\!= (B)_{l'_P}$$

$$\alpha\text{-}B = \!=\!= (B)_{l'_P}$$

该过程的摩尔吉布斯自由能变化为

$$\begin{aligned}\Delta G_{\mathrm{m},B(\beta\to\alpha)}(T_{P+1}) &= G_{\mathrm{m},\alpha\text{-}B}(T_{P+1}) - G_{\mathrm{m},\beta\text{-}B}(T_{P+1}) \\ &= \Delta H_{\mathrm{m},B(\beta\to\alpha)}(T_{P+1}) - T_{P+1}\Delta S_{\mathrm{m},B(\beta\to\alpha)}(T_{P+1}) \\ &\approx \Delta H_{\mathrm{m},B(\beta\to\alpha)}(T_P) - T_{P+1}\Delta S_{\mathrm{m},B(\beta\to\alpha)}(T_P) \\ &= \frac{\Delta H_{\mathrm{m},B(\beta\to\alpha)}(T_P)\Delta T}{T_P}\end{aligned} \tag{7.514}$$

式中，

$$\Delta T = T_P - T_{P+1}$$

$$\Delta G_{\mathrm{m},B_1}(T_{P+1}) = \overline{G}_{\mathrm{m},(B)_{l'_P}}(T_{P+1}) - G_{\mathrm{m},\beta\text{-}B}(T_{P+1}) = \frac{\Delta_{\mathrm{sol}}H_{\mathrm{m},B}(T_{\mathrm{p}})\Delta T}{T_P} \tag{7.515}$$

$$\Delta G_{\mathrm{m},B_2}(T_{\mathrm{p+1}}) = \overline{G}_{\mathrm{m},(B)_{l'_P}}(T_{\mathrm{p+1}}) - G_{\mathrm{m},\alpha\text{-}B}(T_{\mathrm{p+1}}) = \frac{\Delta_{\mathrm{sol}}H_{\mathrm{m},B}(T_P)\Delta T}{T_P} \tag{7.516}$$

式中，

$$\Delta T = T_P - T_{P+1} < 0$$

以纯固态组元 $\beta\text{-}B$ 和 $\alpha\text{-}B$ 为标准状态，浓度以摩尔分数表示，摩尔吉布斯自由能变化为

$$\Delta G_{\mathrm{m},B_1} = \mu_{(B)_{l'_P}} - \mu_{\beta\text{-}B} = RT\ln a^{\mathrm{R}}_{(B)_{l'_P}} \tag{7.517}$$

式中，

$$\mu_{(B)_{l'_P}} = \mu^*_{\beta\text{-}B} + RT\ln a^{\mathrm{R}}_{(B)_{l'_P}}$$

$$\mu_{\beta\text{-}B} = \mu^*_{\beta\text{-}B}$$

$$\Delta G_{\mathrm{m},B_2} = \mu_{(B)_{l'_P}} - \mu_{\alpha\text{-}B} = RT\ln a^{\mathrm{R}}_{(B)_{l'_P}} \tag{7.518}$$

式中，

$$\mu_{(B)_{l'_P}} = \mu^*_{\alpha\text{-}B} + RT\ln a^{\mathrm{R}}_{(B)_{l'_P}}$$

$$\mu_{\alpha\text{-}B} = \mu^*_{\alpha\text{-}B}$$

直到晶型转变完成，$\beta\text{-}B$ 完全溶解进入液相。

固相组元 $\beta\text{-}B$ 消失，$\alpha\text{-}B$ 达到饱和，固–液两相达到新的平衡。平衡液相组成为 l_{P+1}。

$$\alpha\text{-}B \rightleftharpoons (B)_{l_{P+1}} \equiv (B)_{饱}$$

温度从 T_P 升到 T_M，固相 $\alpha\text{-}B$ 不断溶解进入液相。平衡液相组成由 P 点沿着 PB 连线从 P 点向 M 点移动。该过程可以统一描述如下。

在温度 T_{h-1}，固–液两相达成平衡，平衡液相组成为 l_{h-1}。有

$$\alpha\text{-}B \rightleftharpoons (B)_{l_{h-1}} \equiv (B)_{饱}$$

$$(h = 1, 2, 3, \cdots, n)$$

温度升高到 T_h。在温度刚升到 T_h，固相 $\alpha\text{-}B$ 还未来得及溶解进入溶液时，液相组成仍然与 l_{h-1} 相同，但已由组元 $\alpha\text{-}B$ 的饱和溶液 l_{h-1} 变成其不饱和溶液 l'_{h-1}。固相组元 $\alpha\text{-}B$ 向其中溶解。有

$$\alpha\text{-}B \equiv (B)_{l'_{h-1}}$$

该过程的摩尔吉布斯自由能变化为

$$\begin{aligned}
\Delta G_{\mathrm{m},B}(T_h) &= \bar{G}_{\mathrm{m},(B)_{l'_{h-1}}}(T_h) - G_{\mathrm{m},\beta\text{-}B}(T_h) \\
&= \Delta_{\mathrm{sol}} H_{\mathrm{m},B}(T_h) - T_h \Delta_{\mathrm{sol}} S_{\mathrm{m},B}(T_h) \\
&\approx \Delta_{\mathrm{sol}} H_{\mathrm{m},B}(T_{h-1}) - T_h \Delta_{\mathrm{sol}} S_{\mathrm{m},B}(T_{h-1}) \\
&= \frac{\Delta_{\mathrm{sol}} H_{\mathrm{m},B}(T_{h-1}) \Delta T}{T_{h-1}}
\end{aligned} \tag{7.519}$$

式中，

$$\Delta T = T_{h-1} - T_h < 0$$

固相和液相中的组元 B 都以纯固态组元 $\alpha\text{-}B$ 为标准状态，浓度以摩尔分数表示。有

$$\Delta G_{\mathrm{m},B} = \mu_{(B)_{l'_{h-1}}} - \mu_{\alpha\text{-}B} = RT \ln a^{\mathrm{R}}_{(B)_{l'_{h-1}}} \tag{7.520}$$

式中，

$$\mu_{(B)_{l'_{h-1}}} = \mu^*_{\alpha\text{-}B} + RT \ln a^{\mathrm{R}}_{(B)_{l'_{h-1}}}$$

$$\mu_{\alpha\text{-}B} = \mu^*_{\alpha\text{-}B}$$

直到组元 $\alpha\text{-}B$ 溶解达到饱和，固–液两相达成新的平衡。平衡液相组成为 l_h。有

$$\alpha\text{-}B \rightleftharpoons (B)_{l_h} = (B)_{饱}$$

温度升到 T_M，固相组元 $\alpha\text{-}B$ 溶解达到饱和，固–液两相达成平衡。平衡液相组成为 l_M。有

$$\alpha\text{-}B \rightleftharpoons (B)_{l_M} = (B)_{饱}$$

继续升高温度到 T，高于 T_M。在温度刚升到 T，固相组元 $\alpha\text{-}B$ 还未来得及溶解到溶液中，液相组成仍然与 l_M 相同。但是，已由组元 $\alpha\text{-}B$ 饱和的溶液 l_M 成为不饱和的溶液 l'_M。固相组元 $\alpha\text{-}B$ 向其中溶解，有

$$\alpha\text{-}B = (B)_{l'_M}$$

该过程的摩尔吉布斯自由能变化为

$$\begin{aligned}\Delta G_{\mathrm{m},B}(T) &= \bar{G}_{\mathrm{m},(B)_{l'_M}}(T) - G_{\mathrm{m},\alpha\text{-}B}(T)\\ &= \varDelta_{\mathrm{sol}}H_{\mathrm{m},B}(T) - T\varDelta_{\mathrm{sol}}S_{\mathrm{m},B}(T)\\ &\approx \varDelta_{\mathrm{sol}}H_{\mathrm{m},B}(T_M) - T\varDelta_{\mathrm{sol}}S_{\mathrm{m},B}(T_M)\\ &= \frac{\varDelta_{\mathrm{sol}}H_{\mathrm{m},B}(T_M)\Delta T}{T_M}\end{aligned} \tag{7.521}$$

式中，

$$\Delta T = T_M - T < 0$$

固相和液相中的组元 B 都以纯固态组元 $\alpha\text{-}B$ 为标准状态，浓度以摩尔分数表示，有

$$\Delta G_{\mathrm{m},B} = \mu_{(B)_{l'_M}} - \mu_{\alpha\text{-}B} = RT\ln a^{\mathrm{R}}_{(B)_{l'_M}} \tag{7.522}$$

式中，

$$\mu_{(B)_{l'_M}} = \mu^*_{\alpha\text{-}B} + RT\ln a^{\mathrm{R}}_{(B)_{l'_M}}$$

$$\mu_{\alpha\text{-}B} = \mu^*_{\alpha\text{-}B}$$

直到固态组元 $\alpha\text{-}B$ 消失。

2. 相变速率

1) 在温度 T_1

在温度 T_1，固相组元 $\gamma\text{-}B$，$\beta\text{-}C$ 溶解，不考虑耦合作用，溶解速率为

$$\begin{aligned}\frac{\mathrm{d}N_{(A)_{E(1')}}}{\mathrm{d}t}&=-\frac{\mathrm{d}N_{A(\mathrm{s})}}{\mathrm{d}t}=Vj_A\\&=-V\left[l_1\left(\frac{A_{\mathrm{m},A}}{T}\right)+l_2\left(\frac{A_{\mathrm{m},A}}{T}\right)^2+l_3\left(\frac{A_{\mathrm{m},A}}{T}\right)^3+\cdots\right]\end{aligned}\tag{7.523}$$

$$\begin{aligned}\frac{\mathrm{d}N_{(B)_{E(1')}}}{\mathrm{d}t}&=-\frac{\mathrm{d}N_{\gamma\text{-}B}}{\mathrm{d}t}=Vj_{\gamma\text{-}B}\\&=-V\left[l_1\left(\frac{A_{\mathrm{m},\gamma\text{-}B}}{T}\right)+l_2\left(\frac{A_{\mathrm{m},\gamma\text{-}B}}{T}\right)^2+l_3\left(\frac{A_{\mathrm{m},\gamma\text{-}B}}{T}\right)^3+\cdots\right]\end{aligned}\tag{7.524}$$

$$\begin{aligned}\frac{\mathrm{d}N_{(C)_{E(1')}}}{\mathrm{d}t}&=-\frac{\mathrm{d}N_{\beta\text{-}C}}{\mathrm{d}t}=Vj_{\beta\text{-}C}\\&=-V\left[l_1\left(\frac{A_{\mathrm{m},\beta\text{-}C}}{T}\right)+l_2\left(\frac{A_{\mathrm{m},\beta\text{-}C}}{T}\right)^2+l_3\left(\frac{A_{\mathrm{m},\beta\text{-}C}}{T}\right)^3+\cdots\right]\end{aligned}\tag{7.525}$$

考虑耦合作用，有

$$\begin{aligned}\frac{\mathrm{d}N_{(A)_{E(1')}}}{\mathrm{d}t}&=-\frac{\mathrm{d}N_{A(\mathrm{s})}}{\mathrm{d}t}=Vj_A\\&=-V\left[\rho_{11}\left(\frac{A_{\mathrm{m},A}}{T}\right)+\rho_{12}\left(\frac{A_{\mathrm{m},\gamma\text{-}B}}{T}\right)+\rho_{13}\left(\frac{A_{\mathrm{m},\beta\text{-}C}}{T}\right)\right.\end{aligned}\tag{7.526}$$

$$\begin{aligned}\frac{\mathrm{d}N_{(A)_{E(1')}}}{\mathrm{d}t}=&-\frac{\mathrm{d}N_{A(\mathrm{s})}}{\mathrm{d}t}=Vj_A\\=&-V\left[l_{11}\left(\frac{A_{\mathrm{m},A}}{T}\right)+l_{12}\left(\frac{A_{\mathrm{m},\gamma\text{-}B}}{T}\right)+l_{13}\left(\frac{A_{\mathrm{m},\beta\text{-}C}}{T}\right)+l_{111}\left(\frac{A_{\mathrm{m},A}}{T}\right)^2\right.\\&+l_{112}\left(\frac{A_{\mathrm{m},A}}{T}\right)\left(\frac{A_{\mathrm{m},\gamma\text{-}B}}{T}\right)+l_{113}\left(\frac{A_{\mathrm{m},A}}{T}\right)\left(\frac{A_{\mathrm{m},\beta\text{-}C}}{T}\right)+l_{122}\left(\frac{A_{\mathrm{m},\gamma\text{-}B}}{T}\right)^2\\&+l_{123}\left(\frac{A_{\mathrm{m},\gamma\text{-}B}}{T}\right)\left(\frac{A_{\mathrm{m},\beta\text{-}C}}{T}\right)+l_{133}\left(\frac{A_{\mathrm{m},\beta\text{-}C}}{T}\right)^2+l_{1111}\left(\frac{A_{\mathrm{m},A}}{T}\right)^3\end{aligned}$$

$$
\begin{aligned}
&+l_{1112}\left(\frac{A_{\mathrm{m},A}}{T}\right)^2\left(\frac{A_{\mathrm{m},\gamma\text{-}B}}{T}\right)+l_{1113}\left(\frac{A_{\mathrm{m},A}}{T}\right)^2\left(\frac{A_{\mathrm{m},\beta\text{-}C}}{T}\right)\\
&+l_{1122}\left(\frac{A_{\mathrm{m},A}}{T}\right)\left(\frac{A_{\mathrm{m},\gamma\text{-}B}}{T}\right)^2+l_{1123}\left(\frac{A_{\mathrm{m},A}}{T}\right)\left(\frac{A_{\mathrm{m},\gamma\text{-}B}}{T}\right)\left(\frac{A_{\mathrm{m},\beta\text{-}C}}{T}\right)\\
&+l_{1133}\left(\frac{A_{\mathrm{m},A}}{T}\right)\left(\frac{A_{\mathrm{m},\beta\text{-}C}}{T}\right)^2+l_{1222}\left(\frac{A_{\mathrm{m},\gamma\text{-}B}}{T}\right)^3\\
&+l_{1223}\left(\frac{A_{\mathrm{m},\gamma\text{-}B}}{T}\right)^2\left(\frac{A_{\mathrm{m},\beta\text{-}C}}{T}\right)\\
&+l_{1233}\left(\frac{A_{\mathrm{m},\gamma\text{-}B}}{T}\right)\left(\frac{A_{\mathrm{m},\beta\text{-}C}}{T}\right)^2+l_{1333}\left(\frac{A_{\mathrm{m},\beta\text{-}C}}{T}\right)^3+\cdots\Bigg]
\end{aligned}
\tag{7.527}
$$

$$
\begin{aligned}
\frac{\mathrm{d}N_{(B)_{E(1')}}}{\mathrm{d}t}&=-\frac{\mathrm{d}N_{\gamma\text{-}B}}{\mathrm{d}t}=Vj_{\gamma\text{-}B}\\
&=-V\Bigg[l_{21}\left(\frac{A_{\mathrm{m},A}}{T}\right)+l_{22}\left(\frac{A_{\mathrm{m},\gamma\text{-}B}}{T}\right)+l_{23}\left(\frac{A_{\mathrm{m},\beta\text{-}C}}{T}\right)+l_{211}\left(\frac{A_{\mathrm{m},A}}{T}\right)^2\\
&\quad+l_{212}\left(\frac{A_{\mathrm{m},A}}{T}\right)\left(\frac{A_{\mathrm{m},\gamma\text{-}B}}{T}\right)+l_{213}\left(\frac{A_{\mathrm{m},A}}{T}\right)\left(\frac{A_{\mathrm{m},\beta\text{-}C}}{T}\right)\\
&\quad+l_{222}\left(\frac{A_{\mathrm{m},\gamma\text{-}B}}{T}\right)^2\\
&\quad+l_{223}\left(\frac{A_{\mathrm{m},\gamma\text{-}B}}{T}\right)\left(\frac{A_{\mathrm{m},\beta\text{-}C}}{T}\right)+l_{233}\left(\frac{A_{\mathrm{m},\beta\text{-}C}}{T}\right)^2+l_{2111}\left(\frac{A_{\mathrm{m},A}}{T}\right)^3\\
&\quad+l_{2112}\left(\frac{A_{\mathrm{m},A}}{T}\right)^2\left(\frac{A_{\mathrm{m},\gamma\text{-}B}}{T}\right)+l_{2113}\left(\frac{A_{\mathrm{m},A}}{T}\right)^2\left(\frac{A_{\mathrm{m},\beta\text{-}C}}{T}\right)\\
&\quad+l_{2122}\left(\frac{A_{\mathrm{m},A}}{T}\right)\left(\frac{A_{\mathrm{m},\gamma\text{-}B}}{T}\right)^2+l_{2123}\left(\frac{A_{\mathrm{m},A}}{T}\right)\left(\frac{A_{\mathrm{m},\gamma\text{-}B}}{T}\right)\left(\frac{A_{\mathrm{m},\beta\text{-}C}}{T}\right)\\
&\quad+l_{2133}\left(\frac{A_{\mathrm{m},A}}{T}\right)\left(\frac{A_{\mathrm{m},\beta\text{-}C}}{T}\right)^2+l_{2222}\left(\frac{A_{\mathrm{m},\gamma\text{-}B}}{T}\right)^3\\
&\quad+l_{2223}\left(\frac{A_{\mathrm{m},\gamma\text{-}B}}{T}\right)^2\left(\frac{A_{\mathrm{m},\beta\text{-}C}}{T}\right)\\
&\quad+l_{2233}\left(\frac{A_{\mathrm{m},B}}{T}\right)\left(\frac{A_{\mathrm{m},\beta\text{-}C}}{T}\right)^2+l_{2333}\left(\frac{A_{\mathrm{m},\beta\text{-}C}}{T}\right)^3+\cdots\Bigg]
\end{aligned}
\tag{7.528}
$$

$$
\begin{aligned}
\frac{\mathrm{d}N_{(C)_{E(1')}}}{\mathrm{d}t} &= -\frac{\mathrm{d}N_{\beta\text{-}C}}{\mathrm{d}t} = Vj_{\beta\text{-}C} \\
&= -V\left[l_{31}\left(\frac{A_{\mathrm{m},A}}{T}\right) + l_{32}\left(\frac{A_{\mathrm{m},\gamma\text{-}B}}{T}\right) + l_{33}\left(\frac{A_{\mathrm{m},\beta\text{-}C}}{T}\right) + l_{311}\left(\frac{A_{\mathrm{m},A}}{T}\right)^2\right. \\
&\quad + l_{312}\left(\frac{A_{\mathrm{m},A}}{T}\right)\left(\frac{A_{\mathrm{m},\gamma\text{-}B}}{T}\right) + l_{313}\left(\frac{A_{\mathrm{m},A}}{T}\right)\left(\frac{A_{\mathrm{m},\beta\text{-}C}}{T}\right) \\
&\quad + l_{322}\left(\frac{A_{\mathrm{m},\gamma\text{-}B}}{T}\right)^2 \\
&\quad + l_{323}\left(\frac{A_{\mathrm{m},\gamma\text{-}B}}{T}\right)\left(\frac{A_{\mathrm{m},\beta\text{-}C}}{T}\right) + l_{333}\left(\frac{A_{\mathrm{m},\beta\text{-}C}}{T}\right)^2 + l_{3111}\left(\frac{A_{\mathrm{m},A}}{T}\right)^3 \\
&\quad + l_{3112}\left(\frac{A_{\mathrm{m},A}}{T}\right)^2\left(\frac{A_{\mathrm{m},\gamma\text{-}B}}{T}\right) + l_{3113}\left(\frac{A_{\mathrm{m},A}}{T}\right)^2\left(\frac{A_{\mathrm{m},C}}{T}\right) \\
&\quad + l_{3122}\left(\frac{A_{\mathrm{m},\gamma\text{-}B}}{T}\right)^2\left(\frac{A_{\mathrm{m},A}}{T}\right) + l_{3123}\left(\frac{A_{\mathrm{m},A}}{T}\right)\left(\frac{A_{\mathrm{m},\gamma\text{-}B}}{T}\right)\left(\frac{A_{\mathrm{m},\beta\text{-}C}}{T}\right) \\
&\quad + l_{3133}\left(\frac{A_{\mathrm{m},\beta\text{-}C}}{T}\right)^2\left(\frac{A_{\mathrm{m},A}}{T}\right) + l_{3222}\left(\frac{A_{\mathrm{m},\gamma\text{-}B}}{T}\right)^3 \\
&\quad + l_{3223}\left(\frac{A_{\mathrm{m},\gamma\text{-}B}}{T}\right)^2\left(\frac{A_{\mathrm{m},\beta\text{-}C}}{T}\right) \\
&\quad \left. + l_{3233}\left(\frac{A_{\mathrm{m},\beta\text{-}C}}{T}\right)^2\left(\frac{A_{\mathrm{m},\gamma\text{-}B}}{T}\right) + l_{3333}\left(\frac{A_{\mathrm{m},\beta\text{-}C}}{T}\right)^3 + \cdots\right]
\end{aligned}
\tag{7.529}
$$

式中，

$$A_{\mathrm{m},A} = \Delta G_{\mathrm{m},A}$$

$$A_{\mathrm{m},\gamma\text{-}B} = \Delta G_{\mathrm{m},\gamma\text{-}B}$$

$$A_{\mathrm{m},\beta\text{-}C} = \Delta G_{\mathrm{m},\beta\text{-}C}$$

2) 从温度 T_1 到 T_2

从温度 T_1 到 T_2，固相组元 $\gamma\text{-}B$ 和 $\beta\text{-}C$ 溶解，不考虑耦合作用，在温度 T_i 其溶解速率为

$$
\begin{aligned}
\frac{\mathrm{d}N_{(B)_{l'_{i-1}}}}{\mathrm{d}t} &= -\frac{\mathrm{d}N_{\gamma\text{-}B}}{\mathrm{d}t} = Vj_{\gamma\text{-}B} \\
&= -V\left[l_1\left(\frac{A_{\mathrm{m},\gamma\text{-}B}}{T}\right) + l_2\left(\frac{A_{\mathrm{m},\gamma\text{-}B}}{T}\right)^2 + l_3\left(\frac{A_{\mathrm{m},\gamma\text{-}B}}{T}\right)^3 + \cdots\right]
\end{aligned}
\tag{7.530}
$$

$$
\begin{aligned}
\frac{\mathrm{d}N_{(C)_{l'_{i-1}}}}{\mathrm{d}t} &= -\frac{\mathrm{d}N_{\beta\text{-}C}}{\mathrm{d}t} = Vj_{\beta\text{-}C} \\
&= -V\left[l_1\left(\frac{A_{\mathrm{m},\beta\text{-}C}}{T}\right) + l_2\left(\frac{A_{\mathrm{m},\beta\text{-}C}}{T}\right)^2 + l_3\left(\frac{A_{\mathrm{m},\beta\text{-}C}}{T}\right)^3 + \cdots\right]
\end{aligned}
\tag{7.531}
$$

考虑耦合作用，有

$$
\begin{aligned}
\frac{\mathrm{d}N_{(B)_{l'_{i-1}}}}{\mathrm{d}t} &= -\frac{\mathrm{d}N_{\gamma\text{-}B}}{\mathrm{d}t} = Vj_{\gamma\text{-}B} \\
&= -V\left[l_{11}\left(\frac{A_{\mathrm{m},\gamma\text{-}B}}{T}\right) + l_{12}\left(\frac{A_{\mathrm{m},\beta\text{-}C}}{T}\right) + l_{111}\left(\frac{A_{\mathrm{m},\gamma\text{-}B}}{T}\right)^2\right. \\
&\quad + l_{112}\left(\frac{A_{\mathrm{m},\gamma\text{-}B}}{T}\right)\left(\frac{A_{\mathrm{m},\beta\text{-}C}}{T}\right) + l_{122}\left(\frac{A_{\mathrm{m},\beta\text{-}C}}{T}\right)^2 + l_{1111}\left(\frac{A_{\mathrm{m},\gamma\text{-}B}}{T}\right)^3 \\
&\quad + l_{1112}\left(\frac{A_{\mathrm{m},\gamma\text{-}B}}{T}\right)^2\left(\frac{A_{\mathrm{m},\beta\text{-}C}}{T}\right) + l_{1122}\left(\frac{A_{\mathrm{m},\gamma\text{-}B}}{T}\right)\left(\frac{A_{\mathrm{m},\beta\text{-}C}}{T}\right)^2 \\
&\quad \left. + l_{1222}\left(\frac{A_{\mathrm{m},\beta\text{-}C}}{T}\right)^3 + \cdots\right]
\end{aligned}
\tag{7.532}
$$

$$
\begin{aligned}
\frac{\mathrm{d}N_{(C)_{l'_{i-1}}}}{\mathrm{d}t} &= -\frac{\mathrm{d}N_{\beta\text{-}C}}{\mathrm{d}t} = Vj_{\beta\text{-}C} \\
&= -V\left[l_{21}\left(\frac{A_{\mathrm{m},\gamma\text{-}B}}{T}\right) + l_{22}\left(\frac{A_{\mathrm{m},\beta\text{-}C}}{T}\right) + l_{211}\left(\frac{A_{\mathrm{m},\gamma\text{-}B}}{T}\right)^2\right. \\
&\quad + l_{212}\left(\frac{A_{\mathrm{m},\gamma\text{-}B}}{T}\right)\left(\frac{A_{\mathrm{m},\beta\text{-}C}}{T}\right) + l_{222}\left(\frac{A_{\mathrm{m},\beta\text{-}C}}{T}\right)^2 + l_{2111}\left(\frac{A_{\mathrm{m},\gamma\text{-}B}}{T}\right)^3 \\
&\quad + l_{2112}\left(\frac{A_{\mathrm{m},\gamma\text{-}B}}{T}\right)^2\left(\frac{A_{\mathrm{m},\beta\text{-}C}}{T}\right) + l_{2122}\left(\frac{A_{\mathrm{m},\gamma\text{-}B}}{T}\right)\left(\frac{A_{\mathrm{m},\beta\text{-}C}}{T}\right)^2 \\
&\quad \left. + l_{2222}\left(\frac{A_{\mathrm{m},\beta\text{-}C}}{T}\right)^3 + \cdots\right]
\end{aligned}
\tag{7.533}
$$

式中，

$$A_{\mathrm{m},\gamma\text{-}B} = \Delta G_{\mathrm{m},\gamma\text{-}B}$$

$$A_{\mathrm{m},\beta\text{-}C} = \Delta G_{\mathrm{m},\beta\text{-}C}$$

3) 在温度 T_{t_2+1}

从温度 T_{t_2+1}，由 $\gamma\text{-}B \to \beta\text{-}B$ 的晶型转变速率为

$$
\begin{aligned}
\frac{\mathrm{d}n_{\beta\text{-}B}}{\mathrm{d}t} &= -\frac{\mathrm{d}n_{\gamma\text{-}B}}{T} = j_{B(\gamma\to\beta)} \\
&= l_1\left(\frac{A_{\mathrm{m},B(\gamma\text{-}B)}}{T}\right) + l_2\left(\frac{A_{\mathrm{m},B(\gamma\text{-}B)}}{T}\right)^2 + l_3\left(\frac{A_{\mathrm{m},B(\gamma\text{-}B)}}{T}\right)^3 + \cdots
\end{aligned} \tag{7.534}
$$

不考虑耦合作用，固相组元 $\gamma\text{-}B$、$\beta\text{-}B$ 和 $\beta\text{-}C$ 的溶解速率为

$$
\begin{aligned}
-\frac{\mathrm{d}N_{\gamma\text{-}B}}{\mathrm{d}t} &= Vj_{\gamma\text{-}B} \\
&= -V\left[l_1\left(\frac{A_{\mathrm{m},\gamma\text{-}B}}{T}\right) + l_2\left(\frac{A_{\mathrm{m},\gamma\text{-}B}}{T}\right)^2 + l_3\left(\frac{A_{\mathrm{m},\gamma\text{-}B}}{T}\right)^3 + \cdots\right]
\end{aligned} \tag{7.535}
$$

$$
\begin{aligned}
-\frac{\mathrm{d}N_{\beta\text{-}B}}{\mathrm{d}t} &= Vj_{\beta\text{-}B} \\
&= -V\left[l_1\left(\frac{A_{\mathrm{m},\beta\text{-}B}}{T}\right) + l_2\left(\frac{A_{\mathrm{m},\beta\text{-}B}}{T}\right)^2 + l_3\left(\frac{A_{\mathrm{m},\beta\text{-}B}}{T}\right)^3 + \cdots\right]
\end{aligned} \tag{7.536}
$$

$$
\begin{aligned}
-\frac{\mathrm{d}N_{\beta\text{-}C}}{\mathrm{d}t} &= Vj_{\beta\text{-}C} \\
&= -V\left[l_1\left(\frac{A_{\mathrm{m},\beta\text{-}C}}{T}\right) + l_2\left(\frac{A_{\mathrm{m},\beta\text{-}C}}{T}\right)^2 + l_3\left(\frac{A_{\mathrm{m},\beta\text{-}C}}{T}\right)^3 + \cdots\right]
\end{aligned} \tag{7.537}
$$

考虑耦合作用，有

$$
\begin{aligned}
-\frac{\mathrm{d}N_{\gamma\text{-}B}}{\mathrm{d}t} &= Vj_{\gamma\text{-}B} \\
&= -V\Bigg[l_{11}\left(\frac{A_{\mathrm{m},\gamma\text{-}B}}{T}\right) + l_{12}\left(\frac{A_{\mathrm{m},\beta\text{-}B}}{T}\right) + l_{13}\left(\frac{A_{\mathrm{m},\beta\text{-}C}}{T}\right) + l_{111}\left(\frac{A_{\mathrm{m},\gamma\text{-}B}}{T}\right)^2 \\
&\quad + l_{112}\left(\frac{A_{\mathrm{m},\gamma\text{-}B}}{T}\right)\left(\frac{A_{\mathrm{m},\beta\text{-}B}}{T}\right) + l_{113}\left(\frac{A_{\mathrm{m},\gamma\text{-}B}}{T}\right)\left(\frac{A_{\mathrm{m},\beta\text{-}C}}{T}\right) \\
&\quad + l_{122}\left(\frac{A_{\mathrm{m},\beta\text{-}B}}{T}\right)^2 \\
&\quad + l_{123}\left(\frac{A_{\mathrm{m},\beta\text{-}B}}{T}\right)\left(\frac{A_{\mathrm{m},\beta\text{-}B}}{T}\right)\left(\frac{A_{\mathrm{m},\beta\text{-}C}}{T}\right) + l_{133}\left(\frac{A_{\mathrm{m},\beta\text{-}C}}{T}\right)^2 \\
&\quad + l_{1111}\left(\frac{A_{\mathrm{m},\gamma\text{-}B}}{T}\right)^3
\end{aligned}
$$

$$
\begin{aligned}
&+l_{1112}\left(\frac{A_{\mathrm{m},\gamma\text{-}B}}{T}\right)^2\left(\frac{A_{\mathrm{m},\beta\text{-}B}}{T}\right)+l_{1113}\left(\frac{A_{\mathrm{m},\gamma\text{-}B}}{T}\right)^2\left(\frac{A_{\mathrm{m},\beta\text{-}C}}{T}\right)\\
&+l_{1122}\left(\frac{A_{\mathrm{m},\gamma\text{-}B}}{T}\right)\left(\frac{A_{\mathrm{m},\beta\text{-}B}}{T}\right)^3+l_{1123}\left(\frac{A_{\mathrm{m},\gamma\text{-}B}}{T}\right)\left(\frac{A_{\mathrm{m},\beta\text{-}B}}{T}\right)\left(\frac{A_{\mathrm{m},\beta\text{-}C}}{T}\right)\\
&+l_{1133}\left(\frac{A_{\mathrm{m},\gamma\text{-}B}}{T}\right)\left(\frac{A_{\mathrm{m},\beta\text{-}C}}{T}\right)^2+l_{1222}\left(\frac{A_{\mathrm{m},\gamma\text{-}B}}{T}\right)^3\\
&+l_{1223}\left(\frac{A_{\mathrm{m},\beta\text{-}B}}{T}\right)^2\left(\frac{A_{\mathrm{m},\beta\text{-}C}}{T}\right)+l_{1233}\left(\frac{A_{\mathrm{m},\beta\text{-}B}}{T}\right)\left(\frac{A_{\mathrm{m},\beta\text{-}C}}{T}\right)^2\\
&+l_{1333}\left(\frac{A_{\mathrm{m},\beta\text{-}C}}{T}\right)^3+\cdots\Bigg]
\end{aligned}
\tag{7.538}
$$

$$
\begin{aligned}
-\frac{\mathrm{d}N_{\beta\text{-}B}}{\mathrm{d}t}&=Vj_{\beta\text{-}B}\\
&=-V\Bigg[l_{21}\left(\frac{A_{\mathrm{m},\gamma\text{-}B}}{T}\right)+l_{22}\left(\frac{A_{\mathrm{m},\beta\text{-}B}}{T}\right)+l_{23}\left(\frac{A_{\mathrm{m},\beta\text{-}C}}{T}\right)\\
&\quad+l_{211}\left(\frac{A_{\mathrm{m},\gamma\text{-}B}}{T}\right)^2\left(\frac{A_{\mathrm{m},A}}{T}\right)+l_{212}\left(\frac{A_{\mathrm{m},\gamma\text{-}B}}{T}\right)\left(\frac{A_{\mathrm{m},\beta\text{-}B}}{T}\right)\\
&\quad+l_{213}\left(\frac{A_{\mathrm{m},\gamma\text{-}B}}{T}\right)\left(\frac{A_{\mathrm{m},\beta\text{-}C}}{T}\right)+l_{222}\left(\frac{A_{\mathrm{m},\beta\text{-}B}}{T}\right)^2\\
&\quad+l_{223}\left(\frac{A_{\mathrm{m},\beta\text{-}B}}{T}\right)\left(\frac{A_{\mathrm{m},\beta\text{-}C}}{T}\right)\\
&\quad+l_{233}\left(\frac{A_{\mathrm{m},\beta\text{-}C}}{T}\right)^2+l_{2111}\left(\frac{A_{\mathrm{m},\gamma\text{-}B}}{T}\right)^3+l_{2112}\left(\frac{A_{\mathrm{m},\gamma\text{-}B}}{T}\right)^2\left(\frac{A_{\mathrm{m},\beta\text{-}B}}{T}\right)\\
&\quad+l_{2113}\left(\frac{A_{\mathrm{m},\gamma\text{-}B}}{T}\right)^2\left(\frac{A_{\mathrm{m},\beta\text{-}C}}{T}\right)+l_{2122}\left(\frac{A_{\mathrm{m},\gamma\text{-}B}}{T}\right)\left(\frac{A_{\mathrm{m},\beta\text{-}B}}{T}\right)^2\\
&\quad+l_{2123}\left(\frac{A_{\mathrm{m},\gamma\text{-}B}}{T}\right)\left(\frac{A_{\mathrm{m},\beta\text{-}B}}{T}\right)\left(\frac{A_{\mathrm{m},\beta\text{-}C}}{T}\right)+l_{2133}\left(\frac{A_{\mathrm{m},\gamma\text{-}B}}{T}\right)\left(\frac{A_{\mathrm{m},\beta\text{-}C}}{T}\right)^2\\
&\quad+l_{2222}\left(\frac{A_{\mathrm{m},\beta\text{-}B}}{T}\right)^3+l_{2223}\left(\frac{A_{\mathrm{m},\beta\text{-}B}}{T}\right)^2\left(\frac{A_{\mathrm{m},\beta\text{-}C}}{T}\right)\\
&\quad+l_{2233}\left(\frac{A_{\mathrm{m},\beta\text{-}B}}{T}\right)\left(\frac{A_{\mathrm{m},\beta\text{-}C}}{T}\right)^2+l_{2333}\left(\frac{A_{\mathrm{m},\beta\text{-}C}}{T}\right)^3+\cdots\Bigg]
\end{aligned}
\tag{7.539}
$$

$$
\begin{aligned}
-\frac{\mathrm{d}N_{\beta\text{-}C}}{\mathrm{d}t} =& Vj_{\beta\text{-}C}\\
=& -V\left[l_{31}\left(\frac{A_{\mathrm{m},\gamma\text{-}B}}{T}\right)+l_{32}\left(\frac{A_{\mathrm{m},\beta\text{-}B}}{T}\right)+l_{33}\left(\frac{A_{\mathrm{m},\beta\text{-}C}}{T}\right)\right.\\
&+l_{311}\left(\frac{A_{\mathrm{m},\gamma\text{-}B}}{T}\right)^2\left(\frac{A_{\mathrm{m},A}}{T}\right)+l_{312}\left(\frac{A_{\mathrm{m},\gamma\text{-}B}}{T}\right)\left(\frac{A_{\mathrm{m},\beta\text{-}B}}{T}\right)\\
&+l_{313}\left(\frac{A_{\mathrm{m},\gamma\text{-}B}}{T}\right)\left(\frac{A_{\mathrm{m},\beta\text{-}C}}{T}\right)+l_{322}\left(\frac{A_{\mathrm{m},\beta\text{-}B}}{T}\right)^2\\
&+l_{323}\left(\frac{A_{\mathrm{m},\beta\text{-}B}}{T}\right)\left(\frac{A_{\mathrm{m},\beta\text{-}C}}{T}\right)\\
&+l_{333}\left(\frac{A_{\mathrm{m},\beta\text{-}C}}{T}\right)^2+l_{3111}\left(\frac{A_{\mathrm{m},\gamma\text{-}B}}{T}\right)^3+l_{3112}\left(\frac{A_{\mathrm{m},\gamma\text{-}B}}{T}\right)^2\left(\frac{A_{\mathrm{m},\beta\text{-}B}}{T}\right)\\
&+l_{3113}\left(\frac{A_{\mathrm{m},\gamma\text{-}B}}{T}\right)^2\left(\frac{A_{\mathrm{m},\beta\text{-}C}}{T}\right)+l_{3122}\left(\frac{A_{\mathrm{m},\gamma\text{-}B}}{T}\right)\left(\frac{A_{\mathrm{m},\beta\text{-}B}}{T}\right)^2\\
&+l_{3123}\left(\frac{A_{\mathrm{m},\gamma\text{-}B}}{T}\right)\left(\frac{A_{\mathrm{m},\beta\text{-}B}}{T}\right)\left(\frac{A_{\mathrm{m},\beta\text{-}C}}{T}\right)+l_{3133}\left(\frac{A_{\mathrm{m},\gamma\text{-}B}}{T}\right)\left(\frac{A_{\mathrm{m},\beta\text{-}C}}{T}\right)^2\\
&+l_{3222}\left(\frac{A_{\mathrm{m},\beta\text{-}B}}{T}\right)^3+l_{3223}\left(\frac{A_{\mathrm{m},\beta\text{-}B}}{T}\right)^2\left(\frac{A_{\mathrm{m},\beta\text{-}C}}{T}\right)\\
&\left.+l_{3233}\left(\frac{A_{\mathrm{m},\beta\text{-}B}}{T}\right)\left(\frac{A_{\mathrm{m},\beta\text{-}C}}{T}\right)^2+l_{3333}\left(\frac{A_{\mathrm{m},\beta\text{-}C}}{T}\right)^3+\cdots\right]
\end{aligned}
\tag{7.540}
$$

式中,

$$A_{\mathrm{m},\gamma\text{-}B}=\Delta G_{\mathrm{m},\gamma\text{-}B}$$

$$A_{\mathrm{m},\beta\text{-}B}=\Delta G_{\mathrm{m},\beta\text{-}B}$$

$$A_{\mathrm{m},\beta\text{-}C}=\Delta G_{\mathrm{m},\beta\text{-}C}$$

4) 从温度 T_{t_2+1} 到 T_{Q+1}

从温度 T_{t_2+1} 到 T_{Q+1}，固相组元 $\beta\text{-}B$ 和 $\beta\text{-}C$ 溶解。不考虑耦合作用，在温度 T_k，其溶解速率为

$$
\begin{aligned}
-\frac{\mathrm{d}N_{\beta\text{-}B}}{\mathrm{d}t} =& Vj_{\beta\text{-}B}\\
=& -V\left[l_1\left(\frac{A_{\mathrm{m},\beta\text{-}B}}{T}\right)+l_2\left(\frac{A_{\mathrm{m},\beta\text{-}B}}{T}\right)^2+l_3\left(\frac{A_{\mathrm{m},\beta\text{-}B}}{T}\right)^3+\cdots\right]
\end{aligned}
\tag{7.541}
$$

$$
\begin{aligned}
-\frac{\mathrm{d}N_{\beta\text{-}C}}{\mathrm{d}t} &= Vj_{\beta\text{-}C} \\
&= -V\left[l_1\left(\frac{A_{\mathrm{m},\beta\text{-}C}}{T}\right)+l_2\left(\frac{A_{\mathrm{m},\beta\text{-}C}}{T}\right)^2+l_3\left(\frac{A_{\mathrm{m},\beta\text{-}C}}{T}\right)^3+\cdots\right]
\end{aligned}
\tag{7.542}
$$

考虑耦合作用，有

$$
\begin{aligned}
-\frac{\mathrm{d}N_{\beta\text{-}B}}{\mathrm{d}t} =& Vj_{\beta\text{-}B} \\
=& -V\left[l_{11}\left(\frac{A_{\mathrm{m},\beta\text{-}B}}{T}\right)+l_{12}\left(\frac{A_{\mathrm{m},\beta\text{-}C}}{T}\right)+l_{111}\left(\frac{A_{\mathrm{m},\beta\text{-}B}}{T}\right)^2\right. \\
&+l_{112}\left(\frac{A_{\mathrm{m},\beta\text{-}B}}{T}\right)\left(\frac{A_{\mathrm{m},\beta\text{-}C}}{T}\right)+l_{122}\left(\frac{A_{\mathrm{m},\beta\text{-}C}}{T}\right)^2+l_{1111}\left(\frac{A_{\mathrm{m},\beta\text{-}B}}{T}\right)^3 \\
&+l_{1112}\left(\frac{A_{\mathrm{m},\beta\text{-}B}}{T}\right)^2\left(\frac{A_{\mathrm{m},\beta\text{-}C}}{T}\right)+l_{1122}\left(\frac{A_{\mathrm{m},\beta\text{-}B}}{T}\right)\left(\frac{A_{\mathrm{m},\beta\text{-}C}}{T}\right)^2 \\
&\left.+l_{1222}\left(\frac{A_{\mathrm{m},\beta\text{-}C}}{T}\right)^3+\cdots\right]
\end{aligned}
\tag{7.543}
$$

$$
\begin{aligned}
-\frac{\mathrm{d}N_{\beta\text{-}C}}{\mathrm{d}t} =& Vj_{\beta\text{-}C} \\
=& -V\left[l_{21}\left(\frac{A_{\mathrm{m},\beta\text{-}B}}{T}\right)+l_{22}\left(\frac{A_{\mathrm{m},\beta\text{-}C}}{T}\right)+l_{211}\left(\frac{A_{\mathrm{m},\beta\text{-}B}}{T}\right)^2\right. \\
&+l_{212}\left(\frac{A_{\mathrm{m},\beta\text{-}B}}{T}\right)\left(\frac{A_{\mathrm{m},\beta\text{-}C}}{T}\right)+l_{222}\left(\frac{A_{\mathrm{m},\beta\text{-}C}}{T}\right)^2+l_{2111}\left(\frac{A_{\mathrm{m},\beta\text{-}B}}{T}\right)^3 \\
&+l_{2112}\left(\frac{A_{\mathrm{m},\beta\text{-}B}}{T}\right)^2\left(\frac{A_{\mathrm{m},\beta\text{-}C}}{T}\right)+l_{2122}\left(\frac{A_{\mathrm{m},\beta\text{-}B}}{T}\right)\left(\frac{A_{\mathrm{m},\beta\text{-}C}}{T}\right)^2 \\
&\left.+l_{2222}\left(\frac{A_{\mathrm{m},\beta\text{-}C}}{T}\right)^3+\cdots\right]
\end{aligned}
\tag{7.544}
$$

式中，

$$A_{\mathrm{m},\beta\text{-}B} = \Delta G_{\mathrm{m},B}$$

$$A_{\mathrm{m},\beta\text{-}C} = \Delta G_{\mathrm{m},C}$$

5) 从温度 T_{Q+1} 到 T_P

从温度 T_{Q+1} 到 T_P，固相组元 $\beta\text{-}B$ 溶解。在温度 T_j，溶解速率为

$$
\begin{aligned}
-\frac{\mathrm{d}N_{(B)_{l'_{j-1}}}}{\mathrm{d}t} &= -\frac{d_{N_{\beta\text{-}B}}}{\mathrm{d}t} = Vj_{\beta\text{-}B} \\
&= -V\left[l_1\left(\frac{A_{\mathrm{m},\beta\text{-}B}}{T}\right) + l_2\left(\frac{A_{\mathrm{m},\beta\text{-}B}}{T}\right)^2 + l_3\left(\frac{A_{\mathrm{m},\beta\text{-}B}}{T}\right)^3 + \cdots\right]
\end{aligned}
\tag{7.545}
$$

式中，

$$
A_{\mathrm{m},\beta\text{-}B} = \Delta G_{\mathrm{m},B}
$$

6) 在温度 T_{P+1}

在温度 T_{P+1}，相变速率为

$$
\frac{\mathrm{d}n_{B(\beta\to\alpha)}}{\mathrm{d}t} = -l_1\left(\frac{A_{\mathrm{m},B(\beta\text{-}\alpha)}}{T}\right) - l_2\left(\frac{A_{\mathrm{m},B(\beta\text{-}\alpha)}}{T}\right)^2 - l_3\left(\frac{A_{\mathrm{m},B(\beta\text{-}\alpha)}}{T}\right)^3 - \cdots \tag{7.546}
$$

在温度 T_{P+1}，固相组元 $\beta\text{-}B$ 的相变速率为

$$
\begin{aligned}
\frac{\mathrm{d}N_{\alpha\text{-}B}}{\mathrm{d}t} &= -\frac{\mathrm{d}N_{\beta\text{-}B}}{\mathrm{d}t} = j_{B(\beta\to\alpha)} \\
&= l_1\left(\frac{A_{\mathrm{m},B(\beta\to\alpha)}}{T}\right) + l_2\left(\frac{A_{\mathrm{m},B(\beta\to\alpha)}}{T}\right)^2 + l_3\left(\frac{A_{\mathrm{m},B(\beta\to\alpha)}}{T}\right)^3 + \cdots
\end{aligned}
\tag{7.547}
$$

不考虑耦合作用，固相组元 $\beta\text{-}B$ 和 $\alpha\text{-}B$ 的溶解速率为

$$
\begin{aligned}
-\frac{\mathrm{d}N_{\beta\text{-}B}}{\mathrm{d}t} &= Vj_{\beta\text{-}B} \\
&= -V\left[l_1\left(\frac{A_{\mathrm{m},\beta\text{-}B}}{T}\right) + l_2\left(\frac{A_{\mathrm{m},\beta\text{-}B}}{T}\right)^2 + l_3\left(\frac{A_{\mathrm{m},\beta\text{-}B}}{T}\right)^3 + \cdots\right]
\end{aligned}
\tag{7.548}
$$

$$
\begin{aligned}
-\frac{\mathrm{d}N_{\alpha-B}}{\mathrm{d}t} &= Vj_{\alpha\text{-}B} \\
&= -V\left[l_1\left(\frac{A_{\mathrm{m},\alpha\text{-}B}}{T}\right) + l_2\left(\frac{A_{\mathrm{m},\alpha\text{-}B}}{T}\right)^2 + l_3\left(\frac{A_{\mathrm{m},\alpha\text{-}B}}{T}\right)^3 + \cdots\right]
\end{aligned}
\tag{7.549}
$$

考虑耦合作用，有

$$
\begin{aligned}
-\frac{\mathrm{d}N_{\beta\text{-}B}}{\mathrm{d}t} =& Vj_{\beta\text{-}B} \\
=& -V\left[l_{11}\left(\frac{A_{\mathrm{m},\beta\text{-}B}}{T}\right)+l_{12}\left(\frac{A_{\mathrm{m},\alpha\text{-}B}}{T}\right)+l_{111}\left(\frac{A_{\mathrm{m},\beta\text{-}B}}{T}\right)^2\right. \\
&+l_{112}\left(\frac{A_{\mathrm{m},\beta\text{-}B}}{T}\right)\left(\frac{A_{\mathrm{m},\alpha\text{-}B}}{T}\right)+l_{122}\left(\frac{A_{\mathrm{m},\alpha\text{-}B}}{T}\right)^2+l_{1111}\left(\frac{A_{\mathrm{m},\beta\text{-}B}}{T}\right)^3 \\
&+\rho_{1112}\left(\frac{A_{\mathrm{m},\beta\text{-}B}}{T}\right)^2\left(\frac{A_{\mathrm{m},\alpha\text{-}B}}{T}\right)+\rho_{1122}\left(\frac{A_{\mathrm{m},\beta\text{-}B}}{T}\right)\left(\frac{A_{\mathrm{m},\alpha\text{-}B}}{T}\right)^2 \\
&\left.+\rho_{1222}\left(\frac{A_{\mathrm{m},\alpha\text{-}B}}{T}\right)^3+\cdots\right]
\end{aligned}
\tag{7.550}
$$

$$
\begin{aligned}
-\frac{\mathrm{d}N_{\alpha\text{-}B}}{\mathrm{d}t} =& Vj_{\alpha\text{-}B} \\
=& -V\left[l_{21}\left(\frac{A_{\mathrm{m},\beta\text{-}B}}{T}\right)+l_{22}\left(\frac{A_{\mathrm{m},\alpha\text{-}B}}{T}\right)+l_{211}\left(\frac{A_{\mathrm{m},\beta\text{-}B}}{T}\right)^2\right. \\
&+l_{212}\left(\frac{A_{\mathrm{m},\beta\text{-}B}}{T}\right)\left(\frac{A_{\mathrm{m},\alpha\text{-}B}}{T}\right)+l_{222}\left(\frac{A_{\mathrm{m},\alpha\text{-}B}}{T}\right)^2+l_{2111}\left(\frac{A_{\mathrm{m},\beta\text{-}B}}{T}\right)^3 \\
&+l_{2112}\left(\frac{A_{\mathrm{m},\beta\text{-}B}}{T}\right)^2\left(\frac{A_{\mathrm{m},\alpha\text{-}B}}{T}\right)+l_{2122}\left(\frac{A_{\mathrm{m},\beta\text{-}B}}{T}\right)\left(\frac{A_{\mathrm{m},\alpha\text{-}B}}{T}\right)^2 \\
&\left.+l_{2222}\left(\frac{A_{\mathrm{m},\alpha\text{-}B}}{T}\right)^3\cdots\right]
\end{aligned}
\tag{7.551}
$$

式中，

$$A_{\mathrm{m},\beta\text{-}B} = \Delta G_{\mathrm{m},B_1}$$

$$A_{\mathrm{m},\alpha\text{-}B} = \Delta G_{\mathrm{m},B_2}$$

7) 从温度 T_P 到 T_M

从温度 T_P 到 T_M，固相组元 α-B 溶解，速率为

$$
\begin{aligned}
-\frac{\mathrm{d}N_{\alpha\text{-}B}}{\mathrm{d}t} =& Vj_B \\
=& -V\left[l_1\left(\frac{A_{\mathrm{m},B}}{T}\right)+l_2\left(\frac{A_{\mathrm{m},B}}{T}\right)^2+l_3\left(\frac{A_{\mathrm{m},B}}{T}\right)^3+\cdots\right]
\end{aligned}
\tag{7.552}
$$

式中，

$$A_{\mathrm{m},B} = \Delta G_{\mathrm{m},B_1}$$

7.3.9 具有液相分层的三元系

1. 相变过程热力学

图 7.17 是具有液相分层的三元系相图。

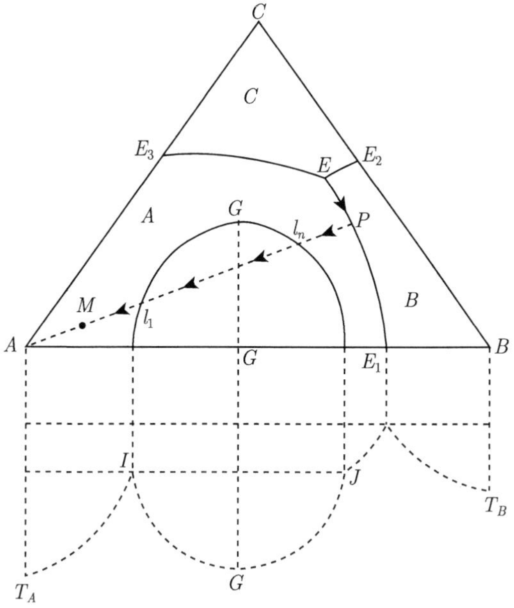

图 7.17 具有液相分层的三元系相图

组成为 M 的物质升温加热。温度升高到 T_E，物质组成点到达过 E 点的等温平面。开始出现液相。液–固两相平衡，有

$$E\,(\mathrm{s}) \rightleftharpoons E\,(\mathrm{l})$$

即

$$\begin{aligned} x_A A\,(\mathrm{s}) + x_B B\,(\mathrm{s}) + x_C C\,(\mathrm{s}) &\rightleftharpoons x_A\,(A)_{E(\mathrm{l})} + x_B\,(B)_{E(\mathrm{l})} + x_C\,(C)_{E(\mathrm{l})} \\ &= x_A\,(A)_{饱} + x_B\,(B)_{饱} + x_C\,(C)_{饱} \end{aligned}$$

或

$$A\,(\mathrm{s}) \rightleftharpoons (A)_{E(\mathrm{l})} = (A)_{饱}$$

$$B\,(\mathrm{s}) \rightleftharpoons (B)_{E(\mathrm{l})} = (B)_{饱}$$

$$C\,(\mathrm{s}) \rightleftharpoons (C)_{E(\mathrm{l})} = (C)_{饱}$$

该过程的摩尔吉布斯自由能变化为

$$\begin{aligned}\Delta G_{\mathrm{m},E}\left(T_E\right) &= G_{\mathrm{m},E(\mathrm{l})}\left(T_E\right) - G_{\mathrm{m},E(\mathrm{s})}\left(T_E\right) \\ &= \Delta_{\mathrm{fus}} H_{\mathrm{m},E}\left(T_E\right) - T_E \Delta_{\mathrm{fus}} S_{\mathrm{m},E}\left(T_E\right) \\ &= \Delta_{\mathrm{fus}} H_{\mathrm{m},E}\left(T_E\right) - T_E \frac{\Delta_{\mathrm{fus}} H_{\mathrm{m},E}\left(T_E\right)}{T_E} \\ &= 0\end{aligned} \tag{7.553}$$

或

$$\Delta G_{\mathrm{m},E}\left(T_E\right) = x_A \Delta G_{\mathrm{m},A}\left(T_E\right) + x_B \Delta G_{\mathrm{m},B}\left(T_E\right) + x_C \Delta G_{\mathrm{m},C}\left(T_E\right) \tag{7.554}$$

式中，

$$\begin{aligned}\Delta G_{\mathrm{m},A}\left(T_E\right) &= \overline{G}_{\mathrm{m},(A)_{E(\mathrm{l})}}\left(T_E\right) - G_{\mathrm{m},A(\mathrm{s})}\left(T_E\right) \\ &= \Delta_{\mathrm{sol}} H_{\mathrm{m},A}\left(T_E\right) - T_E \Delta_{\mathrm{sol}} S_{\mathrm{m},A}\left(T_E\right) \\ &= \Delta_{\mathrm{sol}} H_{\mathrm{m},A}\left(T_E\right) - T_E \frac{\Delta_{\mathrm{sol}} H_{\mathrm{m},A}\left(T_E\right)}{T_E} \\ &= 0\end{aligned}$$

同理

$$\Delta G_{\mathrm{m},B}\left(T_E\right) = \Delta_{\mathrm{sol}} H_{\mathrm{m},B}\left(T_E\right) - T_E \frac{\Delta_{\mathrm{sol}} H_{\mathrm{m},B}\left(T_E\right)}{T_E} = 0 \tag{7.555}$$

$$\Delta G_{\mathrm{m},C}\left(T_E\right) = \Delta_{\mathrm{sol}} H_{\mathrm{m},C}\left(T_E\right) - T_E \frac{\Delta_{\mathrm{sol}} H_{\mathrm{m},C}\left(T_E\right)}{T_E} = 0 \tag{7.556}$$

固相和液相中的组元 A、B、C 都以其纯固态为标准状态，浓度以摩尔分数表示，有

$$\begin{aligned}\Delta G_{\mathrm{m},A} &= \mu_{(A)_{E(\mathrm{l})}} - \mu_{A(\mathrm{s})} \\ &= -RT \ln a^{\mathrm{R}}_{(A)_{E(\mathrm{l})}} = -RT \ln a^{\mathrm{R}}_{(A)_{饱}} \\ &= 0\end{aligned} \tag{7.557}$$

式中，

$$\mu_{(A)_{E(\mathrm{l})}} = \mu^*_{A(\mathrm{s})} + RT \ln a^{\mathrm{R}}_{(A)_{E(\mathrm{l})}}$$

$$\mu_{A(\mathrm{s})} = \mu^*_{A(\mathrm{s})}$$

同理

$$\Delta G_{\mathrm{m},B} = \mu_{(B)_{E(\mathrm{l})}} - \mu_{B(\mathrm{s})} = 0 \tag{7.558}$$

$$\Delta G_{\mathrm{m},C} = \mu_{(C)_{E(\mathrm{l})}} - \mu_{C(\mathrm{s})} = 0 \tag{7.559}$$

升高温度到 T_1。$T_1 > T_E$，在温度 T_1，若固相组元 $E(\mathrm{s})$ 尚未熔化完，则继续熔化。在温度刚升高到 T_1，固相组元 A、B 和 C 还未向溶液 $E(\mathrm{l})$ 中溶解时，液相 $E(\mathrm{l})$ 组成未变，但已由其饱和的溶液 $E(\mathrm{l})$ 变成其不饱和的溶液 $E(\mathrm{l}')$，固相组元 A、B、C 向其中溶解，有

$$E(\mathrm{s}) = E(\mathrm{l}')$$

即

$$x_A A(\mathrm{s}) + x_B B(\mathrm{s}) + x_C C(\mathrm{s}) = x_A (A)_{E(\mathrm{l}')} + x_B (B)_{E(\mathrm{l}')} + x_C (C)_{E(\mathrm{l}')}$$

或

$$A(\mathrm{s}) = (A)_{E(\mathrm{l}')}$$

$$B(\mathrm{s}) = (B)_{E(\mathrm{l}')}$$

$$C(\mathrm{s}) = (C)_{E(\mathrm{l}')}$$

该过程的摩尔吉布斯自由能变化为

$$\begin{aligned}\Delta G_{\mathrm{m},E}(T_1) &= G_{\mathrm{m},E(\mathrm{l}')}(T_1) - G_{\mathrm{m},E(\mathrm{s})}(T_1)\\ &= \Delta_{\mathrm{fus}} H_{\mathrm{m},E}(T_1) - T_1 \Delta_{\mathrm{fus}} S_{\mathrm{m},E}(T_1)\\ &\approx \Delta_{\mathrm{fus}} H_{\mathrm{m},E}(T_1) - T_1 \frac{\Delta_{\mathrm{fus}} H_{\mathrm{m},E}(T_E)}{T_E}\\ &= \frac{\Delta_{\mathrm{fus}} H_{\mathrm{m},E} \Delta T}{T_E}\end{aligned} \tag{7.560}$$

式中，

$$\Delta T = T_E - T_1 < 0$$

或

$$\begin{aligned}\Delta G_{\mathrm{m},A}(T_1) &= \overline{G}_{\mathrm{m},(A)_{E(\mathrm{l})}}(T_1) - G_{\mathrm{m},A(\mathrm{s})}(T_1)\\ &= \Delta_{\mathrm{sol}} H_{\mathrm{m},A}(T_1) - T_1 \Delta_{\mathrm{sol}} S_{\mathrm{m},A}(T_1)\\ &\approx \Delta_{\mathrm{sol}} H_{\mathrm{m},A}(T_E) - T_1 \Delta_{\mathrm{sol}} S_{\mathrm{m},A}(T_E)\\ &= \frac{\Delta_{\mathrm{sol}} H_{\mathrm{m},A}(T_E) \Delta T}{T_E}\end{aligned} \tag{7.561}$$

同理

$$\Delta G_{\mathrm{m},B}(T_1) = \frac{\Delta_{\mathrm{sol}} H_{\mathrm{m},B}(T_E) \Delta T}{T_E} \tag{7.562}$$

$$\Delta G_{\mathrm{m},C}\left(T_1\right)=\frac{\Delta_{\mathrm{sol}}H_{\mathrm{m},C}\left(T_E\right)\Delta T}{T_E} \tag{7.563}$$

固相和液相中的组元 A、B、C 都以其纯固态为标准状态，浓度以摩尔分数表示，摩尔吉布斯自由能变化为

$$\Delta G_{\mathrm{m},A}=\mu_{(A)_{E(\mathrm{l})}}-\mu_{A(\mathrm{s})}=RT\ln a^{\mathrm{R}}_{(A)_{E(\mathrm{l}')}} \tag{7.564}$$

式中，

$$\mu_{(A)_{E(\mathrm{l})}}=\mu^*_{A(\mathrm{s})}+RT\ln a^{\mathrm{R}}_{(A)_{E(\mathrm{l}')}}$$

$$\mu_{A(\mathrm{s})}=\mu^*_{A(\mathrm{s})}$$

同理

$$\Delta G_{\mathrm{m},B}=\mu_{(B)_{E(\mathrm{l})}}-\mu_{B(\mathrm{s})}=RT\ln a^{\mathrm{R}}_{(B)_{E(\mathrm{l}')}} \tag{7.565}$$

$$\Delta G_{\mathrm{m},C}=\mu_{(C)_{E(\mathrm{l})}}-\mu_{C(\mathrm{s})}=RT\ln a^{\mathrm{R}}_{(C)_{E(\mathrm{l}')}} \tag{7.566}$$

直到固相组元 C 消失，固相组成 $E(s)$ 消失。固相组元 A 和 B 与溶液达成平衡，溶液成为组元 A 和 B 的饱和溶液。平衡液相组成为共熔线 EE_1 上的 l_1 点。有

$$A\,(\mathrm{s}) \rightleftharpoons (A)_{l_1'} = (A)_{饱}$$

$$B\,(\mathrm{s}) \rightleftharpoons (B)_{l_1'} = (B)_{饱}$$

升高温度。从 T_E 到 T_P，固相组元 A 和 B 不断溶解进入液相。平衡液相组成沿共熔线 EE_1 向 P 点移动。该过程可以统一描述如下。

在温度 T_{i-1}，固–液两相达成平衡，平衡液相组成为 l_{i-1}，有

$$A\,(\mathrm{s}) \rightleftharpoons (A)_{l_{i-1}} = (A)_{饱}$$

$$B\,(\mathrm{s}) \rightleftharpoons (B)_{l_{i-1}} = (B)_{饱}$$

继续升高温度到 T_i。在温度刚升到 T_i，固相组元 A 和 B 还未来得及溶解进入溶液时，液相组成仍与 l_{i-1} 相同。但是，已由组元 A、B 饱和的溶液 l_{i-1} 变为其不饱和的溶液 l'_{i-1}。固相组元 A、B 向其中溶解。有

$$A\,(\mathrm{s}) = (A)_{l'_{i-1}}$$

$$B\,(\mathrm{s}) = (B)_{l'_{i-1}}$$

该过程的摩尔吉布斯自由能变化为

$$\begin{aligned}\Delta G_{\mathrm{m},A}(T_i) &= \overline{G}_{\mathrm{m},(A)_{l'_{i-1}}}(T_i) - G_{\mathrm{m},A(\mathrm{s})}(T_i)\\ &= \varDelta_{\mathrm{sol}}H_{\mathrm{m},A}(T_i) - T_i\varDelta_{\mathrm{sol}}S_{\mathrm{m},A}(T_i)\\ &\approx \varDelta_{\mathrm{sol}}H_{\mathrm{m},A}(T_{i-1}) - T_i\varDelta_{\mathrm{sol}}S_{\mathrm{m},A}(T_{i-1})\\ &= \frac{\varDelta_{\mathrm{sol}}H_{\mathrm{m},A}(T_{i-1})\Delta T}{T_{i-1}}\end{aligned} \tag{7.567}$$

同理

$$\Delta G_{\mathrm{m},B}(T_i) = \frac{\varDelta_{\mathrm{sol}}H_{\mathrm{m},B}(T_{i-1})\Delta T}{T_{i-1}} \tag{7.568}$$

式中，

$$\Delta T = T_{i-1} - T_i < 0$$

固相和液相中组元 A 和 B 都以其纯物质为标准状态，浓度以摩尔分数表示，摩尔吉布斯自由能变化为

$$\Delta G_{\mathrm{m},A} = \mu_{(A)_{l'_{i-1}}} - \mu_{A(\mathrm{s})} = RT\ln a^{\mathrm{R}}_{(A)_{l'_{i-1}}} \tag{7.569}$$

式中，

$$\mu_{(A)_{l'_{i-1}}} = \mu^*_{A(\mathrm{s})} + RT\ln a^{\mathrm{R}}_{(A)_{l'_{i-1}}}$$

$$\mu_{A(\mathrm{s})} = \mu^*_{A(\mathrm{s})}$$

$$\Delta G_{\mathrm{m},B} = \mu_{(B)_{l'_{i-1}}} - \mu_{B(\mathrm{s})} = RT\ln a^{\mathrm{R}}_{(B)_{l'_{i-1}}} \tag{7.570}$$

式中，

$$\mu_{(B)_{l'_{i-1}}} = \mu^*_{B(\mathrm{s})} + RT\ln a^{\mathrm{R}}_{(B)_{l'_{i-1}}}$$

$$\mu_{B(\mathrm{s})} = \mu^*_{B(\mathrm{s})}$$

在温度 T_P，组元 A、B 溶解达到饱和，固–液两相达成平衡。平衡液相组成为 l_P。有

$$A(\mathrm{s}) \rightleftharpoons (A)_{l_P} \equiv (A)_{饱}$$

$$B(\mathrm{s}) \rightleftharpoons (B)_{l_P} \equiv (B)_{饱}$$

升高温度到 T_{P_1}。温度刚升到 T_{P_1}，固相组元 A、B 还未来得及溶解进入溶液，液相组成仍与 l_P 相同。但是，已由组元 A 和 B 饱和的溶液 l_P 变成其不饱和的溶液 l'_P。固相组元 A 和 B 向其中溶解，有

$$A(\mathrm{s}) = (A)_{l'_P}$$

$$B\,(\mathrm{s}) = (B)_{l'_P}$$

该过程的摩尔吉布斯自由能变化为

$$\begin{aligned}\Delta G_{\mathrm{m},A}\,(T_{P_1}) &= \bar{G}_{\mathrm{m},(A)_{l'_{i-1}}}\,(T_{P_1}) - G_{\mathrm{m},A(\mathrm{s})}\,(T_{P_1}) \\ &= \Delta_{\mathrm{sol}} H_{\mathrm{m},A}\,(T_{P_1}) - T_{P_1}\Delta_{\mathrm{sol}} S_{\mathrm{m},A}\,(T_{P_1}) \\ &\approx \Delta_{\mathrm{sol}} H_{\mathrm{m},A}\,(T_P) - T_{P_1}\Delta_{\mathrm{sol}} S_{\mathrm{m},A}\,(T_P) \\ &= \frac{\Delta_{\mathrm{sol}} H_{\mathrm{m},A}\,(T_P)\,\Delta T}{T_P}\end{aligned} \tag{7.571}$$

同理

$$\Delta G_{\mathrm{m},B}\,(T_{P_1}) = \frac{\Delta_{\mathrm{sol}} H_{\mathrm{m},B}\,(T_P)\,\Delta T}{T_P} \tag{7.572}$$

式中，

$$\Delta T = T_P - T_{P_1} < 0$$

固相和液相中的组元 A 和 B 都以其纯固态为标准状态，浓度以摩尔分数表示，摩尔吉布斯自由能变化为

$$\Delta G_{\mathrm{m},A} = \mu_{(A)_{l'_P}} - \mu_{A(\mathrm{s})} = RT\ln a^{\mathrm{R}}_{(A)_{l'_P}} \tag{7.573}$$

式中，

$$\mu_{(A)_{l'_P}} = \mu^*_{A(\mathrm{s})} + RT\ln a^{\mathrm{R}}_{(A)_{l'_P}}$$

$$\mu_{(A)} = \mu^*_{A(\mathrm{s})}$$

$$\Delta G_{\mathrm{m},B} = \mu_{(B)_{l'_P}} - \mu_{B(\mathrm{s})} = RT\ln a^{\mathrm{R}}_{(B)_{l'_P}} \tag{7.574}$$

式中，

$$\mu_{(B)_{l'_P}} = \mu^*_{B(\mathrm{s})} + RT\ln a^{\mathrm{R}}_{(B)_{l'_P}}$$

$$\mu_{(B)} = \mu^*_{B(\mathrm{s})}$$

直到固相组元 B 消失，固相组元 A 达到饱和，与液相平衡。平衡液相组成为 PA 连线上的 l_{P_1} 点。有

$$A\,(\mathrm{s}) \rightleftharpoons (A)_{l_{P_1}} = (A)_{饱}$$

温度从 T_P 升到 T_{l_n}，固相组元 A 向溶液中溶解。平衡液相组成沿 PA 连线向 l_n 点移动。该过程可以统一描述如下。

在温度 T_{k-1}，固相 A 溶解达到饱和。固–液两相达到平衡，平衡液相组成为 PA 连线上的 l_{k-1} 点，有

$$A(\mathrm{s}) \rightleftharpoons (A)_{l_{k-1}} \equiv (A)_{饱}$$

$$(k = 1, 2, 3, \cdots, n)$$

升高温度到 T_k，温度刚升到 T_k，固相 A 还未来得及溶解进入溶液时，液相组成仍与 l_{k-1} 相同。但是，已由组元 A 饱和的溶液 l_{k-1} 变成不饱和的溶液 l'_{k-1}。固相组元 A 向其中溶解，有

$$A(\mathrm{s}) = (A)_{l'_{k-1}}$$

该过程的摩尔吉布斯自由能变化为

$$\begin{aligned}\Delta G_{\mathrm{m},A}(T_k) &= \overline{G}_{\mathrm{m},(A)_{l'_{k-1}}}(T_k) - G_{\mathrm{m},A(\mathrm{s})}(T_k) \\ &= \Delta_{\mathrm{sol}} H_{\mathrm{m},A}(T_k) - T_k \Delta_{\mathrm{sol}} S_{\mathrm{m},A}(T_k) \\ &= \frac{\Delta_{\mathrm{sol}} H_{\mathrm{m},A}(T_{k-1}) \Delta T}{T_{k-1}}\end{aligned} \tag{7.575}$$

式中，

$$\Delta T = T_{k-1} - T_k$$

固相和液相中的组元 A 都以其纯固态为标准状态，浓度以摩尔分数表示，摩尔吉布斯自由能变化为

$$\Delta G_{\mathrm{m},A} = \mu_{(A)_{l'_{k-1}}} - \mu_{A(\mathrm{s})} = RT \ln a^{\mathrm{R}}_{(A)_{l'_{k-1}}} \tag{7.576}$$

式中，

$$\mu_{(A)_{l'_{k-1}}} = \mu^*_{A(\mathrm{s})} + RT \ln a^{\mathrm{R}}_{(A)_{l'_{k-1}}}$$

$$\mu_{(A)(\mathrm{s})} = \mu^*_{A(\mathrm{s})}$$

温度升到 T_{l_n}，开始出现液相 l_n，并有分层 l'_n，但 l'_n 尚未明显出现。从温度 T_{l_n} 到 T_{l_1}，总液相组成沿 PA 连线从 l_n 向 l_1 移动。在温度 $T_{l_{i-1}}$，总组成为 l_{i-1} 的液相分层为 l'_{i-1} 和 l''_{i-1}，达成平衡时，有

$$A(\mathrm{s}) \rightleftharpoons (A)_{l_{i-1}} \equiv (A)_{饱}$$

$$(A)_{l'_{i-1}} \rightleftharpoons (A)_{l''_{i-1}}$$

$$(B)_{l'_{i-1}} \rightleftharpoons (B)_{l''_{i-1}}$$

升高温度到 T_{l_i}，在温度刚升到 T_{l_i}，固相组元 A 还未来得及溶解进入溶液时，液相总组成仍与 l_{i-1} 相同。但是，已由组元 A 饱和的溶液 l_{i-1} 变为不饱和的溶液 l_{i-1}^{*}。固相组元 A 向其中溶解，并进一步促使液相分层。有

$$A\,(\mathrm{s}) \xlongequal{\quad} (A)_{l'^{*}_{i-1}}$$

$$A\,(\mathrm{s}) \xlongequal{\quad} (A)_{l''^{*}_{i-1}}$$

该过程的摩尔吉布斯自由能变化为

$$\begin{aligned}\Delta G_{\mathrm{m},A}\left(T_{l_i}\right) &= \overline{G}_{\mathrm{m},(A)_{l'^{*}_{i-1}}}\left(T_{l_i}\right) - G_{\mathrm{m},A(\mathrm{s})}\left(T_{l_i}\right)\\ &= \overline{G}_{\mathrm{m},(A)_{l''^{*}_{i-1}}}\left(T_{l_i}\right) - G_{\mathrm{m},A(\mathrm{s})}\left(T_{l_i}\right)\\ &= \Delta_{\mathrm{sol}}H_{\mathrm{m},A}\left(T_{l_i}\right) - T_{l_i}\Delta_{\mathrm{sol}}S_{\mathrm{m},A}\left(T_{l_i}\right)\\ &\approx \Delta_{\mathrm{sol}}H_{\mathrm{m},A}\left(T_{l_{i-1}}\right) - T_{l_i}\Delta_{\mathrm{sol}}S_{\mathrm{m},A}\left(T_{l_{i-1}}\right)\\ &= \frac{\Delta_{\mathrm{sol}}H_{\mathrm{m},A}\left(T_{l_{i-1}}\right)\Delta T}{T_{l_{i-1}}}\end{aligned} \tag{7.577}$$

固相和液相中的组元 A 都以其纯固态为标准状态，浓度以摩尔分数表示，摩尔吉布斯自由能变化为

$$\Delta G_{\mathrm{m},A} = \mu_{(A)_{l'_{i-1}}} - \mu_{A(\mathrm{s})} = \mu_{(A)_{l''_{i-1}}} - \mu_{A(\mathrm{s})} = RT\ln a^{\mathrm{R}}_{(A)_{l'_{i-1}}} = RT\ln a^{\mathrm{R}}_{(A)_{l''_{i-1}}} \tag{7.578}$$

式中，

$$\mu_{(A)_{l'_{i-1}}} = \mu^{*}_{A(\mathrm{s})} + RT\ln a^{\mathrm{R}}_{(A)_{l'_{i-1}}}$$

$$\mu_{(A)_{l''_{i-1}}} = \mu^{*}_{A(\mathrm{s})} + RT\ln a^{\mathrm{R}}_{(A)_{l''_{i-1}}}$$

$$\mu_{A(\mathrm{s})} = \mu^{*}_{A(\mathrm{s})}$$

直到固相组元 A 溶解达到饱和，与溶液达成平衡，平衡液相总组成为 l_i，分层液相为 l'_i 和 l''_i，有

$$A\,(\mathrm{s}) \rightleftharpoons (A)_{l'_i} \rightleftharpoons (A)_{l''_i} \xlongequal{\quad} (A)_{饱}$$

在温度 T_{l_1}，固相组元 A 与液相 l'_1 和 l''_1 达成三相平衡时，有

$$A\,(\mathrm{s}) \rightleftharpoons (A)_{l_1} \xlongequal{\quad} (A)_{饱}$$

$$A\,(\mathrm{s}) \rightleftharpoons (A)_{l'_i} \xlongequal{\quad} (A)_{饱}$$

$$A\,(\mathrm{s}) \rightleftharpoons (A)_{l_i''} \equiv\equiv (A)_{饱}$$

继续升高温度到 T_{A1}。在固相组元还未来得及溶解进入溶液时，溶液总组成仍为 l_1。但是已由组元 A 饱和的溶液 l_1 变为其不饱和的溶液 l_1'。固相组元 A 向其中溶解，有

$$A\,(\mathrm{s}) = (A)_{l_1}$$

即

$$A\,(\mathrm{s}) = (A)_{l_1'}$$

$$A\,(\mathrm{s}) = (A)_{l_1''}$$

该过程的摩尔吉布斯自由能变化为

$$\begin{aligned}\Delta G_{\mathrm{m},A}\,(T_{A1}) &= \overline{G}_{\mathrm{m},(A)_{l_1'}}\,(T_{A1}) - G_{\mathrm{m},A(\mathrm{s})}\,(T_{A1})\\ &= \overline{G}_{\mathrm{m},(A)_{l_1''}}\,(T_{A1}) - G_{\mathrm{m},A(\mathrm{s})}\,(T_{A1})\\ &= \varDelta_{\mathrm{sol}}H_{\mathrm{m},A}\,(T_{A1}) - T_{A1}\varDelta_{\mathrm{sol}}S_{\mathrm{m},A}\,(T_{A1})\\ &\approx \varDelta_{\mathrm{sol}}H_{\mathrm{m},A}\,(T_{l_1}) - T_{A1}\varDelta_{\mathrm{sol}}S_{\mathrm{m},A}\,(T_{l_1})\\ &= \frac{\varDelta_{\mathrm{sol}}H_{\mathrm{m},A}\,(T_{l_1})\,\Delta T}{T_{l_1}}\end{aligned} \tag{7.579}$$

式中，

$$\Delta T = T_{l_1} - T_{A1} < 0$$

固相和液相中的组元 A 都以其纯固态为标准状态，浓度以摩尔分数表示，摩尔吉布斯自由能变化为

$$\begin{aligned}\Delta G_{\mathrm{m},A} &= \mu_{(A)_{l_1'}} - \mu_{A(\mathrm{s})} = \mu_{(A)_{l_1''}} - \mu_{A(\mathrm{s})}\\ &= RT\ln a^{\mathrm{R}}_{(A)_{l_1'}} = RT\ln a^{\mathrm{R}}_{(A)_{l_1''}}\end{aligned} \tag{7.580}$$

式中，

$$\mu_{(A)_{l_1'}} = \mu^*_{A(\mathrm{s})} + RT\ln a^{\mathrm{R}}_{(A)_{l_1'}}$$

$$\mu_{(A)_{l_1''}} = \mu^*_{A(\mathrm{s})} + RT\ln a^{\mathrm{R}}_{(A)_{l_1''}}$$

$$\mu_{(A)} = \mu^*_{A(\mathrm{s})}$$

直到固相组元 A 溶解达到饱和，液相分层消失，液–固两相达成平衡。平衡液相组成为 PA 连线上的 l_{A1} 点。有

$$A\,(\mathrm{s}) \rightleftharpoons (A)_{l_{A1}} \equiv\equiv (A)_{饱}$$

升高温度从 T_{l_1} 到 T_M，固相组元 A 不断溶解进入溶液。该过程可以统一描写如下。

在温度 T_{k-1}，固相组元 A 溶解达到饱和，固–液两相达成平衡，平衡液相组成为 l_{k-1}。有

$$A(\mathrm{s}) \rightleftharpoons (A)_{l_{k-1}} \equiv\!\equiv (A)_{饱}$$

继续升高温度到 T_k。在温度刚升到 T_k，固相组元 A 还未来得及溶解进入溶液时，液相组成仍与 l_{k-1} 相同。但已由组元 A 饱和的溶液 l_{k-1} 变为其不饱和的溶液 l'_{k-1}。固相组元 A 向其中溶解。有

$$A(\mathrm{s}) = (A)_{l'_{k-1}}$$

该过程的摩尔吉布斯自由能变化为

$$\begin{aligned}\Delta G_{\mathrm{m},A}(T_k) &= \overline{G}_{\mathrm{m},(A)_{l'_{k-1}}}(T_k) - G_{\mathrm{m},A(\mathrm{s})}(T_k) \\ &= \Delta_{\mathrm{sol}} H_{\mathrm{m},A}(T_k) - T_k \Delta_{\mathrm{sol}} S_{\mathrm{m},A}(T_k) \\ &\approx \Delta_{\mathrm{sol}} H_{\mathrm{m},A}(T_{k-1}) - T_k \Delta_{\mathrm{sol}} S_{\mathrm{m},A}(T_{k-1}) \\ &= \frac{\Delta_{\mathrm{sol}} H_{\mathrm{m},A}(T_{k-1})\,\Delta T}{T_{k-1}}\end{aligned} \tag{7.581}$$

式中，

$$\Delta T = T_{l_{k-1}} - T_k < 0$$

直到固相组元 A 溶解达到饱和，液–固两相达成平衡。平衡液相组成为 PA 连线上的 l_k 点，有

$$A(\mathrm{s}) \rightleftharpoons (A)_{l_k} \equiv\!\equiv (A)_{饱}$$

升高温度到 T_M，固–液两相达成平衡。平衡液相组成为 l_M 点。有

$$A(\mathrm{s}) \rightleftharpoons (A)_{l_M} \equiv\!\equiv (A)_{饱}$$

升高温度到 T。在温度刚升到 T，固相组元 A 还未来得及向溶液中溶解时，液相组成仍与 l_M 相同。但已由饱和的溶液 l_M 变为不饱和的溶液 l'_M。固相组元 A 向其中溶解。有

$$A(\mathrm{s}) = (A)_{l'_M}$$

该过程的摩尔吉布斯自由能变化为

$$\begin{aligned}\Delta G_{\mathrm{m},A}(T) &= \overline{G}_{\mathrm{m},(A)_{l'_M}}(T) - G_{\mathrm{m},A(\mathrm{s})}(T) \\ &= \Delta_{\mathrm{sol}}H_{\mathrm{m},A}(T) - T\Delta_{\mathrm{sol}}S_{\mathrm{m},A}(T) \\ &\approx \Delta_{\mathrm{sol}}H_{\mathrm{m},A}(T_M) - T\Delta_{\mathrm{sol}}S_{\mathrm{m},A}(T_M) \\ &= \frac{\Delta_{\mathrm{sol}}H_{\mathrm{m},A}(T_M)\Delta T}{T_M}\end{aligned} \tag{7.582}$$

式中，

$$\Delta T = T_M - T < 0$$

固相和液相中的组元 A 都以其纯固态为标准状态，浓度以摩尔分数表示，摩尔吉布斯自由能变化为

$$\Delta G_{\mathrm{m},A} = \mu_{(A)_{l'_M}} - \mu_{A(\mathrm{s})} = RT\ln a^{\mathrm{R}}_{(A)_{l'_M}} \tag{7.583}$$

式中，

$$\mu_{(A)_{l'_M}} = \mu^*_{A(\mathrm{s})} + RT\ln a^{\mathrm{R}}_{(A)_{l'_M}}$$

$$\mu_{A(\mathrm{s})} = \mu^*_{A(\mathrm{s})}$$

直到固相组元 A 消失。

2. 相变速率

1) 在温度 T_1

在温度 T_1，固相组元 $E\,(\mathrm{s})$ 熔化，速率为

$$\begin{aligned}\frac{\mathrm{d}N_{E(\mathrm{l}')}}{\mathrm{d}t} &= -\frac{\mathrm{d}N_{E(\mathrm{s})}}{\mathrm{d}t} = Vj_E \\ &= -V\left[l_1\left(\frac{A_{\mathrm{m},E}}{T}\right) + l_2\left(\frac{A_{\mathrm{m},E}}{T}\right)^2 + l_3\left(\frac{A_{\mathrm{m},E}}{T}\right)^3 + \cdots\right]\end{aligned} \tag{7.584}$$

式中，

$$A_{\mathrm{m},E} = \Delta G_{\mathrm{m},E}$$

在温度 T_1，固相组元 A、B、C 溶解。不考虑耦合作用，溶解速率为

$$\begin{aligned}\frac{\mathrm{d}N_{(A)_{E(\mathrm{l}')}}}{\mathrm{d}t} &= -\frac{\mathrm{d}N_{A(\mathrm{s})}}{\mathrm{d}t} = Vj_A \\ &= -V\left[l_1\left(\frac{A_{\mathrm{m},A}}{T}\right) + l_2\left(\frac{A_{\mathrm{m},A}}{T}\right)^2 + l_3\left(\frac{A_{\mathrm{m},A}}{T}\right)^3 + \cdots\right]\end{aligned} \tag{7.585}$$

$$\begin{aligned}\frac{\mathrm{d}N_{(B)_{E(1')}}}{\mathrm{d}t} &= -\frac{\mathrm{d}N_{B(\mathrm{s})}}{\mathrm{d}t} = Vj_B \\ &= -V\left[l_1\left(\frac{A_{\mathrm{m},B}}{T}\right) + l_2\left(\frac{A_{\mathrm{m},B}}{T}\right)^2 + l_3\left(\frac{A_{\mathrm{m},B}}{T}\right)^3 + \cdots\right]\end{aligned} \tag{7.586}$$

$$\begin{aligned}\frac{\mathrm{d}N_{(C)_{E(1')}}}{\mathrm{d}t} &= -\frac{\mathrm{d}N_{C(\mathrm{s})}}{\mathrm{d}t} = Vj_C \\ &= -V\left[l_1\left(\frac{A_{\mathrm{m},C}}{T}\right) + l_2\left(\frac{A_{\mathrm{m},C}}{T}\right)^2 + l_3\left(\frac{A_{\mathrm{m},C}}{T}\right)^3 + \cdots\right]\end{aligned} \tag{7.587}$$

考虑耦合作用，有

$$\begin{aligned}\frac{\mathrm{d}N_{(A)_{E(1')}}}{\mathrm{d}t} =& -\frac{\mathrm{d}N_{A(\mathrm{s})}}{\mathrm{d}t} = Vj_A \\ =& -V\left[l_{11}\left(\frac{A_{\mathrm{m},A}}{T}\right) + l_{12}\left(\frac{A_{\mathrm{m},B}}{T}\right) + l_{13}\left(\frac{A_{\mathrm{m},C}}{T}\right) + l_{111}\left(\frac{A_{\mathrm{m},A}}{T}\right)^2\right. \\ & + l_{112}\left(\frac{A_{\mathrm{m},A}}{T}\right)\left(\frac{A_{\mathrm{m},B}}{T}\right) + l_{113}\left(\frac{A_{\mathrm{m},A}}{T}\right)\left(\frac{A_{\mathrm{m},C}}{T}\right) + l_{122}\left(\frac{A_{\mathrm{m},B}}{T}\right)^2 \\ & + l_{123}\left(\frac{A_{\mathrm{m},B}}{T}\right)\left(\frac{A_{\mathrm{m},C}}{T}\right) + l_{133}\left(\frac{A_{\mathrm{m},C}}{T}\right)^2 + l_{1111}\left(\frac{A_{\mathrm{m},A}}{T}\right)^3 \\ & + l_{1112}\left(\frac{A_{\mathrm{m},A}}{T}\right)^2\left(\frac{A_{\mathrm{m},B}}{T}\right) + l_{1122}\left(\frac{A_{\mathrm{m},A}}{T}\right)\left(\frac{A_{\mathrm{m},B}}{T}\right)^2 \\ & + l_{1123}\left(\frac{A_{\mathrm{m},A}}{T}\right)\left(\frac{A_{\mathrm{m},B}}{T}\right)\left(\frac{A_{\mathrm{m},C}}{T}\right) + l_{1133}\left(\frac{A_{\mathrm{m},A}}{T}\right)\left(\frac{A_{\mathrm{m},C}}{T}\right)^2 \\ & + l_{1222}\left(\frac{A_{\mathrm{m},B}}{T}\right)^3 \\ & + l_{1223}\left(\frac{A_{\mathrm{m},B}}{T}\right)^2\left(\frac{A_{\mathrm{m},C}}{T}\right) + l_{1233}\left(\frac{A_{\mathrm{m},B}}{T}\right)\left(\frac{A_{\mathrm{m},C}}{T}\right)^2 \\ & \left. + l_{1333}\left(\frac{A_{\mathrm{m},C}}{T}\right)^3 + \cdots\right]\end{aligned} \tag{7.588}$$

$$\frac{\mathrm{d}N_{(B)_{E(\mathrm{l}')}}}{\mathrm{d}t}=-\frac{\mathrm{d}N_{B(\mathrm{s})}}{\mathrm{d}t}=Vj_B$$

$$=-V\left[l_{21}\left(\frac{A_{\mathrm{m},A}}{T}\right)+l_{22}\left(\frac{A_{\mathrm{m},B}}{T}\right)+l_{23}\left(\frac{A_{\mathrm{m},C}}{T}\right)+l_{211}\left(\frac{A_{\mathrm{m},A}}{T}\right)^2\right.$$

$$+l_{212}\left(\frac{A_{\mathrm{m},A}}{T}\right)\left(\frac{A_{\mathrm{m},B}}{T}\right)+l_{213}\left(\frac{A_{\mathrm{m},A}}{T}\right)\left(\frac{A_{\mathrm{m},C}}{T}\right)+l_{222}\left(\frac{A_{\mathrm{m},B}}{T}\right)^2$$

$$+l_{223}\left(\frac{A_{\mathrm{m},B}}{T}\right)\left(\frac{A_{\mathrm{m},C}}{T}\right)+l_{333}\left(\frac{A_{\mathrm{m},C}}{T}\right)^2+l_{2111}\left(\frac{A_{\mathrm{m},A}}{T}\right)^3$$

$$+l_{2112}\left(\frac{A_{\mathrm{m},A}}{T}\right)^2\left(\frac{A_{\mathrm{m},B}}{T}\right)+l_{2122}\left(\frac{A_{\mathrm{m},A}}{T}\right)\left(\frac{A_{\mathrm{m},B}}{T}\right)^2$$

$$+l_{2123}\left(\frac{A_{\mathrm{m},A}}{T}\right)\left(\frac{A_{\mathrm{m},B}}{T}\right)\left(\frac{A_{\mathrm{m},C}}{T}\right)+l_{2133}\left(\frac{A_{\mathrm{m},A}}{T}\right)\left(\frac{A_{\mathrm{m},C}}{T}\right)^2$$

$$+l_{2222}\left(\frac{A_{\mathrm{m},B}}{T}\right)^3$$

$$+l_{2223}\left(\frac{A_{\mathrm{m},B}}{T}\right)^2\left(\frac{A_{\mathrm{m},C}}{T}\right)+l_{2233}\left(\frac{A_{\mathrm{m},B}}{T}\right)\left(\frac{A_{\mathrm{m},C}}{T}\right)^2$$

$$\left.+l_{2333}\left(\frac{A_{\mathrm{m},C}}{T}\right)^3+\cdots\right] \tag{7.589}$$

$$\frac{\mathrm{d}N_{(C)_{E(\mathrm{l}')}}}{\mathrm{d}t}=-\frac{\mathrm{d}N_{C(\mathrm{s})}}{\mathrm{d}t}=Vj_C$$

$$=-V\left[l_{31}\left(\frac{A_{\mathrm{m},A}}{T}\right)+l_{32}\left(\frac{A_{\mathrm{m},B}}{T}\right)+l_{33}\left(\frac{A_{\mathrm{m},C}}{T}\right)+l_{311}\left(\frac{A_{\mathrm{m},A}}{T}\right)^2\right.$$

$$+l_{312}\left(\frac{A_{\mathrm{m},A}}{T}\right)\left(\frac{A_{\mathrm{m},B}}{T}\right)+l_{313}\left(\frac{A_{\mathrm{m},A}}{T}\right)\left(\frac{A_{\mathrm{m},C}}{T}\right)+l_{322}\left(\frac{A_{\mathrm{m},B}}{T}\right)^2$$

$$+l_{323}\left(\frac{A_{\mathrm{m},B}}{T}\right)\left(\frac{A_{\mathrm{m},C}}{T}\right)+l_{333}\left(\frac{A_{\mathrm{m},C}}{T}\right)^2+l_{3111}\left(\frac{A_{\mathrm{m},A}}{T}\right)^3$$

$$+l_{3112}\left(\frac{A_{\mathrm{m},A}}{T}\right)^2\left(\frac{A_{\mathrm{m},B}}{T}\right)+l_{3122}\left(\frac{A_{\mathrm{m},A}}{T}\right)\left(\frac{A_{\mathrm{m},B}}{T}\right)^2$$

$$+l_{3123}\left(\frac{A_{\mathrm{m},A}}{T}\right)\left(\frac{A_{\mathrm{m},B}}{T}\right)\left(\frac{A_{\mathrm{m},C}}{T}\right)+l_{3133}\left(\frac{A_{\mathrm{m},A}}{T}\right)\left(\frac{A_{\mathrm{m},C}}{T}\right)^2$$

$$
\begin{aligned}
&+l_{3222}\left(\frac{A_{\mathrm{m},B}}{T}\right)^3\\
&+l_{3223}\left(\frac{A_{\mathrm{m},B}}{T}\right)^2\left(\frac{A_{\mathrm{m},C}}{T}\right)+l_{3233}\left(\frac{A_{\mathrm{m},B}}{T}\right)\left(\frac{A_{\mathrm{m},C}}{T}\right)^2\\
&+l_{3333}\left(\frac{A_{\mathrm{m},C}}{T}\right)^3+\cdots\bigg]
\end{aligned}
\tag{7.590}
$$

式中，

$$A_{\mathrm{m},A}=\Delta G_{\mathrm{m},A}$$

$$A_{\mathrm{m},B}=\Delta G_{\mathrm{m},B}$$

$$A_{\mathrm{m},C}=\Delta G_{\mathrm{m},C}$$

2) 从温度 T_1 到 T_{P_1}

从温度 T_1 到 T_{P_1}，固相组元 A、B 溶解。在其中的任一温度 T_i，不考虑耦合作用，溶解速率为

$$
\begin{aligned}
\frac{\mathrm{d}N_{(A)_{l'_{i-1}}}}{\mathrm{d}t}&=-\frac{\mathrm{d}N_{A(\mathrm{s})}}{\mathrm{d}t}=Vj_A\\
&=-V\left[l_1\left(\frac{A_{\mathrm{m},A}}{T}\right)+l_2\left(\frac{A_{\mathrm{m},A}}{T}\right)^2+l_3\left(\frac{A_{\mathrm{m},A}}{T}\right)^3+\cdots\right]
\end{aligned}
\tag{7.591}
$$

$$
\begin{aligned}
\frac{\mathrm{d}N_{(B)_{l'_{i-1}}}}{\mathrm{d}t}&=-\frac{\mathrm{d}N_{B(\mathrm{s})}}{\mathrm{d}t}=Vj_B\\
&=-V\left[l_1\left(\frac{A_{\mathrm{m},B}}{T}\right)+l_2\left(\frac{A_{\mathrm{m},B}}{T}\right)^2+l_3\left(\frac{A_{\mathrm{m},B}}{T}\right)^3+\cdots\right]
\end{aligned}
\tag{7.592}
$$

考虑耦合作用，有

$$
\begin{aligned}
\frac{\mathrm{d}N_{(A)_{l'_{i-1}}}}{\mathrm{d}t}&=-\frac{\mathrm{d}N_{A(\mathrm{s})}}{\mathrm{d}t}=Vj_A\\
&=-V\bigg[l_{11}\left(\frac{A_{\mathrm{m},A}}{T}\right)+l_{12}\left(\frac{A_{\mathrm{m},B}}{T}\right)+l_{111}\left(\frac{A_{\mathrm{m},A}}{T}\right)^2\\
&\quad+l_{112}\left(\frac{A_{\mathrm{m},A}}{T}\right)\left(\frac{A_{\mathrm{m},B}}{T}\right)
\end{aligned}
$$

$$+l_{122}\left(\frac{A_{\mathrm{m},B}}{T}\right)^2+l_{1111}\left(\frac{A_{\mathrm{m},A}}{T}\right)^3+l_{1112}\left(\frac{A_{\mathrm{m},A}}{T}\right)^2\left(\frac{A_{\mathrm{m},B}}{T}\right)$$
$$+l_{1122}\left(\frac{A_{\mathrm{m},A}}{T}\right)\left(\frac{A_{\mathrm{m},B}}{T}\right)^2+l_{1222}\left(\frac{A_{\mathrm{m},B}}{T}\right)^3+\cdots\Bigg] \tag{7.593}$$

$$\begin{aligned}\frac{\mathrm{d}N_{(B)_{l'_{i-1}}}}{\mathrm{d}t}&=-\frac{\mathrm{d}N_{B(\mathrm{s})}}{\mathrm{d}t}=Vj_B\\&=-V\Bigg[l_{21}\left(\frac{A_{\mathrm{m},A}}{T}\right)+l_{22}\left(\frac{A_{\mathrm{m},B}}{T}\right)+l_{211}\left(\frac{A_{\mathrm{m},A}}{T}\right)^2\\&\quad+l_{212}\left(\frac{A_{\mathrm{m},A}}{T}\right)\left(\frac{A_{\mathrm{m},B}}{T}\right)\\&\quad+l_{222}\left(\frac{A_{\mathrm{m},B}}{T}\right)^2+l_{2111}\left(\frac{A_{\mathrm{m},A}}{T}\right)^3+l_{2112}\left(\frac{A_{\mathrm{m},A}}{T}\right)^2\left(\frac{A_{\mathrm{m},B}}{T}\right)\\&\quad+l_{2122}\left(\frac{A_{\mathrm{m},A}}{T}\right)\left(\frac{A_{\mathrm{m},B}}{T}\right)^2+l_{2222}\left(\frac{A_{\mathrm{m},B}}{T}\right)^3+\cdots\Bigg]\end{aligned} \tag{7.594}$$

3) 从温度 T_{P_1} 到 T_{l_n}

从温度 T_{P_1} 到 T_{l_n}，固相组元 A 溶解。在其中的温度 T_k，不考虑耦合作用，溶解速率为

$$\begin{aligned}\frac{\mathrm{d}N_{(A)_{l'_{k-1}}}}{\mathrm{d}t}&=-\frac{\mathrm{d}N_{A(\mathrm{s})}}{\mathrm{d}t}=Vj_A\\&=-V\left[l_1\left(\frac{A_{\mathrm{m},A}}{T}\right)+l_2\left(\frac{A_{\mathrm{m},A}}{T}\right)^2+l_3\left(\frac{A_{\mathrm{m},A}}{T}\right)^3+\cdots\right]\end{aligned} \tag{7.595}$$

式中，

$$A_{\mathrm{m},A}=\Delta G_{\mathrm{m},A}$$

4) 从温度 T_{l_n} 到 T_{A1}

从温度 T_{l_n} 到 T_{A1}，液相分层。固相组元 A 溶解，溶解速率为

$$\begin{aligned}\frac{\mathrm{d}N_{(A)_{l'^*_{i-1}}}}{\mathrm{d}t}&=-\frac{\mathrm{d}N_{A'(\mathrm{s})}}{\mathrm{d}t}=Vj_{A'(\mathrm{s})}\\&=-V\left[l_1\left(\frac{A_{\mathrm{m},A'}}{T}\right)+l_2\left(\frac{A_{\mathrm{m},A'}}{T}\right)^2+l_3\left(\frac{A_{\mathrm{m},A'}}{T}\right)^3+\cdots\right]\end{aligned} \tag{7.596}$$

$$\begin{aligned}\frac{\mathrm{d}N_{(A)_{l''^*_{i-1}}}}{\mathrm{d}t} &= -\frac{\mathrm{d}N_{A''(\mathrm{s})}}{\mathrm{d}t} = Vj_{A''(\mathrm{s})} \\ &= -V\left[l_1\left(\frac{A_{\mathrm{m},A''}}{T}\right)+l_2\left(\frac{A_{\mathrm{m},A''}}{T}\right)^2+l_3\left(\frac{A_{\mathrm{m},A''}}{T}\right)^3+\cdots\right]\end{aligned} \tag{7.597}$$

5) 从温度 T_{A1} 到 T

从温度 T_{A1} 到 T，固相组元 A 溶解。在其中任一温度 T_k，溶解速率为

$$\begin{aligned}\frac{\mathrm{d}N_{(A)_{l'_{k-1}}}}{\mathrm{d}t} &= -\frac{\mathrm{d}N_{A(\mathrm{s})}}{\mathrm{d}t} = Vj_{A} \\ &= -V\left[l_1\left(\frac{A_{\mathrm{m},A}}{T}\right)+l_2\left(\frac{A_{\mathrm{m},A}}{T}\right)^2+l_3\left(\frac{A_{\mathrm{m},A}}{T}\right)^3+\cdots\right]\end{aligned} \tag{7.598}$$

式中，

$$A_{\mathrm{m},A} = \Delta G_{\mathrm{m},A}$$

7.3.10　形成连续固溶体的三元系

1. 相变过程热力学

图 7.18 为具有连续固溶体的三元系相图。

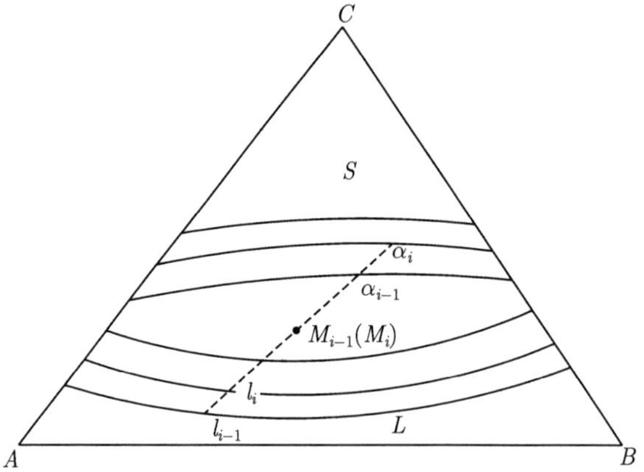

图 7.18　具有连续固溶体的三元系相图

物质组成点为 M 的固溶体升温加热。温度升高 T_1，物质组成点为 M_1，开始出现液相。液–固两相平衡，可以表示为

$$\alpha_1 \rightleftharpoons l_1$$

或

$$\alpha_1 \rightleftharpoons (\alpha_1)_{l_1}$$

即

$$(A)_{\alpha_1} \rightleftharpoons (A)_{l_1}$$

$$(B)_{\alpha_1} \rightleftharpoons (B)_{l_1}$$

$$(C)_{\alpha_1} \rightleftharpoons (C)_{l_1}$$

该过程的摩尔吉布斯自由能变化为零。

继续升高温度到 T_2。在温度刚升到 T_2，固相 α_1 还未来得及溶解，液相组成仍然与 l_1 相同，但已由 α_1 饱和的 l_1，变成其不饱和的 l_1'。固相 α_1 向其中溶解。有

$$\alpha_1 \rightleftharpoons l_1'$$

或

$$\alpha_1 = (\alpha_1)_{l_1'}$$

即

$$(A)_{\alpha_1} = (A)_{l_1'}$$

$$(B)_{\alpha_1} = (B)_{l_1'}$$

$$(C)_{\alpha_1} = (C)_{l_1'}$$

该过程的摩尔吉布斯自由能变化为

$$\begin{aligned}\Delta G_{\mathrm{m},\alpha_1}(T_2) &= \overline{G}_{\mathrm{m},\alpha_1}(T_2) - G_{\mathrm{m},\alpha_1}(T_2) \\ &= \Delta_{\mathrm{sol}} H_{\mathrm{m},\alpha_1}(T_2) - T_2 \Delta_{\mathrm{sol}} S_{\mathrm{m},\alpha_1}(T_2) \\ &\approx \Delta_{\mathrm{sol}} H_{\mathrm{m},\alpha_1}(T_1) - T_2 \frac{\Delta_{\mathrm{sol}} H_{\mathrm{m},\alpha_1}(T_1)}{T_1} \\ &= \frac{\Delta_{\mathrm{sol}} H_{\mathrm{m},\alpha_1}(T_1)}{T_1}\end{aligned} \tag{7.599}$$

$$\begin{aligned}\Delta G_{\mathrm{m},(A)_{\alpha_1}}(T_2) &= \overline{G}_{\mathrm{m},(A)_{l_1'}}(T_2) - \overline{G}_{\mathrm{m},(A)_{\alpha_1}}(T_2) \\ &= \Delta_{\mathrm{sol}} H_{\mathrm{m},(A)_{\alpha_1}}(T_2) - T_2 \Delta_{\mathrm{sol}} S_{\mathrm{m},(A)_{\alpha_1}}(T_2) \\ &\approx \Delta_{\mathrm{sol}} H_{\mathrm{m},(A)_{\alpha_1}}(T_1) - T_2 \frac{\Delta_{\mathrm{sol}} H_{\mathrm{m},(A)_{\alpha_1}}(T_1)}{T_1} \\ &= \frac{\Delta_{\mathrm{sol}} H_{\mathrm{m},(A)_{\alpha_1}}(T_1)\,\Delta T}{T_1}\end{aligned} \tag{7.600}$$

同理

$$\begin{aligned}\Delta G_{\mathrm{m},(B)_{\alpha_1}}(T_2)&=\overline{G}_{\mathrm{m},(B)_{l_1'}}(T_2)-\overline{G}_{\mathrm{m},(B)_{\alpha_1}}(T_2)\\&=\frac{\Delta_{\mathrm{sol}}H_{\mathrm{m},(B)_{\alpha_1}}(T_1)\,\Delta T}{T_1}\end{aligned}\tag{7.601}$$

$$\begin{aligned}\Delta G_{\mathrm{m},(C)_{\alpha_1}}(T_2)&=\overline{G}_{\mathrm{m},(C)_{l_1'}}(T_2)-\overline{G}_{\mathrm{m},(C)_{\alpha_1}}(T_2)\\&=\frac{\Delta_{\mathrm{sol}}H_{\mathrm{m},(C)_{\alpha_1}}(T_1)\,\Delta T}{T_1}\end{aligned}\tag{7.602}$$

式中，$\Delta_{\mathrm{sol}}H_{\mathrm{m},(A)_{\alpha_1}}(T_1)$、$\Delta_{\mathrm{sol}}H_{\mathrm{m},(B)_{\alpha_1}}(T_1)$、$\Delta_{\mathrm{sol}}H_{\mathrm{m},(C)_{\alpha_1}}(T_1)$ 分别是温度 T_1，组元 A、B、C 由固溶体 α_1 中的溶质变为溶液 l_1' 中的溶质的溶解焓的变化；$\Delta_{\mathrm{sol}}S_{\mathrm{m},(A)_{\alpha_1}}(T_1)$ 是在温度 T_1，组元 A 由固溶体 α_1 中的溶质变为溶液 l_1' 中的溶质的溶解熵的变化。

组元 α_1、A、B、C 都以其纯固态为标准状态，浓度以摩尔分数表示，摩尔吉布斯自由能变化为

$$\Delta G_{\mathrm{m},\alpha_1}=\mu_{(\alpha_1)_{l_1'}}-\mu_{\alpha_1}=RT\ln a^{\mathrm{R}}_{(\alpha_1)_{l_1'}}\tag{7.603}$$

式中，

$$\mu_{(\alpha_1)_{l_1'}}=\mu^*_{\alpha_1}+RT\ln a^{\mathrm{R}}_{(\alpha_1)_{l_1'}}$$

$$\mu_{\alpha_1}=\mu^*_{\alpha_1}$$

$$\Delta G_{\mathrm{m},(A)_{\alpha_1}}=\mu_{(A)_{l_1'}}-\mu_{(A)_{\alpha_1}}=RT\ln\frac{a^{\mathrm{R}}_{(A)_{l_1'}}}{a^{\mathrm{R}}_{(A)_{\alpha_1}}}\tag{7.604}$$

式中，

$$\mu_{(A)_{l_1'}}=\mu^*_{A(\mathrm{s})}+RT\ln a^{\mathrm{R}}_{(A)_{l_1'}}$$

$$\mu_{(A)_{\alpha_1}}=\mu^*_{A(\mathrm{s})}+RT\ln a^{\mathrm{R}}_{(A)_{\alpha_1}}$$

$$\Delta G_{\mathrm{m},(B)_{\alpha_1}}=\mu_{(B)_{l_1'}}-\mu_{(B)_{\alpha_1}}=RT\ln\frac{a^{\mathrm{R}}_{(B)_{l_1'}}}{a^{\mathrm{R}}_{(B)_{\alpha_1}}}\tag{7.605}$$

式中，

$$\mu_{(B)_{l_1'}}=\mu^*_{B(\mathrm{s})}+RT\ln a^{\mathrm{R}}_{(B)_{l_1'}}$$

$$\mu_{(B)_{\alpha_1}}=\mu^*_{B(\mathrm{s})}+RT\ln a^{\mathrm{R}}_{(B)_{\alpha_1}}$$

$$\Delta G_{\mathrm{m},(C)_{\alpha_1}}=\mu_{(C)_{l_1'}}-\mu_{(C)_{\alpha_1}}=RT\ln\frac{a^{\mathrm{R}}_{(C)_{l_1'}}}{a^{\mathrm{R}}_{(C)_{\alpha_1}}}\tag{7.606}$$

式中，

$$\mu_{(C)_{l_1'}}=\mu^*_{C(\mathrm{s})}+RT\ln a^{\mathrm{R}}_{(C)_{l_1'}}$$

$$\mu_{(C)_{\alpha_1}}=\mu^*_{C(\mathrm{s})}+RT\ln a^{\mathrm{R}}_{(C)_{\alpha_1}}$$

并有

$$\begin{aligned}\Delta G_{\mathrm{m},\alpha_1}(T_2)&=x_A\Delta G_{\mathrm{m},(A)_{\alpha_1}}(T_2)+x_B\Delta G_{\mathrm{m},(B)_{\alpha_1}}(T_2)+x_C\Delta G_{\mathrm{m},(C)_{\alpha_1}}(T_2)\\&=\frac{\left[x_A\Delta_{\mathrm{sol}}H_{\mathrm{m},(A)_{\alpha_1}}(T_1)+x_B\Delta_{\mathrm{sol}}H_{\mathrm{m},(B)_{\alpha_1}}(T_1)+x_C\Delta_{\mathrm{sol}}H_{\mathrm{m},(C)_{\alpha_1}}(T_1)\right]\Delta T}{T_1}\\&=RT\left(x_A\ln\frac{a^{\mathrm{R}}_{(A)_{l_1'}}}{a^{\mathrm{R}}_{(A)_{\alpha_1}}}+x_B\ln\frac{a^{\mathrm{R}}_{(B)_{l_1'}}}{a^{\mathrm{R}}_{(B)_{\alpha_1}}}+x_C\ln\frac{a^{\mathrm{R}}_{(C)_{l_1'}}}{a^{\mathrm{R}}_{(C)_{\alpha_1}}}\right)\end{aligned}\tag{7.607}$$

直到固–液两相达到新的平衡。液相到达平衡液相 l_2，固相成为 α_2，物质组成点为 M_2。

温度从 T_1 升到 T_n，平衡液相组成沿液相面从 l_1 向 l_n 移动，相应的固相从 α_1 到 α_n 变化，物质组成点从 M_1 到 M_n 变化。可以统一描述如下。

在温度 T_{i-1}，固–液两相达成平衡，平衡液相组成为 l_{i-1}，有

$$\alpha_{i-1}\rightleftharpoons l_{i-1}$$

或

$$\alpha_{i-1}=\!=\!=(\alpha_{i-1})_{l_{i-1}}$$

即

$$(A)_{\alpha_{i-1}}\rightleftharpoons(A)_{l_{i-1}}$$

$$(B)_{\alpha_{i-1}}\rightleftharpoons(B)_{l_{i-1}}$$

$$(C)_{\alpha_{i-1}}\rightleftharpoons(C)_{l_{i-1}}$$

$$(i=1,2,3,\cdots,n)$$

升高温度到 T_i。在温度刚升到 T_i，固相 α_{i-1} 还未来得及溶解进入溶液时，溶液组成仍然和 l_{i-1} 相同。但是，已由与 α_{i-1} 平衡的 l_{i-1} 变成不与其平衡的 l'_{i-1}，固相 α_{i-1} 向其中溶解，有

$$\alpha_{i-1}=\!=\!=(\alpha_{i-1})_{l'_{i-1}}$$

即

$$(A)_{\alpha_{i-1}} = (A)_{l'_{i-1}}$$

$$(B)_{\alpha_{i-1}} = (B)_{l'_{i-1}}$$

$$(C)_{\alpha_{i-1}} = (C)_{l'_{i-1}}$$

该过程的摩尔吉布斯自由能变化为

$$\begin{aligned}\Delta G_{\mathrm{m},\alpha_{i-1}}(T_i) &= \overline{G}_{\mathrm{m},(\alpha_{i-1})_{l_{i-1}}}(T_i) - G_{\mathrm{m},\alpha_{i-1}}(T_i)\\ &= \Delta_{\mathrm{sol}}H_{\mathrm{m},\alpha_{i-1}}(T_i) - T_i\Delta_{\mathrm{sol}}S_{\mathrm{m},\alpha_{i-1}}(T_i)\\ &= \frac{\Delta_{\mathrm{sol}}H_{\mathrm{m},\alpha_{i-1}}(T_{i-1})\,\Delta T}{T_{i-1}}\end{aligned} \tag{7.608}$$

$$\begin{aligned}\Delta G_{\mathrm{m},(A)_{\alpha_{i-1}}}(T_i) &= \overline{G}_{\mathrm{m},(A)_{l'_{i-1}}}(T_i) - \overline{G}_{\mathrm{m},(A)_{\alpha_{i-1}}}(T_i)\\ &= \Delta_{\mathrm{sol}}H_{\mathrm{m},(A)_{\alpha_{i-1}}}(T_i) - T_i\Delta_{\mathrm{sol}}S_{\mathrm{m},(A)_{\alpha_{i-1}}}(T_i)\\ &= \frac{\Delta_{\mathrm{sol}}H_{\mathrm{m},(A)_{\alpha_{i-1}}}(T_{i-1})\,\Delta T}{T_{i-1}}\end{aligned} \tag{7.609}$$

同理

$$\begin{aligned}\Delta G_{\mathrm{m},(B)_{\alpha_{i-1}}}(T_i) &= \overline{G}_{\mathrm{m},(B)_{l'_{i-1}}}(T_i) - \overline{G}_{\mathrm{m},(B)_{\alpha_{i-1}}}(T_i)\\ &= \frac{\Delta_{\mathrm{sol}}H_{\mathrm{m},(B)_{\alpha_{i-1}}}(T_{i-1})\,\Delta T}{T_{i-1}}\end{aligned} \tag{7.610}$$

$$\begin{aligned}\Delta G_{\mathrm{m},(C)_{\alpha_{i-1}}}(T_i) &= \overline{G}_{\mathrm{m},(C)_{l'_{i-1}}}(T_i) - \overline{G}_{\mathrm{m},(C)_{\alpha_{i-1}}}(T_i)\\ &= \frac{\Delta_{\mathrm{sol}}H_{\mathrm{m},(C)_{\alpha_{i-1}}}(T_{i-1})\,\Delta T}{T_{i-1}}\end{aligned} \tag{7.611}$$

式中，

$$\Delta T = T_{i-1} - T_i < 0$$

组元 α_{i-1}、A、B、C 都以其固态纯物质为标准状态，浓度以摩尔分数表示，摩尔吉布斯自由能变化为

$$\Delta G_{\mathrm{m},\alpha_{i-1}} = \mu_{(\alpha_{i-1})_{l'_{i-1}}} - \mu_{\alpha_{i-1}} = RT\ln a^{\mathrm{R}}_{(\alpha_{i-1})_{l'_{i-1}}} \tag{7.612}$$

式中，

$$\mu_{(\alpha_{i-1})_{l'_{i-1}}} = \mu^*_{\alpha_{i-1}} - RT\ln a^{\mathrm{R}}_{(\alpha_{i-1})_{l'_{i-1}}}$$

$$\mu_{\alpha_{i-1}} = \mu^*_{\alpha_{i-1}}$$

$$\Delta G_{\mathrm{m},(A)_{\alpha_{i-1}}} = \mu_{(A)_{l'_{i-1}}} - \mu_{(A)_{\alpha_{i-1}}} = RT\ln\frac{a^{\mathrm{R}}_{(A)_{l'_{i-1}}}}{a^{\mathrm{R}}_{(A)_{\alpha_{i-1}}}} \tag{7.613}$$

式中，

$$\mu_{(A)_{l'_{i-1}}} = \mu^*_{A(\mathrm{s})} + RT\ln a^{\mathrm{R}}_{(A)_{l'_{i-1}}}$$

$$\mu_{(A)_{\alpha_{i-1}}} = \mu^*_{A(\mathrm{s})} + RT\ln a^{\mathrm{R}}_{(A)_{\alpha_{i-1}}}$$

$$\Delta G_{\mathrm{m},(B)_{\alpha_{i-1}}} = \mu_{(B)_{l'_{i-1}}} - \mu_{(B)_{\alpha_{i-1}}} = RT\ln\frac{a^{\mathrm{R}}_{(B)_{l'_{i-1}}}}{a^{\mathrm{R}}_{(B)_{\alpha_{i-1}}}} \tag{7.614}$$

式中，

$$\mu_{(B)_{l'_{i-1}}} = \mu^*_{B(\mathrm{s})} + RT\ln a^{\mathrm{R}}_{(B)_{l'_{i-1}}}$$

$$\mu_{(B)_{\alpha_{i-1}}} = \mu^*_{B(\mathrm{s})} + RT\ln a^{\mathrm{R}}_{(B)_{\alpha_{i-1}}}$$

$$\Delta G_{\mathrm{m},(C)_{\alpha_{i-1}}} = \mu_{(C)_{l'_{i-1}}} - \mu_{(C)_{\alpha_{i-1}}} = RT\ln\frac{a^{\mathrm{R}}_{(C)_{l'_{i-1}}}}{a^{\mathrm{R}}_{(C)_{\alpha_{i-1}}}} \tag{7.615}$$

式中，

$$\mu_{(C)_{l'_{i-1}}} = \mu^*_{C(\mathrm{s})} + RT\ln a^{\mathrm{R}}_{(C)_{l'_{i-1}}}$$

$$\mu_{(C)_{\alpha_{i-1}}} = \mu^*_{C(\mathrm{s})} + RT\ln a^{\mathrm{R}}_{(C)_{\alpha_{i-1}}}$$

$$\begin{aligned}\Delta G_{\mathrm{m},\alpha_{i-1}}(T_i) &= x_A\Delta G_{\mathrm{m},(A)_{\alpha_{i-1}}}(T_i) + x_B\Delta G_{\mathrm{m},(B)_{\alpha_{i-1}}}(T_i) + x_C\Delta G_{\mathrm{m},(C)_{\alpha_{i-1}}}(T_i)\\ &= ([x_A\Delta_{\mathrm{sol}}H_{\mathrm{m},(A)_{\alpha_{i-1}}}(T_{i-1}) + x_B\Delta_{\mathrm{sol}}H_{\mathrm{m},(B)_{\alpha_{i-1}}}(T_{i-1})\\ &\quad + x_C\Delta_{\mathrm{sol}}H_{\mathrm{m},(C)_{\alpha_{i-1}}}(T_{i-1})]\Delta T)/T_{i-1}\\ &= x_ART\ln\frac{a^{\mathrm{R}}_{(A)_{l'_{i-1}}}}{a^{\mathrm{R}}_{(A)_{\alpha_{i-1}}}} + x_BRT\ln\frac{a^{\mathrm{R}}_{(B)_{l'_{i-1}}}}{a^{\mathrm{R}}_{(B)_{\alpha_{i-1}}}} + x_CRT\ln\frac{a^{\mathrm{R}}_{(C)_{l'_{i-1}}}}{a^{\mathrm{R}}_{(C)_{\alpha_{i-1}}}}\end{aligned} \tag{7.616}$$

直到固–液两相达到新的平衡，平衡液相组成为 l_i，固相为 α_i，物质组成点为 M_i。

升高温度到 T_n，固–液两相达成平衡，平衡液相组成为液相线上的 l_n 点，平衡固相为 α_n，物质组成点为 M_n，与 l_n 重合。有

$$\alpha_n \rightleftharpoons (\alpha_n)_{l_n}$$

即

$$(A)_{\alpha_n} \rightleftharpoons (A)_{l_n}$$

$$(B)_{\alpha_n} \rightleftharpoons (B)_{l_n}$$

$$(C)_{\alpha_n} \rightleftharpoons (C)_{l_n}$$

温度升到高于 T_n 的 T。在温度刚升到 T，固相 α_n 还未来得及溶解进入溶液时，液相组成仍然与 l_n 相同，但已由与 α_n 平衡的溶液 l_n 变成与其不平衡的 l'_n，固相 α_n 向其中溶解，直到完全消失。有

$$\alpha_n = (\alpha_n)_{l'_n}$$

即

$$(A)_{\alpha_n} = (A)_{l'_n}$$

$$(B)_{\alpha_n} = (B)_{l'_n}$$

$$(C)_{\alpha_n} = (C)_{l'_n}$$

该过程的摩尔吉布斯自由能变化为

$$\begin{aligned} \Delta G_{\mathrm{m},\alpha_n}(T) &= \overline{G}_{\mathrm{m},(\alpha_n)_{l'_n}}(T) - G_{\mathrm{m},\alpha_n}(T) \\ &= \varDelta_{\mathrm{sol}} H_{\mathrm{m},\alpha_n}(T) - T\varDelta_{\mathrm{sol}} S_{\mathrm{m},\alpha_n}(T) \\ &= \frac{\varDelta_{\mathrm{sol}} H_{\mathrm{m},\alpha_n}(T_n)\Delta T}{T_n} \end{aligned} \tag{7.617}$$

$$\begin{aligned} \Delta G_{\mathrm{m},(A)_{\alpha_n}}(T) &= \overline{G}_{\mathrm{m},(A)_{l'_n}}(T) - \overline{G}_{\mathrm{m},(A)_{\alpha_n}}(T) \\ &= \varDelta_{\mathrm{sol}} H_{\mathrm{m},(A)_{\alpha_n}}(T) - T\varDelta_{\mathrm{sol}} S_{\mathrm{m},(A)_{\alpha_n}}(T) \\ &= \frac{\varDelta_{\mathrm{sol}} H_{\mathrm{m},(A)_{\alpha_n}}(T_n)\Delta T}{T_n} \end{aligned} \tag{7.618}$$

同理

$$\begin{aligned} \Delta G_{\mathrm{m},(B)_{\alpha_n}}(T) &= \overline{G}_{\mathrm{m},(B)_{l'_n}}(T) - \overline{G}_{\mathrm{m},(B)_{\alpha_n}}(T) \\ &= \frac{\varDelta_{\mathrm{sol}} H_{\mathrm{m},(B)_{\alpha_n}}(T_n)\Delta T}{T_n} \end{aligned} \tag{7.619}$$

$$\begin{aligned} \Delta G_{\mathrm{m},(C)_{\alpha_n}}(T) &= \overline{G}_{\mathrm{m},(C)_{l'_n}}(T) - \overline{G}_{\mathrm{m},(C)_{\alpha_n}}(T) \\ &= \frac{\varDelta_{\mathrm{sol}} H_{\mathrm{m},(C)_{\alpha_n}}(T_n)\Delta T}{T_n} \end{aligned} \tag{7.620}$$

式中，

$$\Delta T = T_n - T < 0$$

固相和液相中的组元 A、B、C 都以其纯固态为标准状态，浓度以摩尔分数表示，摩尔吉布斯自由能变化为

$$\Delta G_{\mathrm{m},\alpha_n} = \mu_{(\alpha_n)_{l'_n}} - \mu_{\alpha_n} = RT \ln a^{\mathrm{R}}_{(\alpha_n)_{l'_n}} \tag{7.621}$$

式中，

$$\mu_{(\alpha_n)_{l'_n}} = \mu^*_{\alpha_n} + RT \ln a^{\mathrm{R}}_{(\alpha_n)_{l'_n}}$$

$$\mu_{\alpha_n} = \mu^*_{\alpha_n}$$

$$\Delta G_{\mathrm{m},(A)_{\alpha_n}} = \mu_{(A)_{l'_n}} - \mu_{(A)_{\alpha_n}} = RT \ln \frac{a^{\mathrm{R}}_{(A)_{l'_n}}}{a^{\mathrm{R}}_{(A)_{\alpha_n}}} \tag{7.622}$$

式中，

$$\mu_{(A)_{l'_n}} = \mu^*_{A(\mathrm{s})} + RT \ln a^{\mathrm{R}}_{(A)_{l'_n}}$$

$$\mu_{(A)_{\alpha_n}} = \mu^*_{A(\mathrm{s})} + RT \ln a^{\mathrm{R}}_{(A)_{\alpha_n}}$$

$$\Delta G_{\mathrm{m},(B)_{\alpha_n}} = \mu_{(B)_{l'_n}} - \mu_{(B)_{\alpha_n}} = RT \ln \frac{a^{\mathrm{R}}_{(B)_{l'_n}}}{a^{\mathrm{R}}_{(B)_{\alpha_n}}} \tag{7.623}$$

式中，

$$\mu_{(B)_{l'_n}} = \mu^*_{B(\mathrm{s})} + RT \ln a^{\mathrm{R}}_{(B)_{l'_n}}$$

$$\mu_{(B)_{\alpha_n}} = \mu^*_{B(\mathrm{s})} + RT \ln a^{\mathrm{R}}_{(B)_{\alpha_n}}$$

$$\Delta G_{\mathrm{m},(C)_{\alpha_n}} = \mu_{(C)_{l'_n}} - \mu_{(C)_{\alpha_n}} = RT \ln \frac{a^{\mathrm{R}}_{(C)_{l'_n}}}{a^{\mathrm{R}}_{(C)_{\alpha_n}}} \tag{7.624}$$

式中，

$$\mu_{(C)_{l'_n}} = \mu^*_{C(\mathrm{s})} + RT \ln a^{\mathrm{R}}_{(C)_{l'_n}}$$

$$\mu_{(C)_{\alpha_n}} = \mu^*_{C(\mathrm{s})} + RT \ln a^{\mathrm{R}}_{(C)_{\alpha_n}}$$

$$\begin{aligned}\Delta G_{\mathrm{m},\alpha_n}(T) &= x_A \Delta G_{\mathrm{m},(A)_{\alpha_n}}(T) + x_B \Delta G_{\mathrm{m},(B)_{\alpha_n}}(T) + x_C \Delta G_{\mathrm{m},(C)_{\alpha_n}}(T) \\ &= \frac{\left[x_A \Delta_{\mathrm{sol}} H_{\mathrm{m},(A)_{\alpha_n}}(T_n) + x_B \Delta_{\mathrm{sol}} H_{\mathrm{m},(B)_{\alpha_n}}(T_n) + x_C \Delta_{\mathrm{sol}} H_{\mathrm{m},(C)_{\alpha_n}}(T_n)\right] \Delta T}{T_n} \\ &= RT \left(x_A \ln \frac{a^{\mathrm{R}}_{(A)_{l'_n}}}{a^{\mathrm{R}}_{(A)_{\alpha_n}}} + x_B \ln \frac{a^{\mathrm{R}}_{(B)_{l'_n}}}{a^{\mathrm{R}}_{(B)_{\alpha_n}}} + x_C \ln \frac{a^{\mathrm{R}}_{(C)_{l'_n}}}{a^{\mathrm{R}}_{(C)_{\alpha_n}}} \right)\end{aligned} \tag{7.625}$$

直到固相 α_n 消失。

2. 相变速率

1) 在温度 T_2

在温度 T_2，固相组元 α_1 的溶解速率为

$$\begin{aligned}\frac{\mathrm{d}N_{(\alpha_1)_{l_1'}}}{\mathrm{d}t}&=-\frac{\mathrm{d}N_{\alpha_1}}{\mathrm{d}t}=Vj_{\alpha_1}\\&=-V\left[l_1\left(\frac{A_{\mathrm{m},\alpha_1}}{T}\right)+l_2\left(\frac{A_{\mathrm{m},\alpha_1}}{T}\right)^2+l_3\left(\frac{A_{\mathrm{m},\alpha_1}}{T}\right)^3+\cdots\right]\end{aligned}\tag{7.626}$$

在温度 T_2，不考虑耦合作用，固相组元 A、B、C 的溶解速率为

$$\begin{aligned}\frac{\mathrm{d}N_{(A)_{l_1'}}}{\mathrm{d}t}&=-\frac{\mathrm{d}N_{(A)_{\alpha_1}}}{\mathrm{d}t}=Vj_A\\&=-V\left[l_1\left(\frac{A_{\mathrm{m},A}}{T}\right)+l_2\left(\frac{A_{\mathrm{m},A}}{T}\right)^2+l_3\left(\frac{A_{\mathrm{m},A}}{T}\right)^3+\cdots\right]\end{aligned}\tag{7.627}$$

$$\begin{aligned}\frac{\mathrm{d}N_{(B)_{l_1'}}}{\mathrm{d}t}&=-\frac{\mathrm{d}N_{(B)_{\alpha_1}}}{\mathrm{d}t}=Vj_B\\&=-V\left[l_1\left(\frac{A_{\mathrm{m},B}}{T}\right)+l_2\left(\frac{A_{\mathrm{m},B}}{T}\right)^2+l_3\left(\frac{A_{\mathrm{m},B}}{T}\right)^3+\cdots\right]\end{aligned}\tag{7.628}$$

考虑耦合作用，有

$$\begin{aligned}\frac{\mathrm{d}N_{(A)_{l_1'}}}{\mathrm{d}t}=&-\frac{\mathrm{d}N_{(A)_{\alpha_1}}}{\mathrm{d}t}=Vj_A\\=&-V\left[l_{11}\left(\frac{A_{\mathrm{m},A}}{T}\right)+l_{12}\left(\frac{A_{\mathrm{m},B}}{T}\right)+l_{111}\left(\frac{A_{\mathrm{m},A}}{T}\right)^2\right.\\&+l_{112}\left(\frac{A_{\mathrm{m},A}}{T}\right)\left(\frac{A_{\mathrm{m},B}}{T}\right)\\&+l_{122}\left(\frac{A_{\mathrm{m},B}}{T}\right)^2+l_{1111}\left(\frac{A_{\mathrm{m},A}}{T}\right)^3+l_{1112}\left(\frac{A_{\mathrm{m},A}}{T}\right)^2\left(\frac{A_{\mathrm{m},B}}{T}\right)\\&\left.+l_{1122}\left(\frac{A_{\mathrm{m},A}}{T}\right)\left(\frac{A_{\mathrm{m},B}}{T}\right)^2+l_{1222}\left(\frac{A_{\mathrm{m},B}}{T}\right)^3+\cdots\right]\end{aligned}\tag{7.629}$$

$$\begin{aligned}\frac{\mathrm{d}N_{(B)_{l_1'}}}{\mathrm{d}t} &= -\frac{\mathrm{d}N_{(B)_{\alpha_1}}}{\mathrm{d}t} = Vj_B \\ &= -V\left[l_{21}\left(\frac{A_{\mathrm{m},A}}{T}\right) + l_{22}\left(\frac{A_{\mathrm{m},B}}{T}\right) + l_{211}\left(\frac{A_{\mathrm{m},A}}{T}\right)^2\right. \\ &\quad + l_{212}\left(\frac{A_{\mathrm{m},A}}{T}\right)\left(\frac{A_{\mathrm{m},B}}{T}\right) \\ &\quad + l_{222}\left(\frac{A_{\mathrm{m},B}}{T}\right)^2 + l_{2111}\left(\frac{A_{\mathrm{m},A}}{T}\right)^3 + l_{2112}\left(\frac{A_{\mathrm{m},A}}{T}\right)^2\left(\frac{A_{\mathrm{m},B}}{T}\right) \\ &\quad \left. + l_{2122}\left(\frac{A_{\mathrm{m},A}}{T}\right)\left(\frac{A_{\mathrm{m},B}}{T}\right)^2 + l_{2222}\left(\frac{A_{\mathrm{m},B}}{T}\right)^3 + \cdots\right]\end{aligned} \tag{7.630}$$

2) 从温度 T_2 到 T

从温度 T_2 到 T，固相组元 α_{i-1} 溶解。在温度 T_i 其溶解速率为

$$\begin{aligned}\frac{\mathrm{d}N_{(\alpha_{i-1})_{l_1'}}}{\mathrm{d}t} &= -\frac{\mathrm{d}N_{\alpha_{i-1}}}{\mathrm{d}t} = Vj_{\alpha_{i-1}} \\ &= -V\left[l_1\left(\frac{A_{\mathrm{m},\alpha_{i-1}}}{T}\right) + l_2\left(\frac{A_{\mathrm{m},\alpha_{i-1}}}{T}\right)^2 + l_3\left(\frac{A_{\mathrm{m},\alpha_{i-1}}}{T}\right)^3 + \cdots\right]\end{aligned} \tag{7.631}$$

在温度 T_i，不考虑耦合作用，固溶体中的组元 A、B 的溶解速率为

$$\begin{aligned}\frac{\mathrm{d}N_{(A)_{l_{i-1}'}}}{\mathrm{d}t} &= -\frac{\mathrm{d}N_{(A)_{\alpha_{i-1}}}}{\mathrm{d}t} = Vj_A \\ &= -V\left[l_1\left(\frac{A_{\mathrm{m},A}}{T}\right) + l_2\left(\frac{A_{\mathrm{m},A}}{T}\right)^2 + l_3\left(\frac{A_{\mathrm{m},A}}{T}\right)^3 + \cdots\right]\end{aligned} \tag{7.632}$$

$$\begin{aligned}\frac{\mathrm{d}N_{(B)_{l_{i-1}'}}}{\mathrm{d}t} &= -\frac{\mathrm{d}N_{(B)_{\alpha_{i-1}}}}{\mathrm{d}t} = Vj_B \\ &= -V\left[l_1\left(\frac{A_{\mathrm{m},B}}{T}\right) + l_2\left(\frac{A_{\mathrm{m},B}}{T}\right)^2 + l_3\left(\frac{A_{\mathrm{m},B}}{T}\right)^3 + \cdots\right]\end{aligned} \tag{7.633}$$

考虑耦合作用，有

$$\begin{aligned}
\frac{\mathrm{d}N_{(A)_{l'_{i-1}}}}{\mathrm{d}t} &= -\frac{\mathrm{d}N_{(A)_{\alpha_{i-1}}}}{\mathrm{d}t} = Vj_A \\
&= -V\left[l_{11}\left(\frac{A_{\mathrm{m},A}}{T}\right) + l_{12}\left(\frac{A_{\mathrm{m},B}}{T}\right) + l_{111}\left(\frac{A_{\mathrm{m},A}}{T}\right)^2\right. \\
&\quad + l_{112}\left(\frac{A_{\mathrm{m},A}}{T}\right)\left(\frac{A_{\mathrm{m},B}}{T}\right) \\
&\quad + l_{122}\left(\frac{A_{\mathrm{m},B}}{T}\right)^2 + l_{1111}\left(\frac{A_{\mathrm{m},A}}{T}\right)^3 + l_{1112}\left(\frac{A_{\mathrm{m},A}}{T}\right)^2\left(\frac{A_{\mathrm{m},B}}{T}\right) \\
&\quad \left. + l_{1122}\left(\frac{A_{\mathrm{m},A}}{T}\right)\left(\frac{A_{\mathrm{m},B}}{T}\right)^2 + l_{1222}\left(\frac{A_{\mathrm{m},B}}{T}\right)^3 + \cdots\right]
\end{aligned} \tag{7.634}$$

$$\begin{aligned}
\frac{\mathrm{d}N_{(B)_{l'_{i-1}}}}{\mathrm{d}t} &= -\frac{\mathrm{d}N_{(B)_{\alpha_{i-1}}}}{\mathrm{d}t} = Vj_B \\
&= -V\left[l_{21}\left(\frac{A_{\mathrm{m},A}}{T}\right) + l_{22}\left(\frac{A_{\mathrm{m},B}}{T}\right) + l_{211}\left(\frac{A_{\mathrm{m},A}}{T}\right)^2\right. \\
&\quad + l_{212}\left(\frac{A_{\mathrm{m},A}}{T}\right)\left(\frac{A_{\mathrm{m},B}}{T}\right) \\
&\quad + l_{222}\left(\frac{A_{\mathrm{m},B}}{T}\right)^2 + l_{2111}\left(\frac{A_{\mathrm{m},A}}{T}\right)^3 + l_{2112}\left(\frac{A_{\mathrm{m},A}}{T}\right)^2\left(\frac{A_{\mathrm{m},B}}{T}\right) \\
&\quad \left. + l_{2122}\left(\frac{A_{\mathrm{m},A}}{T}\right)\left(\frac{A_{\mathrm{m},B}}{T}\right)^2 + l_{2222}\left(\frac{A_{\mathrm{m},B}}{T}\right)^3 + \cdots\right]
\end{aligned} \tag{7.635}$$

7.4 $n(>3)$ 元系熔化

7.4.1 具有最低共熔点的 $n(>3)$ 元系

1. 熔化过程热力学

在具有最低共熔点的 $n(>3)$ 元系中，组成点为 M 的物质升温熔化。温度升到 T_E，物质组成点为 M_E。在组成为 M_E 的物质中，有共熔点组成的 E 和过量的组元 $A_1, A_2, \cdots, A_{n-1}$。$A_n$ 不过量。

升高温度到 T_E，组成为 E 的均匀固相的熔化过程可以表示为

$$E(\mathrm{s}) \rightleftharpoons E(\mathrm{l}) \tag{7.636}$$

即

$$\sum_{i=1}^{n} x_{A_i} A_i(\mathrm{s}) \rightleftharpoons \sum_{i=1}^{n} x_{A_i} (A_i)_{E(\mathrm{l})}$$

或

$$A_i(\mathrm{s}) \rightleftharpoons (A_i)_{E(\mathrm{l})}$$

$$(i = 1, 2, 3, \cdots, n)$$

式中，x_{A_i} 为组成 E 的组元 A_i 的摩尔分数。

熔化过程的摩尔吉布斯自由能变化为

$$\begin{aligned}\Delta G_{\mathrm{m},E} &= \Delta G_{\mathrm{m},E(\mathrm{l})} - \Delta G_{\mathrm{m},E(\mathrm{s})} \\ &= \Delta_{\mathrm{fus}} H_{\mathrm{m},E} - T_E \Delta_{\mathrm{fus}} S_{\mathrm{m},E} \\ &= \Delta_{\mathrm{fus}} H_{\mathrm{m},E} - T_E \frac{\Delta_{\mathrm{fus}} H_{\mathrm{m},E}}{T_E} \\ &= 0\end{aligned} \tag{7.637}$$

式中，$\Delta_{\mathrm{fus}} H_{\mathrm{m},E}$、$\Delta_{\mathrm{fus}} S_{\mathrm{m},E}$ 分别是组成为 E 的物质的熔化焓、熔化熵。

并有

$$M_E = \sum_{i=1}^{n} x_{A_i} M_{A_i} \tag{7.638}$$

式中，M_E、M_{A_i} 分别为 E 和 A_i 的摩尔质量。

或

$$\begin{aligned}\Delta G_{\mathrm{m},A_i} &= \Delta \overline{G}_{\mathrm{m},(A_i)_{E(\mathrm{l})}} - \Delta G_{\mathrm{m},A_i(\mathrm{s})} \\ &= \Delta_{\mathrm{sol}} H_{\mathrm{m},A_i} - T_E \Delta_{\mathrm{sol}} S_{\mathrm{m},A_i} \\ &= \Delta_{\mathrm{sol}} H_{\mathrm{m},A_i} - T_E \frac{\Delta_{\mathrm{sol}} H_{\mathrm{m},A_i}}{T_E} \\ &= 0\end{aligned} \tag{7.639}$$

$$(i = 1, 2, 3, \cdots, n)$$

$$\Delta G_{\mathrm{m},E} = \sum_{i=1}^{n} x_{A_i} \Delta G_{\mathrm{m},A_i} = 0$$

固–液两相中的组元 A_i 都以纯固态为标准状态，浓度以摩尔分数表示，该过程的摩尔吉布斯自由能变化为

$$\begin{aligned}\Delta G_{\mathrm{m},A_i} &= \mu_{(A_i)_{E(\mathrm{l})}} - \mu_{A_i(\mathrm{s})} \\ &= RT\ln a^{\mathrm{R}}_{(A_i)_{饱}} \\ &= RT\ln a^{\mathrm{R}}_{(A)_{E(\gamma)}} \\ &= 0\end{aligned} \tag{7.640}$$

$$\Delta G_{\mathrm{m},A_i} = \sum_{i=1}^{n} x_{A_i}\Delta G_{\mathrm{m},A_i} = 0$$

升高温度到 $T_{M_{1,1}}$。在温度刚升到 $T_{M_{1,1}}$，尚无固相进入液相 $E(\mathrm{l})$ 时，$E(\mathrm{l})$ 的组成未变，但已由组元 A_i 的饱和的相 $E(\mathrm{l})$，变成其未饱和的相 $E(\mathrm{l}')$，固相 $E(\mathrm{s})$ 熔化成相 $E(\mathrm{l}')$，有

$$E(\mathrm{s}) = E(\mathrm{l}')$$

即

$$\sum_{i=1}^{n} x_{A_i}A_i(\mathrm{s}) = \sum_{i=1}^{n} x_{A_i}(A_i)_{E(\mathrm{l}')}$$

或

$$A_i(\mathrm{s}) = (A_i)_{E(\mathrm{l}')}$$

$$(i = 1, 2, 3, \cdots, n)$$

该过程的摩尔吉布斯自由能变化为

$$\begin{aligned}\Delta G_{\mathrm{m},E}(T_{M_{1,1}}) &= G_{\mathrm{m},E(\mathrm{l}')}(T_{M_{1,1}}) - G_{\mathrm{m},E(\mathrm{s})}(T_{M_{1,1}}) \\ &= \Delta_{\mathrm{fus}}H_{\mathrm{m},E}(T_{M_{1,1}}) - T_{M_{1,1}}\Delta_{\mathrm{fus}}S_{\mathrm{m},E}(T_{M_{1,1}}) \\ &\approx \Delta_{\mathrm{fus}}H_{\mathrm{m},E}(T_E) - T_{M_{1,1}}\frac{\Delta_{\mathrm{fus}}H_{\mathrm{m},E}(T_E)}{T_E} \\ &= \frac{\Delta_{\mathrm{fus}}H_{\mathrm{m},E}(T_E)\Delta T}{T_E}\end{aligned} \tag{7.641}$$

式中，$\Delta_{\mathrm{fus}}H_{\mathrm{m},E}$ 为 E 的熔化焓；$\Delta_{\mathrm{fus}}S_{\mathrm{m},E}$ 为 E 的熔化熵。并有

$$\Delta T = T_E - T_{M_{1,1}} < 0$$

或

$$\begin{aligned}\Delta G_{\mathrm{m},A_i}(T_{M_{1,1}}) &= \overline{G}_{\mathrm{m},(A_i)_{E(1')}}(T_{M_{1,1}}) - G_{\mathrm{m},A_i(\mathrm{s})}(T_{M_{1,1}}) \\ &= \Delta_{\mathrm{sol}}H_{\mathrm{m},A_i}(T_{M_{1,1}}) - T_{M_{1,1}}\Delta_{\mathrm{sol}}S_{\mathrm{m},A_i}(T_{M_{1,1}}) \\ &\approx \Delta_{\mathrm{sol}}H_{\mathrm{m},A_i}(T_E) - T_{M_{1,1}}\frac{\Delta_{\mathrm{sol}}H_{\mathrm{m},A_i}(T_E)}{TE} \\ &= \frac{\Delta_{\mathrm{sol}}H_{\mathrm{m},A_i}(T_E)\Delta T}{T_E}\end{aligned} \tag{7.642}$$

式中，$\Delta_{\mathrm{sol}}H_{\mathrm{m},A_i}$ 为组元 A_i 的溶解焓；$\Delta_{\mathrm{sol}}S_{\mathrm{m},A_i}$ 为组元 A_i 的溶解熵。

$$\begin{aligned}\Delta G_{\mathrm{m},E}(T_{M_{1,1}}) &= \sum_{i=1}^{n} x_{A_i}\Delta G_{\mathrm{m},A_i}(T_{M_{1,1}}) \\ &\approx \sum_{i=1}^{n} x_{A_i}\Delta G_{\mathrm{m},A_i}(T_E) \\ &= \sum_{i=1}^{n}\frac{x_{A_i}\Delta_{\mathrm{sol}}H_{\mathrm{m},A_i}(T_E)\Delta T}{T_E}\end{aligned}$$

或者，固–液两相中的组元都以其纯固态为标准状态，浓度以摩尔分数表示，该过程的摩尔吉布斯自由能变化为

$$\Delta G_{\mathrm{m},A_i} = \mu_{(A_i)_{E(1')}} - \mu_{A_i(\mathrm{s})} = -RT\ln a^{\mathrm{R}}_{(A_i)_{E(1')}} \tag{7.643}$$

$$\Delta G_{\mathrm{m},E} = \sum_{i=1}^{n} x_{A_i}\Delta G_{\mathrm{m},A_i} = \sum_{i=1}^{n} x_{A_i}RT\ln a^{\mathrm{R}}_{(A_i)_{E(1')}} \tag{7.644}$$

直到组成为 $E(\mathrm{s})$ 的固相组元完全熔化。此溶液仍是未饱和溶液，固相组元 $A_1, A_2, \cdots, A_n$ 继续向液相中溶解。有

$$A_i(\mathrm{s}) =\!=\!= (A_i)_{E(1')}$$

$$(i = 1, 2, 3, \cdots, n)$$

该过程的摩尔吉布斯自由能变化为

$$\begin{aligned}\Delta G_{\mathrm{m},A_i}(T_{M_{1,1}}) &= \overline{G}_{\mathrm{m},(A_i)_{E(\gamma')}}(T_{M_{1,1}}) - G_{\mathrm{m},A_i(\mathrm{s})}(T_{M_{1,1}}) \\ &= \frac{\Delta_{\mathrm{sol}}H_{\mathrm{m},A_i}(T_E)\Delta T}{T_E}\end{aligned} \tag{7.645}$$

$$\begin{aligned}\Delta G_{\mathrm{m},A_i}(T_{M_{1,1}}) &= \sum_{i=1}^{n-1} x_{A_i}\Delta G_{\mathrm{m},A_i}(T_{M_{1,1}}) \\ &= \sum_{i=1}^{n-1}\frac{x_{A_i}\Delta_{\mathrm{sol}}H_{\mathrm{m},A_i}(T_E)\Delta T}{T_E}\end{aligned} \tag{7.646}$$

或如下计算：固–液两相中的组元 A_i 都以其纯固态为标准状态，浓度以摩尔分数表示，摩尔吉布斯自由能变化为

$$\Delta G_{\mathrm{m},A_i} = \mu_{(A_i)_{E(1')}} - \mu_{A_i(\mathrm{s})} = RT\ln a^{\mathrm{R}}_{(A_i)_{E(1')}} \tag{7.647}$$

$$\Delta G_m = \sum_{i=1}^{n} x_{A_i}\Delta G_{\mathrm{m},A_i}(T_{M_{1,1}}) = \sum_{i=1}^{n} x_{A_i}RT\ln a^{\mathrm{R}}_{(A_i)_{E(1')}} \tag{7.648}$$

直到组元 A_n 消失，液相成为组元 $A_i(i=1,2,3,\cdots,n-1)$ 的饱和相 $l_{M_{1,1}}$，固–液两相达成平衡，有

$$A_i(\mathrm{s}) \rightleftharpoons (A_i)_{l_{M_{1,1}}}$$

继续升高温度。从 $T_{M_{1,1}}$ 到 $T_{M_{2,1}}$，升温熔化过程可以统一描述如下：在温度 $T_{M_{1,j-1}}$，组元 A_i 在溶液中的浓度达到饱和，平衡液相组成为 $l_{M_{1,j-1}}$。固–液两相达成平衡，有

$$A_i(\mathrm{s}) \rightleftharpoons (A_i)_{l_{M_{1,j-1}}} = (A_i)_{饱}$$

$$(i=1,2,3,\cdots,n-1)$$

继续升高温度到 $T_{M_{1,j}}$。在温度刚升到 $T_{M_{1,j}}$，组元 A_i 还未来得及溶解进入液相时，液相组成未变，但已由组元 A_i 的饱和溶液 $l_{M_{1,j-1}}$ 变成组元 A_i 的不饱和溶液 $l'_{M_{1,j-1}}$。因此，固相组元 A_i 向 $l'_{M_{1,j-1}}$ 中溶解。可以表示为

$$A_i(\mathrm{s}) = (A_i)_{l'_{M_{1,j-1}}}$$

$$(i=1,2,3,\cdots,n-1)$$

该过程的吉布斯自由能变化为

$$\begin{aligned}\Delta G_{\mathrm{m},A_i}(T_{M_{1,j}}) &= \overline{G}_{\mathrm{m},(A_i)_{l'_{M_{1,j-1}}}}(T_{M_{1,j}}) - G_{A_i(\mathrm{s})}(T_{M_{1,j}}) \\ &= \Delta_{\mathrm{sol}}H_{\mathrm{m},A_i}(T_{M_{1,j}}) - T_{M_{1,j}}\Delta_{\mathrm{sol}}S_{\mathrm{m},A_i}(T_{M_{1,j}}) \\ &\approx \Delta_{\mathrm{sol}}H_{\mathrm{m},A_i}(T_{M_{1,j-1}}) - T_{M_{1,j}}\frac{\Delta_{\mathrm{sol}}H_{\mathrm{m},A_i}(T_{M_{1,j-1}})}{T_{M_{1,j-1}}} \\ &= \frac{\Delta_{\mathrm{sol}}H_{\mathrm{m},A_i}(T_{M_{1,j-1}})\Delta T}{T_{M_{1,j-1}}}\end{aligned} \tag{7.649}$$

$$
\begin{aligned}
\Delta G_{\mathrm{m},A}(T_{M_{1,j}}) &= \sum_{i=1}^{n-1} x_{A_i} \Delta G_{\mathrm{m},A_i}(T_{M_{1,j}}) \\
&= \sum_{i=1}^{n-1} \frac{x_{A_i} \Delta_{\mathrm{sol}} H_{\mathrm{m},A_i}(T_{M_{1,j-1}}) \Delta T}{T_{M_{1,j-1}}}
\end{aligned} \tag{7.650}
$$

或者如下计算：

固相和液相中的组元 A_i 都以其纯固态为标准状态，浓度以摩尔分数表示，该过程的摩尔吉布斯自由能变化为

$$
\Delta G_{\mathrm{m},A_i} = \mu_{(A_i)_{l'_{M_{1,j-1}}}} - \mu_{A_i(\mathrm{s})} = RT \ln a^{\mathrm{R}}_{(A_i)_{l'_{M_{1,j-1}}}} \tag{7.651}
$$

直到固相组元 A_i 熔化达到饱和，固–液两相达成新的平衡。平衡液相组成为共熔面 M_1 上的 $l_{M_{1,j}}$ 点。有

$$
A_i(\mathrm{s}) \rightleftharpoons (A_i)_{l_{M_{1,j}}} \equiv\!\equiv (A_i)_{\text{饱}}
$$

在温度 $T_{M_{1,n}}$，固–液两相达成平衡，组元 A_i 溶解达到饱和，平衡液相组成为共熔面上的点 $M_{1,n}$，有

$$
A_i(\mathrm{s}) \rightleftharpoons (A_i)_{l_{M_{1,n}}} \equiv\!\equiv (A_i)_{\text{饱}}
$$

$$
(i = 1, 2, 3, \cdots, n-1)
$$

继续升高温度到 $T_{M_{2,1}}$，在温度刚升到 $T_{M_{2,1}}$，固相组元 A_i 还未来得及溶解时，溶液组成未变，但已由组元 A_i 的饱和溶液 $l_{M_{2,1}}$ 变成不饱和溶液 $l'_{M_{2,1}}$。固相组元 A_i 向 $l'_{M_{2,1}}$ 中溶解，有

$$
A_i(\mathrm{s}) = (A_i)_{l'_{M_{2,1}}}
$$

$$
(i = 1, 2, 3, \cdots, n-1)
$$

该过程的摩尔吉布斯自由能变化为

$$
\begin{aligned}
\Delta G_{\mathrm{m},A_i}(T_{M_{2,1}}) &= \overline{G}_{\mathrm{m},(A_i)_{l'_{M_{2,1}}}}(T_{M_{2,1}}) - G_{\mathrm{m},A_i(\mathrm{s})}(T_{M_{2,1}}) \\
&= \Delta_{\mathrm{sol}} H_{\mathrm{m},A_i}(T_{M_{2,1}}) - T_{M_{2,1}} \Delta_{\mathrm{sol}} S_{\mathrm{m},A_i}(T_{M_{2,1}}) \\
&\approx \Delta_{\mathrm{sol}} H_{\mathrm{m},A_i}(T_{M_{1,n}}) - T_{M_{2,1}} \frac{\Delta_{\mathrm{sol}} H_{\mathrm{m},A_i}(T_{M_{1,n}})}{T_{M_{1,n}}} \\
&= \frac{\Delta_{\mathrm{sol}} H_{\mathrm{m},A_i}(T_{M_{1,n}}) \Delta T}{T_{M_{1,n}}}
\end{aligned} \tag{7.652}
$$

$$
(i = 1, 2, 3, \cdots, n-1)
$$

或者如下计算：

固–液两相中的组元 A_i 都以其纯固态为标准状态，浓度以摩尔分数表示，该过程的摩尔吉布斯自由能变化为

$$\Delta G_{\mathrm{m},A_i} = \mu_{(A_i)_{l'_{M_{2,1}}}} - \mu_{A_i(\mathrm{s})} = RT\ln a^{\mathrm{R}}_{(A_i)_{l'_{M_{2,1}}}} \tag{7.653}$$

$$(i = 1, 2, 3, \cdots, n-1)$$

直到两相达成平衡，有

$$A_i(\mathrm{s}) \rightleftharpoons (A_i)_{l_{M_{2,1}}}$$

$$(i = 1, 2, 3, \cdots, n-1)$$

继续升高温度。从 $T_{M_{2,1}}$ 到 $T_{M_{3,1}}$，平衡液相组成在共熔面 M_2 上沿着 $M_{2,1}$ 和 $M_{3,1}$ 的连线从 $M_{2,1}$ 向 $M_{3,1}$ 移动，平衡液相组成从 $\gamma_{2,1}$ 向 $\gamma_{3,1}$ 变化。可统一描述如下：

升高温度到 $T_{M_{2,k-1}}$。在温度刚升到 $T_{M_{2,k-1}}$，固相组元 A_i 尚未来得及熔解时，液相组成未变，但已由组元 A_i 的饱和溶液 $l_{M_{2,k-1}}$，变成组元 A_i 的不饱和溶液 $l'_{M_{2,k-1}}$。固相组元 A_i 向其中熔化，有

$$A_i(\mathrm{s}) \rightleftharpoons (A_i)_{l'_{M_{2,k-1}}}$$

该过程的摩尔吉布斯自由能变化为

$$\begin{aligned}\Delta G_{\mathrm{m},A_i}(T_{M_{2,k}}) &= \overline{G}_{\mathrm{m},(A_i)_{l'_{M_{2,k-1}}}}(T_{M_{2,k}}) - G_{\mathrm{m},A_i(\mathrm{s})}(T_{M_{2,k}}) \\ &= \frac{\Delta H_{\mathrm{m},A_i}(T_{M_{2,k-1}})\Delta T}{T_{M_{2,k-1}}}\end{aligned} \tag{7.654}$$

$$(i = 1, 2, 3, \cdots, n-2)$$

或者如下计算：

固–液两相中的组元都以其纯固态为标准状态，浓度以摩尔分数表示，有

$$\Delta G_{\mathrm{m},A_i} = \mu_{(A_i)_{l'_{M_{2,k-1}}}} - \mu_{A_i(\mathrm{s})} = RT\ln a^{\mathrm{R}}_{(A_i)_{l'_{M_{2,k-1}}}} \tag{7.655}$$

直到固–液两相达成平衡。有

$$A_i(\mathrm{s}) \rightleftharpoons (A_i)_{l_{M_{2,k}}}$$

继续升高温度，重复上述溶解过程。可以统一描述如下：

从温度 $T_{M_{k,1}}$ 到 $T_{M_{k+1,1}}$，平衡液相组成在共熔面 M_k 上沿着 $M_{k,1}$ 和 $M_{k+1,1}$ 的连线从 $M_{k,1}$ 向 $M_{k+1,1}$ 移动，平衡液相组成从 $l_{M_{k,1}}$ 向 $l_{M_{k+1,1}}$ 变化。在温度 $T_{M_{k-1,n}}$，固–液两相达成平衡，有

$$A_i(\mathrm{s}) \rightleftharpoons (A_i)_{l_{M_{k-1,n}}}$$

$$(i=1,2,3,\cdots,n-k)$$

温度升高到 $T_{M_{k,1}}$。在温度刚升到 $T_{M_{k,1}}$，固相组元 A_i 尚未向液相 $\gamma_{M_{k-1,n}}$ 溶解时，液相组成未变，但已由组元 A_i 的饱和溶液 $l_{M_{k-1,n}}$ 变成组元 A_i 的未饱和溶液 $l'_{M_{k-1,n}}$。固相组元 A_i 向液相中溶解，有

$$A_i(\mathrm{s}) = (A_i)_{l'_{M_{k-1,n}}}$$

该过程的摩尔吉布斯自由能变化为

$$\begin{aligned}\Delta G_{\mathrm{m},A_i}(T_{M_{k,1}}) &= \overline{G}_{\mathrm{m},(A_i)_{l'_{M_{k,n}}}}(T_{M_{k,1}}) - G_{\mathrm{m},A_i(\mathrm{s})}(T_{M_{k,1}}) \\ &= \frac{\Delta H_{\mathrm{m},A_i}(T_{M_{k-1,n}})\Delta T}{T_{M_{k-1,n}}}\end{aligned} \tag{7.656}$$

或者如下计算：

固–液两相中的组元 A_i 都是以纯固态为标准状态，浓度以摩尔分数表示，该过程的摩尔吉布斯自由能变化为

$$\Delta G_{\mathrm{m},i} = \mu_{(A_i)_{l'_{M_{k-1,n}}}} - \mu_{A_i(\mathrm{s})} = RT\ln a^{\mathrm{R}}_{(A_i)_{l'_{M_{k-1,n}}}} \tag{7.657}$$

直到固–液两相达成平衡，固相组元 A_{n-k+1} 完全熔化，有

$$A_i(\mathrm{s}) \rightleftharpoons (A_i)_{l_{M_{k,1}}}$$

$$(i=1,2,3,\cdots,n-k)$$

继续升高温度。在温度 $T_{M_{k,l-1}}$，固–液两相达成平衡，有

$$A_i(\mathrm{s}) \rightleftharpoons (A_i)_{l_{M_{k,l-1}}}$$

升高温度到 $T_{M_{k,l}}$，在温度刚升到 $T_{M_{k,l}}$，固相组元 A_i 尚未来得及溶解时，液相组成未变，但已由组元 A_i 的饱和溶液 $l_{M_{k,l-1}}$，变成不饱和溶液 $l'_{M_{k,l-1}}$。固相组元 A_i 向溶液 $l'_{M_{k,l-1}}$ 中溶解，有

$$A_i(\mathrm{s}) = (A_i)_{l'_{M_{k,l-1}}}$$

$$(i = 1, 2, 3, \cdots, n-k)$$

该过程的摩尔吉布斯自由能变化为

$$\begin{aligned}\Delta G_{\mathrm{m},A_i}(T_{M_{k,l}}) &= \overline{G}_{\mathrm{m},(A_i)_{l'_{M_{k,l-1}}}}(T_{M_{k,l}}) - G_{\mathrm{m},A_i(\mathrm{s})}(T_{M_{k,l}}) \\ &= \frac{\Delta H_{\mathrm{m},A_i}(T_{M_{k,l-1}})\Delta T}{T_{M_{k,l-1}}}\end{aligned} \tag{7.658}$$

或者如下计算：

固–液两相中的组元 A_i 以其纯固态为标准状态，浓度以摩尔分数表示，摩尔吉布斯自由能变化为

$$\Delta G_{\mathrm{m},A_i} = \mu_{(A_i)_{l'_{M_{k,l-1}}}} - \mu_{A_i(\mathrm{s})} = RT \ln a^{\mathrm{R}}_{(A_i)_{l'_{M_{k,l-1}}}} \tag{7.659}$$

直到各两相达成平衡，有

$$A_i(\mathrm{s}) =\!=\!= (A_i)_{l_{M_{k,l}}}$$

$$(i = 1, 2, 3, \cdots, n-k-1)$$

继续升高温度，重复上述过程，直到温度升到 $T_{M_{n,1}}$，固–液两相达成平衡，平衡液相组成为 $l_{M_{n,1}}$，未溶解的固相组元仅剩 A_1 和 A_2，有

$$A_i(\mathrm{s}) \rightleftharpoons (A_i)_{l_{M_{n,1}}}$$

$$(i = 1, 2)$$

继续升高温度到 $T_{M_{n,1}}$。在温度刚升到 $T_{M_{n,1}}$，固相组元 A_i 尚未溶解时，液相组成未变，但已由组元 A_1、A_2 饱和溶液 $l_{M_{n-1,n}}$ 变成不饱和溶液 $l'_{M_{n-1,n}}$。固相组元 A_1、A_2 向其中溶解，有

$$A_i(\mathrm{s}) \rightleftharpoons (A_i)_{l'_{M_{n-1,n}}}$$

$$(i = 1, 2)$$

该过程的摩尔吉布斯自由能变化为

$$\begin{aligned}\Delta G_{\mathrm{m},A_i}(T_{M_{n,1}}) &= \overline{G}_{\mathrm{m},(A_i)_{l'_{M_n}}}(T_{M_{n,1}}) - G_{\mathrm{m},A_i(\mathrm{s})}(T_{M_{n,1}}) \\ &= \frac{\Delta H_{\mathrm{m},A_i}(T_{M_{n-1,n}})\Delta T}{T_{M_{n-1,n}}}\end{aligned} \tag{7.660}$$

式中，

$$\Delta T = T_{M_{n-1,n}} - T_{M_{n,1}}$$

或者如下计算:

固相和液相中的组元 A_i 都以其纯固态为标准状态，浓度以摩尔分数表示，摩尔吉布斯自由能变化为

$$\Delta G_{\mathrm{m},A_i} = \mu_{(A_i)_{l'_{M_n}}} - \mu_{A_i(\mathrm{s})} = RT\ln a^{\mathrm{R}}_{(A_i)_{l'_{M_{n-1,n}}}} \tag{7.661}$$

直到固相组元 A_2 完全溶解在液相中，仅剩组元 A_1，两相达成平衡，有

$$A_1(\mathrm{s}) \rightleftharpoons (A_1)_{l_{M_{n,1}}}$$

继续升高温度。从温度 $T_{M_{n,1}}$ 到 $T_{M_{n,n}}$，平衡液相组成在液相面 M_n 上沿 $l_{M_{n,1}}$ 和 A_1 连线移动。可统一描述如下:

在温度 $T_{M_{n,q-1}}$，固–液两相达成平衡，有

$$A_1(\mathrm{s}) \rightleftharpoons (A_i)_{l'_{M_{n,q-1}}}$$

继续升高温度到 $T_{M_{n,q}}$，在温度刚升到 $T_{M_{n,q}}$，尚无固相组元 A_1 溶解时，液相组成不变，但已由组元 A_1 的饱和溶液 $l_{M_{n,q-1}}$ 变成不饱和溶液 $l'_{M_{n,q-1}}$。组元 A_i 向其中溶解，有

$$A_1(\mathrm{s}) = (A_i)_{l'_{M_{n,q-1}}}$$

该过程的摩尔吉布斯自由能变化为

$$\begin{aligned}\Delta G_{\mathrm{m},A_1}(T_{M_{n,q}}) &= \overline{G}_{\mathrm{m},(A_1)_{l'_{M_{n,q-1}}}}(T_{M_{n,q}}) - G_{\mathrm{m},A_1(\mathrm{s})}(T_{M_{n,q}}) \\ &= \frac{\Delta H_{\mathrm{m},A_1}(T_{M_{n,q-1}})\Delta T}{T_{M_{n,q-1}}}\end{aligned} \tag{7.662}$$

式中,

$$\Delta T = T_{M_{n,q-1}} - T_{M_{n,q}}$$

或者如下计算:

两相中的组元都以其纯物质为标准状态，浓度以摩尔分数表示，摩尔吉布斯自由能变化为

$$\Delta G_{\mathrm{m},A_1} = \mu_{(A_1)_{l'_{M_{n,q-1}}}} - \mu_{A_1(\mathrm{s})} = RT\ln a^{\mathrm{R}}_{(A_1)_{l'_{M_{n,q-1}}}} \tag{7.663}$$

直到两相达成平衡，有

$$A_1(\mathrm{s}) \rightleftharpoons (A_1)_{l_{M_{n,q}}}$$

继续升高温度到 $T_{M_{n,n}}$，两相达成平衡，组元 A_1 达到饱和，有

$$A_1(\mathrm{s}) \rightleftharpoons (A_1)_{l_{M_{n,n}}}$$

继续升高温度到 $T_{M_{n,n+1}}$。在温度刚升高到 $T_{M_{n,n+1}}$，组元 A_1 尚未向液相中溶解时，液相组成未变，但已由组元 A_1 的饱和溶液 $l_{M_{n,n}}$ 变成不饱和溶液 $l'_{M_{n,n}}$。组元 A_1 向其中溶解，有

$$A_1(\mathrm{s}) \rightleftharpoons (A_1)_{l'_{M_{n,n}}}$$

过程的摩尔吉布斯自由能变化为

$$\begin{aligned}\Delta G_{\mathrm{m},A_1}(T_{M_{n,n+1}}) &= \overline{G}_{\mathrm{m},(A_1)_{l'_{M_{n,n}}}}(T_{M_{n,n+1}}) - G_{\mathrm{m},A_1(\mathrm{s})}(T_{M_{n,n+1}}) \\ &= \frac{\Delta_{\mathrm{sol}} H_{\mathrm{m},(A_1)_{l'_{M_{n,n}}}}(T_{M_{n,n}})\Delta T}{T_{M_{n,n}}}\end{aligned} \tag{7.664}$$

或者如下计算：

两相中的组元 A_1 都以其纯固态为标准状态，浓度以摩尔分数表示，摩尔吉布斯自由能变化为

$$\Delta G_{\mathrm{m},A_1} = \mu_{(A_1)_{l'_{M_{n,n}}}} - \mu_{A_1(\mathrm{s})} = RT\ln a^{\mathrm{R}}_{(A_1)_{l'_{M_{n,n}}}} \tag{7.665}$$

直到固相组元 A_1 消失，完全进入溶液，溶解过程完成。

2. 熔化速率

1) 在温度 $T_{M_{1,1}}$

在温度 $T_{M_{1,1}}$，熔化速率为

$$\begin{aligned}-\frac{\mathrm{d}n_{E(\mathrm{s})}}{\mathrm{d}t} &= \frac{\mathrm{d}n_{E(\mathrm{l}')}}{\mathrm{d}t} = j_{E(\mathrm{s})} \\ &= -l_1\left(\frac{A_{\mathrm{m},E}}{T}\right) - l_2\left(\frac{A_{\mathrm{m},E}}{T}\right)^2 - l_3\left(\frac{A_{\mathrm{m},E}}{T}\right)^3 - \cdots\end{aligned} \tag{7.666}$$

式中，

$$A_{\mathrm{m},E} = \Delta G_{\mathrm{m},E}(T_{M_{1,1}})$$

为式 (7.641)。

不考虑耦合作用，有

$$\begin{aligned}-\frac{\mathrm{d}n_{A_i(\mathrm{s})}}{\mathrm{d}t} &= \frac{\mathrm{d}n_{A_iE(\mathrm{l}')}}{\mathrm{d}t} = j_{A_i} \\ &= -l_{A_i1}\left(\frac{A_{\mathrm{m},A_i}}{T}\right) - l_{A_i2}\left(\frac{A_{\mathrm{m},A_i}}{T}\right)^2 - l_{A_i3}\left(\frac{A_{\mathrm{m},A_i}}{T}\right)^3 - \cdots\end{aligned} \tag{7.667}$$

考虑耦合作用，有

$$
\begin{aligned}
-\frac{\mathrm{d}n_{A_i(\mathrm{s})}}{\mathrm{d}t} &= \frac{\mathrm{d}n_{A_iE(\mathrm{l}')}}{\mathrm{d}t} = j_{A_i} \\
&= -\sum_{k=1}^{n} l_{ik}\left(\frac{A_{\mathrm{m},k}}{T}\right) - \sum_{k=1}^{n}\sum_{l=1}^{n} l_{ikl}\left(\frac{A_{\mathrm{m},k}}{T}\right)\left(\frac{A_{\mathrm{m},l}}{T}\right) \\
&\quad -\sum_{k=1}^{n}\sum_{l=1}^{n}\sum_{h=1}^{n} l_{iklh}\left(\frac{A_{\mathrm{m},k}}{T}\right)\left(\frac{A_{\mathrm{m},l}}{T}\right)\left(\frac{A_{\mathrm{m},h}}{T}\right) - \cdots
\end{aligned}
\tag{7.668}
$$

$$(i = 1, 2, 3, \cdots, n)$$

2) 在温度 $T_{M_{1,j}}$

在温度 $T_{M_{1,j}}$，不考虑耦合作用，溶解速率为

$$
\begin{aligned}
-\frac{\mathrm{d}n_{A_i(\mathrm{s})}}{\mathrm{d}t} &= \frac{\mathrm{d}n_{(A_i)_{\mathrm{l}'_{M_{1,i-1}}}}}{\mathrm{d}t} = j_{A_i} \\
&= -l_{A_i1}\left(\frac{A_{\mathrm{m},A_i}}{T}\right) - l_{A_i2}\left(\frac{A_{\mathrm{m},A_i}}{T}\right)^2 - l_{A_i3}\left(\frac{A_{\mathrm{m},A_i}}{T}\right)^3 - \cdots
\end{aligned}
\tag{7.669}
$$

$$(i = 1, 2, 3, \cdots, n-1)$$

考虑耦合作用，有

$$
\begin{aligned}
-\frac{\mathrm{d}n_{A_i(\mathrm{s})}}{\mathrm{d}t} &= \frac{\mathrm{d}n_{(A_i)_{\mathrm{l}'_{M_{1,j-1}}}}}{\mathrm{d}t} = j_{A_i} \\
&= -\sum_{k=1}^{n-1} l_{ik}\left(\frac{A_{\mathrm{m},A_k}}{T}\right) - \sum_{k=1}^{n-1}\sum_{l=1}^{n-1} l_{ikl}\left(\frac{A_{\mathrm{m},A_k}}{T}\right)\left(\frac{A_{\mathrm{m},A_l}}{T}\right) \\
&\quad -\sum_{k=1}^{n-1}\sum_{l=1}^{n-1}\sum_{h=1}^{n-1} l_{iklh}\left(\frac{A_{\mathrm{m},A_k}}{T}\right)\left(\frac{A_{\mathrm{m},A_l}}{T}\right)\left(\frac{A_{\mathrm{m},A_h}}{T}\right) - \cdots
\end{aligned}
\tag{7.670}
$$

3) 在温度 $T_{M_{2,k}}$

在温度 $T_{M_{2,k}}$，不考虑耦合作用，溶解速率为

$$
\begin{aligned}
\frac{\mathrm{d}n_{A_i(\mathrm{s})}}{\mathrm{d}t} &= -\frac{\mathrm{d}n_{(A_i)_{\mathrm{l}'_{M_{2,k-1}}}}}{\mathrm{d}t} = j_{M_i} \\
&= -l_{A_i1}\left(\frac{A_{\mathrm{m},A_i}}{T}\right) - l_{A_i2}\left(\frac{A_{\mathrm{m},A_i}}{T}\right)^2 - l_{A_i3}\left(\frac{A_{\mathrm{m},A_i}}{T}\right)^3 - \cdots
\end{aligned}
\tag{7.671}
$$

考虑耦合作用，有

$$\begin{aligned}\frac{\mathrm{d}n_{A_i(\mathrm{s})}}{\mathrm{d}t} =& -\sum_{k=1}^{n-2} l_{ik}\left(\frac{A_{\mathrm{m},A_k}}{T}\right) - \sum_{k=1}^{n-2}\sum_{l=1}^{n-2} l_{ikl}\left(\frac{A_{\mathrm{m},A_k}}{T}\right)\left(\frac{A_{\mathrm{m},A_l}}{T}\right)\\&-\sum_{k=1}^{n-2}\sum_{l=1}^{n-2}\sum_{h=1}^{n-2} l_{iklh}\left(\frac{A_{\mathrm{m},A_k}}{T}\right)\left(\frac{A_{\mathrm{m},A_l}}{T}\right)\left(\frac{A_{\mathrm{m},A_h}}{T}\right) - \cdots\end{aligned} \tag{7.672}$$

4) 在温度 $T_{M_{k,l}}$

在温度 $T_{M_{k,l}}$，不考虑耦合作用，熔化速率为

$$\begin{aligned}\frac{\mathrm{d}n_{A_i(\mathrm{s})}}{\mathrm{d}t} &= -\frac{\mathrm{d}n_{(A_i)_{l'_{M_{i,l-1}}}}}{\mathrm{d}t} = j_{A_i}\\&= -l_{A_i1}\left(\frac{A_{\mathrm{m},A_i}}{T}\right) - l_{A_i2}\left(\frac{A_{\mathrm{m},A_i}}{T}\right)^2 - l_{A_i3}\left(\frac{A_{\mathrm{m},A_i}}{T}\right)^3 - \cdots\end{aligned} \tag{7.673}$$

$$(i = 1, 2, 3, \cdots, n-k)$$

式中，

$$A_{\mathrm{m},A_i} = \Delta G_{\mathrm{m},A_i}(T_{M_{k,l}})$$

考虑耦合作用，有

$$\begin{aligned}\frac{\mathrm{d}n_{A_i(\mathrm{s})}}{\mathrm{d}t} &= -\frac{\mathrm{d}n_{(A_i)_{l'_{M_{k,l-1}}}}}{\mathrm{d}t} = j_{A_i}\\&= -\sum_{k=1}^{n-k} l_{ik}\left(\frac{A_{\mathrm{m},A_k}}{T}\right) - \sum_{k=1}^{n-k}\sum_{l=1}^{n-k} l_{ikl}\left(\frac{A_{\mathrm{m},A_k}}{T}\right)\left(\frac{A_{\mathrm{m},A_l}}{T}\right)\\&\quad-\sum_{k=1}^{n-k}\sum_{l=1}^{n-k}\sum_{h=1}^{n-k} l_{iklh}\left(\frac{A_{\mathrm{m},A_k}}{T}\right)\left(\frac{A_{\mathrm{m},A_l}}{T}\right)\left(\frac{A_{\mathrm{m},A_h}}{T}\right) - \cdots\end{aligned} \tag{7.674}$$

$$(i = 1, 2, 3, \cdots, n-k)$$

5) 在温度 $T_{M_{n,q}}$

在温度 $T_{M_{n,q}}$，溶解速率为

$$\begin{aligned}\frac{\mathrm{d}n_{A_1(\mathrm{s})}}{\mathrm{d}t} &= -\frac{\mathrm{d}n_{(A_1)_{l'_{M_{n,q-1}}}}}{\mathrm{d}t} = j_{A_1}\\&= -l_{A_11}\left(\frac{A_{\mathrm{m},A_1}}{T}\right) - l_{A_12}\left(\frac{A_{\mathrm{m},A_1}}{T}\right)^2 - l_{A_13}\left(\frac{A_{\mathrm{m},A_1}}{T}\right)^3 - \cdots\end{aligned} \tag{7.675}$$

7.4.2 具有最低共熔点的 $n(>3)$ 元固溶体熔化

1. 熔化过程热力学

在具有最低共熔点的 $n(>3)$ 元系中，组成点为 M 的物质升温。温度升到 T_E，物质组成点为 M_E。在组成为 M_E 的物质中，有共熔点组成的 E 和过量的组元 $\alpha_1^1, \alpha_1^2, \cdots, \alpha_1^{n-1}$；$\alpha_1^n$ 不过量。

在温度 T_E，组成为 E 的均匀固相的熔化过程可以表示为

$$E(\mathrm{s}) \rightleftharpoons E(\mathrm{l})$$

即

$$\sum_{k=1}^{n} x_{\alpha_1^k} \alpha_1^k \rightleftharpoons \sum_{k=1}^{n} x_{\alpha_1^k} \left(\alpha_1^k\right)_{E(\mathrm{l})}$$

或

$$\alpha_1^k \rightleftharpoons \left(\alpha_1^k\right)_{E(\mathrm{l})}$$

$$(k = 1, 2, 3, \cdots, n)$$

及

$$(i)_{\alpha_1^k} \rightleftharpoons (i)_{E(\mathrm{l})}$$

$$(k = 1, 2, 3, \cdots, n; \quad i = 1, 2, 3, \cdots, n)$$

式中，α_1^k 为第一析出的第 k 种溶液；i 为组成溶液 α 的组元。

该过程的摩尔吉布斯自由能变化为

$$\begin{aligned}
\Delta G_{\mathrm{m},E}(T_E) &= G_{\mathrm{m},E(\mathrm{l})}(T_E) - G_{\mathrm{m},E(\mathrm{s})}(T_E) \\
&= \Delta_{\mathrm{fus}} H_{\mathrm{m},E}(T_E) - T_E \Delta_{\mathrm{fus}} S_{\mathrm{m},E}(T_E) \\
&= \Delta_{\mathrm{fus}} H_{\mathrm{m},E}(T_E) - T_E \frac{\Delta_{\mathrm{fus}} H_{\mathrm{m},E}(T_E)}{T_E} \\
&= 0
\end{aligned} \tag{7.676}$$

式中，$\Delta_{\mathrm{fus}} H_{\mathrm{m},E}$、$\Delta_{\mathrm{fus}} S_{\mathrm{m},E}$ 分别是组成为 E 的物质的熔化焓、熔化熵。

或

$$\begin{aligned}
\Delta G_{\mathrm{m},\alpha_1^k}(T_E) &= \overline{G}_{\mathrm{m},\left(\alpha_1^k\right)_{E(\mathrm{l})}}(T_E) - G_{\mathrm{m},\alpha_1^k}(T_E) \\
&= \Delta_{\mathrm{sol}} H_{\mathrm{m},\alpha_1^k}(T_E) - T_E \Delta_{\mathrm{sol}} S_{\mathrm{m},\alpha_1^k}(T_E) \\
&= \Delta_{\mathrm{sol}} H_{\mathrm{m},\alpha_1^k}(T_E) - T_E \frac{\Delta_{\mathrm{sol}} H_{\mathrm{m},\alpha_1^k}(T_E)}{T_E} \\
&= 0
\end{aligned} \tag{7.677}$$

$$(k=1,2,3,\cdots,n)$$

$$\Delta G_{\mathrm{m},E}(T_E)=\sum_{k=1}^{n}x_{\alpha_1^k}\Delta G_{\mathrm{m},\alpha_1^k}(T_E)=0 \tag{7.678}$$

或

$$\begin{aligned}\Delta G_{\mathrm{m},(i)_{\alpha_1^k}}(T_E)&=\overline{G}_{\mathrm{m},(i)_{E(1)}}(T_E)-\overline{G}_{\mathrm{m},(i)_{\alpha_1^k}}(T_E)\\&=\Delta_{\mathrm{sol}}H_{\mathrm{m},i}(T_E)-T_E\Delta_{\mathrm{sol}}S_{\mathrm{m},i}(T_E)\\&=\Delta_{\mathrm{sol}}H_{\mathrm{m},i}(T_E)-T_E\frac{\Delta_{\mathrm{sol}}H_{\mathrm{m},i}(T_E)}{T_E}\\&=0\end{aligned} \tag{7.679}$$

$$\Delta G_{\mathrm{m},i}(T_E)=\sum_{k=1}^{n}x_{\alpha_1^k}\Delta G_{\mathrm{m},(i)_{\alpha_1^k}}(T_E) \tag{7.680}$$

$$\Delta G_{\mathrm{m},E}(T_E)=\sum_{k=1}^{n}\sum_{i=1}^{n}x_{\alpha_1^k}x_{(i)_{\alpha_1^k}}\Delta G_{\mathrm{m},(i)_{\alpha_1^k}}(T_E) \tag{7.681}$$

式中，$\Delta_{\mathrm{sol}}H_{\mathrm{m},i}$ 和 $\Delta_{\mathrm{sol}}S_{\mathrm{m},i}$ 分别是组元 i 的熔化焓和熔化熵。

或者如下计算：

固-液两相中的组元都以纯固态为标准状态，浓度以摩尔分数表示，摩尔吉布斯自由能变化为

$$\begin{aligned}\Delta G_{\mathrm{m},\alpha_1^k}&=\mu_{(\alpha_1^k)_{E(1)}}-\mu_{\alpha_1^k}\\&=RT\ln a^{\mathrm{R}}_{(\alpha_1^k)_{\text{饱}}}\\&=RT\ln a^{\mathrm{R}}_{(\alpha_1^k)_{E(1)}}\\&=0\end{aligned} \tag{7.682}$$

$$\Delta G_{\mathrm{m},E}=\sum_{k=1}^{n}x_{\alpha_1^k}\Delta G_{\mathrm{m},\alpha_1^k}=0 \tag{7.683}$$

$$\begin{aligned}\Delta G_{\mathrm{m},\alpha_1^k}&=\mu_{(i)_{E(1)}}-\mu_{(i)_{\alpha_1^k}}\\&=RT\ln\frac{a^{\mathrm{R}}_{(i)_{E(1)}}}{a^{\mathrm{R}}_{(i)_{\alpha_1^k}}}\\&=0\end{aligned} \tag{7.684}$$

$$\Delta G_{\mathrm{m},E}=\sum_{k=1}^{n}\sum_{i=1}^{n}x_{\alpha_1^k}x_{(i)_{\alpha_1^k}}\Delta G_{\mathrm{m},(i)_{\alpha_1^k}}=0 \tag{7.685}$$

式中，

$$a^{\rm R}_{(i)_{E(\gamma)}} = a^{\rm R}_{(i)_{\alpha_1^k}}$$

升高温度到 $T_{M,1}$。在温度刚升到 $T_{M,1}$，固相组元 $\alpha_1^k(k=1,2,\cdots,n)$、$i(i=1,2,\cdots,n)$ 尚未溶入液相时，溶液组成未变，但已由饱和溶液 $E(\rm l)$ 变成不饱和溶液 $E(\rm l')$，固相 α_1^k 向其中溶解。有

$$E(\rm s) \xlongequal{\quad} E(\rm l')$$

即

$$\sum_{k=1}^{n} x_{\alpha_1^k}\alpha_1^k \xlongequal{\quad} \sum_{k=1}^{n} x_{\alpha_1^k}\left(\alpha_1^k\right)_{E(\rm l')}$$

或

$$\alpha_1^k \xlongequal{\quad} \left(\alpha_1^k\right)_{E(\rm l')}$$

$$(k=1,2,3,\cdots,n)$$

及

$$(i)_{\alpha_1^k} \xlongequal{\quad} (i)_{E(\rm l')}$$

$$(k=1,2,3,\cdots,n;\quad i=1,2,3,\cdots,n)$$

该过程的摩尔吉布斯自由能变化为

$$\begin{aligned}\Delta G_{{\rm m},E}(T_{M,1}) &= G_{{\rm m},E(\rm l')}(T_{M,1}) - G_{{\rm m},E(\rm s)}(T_{M,1})\\ &= \Delta_{\rm fus}H_{{\rm m},E}(T_{M,1}) - T_{M,1}\Delta_{\rm fus}S_{{\rm m},E}(T_{M,1})\\ &\approx \Delta_{\rm fus}H_{{\rm m},E}(T_E) - T_{M,1}\frac{\Delta_{\rm fus}H_{{\rm m},E}(T_E)}{T_E}\\ &= \frac{\Delta_{\rm fus}H_{{\rm m},E}(T_E)\Delta T}{T_E}\end{aligned} \tag{7.686}$$

式中，

$$T_{M,1} > T_E$$

$$\Delta T = T_E - T_{M,1} < 0$$

或

$$\begin{aligned}\Delta G_{\mathrm{m},\alpha_1^k}(T_{M,1}) &= \overline{G}_{\mathrm{m},(\alpha_1^k)_{E(\mathrm{l}')}}(T_{M,1}) - G_{\mathrm{m},\alpha_1^k}(T_{M,1}) \\ &= \Delta_{\mathrm{sol}}H_{\mathrm{m},\alpha_1^k}(T_{M,1}) - T_{M,1}\Delta_{\mathrm{sol}}S_{\mathrm{m},\alpha_1^k}(T_{M,1}) \\ &\approx \Delta_{\mathrm{sol}}H_{\mathrm{m},\alpha_1^k}(T_{M,1}) - T_{M,1}\frac{\Delta_{\mathrm{sol}}H_{\mathrm{m},\alpha_1^k}(T_{M,1})}{T_{M,1}} \\ &= \frac{\Delta_{\mathrm{sol}}H_{\mathrm{m},\alpha_1^k}(T_{M,1})\Delta T}{T_{M,1}}\end{aligned} \tag{7.687}$$

式中，

$$\Delta T = T_E - T_{M,1}$$

$$\Delta G_{\mathrm{m},E}(T_{M,1}) = \sum_{k=1}^{n} x_k \Delta G_{\mathrm{m},\alpha_1^k}(T_{M,1}) = \sum_{k=1}^{n} \frac{x_k \Delta_{\mathrm{sol}}H_{\mathrm{m},\alpha_1^k}(T_E)\Delta T}{T_E}$$

或如下计算:

固–液两相中的组元都以纯固态为标准状态，浓度以摩尔分数表示，摩尔吉布斯自由能变化为

$$\begin{aligned}\Delta G_{\mathrm{m},\alpha_k^1} &= \mu_{(\alpha_k^1)_{E(\mathrm{l}')}} - \mu_{\alpha_k^1} \\ &= RT\ln a^{\mathrm{R}}_{(\alpha_k^1)_{\text{未饱}}} \\ &= RT\ln a^{\mathrm{R}}_{(\alpha_k^1)_{E(\mathrm{l}')}}\end{aligned} \tag{7.688}$$

$$(k = 1, 2, 3, \cdots, n)$$

$$\Delta G_{\mathrm{m},(i)_{\alpha_1^k}} = \mu_{(i)_{E(\mathrm{l}')}} - \mu_{(i)_{\alpha_1^k}} = RT\ln\frac{a^{\mathrm{R}}_{(i)_{E(\mathrm{l}')}}}{a^{\mathrm{R}}_{(i)_{\alpha_1^k}}} \tag{7.689}$$

$$(i = 1, 2, 3, \cdots, n;\quad k = 1, 2, 3, \cdots, n)$$

$$\Delta G_{\mathrm{m},E} = \sum_{k=1}^{n} x_k \Delta G_{\mathrm{m},\alpha_1^k} = \sum_{k=1}^{n} x_k RT\ln a^{\mathrm{R}}_{(\alpha_k^1)_{E(\gamma')}} \tag{7.690}$$

$$\Delta G_{\mathrm{m},E} = \sum_{k=1}^{n}\sum_{i=1}^{n} x_k x_i \Delta G_{\mathrm{m},(i)_{\alpha_1^k}} \tag{7.691}$$

直到组成为 $E(\mathrm{s})$ 的固相组元完全熔化。此液相仍是未饱和溶液，固相组元 $\alpha_1^k(k = 1, 2, 3, \cdots, n)$ 继续向液相中溶解，有

$$\alpha_1^k =\!=\!= (\alpha_1^k)_{E(\mathrm{l}')}$$

$$(i)_{\alpha_1^k} =\!=\!= (i)_{E(\mathrm{l}')}$$

$$(k=1,2,3,\cdots,n;\quad i=1,2,3,\cdots,n)$$

该过程的摩尔吉布斯自由能变化为

$$\begin{aligned}\Delta G_{\mathrm{m},\alpha_1^k}(T_{M,1}) &= \overline{G}_{\mathrm{m},(\alpha_1^k)_{E(1')}}(T_{M,1})-G_{\mathrm{m},\alpha_1^k}(T_{M,1})\\ &=\Delta_{\mathrm{sol}}H_{\mathrm{m},\alpha_1^k}(T_{M,1})-T_{M,1}\Delta_{\mathrm{sol}}S_{\mathrm{m},\alpha_1^k}(T_{M,1})\\ &\approx \Delta_{\mathrm{sol}}H_{\mathrm{m},\alpha_1^k}(T_E)-T_{M,1}\frac{\Delta_{\mathrm{sol}}H_{\mathrm{m},\alpha_1^k}(T_{M,1})}{T_E}\\ &=\frac{\Delta_{\mathrm{sol}}H_{\mathrm{m},\alpha_1^k}(T_E)\Delta T}{T_E}\end{aligned} \tag{7.692}$$

$$\Delta G_{\mathrm{m}}(T_{M,1})=\sum_{k=1}^{n-1}x_k\Delta G_{\mathrm{m},\alpha_1^k}(T_{M,1}) \tag{7.693}$$

固–液两相组元都以其纯固态为标准状态，浓度以摩尔分数表示，摩尔吉布斯自由能变化为

$$\Delta G_{\mathrm{m},\alpha_1^k}=\mu_{(\alpha_1^k)_{E(1')}}-\mu_{\alpha_1^k}=RT\ln a^{\mathrm{R}}_{(\alpha_1^k)_{E(1')}} \tag{7.694}$$

$$\Delta G_{\mathrm{m}}=\sum_{k=1}^{n-1}x_k\Delta G_{\mathrm{m},\alpha_1^k}=\sum_{k=1}^{n-1}x_kRT\ln a^{\mathrm{R}}_{(\alpha_1^k)_{E(1')}} \tag{7.695}$$

或

$$\Delta G_{\mathrm{m},(i)_{\alpha_1^k}}=\mu_{(i)_{E(1')}}-\mu_{(i)_{\alpha_1^k}}=RT\ln\frac{a^{\mathrm{R}}_{(i)_{E(1')}}}{a^{\mathrm{R}}_{(i)_{\alpha_1^k}}} \tag{7.696}$$

$$\Delta G_{\mathrm{m},\alpha_1^k}=\sum_{i=1}^{n}x_i\Delta G_{\mathrm{m},(i)_{\alpha_1^k}}=\sum_{i=1}^{n}x_iRT\ln\frac{a^{\mathrm{R}}_{(i)_{E(1')}}}{a^{\mathrm{R}}_{(i)_{\alpha_1^k}}} \tag{7.697}$$

$$\Delta G_{\mathrm{m},i}=\sum_{k=1}^{n-1}\sum_{i=1}^{n}x_kx_iRT\ln\frac{a^{\mathrm{R}}_{(i)_{E(1')}}}{a^{\mathrm{R}}_{(i)_{\alpha_1^k}}} \tag{7.698}$$

直到固相组元 α_1^n 消失。液相组成为组元 α_2^k 的饱和溶液 $l_{M,1}$，固–液两相达成平衡，有

$$\alpha_2^k \rightleftharpoons (\alpha_2^k)_{l_{M,1}} =\!=\!= (\alpha_2^k)_{饱}$$

继续升高温度，从 $T_{M_{1,1}}$ 到 $T_{M_{1,n}}$，升温熔化过程可以统一描述如下：
在温度 $T_{M_{1,j-1}}$，固–液两相达成平衡，有

$$\alpha_j^k \rightleftharpoons (\alpha_j^k)_{\gamma_{M_{1,j-1}}} =\!=\!= (\alpha_j^k)_{饱}$$

继续升高温度到 $T_{M_{1,j}}$。在温度刚升到 $T_{M_{1,j}}$，组元 α_j^k 尚未来得及溶解进入液相时，溶液组成未变，但已由组元 α_j^k 的饱和溶液 $l_{M_{1,j-1}}$ 变成组元 α_j^k 的不饱和溶液 $l'_{M_{1,j-1}}$。因此，固相组元 α_j^k 向溶液 $l'_{M_{1,j-1}}$ 中溶解，有

$$\alpha_j^k = (\alpha_j^k)_{l'_{M_{1,j-1}}}$$

$$(i)_{\alpha_j^k} = (i)_{l'_{M_{1,j-1}}}$$

$$(k = 1, 2, 3, \cdots, n-1; \quad i = 1, 2, 3, \cdots, n)$$

该过程的摩尔吉布斯自由能变化为

$$\begin{aligned}\Delta G_{\mathrm{m},\alpha_j^k}(T_{M_{1,j}}) &= \overline{G}_{\mathrm{m},(\alpha_j^k)_{l'_{M_{1,j-1}}}}(T_{M_{1,j}}) - G_{\mathrm{m},\alpha_j^k}(T_{M_{1,j}}) \\ &= \Delta_{\mathrm{sol}} H_{\mathrm{m},\alpha_j^k}(T_{M_{1,j}}) - T_{M_{1,j}} \Delta_{\mathrm{sol}} S_{\mathrm{m},\alpha_j^k}(T_{M_{1,j}}) \\ &\approx \Delta_{\mathrm{sol}} H_{\mathrm{m},\alpha_j^k}(T_{M_{1,j-1}}) - T_{M_{1,j}} \frac{\Delta_{\mathrm{sol}} H_{\mathrm{m},\alpha_j^k}(T_{M_{1,j-1}})}{T_{M_{1,j-1}}} \\ &= \frac{\Delta_{\mathrm{sol}} H_{\mathrm{m},\alpha_j^k}(T_{M_{1,j-1}}) \Delta T}{T_{M_{1,j-1}}}\end{aligned} \tag{7.699}$$

$$\begin{aligned}\Delta G_{\mathrm{m},\alpha_j^k,t}(T_{M_{1,j}}) &= \sum_{k=1}^{n-1} x_k \Delta G_{\mathrm{m},\alpha_j^k}(T_{M_{1,j}}) \\ &= \sum_{k=1}^{n-1} \frac{x_k \Delta_{\mathrm{sol}} H_{\mathrm{m},\alpha_j^k}(T_{M_{1,j-1}}) \Delta T}{T_{M_{1,j-1}}}\end{aligned} \tag{7.700}$$

$$\begin{aligned}\Delta G_{\mathrm{m},(i)_{\alpha_j^k}}(T_{M_{1,j}}) &= \overline{G}_{\mathrm{m},(i)_{l'_{M_{1,j-1}}}}(T_{M_{1,j}}) - \overline{G}_{\mathrm{m},(i)_{\alpha_j^k}}(T_{M_{1,j}}) \\ &= \Delta_{\mathrm{sol}} H_{\mathrm{m},i}(T_{M_{1,j}}) - T_{M_{1,j}} \Delta_{\mathrm{sol}} S_{\mathrm{m},i}(T_{M_{1,j}}) \\ &\approx \Delta_{\mathrm{sol}} H_{\mathrm{m},i}(T_{M_{1,j-1}}) - T_{M_{1,j}} \frac{\Delta_{\mathrm{sol}} H_{\mathrm{m},i}(T_{M_{1,j-1}})}{T_{M_{1,j-1}}} \\ &= \frac{\Delta_{\mathrm{sol}} H_{\mathrm{m},i}(T_{M_{1,j-1}}) \Delta T}{T_{M_{1,j-1}}}\end{aligned} \tag{7.701}$$

$$\begin{aligned}\Delta G_{\mathrm{m},\alpha_j^k}(T_{M_{1,j}}) &= \sum_{i=1}^{n-1} x_i \Delta G_{\mathrm{m},(i)_{\alpha_j^k}}(T_{M_{1,j}}) \\ &= \sum_{i=1}^{n-1} \frac{x_i \Delta_{\mathrm{sol}} H_{\mathrm{m},i}(T_{M_{1,j-1}}) \Delta T}{T_{M_{1,j-1}}}\end{aligned} \tag{7.702}$$

$$\begin{aligned}\Delta G_{\mathrm{m},\alpha_j^k}(T_{M_{1,j}}) &= \sum_{k=1}^{n-1} x_k \Delta G_{\mathrm{m},\alpha_j^k}(T_{M_{1,j}}) \\ &= \sum_{k=1}^{n-1} x_k \sum_{i=1}^{n-1} \frac{x_i \Delta_{\mathrm{sol}} H_{\mathrm{m},i}(T_{M_{1,j-1}})\Delta T}{T_{M_{1,j-1}}}\end{aligned} \tag{7.703}$$

或者，固–液两相中的组元都以其纯固态为标准状态，浓度以摩尔分数表示，摩尔吉布斯自由能变化为

$$\Delta G_{\mathrm{m},\alpha_j^k} = \mu_{(\alpha_j^k)_{l'_{M_{1,j-1}}}} - \mu_{\alpha_j^k} = RT \ln a^{\mathrm{R}}_{(\alpha_j^k)_{l'_{M_{1,j-1}}}} \tag{7.704}$$

$$\Delta G_{\mathrm{m},\alpha_j^k,t} = \sum_{k=1}^{n-1} x_k \Delta G_{\mathrm{m},\alpha_j^k} = \sum_{k=1}^{n-1} x_k RT \ln a^{\mathrm{R}}_{(\alpha_j^k)_{l'_{M_{1,j-1}}}} \tag{7.705}$$

及

$$\Delta G_{\mathrm{m},(i)_{\alpha_j^k}} = \mu_{(i)_{l'_{M_{1,j-1}}}} - \mu_{(i)_{\alpha_j^k}} = RT \ln \frac{a^{\mathrm{R}}_{(i)_{l'_{M_{1,j-1}}}}}{a^{\mathrm{R}}_{(i)_{\alpha_j^k}}} \tag{7.706}$$

$$\Delta G_{\mathrm{m},\alpha_j^k,t} = \sum_{i=1}^{n} x_i \Delta G_{\mathrm{m},(i)_{\alpha_j^k}} = \sum_{k=1}^{n} x_i RT \ln \frac{a^{\mathrm{R}}_{(i)_{l'_{M_{1,j-1}}}}}{a^{\mathrm{R}}_{(i)_{\alpha_j^k}}} \tag{7.707}$$

$$\begin{aligned}\Delta G_{\mathrm{m},\alpha_j^k,t} &= \sum_{k=1}^{n-1} x_k \Delta G_{\mathrm{m},\alpha_j^k} = \sum_{k=1}^{n-1} x_k \sum_{i=1}^{n} x_i \Delta G_{\mathrm{m},(i)_{\alpha_j^k}} \\ &= \sum_{k=1}^{n-1} x_k \sum_{i=1}^{n} x_i RT \ln \frac{a^{\mathrm{R}}_{(i)_{l'_{M_{1,j-1}}}}}{a^{\mathrm{R}}_{(i)_{\alpha_j^k}}}\end{aligned} \tag{7.708}$$

直到固相组元 α_j^k 溶解达到饱和，固–液两相达成新的平衡。平衡液相组成为共熔面 M_1 上的 $l_{M_{1,j}}$ 点。有

$$\alpha_j^k \rightleftharpoons (\alpha_j^k)_{l_{M_{1,j}}} \equiv (\alpha_j^k)_{饱}$$

温度升高到 $T_{M_{2,1}}$，固–液两相达成平衡，平衡液相组成为共熔面 M_1 和 M_2 的交汇点 $M_{2,1}$ 的 $l_{M_{2,1}}$。在温度 $T_{M_{1,n}}$ 组元 α_n^k 溶解达到饱和，有

$$\alpha_n^k \rightleftharpoons (\alpha_n^k)_{l_{M_{1,n}}} \equiv (\alpha_n^k)_{饱}$$

$$(k = 1, 2, 3, \cdots, n-1)$$

继续升高温度到 $T_{M_{2,1}}$，在温度刚升到 $T_{M_{2,1}}$，组元 α_n^k 还未来得及溶解时，溶液组成未变，但已由组元 α_n^k 的饱和溶液 $l_{M_{2,1}}$ 变成不饱和溶液 $l'_{M_{2,1}}$。组元 α_n^k 向溶液 $l'_{M_{2,1}}$ 中溶解，有

$$\alpha_n^k = (\alpha_n^k)_{l'_{M_{2,1}}}$$

$$(i)_{\alpha_n^k} = (i)_{l'_{M_{2,1}}}$$

$$(k = 1, 2, 3, \cdots, n-1; \quad i = 1, 2, 3, \cdots, n-1)$$

该过程的摩尔吉布斯自由能变化为

$$\begin{aligned}
\Delta G_{\mathrm{m},\alpha_n^k}(T_{M_{2,1}}) &= \overline{G}_{\mathrm{m},(\alpha_n^k)_{l'_{M_{2,1}}}}(T_{M_{2,1}}) - G_{\mathrm{m},\alpha_n^k}(T_{M_{2,1}}) \\
&= \Delta_{\mathrm{sol}} H_{\mathrm{m},\alpha_n^k}(T_{M_{2,1}}) - T_{M_{2,1}} \Delta_{\mathrm{sol}} S_{\mathrm{m},\alpha_n^k}(T_{M_{2,1}}) \\
&\approx \frac{\Delta_{\mathrm{sol}} H_{\mathrm{m},\alpha_n^k}(T_{M_2}) - T_{M_{2,1}} \Delta_{\mathrm{sol}} H_{\mathrm{m},\alpha_n^k}(T_{M_2})}{T_{M_2}} \\
&= \frac{\Delta_{\mathrm{sol}} H_{\mathrm{m},\alpha_n^k} \Delta T}{T_{M_2}}
\end{aligned} \tag{7.709}$$

$$(k = 1, 2, 3, \cdots, n-1)$$

$$\begin{aligned}
\Delta G_m(T_{M_{2,1}}) &= \sum_{k=1}^{n-1} x_k \Delta G_{\mathrm{m},\alpha_n^k}(T_{M_{2,1}}) \\
&= \sum_{k=1}^{n-1} \frac{x_k \Delta_{\mathrm{sol}} H_{\mathrm{m},\alpha_n^k}(T_{M_2}) \Delta T}{T_{M_2}}
\end{aligned} \tag{7.710}$$

$$\begin{aligned}
\Delta G_{\mathrm{m},(i)_{\alpha_n^k}}(T_{M_{2,1}}) &= \overline{G}_{\mathrm{m},(i)_{l'_{M_1}}}(T_{M_{2,1}}) - \overline{G}_{\mathrm{m},(i)_{\alpha_n^k}}(T_{M_{2,1}}) \\
&= \Delta_{\mathrm{sol}} H_{\mathrm{m},i}(T_{M_{2,1}}) - T_{M_{2,1}} \Delta_{\mathrm{sol}} S_{\mathrm{m},i}(T_{M_{2,1}}) \\
&\approx \Delta_{\mathrm{sol}} H_{\mathrm{m},i}(T_{M_2}) - T_{M_{2,1}} \frac{\Delta_{\mathrm{sol}} H_{\mathrm{m},i}(T_{M_2})}{T_{M_2}} \\
&= \frac{\Delta_{\mathrm{sol}} H_{\mathrm{m},i}(T_{M_2}) \Delta T}{T_{M_2}}
\end{aligned} \tag{7.711}$$

$$\Delta G_{\mathrm{m},\alpha_n^k,t} = \sum_{i=1}^{n} x_{(i)_{\alpha_n^k}} \Delta G_{\mathrm{m},(i)_{\alpha_n^k}} = \sum_{i=1}^{n} \frac{x_{(i)_{\alpha_n^k}} \Delta_{\mathrm{sol}} H_{\mathrm{m},i}(T_{M_2}) \Delta T}{T_{M_2}} \tag{7.712}$$

固–液两相中的组元都以其纯固态为标准状态，浓度以摩尔分数表示，摩尔吉布斯自由能变化为

$$\Delta G_{\mathrm{m},\alpha_n^k} = \mu_{(\alpha_n^k)_{l'_{M_{2,1}}}} - \mu_{\alpha_n^k} = RT \ln a^{\mathrm{R}}_{(\alpha_n^k)_{l'_{M_{2,1}}}} \tag{7.713}$$

$$(k=1,2,3,\cdots,n-1)$$

$$\Delta G_{\mathrm{m},\alpha_n^k}=\sum_{k=1}^{n-1}x_{\alpha_n^k}\Delta G_{\mathrm{m},\alpha_n^k}=\sum_{k=1}^{n-1}x_{\alpha_n^k}RT\ln a^{\mathrm{R}}_{(\alpha_n^k)_{l'_{M_{2,1}}}} \tag{7.714}$$

及

$$\Delta G_{\mathrm{m},(i)_{\alpha_n^k}}=\mu_{(i)_{l'_{M_{2,1}}}}-\mu_{(i)_{\alpha_n^k}}=RT\ln\frac{a^{\mathrm{R}}_{(i)_{l'_{M_{2,1}}}}}{a^{\mathrm{R}}_{(i)_{\alpha_n^k}}} \tag{7.715}$$

$$\Delta G_{\mathrm{m},\alpha_n^k}=\sum_{i=1}^{n}x_i\Delta G_{\mathrm{m},(i)_{\alpha_n^k}}=\sum_{i=1}^{n}x_iRT\ln\frac{a^{\mathrm{R}}_{(i)_{l'_{M_{2,1}}}}}{a^{\mathrm{R}}_{(i)_{\alpha_n^k}}} \tag{7.716}$$

$$\Delta G_{\mathrm{m},i}=\sum_{k=1}^{n-1}x_k\Delta G_{\mathrm{m},\alpha_n^k}=\sum_{k=1}^{n-1}x_k\sum_{i=1}^{n}x_iRT\ln\frac{a^{\mathrm{R}}_{(i)_{l'_{M_{2,1}}}}}{a^{\mathrm{R}}_{(i)_{\alpha_n^k}}} \tag{7.717}$$

直到组元 α_n^{k-1} 消失，完全进入液相。达成新的平衡，有

$$\alpha_{n+1}^k=(\alpha_{n+1}^k)_{l_{M_{2,1}}}$$

$$(k=1,2,3,\cdots,n-2)$$

继续升高温度，重复上述溶解过程，可以统一描述如下：

从温度 T_{M_p} 到 $T_{M_{p+1}}$，物质组成点沿着 Mp 和 $Mp+1$ 连线从 Mp 向 $Mp+1$ 移动。平衡液相组成从 l_{M_p} 向 $l_{M_{p+1}}$ 变化。

在温度 $T_{M_{p,j-1}}$，固–液两相达成平衡，有

$$\alpha_{(p-1)_{n+j}}^k \rightleftharpoons (\alpha_{(p-1)_{n+j}}^k)_{l_{M_{p,j-1}}}$$

$$(i)_{\alpha_{(p-1)_{n+j}}^k} \rightleftharpoons (i)_{l_{M_{p,j-1}}}$$

$$(k=1,2,3,\cdots,n-j;\quad i=1,2,3,\cdots,n)$$

升高温度到 $T_{M_{p,j}}$，在温度刚升到 $T_{M_{p,j}}$，组元 $\alpha_{(p-1)_{n+j}}^k$ 尚未溶解进入液相 $l_{M_{p,j-1}}$ 中时，液相 $l_{M_{p,j-1}}$ 的组成未变，但已由组元 $\alpha_{(p-1)_{n+j}}^k$ 的饱和溶液 $l_{M_{p,j-1}}$ 变成不饱和溶液 $l'_{M_{p,j-1}}$。固相组元 $\alpha_{(p-1)_{n+j}}^k$ 向其中溶解，有

$$\alpha_{(p-1)_{n+j}}^k \rightleftharpoons (\alpha_{(p-1)n+j}^k)_{l'_{M_{p,j-1}}}$$

$$(i)_{\alpha_{(p-1)_{n+j}}^k} \rightleftharpoons (i)_{l'_{M_{p,j-1}}}$$

该过程的摩尔吉布斯自由能变化为

$$
\begin{aligned}
\Delta G_{\mathrm{m},\alpha^k_{(p-1)n+j}}(T_{M_{p,j}}) &= \overline{G}_{\mathrm{m},(\alpha^k_{(p-1)n+j})_{l'_{M_{p,j-1}}}}(T_{M_{p,j}}) - G_{\mathrm{m},\alpha^k_{(p-1)n+j}}(T_{M_{p,j}}) \\
&= \varDelta_{\mathrm{sol}} H_{\mathrm{m},(\alpha^k_{(p-1)n+j})}(T_{M_{p,j}}) - T_{M_{p,j}} \varDelta_{\mathrm{sol}} S_{\mathrm{m},(\alpha^k_{(p-1)n+j})}(T_{M_{p,j}}) \\
&\approx \varDelta_{\mathrm{sol}} H_{\mathrm{m},(\alpha^k_{(p-1)n+j})}(T_{M_{p,j-1}}) \\
&\quad - T_{M_{p,j}} \varDelta_{\mathrm{sol}} H_{\mathrm{m},(\alpha^k_{(p-1)n+j})}(T_{M_{p,j-1}}) \\
&= \frac{\varDelta_{\mathrm{sol}} H_{\mathrm{m},(\alpha^k_{(p-1)n+j})}(T_{M_{p,j-1}}) \Delta T}{T_{M_{p,j-1}}}
\end{aligned}
\tag{7.718}
$$

$$
\begin{aligned}
\Delta G_{\mathrm{m},\alpha^k_{(p-1)n+j}}(T_{M_{p,j}}) &= \sum_{k=1}^{n-p} x_k \Delta G_{\mathrm{m},\alpha^k_{(p-1)n+j}}(T_{M_{p,j}}) \\
&= \sum_{k=1}^{n-p} \frac{x_k \varDelta_{\mathrm{sol}} H_{\mathrm{m},\alpha^k_{(p-1)n+j}}(T_{M_{p,j-1}}) \Delta T}{T_{M_{p,j-1}}}
\end{aligned}
\tag{7.719}
$$

$$
\begin{aligned}
\Delta G_{\mathrm{m},(i)_{\alpha^k_{(p-1)n+j}}}(T_{M_{p,j}}) &= \overline{G}_{\mathrm{m},(i)_{l'_{M_{p,j-1}}}}(T_{M_{p,j}}) - \overline{G} m,(i)_{\alpha^k_{(p-1)n+j}}(T_{M_{p,j}}) \\
&= \varDelta_{\mathrm{sol}} H_{\mathrm{m},i}(T_{M_{p,j}}) - T_{M_{p,j}} \varDelta_{\mathrm{sol}} S_{\mathrm{m},i}(T_{M_{p,j}}) \\
&\approx \varDelta_{\mathrm{sol}} H_{\mathrm{m},i}(T_{M_{p,j-1}}) - T_{M_{p,j}} \varDelta_{\mathrm{sol}} H_{\mathrm{m},i}(T_{M_{p,j-1}}) \\
&= \frac{\varDelta_{\mathrm{sol}} H_{\mathrm{m},i}(T_{M_{p,j-1}}) \Delta T}{T_{M_{p,j-1}}}
\end{aligned}
\tag{7.720}
$$

$$
\begin{aligned}
\Delta G_{\mathrm{m},\alpha^k_{(p-1)n+j}} &= \sum_{i=1}^{n} x_i \Delta G_{\mathrm{m},(i)_{\alpha^k_{(p-1)n+j}}} \\
&= \sum_{i=1}^{n} \frac{x_i \varDelta_{\mathrm{sol}} H_{\mathrm{m},(i)_{\alpha^k_{(p-1)n+j}}}(T_{M_{p,j-1}}) \Delta T}{T_{M_{p,j-1}}}
\end{aligned}
\tag{7.721}
$$

$$
\begin{aligned}
\Delta G_{\mathrm{m},i}(T_{M_{p,j}}) &= \sum_{k=1}^{k-p} x_k \Delta G_{\mathrm{m},\alpha^k_{(p-1)n+j}}(T_{M_{p,j}}) \\
&= \sum_{k=1}^{k-p} x_k \sum_{i=1}^{n} x_i G_{\mathrm{m},(i)_{\alpha^k_{(p-1)n+j}}} \\
&= \sum_{k=1}^{k-p} x_k \sum_{i=1}^{n} \frac{x_i \varDelta_{\mathrm{sol}} H_{\mathrm{m},(i)_{\alpha^k_{(p-1)n+j}}}(T_{M_{p,j-1}}) \Delta T}{T_{M_{p,j-1}}}
\end{aligned}
\tag{7.722}
$$

固–液两相中的组元都以其固态为标准状态，浓度以摩尔分数表示，摩尔吉布斯自由能变化为

$$\begin{aligned}\Delta G_{\mathrm{m},\alpha^k_{(p-1)n+j}} &= \mu_{\left(\alpha^k_{(p-1)n+j}\right)_{l'_{M_{p,j-1}}}} - \mu_{\alpha^k_{(p-1)n+j}} \\ &= RT\ln a^{\mathrm{R}}_{\left(\alpha^k_{(p-1)n+j}\right)_{l'_{M_{p,j-1}}}}\end{aligned} \tag{7.723}$$

$$\begin{aligned}\Delta G_{\mathrm{m},\alpha^k_{(p-1)n+j}} &= \sum_{k=1}^{n-p} x_k \Delta G_{\mathrm{m},\alpha^k_{(p-1)n+j}} \\ &= \sum_{k=1}^{n-p} x_k RT\ln a^{\mathrm{R}}_{[\alpha^k_{(p-1)n+j}]_{l'_{M_{p,j-1}}}}\end{aligned} \tag{7.724}$$

$$\begin{aligned}\Delta G_{\mathrm{m},(i)_{\alpha^k_{(p-1)n+j}}} &= \mu_{(i)_{l'_{M_{p,j-1}}}} - \mu_{(i)_{\alpha^k_{(p-1)n+j}}} \\ &= RT\ln\frac{a^{\mathrm{R}}_{(i)_{l'_{M_{p,j-1}}}}}{a^{\mathrm{R}}_{(i)_{\alpha^k_{(p-1)n+j}}}}\end{aligned} \tag{7.725}$$

$$\begin{aligned}\Delta G_{\mathrm{m},\alpha^k_{(p-1)n+j}} &= \sum_{i=1}^{n} x_i \Delta G_{\mathrm{m},(i)_{\alpha^k_{(p-1)n+j}}} \\ &= \sum_{i=1}^{n} x_i RT\frac{\ln a^{\mathrm{R}}_{(i)_{l'_{M_{p,j-1}}}}}{\ln a^{\mathrm{R}}_{(i)_{\alpha^k_{(p-1)n+j}}}}\end{aligned} \tag{7.726}$$

$$\begin{aligned}\Delta G_{\mathrm{m},i} = \sum_{k=1}^{n-p} x_k \Delta G_{\mathrm{m},\alpha^k_{(p-1)n+j}} &= \sum_{k=1}^{n-p} x_k \sum_{i=1}^{n} x_i \Delta G_{\mathrm{m},(i)_{\alpha^k_{(p-1)n+j}}} \\ = \sum_{k=1}^{n-p} x_k \sum_{i=1}^{n} x_i RT\ln\frac{a^{\mathrm{R}}_{(i)_{l'_{M_{p,j-1}}}}}{a^{\mathrm{R}}_{(i)_{\alpha^k_{(p-1)n+j}}}}\end{aligned} \tag{7.727}$$

继续升高温度，重复上述过程，直到温度升到 $T_{M_{n-1}}$，固–液两相达成平衡，平衡液相组成为 $l_{M_{n-1}}$，未溶解的固相组元仅剩 $\alpha^1_{(n-1)_n}$ 和 $\alpha^2_{(n-1)_n}$，有

$$\alpha^1_{(n-1)_n} \rightleftharpoons (\alpha^1_{(n-1)_n})_{l_{M_{n-1}}}$$

$$\alpha^2_{(n-1)_n} \rightleftharpoons (\alpha^2_{(n-1)_n})_{l_{M_{n-1}}}$$

继续升高温度到 $T_{M_{n-1}}$。在温度刚升到 $T_{M_{n-1}}$，组元 $\alpha^1_{(n-1)_n}$ 和 $\alpha^2_{(n-1)_n}$ 尚未来得及溶解时，液相组成未变，但已由组元 $\alpha^1_{(n-1)_n}$ 和 $\alpha^2_{(n-1)_n}$ 的饱和溶液 l_{M_n} 变

成不饱和溶液 l'_{M_n}，固相组元 $\alpha^1_{(n-1)_n}$ 和 $\alpha^2_{(n-1)_n}$ 向溶液中溶解，有

$$\alpha^k_{(n-1)_n} = (\alpha^k_{(n-1)_n})_{l'_{M_{n-1}}}$$

$$(k = 1, 2)$$

该过程的摩尔吉布斯自由能变化为

$$\begin{aligned}\Delta G_{\mathrm{m},\alpha^k_{(n-1)_n}}(T_{M_{n,1}}) &= \overline{G}_{\mathrm{m},(\alpha^k_{(n-1)_n})_{l'_{M_{n-1}}}}(T_{M_{n,1}}) - G_{\mathrm{m},\alpha^k_{(n-1)_n}}(T_{M_{n,1}}) \\ &= \Delta_{\mathrm{sol}} H_{\mathrm{m},\alpha^k_{(n-1)_n}}(T_{M_{n,1}}) - T_{M_{n,1}} \Delta_{\mathrm{sol}} S_{\mathrm{m},\alpha^k_{(n-1)_n}}(T_{M_{n,1}}) \\ &\approx \Delta_{\mathrm{sol}} H_{\mathrm{m},\alpha^k_{(n-1)_n}}(T_{M_{n-1}}) - T_{M_{n,1}} \Delta_{\mathrm{sol}} H_{\mathrm{m},\alpha^k_{(n-1)_n}}(T_{M_{n-1}}) \\ &= \frac{\Delta_{\mathrm{sol}} H_{\mathrm{m},\alpha^k_{(n-1)_n}}(T_{M_{n-1}}) \Delta T}{T_{M_{n-1}}}\end{aligned} \tag{7.728}$$

$$(k = 1, 2)$$

$$\begin{aligned}\Delta G_{\mathrm{m},\alpha^k_{(n-1)_n}}(T_{M_{n,1}}) &= \sum_{k=1}^{2} x_k \Delta G_{\mathrm{m},\alpha^k_{(n-1)_n}}(T_{M_{n,1}}) \\ &= \sum_{k=1}^{2} \frac{x_k \Delta H_{\mathrm{m},\alpha^k_{(n-1)_n}}(T_{M_{n-1}}) \Delta T}{T_{M_{n-1}}}\end{aligned} \tag{7.729}$$

$$\begin{aligned}\Delta G_{\mathrm{m},(i)_{\alpha^k_{(n-1)_n}}}(T_{M_{n,1}}) &= \overline{G}_{\mathrm{m},(i)_{l'_{M_{n-1}}}}(T_{M_{n,1}}) - G_{\mathrm{m},\alpha^k_{(n-1)_n}}(T_{M_{n,1}}) \\ &= \Delta_{\mathrm{sol}} H_{\mathrm{m},i}(T_{M_{n,1}}) - T_{M_{n,1}} \Delta_{\mathrm{sol}} S_{\mathrm{m},i}(T_{M_{n,1}}) \\ &\approx \Delta_{\mathrm{sol}} H_{\mathrm{m},i}(T_{M_{n-1}}) - T_{M_{n,1}} \Delta_{\mathrm{sol}} H_{\mathrm{m},i}(T_{M_{n-1}}) \\ &= \frac{\Delta_{\mathrm{sol}} H_{\mathrm{m},i}(T_{M_{n-1}}) \Delta T}{T_{M_{n-1}}}\end{aligned} \tag{7.730}$$

$$\begin{aligned}\Delta G_{\mathrm{m},\alpha^k_{(n-1)_n}} &= \sum_{i=1}^{n} x_i \Delta G_{\mathrm{m},(i)_{\alpha^k_{(n-1)_n}}} \\ &= \sum_{i=1}^{n} \frac{x_i \Delta_{\mathrm{sol}} H_{\mathrm{m},\alpha^k_{(n-1)_n}}(T_{M_{n-1}}) \Delta T}{T_{M_{n-1}}}\end{aligned} \tag{7.731}$$

$$\begin{aligned}\Delta G_{\mathrm{m}} &= \sum_{k=1}^{2} x_k \Delta G_{\mathrm{m},\alpha^k_{(n-1)_n}} \\ &= \sum_{k=1}^{2} x_k \sum_{i=1}^{n} \frac{x_i \Delta_{\mathrm{sol}} H_{\mathrm{m},\alpha^k_{(n-1)_n}}(T_{M_{n-1}}) \Delta T}{T_{M_{n-1}}}\end{aligned} \tag{7.732}$$

固–液两相中的组元都以其固态为标准状态，浓度以摩尔分数表示，摩尔吉布斯自由能变化为

$$\begin{aligned}\Delta G_{\mathrm{m},\alpha^k_{(n-1)_n}} &= \mu_{(\alpha^k_{(n-1)_n})_{l'_{M_{n-1}}}} - \mu_{\alpha^k_{(n-1)_n}} \\ &= RT\ln a^{\mathrm{R}}_{[\alpha^k_{(n-1)_n}]_{l'_{M_{n-1}}}}\end{aligned} \tag{7.733}$$

$$(k=1,2)$$

$$\Delta G_{\mathrm{m},\alpha^k_{(n-1)_n}} = \sum_{k=1}^{2} x_{\alpha^k_{(n-1)_n}} RT\ln a^{\mathrm{R}}_{[\alpha^k_{(n-1)_n}]_{l'_{M_{n-1}}}} \tag{7.734}$$

$$\Delta G_{\mathrm{m},(i)_{\alpha^k_{(n-1)_n}}} = \mu_{(i)_{l'_{M_{n-1}}}} - \mu_{(i)_{\alpha^k_{(n-1)_n}}} = RT\ln \frac{a^{\mathrm{R}}_{(i)_{l'_{M_{n-1}}}}}{a^{\mathrm{R}}_{(i)_{\alpha^k_{(n-1)_n}}}} \tag{7.735}$$

$$\Delta G_{\mathrm{m},\alpha^k_{(n-1)_n}} = \sum_{i=1}^{n} x_i \Delta G_{\mathrm{m},(i)_{\alpha^k_{(n-1)_n}}} = \sum_{i=1}^{n} x_i RT \frac{\ln a^{\mathrm{R}}_{(i)_{l'_{M_{n-1}}}}}{\ln a^{\mathrm{R}}_{(i)_{\alpha^k_{(n-1)_n}}}} \tag{7.736}$$

$$\Delta G_{\mathrm{m},i} = \sum_{k=1}^{2} x_k \Delta G_{\mathrm{m},\alpha^k_{(n-1)_n}} = \sum_{k=1}^{n} x_k \sum_{i=1}^{n} x_i RT\ln \frac{a^{\mathrm{R}}_{(i)_{l'_{M_{n-1}}}}}{a^{\mathrm{R}}_{(i)_{\alpha^k_{(n-1)_n}}}} \tag{7.737}$$

直到组元 $\alpha^2_{(n-1)_n}$ 消失，完全溶解到溶液中，固相仅剩组元 $\alpha^1_{(n-1)_n}$，有

$$\alpha^1_{(n-1)_n} \rightleftharpoons (\alpha^1_{(n-1)_n})_{l_{M_{n,1}}}$$

继续升高温度。从温度 $T_{M_{n,1}}$ 到 $T_{M_{n,n}}$，物质组成在 M_n 面上沿 $M_{n,1}$ 向 $M_{n,n}$ 变化，平衡液相组成沿 γ_{M_n} 和 $\alpha^1_{n_n}$ 连线移动。可统一描述如下：

在温度 $T_{M_{n,j-1}}$，两相达成平衡，有

$$\alpha^1_{(n-1)_{n+j-1}} \rightleftharpoons (\alpha^1_{(n-1)_n})_{l_{M_{n,j-1}}}$$

继续升高温度到 $T_{M_{n,j}}$，在温度刚升到 $T_{M_{n,j}}$，组元 $\alpha^1_{(n-1)_{n+j-1}}$ 还未来得及溶解时，液相组成不变，但已由组元 $\alpha^1_{(n-1)_n}$ 的饱和溶液 $l_{M_{n,j-1}}$ 变成其不饱和溶液 $l'_{M_{n,j-1}}$。固相组元 $\alpha^1_{(n-1)_{n+j-1}}$ 向其中溶解，有

$$\alpha^1_{(n-1)_{n+j-1}} = (\alpha^1_{(n-1)_n})_{l'_{M_{n,j-1}}}$$

该过程的摩尔吉布斯自由能变化为

$$\begin{aligned}\Delta G_{\mathrm{m},\alpha^1_{(n-1)n+j-1}}(T_{M_{n,j}}) &= \overline{G}_{\mathrm{m},\left(\alpha^1_{(n-1)n+j-1}\right)_{l'_{M_{n,j-1}}}}(T_{M_{n,j}}) - G_{\mathrm{m},\alpha^1_{(n-1)n+j-1}}(T_{M_{n,j}}) \\ &= \Delta_{\mathrm{sol}} H_{\mathrm{m},\alpha^1_{(n-1)n+j-1}}(T_{M_{n,j}}) \\ &\quad - T_{M_{n,j}} \Delta_{\mathrm{sol}} S_{\mathrm{m},\alpha^1_{(n-1)n+j-1}}(T_{M_{n,j}}) \\ &\approx \Delta_{\mathrm{sol}} H_{\mathrm{m},\alpha^1_{(n-1)n+j-1}}(T_{M_{n,j-1}}) \\ &\quad - T_{M_{n,j}} \Delta_{\mathrm{sol}} H_{\mathrm{m},\alpha^1_{(n-1)n+j-1}}(T_{M_{n,j}}) \\ &= \frac{\Delta_{\mathrm{sol}} H_{\mathrm{m},\alpha^1_{(n-1)n+j-1}}(T_{M_{n,j-1}})\Delta T}{T_{M_{n,j-1}}}\end{aligned} \tag{7.738}$$

$$\begin{aligned}\Delta G_{\mathrm{m},(i)_{\alpha^1_{(n-1)n+j-1}}}(T_{M_{n,j}}) &= \overline{G}_{\mathrm{m},(i)_{l'_{M_{n,j-1}}}}(T_{M_{n,j}}) - \overline{G}_{\mathrm{m},(i)_{\alpha^1_{(n-1)n+j-1}}}(T_{M_{n,j}}) \\ &= \Delta_{\mathrm{sol}} H_{\mathrm{m},i}(T_{M_{n,j}}) - T_{M_{n,j}} \Delta_{\mathrm{sol}} S_{\mathrm{m},i}(T_{M_{n,j}}) \\ &\approx \Delta_{\mathrm{sol}} H_{\mathrm{m},(i)_{\alpha^1_{(n-1)n+j-1}}}(T_{M_{n,j-1}}) \\ &\quad - T_{M_{n,j}} \Delta_{\mathrm{sol}} H_{\mathrm{m},(i)_{\alpha^1_{(n-1)n+j-1}}}(T_{M_{n,j}}) \\ &= \frac{\Delta_{\mathrm{sol}} H_{\mathrm{m},(i)_{\alpha^1_{(n-1)n+j-1}}}(T_{M_{n,j-1}})\Delta T}{T_{M_{n,j-1}}}\end{aligned} \tag{7.739}$$

$$\begin{aligned}\Delta G_{\mathrm{m},i}(T_{M_{n,j}}) &= \sum_{i=1}^{n} x_i \Delta G_{\mathrm{m},(i)\alpha^1_{(n-1)n+j-1}}(T_{M_{n,j}}) \\ &= \sum_{i=1}^{n} \frac{x_i \Delta_{\mathrm{sol}} H_{\mathrm{m},i}(T_{M_{n,j-1}})\Delta T}{T_{M_{n,j-1}}}\end{aligned} \tag{7.740}$$

固-液两相中的组元都以其纯固态为标准状态，浓度以摩尔分数表示，摩尔吉布斯自由能变化为

$$\begin{aligned}\Delta G_{\mathrm{m},\alpha^1_{(n-1)n}} &= \mu_{(\alpha^1_{(n-1)n})_{l'_{M_{n,j-1}}}} - \mu_{(i)_{\alpha^k_{(n-1)n+j-1}}} \\ &= RT \ln a^{\mathrm{R}}_{[\alpha^k_{(n-1)n+j-1}]_{l'_{M_{n,j-1}}}}\end{aligned} \tag{7.741}$$

$$\begin{aligned}\Delta G_{\mathrm{m},(i)\alpha^1_{(n-1)n+j-1}} &= \mu_{(i)_{l'_{M_{n,j-1}}}} - \mu_{(i)_{\alpha^1_{(n-1)n+j-1}}} \\ &= RT \ln \frac{a^{\mathrm{R}}_{(i)_{l'_{M_{n,j-1}}}}}{a^{\mathrm{R}}_{(i)_{\alpha^1_{(n-1)n+j-1}}}}\end{aligned} \tag{7.742}$$

$$\begin{aligned}\Delta G_{\mathrm{m},\alpha^k_{(n-1)_n}} &= \sum_{i=1}^{n} x_{(i)_{\alpha^k_{(n-1)_n}}} \Delta G_{\mathrm{m},(i)_{\alpha^k_{(n-1)_n}}} \\ &= \sum_{i=1}^{n} x_{(i)_{\alpha^k_{(n-1)_n}}} RT \frac{\ln a^{\mathrm{R}}_{(i)_{l'_{M_{n-1}}}}}{\ln a^{\mathrm{R}}_{(i)_{\alpha^k_{(n-1)_n}}}}\end{aligned} \tag{7.743}$$

直到两相达成平衡，$\alpha^1_{(n-1)_{n+j-1}}$ 溶解达到饱和，有

$$\alpha^1_{(n-1)_n} \rightleftharpoons (\alpha^1_{(n-1)_n})_{l'_{M_{n,j}}}$$

继续升温到 $T_{M_{n,n}}$。两相达成平衡，有

$$\alpha^1_{(n-1)_{n+j-1}} \rightleftharpoons (\alpha^1_{(n-1)_n})_{l_{M_{n,n}}}$$

继续升温到 $T_{M_{n,n+1}}$。在温度刚升到 $T_{M_{n,n+1}}$，组元 $\alpha^1_{(n-1)_{n+j-1}}$ 还未来得及溶解，溶液组成未变，但已由组元 $\alpha^1_{(n-1)_{n+j-1}}$ 的饱和溶液变成未饱和溶液，组元 $\alpha^1_{(n-1)_{n+j-1}}$ 向溶液中溶解。有

$$\alpha^1_{(n-1)_{n+j-1}} = (\alpha^1_{(n-1)_{n+j-1}})_{l'_{M_{n,n}}}$$

过程的摩尔吉布斯自由能变化为

$$\begin{aligned}\Delta G_{\mathrm{m},\alpha^1_{(n-1)_{n+j-1}}}(T_{M_{n,n+1}}) &= G_{\mathrm{m},[\alpha^1_{(n-1)_{n+j-1}}]_{l'_{M_{n,n}}}}(T_{M_{n,n+1}}) \\ &\quad - G_{\mathrm{m},\alpha^1_{(n-1)_{n+j-1}}}(T_{M_{n,n+1}}) \\ &= \frac{\Delta_{\mathrm{sol}} H_{\mathrm{m},[\alpha^1_{(n-1)_{n+j-1}}]_{l'_{M_{n,n}}}} \Delta T}{T_{M_{n,n}}}\end{aligned} \tag{7.744}$$

固–液两相中的组元都以其纯固态为标准状态，浓度以摩尔分数表示，摩尔吉布斯自由能变化为

$$\begin{aligned}\Delta G_{\mathrm{m},(i)_{\alpha^1_{(n-1)_{n+j-1}}}} &= \mu_{(i)_{l'_{M_{n,n}}}} - \mu_{(i)_{\alpha^1_{(n-1)_{n+j-1}}}} \\ &= RT \ln \frac{a^{\mathrm{R}}_{(i)_{l'_{M_{n,n}}}}}{a^{\mathrm{R}}_{(i)_{\alpha^1_{(n-1)_{n+j-1}}}}}\end{aligned} \tag{7.745}$$

$$\Delta G_{\mathrm{m},i} = \sum_{i=1}^{n} x_i RT \frac{\ln a^{\mathrm{R}}_{(i)_{l'_{M_{n,n}}}}}{\ln a^{\mathrm{R}}_{(i)_{\alpha^1_{(n-1)_{n+j-1}}}}} \tag{7.746}$$

直到固相组元 $\alpha^1_{(n-1)_n}$ 消失，完全溶解进入溶液。

2. 熔化速率

1) 在共熔面 M_1，温度 $T_{M_{1,1}}$

在温度 $T_{M_{1,1}}$，溶解速率为

$$\begin{aligned}-\frac{\mathrm{d}n_{E(\mathrm{s})}}{\mathrm{d}t}&=\frac{\mathrm{d}n_{E(\mathrm{l}')}}{\mathrm{d}t}=j_{E(\mathrm{s})}\\&=-l_1\left(\frac{A_{\mathrm{m},E}}{T}\right)-l_2\left(\frac{A_{\mathrm{m},E}}{T}\right)^2-l_3\left(\frac{A_{\mathrm{m},E}}{T}\right)^3-\cdots\end{aligned}\tag{7.747}$$

式中，

$$A_{\mathrm{m},E}=\Delta G_{\mathrm{m},E}(T_{M_1,1})$$

$$\begin{aligned}-\frac{\mathrm{d}n_{\alpha_1^k}}{\mathrm{d}t}&=\frac{\mathrm{d}n_{(\alpha_1^k)_{E(\mathrm{l}')}}}{\mathrm{d}t}=j_{E(\mathrm{l}')}\\&=-l_{\alpha_1^k,1}\left(\frac{A_{\mathrm{m},\alpha_1^k}}{T}\right)-l_{\alpha_1^k,2}\left(\frac{A_{\mathrm{m},\alpha_1^k}}{T}\right)^2-l_{\alpha_1^k,3}\left(\frac{A_{\mathrm{m},\alpha_1^k}}{T}\right)^3-\cdots\\&\qquad(k=1,2,3,\cdots,n)\end{aligned}\tag{7.748}$$

$$\begin{aligned}-\frac{\mathrm{d}n_{(i)_{\alpha_1}}}{\mathrm{d}t}&=\frac{\mathrm{d}n_{(i)_{E(\mathrm{l}')}}}{\mathrm{d}t}=j_{(i)_{E(\mathrm{l}')}}\\&=-l_{i,1}\left(\frac{A_{\mathrm{m},i}}{T}\right)-l_{i,2}\left(\frac{A_{\mathrm{m},i}}{T}\right)^2-l_{i,3}\left(\frac{A_{\mathrm{m},i}}{T}\right)^3-\cdots\\&\qquad(i=1,2,3,\cdots,n)\end{aligned}\tag{7.749}$$

式中，

$$A_{\mathrm{m},\alpha_1^k}=\Delta G_{\mathrm{m},\alpha_1^k}$$

$$A_{\mathrm{m},i}=\Delta G_{\mathrm{m},i}$$

2) 在共熔面 M_1，温度 $T_{M_1,j}$

在温度 $T_{M_1,j}$，溶解速率为

$$\begin{aligned}-\frac{\mathrm{d}n_{\alpha_j^k}}{\mathrm{d}t}&=\frac{\mathrm{d}n_{(\alpha_j^k)_{l'_{M_1,j-1}}}}{\mathrm{d}t}=j_{\alpha_j^k}\\&=-l_{\alpha_j^k,1}\left(\frac{A_{\mathrm{m},\alpha_j^k}}{T}\right)-l_{\alpha_j^k,2}\left(\frac{A_{\mathrm{m},\alpha_j^k}}{T}\right)^2-l_{\alpha_j^k,3}\left(\frac{A_{\mathrm{m},\alpha_j^k}}{T}\right)^3-\cdots\end{aligned}\tag{7.750}$$

$$\begin{aligned}-\frac{\mathrm{d}n_{(i)_{\alpha_1}}}{\mathrm{d}t}&=\frac{\mathrm{d}n_{(i)_{l'_{M_1,j-1}}}}{\mathrm{d}t}=j_{(i)}\\&=-l_{i,1}\left(\frac{A_{\mathrm{m},i}}{T}\right)-l_{i,2}\left(\frac{A_{\mathrm{m},i}}{T}\right)^2-l_{i,3}\left(\frac{A_{\mathrm{m},i}}{T}\right)^3-\cdots\end{aligned}\tag{7.751}$$

3) 在共熔面 M_1，温度 $T_{M_k,j}$

在温度 $T_{M_k,j}$，溶解速率为

$$-\frac{\mathrm{d}n_{\alpha^k_{(p-1)n+j}}}{\mathrm{d}t}=\frac{\mathrm{d}n_{[\alpha^k_{(p-1)n+j}]_{l'_{M_{p,j-1}}}}}{\mathrm{d}t}=j_{\alpha^k_{(p-1)n+j}}$$

$$=-l_{\alpha^k,1}\left(\frac{A_{\mathrm{m},\alpha^k}}{T}\right)-l_{\alpha^k,2}\left(\frac{A_{\mathrm{m},\alpha^k}}{T}\right)^2-l_{\alpha^k,3}\left(\frac{A_{\mathrm{m},\alpha^k}}{T}\right)^3-\cdots \tag{7.752}$$

$$(k=1,2,3,\cdots,n-j)$$

式中，

$$A_{\mathrm{m},\alpha^k}=\Delta G_{\mathrm{m},\alpha^k_{(p-1)n+j}}$$

$$\begin{aligned}-\frac{\mathrm{d}n_{(i)_{\alpha^k_{(p-1)n+j}}}}{\mathrm{d}t}&=\frac{\mathrm{d}n_{(i)_{l'_{M_{p,j}}}}}{\mathrm{d}t}=j_{(i)_{l'_{M_{p,j}}}}\\&=-l_{i,1}\left(\frac{A_{\mathrm{m},i}}{T}\right)-l_{i,2}\left(\frac{A_{\mathrm{m},i}}{T}\right)^2-l_{i,3}\left(\frac{A_{\mathrm{m},i}}{T}\right)^3-\cdots\end{aligned} \tag{7.753}$$

$$(i=1,2,3,\cdots,n)$$

式中，

$$A_{\mathrm{m},i}=\Delta G_{\mathrm{m},i}$$

4) 在液相面 M_1，温度 $T_{M_n,j}$

在温度 $T_{M_n,j}$，溶解速率为

$$-\frac{\mathrm{d}n_{\alpha^1_{(n-1)n+j}}}{\mathrm{d}t}=\frac{\mathrm{d}n_{[\alpha^1_{(n-1)n+j}]_{l'_{M_{n,j-1}}}}}{\mathrm{d}t}=j_{\alpha^1}$$

$$=-l_{\alpha^1,1}\left(\frac{A_{\mathrm{m},\alpha^1}}{T}\right)-l_{\alpha^1,2}\left(\frac{A_{\mathrm{m},\alpha^1}}{T}\right)^2-l_{\alpha^1,3}\left(\frac{A_{\mathrm{m},\alpha^1}}{T}\right)^3-\cdots \tag{7.754}$$

式中，

$$A_{\mathrm{m},\alpha^1}=\Delta G_{\mathrm{m},\alpha^1_{(n-1)n+j}}$$

$$\begin{aligned}-\frac{\mathrm{d}n_{(i)_{\alpha^1_{(n-1)n+j}}}}{\mathrm{d}t}&=\frac{\mathrm{d}n_{(i)_{l'_{M_{n,j-1}}}}}{\mathrm{d}t}=j_i\\&=-l_{i,1}\left(\frac{A_{\mathrm{m},i}}{T}\right)-l_{i,2}\left(\frac{A_{\mathrm{m},i}}{T}\right)^2-l_{i,3}\left(\frac{A_{\mathrm{m},i}}{T}\right)^3-\cdots\end{aligned} \tag{7.755}$$

式中，

$$A_{\mathrm{m},i}=\Delta G_{\mathrm{m},i}$$